U0228728

全国高职高专石油化工类专业“十二五”规划教材

化工单元过程及设备

（第二版）

丁玉兴　主编
方绍燕　副主编

化学工业出版社
·北京·

本书以石油化工企业生产过程中最典型的单元操作过程为依据，精选了8个典型化工单元操作，即流体输送、传热、非均相物系分离、溶液的蒸馏、气体吸收、固体湿物料的干燥、物料的萃取和溶液的蒸发。在内容安排上，通过化工单元操作的典型案例，重点介绍其应用、生产原理、典型设备结构、工艺计算和设备的启动、运行维护、停止及事故处理的基本操作技术，并在基础知识和知识拓展中讲述了操作中必需够用的理论知识和跨专业的拓展知识。

本书适合作为高等职业院校石油化工生产技术、应用化工生产技术等专业教材，也可供生物工程、制药、材料、冶金、环境、食品等相关企业技术人员学习参考。

图书在版编目（CIP）数据

化工单元过程及设备/丁玉兴主编．—2版．—北京：化学工业出版社，2015.3（2021.8重印）

全国高职高专石油化工类专业“十二五”规划教材

ISBN 978-7-122-22520-7

Ⅰ．①化…　Ⅱ．①丁…　Ⅲ．①化工单元操作-教材②化工设备-教材　Ⅳ．①TQ02②TQ05

中国版本图书馆CIP数据核字（2014）第282350号

责任编辑：窦　臻　张双进　提　岩　　　文字编辑：颜克俭
责任校对：王　静　　　装帧设计：王晓宇

出版发行：化学工业出版社（北京市东城区青年湖南街13号　邮政编码100011）
印　　装：北京建宏印刷有限公司
787mm×1092mm　1/16　印张23¾　字数618千字　2021年8月北京第2版第3次印刷

购书咨询：010-64518888　　　售后服务：010-64518899
网　　址：http：//www.cip.com.cn
凡购买本书，如有缺损质量问题，本社销售中心负责调换。

定　　价：48.00元

序

高等职业教育是随着社会经济的发展而逐步成熟起来的现代高等教育形式。经过20多年的实践和建设，特别是近十年随着我国教育改革的不断深入，高等职业教育发展迅速，已经发展成为一种重要的教育类型，进入到一个新的发展阶段，为我国经济建设培养了一批急需的技术应用型人才和高技能型人才。

石油化学工业是基础性产业，它为农业、能源、交通、机械、电子、纺织、轻工、建筑、建材等工农业和人民日常生活提供配套和服务，是化学工业的重要组成部分，是国民经济最重要的支柱产业之一，关系到国家的经济命脉和能源安全，在国民经济、国防建设和社会发展中具有极其重要的地位和作用。世界经济强国无一不是石油化工工业强国。近年来，我国石油化学工业发展迅速，2010年全行业总产值已位居世界第二位，仅次于美国。石油化学工业规模的扩大和技术水平的提高，对石油化工类的专业技术人才培养提出了新的要求，需要我们高等职业院校为之培养一大批实用型、操作型技术应用人才，这不仅为我们石油化工类高职院校的大力发展提供了良好机遇，更是对我们提出了更高的要求和挑战。

然而我们也清醒地认识到高职高专院校所培养的人才与行业企业的需求还存在一定的偏差。虽然很多学校校园面积、建筑面积、教学仪器设备、图书等硬件办学条件得到大大改善，一批院校形成了相当优质的教学资源，为培养高素质、高水平的人才奠定了物质基础。但是影响教学质量提高的核心——专业建设、课程建设这些软件条件却不能完全满足人才培养的需要，其中作为课程建设和专业建设重要内容的教材建设滞后于高等职业教育发展的步伐，是造成这种偏差的直接原因之一。教材是教学思想与教学内容的重要载体，是教学经验的结晶，体现了教学方式与方法，也是提高教育教学质量的重要保证，具有广泛的辐射和带动作用。教育部《关于全面提高高等职业教育教学质量的若干意见》（教高【2006】16号）明确提出要“加强教材建设，重点建设好3000种左右国家规划教材，与行业企业共同开发紧密结合生产实际的实训教材，并确保优质教材进课堂。”纵观目前我国高职高专石油化工类专业教材建设主要存在：教材缺乏系统性，落后于教育教学改革；内容陈旧，先进性与针对性不强；缺乏以能力培养为核心的特色专业教材；没有形成高水平教材编写团队，编写人员实践经验缺乏，未能体现“工学结合”、“校企结合”的职业教育理念和“工作过程系统化”、“教学做一体”、“项目导向、任务驱动”等先进教学模式；教材没有立体化的教学资源相配套等问题。

为了适应我国高职高专石油化工类专业教学的需要，在总结近十年高职高专教学改革成果的基础上，组织建设一批满足我国石油化工行业高技能人才培养需要的高质量规划教材不仅必要而且非常迫切。因此，教育部高职高专化工技术类专业教学指导委员会、中国化工教育协会全国化工高等职业教育教学指导委员会联合化学工业出版社共同规划并组织了“全国高职高专石油化工类专业‘十二五’规划教材”。为保证本套规划教材编写工作有序高效和教材编写质量，教指委在广泛调研的基础上组织有关专家就教材建设方案进行了研讨，提出规划教材的建设原则与要求；出版社依据此编写原则与要求组织全国石油化工高职高专院校专业老师进行教材编写项目的申报，公开征集编写方案；并在教指委的指导下组织了高职教育领域的课程专家按照“工学结合，理论实践一体化设计思想”的教材建设评审标准，对申报的编写方案进行了答辩，最终在全国范围内遴选出16所院校从事石油化工职业教育的优秀骨干教师编写这套规划教材。并在教指委的领导下成立了“全国高职高专石油化工类专业‘十二五’规划教材编审委员会”。

这套规划教材主要体现了如下特色。

1. 坚持理论实践一体化，避免了理论与实践相隔离的现象。重在基本概念的阐释、科学方法的结论和理论的应用方面，减少大篇幅的理论阐述和推导过程。教材编写符合高职高专学生实际，充分考虑学生学习能力之特长。

2. 以学生能力培养为核心，与“工学结合”、“校企结合”等先进教育模式相适应。

3. 以当前高职教育的课程改革为基础，突出教材编写体系的创新性，同时注意把握创新教材的通用性，便于教师的教学设计，教材的结构安排、编排方式，符合教师教学的需要和学生学习的需要。

4. 反映了生产实际中的新技术、新工艺、新方法、新设备、新规范和新标准，基本保证了教学过程与生产一线的技术同步。

5. 立体化教学资源配套齐全。本套规划教材均配有供教师使用的电子课件、课程标准、习题解答等教学资源。

本套教材根据教育部教高［2006］16号文件的精神，吸收了先进的高职高专教育教学改革理念，特别是石油化工、炼油等专业国家示范性高等职业院校建设的成果，汇集了全国众多石油化工类院校优秀教师的教学经验，也得到了行业企业专家、相关院校的领导和教育教学专家的指导与大力支持。相信它的出版不但能够满足高职高专当前石油化工类专业教学的需要，并且对于该类专业的课程建设与改革也能起到一定的示范和引领作用，对于提高职业教育教学质量将起到积极的推动作用。

总之，希望通过我们的工作能够为我国的高职高专教育工作和石油化学工业的发展贡献绵薄之力。在此向所有积极参与本套规划教材建设及给予热情支持的领导、专家和教师们表示衷心的感谢！殷切期望广大读者提出宝贵意见和建议！

曹克广

前　言

为适应培养化工生产第一线高素质技能型岗位专门人才的要求，编者对石油化工生产企业工艺操作工的典型工作任务进行了详细分析，作了教学化处理后，设计了本教材内容，力求编写出一本理论与实践一体化的工学结合教材。

本教材以石油化工企业生产现场装置的工艺操作过程为依据，精选了8个典型的化工单元操作作为教学的主体内容。

本教材在编排顺序上既考虑了化工产品生产过程的逻辑规律，同时还考虑了学生们的认知规律。依此，编者安排了流体输送、传热、非均相物系分离、溶液的蒸馏、气体吸收、固体湿物料的干燥、物料的萃取和溶液的蒸发及附录等，每章依次介绍生产案例、基本原理、典型设备结构、工艺计算、工艺操作和设备维护等。

本教材在各章中明确了必须掌握的技能和知识；在操作技能中给出典型工艺设备的基本操作技能要求和操作顺序要求，作为学生行动领域工作的指导性操作规程；在基础理论知识的介绍上既考虑了应以必需够用为度，同时又不破坏其完整性和系统性，在前后顺序的衔接上符合学生对理论知识和操作技能的认知规律，更适合学生自学，同时方便教师教学。本书注重实践操作技能，理论突出重点和难点，内容上注意引入本领域中的新工艺和新技术，体现创造性和应用型人才培养的要求。本书配有PPT课件，欢迎广大师生登录www.cipedu.com.cn下载。授课教师可联系本教材主编索取习题答案及其他辅助教学资料（dingyuxing0000@163.com）。

本书由承德石油高等专科学校丁玉兴教授主编、山东胜利职业学院方绍燕副教授副主编。参加编写工作的有承德石油高等专科学校温守东教授，山东科技职业学院任庚清老师，天津职业大学胡兴兰教授，承德石油高等专科学校张怡老师，巴音郭楞职业技术学院邱书伟老师。

由于编者的水平有限，难免存在各种问题，敬请应用此书的同仁及读者指正。

编　者

2014年10月

目　录

绪　论

《化工单元过程及设备》是以化学工业的生产过程为研究对象，研究和探讨化工生产过程中具有共性规律的操作技术及设备问题。化学工业是将自然界的各种物质，经过化学和物理方法处理，制造成生产资料和生活资料的工业。一种产品的生产过程中，从原料到成品，往往需要几个或几十个加工过程。其中除了化学反应过程外，还有大量的物理加工过程。

尽管化学工业门类繁多，原料来源广泛，生产品种千差万别，各种产品的生产流程和设备型号不尽相同，物理加工过程各异，但是人们经过长期的生产实践，总结归纳出在各种物理加工过程中共同遵循的物理学定律，即所用设备相似、原理相同或相近。据此人们提出了“化工单元操作”的概念。应用较广的单元操作有十几个，如流体输送、搅拌、热交换、蒸发、结晶、吸收、蒸馏、萃取、吸附及干燥等。

单元操作统一了通常被认为各不相同的独立的化工生产技术，使人们能够系统而深入地研究每一单元操作的内在规律和基本原理，而所有这些单元操作的综合，就构成了化工的基础学科——化工单元过程及设备。

在化工产品生产过程中，无论是物理过程还是化学过程都是在一定设备中进行的，在化工厂所属设备中反应设备并不多，绝大多数属于单元操作设备，各种单元操作的费用占据着企业大部分设备费用和操作费用，由此可见单元操作在生产中的重要地位。

一、本课程的性质、内容和任务

本课程是在学习数学、物理、化学的基础上，运用质量守恒和能量守恒定律及平衡关系等，来研究化工生产中内在的共同规律，讨论生产过程中共有的基本过程——单元操作的基本原理、过程描述、典型设备的构造及其操作技术，是化工及其相关专业教学计划中具有承上启下作用的重要技术基础课，它为专业课的学习打好基础。

按照各个单元操作所遵循的基本规律，其内容归并为流体动力、传热、传质三个过程的基本理论及其应用。学习本课程的基本任务是掌握各个单元操作的基本规律及基本计算方法，熟悉典型设备的构造、性能及操作技术，并将这些知识应用于生产实践，寻求适宜的操作条件，探索强化生产过程的方向及改进设备的途径，以降低生产成本，提高生产效率，从而最大限度地获得经济效益。

二、单元操作中常用的两个基本概念

1. 物料衡算

在设计计算设备尺寸或确定所处理物料量的基本情况时，需要了解整个过程或某一步骤中原料、产物、副产物各量之间的关系。物料衡算依据质量守恒定律可确定进入系统（某一过程或设备）的物料量，必然等于离开该系统的物料量与积累于该系统设备中的物料量之和，即：

输入量＝输出量＋积累量

即：

$$G_1=G_2+G_{积} \tag{0-1}$$

式中　G_1——输入物料量；

　　　G_2——输出物料量；

$G_{积}$——积累在设备中的物料量。

在连续生产过程中设备内不应有物料积存，进行物料衡算时，式(0-1) 可简化为：

输入＝输出

即：

$$G_1=G_2 \tag{0-2}$$

【例 0-1】 将流量为 1000kg/h 的食盐溶液送入一连续生产蒸发器，在 378K 的温度下从 8%浓缩到 20%，请问该蒸发器在浓缩过程中的水分蒸发量（W）是多少？获得多少 20%的食盐浓缩液（P）？

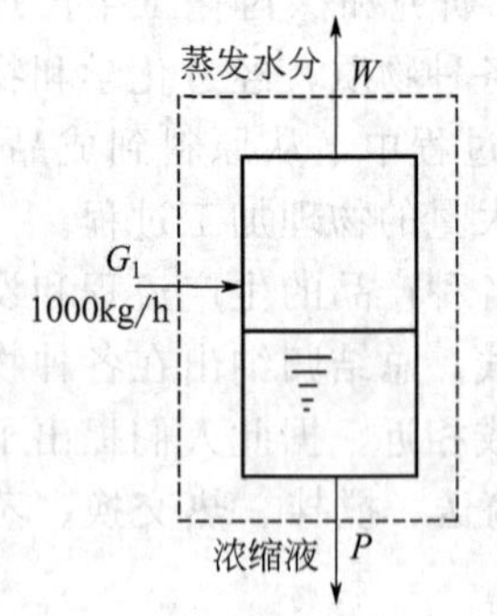

图 0-1 例 0-1 附图

解 (1) 根据题意画蒸发过程示意，划定物料衡算范围，并标注过程数据，如图 0-1。

(2) 以 1h 为基准则，列出物料衡算式。连续生产过程无物料的积累，由式(0-2) 可知：

$$G_1=G_2$$

式中，$G_1=1000$kg/h；G_2＝水分蒸发量＋浓缩液量＝$W+P$，求 W、P。

进出蒸发器溶液总量为：

$$G_1=W+P$$

即

$$1000=W+P$$

进出蒸发器溶质量为：

$$1000\times0.08=W\times0+P\times0.2$$

解得：水分蒸发量 $W=600$（kg/h），浓缩液量 $P=400$（kg/h）

2. 能量衡算

各类化工及相近企业在从原料到产品的生产过程中，处理物料需要消耗能量。要了解能量的消耗以及与过程操作有关的各种形式能量之间的相互转换情况（如热能、机械能、电能、化学能），可根据能量守恒定律列出能量衡算式。但是，在化工生产中许多过程以热能为主，所以能量衡算便简化为热量衡算。热量衡算中需要考虑的项目是进出系统或设备的物料本身所携带的焓，包括物料的显热和潜热两部分；从外界加入以及向外界送出的热，包括透过设备、管道的壁面由外界传入或向外扩散到环境里去的热量。在连续稳定过程中热量衡算的基本关系式为：

输入热量＝输出热量＋热损失

即：

$$Q_1=Q_2+Q_{损} \tag{0-3}$$

式中 Q_1——输入系统的热量；

Q_2——输出系统的热量；

$Q_{损}$——系统向环境散热时损失热量。

【例 0-2】 若例 0-1 中 8%的食盐溶液温度为 31℃，平均比热容为 3.5kJ/(kg·℃)；加热蒸汽绝对压力为 101.3kPa，温度为 100℃；20%食盐溶液内部温度为 111.4℃，平均比热容仍为 3.5kJ/(kg·℃)，液面绝对压力为 101.3kPa，温度为 100℃；冷凝水温度为 100℃，热损失可忽略不计。试求每小时加热蒸汽用量。

解 (1) 根据题意画出示意，确定热量衡算范围，(例 0-2 附图虚线框所示)，并标注数据。由式(0-3) 得：

$$Q_1=Q_2+Q_{损}$$

设 $Q_{食盐}$——8%食盐溶液的热量；

$Q_{蒸汽}$——加热蒸汽的热量；

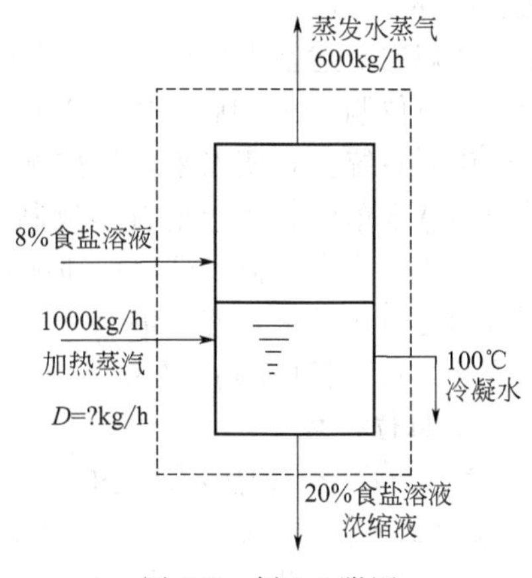

图 0-2 例 0-2 附图

$Q_{蒸发水}$——蒸发水蒸气的热量；

$Q_{浓缩液}$——浓缩液的热量；

$Q_{冷凝水}$——冷凝水的热量。

式中，$Q_1=Q_{食盐}+Q_{蒸汽}$

$Q_2=Q_{蒸发水}+Q_{浓缩液}+Q_{冷凝水}$

$Q_{损}=0$

（2）仍以 1h 为基准，查出 101.3kPa 加热蒸汽汽化潜热为 $r=2258$kJ/kg，101.3kPa 水蒸气比焓为 2667kJ/kg。100℃ 以内冷凝水的平均比热容为 4.187kJ/(kg·℃)。设加热蒸气及蒸发水蒸气的焓均为 H（kJ/kg），加热蒸汽的消耗量为 D，则：

$$Q_1=1000C_{食盐}(T_{进}-T_0)+DH$$

$$Q_2=600\text{H}+400C_{食盐}(T_{出}-T_0)+DC_{水}(T_{水}-T_0)$$

式中 $C_{食盐}$——食盐溶液的比热容；

$C_{水}$——冷凝水的比热容；

T_0——273K 时水的温度，即 0℃；

$T_{进}$、$T_{出}$——食盐溶液的进、出口温度；

$T_{水}$——冷凝水的温度，100℃。

该浓缩过程的热量（焓）衡算式为：

$$1000C_{食盐}(T_{进}-T_0)+DH=600H+400C_{食盐}(T_{出}-T_0)+DC_{水}(T_{水}-T_0)$$

加热蒸汽的焓为：

$$H=r+C_{水}(T_{水}-T_0)$$

整理后得：

$$Dr=600H+400C_{食盐}(T_{出}-T_0)-1000C_{食盐}(T_{进}-T_0)$$

因此，加热蒸汽的用量为：

$$D=\frac{600H+400C_{食盐}(T_{出}-T_0)-1000C_{食盐}(T_{进}-T_0)}{r}$$

$$=\frac{600\times2667+400\times3.5\times111.4-1000\times3.5\times31}{2258}$$

$$=729.7\ (\text{kg/h})$$

三、物理量的单位及单位换算

1. 单位制度

在描述单元操作时将会用到很多物理量，物理量的大小都是用数字与单位的乘积来表示。物理量的单位可分为基本单位和导出单位两类。通常将几个独立的物理量称为基本量，其单位称为基本单位，例如，长度、时间、质量为基本量，其单位米、秒、千克为基本单位。非独立的众多物理量根据它们与基本量的关系来确定，称为导出量，其单位称为导出单位，例如，速度为路程与时间之比，由长度与时间相除而导出，是一个导出量，其单位为 m/s，是导出单位。

由于对基本量的基本单位规定的不同，便产生了不同的单位制度。我国已广泛推行国际单位制（SI 制），它规定物理量的基本单位有 7 个：长度单位，米（m）；质量单位，千克（kg）；时间单位，秒（s）；温度单位，开尔文（K）；物质量单位，摩尔（mol）；发光强度单位，坎德拉（cd）；电流单位，安培（A）。在化工单元操作中常用的只有前 5 个，即 m、 kg、s、K、mol。

若规定上述基本单位中长度单位为厘米（cm），质量单位克（g），时间单位秒（s），称为物理单位制（cgs制）。国际单位制和物理单位制的特点都是以质量为基本单位，属于绝对单位制系统。长期以来，科技领域还使用工程单位制，它以力作为基本单位，而不是以质量作为基本单位，属于重力单位制系统。工程单位制的基本单位是：长度单位米（m），力或重量单位千克（力）（kgf），时间单位秒（s）。千克（公斤）在SI制中指质量，在工程制中指的是力或重量，容易混淆，所以，在工程制中的千克之后加注“力（f）”字表示，即公斤（力），用符号kgf表示。

2. 单位换算

我国已广泛使用法定计量单位，但工程制在生产和设计中仍有使用，许多物理、化学数据也还在用物理单位制表示。各种来源得到的数据，不一定符合计算和使用要求，必须进行单位换算。

物理量由一种单位换算成为另一种单位时，量本身并无变化，但数值要改变。进行单位换算时要乘以两单位之间的换算因素，才能得到新单位的数字。所谓换算因素，就是同等量的原单位与新单位大小之比。例如，1atm（1个标准大气压）的压力和760mmHg的压力是两个相等的物理量，但所用单位不同，其数值就不同，即1atm=760mmHg。那么，它们的换算因素就是760。

常用单位间的换算因素可查本书附录。

【例0-3】 已知一个标准大气压（1atm）的压力等于1.033kgf/cm^2，试求此压力在SI制中为若干Pa?

解 在SI制中1Pa=1N/m^2。因此，应将工程单位制中kgf/cm^{2}的kgf转换为N，cm^{2}转换为m^2，由附录查得各量在不同单位间的关系：

$$1\text{kgf}=9.81\text{N} \qquad 1\text{cm}=(1/100)\text{m}$$

因此得：

$$1\text{atm}=\frac{\text{kgf}}{\text{cm}^2}\left(\frac{9.81\text{N}}{1\text{kgf}}\right)\left(\frac{100\text{cm}}{1\text{m}}\right)^2=(1.033\times9.81\times100^2)\left(\frac{\text{kgf}\times\text{N}\times\text{cm}^2}{\text{cm}^2\times\text{kgf}\times\text{m}^2}\right)$$
$$=1.013\times10^5\text{N/m}^2=1.013\times10^5\text{Pa}$$

【例0-4】 在绝对单位制中277K时水的密度为1.0g/cm^3，试将其换算为SI制单位表示的密度。

解 SI制中密度的单位为（kg/m^3）。已知1g=0.001kg，1cm=0.01m

则

$$1.0\left(\frac{\text{g}}{\text{cm}^3}\right)=1\left(\frac{\text{g}}{\text{cm}^3}\right)\left(\frac{1\text{kg}}{1000\text{g}}\right)\left(\frac{100\text{cm}}{1\text{m}}\right)^3=1000\left(\frac{\text{kg}}{\text{m}^3}\right)$$

习 题

1. 某湿物料原始含水量为10%，在干燥器内干燥至含水量为1.1%（均为质量分数）。求每吨湿物料除去的水量。

2. 在某一间壁式换热器中，利用冷却水将间壁另一侧1500kg/h、80℃的某有机液体冷却到40℃，冷却水的初温为30℃，出口温度为35℃，已知该有机液体的比热容为1.38kJ/(kg·℃)。试求冷却水用量。

3. 将下列各物理量以国际单位制表示：（1）压力1.5kgf/cm^2；（2）密度1.23g/cm^3；（3）气体常数82.06atm·cm^3/(mol·K)。

第一章　流体输送

流体是指具有流动性的物体，包括液体和气体。在化工生产过程中所处理的原料、半成品和产品大多数是流体。根据生产要求，往往需要将这些流体按照生产程序从一个设备输送到另一个设备。化工厂中，管路纵横排列，与各种类型设备连接，承担着流体输送任务。除了单纯的流体输送外，化工生产中的传热、传质过程以及化学反应过程也大多是在流体流动状态下进行的，流体流动状态的好坏对这些单元操作有着重要影响。因此，要想能够深入理解这些单元操作的原理、掌握其操作技术，就必须首先掌握流体流动的基本规律。因此，流体流动过程是所有单元操作过程的基础，为了实现流体输送的顺利进行，有时在管路中还需要配备必要的流体输送设备——泵或风机。

第一节　流体输送管路

一、流体输送管路的基本构成

管路是由管子、管件和阀门等按一定的排列方式构成，也包括一些附属于管路的管架、管卡、管撑等辅件。

1. 管路的构成及标准化

由于生产中输送的流体各种各样，输送条件与输送量各不相同，因此管路必然是多种多样的。

为了简化管子和管件等产品的规格，使其既满足化工生产的需要，又适应批量生产的要求，方便设计制造和安装检修，有利于匹配互换，国家制定了管路标准和系列。管路标准是根据公称直径和公称压力两个基本参数来制定的。根据这两个基本参数，统一规定了管子和管件的主要结构尺寸与参数。具有相同公称直径和公称压力的管子与管件，可相互配合和互换使用。

（1）公称压力

公称压力又称通称压力，是管路的压力标准，用符号 PN 表示，单位 MPa。如 PN4.0，表示公称压力为 4MPa。通常公称压力大于或等于实际工作的最大压力。除了公称压力，管路的压力标准还有试验压力和工作压力。

试验压力是为了水压强度试验或紧密性试验而规定的压力，用 PS 表示。例如 PS150 表示试验压力为 15.0MPa。通常，试验压力 PS=1.5PN，特殊情况可以根据经验公式计算。工作压力是为了保证管路正常工作而根据被输送介质的工作温度所规定的最大压力，为了强调相应的温度，常在 P 的右下角标注介质最高工作温度（℃）除以 10 后所得的整数。例如 P_{45} 1.8atm 表示在 450℃下，工作压力是 1.8atm。通常工作压力随着介质工作温度的提高而降低。

一般来说，管路工作温度在 4～120℃范围内，公称压力是指最高允许工作压力，但当温度高于 120℃时，允许工作压力将低于公称压力。见表 1-1 和表 1-2。

表 1-1　管子、管件的公称压力

公称压力 PN/MPa				
0.05	1.00	6.30	28.00	100.00
0.10	1.60	10.00	32.00	125.00
0.25	2.00	15.00	42.00	160.00

续表

公称压力 PN/MPa				
0.40	2.50	16.00	50.00	200.00
0.60	4.00	20.00	63.00	250.00
0.80	5.00	25.00	80.00	335.00

注：摘自 GB/T 1048—90。

表 1-2　碳钢管子、管件的公称压力和不同温度下的最大工作压力

公称压力/MPa	试验压力（用低于100℃的水）/MPa	介质工作温度/℃						
		200	250	300	350	400	425	450
		最大工作压力/MPa						
		P_{20}	P_{25}	P_{30}	P_{35}	P_{40}	P_{42}	P_{45}
0.10	0.20	0.10	0.10	0.10	0.07	0.06	0.06	0.05
0.25	0.40	0.25	0.23	0.20	0.18	0.16	0.14	0.11
0.40	0.60	0.40	0.37	0.33	0.29	0.26	0.23	0.13
0.60	0.90	0.60	0.55	0.50	0.44	0.38	0.35	0.27
1.00	1.50	1.00	0.92	0.82	0.73	0.64	0.58	0.43
1.60	2.40	1.60	1.50	1.30	1.20	1.00	0.90	0.70
2.50	3.80	2.50	2.30	2.00	1.80	1.60	1.40	1.10
4.00	6.00	4.00	3.70	3.30	3.00	2.80	2.30	1.80
6.30	9.60	6.30	5.90	5.20	4.70	4.10	3.70	2.90
10.00	15.00	10.00	—	8.20	7.20	6.40	5.80	4.30
16.00	24.00	16.00	14.70	13.10	11.70	10.20	9.30	7.20
20.00	30.00	20.00	18.40	16.40	14.60	12.80	11.60	9.00
25.00	35.00	25.00	23.00	20.50	18.20	16.00	14.50	11.20
32.00	43.00	32.00	29.40	26.20	23.40	20.50	18.50	14.40
40.00	52.00	40.00	36.80	32.80	29.20	25.60	23.20	18.00
50.00	62.50	50.00	46.00	41.00	36.50	32.00	29.00	22.50

（2）公称直径

公称直径是管路的直径标准，用符号 DN 表示，如 DN300mm 表示管子或管件的公称直径为 300mm。通常公称直径既不是管子内径，也不是管子的外径，而是与管子的内径相接近的整数。同一公称直径的管子外径相同，但是内径则因壁厚不同而异。我国的公称直径在 1～4000mm 之间分为 53 个等级，在 1～1000mm 之间分得较细，而在 1000mm 以上，每 200mm 分一级，参见表 1-3。

表 1-3　管子、管件的公称直径

公称直径 DN/mm															
1	4	8	20	40	80	150	225	350	500	800	1100	1800	2400	3000	3600
2	5	10	25	50	100	175	250	400	600	900	1500	2000	2600	3200	3800
3	6	15	32	65	125	200	300	450	700	1000	1600	2200	2800	3400	4000

注：摘自 GB/T 1047—95。

管子是管路的主体，选择管子时首先应根据所输送物料的性质（如腐蚀性、易燃性、易爆性等）和操作条件（如温度、压力等）确定材质及公称压力，然后再根据输送介质的流量及流速确定管子的直径，据此选择管子的公称直径，最后确定管子、管件的规格。

2. 化工管材

化工生产中使用的管子按管材不同可分为金属管、非金属管和复合管，其中以金属管占绝大部分。复合管指的是金属与非金属两种材料复合得到的管子，最常见的形式是金属材料在外、复合材料做衬里。

管子的规格通常用“ϕ 外径×壁厚”表示，如 ϕ38mm×2.5mm，表示此管子的外径是38mm，壁厚是 2.5mm。但也有些管子是用内径来表示其规格的，使用时要注意。管子的长度主要有 3m、4m 和 6m，有些可达 9m、12m，但以 6m 长的管子最为普遍。

常见的金属管的种类、特点及用途见表 1-4。

表 1-4 常见的金属管

名称		特点	用途	备注
钢管	有缝钢管	用低碳钢板焊接而成的钢管，又称为焊接管。易于加工制造、价格低。主要有水管和煤气管，因为有焊缝而不适宜在 0.8MPa(表压)以上的压力条件下使用。其极限工作温度为 448K	目前主要用于输送水、煤气、蒸汽、腐蚀性低的液体和压缩性气体等，不得输送有爆炸性及有毒性的介质	规格参见附录十二
	无缝钢管	无缝钢管是用棒料钢材经穿孔热轧或冷拔制成的，它没有焊缝。用于制造无缝钢管的材料主要有普通碳钢、优质碳钢、低合金钢、不锈钢和耐热铬钢等。无缝钢管的特点是质地均匀、强度高、管壁薄，少数特殊用途的无缝钢管的壁厚也可以很厚。其极限工作温度为 708K	无缝钢管能用于在各种压力和温度下输送流体，广泛用于输送高压、有毒、易燃、易爆和强腐蚀性流体等	规格参见 GB/T 9948—2006
铸铁管	普通铸铁管	由上等灰铸铁铸造而成，价廉而耐腐蚀，但强度低，气密性差，性脆不宜焊接及弯曲加工，内径 75mm 和 100mm 两种管子的长度均为 3m，其余均为 4m	一般作为埋在地下的供水总管、煤气管及下水管等，也可以用来输送碱液及硫酸等，不能用于输送有压、有毒、爆炸性气体和高温液体	规格习惯上用 ϕ 内径×壁厚表示
	硅铁管	分为高硅铁管(含硅 40%以上)和抗氯硅铁管(含硅和钼)。硅铁管抗腐蚀性强，硬度高，性脆，机械强度低于铸铁，只能在 0.25MPa(表压)以下使用	高硅铁管能抗硫酸、硝酸和 573K 以下等强酸腐蚀。抗氯硅铁管能抗各种浓度和温度盐酸腐蚀	
有色金属管	铜管与黄铜管	由紫铜或黄铜制成。导热性好，延展性好，易于弯曲成型。当操作温度高于 523K 时，不易在高压下使用	适用于制造换热器的管子；用于油压系统、润滑系统来输送有压液体；铜管还适用于低温管路，黄铜管路也广泛使用	
	铅管	铅管因抗腐蚀性好，能抗硫酸及 10%以下的盐酸，其最高工作温度是 413K。由于铅管机械强度差、性软而笨重、导热性能差，目前正被合金管和塑料管所取代	主要用于硫酸及稀盐酸的输送，但不适用于浓盐酸、硝酸和醋酸输送	规格习惯上用 ϕ 内径×壁厚表示
	铝管	铝管也有较好的耐酸性，其耐酸性主要由其纯度决定，但耐碱性差。当温度超过 433K 时，不宜在较高的压力下使用	铝管广泛用于输送浓硫酸、浓硝酸、甲酸和醋酸等。小直径铝管可以代替铜管	

非金属管常用的有塑料管、橡胶管、陶瓷管、水泥管及玻璃管等，见表 1-5。

表 1-5　常见的非金属管

名　称	特　点
陶瓷管	耐腐蚀，除氢氟酸外，对其他物料均是耐腐蚀的，但性脆、机械强度低、不耐压及不耐温度剧变。因此，工业生产上主要用于输送压力小于 0.2MPa、温度低于 423K 的腐蚀性液体。主要规格有 DN50mm、DN100mm、DN150mm、DN200mm、DN250mm、DN300mm 等
水泥管	水泥管主要用作下水道的排污管，一般作无压流体输送。无筋水泥管内径范围在 100～900mm，有筋水泥管内径范围在 100～150mm。水泥管的规格均以 ϕ 内径×壁厚表示
玻璃管	用于工业生产中的玻璃管主要是由硼玻璃和石英玻璃制成的。玻璃管具有透明、耐腐蚀、易清洗、阻力小和价格低等优点。缺点是性脆、热稳定性差和不耐力，但玻璃管对氢氟酸、热浓磷酸和热碱外的绝大多数物料具有良好的耐腐蚀性。常用在一些检测或实验性的场合中
塑料管	以树脂为原料加工制成的管子，主要有聚乙烯管、聚氯乙烯管、酚醛塑料管、ABS 塑料管和聚四氟乙烯管等。塑料管的共同特点是抗腐蚀性强、质量轻、易于加工，有的塑料管还能任意弯曲和加工成各种形状。但都有强度低、不耐压和耐热性差的缺点。塑料管种类繁多，用途越来越广，很多原来用金属管的场合逐渐被塑料管所代替

二、管路的连接方式

管路的连接包括管子与管子之间，管子与管件、阀门及设备接口等处的连接。常见的连接方法有承插式连接、螺纹连接、法兰连接及焊接连接（图 1-1）。

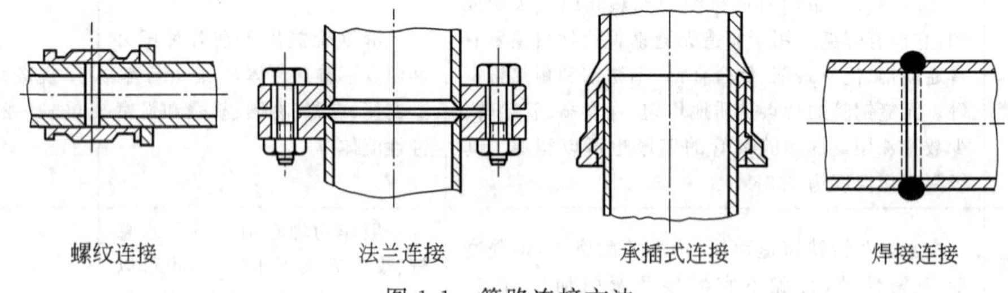

图 1-1　管路连接方法

1. 螺纹连接

螺纹连接是一种可拆卸连接，适用于管径小于 5.08cm 以下的水管、水煤气管、压缩空气管及低压蒸汽管。将需要连接的管子管端用管子铰板铰制成外螺纹，然后与具有内螺纹的管件或阀件连接起来。为了保证螺纹连接处密封良好，先在管端螺纹处缠上聚四氟乙烯薄膜（生料带），其缠绕方向应与螺纹方向一致，然后拧紧。

用内、外螺纹管接头连接管子，结构简单，但不容易装卸。活接头构造复杂，但易装卸，且密封性能好，管内流体不易漏出。

2. 法兰连接

法兰连接适用于大管径、密封性能要求高的管子连接。法兰与管端用丝扣或焊接固定在一起，管道的连接由两个法兰盘用螺栓连接起来，中间以垫片密封。法兰连接密封的好坏与选用的垫片材料有关。应根据介质的性质与工作条件选用适宜的垫片材料，保证不发生泄漏。

法兰连接也是可拆卸连接，拆装方便，密封可靠。使用的温度、压力、管径范围很大，因而广泛用于各种金属管、塑料管、玻璃管的连接，还适用于管子与阀件、设备之间的连接。

3. 焊接连接

管道焊接连接较上述连接法便宜、方便、严密，所有压力管道，如煤气、蒸汽、空气、真空及物料管道都应尽量采用焊接。焊接适用于钢管、有色金属管和聚氯乙烯管。且特别适宜长管路，但需要经常拆卸的管段不能用焊接法连接。考虑到检修的需要，在连续生产的防爆车间（如有易燃、易爆溶液的车间）内，物料管线也不应完全焊接，应在适当长度的管上用法兰连接，以便管线出现泄漏时可拆到厂房外检修。

4. 承插式连接

承插连接常用于管端不易加工的铸铁管、陶瓷管和水泥管等的连接。连接时将一端插入另一管端的插套内，再在连接处的环状空隙内填塞麻丝或石棉绳，然后塞入胶黏剂，以达密封的目的。

承插连接适用于不宜用其他方法连接的材料，安装较方便，允许各管段中心线有少许偏差，管道稍有扭曲时仍能维持不漏。缺点是难拆卸，不耐高压。多用于地下给排水管路连接。

三、化工管路的使用与防护

1. 化工管路常见故障及处理方法

化工管路在运行过程中，往往会发生泄漏、堵塞等故障。因此，在生产过程中，应注意经常检查，及时发现问题并排除。化工管路常见故障及处理方法见表 1-6。

表 1-6 化工管路常见故障及处理方法

序号	常见故障	原因	处理方法
1	管泄漏	裂纹，孔洞（管内外腐蚀、磨损），焊接不良	装旋塞；缠带；打补丁；箱式堵漏；更换
2	管堵塞	不能关闭；杂质堵塞	拆卸阀或管段清除；连接旁通，设法清除
3	管振动	流体脉动；机械振动	用管支撑固定或撤掉管支撑件，但必须保证强度
4	管弯曲	管支撑不良	用管支撑固定或撤掉管支撑件，但必须保证强度
5	法兰泄漏	螺栓松动；密封垫片损坏	箱式堵漏，紧固螺栓；更换螺栓；更换密封垫、法兰
6	阀泄漏	压盖填料不良，杂质吸附在表面	紧固填料函；更换压盖填料；更换阀部件或阀；阀部件磨合

2. 化工管路的防护

一般都采用油漆涂刷，不同的用途选用不同的油漆，见表 1-7，不同的材料（如金属材料）选用不同的底漆，见表 1-8。另外，根据输送物料的种类确定管路油漆的颜色，如蒸汽管涂红色，水管涂绿色，空气管涂蓝色，放空及输送有毒、有害物品管涂黄色等。

表 1-7 不同用途管对涂料的选择

用途	油性漆	酯胶漆	大漆	酚醛漆	沥青漆	醇酸漆	有机硅	乙烯漆	环氧漆	聚氨酯
一般防护	△	△				△				
防化工大气			△							
耐酸			△	△	△			△		△
耐碱			△		△			△		△
耐盐类					△			△	△	△
耐溶剂			△					△	△	△
耐油			△			△			△	△
耐水			△	△	△		△	△	△	△
耐热							△		△	
耐磨				△				△	△	
耐候性	△			△		△	△			△

注：△表示可选用。

表 1-8 不同金属对底漆的选择

金属	底漆品种
褐色金属	铁红醇酸,铁红纯酚醛,硼钡酚醛,铁红环氧,铁红油性,红丹,过氧乙烯沥青等
铝及铝镁合金	锌黄油性,醇酸或丙烯酸,磷化,环氧等
锌	锌黄,纯酚醛,磷化,环氧,锌粉
铝	锌黄,环氧
铜及其合金	氨基,铁红醇酸,磷化,环氧
铬	铁红醇酸
铅	铁红醇酸
锡	铁红醇酸,磷化,环氧

第二节 流体力学基础

在力学范围内，研究流体平衡与运动一般规律的科学称为流体力学。流体力学基本知识是解决流体输送问题的理论依据，也是今后学习其他单元操作的基础知识。

一、流体力学涉及的主要物理量

1. 流体的密度、相对密度、比体积

(1) 密度

单位体积流体的质量，称为密度，用符号 ρ 表示。

$$\rho=\frac{m}{V} \tag{1-1}$$

式中 ρ——流体的密度，kg/m^3；

m——流体的质量，kg；

V——流体的体积，m^3。

任何流体的密度都随它的温度和压力而变化。压力对液体的密度影响较小，可忽略不计，因此常称液体为不可压缩流体。温度对液体密度有一定影响，一般是随温度的升高而降低。例如，纯水的密度在 4℃ 时为 $1000kg/m^3$，在 20℃ 时为 $998.2kg/m^3$，在 100℃ 时为 $958.4kg/m^3$。在选用密度数值时要注意确定所选液体的温度。

实际生产中常遇到的是混合液体，它们的密度的准确值需用实验方法测得。当液体混合时，体积变化不大，而工程计算上又不需要特别精确时，混合液体密度的近似值可用式(1-2)计算：

$$\frac{1}{\rho}=\frac{X_{w1}}{\rho_1}+\frac{X_{w2}}{\rho_2}+\cdots+\frac{X_{wn}}{\rho_n} \tag{1-2}$$

式中 ρ——液体混合物的密度，kg/m^3；

ρ_1、ρ_2、…、ρ_n——混合液中各组分的密度，kg/m^3；

X_{w1}、X_{w2}、…、X_{wn}——混合液中各组分的质量分率。

(2) 相对密度

相对密度是指液体在某温度时的密度与纯水在 4℃时的密度之比。用 d^T 表示。

$$d^T=\frac{\rho}{\rho_{水}}=\frac{\rho}{1000} \tag{1-3}$$

式中　ρ——液体在温度为 T 时的密度，kg/m^3；

$\rho_{水}$——水在 4℃时的密度，kg/m^3。

由式(1-3) 可知，相对密度是没有单位的。液体的相对密度用实验方法测定。工业上最简单的方法是将比重计放在液体中，即可在比重计上读出液体的比重或称相对密度。若已知液体的相对密度，可由式(1-3) 求得该液体的密度，即 $\rho=1000d^T$。

(3) 比体积

单位质量流体所具有的体积，称为流体的比体积，用符号 v 表示：

$$v=\frac{V}{m}=\frac{1}{\rho} \tag{1-4}$$

由式(1-4) 可知，流体比体积与密度互为倒数。即流体的比体积和密度的乘积等于 1。

气体的密度由于受气体温度和压力的改变而变化，计算方法在此不作阐述，其值需用时可在附录五中查得。

【例 1-1】 已知食盐水溶液的相对密度为 1.08，油的相对密度为 0.89。试分别求它们的密度、比体积。

解 (1) 由式(1-3) 得知 $\rho=d^T 1000kg/m^3$，它们的密度分别是：

食盐水溶液的密度　$\rho_1=1.08\times1000=1080$ (kg/m^3)

油的密度　$\rho_2=0.89\times1000=890$ (kg/m^3)

(2) 由式(1-4) 可计算出它们的比体积分别是：

食盐水溶液的比体积　$v=\frac{1}{\rho_1}=\frac{1}{1080}=0.000926$ (m^3/kg)

油的比体积　$v=\frac{1}{\rho_2}=\frac{1}{890}=0.00112$ (m^3/kg)

【例 1-2】 某化工厂混合液泵每小时输送混合液 50t，设混合液温度为 20℃，相对密度为 1.059。试求每小时输送混合液的体积为多少立方米。

解 已知每小时输送混合液的质量为 50t，其相对密度为 1.059。

混合液的密度为　$\rho=1.059\times1000=1059$ (kg/m^3)

由 $\rho=m/V$ 可知，每小时输送的混合液体积为：

$$V=\frac{m}{\rho}=\frac{50000}{1059}=47.21\ (m^3)$$

2. 作用在流体上的力

(1) 压力

流体垂直作用于单位面积上的力，称为流体的压强，习惯上称为流体的压力，用符号 p 表示。

设作用在流体整个表面的力是 F 牛顿 (N)，该表面积是 A 平方米 (m^2)，则压力的关系式为：

$$p=\frac{F}{A}\ (N/m^2 \text{ 或 } Pa) \tag{1-5}$$

在 SI 单位制中，压力的单位是 N/m^2，读为牛每平方米，其专用名称是帕斯卡，简称为帕，单位符号 Pa。由于生产中操作压力的高低相差很大，有时需用比 Pa 大的单位，如 kPa 和 MPa，有时需用比 Pa 小的单位，如 mPa 等，它们之间的关系为：

$$1MPa=10^3 kPa=10^6 Pa=10^9 mPa$$

(2) 液体的静压力及其单位换算

设容器的底面积为A，其内静止液柱高度为h，液体的密度为ρ，则液体作用在容器底面积上的力F等于液柱的重量，即：

$$F=hA\rho g$$

式中 F——力，N；

h——液柱高度，m；

A——容器的底面积，m^2；

ρ——液体的密度，kg/m^3；

g——重力加速度，m/s^2。

作用在器底上的静压力（或静压强）为：

$$p=\frac{F}{A}=\frac{hA\rho g}{A}=h\rho g \tag{1-6}$$

式中 p——流体的静压力，Pa。

由式(1-6) 可知，压力p等于液柱高度h、液体密度ρ和重力加速度g的乘积。在指定液体时ρg是常数，此时$p\propto h$。因此，可以用液柱高度的大小表示静压力的大小。

由式(1-6) 得：

$$h=\frac{p}{\rho g} \tag{1-7}$$

由式(1-7) 可知，当流体的静压力p一定时，液体的密度ρ越大，则液柱高度h越小。用不同密度ρ_1和ρ_2的两种液体表示同一静压力时，其液柱高度分别是h_1和h_2，则有：

$$\frac{h_1}{h_2}=\frac{\rho_2}{\rho_1} \tag{1-8}$$

即液柱高度与密度成反比。

由于生产装备和查阅的科技资料中，压力还采用许多SI制以外单位，如毫米汞柱（mmHg）；米水柱（mH_2O）；公斤（力）/平方厘米（kgf/cm^2）；工程大气压（at）；物理大气压（atm）等，所以应该了解Pa与其他单位的换算关系。

在生产中有些压力表上的单位是公斤（力）/平方厘米，其符号是kgf/cm^2，一般称$1kgf/cm^2$为一个工程大气压，符号是at。习惯上所说的几个“压力”，就是指几个工程大气压。在实验室中压力单位常用物理大气压或标准大气压，符号是atm。

为便于换算，常见的压力单位换算关系如下：

$$1atm=1.013\times10^5Pa=1.033kgf/cm^2=760mmHg=10.33mH_2O$$

$$1at=9.81\times10^4Pa=1kgf/cm^2=735.6mmHg=10mH_2O$$

(3) 表压、真空度和绝对压力

测量流体压力用的仪表称为压力表。在设备或管路上装的压力表，其读数是设备或管路内流体的真实压力与外界大气压之差。若设备内的压力与外界相等，则压力表的读数为零。真实压力（实际压力）称为绝对压力，简称绝压，以符号p表示。从压力表上读得的压力值称为表压力，简称表压，符号$p_{表}$。已知设备或管路内的表压（$p_{表}$）和外界大气压（$p_{大}$），就可求出绝对压力（p）。

$$p=p_{表}+p_{大} \tag{1-9}$$

或

$$p_{表}=p-p_{大} \tag{1-10}$$

当设备或管路内真实压力小于外界大气压时，则采用真空表测量压力。此时真空表的读数表明外界大气压与设备或管路内的绝对压力之差，称为真空度，符号$p_{真}$。绝对压力与真空度的关系为：

$$p = p_{大} - p_{真} \tag{1-11}$$

或

$$p_{真} = p_{大} - p \tag{1-12}$$

由上述关系式可见，真空度越高则绝对压力越低；真空度最大值等于大气压力；真空度为定值时，大气压力越大，则绝对压力越大。所以记录真空度时，必须同时注明当时外界大气压，否则无法计算绝对压力。真空又称负压。外界大气压可用气压计测定，大气压强随地区而异，在同一地区也会随季节、气候而稍有不同。

为了避免不必要的混乱，用表压或真空度表示压力数值时，应在单位后加括号注明，如 $p=2\times10^5$ Pa（表压），$p=4\times10^4$ Pa（真空度）等。如果没有注明，即为表压。

【例 1-3】 已测得锅炉中 130℃ 蒸汽的表压力为 1253mmHg，当时当地大气压为 770mmHg。试求锅炉中蒸汽的绝对压力为多少 kPa？多少 mH_2O？

解 由式(1-6) $p=h\rho g$ 可知

锅炉中蒸汽的表压为：

$$p_{表}=1.253\times13600\times9.81=167170.25\ (\mathrm{N/m^2}\ 或\ \mathrm{Pa})=167.17\ (\mathrm{kN/m^2}\ 或\ \mathrm{kPa})$$

同理，当时当地大气压为：

$$p_{大}=0.77\times13600\times9.81=102730.32\ (\mathrm{N/m^2}\ 或\ \mathrm{Pa})=102.73\ (\mathrm{kN/m^2}\ 或\ \mathrm{kPa})$$

锅炉中蒸汽的绝对压力为：

$$p=p_{表}+p_{大}=167.17+102.73=269.9\ (\mathrm{kN/m^2}\ 或\ \mathrm{kPa})$$

用水柱表示为：

$$h=\frac{p}{\rho g}=\frac{269900}{1000\times9.81}=27.51\ (\mathrm{mH_2O})$$

二、静止流体的基本规律

流体的静止是流动的一种特殊形式。要研究流体的运动规律，一般先从静止流体这种特殊情况开始。对静止流体而言，由于本身重力以及外加压力的存在，各方向力达到平衡，因此处于相对静止状态。重力是不变的，而静止流体内部各点的压力是不相同的。它们遵循的规律是什么？现在对静止流体内部压力变化规律加以讨论。

1. 流体静力学基本方程

静止流体内部，从各个方向作用于某一点的力都是相等的，否则该点的流体便不能保持静止。同一水平面各点的静压力也是相等的，否则静止的液面便不会成水平。在不同高度的水平面上，流体的静压力不同。

如图 1-2 所示容器内的静止液体，其密度为 ρ。在液体中任意划出一个液柱，上下底面积均为 A。现以容器底面作为基准水平面，液柱上、下底与基准面的距离分别为 z_1 和 z_2。此静止液体在垂直方向所受的几个力达到平衡。液柱所受向下的力有：

向下的重力 $F=\rho A(z_1-z_2)g$

作用在液柱顶面上的总压力 $F_1=p_1A$

液柱所受向上的推力即作用在液柱底面积上的总压力 $F_2=p_2A$

液柱处于平衡状态时，在垂直方向上的各力的代数和为零，即：

$$F_1+F-F_2=0$$

或

$$p_1A+\rho A(z_1-z_2)g-p_2A=0$$

即

$$p_2A=p_1A+\rho A(z_1-z_2)g$$

将上式整理得：

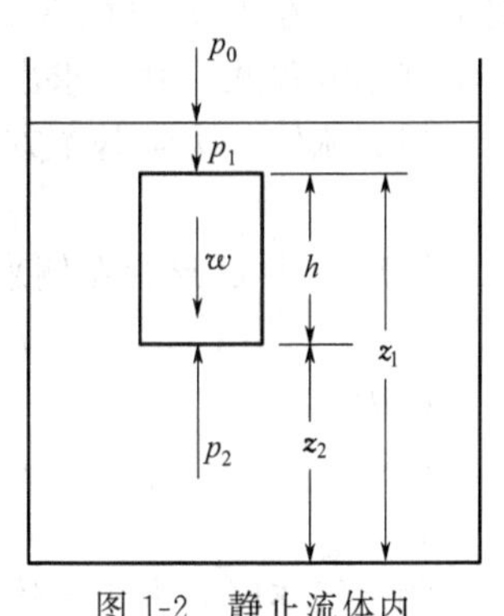

图 1-2 静止流体内部力的平衡

$$p_2=p_1+\rho(z_1-z_2)g \tag{1-13}$$

如果将液柱的顶面取在液面，液面上方的压力为 p_0。液柱的高度就为 $h=z_1-z_2$，则式(1-13) 可写成：

$$p_2=p_0+h\rho g \tag{1-14}$$

式(1-13) 和式(1-14) 均称为流体静力学基本方程式。它表明了静止流体内部压力变化的基本规律。从静力学基本方程式可以看出以下几点。

① 在静止的液体中，液体任一点的压力与液体的密度和深度有关，液体的密度越大，深度越深，则该点的压力越大。

② 当液体上方的压力或液体内部任一点的压强有变化，必将引起液体内部各点压力发生同样大小的变化。

③ 静止的同一种连续液体在同一水平面上各点压力相等。

必须注意：静力学基本方程式只适用于静止、连通着的同一种流体内部。

【例 1-4】 如图 1-3 所示的某种化工溶液贮槽中，在液面下 10m 深处的压力为 262.5kN/m² (绝压)，求液面下 15m 深处及液面上的压力。已知该溶液的密度为 1600kg/m³。

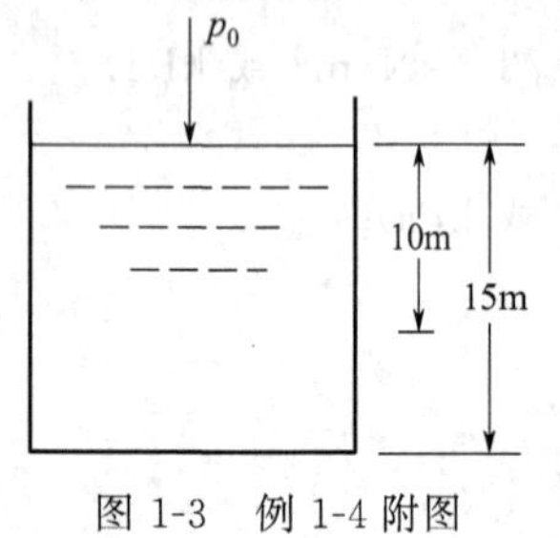

图 1-3　例 1-4 附图

解　(1) 液面下 15m 深处的压力，由 $p_2=p_1+\rho(z_1-z_2)g$ 可知

$$p_2=262.5\times10^3+1600\times(15-10)\times9.81$$
$$=341\times10^3(\text{N/m}^2)=341(\text{kN/m}^2 \text{ 或 kPa})$$

(2) 液面上的压力，由 $p_2=p_0+h\rho g$ 可知

$$p_0=p_2-h\rho g=341\times10^3-15\times1600\times9.81$$
$$=105.6\times10^3\text{N/m}^2=105.6\ (\text{kN/m}^2 \text{ 或 kPa})$$

2. 流体静力学基本方程的应用

在化工生产中，有些测压仪表是以流体静力学基本方程式为依据制成的。以常用的压强差测定和液位测量为例来说明它们的应用原理。

(1) U 形管液柱压差计

U 形管液柱压差计的结构如图 1-4 所示，它是在一根 U 形玻璃管 (称为 U 形管压差计) 内装指示液。指示液必须与被测流体不互溶，不起化学反应，且其密度要大于被测流体的密度。指示液随被测流体的不同而不同。常用的指示液有汞、四氯化碳、水和液体石蜡等。将 U 形管的两端与管道中的两个测压点相连通，若作用于 U 形管两端的压力为 p_1 和 p_2 不等 (图中 $p_1>p_2$)，则指示液就在 U 形管两端出现高度差 R。利用 R 的数值，再根据流体静力学基本方程式，就可求出两个测压点之间的压力差。

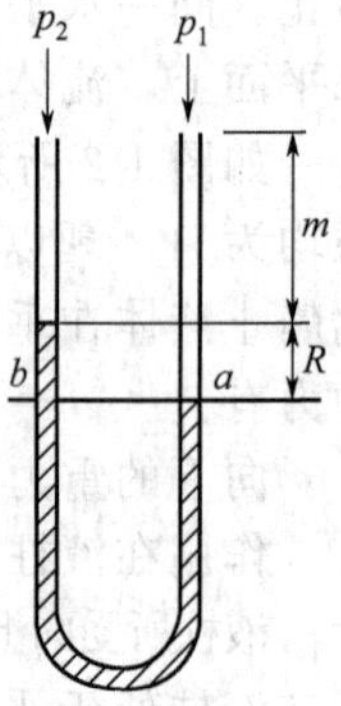

图 1-4　U 形管压差计

根据流体静力学基本方程式，从 U 形管右侧来计算，可得：

$$p_a=p_1+(m+R)\rho g$$

同理，从 U 形管左侧来计算，可得：

$$p_b=p_2+m\rho g+R\rho_0 g$$

因为

$$p_a=p_b$$

所以

$$p_1+(m+R)\rho g=p_2+m\rho g+R\rho_0 g$$

$$p_1-p_2=R(\rho_0-\rho)g \tag{1-15}$$

测量气体时，由于气体的密度 ρ 比指示剂的密度 ρ_0 小得多，故 $\rho_0-\rho\approx\rho_0$，式(1-15) 可简化为：

$$p_1 - p_2 = R\rho_0 g \tag{1-16}$$

图 1-5 所示是倒置 U 形管压差计。该压差计是利用被测液体本身作为指示剂，则压力差 $p_1 - p_2$ 可根据液柱高度差 R 进行计算。

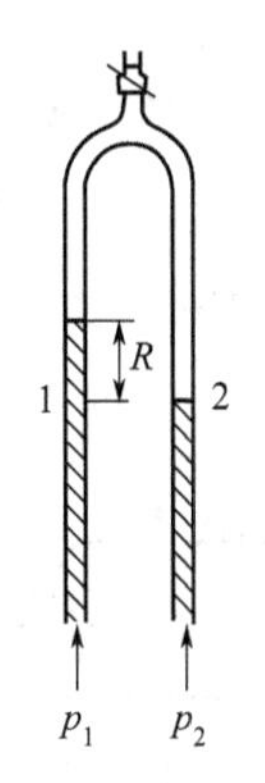

图 1-5 倒 U 形管压差计

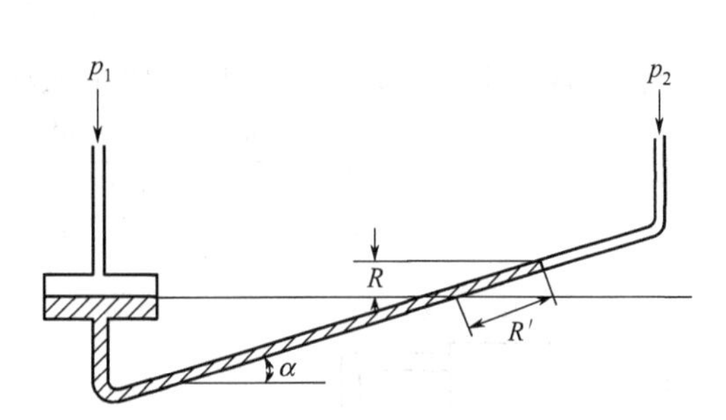

图 1-6 斜管压差计

(2) 斜管压差计

当被测量流体压力或压差较小时，读数 R 必然很小，为得到精确的读数，可采用如图 1-6 所示的斜管压差计。此时 R' 的读数为：

$$R' = R/\sin\alpha \tag{1-17}$$

式中 α——倾斜角，其值越小，则 R 值放大为 R' 的倍数越大。

(3) 微差压差计

若斜管压差计所示的读数仍然很小，则可采用微差压差计，其构造如图 1-7。在 U 形管中放置两种密度不同、互不相溶的指示液，管的上端有扩张室，扩张室有足够大的截面积，当读数 R 变化时，两扩张室中液面不致有明显的变化。

按流体静力学基本方程式可推出：

$$p_1 - p_2 = \Delta p = Rg(\rho_a - \rho_b) \tag{1-18}$$

式中 ρ_a，ρ_b——重、轻两种指示液的密度，kg/m^3。

从上式可看出，对于一定的压差，$(\rho_a - \rho_b)$ 越小，则读数 R 越大，因此，为了读数方便，尽量使用两种密度接近的指示液。

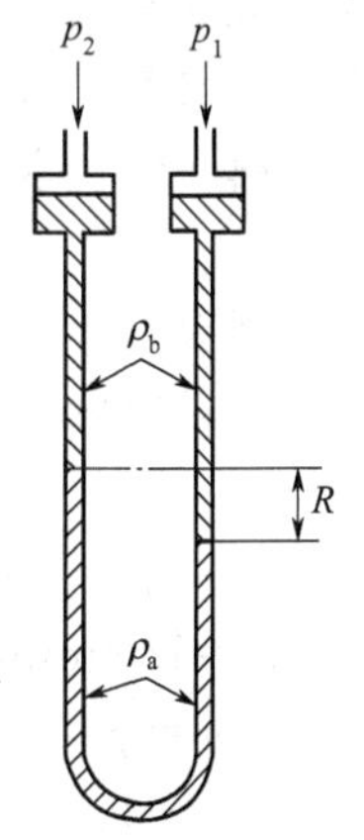

图 1-7 微差压差计

(4) 液位测量

化工生产中经常要了解容器里的贮存量，或要控制设备内的液位，因此要对液位进行测定。有些观察、控制或测量容器中液位高度的液面计，是以流体静力学基本方程式为依据制成的。

图 1-8 为液柱压差计测定液位的示意图。将 U 形压差计的两端分别与容器上面空间和容器底部相连接，压差计的读数 R 的大小和容器中液位的高度成正比，所以由 R 值可知液位高度。

由静力学基本方程式可知，A 点和 B 点的压力相等，等于容器底部的压力，因为 $p_A = p_0 + h\rho g$；$p_B = p_0 + R\rho_{示} g$，整理得：

$$h = R\frac{\rho_{示}}{\rho} \tag{1-19}$$

【例 1-5】 如图 1-8 所示的容器内存有密度为 $900kg/m^3$ 的油，U 形管压力计的读数为 200mmHg，指示液为水银，求容器内油位的高度。若指示液改用水，U 形管压差计的读数又为多少？

解 (1) 设容器内液面上方压力为 p_0，油位高度为 h，由静力学基本方程式，可知U形管中 A、B 两点的压力相等。

即 $p_A=p_B$，则 $p_0+h\rho g=p_0+R\rho_{示}g$，

由式(1-17)得：

$$h=R\frac{\rho_{示}}{\rho}=\frac{0.2\times13600}{900}=3.02\ (\mathrm{m})$$

(2) 若指示液改用水，设水的密度为 $1000\mathrm{kg/m^3}$ 则U形管 R 的读数为：

$$R=\frac{h\rho}{\rho_{示}}=\frac{3.02\times900}{1000}=2.72\ (\mathrm{m})$$

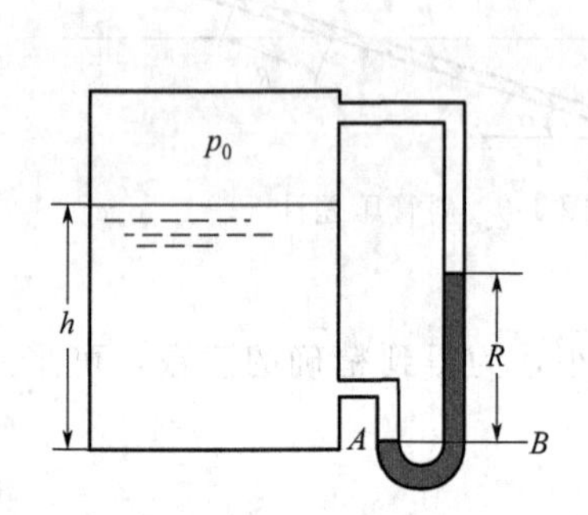

图 1-8 液柱压差液面计

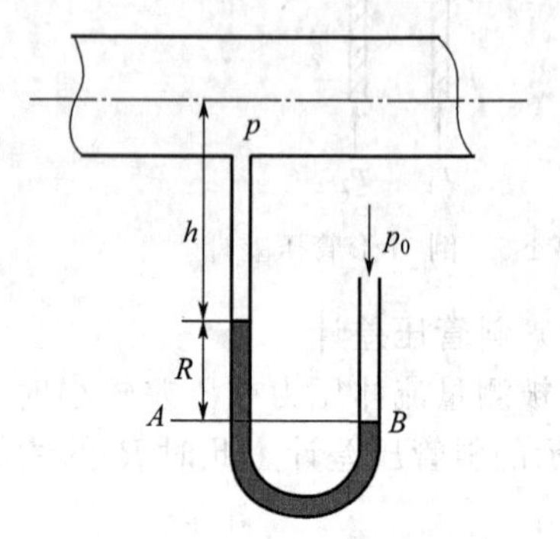

图 1-9 例 1-6 附图

【例 1-6】 如图 1-9 所示，在流动着水的管道某横截面处安装一个U形管压力计，指示液为水银，读数 $R=300\mathrm{mm}$，$h=1100\mathrm{mm}$。当地大气压为 760mmHg，试求该管道中心处的压力和真空度。若换以空气在管内流动，而其他条件不变，再求空气在该管道中心处的压力和真空度。水和水银的密度分别取为 $1000\mathrm{kg/m^3}$ 和 $13600\mathrm{kg/m^3}$。

解 (1) 水在管内流动时，由静力学基本方程式可知：

$$p_A=p_B=p_0$$

因为

$$p_A=p+h\rho_{水}g+R\rho_{水银}g$$

所以管内该截面处的压力为：

$$p=p_0-h\rho_{水}g-R\rho_{水银}g$$

式中 $p_0=760\mathrm{mmHg}=1.013\times10^5\mathrm{Pa}$；

$h=1100\mathrm{mm}=1.1\mathrm{m}$ 则：

$$p=p_0-h\rho_{水}g-R\rho_{水银}g=1.013\times10^5-1.1\times1000\times9.81-0.3\times13600\times9.81$$
$$=5.05\times10^4\ (\mathrm{Pa})$$

该管道中心处的真空度为：

$$p_{真}=p_{大}-p=1.013\times10^5-5.05\times10^4=5.08\times10^4\ (\mathrm{Pa})$$

(2) 空气在管内流动时

按照上述 $p_0=p_0-h\rho_{水}g-R\rho_{水银}g$，将水的密度换为空气的密度，即可进行计算，设 $\rho_{空气}=1.29\mathrm{kg/m^3}$，则有：

$$p=p_0-h\rho_{空气}g-R\rho_{水银}g$$
$$=1.013\times10^5-1.1\times1.29\times9.81-0.3\times13600\times9.81$$
$$=6.13\times10^4\ (\mathrm{Pa})$$

该截面上的真空度为：

$$p_{真}=p_{大}-p=1.013\times10^5-6.13\times10^4=4.0\times10^4\ (Pa)$$

此题在计算空气的压力和真空度时，因 $\rho_{空气}$ 远远小于 $\rho_{水银}$，亦可忽略空气气柱压力的影响，即可设 $\rho_{空气}\approx0$，对计算结果影响不大。

（5）确定液封高度

在化工生产中，为了控制设备内气体压力不超过规定的数值，常常装有如图 1-10 所示的安全液封（或称为水封）装置。其作用是当设备内压力超过规定值时，气体就从液封管排出，以确保设备操作的安全。若设备要求压力不超过 p_1（表压），按静力基本方程式，则水封管插入液面下的深度 h 为：

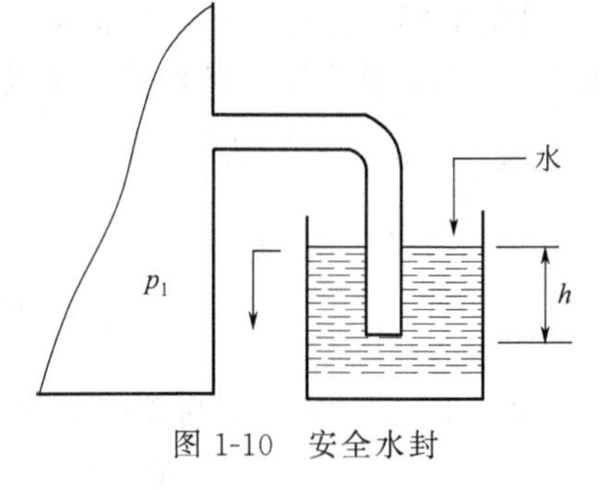

图 1-10 安全水封

$$h=\frac{p_1}{\rho_{H_2O}g} \tag{1-20}$$

为了安全起见，实际安装时管子插入液面下的深度应比式(1-20) 计算值略低。

三、流体流动的基本规律

在生产中，常遇到流体沿管道按一定的速度流动的情况，并且根据生产工艺的要求，经常需要将流体从低处送往高处，从低压设备送往高压设备，要实现这些操作，就需要了解流体在什么条件下流动；在流动过程中，有关物理量（如压力、流速等）如何变化；流体流动需要多少外加能量；流体流动究竟遵循什么规律，如何用这些规律来解决生产实际问题等。

1. 流量和流速

（1）流量

流体在管路中流动时，单位时间内流经管道任意截面的体积，称为体积流量。生产中常说的流量，指体积流量。用符号 $V_{秒}$（立方米每秒，即 m^3/s）或 $V_{时}$（立方米每小时，即 m^3/h）表示。

单位时间内流经管道任意截面的流体质量，称为质量流量。用符号 $G_{秒}$（千克每秒，即 kg/s）或 $G_{时}$（千克每小时，即 kg/h）表示。

体积流量与质量流量的关系是：

$$G_{秒}=V_{秒}\rho \tag{1-21}$$

$$V_{秒}=\frac{G_{秒}}{\rho} \tag{1-22}$$

因气体的体积随温度和压力而变化，故气体的体积流量应注明温度、压力。

（2）流速

流体在管路中流动时，单位时间内流过的距离，称为流速，用符号 u 表示，流速与流量的关系为：

$$u=\frac{V_{秒}}{S}=\frac{G_{秒}}{\rho S} \tag{1-23}$$

$$V_{秒}=uS \quad 或 \quad G_{秒}=V_{秒}\rho=uS\rho \tag{1-24}$$

式中 u——流速，m/s；

S——管子截面积，m^2，等于 $\pi d^2/4$，其中 d 为管道内径。

由此可初步确定管道直径为：

$$d=\sqrt{\frac{4V_{秒}}{\pi u}} \tag{1-25}$$

式(1-23)、式(1-24) 称为流量方程式。它表明：若已知流量和管径，即可计算流速；或者已知流量、流速，即可确定管径；或者已知管径、流速，即可计算流量。由流量方程式可知，当流量一定时流速与截面积成反比。

【例 1-7】 某化工厂混合液泵每小时输送混合液 85t，其流速为 1.5m/s。20℃时相对密度为 1.064。试选择并确定输送管道的直径。

解 已知 $G_{秒}=\frac{85\times1000}{3600}=23.6\ (\mathrm{kg/s})$

由式(1-22) 可得：

$$V_{秒}=\frac{G_{秒}}{\rho}=\frac{23.6}{1064}=0.0222\ (\mathrm{m^3/s})$$

由式(1-25) 可计算所需管子内径为：

$$d=\sqrt{\frac{4V_{秒}}{\pi u}}=\sqrt{\frac{0.0222}{0.785\times1.5}}=0.137\ (\mathrm{m})=137\ (\mathrm{mm})$$

采用水、煤气管，由有关手册查得与内径 137mm 相近的是内径为 153mm 规格的管子，其公称直径为 150mm，即 6in 的管子。此时，成品油在此管道中流动的实际流速为：

$$u=\frac{4V_{秒}}{\pi d^2}=\frac{0.0222}{0.785\times0.153^2}\approx1.21\ (\mathrm{m/s})$$

2. 稳定流动与非稳定流动

流体通过设备或管道的任一截面时，在该截面的流速、流量、压力等与流动有关的物理量保持稳定，不随时间而变化，这种流动称为稳定流动。

若流体流动时任一截面上的流速、流量、压力等与流动有关的物理量中，只要有一项随时间而变化，则称为非稳定流动。

在化工生产中，流体的流动情况绝大多数是稳定流动，不稳定流动仅在某些设备的开始运转或停止运转时发生。以下所讨论的流体流动，如无特殊说明，均指稳定流动。

3. 流动系统中的物料衡算——连续性方程式

当流体在管道中作稳定流动，并且管道无流体漏损时，根据质量守恒定律，每单位时间内通过管道任一截面的流体质量流量相等。

如图 1-11 所示，对不同管径的流动系统作物料衡算。流体从截面 1-1 流入，从截面 2-2 流出。流体作稳定流动时，完全充满管道，既无流体添加又无损失。

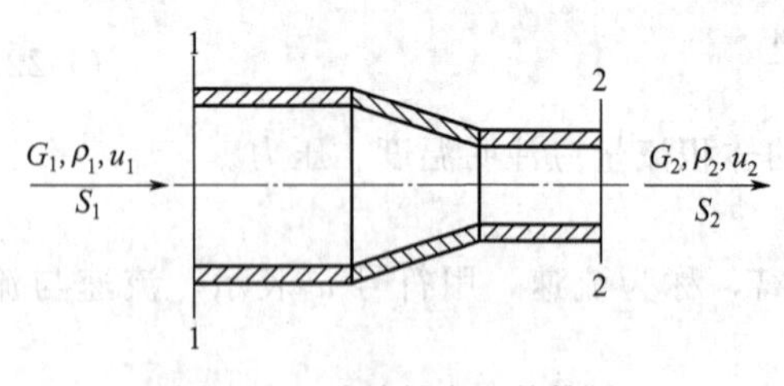

图 1-11 连续性方程的推导

设流体在截面 1-1 和 2-2 处的质量流量为 G_1 和 G_2，流速为 u_1 和 u_2，密度为 ρ_1 和 ρ_2，截面 1-1 和 2-2 处的截面积为 S_1 和 S_2。

根据物料衡算，可得：

$$G_1=G_2=常数$$

或

$$u_1\rho_1S_1=u_2\rho_2S_2=常数 \tag{1-26}$$

式中 ρ——流体密度，$\mathrm{kg/m^3}$；

G——液体的质量流量，kg/s；

S——管子截面积，$\mathrm{m^2}$。

式(1-26) 即为流体稳定流动时的连续性方程式。

当流体为液体时，即 $\rho_1=\rho_2$ 时，则：

$$u_1S_1=u_2S_2 \quad 或 \quad V_1=V_2 \tag{1-27}$$

式中 V_1，V_2——截面 1-1 和 2-2 处流体的体积流量，m^3/s。

【例 1-8】 在稳定流动系统中，水连续从粗圆管流到细圆管，粗管内径为细管内径的 3 倍，求细管内水的流速是粗管内的多少倍。

解 对于圆形截面管道，$S=\frac{\pi}{4}\times d^2$，参见图 1-11，设粗管为 1-1 截面，细管为 2-2 截面，在同一系统中两截面处流体密度相同，因此，式(1-27) 可改写为：

$$u_1 d_1^2=u_2 d_2^2 \quad \text{或} \quad \frac{u_1}{u_2}=\left(\frac{d_2}{d_1}\right)^2$$

已知 $d_1=3d_2$，所以，细管内水的流速是粗管的 9 倍。

$$\frac{u_2}{u_1}=\left(\frac{3d_2}{d_2}\right)^2=9\ (\text{倍})$$

由此可见，体积流量一定时，流速与管内径的平方成反比。故当流体的流量一定时，截面积越大，流速越小；反之，截面积越小，流速越大，这种关系虽然简单，但对分析流体流动问题是很有用的。

【例 1-9】 某输水管路由一段内径为 120mm 的圆管与一段内径为 90mm 的圆管连接而成(图 1-12)。若水以 $60m^3/h$ 的流量流过该管路时，试求此两段管路内水的流速。

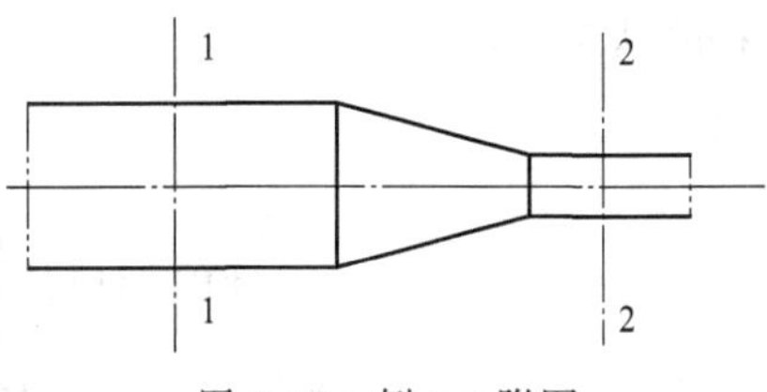

图 1-12 例 1-9 附图

解 水在同一管路系统中流动，即 $\rho_1=\rho_2$，通过内径为 120mm 管的流速为：

$$u_1=\frac{V_1}{S_1}=\frac{60}{3600\times\frac{\pi}{4}\times 0.12^2}=1.47\ (\text{m/s})$$

用连续性方程式，可得通过内径为 90mm 管内水的流速为：

$$u_2=u_1\frac{S_1}{S_2}=u_1\left(\frac{d_1}{d_2}\right)^2=1.47\times\left(\frac{0.12}{0.09}\right)^2=2.61\ (\text{m/s})$$

四、流体系统中的能量衡算——柏努利方程

参与衡算的能量包括流动着的流体本身具有的能量以及系统与外界交换的能量。

1. 流动系统中总能量衡算式

(1) 流动着的流体本身具有的能量

包括内能、位能、动能、静压能，分述如下。

① 内能　内能是贮存于流体内部的能量，它是由原子和分子的运动以及彼此相互作用而产生的能量总和。从宏观的角度看，它决定于流体的状态，在忽略压强对它的影响时，只与流体的温度有关。单位质量流体的内能以 U 表示，质量为 m 的流体所具有的内能为：

$$\text{内能}=mU$$

$$\text{内能的单位}[mU]=\text{kg}\cdot\frac{\text{J}}{\text{kg}}=\text{J}$$

② 位能　流体因受重力的作用，在不同的高度具有不同的位能。计算位能时应先规定一个基准水平面，如图 1-13 中的 0-0′面，此时质量为 m 的流体具有的位能相当于将其自基准面举升 Z 米高度所做的功，即：

$$\text{位能}=mgZ$$

$$\text{位能的单位}[mgZ]=\text{kg}\cdot\frac{\text{m}}{\text{s}^2}\cdot\text{m}=\text{N}\cdot\text{m}=\text{J}$$

位能是个相对值，随所选的基准面位置而定，在基准水平面以上为正，以下为负。

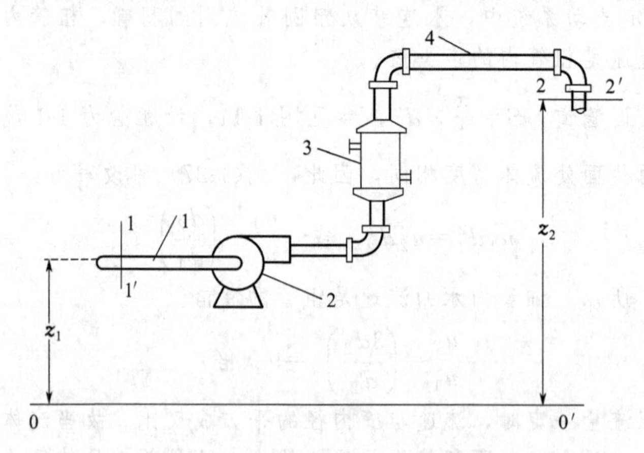

图 1-13 稳定流动系统示意图

1—输送机械的吸入管；2—输送机械；3—热交换器；4—系统的排出管

③ 动能 流体以一定的速度运动时，便具有一定的动能。质量为 m，流速为 u 的流体具有的动能为：

$$动能=\frac{1}{2}mu^2$$

$$动能的单位\left[\frac{1}{2}mu^2\right]=kg\cdot\left(\frac{m}{s}\right)^2=N\cdot m=J$$

④ 静压能 静止或流动着的流体内部任一处都具有一定的静压力，如在图 1-14 所示的管壁上开孔，于其上装一垂直于管轴的细玻璃管，管内流动的液体便会在玻璃管内上升一定高度，这就是流动着的流体具有静压力的表现。

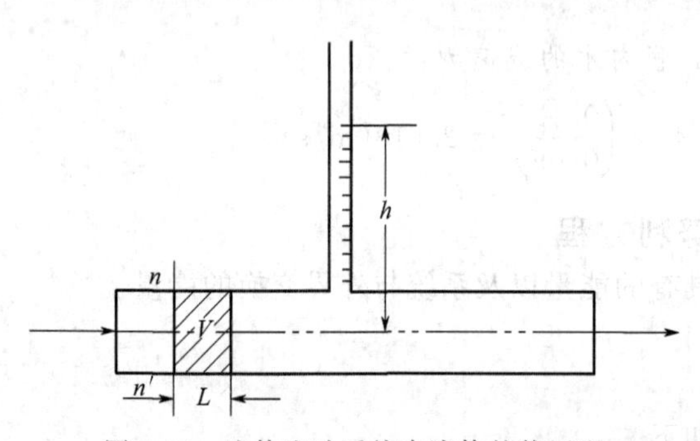

图 1-14 流体流动系统中液体的静压强

在上图中取任意截面 n-n'，由于原系统（管道内）具有一定的压力 p_1，流体流过时必须克服原系统对该流体施以的阻拦力 P（$P=p_1A_1$，A_1 为管道截面积），才能把流体推进到系统里去。或者说流体若想通过此截面向下游流动，必须携带与此阻拦力相当的能量，流体所具有的这种能量称为静压能或流动功。

设质量为 m，体积为 V_1 的流体通过截面 n-n'，把该流体推进此截面所通过的距离为 V_1/A_1，则流体带入系统的静压能为：

$$输入静压能=p_1A_1\frac{V_1}{A_1}=p_1V_1$$

$$静压能的单位[p_1V_1]=Pa\cdot m^3=\frac{N}{m^2}\cdot m^3=N\cdot m=J$$

（2）系统与外界交换的能量

与换热器交换的能量：设图 1-13 中流体被加热，换热器向单位质量流体输入的能量为 Q_e，若流体被冷却则情况相反。质量为 m 的流体吸收或放出的热量为：

$$热量=mQ_e$$

$$热量的单位[mQ_e]=kg\cdot\frac{J}{kg}=J$$

输送机械向系统输入的功：若管路上安装的泵或鼓风机等流体输送设备向流体做功，便有能量输入给流体。单位质量流体获得的能量以 W_e 表示。质量为 m 的流体获得的功为：

$$功=mW_e$$

$$功的单位[mW_e]=kg\cdot\frac{J}{kg}=J$$

流体接受外功为正，向外界做功为负。

在图 1-13 中，对以管道、输送机械和热交换器等装置的内壁面、截面 1-1′及 2-2′所构成的范围进行能量衡算。根据能量守恒定律知，输入的总能量等于输出的总能量，以 $m$kg 流体为衡算基准，则：

$$mU_1+mgz_1+m\frac{u_1^2}{2}+p_1V_1+mW_e+mQ_e=mU_2+mgz_2+m\frac{u_2^2}{2}+p_2V_2$$

将上式的每一项除以 m，其中 $V/m=v$ 为比体积，则得到以 1kg 流体为基准的总能量衡算式：

$$U_1+gz_1+\frac{u_1^2}{2}+p_1v_1+W_e+Q_e=U_2+gz_2+\frac{u_2^2}{2}+p_2v_2 \tag{1-28}$$

式中 U——1kg 流体所具有的内能，J/kg；

z——高度，m；

W_e——1kg 流体从输送机械处获得的能量，称为净功，或有用功，J/kg；

Q_e——1kg 流体与外界交换的热量，J/kg。

式(1-28) 中的位能 gz、动能 $u^2/2$ 及静压能 pv（或 p/ρ），三者之和为 1kg 流体具有的总机械能，以 E 表示，单位为 J/kg。

若 1-1′与 2-2′截面的参数分别以有效差值来表示，即：

$\Delta U=U_2-U_1$；$\Delta z=z_2-z_1$；$\Delta u^2=u_2^2-u_1^2$；$\Delta(pv)=p_2v_2-p_1v_1$

式(1-28) 可以改写为：

$$\Delta U+g\Delta z+\frac{\Delta u^2}{2}+\Delta(pv)=W_e+Q_e \tag{1-29}$$

式(1-29) 为稳定流动系统中流体的总能量衡算式，也是流动系统中热力学第一定律的表达式。这个式子从理论上说明流动系统中各种能量之间的关系，式中包括各种形式的能量，其中有些难于求算，故应设法将这些能量用易于求算的能量替换，使式子可以直接应用。

2. 流动系统中的总机械能衡算

在生产中对流动系统感兴趣的主要是机械能的转换，因此应设法将式(1-29) 中的 ΔU 及 Q_e 两项替换掉。根据热力学第一定律知：

$$\Delta U=Q'_e-\int_{\nu_1}^{\nu_2}p\,dv \tag{1-30}$$

式中 $\int_{\nu_1}^{\nu_2}p\,dv$——1kg 流体从图 1-13 中 1-1′截面流到 2-2′截面的过程中，因被加热而引起体积膨胀所做的功，J/kg；

Q'_e——1kg 流体由 1-1′面流到 2-2′面的过程中获得的总热量，J/kg。

Q'_e由两部分组成，其一是系统与外界交换的热量，如图 1-13 中的热交换器将流体加热时向 1kg 流体输入的热量 Q_e（J/kg），其二是流体在流动过程中，为了克服流动阻力而消耗的一部分能量，这部分能量转变为热量使流体温度微微升高，而不能用于流体输送，实际上这部分能量是损失了，称为能量损失，以$\sum h_f$表示，故：

$$Q_e' = Q_e + \sum h_f \tag{1-31}$$

式中　$\sum h_f$——1kg 流体在流动过程中因克服摩擦阻力而消耗的能量，J/kg。

式(1-30) 变为：

$$\Delta U = Q_e + \sum h_f - \int_{v_1}^{v_2} p \mathrm{d}v \tag{1-32}$$

将式(1-32) 代入式(1-29)，并整理得：

$$g\Delta z + \frac{\Delta u^2}{2} + \Delta(pv) - \int_{v_1}^{v_2} p \mathrm{d}v = W_e - \sum h_f \tag{1-33}$$

由于 $\Delta(pv) = \int_{v_1}^{v_2} \mathrm{d}(pv) = \int_{v_1}^{v_2} p \mathrm{d}v + \int_{p_1}^{p_2} v \mathrm{d}p$，将此关系代入式(1-33)，并整理得：

$$g\Delta z + \frac{\Delta u^2}{2} + \int_{p_1}^{p_2} v \mathrm{d}p = W_e - \sum h_f \tag{1-34}$$

式(1-34) 称为稳定流动时流体的机械能衡算式。

3. 柏努利方程式

式(1-34) 对可压缩流体和不可压缩流体均适用。对可压缩流体，式中 $\int_{p_1}^{p_2} v \mathrm{d}p$ 项应根据过程性质（等温、绝热或多变过程）按热力学原则处理。对不可压缩流体，其比体积 v 或密度 ρ 为常数，故有：

$$\int_{p_1}^{p_2} v \mathrm{d}p = \frac{1}{\rho}\int_{p_1}^{p_2} \mathrm{d}p = \frac{p_2 - p_1}{\rho} = \frac{\Delta p}{\rho}$$

将以上关系代入式(1-34)，得：

$$g\Delta z + \frac{\Delta u^2}{2} + \frac{\Delta p}{\rho} = W_e - \sum h_f \tag{1-35}$$

或

$$gz_1 + \frac{u_1^2}{2} + \frac{p_1}{\rho} + W_e = gz_2 + \frac{u_2^2}{2} + \frac{p_2}{\rho} + \sum h_f \tag{1-35a}$$

在流体力学中，常设想有一种流体，它在流动时没有摩擦阻力，这种流体称为理想流体。实际上理想流体是不存在的，但理想流体的概念可使流动问题的处理变得简单。对不可压缩理想流体，式(1-35) 可变为：

$$g\Delta z + \frac{\Delta u^2}{2} + \frac{\Delta p}{\rho} = W_e \tag{1-36}$$

对不可压缩理想流体，在流动过程中若无外功输入，则式(1-36) 可变为：

$$g\Delta z + \frac{\Delta u^2}{2} + \frac{\Delta p}{\rho} = 0 \tag{1-37}$$

展开上式并引申之，得：

$$gz_1 + \frac{u_1^2}{2} + \frac{p_1}{\rho} = gz_2 + \frac{u_2^2}{2} + \frac{p_2}{\rho} = \cdots = gz + \frac{u^2}{2} + \frac{p}{\rho} \tag{1-37a}$$

式(1-37a) 称为柏努利方程式，而式(1-35) 及式(1-36) 是它的引申，习惯上也称为柏努利方程式。

还应该指出，柏努利方程式是根据液体导出的。对于气体流动时，若所取系统的两截面间的绝对压力变化不大，即$\frac{p_1-p_2}{p_1}<20\%$时，式(1-36) 和式(1-37) 仍可用于计算，但此时式中的流体密度ρ应以两截面间流体的平均密度ρ_m来代替，即$\rho_m=\frac{\rho_1+\rho_2}{2}$。这种处理方法所导致的误差，在工程计算上是允许的。

用柏努利方程可以确定各项能量之间的转换关系，计算流体的流速等与流动有关的物理量，以及管路系统中所需外加功等问题。根据柏努利方程式计算出的W_e（或H），是确定流体输送机械所消耗功率的重要数据。流体输送机械的有效功率为：

$$N_{有}=G_{秒}W_e=G_{秒}Hg \tag{1-38}$$

式中 $N_{有}$——输送机械的有效功率，W；

$G_{秒}$——流体的质量流量，kg/s；

W_e，H——流体从输送机械获得的外加能量和外加压头，J/kg、J/N 或 m。

4. 柏努利方程式的应用注意事项

柏努利方程式阐明了流体在静止及流动状态时，各种能量之间的相互转换规律，在这个方程中将流体的流速、压力、位置及其与外界能量交换等项目联系起来。在分析解决流体的平衡、流动及输送的实际问题中，能量衡算方程应用很广。例如流速与压力的关系；流体输送机械应提供的能量及功率；流速与流量的测定；管路与设备的布置；液封及静止分离器的设计等方面，均以此为依据。

在应用柏努利方程解决实际问题时，应注意以下几点。

① 作图与确定衡算范围　根据题意画出流动系统的示意图，图中要标明流体流动方向及有关数据，以帮助分析题意，定出上、下游截面以明确流动系统的衡算范围。

② 截面的选取　选取的两截面均应与流体流动方向垂直，并且两截面间的流体必须是连续的。所需求取的未知量应在两截面之一上或在两截面之间反映出来，且截面上的有关物理量，除所需求的以外，都应是已知的或通过其他关系式能够计算出来的。

③ 基准水平面的选取　选取基准水平面是为了确定流体位能的大小，在柏努利方程中有位能差 [$g\Delta z=g(z_2-z_1)$] 的数值。所以，基准水平面可以任意选取，但必须与地面平行。如果截面不与地面平行，则z值是指截面中心点与基准面的垂直距离。为了简化计算，通常取基准水平面为通过衡算范围的两个截面中的任一个截面上。基准水平面以上为正值，反之为负值。

④ 单位必须统一　在应用柏努利方程式之前，应将式中有关物理量换算成同一单位制下的单位，然后进行计算。

⑤ 压力表示方法要一致　从柏努利方程的推导过程得知，式中两截面上的压力应为绝对压力，但由于式中所反映的是两截面上的压力差（$\Delta p=p_2-p_1$）的数值，且绝对压=大气压+表压。因此，两截面上的压力也可以同时用表压来表示。

5. 柏努利方程式的应用实例

(1) 确定管路中流体的流速

【例 1-10】 常温水在本题所示的管道内由下向上作定态流动。管道内径由 300mm 逐渐缩至 150mm。已测得图 1-15 中 1-1′及 2-2′面上静压强分别是 1.69×10^5Pa 及 1.5×10^5Pa (均为表压)，两个测压面间的垂直距离为 1.5m。流动过程中的能量损失很小，可以略去不计，试求水在管道中流动时的质量流量为若干 kg/h。

解　取 1-1′面为基准面，在 1-1′及 2-2′面间列柏努利方程式。图1-1′及 2-2′面间无外功

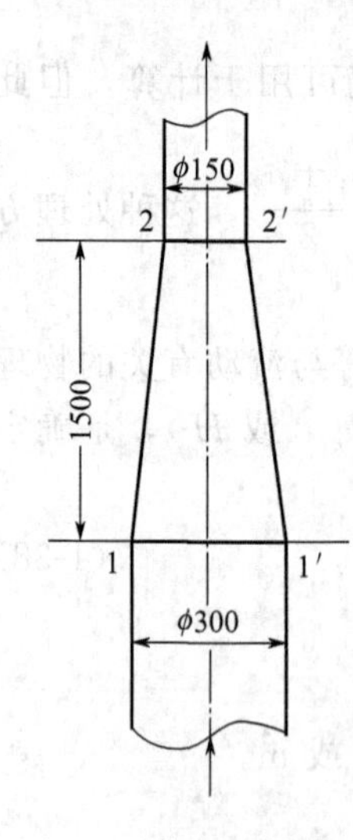

图 1-15　例 1-10 附图

输入，且可忽略其间的能量损失，故：$Z_1g+\frac{p_1}{\rho}+\frac{1}{2}u_1^2=Z_2g+\frac{p_2}{\rho}+\frac{1}{2}u_2^2$，取水的密度 $\rho\approx1000\text{kg/m}^3$。式中各物理量的数值为：$z_1=0$，$z_2=1.5\text{m}$

$$p_1=1.69\times10^5\text{Pa}，p_2=1.5\times10^5\text{Pa}$$

u_1 及 u_2 均为待求值，但从连续性方程出发，两者间的关系是 $\frac{u_1}{u_2}=\left(\frac{d_2}{d_1}\right)^2$ 或 $u_1=u_2\left(\frac{d_2}{d_1}\right)^2=\left(\frac{150}{300}\right)^2u_2=0.25u_2$，将以上诸值代入柏努利方程式，即：

$$0+\frac{(0.25u_2)^2}{2}+\frac{1.69\times10^5}{1000}=9.81\times1.5+\frac{u_2^2}{2}+\frac{1.5\times10^5}{1000}$$，解得 $u_2=3.02\text{m/s}$

$$质量流量=3.02\times\frac{\pi}{4}(0.15)^2\times3600\times1000=192\times10^3\ (\text{kg/h})$$

（2）确定确定相对位置

【例 1-11】 如图 1-16 所示，用虹吸管从高位槽向反应器加料，高位槽与反应器均与大气相通，且高位槽中液面恒定。现要求料液以 1m/s 的流速在管内流动，设料液在管内流动时的能量损失为 20J/kg（不包括出口），试确定高位槽中的液面应比虹吸管的出口高出的距离。

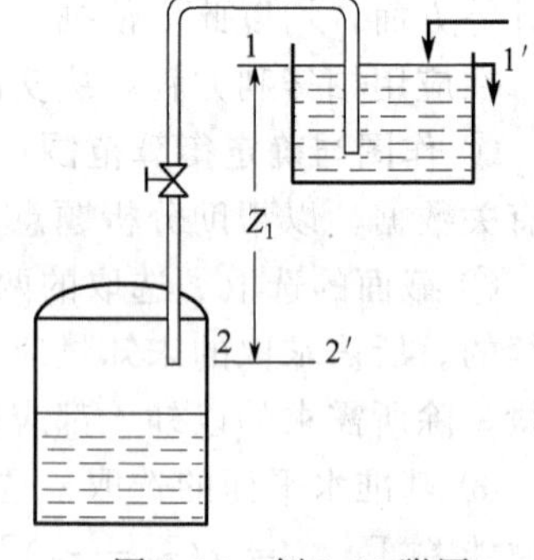

图 1-16　例 1-11 附图

解　以高位槽液面为 1-1′截面，管出口内侧为 2-2′截面，在 1-1′截面～2-2′截面间列柏努利方程：

$$Z_1g+\frac{p_1}{\rho}+\frac{1}{2}u_1^2=Z_2g+\frac{p_2}{\rho}+\frac{1}{2}u_2^2+\sum h_f$$

$Z_2=0$，$u_2=1\text{m/s}$，$u_1=0$，$p_1=p_2=0$（表压），

$$\sum h_f=20\text{J/kg}$$

简化：$Z_1=\left(\frac{1}{2}u_2^2+\sum h_f\right)/g=\left(\frac{1}{2}\times1^2+20\right)/9.81=2.09\ (\text{m})$

（3）确定流体输送过程中所需功率

【例 1-12】 图 1-17 所示的是丙烯精馏塔的回流系统，丙烯由贮槽回流至塔顶。丙烯贮槽液面恒定，其液面上方的压力为 2.0MPa（表压），精馏塔内操作压力为 1.3MPa（表压）。塔内丙烯管出口处高出贮槽内液面 30m，管内径为 140mm，丙烯密度为 600kg/m³。现要求输送量为 40×10³kg/h，管路的全部能量损失为 150J/kg（不包括出口能量损失），试核算该过程是否需要泵。

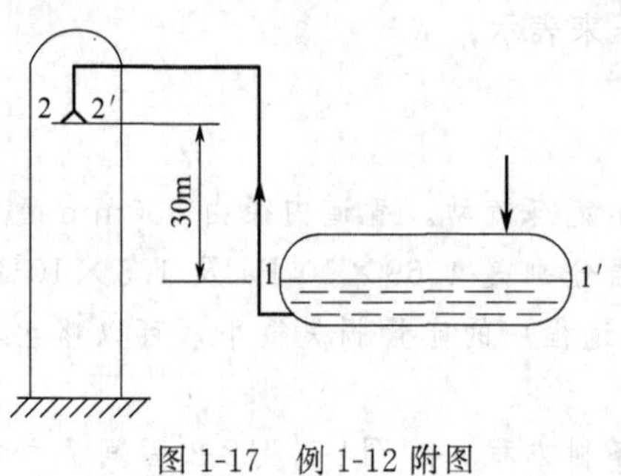

图 1-17　例 1-12 附图

解　以贮槽液面 1-1′截面为基准，在 1-1′截面与回流管出口内侧 2-2′截面间列柏努利方程：

$$Z_1g+\frac{p_1}{\rho}+\frac{1}{2}u_1^2+W_e=Z_2g+\frac{p_2}{\rho}+\frac{1}{2}u_2^2+\sum h_f$$

$$u_1=0，Z_1=0$$

所以：$\frac{p_1}{\rho}+W_e=Z_2g+\frac{p_2}{\rho}+\frac{1}{2}u_2^2+\sum h_f$

$$W_e=\frac{p_2-p_1}{\rho}+\frac{1}{2}u_2^2+Z_2g+\sum h_f$$

$$u_2=\frac{m_s/\rho}{0.785d^2}=\frac{m_s}{0.785d^2\rho}=\frac{40\times10^3/3600}{0.785\times0.14^2\times600}=1.2\ (\text{m/s})$$

因为 $W_e=\frac{(1.3-2.0)\times10^6}{600}+\frac{1}{2}\times1.2^2+30\times9.81+150=-721.6\ (\text{J/kg})$ 所以不需要泵。

（4）确定确定容器中所需压力

【例 1-13】 用压缩空气将密闭容器（酸蛋）中的硫酸压送至敞口高位槽，如图 1-18 所示。输送量为 $0.1\text{m}^3/\text{min}$，输送管路为 $\phi38\text{mm}\times3\text{mm}$ 的无缝钢管。酸蛋中的液面距压出管口的位差为 10m，且在压送过程中不变。设管路的总压头损失为 3.5m（不包括出口），硫酸的密度为 1830kg/m^3，问酸蛋中应保持多大的压力？

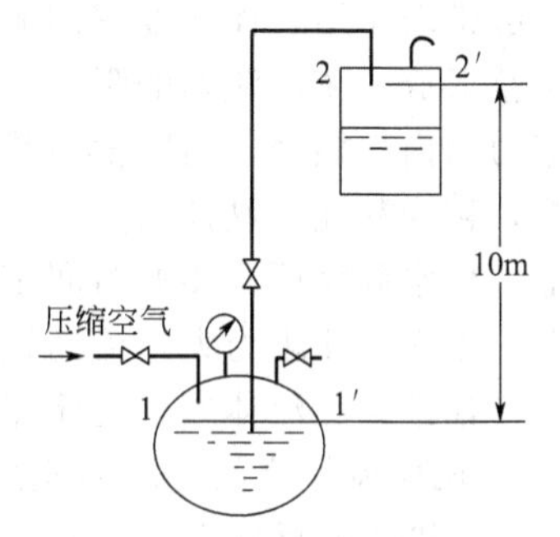

图 1-18 例 1-13 附图

解 以酸蛋中液面为 1-1′面，管出口内侧为 2-2′面，且以 1-1′面为基准，在 1-1′～2-2′间列柏努利方程：

$$\frac{p_1}{\rho g}+\frac{1}{2g}u_1^2+Z_1=\frac{p_2}{\rho g}+\frac{1}{2g}u_2^2+Z_2+H_f$$

$u_1=0$，$Z_1=0$，$p_2=0$（表压）

柏努利方程简化为：

$$\frac{p_1}{\rho g}=\frac{1}{2g}u_2^2+Z_2+H_f$$

其中：

$$u_2=\frac{4V_s}{\pi d^2}=\frac{0.1/60}{0.785\times0.032^2}=2.07\ (\text{m/s})$$

代入：$p_1=\rho g\left(\frac{1}{2g}u_2^2+Z_2+H_f\right)$

$$=1830\times9.81\times\left(\frac{1}{2\times9.81}\times2.07^2+10+3.5\right)=246276.7\ (\text{Pa})=246.3\ (\text{kPa})\ (表压)$$

第三节 管内流体流动时的阻力

前面讨论流动系统的机械能衡算时提到，流体流动时有流动阻力存在。克服流动阻力而损失的能量称为能量损失。

在应用柏努利方程解决实际问题时，我们也看到，只有给出了能量损失这项具体数值或指明忽略不计时，才能用柏努利方程求解。因此，流体阻力的计算非常重要。本节主要讨论流体阻力的来源，影响阻力的因素以及流体在管内的流动阻力计算方法。

一、流体阻力产生的原因及影响因素

1. 流体的黏度

为了更好地说明流体流动时产生的阻力，可以通过固体与固体之间的相对运动进行分析。如果在直管里放进一根圆木杆，杆的直径与圆管内径十分接近。要使圆杆在管内滑动，就得在杆的一端施加一个推力，以克服木杆表面与管内壁之间的摩擦力，这种摩擦阻力就是两固体之间发生相对运动时所出现的阻力。

流体在管内流动和圆木杆在管内滑动有相同的地方，即都有阻力出现，需要外力去克服

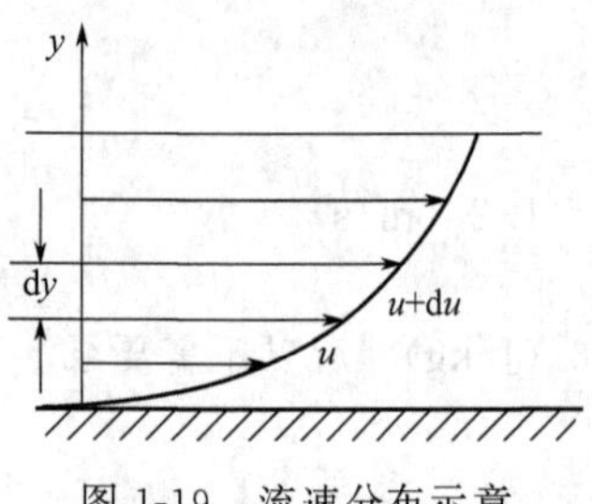

图 1-19 流速分布示意

阻力才能维持运动。但它们也有不同的地方，圆木杆在管内滑动时，木杆是一个整体作直线运动，杆内各点都以相同的速度运动，摩擦力作用于木杆外周与管内壁相接触的表面上。流体在管内流动时，管子横截面上各点的流速不同，管子中心的速度最大，越靠近管壁速度越小，黏附在管壁上的流体，其速度为零。因此，在圆管内流动着的流体可看成是被分割成无数极薄的圆筒，一层套着一层，各层分别以不同的速度向前运动，如图 1-19 所示，速度快的流体层对速度慢的流体层起带动作用，而速度慢的流体层对速度快的流体层起阻滞作用。层与层之间的这种相互作用就形成了流体流动的阻力。由于层与层之间的作用是在流体内部发生的，因此，称这种摩擦力为内摩擦力，内摩擦力是产生流体阻力的根本原因。流体流动时产生内摩擦力的这种特性，称为黏性。黏性的大小是决定流体流动速度的重要参数。从桶底的管中把一桶油放完比把一桶水放完所需要的时间多得多，其原因就是油的黏性比水的黏性大，即流动时内摩擦力大，因而流体阻力大，流速较小。

如果某层流体质点的流速是 u，在极小的距离 Δy 内与其相邻的流体质点的速度是 $u+\Delta u$，两层流体之间接触面积是 A，根据牛顿黏性定律，内摩擦力 F 与两层之间的相对速度差 Δu 和接触面积 A 成正比，而与两层之间距离 Δy 成反比，引入比例系数 μ，得：

$$F=\mu A\frac{\Delta u}{\Delta y} \tag{1-39}$$

或

$$\mu=\frac{F}{A}\times\frac{\Delta y}{\Delta u}=\frac{F/A}{\Delta u/\Delta y} \tag{1-40}$$

比例系数 μ 表明了流体黏性的影响，黏性大，μ 也大，用 μ 来衡量流体黏性的大小，这个衡量流体黏性大小的物理量，称为黏度，用符号 μ 表示。

黏度表示相邻两层流体发生相对运动时所显示出来的内摩擦力。单位面积上的内摩擦力 F/A，称为剪应力。$\Delta u/\Delta y$ 表示在与流动方向垂直的 y 方向上流速的变化率，称为平均速度梯度。

由式(1-39) 可知，$A=1\text{m}^2$，$\Delta u/\Delta y=1$，则在数字上 $\mu=F$。所以，黏度的物理意义是：当速度梯度为 1 个单位时，在单位面积上由于流体黏性所产生的内摩擦力的大小。显然，在相同的流动情况下，流体的黏度越大，产生的内摩擦力越大，则流体的阻力越大，即流体的损失能量也越大。

黏度的单位可由式(1-40) 导出。

在国际单位制（SI 制）中，有：

$$[\mu]=\frac{F}{A}\times\frac{\Delta y}{\Delta u}=\frac{\text{N}}{\text{m}^2}\times\frac{\text{m}}{\text{m/s}}=\frac{\text{N·s}}{\text{m}^2}=\frac{\text{kg}}{\text{m·s}}=\text{Pa·s}$$

在这里黏度读为帕斯卡秒，简称帕秒，即 Pa•s。

在物理单位制（cgs 制）中有：

$$[\mu]=\frac{F}{A}\times\frac{\Delta y}{\Delta u}=\frac{\text{dyn（达因）}}{\text{cm}^2}\times\frac{\text{cm}}{\text{cm/s}}=\frac{\text{dyn·s}}{\text{cm}^2}=\frac{\text{g}}{\text{cm·s}}=\text{P（泊）}$$

式中 dyn（达因）——物理单位制中力的单位，$1\text{dyn}=1\text{g·cm/s}^2$。

$1\text{dyn·s/cm}^2=1\text{P}$（泊），0.01P 称为 cP。

国际制与物理制黏度单位之间的换算关系如下：

$$1\text{Pa·s}=1\frac{\text{N·s}}{\text{m}^2}=\frac{10^5\text{dyn·s}}{10^4\text{cm}^2}=10\times\frac{\text{dyn·s}}{\text{cm}^2}=10\text{P}=1000\text{cP}$$

即 SI 制黏度单位 Pa•s 的 1/1000 与 cgs 制中的 cP（厘泊）同值。例如，水在 293.2K 时的黏度为 1cP，则 $\mu=1cP=10^{-3}Pa\cdot s$。

用以上方法表示的黏度，称为动力黏度或绝对黏度。

有时还用运动黏度表示流体黏性的大小，用符号 ν 表示。运动黏度为流体的绝对黏度与其密度之比，即：

$$\nu=\frac{\mu}{\rho} \tag{1-41}$$

在 SI 制中运动黏度的单位为 m^2/s。在 cgs 制中运动黏度的单位为 cm^2/s，$1cm^2/s=1$ 沲，用符号 st 表示。1 沲＝100 厘沲。在 SI 制与 cgs 制中运动黏度的关系为 $1m^2/s=10^4$ 沲＝10^6 厘沲。

绝对黏度和运动黏度常用于流体阻力的计算。各种流体的黏度与流体的性质和温度有关，均由实验测定。

气体的黏度随温度的升高而增大；液体的黏度随温度的升高而减小，黏度越大的液体，它的黏度对温度的变化越明显。压力变化时，液体的黏度基本不变。气体的黏度随压力的改变很小，在一般工程计算中可忽略不计，只有在高压下才考虑压力对气体黏度的影响。

2. 雷诺实验及流体流动的型态

为了直接观察流体流动时内部质点的运动情况及各种因素对流动状况的影响，可通过图 1-20 所示的实验装置——雷诺实验装置进行观察。在水箱内有溢流装置，以维持水位恒定。箱的底部安装一段入口为喇叭状内径相同的水平玻璃管，管口有阀门以调节流量。水箱上方装有带颜色的液体贮瓶，有色液体经过细管注入玻璃管内。在水流经玻璃管的过程中，同时把贮瓶内有色液体送到玻璃管入口后的管中心位置。实验可以观察到，当阀门稍开，水在玻璃管内的流速不大时，从细管引到水流中的有色液体成一直线，平稳地流过整根玻璃管，如图 1-21(a) 所示，这种现象表明玻璃管内水的质点是彼此平行地沿管轴的方向作直线运动。称这种流动型态为滞流或层流。当开大阀门，使水的流速逐渐加大到一定数值时，可看见有色液体的细线开始出现波浪形。若使流速继续增大，使其流速达到某一临界值时，细线便完全消失，有色液体流出细管后随即散开，与水完全混合在一起，使整根玻璃管中水呈现出均匀的颜色，如图 1-21(b) 所示。这种现象表明水的质点除了沿着管道向前流动外，各质点还作不规则的杂乱运动，且彼此互相碰撞，互相混合，水流质点除了沿玻璃管轴向流动外，还有径向的复杂运动。称这种流动型态为湍流或紊流。在层流与湍流之间的流动型态称为过渡流。在不可观察的管道中，如何判定流体的流动型态，对于这个问题，人们用不同的流体和不同的管子，在不同的流速下，进行了大量的实验研究，证明影响流体流动型态的因素，除流速 u 外，还有管径 d、流体的密度 ρ 和黏度 μ。而且发现管径、流速、密度越大，越容易发生湍流。而黏度越大，则越容易发生层流。

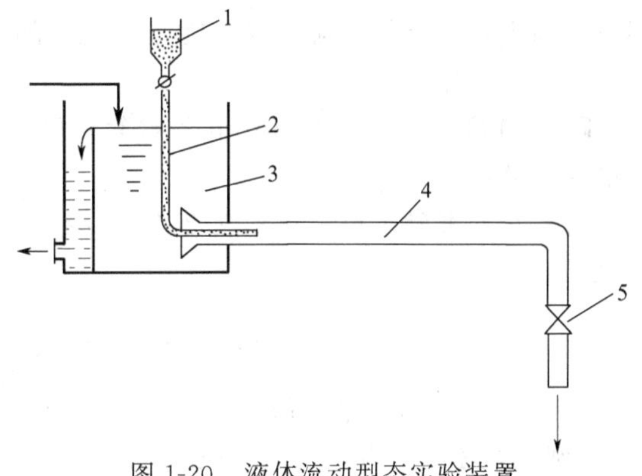

图 1-20 液体流动型态实验装置

1—有色水贮瓶；2—细管；3—水箱；4—水平玻璃管；5—阀门

雷诺把影响流动型态的主要因素组合成一个数群 $du\rho/\mu$，称为雷诺准数，简称雷诺数，

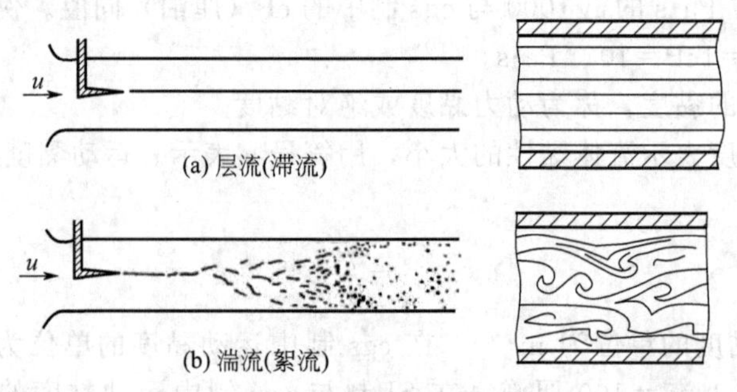

图 1-21　两种流动类型

用 Re 表示。

$$Re=\frac{du\rho}{\mu} \tag{1-42}$$

雷诺数 Re 的大小表明流体质点混杂的激烈程度，是一个没有单位的纯粹数字，用任何一种单位制计算所得数值都相同。必须强调的是，计算 Re 值时，各物理量的单位要采用同一单位制。

雷诺数集中反映了这 4 个因素对流动型态的影响，因此可以用 Re 的大小判定流动型态。雷诺及许多研究工作者的实验结果表明，对于圆形直管，当 $Re\leqslant2000$ 时，流体的流动型态为稳定层流。当 $Re\geqslant4000$ 时，流体的流动型态为湍流。当 $Re=2000\sim4000$ 时，流动型态不固定，可能是层流，也可能是湍流，随外界管路情况而定。这种无固定流动型态的流动，称为过渡流。

【例 1-14】 在内径为 50mm 的钢管中输送 20℃的水，水的流速为 2m/s。试判断水在钢管中的流动型态。

解 从本书附录中查得水在 20℃时 $\rho=998.2\text{kg/m}^3$，$\mu=1.005\text{cP}$；由题知 $d=0.05\text{m}$，$u=2\text{m/s}$。则：

$$Re=\frac{du\rho}{\mu}=\frac{0.05\times2\times998.2}{1.005\times10^{-3}}=99323$$

$Re>4000$，钢管中水的流动型态为湍流。

【例 1-15】 在内径为 50mm 的管道中，每小时输送 3.73t 冷冻盐水。盐水的密度为 1150kg/m^3，黏度为 1.2cP。试确定盐水在管中的流动型态。

解 确定流动型态，须先根据已知条件算出或查出 Re 中每一个物理量。

即

$d=0.05\text{m}$；$\mu=1.2\text{cP}=1.2\times10^{-3}\text{Pa·s}$

$$u=\frac{G_{秒}}{S\rho}=\frac{3.73\times1000}{3600\times1150\times\frac{\pi}{4}\times0.05^2}=0.46\ (\text{m/s})$$

$$Re=\frac{du\rho}{\mu}=\frac{0.05\times0.46\times1150}{1.2\times10^{-3}}=22042$$

$Re>4000$，盐水在管中的流动型态为湍流。

二、管内流体流动时的速度分布

流体在圆管中流动时，由于存在黏性，无论是层流或湍流，在管道任意截面各点的速度均随该点与管中心的距离而变。管中心处点流速最大，距管壁越近，则点流速越小，在管壁处点速度为零。层流和湍流时点流速的具体分布是不一样的。需要指出的是，前面提到的流速为管道任意截面点流速的平均值。

层流时，管内流体质点只随主流方向沿轴向作有规则的平行运动，由实验测得的速度分布如图 1-22(a) 曲线所示。曲线呈抛物线形，管中心处速度 $u_{最大}$ 最大。而用理论分析可以证明，截面上各点速度的平均值 u 等于管中心处最大速度 $u_{最大}$ 的 0.5 倍，即 $u/u_{最大}=0.5$。

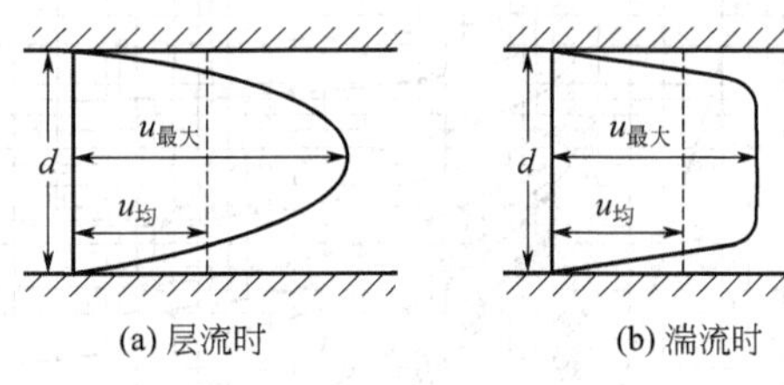

图 1-22 流体在管中的流速分布

湍流时，管内流体质点的运动虽不规则，但从整体上看，流体在整个截面上的平均速度仍是固定的，由于湍流时大部分流体质点互相碰撞，某一截面上流速分布曲线也与抛物线相似，但顶端较平坦，由实验测得的速度分布曲线如图 1-22(b) 所示。实验证明，其平均流速约为最大流速的 0.8 倍。即 $u/u_{最大}=0.8$。

需要指出的是，即使流体在管内作湍流流动，因流体黏性的存在，紧靠管壁一层流体的流速也为零，与附壁层相邻的流体薄层的流速很小，靠近管壁的流体层仍作层流流动，这层紧靠管壁作层流流动的流体薄层，称为滞流底层。滞流底层虽然很薄，但在该层中流体作平行的直线运动，沿管径方向不互相混合。所以，流体在进行传热和传质时，若传递方向与流动方向垂直，滞流底层内的传热、传质阻力比湍流主体处大得多。因此，滞流底层对传热、传质速率有重要影响。由此可见，Re 的大小不仅影响流体流动阻力，而且对传热、传质等操作也有影响。

三、流体流动时阻力的计算

流体在管路中流动时的阻力可分为直管阻力和局部阻力两种。

直管阻力是流体流经一定管径的直管时，由于流体的内摩擦而产生的阻力。因流体流动的全过程绝大部分由直管组成，所以直管阻力又称为沿程阻力。

局部阻力是流体流经管路中的管件（如三通、弯头等）、阀门及截面的突然扩大或缩小等局部障碍所引起的阻力。由于在局部障碍处，流体流速的方向或大小发生突然变化，产生大量的旋涡，加剧了流体质点的内摩擦，因此，局部障碍造成的流体阻力比同样长度的直管阻力要大得多。

1. 沿程阻力的计算

通过实验得知，流体流动型态不同，其产生阻力的大小也不同，沿程阻力与管长 l 和动压头 $u^2/2$ 成正比，与管内径 d 成反比，即：

$$h_f \propto \frac{1}{d} \times \frac{u^2}{2}$$

引入比例常数 λ：上式整理得：

$$h_f = \lambda \times \frac{l}{d} \times \frac{u^2}{2} \tag{1-43}$$

式(1-43) 为计算沿程阻力的一般表达式，对层流和湍流均适用。式中的 λ 称为摩擦系数，与 Re 和管壁粗糙度有关，无单位。式(1-43) 表明，沿程阻力随流体动压头和管长的增大而增大，随管径的减小而增大。

人们通过大量实验发现了 λ 与 Re 的函数关系，并把 λ-Re 关系的图像标绘在双对数坐标系上，如图 1-23 所示。

层流时（$Re \leqslant 2000$ 时），流体作有规律的平行于轴向的流动，与管壁粗糙度无关，摩擦

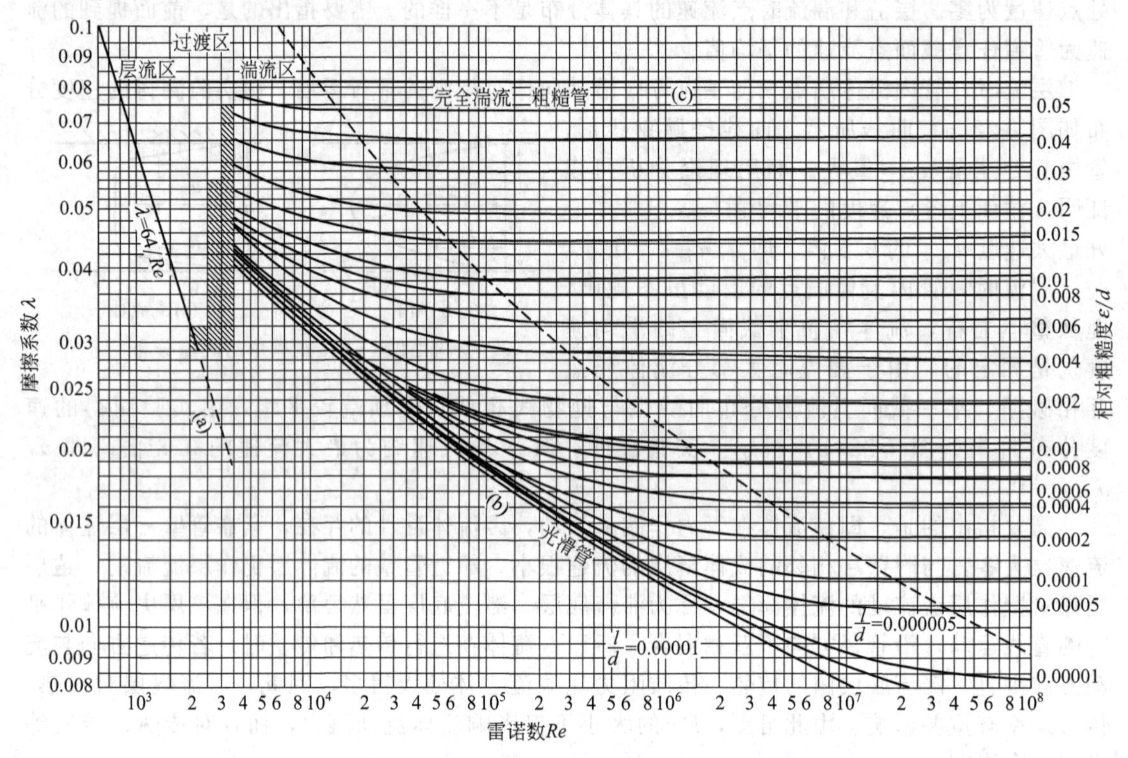

图 1-23 摩擦系数 λ 和雷诺数 Re 的关系

系数 λ 值可从黏性定律出发推导出来，即：

$$\lambda=\frac{64}{Re} \tag{1-44}$$

式(1-44) 计算值与根据实验结果绘制的图 1-23 上所查得的数据完全一致。即层流时的摩擦系数可依式(1-44) 计算，也可根据 Re 值查图 1-23 中 (a) 线获取。

湍流时（$Re\geqslant4000$ 时），因流体流动时质点运动比较复杂，现在还不能从理论上推算 λ 值。可通过 Re 在图 1-23 查取。图中曲线（b）适用于光滑管（如玻璃管、铜管、塑料管等）；曲线（c）适用于粗糙管（如钢管、铸铁管、水泥管等）。由 λ-Re 曲线可知，湍流时 λ 不仅与 Re 有关，也与管壁粗糙度有关。雷诺数 Re 越大，摩擦系数 λ 值越小；管壁越粗糙摩擦系数 λ 值越大。

2. 局部阻力的计算

流体在管路的进口、出口、弯头、阀门、扩大、缩小或流量计等局部位置流过时的阻力称为局部阻力。由实验测知，即使流体在直管中呈层流状态，在流过阀门或管件时也容易变为湍流。计算局部阻力有两种方法，即当量长度法和阻力系数法。这两种方法均为近似估算方法，有时两种计算方法所得结果不一定相等。

(1) 当量长度法

此法是将流体流过阀门、管件等局部障碍时所产生的局部阻力，折合成相当于流体流过长度为 l_e 的同直径的管道时所产生的阻力。此折合的管道长度 l_e 称为该局部障碍的当量长度（表 1-9）。这样，可用流体在直管中流动的沿程阻力计算式计算局部阻力，即：

$$h'_f=\lambda\times\frac{l_e}{d}\times\frac{u^2}{2} \tag{1-45}$$

表 1-9 常见管件和阀门的以管径计的当量长度

名称	$\frac{l_e}{d}$	名称	$\frac{l_e}{d}$
45°标准弯头	15	截止阀(球心阀)(全开)	300
90°标准弯头	30～40	角阀(标准式)(全开)	145
90°方形弯头	60	闸阀(全开)	7
180°回弯头	50～75	(3/4 开)	40
三通管,流向为(标准)		(1/2 开)	200
		(1/4 开)	800
	40	单向阀(摇板式)(全开)	135
		带有滤水器的底阀(全开)	420
		蝶阀(6″以上)(全开)	20
	60	吸入法或盘形阀	70
		盘式流量计(水表)	400
		文氏流量计	12
	90	转子流量计	200～300
		由容器入管口	20

(2) 局部阻力系数法

此法近似认为局部摩擦损失是平均动能的某一倍数，即：

$$h'_f=\xi\times\frac{u^2}{2} \tag{1-46}$$

式中，ξ是局部阻力系数，由实验测定。其数值与管件和阀门的类型以及阀门的开度有关，下面介绍一些典型的管件和阀门阻力系数的确定方法。

① 突然扩大和突然缩小的阻力系数 图 1-24 中 (a) 为突然扩大管道，(b) 为突然缩小管道。两种管道中的局部阻力均可用式(1-46) 进行计算，式中的阻力系数用图 1-24 中右图查取。使用式(1-46) 进行计算时流速要用较小管道中的值。

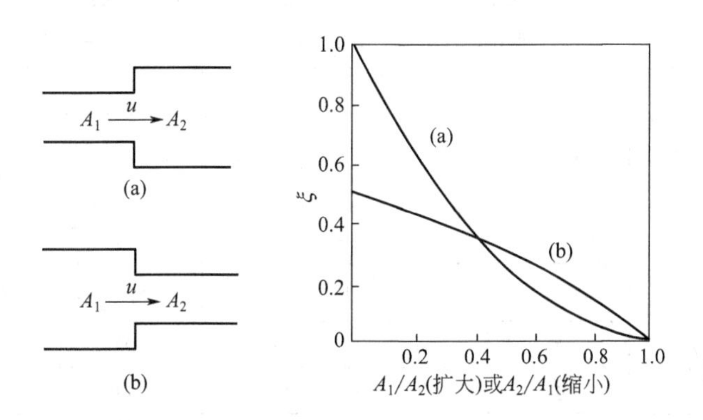

图 1-24 突然扩大和突然缩小的局部阻力系数

对于管路出口（流体由管路排入大气或排入某容器），显然它是属于突然扩大管类型，且 A_2 很大，A_1/A_2接近于零，由图 1-24 可知此时的阻力系数 $\xi=1.0$。

对于管路入口（流体由容器流入管道），显然它是属于突然缩小类型，且 A_1 很大，A_2/A_1 接近于零，由图 1-24 可知此时的阻力系数 $\xi=0.5$。

② 管件和阀门的阻力系数 管路中的配件如弯头、三通、活接头等不同管件的局部阻力系数可从有关手册中查取，表 1-10 列出了一些常见管件和阀门的阻力系数。

表 1-10 管件和阀件的局部阻力系数ξ值

<table>
<tr><td>管件和阀件名称</td><td colspan="12">ξ值</td></tr>
<tr><td>标准弯头</td><td colspan="6">45°, $\xi=0.35$</td><td colspan="6">90°, $\xi=0.75$</td></tr>
<tr><td>90°方形弯头</td><td colspan="12">1.3</td></tr>
<tr><td>180°回弯头</td><td colspan="12">1.5</td></tr>
<tr><td>活接管</td><td colspan="12">0.4</td></tr>
<tr><td rowspan="3">弯管</td><td>R/d \ ϕ</td><td>30°</td><td>45°</td><td>60°</td><td>75°</td><td>90°</td><td>105°</td><td colspan="5">120°</td></tr>
<tr><td>1.5</td><td>0.08</td><td>0.11</td><td>0.14</td><td>0.16</td><td>0.175</td><td>0.19</td><td colspan="5">0.20</td></tr>
<tr><td>2.0</td><td>0.07</td><td>0.10</td><td>0.12</td><td>0.14</td><td>0.15</td><td>0.16</td><td colspan="5">0.17</td></tr>
<tr><td rowspan="2">突然扩大</td><td>A_1/A_2</td><td>0</td><td>0.1</td><td>0.2</td><td>0.3</td><td>0.4</td><td>0.5</td><td>0.6</td><td>0.7</td><td>0.8</td><td>0.9</td><td>1</td></tr>
<tr><td>ξ</td><td>1</td><td>0.81</td><td>0.64</td><td>0.49</td><td>0.36</td><td>0.25</td><td>0.16</td><td>0.09</td><td>0.04</td><td>0.01</td><td>0</td></tr>
<tr><td rowspan="2">突然缩小</td><td>A_1/A_2</td><td>0</td><td>0.1</td><td>0.2</td><td>0.3</td><td>0.4</td><td>0.5</td><td>0.6</td><td>0.7</td><td>0.8</td><td>0.9</td><td>1</td></tr>
<tr><td>ξ</td><td>0.5</td><td>0.47</td><td>0.45</td><td>0.38</td><td>0.34</td><td>0.3</td><td>0.25</td><td>0.20</td><td>0.15</td><td>0.09</td><td>0</td></tr>
<tr><td>管出口</td><td colspan="12">$\xi=1$</td></tr>
<tr><td rowspan="2">管入口</td><td colspan="2">锐缘进口</td><td colspan="2">圆角进口</td><td colspan="2">流线型进口</td><td colspan="2">管道伸入进口</td><td colspan="2"></td><td colspan="2"></td></tr>
<tr><td colspan="2">$\xi=0.5$</td><td colspan="2">$\xi=0.25$</td><td colspan="2">$\xi=0.04$</td><td colspan="2">$\xi=0.56$</td><td colspan="2">$\xi=3\sim1.3$</td><td colspan="2">$\xi=0.5+0.5\cos\theta+0.2\cos^2\theta$</td></tr>
<tr><td>标准三通管</td><td colspan="3">$\xi=0.4$</td><td colspan="3">$\xi=1.5$当弯头用</td><td colspan="3">$\xi=1.3$当弯头用</td><td colspan="3">$\xi=1$</td></tr>
<tr><td rowspan="2">闸阀</td><td colspan="3">全开</td><td colspan="3">3/4 开</td><td colspan="3">1/2 开</td><td colspan="3">1/4 开</td></tr>
<tr><td colspan="3">0.17</td><td colspan="3">0.9</td><td colspan="3">4.5</td><td colspan="3">24</td></tr>
<tr><td>标准截止阀(球心阀)</td><td colspan="6">全开$\xi=6.4$</td><td colspan="6">1/2 开$\xi=9.5$</td></tr>
<tr><td rowspan="2">蝶阀</td><td>α</td><td>5°</td><td>10°</td><td>20°</td><td>30°</td><td>40°</td><td>45°</td><td>50°</td><td>60°</td><td colspan="3">70°</td></tr>
<tr><td>ξ</td><td>0.24</td><td>0.52</td><td>1.54</td><td>3.91</td><td>10.8</td><td>18.7</td><td>30.6</td><td>118</td><td colspan="3">751</td></tr>
<tr><td rowspan="2">旋塞</td><td colspan="2">θ</td><td colspan="2">5°</td><td colspan="2">10°</td><td colspan="2">20°</td><td colspan="2">40°</td><td colspan="2">60°</td></tr>
<tr><td colspan="2">ξ</td><td colspan="2">0.05</td><td colspan="2">0.29</td><td colspan="2">1.56</td><td colspan="2">17.3</td><td colspan="2">206</td></tr>
<tr><td>单向阀(止逆阀)</td><td colspan="6">摇板式$\xi=2$</td><td colspan="6">球形式$\xi=70$</td></tr>
<tr><td>角阀(90°)</td><td colspan="12">5</td></tr>
<tr><td>底阀</td><td colspan="12">1.5</td></tr>
<tr><td>滤水器(或滤水网)</td><td colspan="12">2</td></tr>
<tr><td>水表(盘形)</td><td colspan="12">7</td></tr>
</table>

3. 管路总阻力的计算

管路的总阻力为管路上全部沿程阻力和各个局部阻力之和，即$\sum h_f=h_f+h'_f$。对于流体流经直径不变的管路时，如果用当量长度法计算局部阻力，管路总阻力为：

$$\sum h_f=\lambda\times\frac{l+\sum l_e}{d}\times\frac{u^2}{2} \tag{1-47}$$

式中 $\sum l_e$——管路中全部管件、阀门等的当量长度之和。

如果局部阻力都用阻力系数法计算，则：

$$\sum h_f=\left(\lambda\ \frac{1}{d}+\sum\xi\right)\times\frac{u^2}{2} \tag{1-48}$$

式中 $\sum\xi$——管路中全部管件、阀门等的阻力系数之和。其他符号同前。

【例 1-16】 每小时将 2×10^4kg 的溶液用泵从反应器输送到高位槽（图 1-25）。反应器液面上方保持 26.7×10^3Pa 的真空度，高位槽液面上方为大气压。管道为 ϕ76mm×4mm 的钢管，总长为 50m，管线上有两个全开闸阀（每个当量长度 5m），5 个标准弯头（每个当量长度 5m），一个孔板流量计（局部阻力系数 3.5）。反应器内液面与管路出口距离为 15m，若泵的效率为 0.7，求泵的轴功率。（溶液密度为 1073kg/m³，摩擦系数 $\lambda=0.03$）

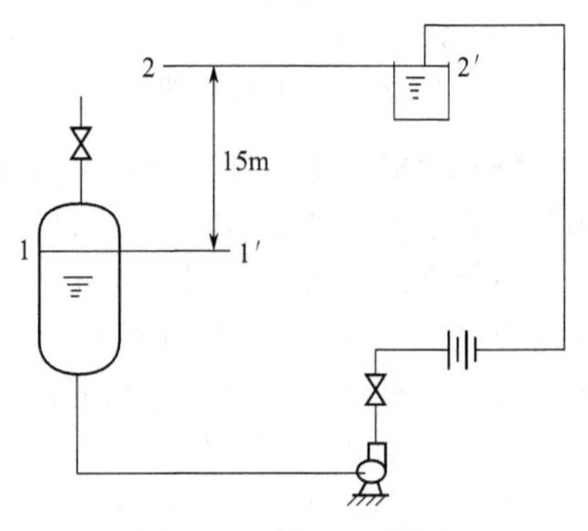

图 1-25 例 1-16 附图

解 在反应器内液面 1-1′和管路出口内侧 2-2′间列柏努利方程，以截面 1-1′为基准面，即：

$$gZ_1+\frac{p_1}{\rho}+\frac{u_1^2}{2}+W_e=gZ_2+\frac{p_2}{\rho}+\frac{u_2^2}{2}+\sum h_f,\ W_e=g\Delta Z+\frac{\Delta p}{\rho}+\Delta\frac{u^2}{2}+\sum h_f$$

其中 $u_1=0$，$p_1=26.7\times10^3$Pa（真空度），$Z_1=0$，$Z_2=15$m，$p_2=0$（表压）

而 $u_2=\dfrac{4V}{\pi d^2}=\dfrac{4\times\dfrac{2\times10^4}{1073}/3600}{\pi\times0.068^2}=1.43$ (m/s)，$\Delta p=26.7\times10^3$Pa，

$$\Delta\frac{u^2}{2}=\frac{1}{2}\times1.43^2=1.02\ (\text{J/kg})$$

$$\sum h_f=\lambda\ \frac{l+l_e}{d}\times\frac{u^2}{2}+\sum\xi\times\frac{u^2}{2}=0.03\times\frac{85}{0.068}\times\frac{1.43^2}{2}+3.5\times\frac{1.43^2}{2}=41.92\ (\text{J/kg})$$

$$W_e=9.81\times15+\frac{26.7\times10^3}{1073}+1.02+41.92=214.97\ (\text{J/kg})$$

$$N_e=\frac{2\times10^4\times214.97}{3600\times0.7}=1706\ (\text{W})$$

【例 1-17】 如图 1-26 所示，用泵将贮槽中的某油品以 40m³/h 的流量输送至高位槽。两槽的液位恒定，且相差 20m，输送管内径为 100mm，管子总长为 45m（包括所有局部阻力的当量长度）。已知油品的密度为 890kg/m³，黏度为 0.487Pa·s，试计算泵所需的有效功率。

解 $u=\dfrac{4V_s}{\pi d^2}=\dfrac{40/3600}{0.785\times0.1^2}=1.415$ (m/s)

$$Re=\frac{du\rho}{\mu}=\frac{0.1\times890\times1.415}{0.487}=258.6<2000$$

$$\lambda=\frac{64}{Re}=\frac{64}{258.6}=0.247$$

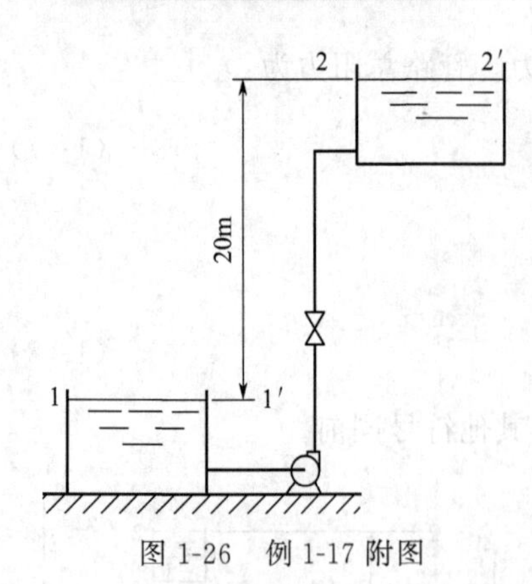

图 1-26 例 1-17 附图

在贮槽 1-1′截面和高位槽 2-2′截面间列柏努利方程：

$$Z_1g+\frac{p_1}{\rho}+\frac{1}{2}u_1^2+W_e=Z_2g+\frac{p_2}{\rho}+\frac{1}{2}u_2^2+\sum h_f$$

简化：$W_e=Z_2g+\sum h_f$

而：$\sum h_f=\lambda\frac{l+\sum l_e}{d}\times\frac{u^2}{2}=0.247\times\frac{45}{0.1}\times\frac{1.415^2}{2}$

$=111.3$ (J/kg)

所以 $W_e=20\times9.81+111.3=307.5$ (J/kg)

$$Pe=W_em_s=W_e\cdot V_s\cdot\rho=307.5\times\frac{40}{3600}\times890$$

$=3040.8\text{W}\approx3.04\text{kW}$

【例 1-18】 某化工厂用泵自凉水池将平均温度为20℃的凉水送至开口容器内，凉水池与容器内的水平面维持恒定。水的输送量为 25m³/h。泵的吸入口高出池内水面 4.5m，容器内水面一直保持在泵入口以上 30m。输送管路规格为 ϕ83mm×3.5mm、直管部分总长度为 150m。管路上装有标准弯头 3 个，全开闸阀 1 个，直入旁出三通 2 个，旋启式止回底阀 1 个，假设管路的粗糙度 $\varepsilon=0.3$mm。若泵的效率为 0.7，求泵的轴功率。

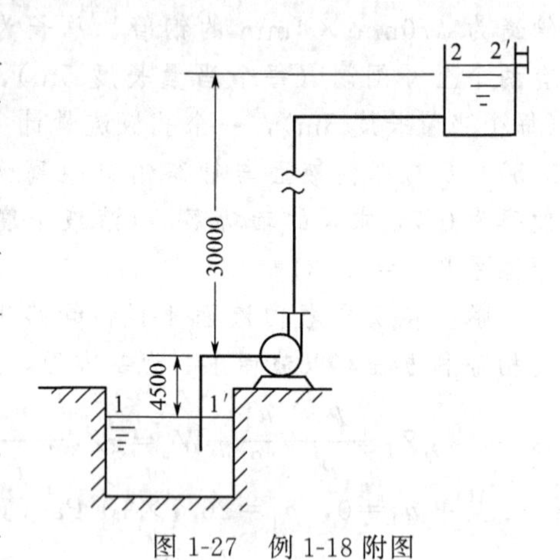

图 1-27 例 1-18 附图

解 根据题意先画出如图 1-27 所示的流程图，图中所标的尺寸单位为 mm。

在凉水池液面 1-1′及容器液面 2-2′间列柏努利方程，以 1-1′面为基准面，即：

$$gZ_1+\frac{p_1}{\rho}+\frac{u_1^2}{2}+W_e=gZ_2+\frac{p_2}{\rho}+\frac{u_2^2}{2}+\sum h_f$$

其中：$Z_1=0$；

$Z_2=34.5$m；

$p_1=0$（表压）；

$p_2=0$（表压）；

$u_1\approx0$；

$u_2\approx0$。

代入柏努利方程式，得：

$$W_e=gZ_2+\sum h_f$$

上式说明泵提供的功率消耗于将水从 1-1′面提升到 2-2′面以及克服全系统的摩擦阻力。

先计算流体的总摩擦阻力 $\sum h_f$，它包括直管摩擦阻力、管件及阀门的局部阻力以及进、出口阻力，即：

$$\sum h_f=h_f+h'_f=\lambda\left(\frac{\sum l_i+\sum l_{ei}}{d}+\sum\xi_i\right)\times\frac{u^2}{2}$$

从附录三查出 20℃水的 $\rho\approx1000\text{kg/m}^3$、$\mu\approx1\times10^{-3}\text{Pa}\cdot\text{s}$。

水在管道中的流速 $u=\frac{4V}{\pi d^2}=\frac{4\times25}{3600\times\pi\times0.076^2}=1.53$ (m/s)

$$Re=\frac{du\rho}{\mu}=\frac{0.076\times1.53\times1000}{1\times10^{-3}}=116280$$

流型属于湍流，选取管路的粗糙度 $\varepsilon=0.3\text{mm}$，相对粗糙度为：

$\varepsilon/d=0.3/76=0.00395$ ，查图得 $\lambda=0.0295$。

下面计算阀门、管件的当量长度及出、进口的阻力系数。由表 1-9 查得阀门、管件的当量长度为：

标准弯头　　2.4m

全开闸阀　　0.5m

直入旁出三通　　5m

止回底阀　　5.8m

总当量长度　　$\sum l_{ei}=2.4\times3+0.5+5\times2+5.8=23.5\ (\text{m})$

进口阻力系数　　$\xi_{进}=0.5$

出口阻力系数　　$\xi_{出}=1$

直管总长度　　$\sum l_i=150\text{m}$

将以上诸式代入总摩擦阻力计算式，得：

$$\sum h_f=\left(0.0295\times\frac{150+23.5}{0.076}+1.5\right)\times\frac{1.53^2}{2}=80.6\ (\text{J/kg})$$

$$W_e=9.81\times34.5+80.6=419\ (\text{J/kg})$$

即输送 1kg 水要消耗 419J 的有效功。

水的质量流量 $w_s=\dfrac{25\times1000}{3600}=6.94\ (\text{kg/s})$

泵的轴功率 $N=\dfrac{W_e w_s}{\eta}=\dfrac{419\times6.94}{0.7}=4154\ (\text{W})\approx4.2\ (\text{kW})$

第四节　管路计算

管路计算是流体流动连续性方程、柏努利方程和流体流动阻力计算式的综合应用。管路的安装配置可以分为简单管路和复杂管路两类。

一、简单管路的计算

简单管路没有分支或汇合，通常是指直径相同的管路或不同直径组成的串联管路。在稳定流动的情况下，其特点是：通过各段的质量流量不变，对不可压缩流体则体积流量也不变；整个管路的阻力损失为各段损失之和。在实际生产中常见的问题如下。

① 已知管径、管长（包括所有管路的当量长度）和流量，求流体通过管路系统的能量损失，以便进一步确定输送设备所加入的外加功、设备内的压力或设备间的相对位置。

这种情况已在前面的例题中有所讨论，此处不再举例。

② 在设计新的输送系统时，已知给定的输送任务、管长、管件和阀门，要求设计经济合理的管路。

【例 1-19】 某厂主水管干线内水压为 247kPa（表压）。现拟由此接一水平管路至厂内某车间，管路计算长度（包括直管长和当量长度）为 1000m。水温 25℃。用水点要求水压为 147.2kPa（表压），流量为 $50\text{m}^3/\text{h}$。试选定水管的规格。

解　以管路进口中心为 1-1 截面，管路出口中心为 2-2 截面，列出柏努利方程式，管中心线所在平面为基准水平面。

$$gz_1+\frac{p_1}{\rho}+\frac{u_1^2}{2}+W_e=gz_2+\frac{p_2}{\rho}+\frac{u_2^2}{2}+\sum h_f$$

已知　$z_1=z_2=0$；$u_1=u_2$；$W_e=0$（无泵）；

$$p_1=247\times10^3\,\text{Pa}；\ p_2=147.2\times10^3\,\text{Pa}；\ \rho=1000\text{kg/m}^3$$

将各已知值代入上式得：

$$\sum h_f=\frac{247\times10^3-147.2\times10^3}{1000}=99.8\ (\text{J/kg})$$

又知管路阻力计算式

$$\sum h_f=\lambda\times\frac{l+\sum l_{ei}}{d}\times\frac{u^2}{2}$$

其中
$$l+\sum l_{ei}=1000\text{m}\quad V=50\text{m}^3/\text{h}$$

$$u=\frac{4V}{3000\pi d^2}=\frac{4\times50}{3600\pi d^2}=\frac{0.0177}{d^2}$$

将 u、$\sum h_f$、$(l+\sum l_{ei})$ 等值代入管路阻力计算式，得：

$$99.8=\lambda\times\frac{1000}{d}\times\frac{(0.0177/d^2)^2}{2}$$

即
$$\lambda=637.1d^5$$

此式有两个未知量，不能单独求解，必须与 λ-Re 关系曲线联解。可用试差法或图解法求解。

现用试差法求 d。先计算管中 Re 值，查得25℃水的黏度 $\mu=0.8937\text{cP}$。

取 $\rho=1000\text{kg/m}^3$，则：

$$Re=\frac{d\times\frac{0.0177}{d^2}\times1000}{0.8937\times10^{-3}}=\frac{1.98\times10^4}{d}$$

假设 $\lambda=0.02$，由 $\lambda=637.1d^5$，得：

$$d=\sqrt[5]{\frac{0.02}{637.1}}\approx0.126\ (\text{m})$$

将此 d 值代入 Re 计算式，得：

$$Re=\frac{1.98\times10^4}{0.126}=1.57\times10^5$$

校核假设 λ 值。查 λ-Re 曲线，得 $\lambda=0.0205$，此值与假设 $\lambda=0.02$ 接近，可取 $d=0.126\text{m}$。按水管规格选用公称直径为125mm的水管，其内径为132mm。该管可满足要求。

③ **正在运行的生产企业，输送管路已定，管径、管长、管件和阀门的设置及允许的能量损失都已确定，要求核算在某给定条件下的输送能力。**

已知由 $\sum h_f=\lambda\times\frac{l+\sum l_{ei}}{d}\times\frac{u^2}{2}$ 式可求出 u。但因 Re 中含有 u，故求 λ 时需先知道 u，因此求解需用试差法。先假设一个 λ 值，用上式求出流速 u，再算出 Re，并从 λ-Re 曲线图中查出 λ 值。如果此 λ 值与假设 λ 值不相等或不接近，应重新假设 λ 值，再重复上述计算，直至两值相等或接近为止。

【例 1-20】 将高位槽中20℃的苯放入位置较低的常压设备内。使用内径为25mm的钢管，总长度（包括直管长度及局部阻力的当量长度）为30m，高位槽液面与设备液面高度差保持在5m（图1-28）。按光滑管考虑，求该系统每小时输送苯的量为多少？

解 以高位槽液面为1-1截面，设备液面为2-2截面，并以2-2截面为基准面，列出两截面间柏努利方程式。

$$gz_1+\frac{p_1}{\rho}+\frac{u_1^2}{2}+W_e=gz_2+\frac{p_2}{\rho}+\frac{u_2^2}{2}+\sum h_f$$

已知 $z_2=0$；$z_1=5\text{m}$；$p_1=0$（表压）；$p_2=0$（表压）；$u_1\approx0$（高位槽内流速很小）$u_2\approx0$（设备内液位降低速度很小）；$W_e=0$（无泵）；查得苯在20℃时 $\rho=879\text{kg/m}^3$，$\mu=0.67\text{cP}$。

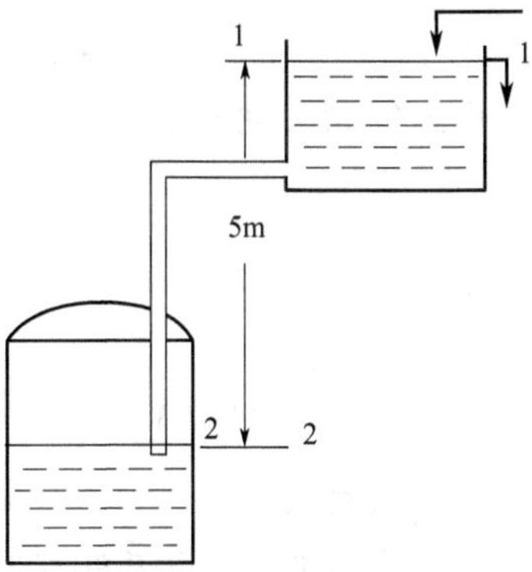

图 1-28 例 1-20 附图

代入柏努利方程式，得：

$$g\times5+0+0+0=0+0+0+\sum h_f$$

即 $$\sum h_f=5g$$

而 $$\sum h_f=\lambda\times\frac{l}{d}\times\frac{u^2}{2}=5g$$

设管内流速为 u，则：

$$\lambda u^2=g/120$$

摩擦系数 λ 变化范围较小，输送液体时，常在0.02～0.03范围内。假设 $\lambda=0.02$，得：

$$0.02u^2=g/120$$

解得 $$u=2.02\text{m/s}$$

校核假设是否正确。当 $u=2.02\text{m/s}$ 时，管内的 Re 值为：

$$Re=\frac{du\rho}{\mu}=\frac{0.025\times2.02\times879}{0.69\times10^{-3}}=6.63\times10^4$$

根据此 Re 值，查 λ-Re 曲线，得 $\lambda=0.033$。

此 λ 值与假设 $\lambda=0.02$ 不符，需重新假设 λ 值。

再假设 $\lambda=0.037$，由 λu^2 关系式得 $u=1.49\text{m/s}$，算得 $Re=4.89\times10^4$，查得 $\lambda=0.037$，与假设值相等。因此，$u=1.49\text{m/s}$，可以是正确答案。

该系统每小时输送苯的量为：

$$V=0.785\times(0.025)^2\times1.49\times3600=2.63\ (\text{m}^3/\text{h})$$

二、复杂管路计算原则

1. 并联管路

由两个或两个以上简单管路并接而成的管路，称为并联管路。图1-29主管 A 处分为三支，然后又在 B 处汇合为一个主管的并联管路。

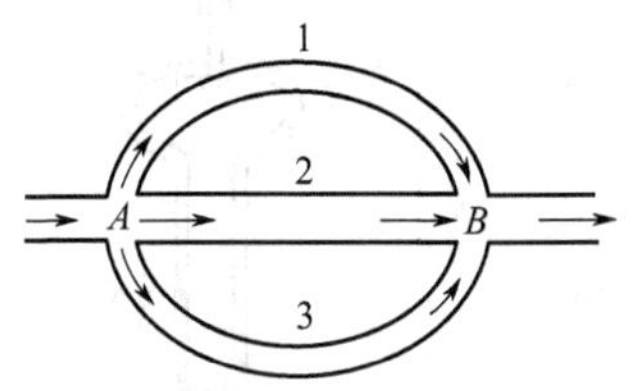

图 1-29 并联管路

并联管路的特点是：①总管流量等于并联的各管段流量之和；②各并联管段内流体能量损失相等。即：

$$G=G_1+G_2+G_3 \tag{1-49}$$

对于不可压缩流体，上式为：

$$V=V_1+V_2+V_3 \tag{1-50}$$

$$\sum h_{fA\text{-}B}=\sum h_{f1}=\sum h_{f2}=\sum h_{f3} \tag{1-51}$$

由于 $$\sum h_f=\frac{8\lambda(l+\sum l_e)V^2}{\pi^2d^5} \tag{1-52}$$

式(1-52)可写为：

$$\frac{8\lambda_1(l+\sum l_e)V_1^2}{\pi^2 d_1^5}=\frac{8\lambda_2(l+\sum l_e)V_2^2}{\pi^2 d_2^5}=\frac{8\lambda_3(l+l_e)V_3^2}{\pi^2 d_3^5}$$

由式(1-52) 可得：

$$V=\sqrt{\frac{\pi^2 d^5 \sum h_f}{8\lambda(l+\sum l_e)}}$$

则

$$V_1:V_2:V_3=\sqrt{\frac{d_1^5}{\lambda_1(l+\sum l_e)_1}}:\sqrt{\frac{d_2^5}{\lambda_2(l+\sum l_e)_2}}:\sqrt{\frac{d_3^5}{\lambda_3(l+\sum l_e)_3}} \quad (1\text{-}53)$$

2. 分支管路

此类管路是在主管某处有分支，但最终各分支不再汇合，这样的管路称为分支管路。如图 1-30 所示。

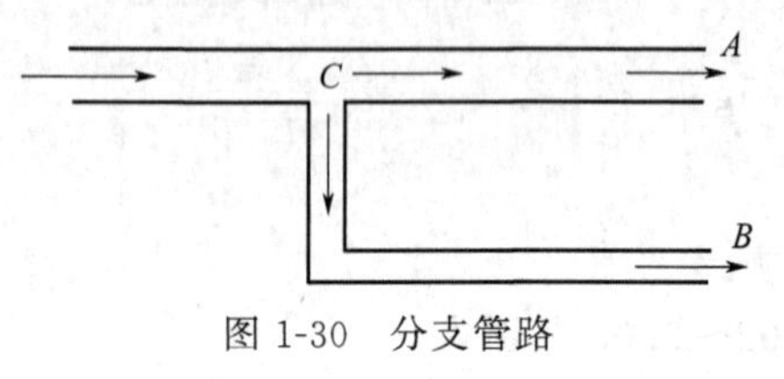

图 1-30　分支管路

分支管路的特点为：①主管流量等于各分支管路流量之和；②各分支管中，流量可以不同，但单位质量流体在各分支管路终了时的总机械能与能量损失之和必然相等。若图 1-30 所示的管路中流动的是不可压缩流体，应有：

$$V=V_1+V_2 \quad (1\text{-}54)$$

$$gZ_A+\frac{u_A^2}{2}+\frac{p_A}{\rho}+\sum h_{fO\text{-}A}=gZ_B+\frac{u_B^2}{2}+\frac{p_B}{\rho}+\sum h_{fO\text{-}B} \quad (1\text{-}55)$$

第五节　流量测量

为了检查生产操作条件，或者调节、控制生产过程的进行，测量流量是一项经常而重要的工作。一般可以采用流量计直接测量，也可以采用流速计测量流速再乘以流通截面积而得。现列举几种根据流体机械能互相转换为基本原理的常用流量计和流速计。

一、皮托管

皮托管的构造如图 1-31 所示，它是由两根弯成直角的同心套管所组成，其中外管的前端管口是封闭的，但在距前端一定距离的管侧壁处开若个小孔；内管前端敞开，外管与内管的末端分别与 U 形管压差计的两臂相连。测量时测量管可以放在管道截面的任意位置上，但须使其内管管口正对着管道中流体流动的方向，此时内管口处测得的是该位置上流体的动能与静压能之和，称为冲压能，以 h_A 表示，即：

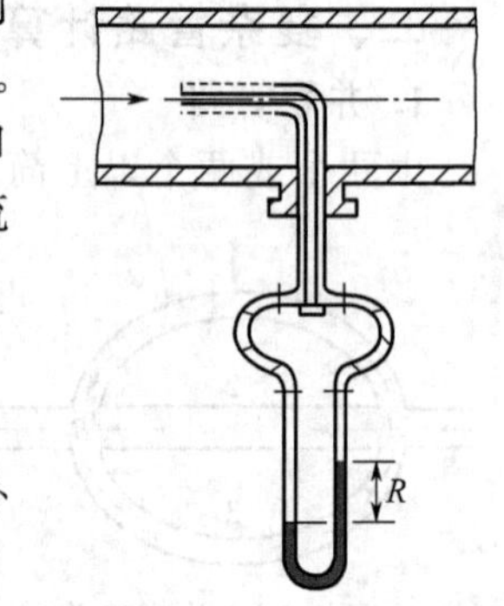

图 1-31　皮托管测速原理

$$h_A=\frac{u_r^2}{2}+\frac{p}{\rho}$$

由于皮托管外管壁上的测压小孔与流体流动方向垂直，所以外管测得的是流体的静压能，即：

$$h_B=\frac{p}{\rho}$$

U 形管压差计反映的是内管冲压能与外管静压能之差，即：

$$\frac{\Delta p}{\rho}=h_A-h_B=\frac{u_r^2}{2}$$

式中 Δp——U形管压差计两接管上的压力差，Pa。

则该点处的局部速度为：

$$u_r = \sqrt{\frac{2\Delta p}{\rho}}$$

将U形管压差计公式(1-15)代入，可得：

$$u_r = \sqrt{\frac{2Rg(\rho_0 - \rho)}{\rho}} \tag{1-56}$$

皮托管只能测出管截面上某一点的流体速度（图1-31）。若欲得知管内平均速度，常用的方法是将皮托管前端放在管道截面中心，测得管道中心最大流速，然后再根据平均流速与最大流速的关系式或有关图像求出管道截面上的平均流速，进而可依平均流速求出流量。

皮托管是利用动能转变成静压能的原理来测量流速的，准确性比较高。皮托管常用于气体速度的测量。为了测量的准确性，应将冲压口与流动方向对正，不应有偏差。此外，安装部位应离进口、管件、阀门等干扰点8～12倍管径以上。皮托管的优点是流体阻力小，适用于测量大直径管路中气体的流速。缺点是不能直接测量出平均流速，且压差读数小；当流体中含有固体杂质时，易将测压孔堵塞。

二、孔板、喷嘴和文丘里流量计

孔板、喷嘴、文丘里流量计是利用静压能转变为动能的原理进行流量测量的。当流体进入节流装置，如孔板、喷嘴和文丘里管等，由于流通截面积的减小，使部分静压能转变为动能。流体在通过这类流量计时，收缩截面内平均流速急剧增大，因而该截面处的静压力就变得小于节流前的静压力，因此可以借压力降的变化来计算流体的流量。

为了理解使用节流装置测定流量的方法和原理，现以孔板流量计为例作简单介绍。

1. 孔板流量计

孔板流量计的基本结构如图1-32所示。

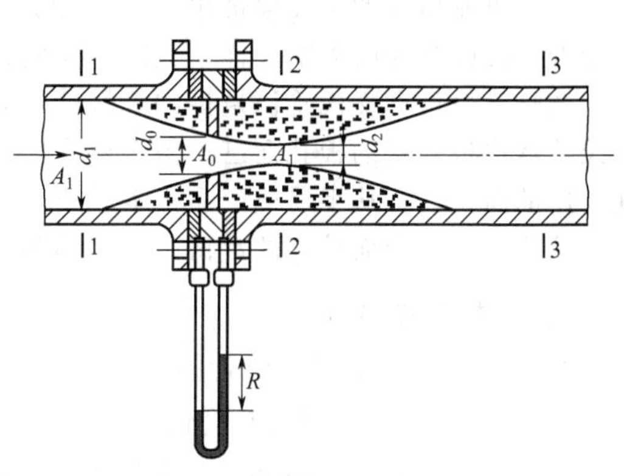

图1-32 孔板流量计原理

在管路法兰之间安装有中心开小孔的金属板（称为孔板），孔板前后两侧的测压孔连接液柱压差计。当流体流过孔口时，因为流通截面积的突然缩小，流速增大，大于管内平均流速。流体流过孔口后，由于惯性作用，流动截面并不立即扩大到与管截面积相等，而是继续收缩形成缩脉，经一定距离才逐渐恢复到管截面积。最大流速不在小孔处，而在孔口下游某一距离处。随着流体在管道内流量的改变，流体在孔板前和缩脉处的压力差相应改变，同时孔板前后压力差也发生变化，并在压力计上显示出读数R。根据孔板前、后的压力差值，仿照皮托管测速公式可以得出管内流体流量的计算式。

$$V_S = u_0 S_0 = C_0 S_0 \sqrt{\frac{2Rg(\rho_{指示} - \rho)}{\rho}} \tag{1-57}$$

式中 u_0——流体在孔口处流速，m/s；

S_0——孔口截面积，m^2；

R——U形压力计的读数，m；

C_0——孔流系数，其值由实验测定。对于按标准规格及精度制作的孔板，其孔流系数可查有关手册；

$\rho_{指示}$——U形压力计中指示液密度，kg/m³；

ρ——被测流体密度，kg/m³。

孔板流量计的优点是构造简单，制造、安装方便。缺点是流体流经孔板时阻力较大，从而损失能量较大。

2. 喷嘴流量计

如图1-33(a)所示，喷嘴流量计主要是一个具有圆滑收缩内壁的短管，称为喷嘴。当流体流过喷嘴时，由于断面逐渐收缩，所以能量损失远小于孔板流量计。但喷嘴流量制造较复杂，价格比孔板流量计高。

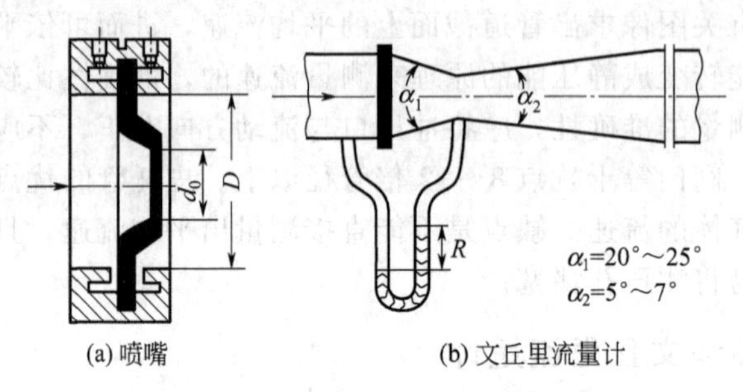

图1-33 喷嘴和文丘里流量计

3. 文丘里流量计（也称文氏管流量计）

为了减少能量损失，用一段渐缩渐扩管代替上述喷嘴，称为文丘里流量计，图1-33(b)所示。

文丘里流量计的渐缩段锥角为20°～25°，渐扩段的锥角为5°～7°，流通截面最小处称为文氏喉，文氏管如同喷嘴一样，其能量损失较孔板为少，但加工费用较孔板和喷嘴为高。

喷嘴流量计和文氏管流量计的流量计算公式完全与孔板流量计一样，唯以喷嘴的喷孔和文氏管喉代替孔板的板孔而已。但必须指出，喷嘴流量计和文氏管流量计的流量系数，各有其专用的曲线，可从手册或产品样本中查得。它们的流量系数，在很广的工作条件范围内，都保持为一个恒定而较高的数值，一般约为0.98。

三、转子流量计

图1-34是一个转子流量计的示意图。它由一个截面积自下而上逐渐扩大的锥形透明管构成。管内装有一个用金属或其他密度较大材料制成的转子。转子的边缘刻有斜槽。当流体自下而上流过转子和玻璃管之间的环隙时，转子向上浮起，并不断旋转。由于透明管的直径下小上大，转子位置越高，它与透明管之间的环隙流通截面积也越大。

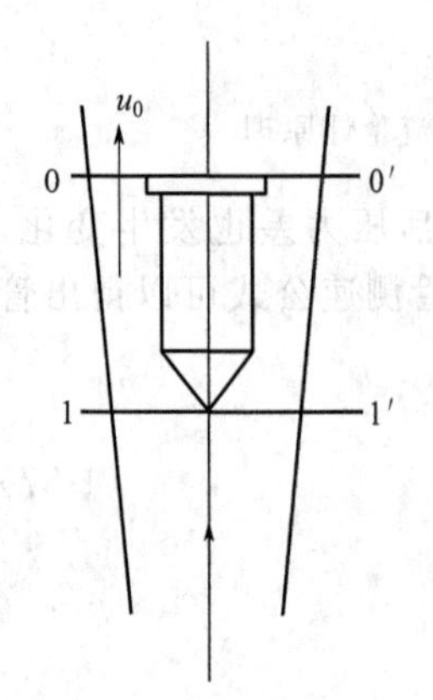

图1-34 转子流量计流动示意

当流体自下而上以一定流量流过透明管与转子环隙时，由于流通截面积突然缩小致流速增大、压力降低，与流体通过孔板的情况相仿。转子底部所受压力大于顶部压力，转子在此压力差作用下向上浮起。此压力差乘以转子横截面积就是向上推力。转子本身的重力减去在流体中的浮力，就是向下的净重力。如果流体作用在转子上的向上推力大于转子的净重力，必然使转子上浮。随着转子上浮，环隙的截面积扩大，则流体在环隙处的流速减小，相应地减少了作用在转子上的向上推力。当向上推力与净重力互相平衡时，转子便浮在一定的高度。即流量增大时转子向上运动，流量减小转子向下运动，流量稳定转子浮在一定位置。因此，用转子位置的高低可度量流量的大小，通常在转子流量计的透明管上刻有相应的流量刻度，根据转子平衡时其上端平面所处刻度，即可读出管道中相应的流量。

转子流量计的计算式可根据转子受力平衡导出。

在图 1-34 中，取转子下端截面为 1-1′，上端为截面 0-0′，用 V_f、A_f、ρ_f 分别表示转子的体积、最大截面积和密度。当转子处于平衡位置时，转子两端面压差造成的向上推力等于转子的净重力，即：

$$(p_1-p_0)A_f=(\rho_f-\rho)V_f g \tag{1-58}$$

p_1、p_0 的关系可在 1-1′和 1-0′截面间列柏努利方程获得：

$$\frac{p_1}{\rho}+\frac{u_1^2}{2}+z_1 g=\frac{p_0}{\rho}+\frac{u_0^2}{2}+z_0 g$$

整理得

$$p_1-p_0=(z_0-z_0)\rho g+\frac{\rho}{2}(u_0^2-u_1^2)$$

将上式两端同乘以转子最大截面积 A_f，则有：

$$(p_1-p_0)A_f=A_f(z_0-z_1)\rho g+A_f\frac{\rho}{2}(u_0^2-u_1^2) \tag{1-59}$$

由此可见，流体作用于转子的向上推力 $(p_1-p_0)A_f$ 由两部分组成：一部分是两截面的位差，此部分作用于转子的力即为流体的浮力，其大小为 $A_f(z_0-z_1)\rho g$ 即 $V_f\rho g$；另一部分是两截面的动能，其值为 $A_f\frac{\rho}{2}(u_0^2-u_1^2)$。

将式(1-58) 与式(1-59) 联立，得：

$$V_f(\rho_f-\rho)g=A_f(z_0-z_1)\rho g+A_f\frac{\rho}{2}(u_0^2-u_1^2) \tag{1-60}$$

根据连续性方程

$$u_1=u_0\frac{A_0}{A_1}$$

由于浮力项 $A_f(z_0-z_1)\rho g$ 相对较小，可忽略。将上述关系代入式(1-60) 中，有：

$$V_f(\rho_f-\rho)g=A_f\frac{\rho}{2}u_0^2\left[1-\left(\frac{A_0}{A_1}\right)^2\right]$$

整理得：

$$u_0=\frac{1}{\sqrt{1-\left(\frac{A_0}{A_1}\right)^2}}\times\sqrt{\frac{2V_f(\rho_f-\rho)g}{\rho A_f}} \tag{1-61}$$

考虑到表面摩擦和转子形状的影响，引入校正系数 C_r，则有：

$$u_0=C_r\sqrt{\frac{2V_f(\rho_f-\rho)g}{\rho A_f}} \tag{1-62}$$

此式即为流体流过环隙时的速度计算式，C_r 又称为转子流量计的流量系数。

转子流量计的体积流量为：

$$V_S=u_0A_r=C_rA_r\sqrt{\frac{2V_f(\rho_f-\rho)g}{\rho A_f}} \tag{1-63}$$

式中 A_r——转子上端面处环隙面积，m^2。

转子流量计的流量系数 C_r 与转子的形状和流体流过环隙时的 Re 有关。对于一定形状的转子，当 Re 达到一定数值后，C_r 为常数。

由式(1-63) 可知，对于一定的转子和被测流体，V_f、A_f、ρ_f、ρ 为常数，当 Re 较大时，C_r 也为常数，故 u_0 为一定值，即无论转子停在任何位置，其环隙流速 u_0 是恒定的。而流量与环隙面积成正比即 $V_S \propto A_r$，由于玻璃管为下小上大的锥体，当转子停留在不同高度时，环隙面积不同，因而流量不同。

转子流量计由专门厂家生产，其刻度是针对某一流体（如水、空气）在出厂前进行标定的，并绘制有流量曲线。如果改测其他流体，必须进行校正。

转子流量计的优点是能直接观察到流体的流动，损失压头较小，测量范围很宽，安装时在流量前后不需要维持一定长度的直管段。但转子流量计安装时必须保持垂直，又由于管壁是玻璃制成的，工作压力不超过 $(4\sim5)\times10^5$ Pa。

第六节　液体输送机械

液体输送在化工、轻工、制药等生产过程中起着重要作用。被输送的液体有各种原料液体，也有如水、冷冻剂、溶剂、化学药剂等辅助物料。由于料液性质千差万别，所以输送问题十分复杂。就物料的黏度而言，可从普通低黏度的清液直至黏度很高的原油等液体。

作为轻工、制药及生物工程，洁净卫生是个重要问题。因此要求输送管路和输送机械中接触汁液部分尽量采用不锈钢材料，而且结构上要有完善的密封性。

液体输送机械就是将能量加给液体的机械，通常称为泵。

一、泵的种类及作用

由于被输送液体的性质和操作条件多种多样，所以设计和制造了各种类型的泵，供生产选用。若以工作原理的不同，泵可分成以下几类。

(1) 离心泵

利用泵内高速旋转的叶轮，给液体以动能，再由动能转变成静压能，将液体输出泵外。

(2) 往复泵

利用泵内往复运动的活塞，增大液体的静压能，使液体压头增高，压出泵外。

(3) 旋转泵

利用泵内旋转的转子，增大液体的静压能，将液体压出泵外。

若根据泵的用途和被输送液体性质所决定的结构和材料来划分，主要有以下几种。

① 清水泵　输送水以及黏度与水相近，无腐蚀性、不含杂质的液体泵。

② 耐腐蚀泵　输送对金属材料有腐蚀作用的液体的泵。这类泵的特点除其接触液体部件用耐腐蚀材料制造外，还必须要求有完善的密封性。

③ 油泵　输送高黏度液体的泵，其特点是泵的性能不因黏度高而引起下降。由于离心泵输送高黏度液体有困难，所以油泵大多为齿轮泵、螺杆泵以及其他类型旋转泵。

④ 杂质泵　用以输送含有大量固体颗粒、纤维状物质的悬浮液以及泥浆状液体等。可根据所含杂质不同分别选用。

二、离心泵

1. 离心泵的结构及工作原理

离心泵的构造比较简单，由工作叶轮和泵壳所构成。它的工作原理是利用泵壳内高速旋转叶轮的离心力作用将液体吸入和压出。图 1-35 为一台装在管路上的离心泵。它的主要构造是在蜗牛形的泵壳内有一旋转的工作叶轮，叶轮紧固在泵轴上。泵的吸入口与吸入管相连接，排出口与排出管相连接。泵运转时液体由吸入口沿轴向垂直地进入叶轮中央，在叶片之间通过而进入泵壳，最后从泵的排出口呈切线排出。吸入管的末端装有底阀及滤网，前者是用于防止停车时泵内液体倒流回到贮槽，而后者是用以防止杂物进入泵壳和管路。排出管路上装有调节阀，用以调节泵的流量。

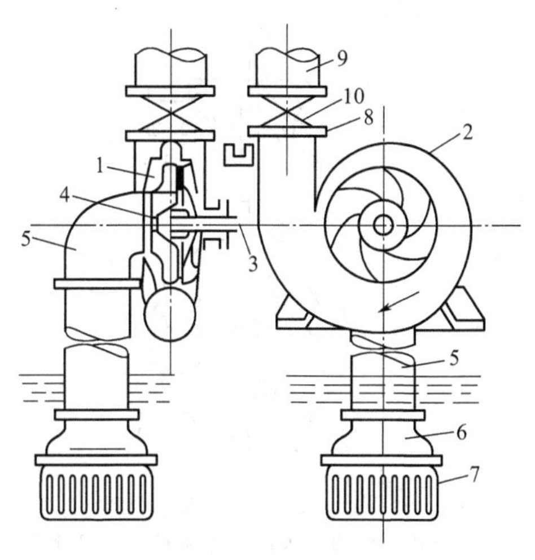

图 1-35 离心泵装置

1—叶轮；2—泵壳；3—泵轴；4—吸入口；5—吸入管；6—底阀；7—滤网；8—排出口；9—排出管；10—调节阀

离心泵在启动前，须先向泵壳内灌满被输送液体。启动后，泵轴带动叶轮高速旋转，此时，处在叶片间的液体在叶片的推动下也旋转起来，因而液体获得了离心力。液体在离心力的作用下，从叶轮中心抛向叶轮边缘的过程中获得了能量，使叶轮外缘处的液体静压力和流速提高，流速一般可达 15～25m/s。液体离开叶轮进入泵壳后，由于泵壳的蜗牛形通道是逐渐扩大的，在经过通道到达排出口的过程中，流速逐渐降低，部分动能转变为静压能，到泵出口处液体的压力增加到最大值而进入排出管中。旋转的叶轮带动液体旋转，将动能和静压能给予液体，在泵壳内液体的部分动能转变成静压能，使液体获得较高压力而排出。这就是离心泵排液过程的工作原理。

与此同时，叶轮中心部分由于液体被甩向外缘而形成了一定的真空度。当吸入液面与大气压相通时，在吸入液面与泵中心部分之间形成一定的压力差。此压力差就是液体从吸入管进入泵内的推动力。这就是离心泵吸液过程的工作原理。

应当指出，离心泵在启动前必须向泵内灌满液体以排除空气。这是由于空气的密度比液体小得多，空气的存在，使得叶轮旋转时产生的离心力很小，因此泵入口处的真空度就会很低，吸入液面和泵入口处的压力差很小，不足以造成吸上液体所需的真空度，不能推动液体流入泵内。这时泵只能空转而不能输送液体。由于泵内存在空气，启动离心泵而不能输送液体的现象，称为“气缚”。由此还可以看出底阀的另一个作用，它是单向阀，可以保证在第一次开泵时，使泵内容易充满液体。有时为了避免使用离心泵时灌液体的麻烦，可以将泵安装在吸入液面以下，启动时液体可以自动流入泵内。

2. 离心泵的主要部件

离心泵的主要工作部件有叶轮、泵壳、密封环轴封装置和轴向推力平衡装置。

(1) 叶轮

叶轮是离心泵重要的工作部件。常用的单吸闭式叶轮的构造如图 1-36 所示。叶轮内有 6～8 片叶片，它们的弯曲方向对旋转方向来说是向后弯的。叶轮前后两侧有前盖板及后盖板。前盖板中心处是液体入口，与泵入口对正。这种具有前后盖板的叶轮，称为闭式叶轮。除闭式叶轮外，还有只有后盖板的半闭式叶轮，以及没有前后盖板的开式叶轮。半闭式及开式叶轮是用于输送浆料、黏度较大的液体或含有固体悬浮物的液体，因取消盖板后，叶轮流道不容易堵塞。但由于取消了盖板，液体在叶片间流动时容易脱离叶轮，效率会降低，尤其是开式叶轮。所以，一般情况下很少采用。

上述叶轮为单吸式，液体只能从前盖板中心进入叶轮。两个盖板均有入口，液体可以从两侧进入叶轮，称为双吸式叶轮，这种叶轮可避免轴向推力，但叶轮本身和泵壳的结构较复杂。

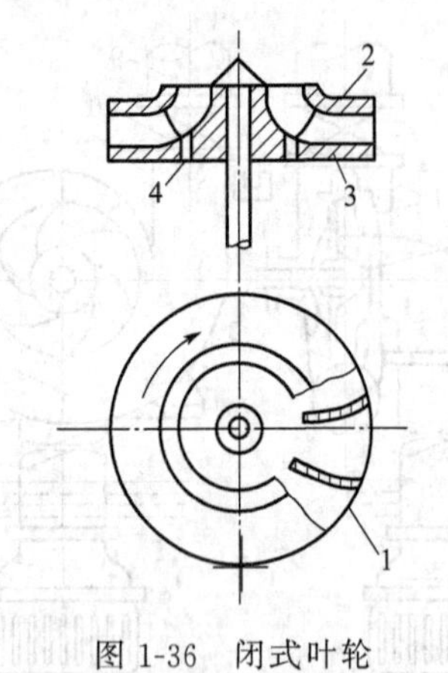

图 1-36 闭式叶轮

1—叶片；2—前盖板；3—后盖板；4—平衡孔

图 1-37 泵壳内液体流动情况

(2) 泵壳

离心泵泵壳的结构如图 1-37 所示。因泵壳内有一个截面逐渐扩大的状如蜗牛壳形的通道，所以，离心泵的泵壳又称蜗壳。叶轮在壳内顺着蜗壳形通道逐渐扩大的方向旋转。越接近液体出口，通道面积越大。因此，液体从叶轮外缘高速抛出后，在泵壳内向出口方向流动时，流速逐渐降低，相当大的一部分动能转变为静压能。泵壳不仅作为一个汇集叶轮抛出液体的部件，而且是一种转能装置。

3. 离心泵的能量方程

如前所示，液体在离心泵内流经旋转叶轮的流道过程中，从叶轮获得了能量。离心泵的能量方程是离心泵理论的重要公式，又称为离心泵基本方程式，它表达液体从叶轮获得的能量与液体流经叶轮前、后运动参数变化之间的关系。

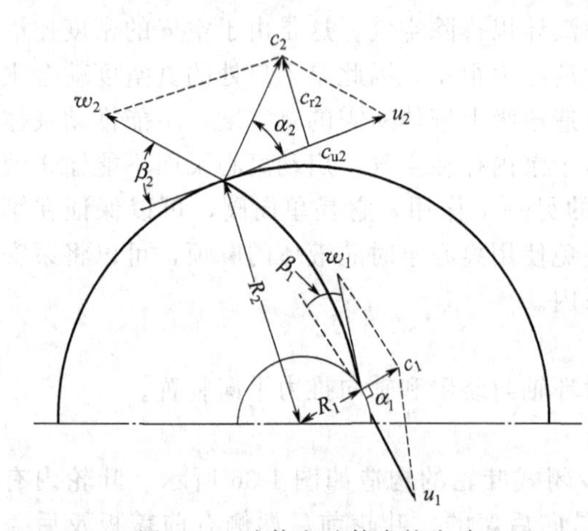

图 1-38 液体在叶轮中的流动

由于液体在叶轮中的运动较为复杂，为便于研究，首先假设以下理想情况。

离心泵叶轮的叶片数目无限多，即叶片厚度无限薄。因此液体质点是沿叶片表面流动，不发生环流。输送的是理想液体，即液体在叶轮中流动时不存在流动阻力。

(1) 流体质点在叶轮内的运动情况、速度三角形

叶轮内任一液体质点的运动情况如图 1-38 所示，图中标出的是液体进入与离开叶轮时的速度三角形。当叶轮以角速度 ω 旋转时，叶轮中液体质点具有一个随叶轮旋转的圆周运动速度，以 u 表示，其方向与液体质点所在处的圆周的切线方向一致，其大小为：

$$u=\frac{2\pi Rn}{60} \tag{1-64}$$

式中 u——液体质点的圆周速度，m/s；

R——液体质点所在处圆的半径，m；

n——叶轮的转速，r/min。

同时，液体质点还有一个相对于叶轮运动的相对速度，用 w 表示，其方向为液体质点所在处叶片切线方向，其大小与液体流量、流道的形状有关。

圆周速度和相对速度的和速度就是液体质点相对于静止泵壳的绝对速度，以 c 表示，即：

$$\vec{c}=\vec{u}+\vec{w} \tag{1-65}$$

由上述三个速度所组成的矢量图称为速度三角形。如图 1-39 中出口速度三角形所示，α 表示绝对速度与圆周速度两个矢量之间的夹角，β 表示相对速度与圆周速度反向延线的夹角，一般称为流动角。α 及 β 的大小与叶片的形状有关。三个速度之间的关系可由余弦定理表达，即：

$$w^2=c^2+u^2-2c\cdot u\cdot\cos\alpha \tag{1-66}$$

为方便计算，常把绝对速度分解为二个分量，即：

径向分量 $$c_r=c\cdot\sin\alpha \tag{1-67}$$

圆周分量 $$c_u=c\cdot\cos\alpha \tag{1-67a}$$

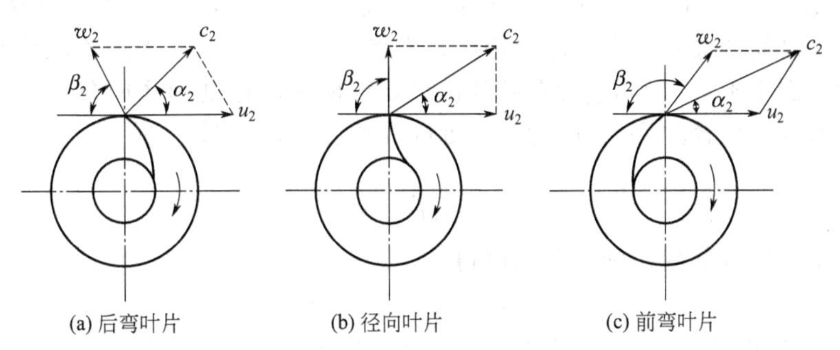

图 1-39 叶片形状及出口速度三角形

由此可知，叶轮的形状影响液体在离心泵内的流动状况及泵的性能。

(2) 能量方程的推导

单位重量理想流体，通过无限多叶片的叶轮获得的能量，称为理论压头，以 $H_{T,\infty}$ 表示，单位为 m。根据柏努利方程，单位重量液体从叶轮入口处的点 1 到叶轮出口处的点 2 所获得的机械能为：

$$H_{T,\infty}=\frac{p_2-p_1}{\rho g}+\frac{c_2^2-c_1^2}{2g}=H_p+H_c \tag{1-68}$$

式中 H_p——单位重量液体通过叶轮后静压能增量，J/N 或 m；

H_c——单位重量液体通过叶轮后动能增量，J/N 或 m。

式(1-68) 没有考虑进、出口两点高度不同，因叶轮每转一周，两点高低互换一次，按时均计此高差可视为零。

H_p 主要由两方面构成。

由于离心力作用，单位重量液体所获得的外功为：

$$\int_{R_1}^{R_2}\frac{R\omega^2}{g}\mathrm{d}R=\frac{\omega^2}{2g}(R_2^2-R_1^2)=\frac{u_2^2-u_1^2}{2g} \tag{1-69}$$

式中 R_1、R_2——叶轮进、出口处圆周的半径，m。

叶轮上相邻叶片间由中心向外流道逐渐扩大，流速逐渐下降，部分动能转化为静压能，单位重量液体所获得的静压能增量为$\frac{w_1^2-w_2^2}{2g}$。

因此

$$H_p=\frac{u_2^2-u_1^2}{2g}+\frac{w_1^2-w_2^2}{2g} \tag{1-70}$$

将式(1-70) 代入式(1-68) 可得：

$$H_{T,\infty}=\frac{u_2^2-u_1^2}{2g}+\frac{w_1^2-w_2^2}{2g}+\frac{c_2^2-c_1^2}{2g} \tag{1-71}$$

将速度三角形中各速度关系代入式(1-71)，经整理得：

$$H_{T,\infty}=\frac{u_2c_2\cos\alpha_2-u_1c_1\cos\alpha_1}{g} \tag{1-72}$$

为提高理论压头，一般在离心泵设计中，使 $\alpha_1=90°$，即 $\cos\alpha_1=0$，故式(1-72) 可写为：

$$H_{T,\infty}=\frac{u_2c_2\cos\alpha_2}{g} \tag{1-72a}$$

式(1-72) 或式(1-72a) 称为离心泵能量方程式。该式表达理论压头与液体流经叶轮前、后运动参数变化之间的关系。在实际应用中，常将式(1-72a) 变换为理论压头与理论流量之间的关系。参见图 1-34，可知 c_{r2} 为在叶片出口处液体绝对速度的径向分量，它与叶片通道截面相垂直。若叶轮外径为 D_2，叶轮出口处叶片宽度为 b_2，叶片厚度可忽略，则离心泵的理论流量为：

$$Q_T=\pi D_2b_2c_{r2} \tag{1-73}$$

又从叶轮出口处点 2 的速度三角形可得：

$$c_2\cos\alpha_2=u_2-c_{r2}\cot\beta_2 \tag{1-74}$$

将式(1-73) 和式(1-74) 代入式(1-72a)，并整理得：

$$H_{T,\infty}=\frac{u_2^2}{g}-\frac{u_2\cot\beta_2}{g\pi D_2b_2}Q_T=\frac{1}{g}(R_2\omega)^2-\frac{Q_T\omega}{2\pi b_2g}\cot\beta_2 \tag{1-75}$$

式(1-75) 为离心泵能量方程式的又一表达式，它表达泵的理论压头与理论流量、流速、叶轮直径及叶片几何形状等的关系。

(3) 能量方程的讨论

① 离心泵的理论压头与叶轮的转速、直径的关系　由式(1-75) 可看出，当理论流量 Q_T 和叶片的几何尺寸（b_2，β_2）一定时，离心泵的理论压头随叶轮的转速、直径的增大而增高。

② 离心泵的理论压头与叶片几何形状的关系　根据叶片的弯曲方向，即叶片出口端流动角 β_2 的大小，可将叶片分为后弯叶片、径向叶片、前弯叶片 3 种。不同的叶片形状，其出口端的速度三角形不同，如图 1-35 所示。

a. 后弯叶片　因 $\beta_2<90°$，$\cot\beta_2>0$，由式(1-75) 可知，泵的理论压头随理论流量的增大而减小，即：

$$H_{T,\infty}<u_2^2/g$$

b. 径向叶片　因 $\beta_2=90°$，$\cot\beta_2=0$，由式(1-75) 可知，泵的理论压头与理论流量无关，即：

$$H_{T,\infty}=u_2^2/g$$

c. 前弯叶片　因 $\beta_2>90°$，$\cot\beta_2<0$，由式(1-75) 可知，泵的理论压头随理论流量的增大而增高，即：

$$H_{T,\infty}>u_2^2/g$$

当离心泵的几何尺寸、转速一定时，对不同的叶片形状，泵的理论压头和理论流量的关系如图 1-40 所示。

应予指出，虽然前弯叶片产生理论压头最高，但实际上离心泵多采用后弯叶片，其原因如下：离心泵的理论压头包括静压头 H_p 和动压头 H_c 两部分，后者的比例却随 β_2 的不同而变，当 $\beta_2<90°$（后弯叶片）时，H_p 在 $H_{T,\infty}$ 中占有比例较大；相反，当 $\beta_2>90°$（前弯叶片）时，H_p 在 $H_{T,\infty}$ 中占有比例较小，大部分是 H_c。当然通过蜗壳通道时，部分动能可转化为静压头，但是由于流体的速度过大，在能量转换过程中必然伴随较大的能量损失。由此可见，为提高离心泵的运转经济指标，泵总是采用后弯叶片的。

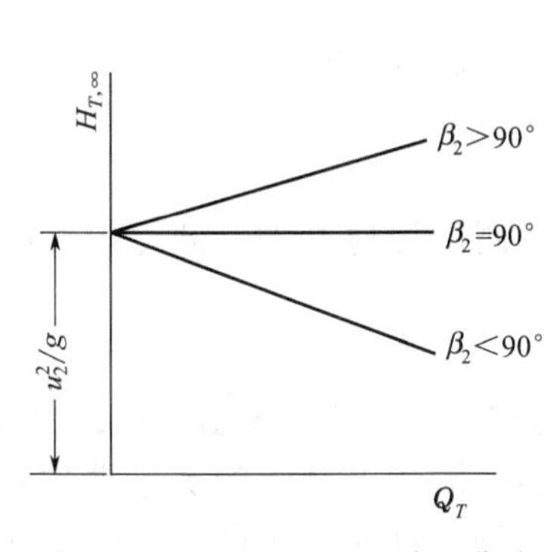

图 1-40 $H_{T,\infty}$ 与 Q_T 关系曲线

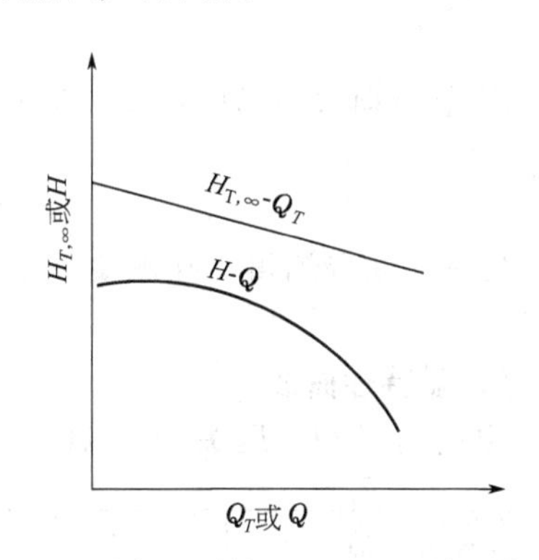

图 1-41 离心泵的 $H_{T,\infty}$-Q_T 关系曲线

③ 理论压头和实际压头　前面讨论的是理想流体通过理想叶轮（即具有无限多叶片）时的 $H_{T,\infty}$-Q_T 关系曲线，称为离心泵的理论特性曲线。实际上，叶轮上叶片的数目是有限的，且输送的是实际液体。因此液体不能完全沿叶片弯曲形状运动，且在流道中存在与叶轮旋转方向不一致的旋转运动，称为轴向涡流，于是实际的圆周速度 u_2 和绝对速度 c_2 小于理想叶轮的对应速度，致使泵的压头降低；同时实际液体在泵内流过时必有各种能量损失，因此离心泵的实际压头 H 必小于理论压头 $H_{T,\infty}$。另外由于泵内存在各种流体的泄露，故离心泵的实际流量 Q 必小于理论流量 Q_T。所以离心泵的实际压头和实际流量（简称为离心泵的压头和流量）关系曲线应在 $H_{T,\infty}$-Q_T 关系曲线的下方，如图 1-41。离心泵的 H-Q 曲线通常由实验测定。

4. 离心泵的主要性能参数

离心泵的主要性能参数为流量、扬程、功率和效率。

(1) 流量

离心泵的流量（又称送液能力）是指单位时间内泵能排出的液体量，通常指体积流量，用符号 Q 表示，其单位为 m^3/s 或 m^3/h。

泵的流量大小主要与泵的结构有关。流量与叶轮的直径成正比，也与叶轮的转速成正比。

(2) 扬程

泵能给予 1N 液体的能量，称为泵的扬程，或称压头，用符号 H 表示，其单位为 J/N，简化后为 m。

扬程的单位虽为 m，但不要把扬程与升扬高度等同起来。用泵将液体从低处送到高处的高度，称为升扬高度。升扬高度只是扬程的一部分，泵运转时，其升扬高度值一定小于扬程。

离心泵的扬程与叶轮的直径平方成正比，也与叶轮的转速平方成正比。叶轮直径和转速固定时，流量越大，则扬程越小。

（3）功率和效率

单位时间内泵对输出液体所做的功，称为有效功率，用 N_e 表示，单位为 W 或 kW。

$$N_e = QH\rho g \tag{1-76}$$

由于离心泵结构的原因，泵运转时，泵内高压液体部分回流到泵入口，甚至漏到泵外；液体在泵内流动时，要克服摩擦阻力和局部阻力而消耗能量；泵轴转动时，有机械摩擦而消耗能量。因此，泵的输入功率中，除了对液体做有效功外，还有上述三项能量损失，使泵轴从电动机获得的功率 N 一定大于 N_e。泵轴从电动机获得的功率，称为轴功率，用符号 N 表示。

有效功率与轴功率之比，称为泵的总效率，用符号 η 表示，即：

$$\eta = \frac{N_e}{N} = \frac{QH\rho g}{N} \tag{1-77}$$

η 值也是由实验测得。在测定流量、扬程时，同时测出轴功率 N，即可用式(1-77) 计算总效率。

5. 离心泵特性曲线

离心泵的流量 Q、压头 H、轴功率 N 和效率 η 为离心泵的主要参数，它们之间的关系由实验测定，测得的关系曲线称为离心泵的特性曲线（见例 1-21）。离心泵在出厂前均由生产厂家测定了该泵的特性曲线，附在了泵的说明书中。

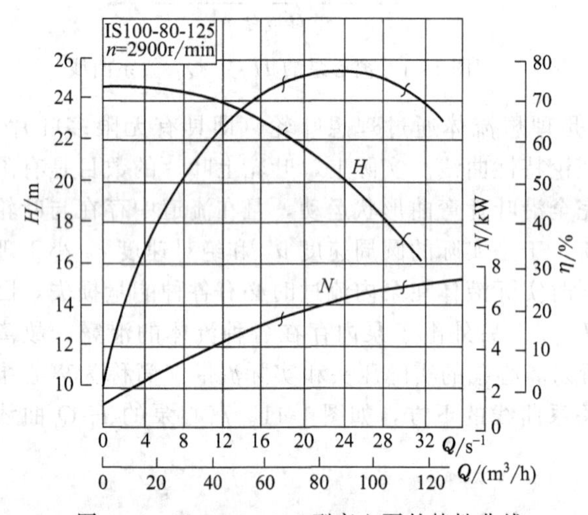

图 1-42　IS100-80-125 型离心泵的特性曲线

图 1-42 所示的是国产 IS100-80-125 型离心泵在转速为 2900r/min 时的特性曲线，由 H-Q、N-Q、η-Q 三条曲线组成。

（1）H-Q 曲线

离心泵的压头在较大范围内随流量的增大而减小。不同型号的离心泵，H-Q 曲线的形状有所不同。

（2）N-Q 曲线

离心泵的轴功率随流量的增大而增大，当流量 $Q=0$ 时，泵轴消耗的功率最小。因此离心泵启动时应关闭出口阀，使启动功率最小，以保护电动机。

（3）η-Q 曲线

当流量 $Q=0$ 时，效率 $\eta=0$；随流量增大，泵的效率也随之增大并达到一个最大值；此后随流量再增大时效率便降低。说明离心泵在一定转速下有一个最高效率点，成为设计点。显然，泵在该点所对应的流量和压头下工作最为经济。离心泵铭牌上标注的性能参数均为最高效率下的数值。

需要指出，离心泵的特性曲线与转速有关，因此在特性曲线上一定要标出泵的转速。

【例 1-21】 离心泵特性曲线测定实验装置如图 1-43 所示，现用 20℃水在 2900r/min 下进行实验。已知吸入管路内径 80mm，压出管路内径 60mm，两个测压点的垂直距离为 0.12m，实验中测得一组数据：流量为 24m³/h，泵进口处真空表读数为 53kPa，出口处压力表读数为 124kPa，电动机输入功率为 2.3kW。电动机效率为 0.95，泵轴由电动机直接带动，其传动效率可视为 1.0。试计算在此流量下泵的性能参数。

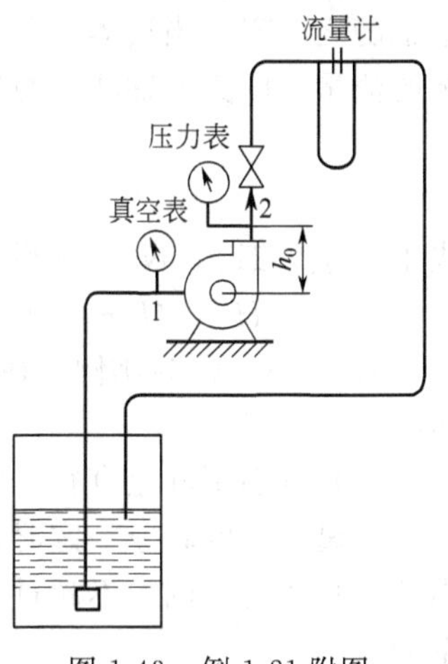

图 1-43 例 1-21 附图

解 (1) 泵的压头 在截面 1 和截面 2 间列柏努利方程，因两截面之间管路较短，可忽略两截面间的压头损失，则：

$$H=z_2-z_1+\frac{p_2-p_1}{\rho g}+\frac{u_2^2-u_1^2}{2g} \quad \text{(a)}$$

其中 $z_2-z_1=0.12\ (\text{m})$

$$u_1=\frac{Q}{\frac{\pi}{4}d_1^2}=\frac{24/3600}{0.785\times0.08^2}=1.33\ (\text{m/s})$$

$$u_2=\frac{Q}{\frac{\pi}{4}d_2^2}=\frac{24/3600}{0.785\times0.06^2}=2.36\ (\text{m/s})$$

将已知数据代入 (a) 式中，且取水的密度为 1000kg/m^3，则泵的压头为：

$$H=\left[0.12+\frac{(124+53)\times10^3}{1000\times9.81}+\frac{2.36^2-1.33^2}{2\times9.81}\right]=18.36\ (\text{m})$$

(2) 泵的轴功率 由于泵由电动机直接带动，泵轴与电动机的传动效率为 1.0，所以电动机的输出功率即为泵的输入功率，即：

$$N=0.95\times2.3=2.19\ (\text{kW})$$

(3) 泵的效率 泵的有效功率为：

$$N_e=QH\rho g=\frac{24}{3600}\times18.36\times1000\times9.81=1201\ (\text{W})=1.2\ (\text{kW})$$

则泵的效率为：

$$\eta=\frac{N_e}{N}\times100\%=\frac{1.2}{2.19}\times100\%=54.8\%$$

由此获得一组离心泵的性能参数：流量 $Q=24\text{m}^3/\text{h}$，$H=18.36\text{m}$，轴功率 $N=2.19\text{kW}$，效率 $\eta=54.8\%$。

调节出口阀门，可获得若干组数据，即可标绘出该泵在转速 $n=2900\text{r/min}$ 下的特性曲线。

6. 影响离心泵特性曲线的主要因素

泵生产厂所提供的离心泵特性曲线，一般是在一定转速和常压下，以 20℃水作为实验介质进行测定的。当实际生产中被输送液体的密度及黏度与水的相差较大时，离心泵的性能将有所变化；若改变泵的转速或叶轮的直径，泵的性能也会发生变化。因此，需考虑这些参数变化对离心泵特性曲线的影响。

(1) 密度对特性曲线的影响

由离心泵的能量方程可知，离心泵的流量及压头均与液体的密度无关，因此泵的效率也不随密度而变化。故当密度变化后，原特性曲线中的 H-Q、η-Q 曲线均保持不变。但是泵的轴功率与密度有关，需要重新计算，并标绘 N-Q 曲线。

(2) 黏度对特性曲线的影响

当被输送液体的黏度较大时，液体在泵内的能量损失随之增大，结果导致泵的流量、扬程、效率均下降，而轴功率上升，从而使泵的特性曲线发生变化。通常，当液体的运动黏度 $\nu>2\times10^{-5}\text{m}^2/\text{s}$ 时，需对泵的特性曲线进行修正。具体修正方法可参阅有关参考书。

(3) 离心泵转速对特性曲线的影响

离心泵的特性曲线是在一定转速下测定的，当泵的转速改变时，泵的流量、压头及轴功率也随之改变。当液体的黏度不大，且转速变化小于20%时，可认为泵的效率不变，此时泵的流量、压头及轴功率与转速的近似关系为：

$$\frac{Q_1}{Q_2}=\frac{n_1}{n_2} \quad \frac{H_1}{H_2}=\left(\frac{n_1}{n_2}\right)^2 \quad \frac{N_1}{N_2}=\left(\frac{n_1}{n_2}\right)^3 \tag{1-78}$$

式中 Q_1，H_1，N_1——转速为 n_1 时的流量、压头和功率；

Q_2，H_2，N_2——转速为 n_2 时的流量、压头和功率。

式(1-78) 称为比例定律。据此式可由某一转速下的特性曲线转换为另一转速下的特性曲线。

(4) 离心泵叶轮直径对特性曲线的影响

当离心泵的转速一定时，对同一型号的离心泵，切削叶轮直径也会改变泵的特性曲线。当叶轮直径的切削量不超过5%时，认为泵的效率不变，此时泵的性能参数与叶轮直径的关系为：

$$\frac{Q_1}{Q_2}=\frac{D_1}{D_2} \quad \frac{H_1}{H_2}=\left(\frac{D_1}{D_2}\right)^2 \quad \frac{N_1}{N_2}=\left(\frac{D_1}{D_2}\right)^3 \tag{1-79}$$

式(1-79) 称为切割定律。

7. 汽蚀现象与安装高度

如图1-44所示，H_g 指离心泵入口中心线与贮槽液面之间的垂直距离，这个距离就是离心泵的吸上高度。若离心泵在液面之上，H_g 为正值；离心泵在液面之下，H_g 为负值。在工业生产中，离心泵的吸上高度不是任意的，是有限制的。而这个限制就是因为离心泵在工作中可能产生"汽蚀现象"。

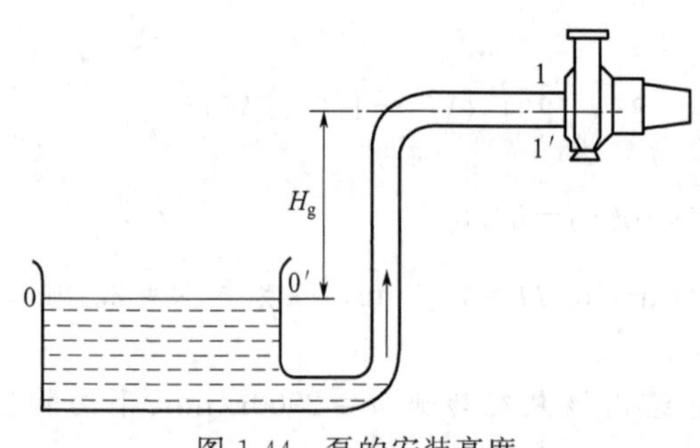

图1-44 泵的安装高度

(1) 汽蚀现象

离心泵运转时，在叶片入口附近压力最低，若 $p_1 \leqslant p_v$

式中 p_1——泵叶片处的最低压力，Pa；

p_v——输送液体在操作温度下的饱和蒸汽压，Pa。

液体在压力最低点处发生部分汽化，气泡随同液体从低压区进入高压区的过程中，在高压的作用下，气泡迅速凝结。气泡的消失产生了局部真空，此时，周围的液体以极高的速度和频率冲击原气泡所占空间，产生非常大的冲击压力，造成对叶轮和壳体的冲击，使其震动并发出噪声，这种现象叫"汽蚀"。汽蚀现象发生时，传递到叶轮和壳体上的冲击力再加上液体中微量溶解氧释出时对金属的化学腐蚀的共同作用，在一定时间后，可使叶轮及壳体内表面出现斑痕和裂缝，甚至呈海绵状逐渐脱落，有的还出现穿孔。

离心泵在汽蚀条件下运转时，不但泵体震动剧烈、发出噪声，而且流量、扬程和效率都明显下降，严重时会吸不上液体。为了避免汽蚀现象发生，保证离心泵正常运转，必要的操作条件是：

$$p_1 > p_v$$

但是，叶片入口处的压力 p_1 很难测出，而泵入口处的压力可以通过压力表测出，显然泵入口处压力应大于叶片入口处的压力。

(2) 汽蚀余量与必需汽蚀余量

为了避免汽蚀现象发生，液体经吸入管到达泵入口处所具有的压头$\left(\frac{p_1}{\rho}+\frac{u^2}{2g}\right)$不仅能克服流体阻力使液体被推进叶轮入口，而且应大于液体在工作温度下的饱和蒸汽压头$\frac{p_v}{\rho g}$，其差值为有效富余压头，即汽蚀余量，以下式表达：

$$NPSH=\frac{p_1}{\rho g}+\frac{u^2}{2g}-\frac{p_v}{\rho g}$$

式中 p_v——一定温度下液体的饱和蒸汽压；

p_1，u——液体在泵入口处的静压和绝对速度。

从汽蚀余量的定义不难判断，这个值越小，泵内压力越有可能降低至饱和蒸汽压之下，即发生汽蚀的危险性越大。发生汽蚀的临界汽蚀余量$(NPSH)_{cr}$可以通过实验测得，再加上一定的安全量即得到必需汽蚀余量$(NPSH)_{re}$，$(NPSH)_{re}$主要与泵的设计有关，常备绘制成$(NPSH)_{re}-q_v$特性曲线出现在生产厂商的产品手册中。显然，为使泵安全工作，应满足代入实际p_1、u计算的汽蚀余量$(NPSH)>(NPSH)_{re}$（标准甚至规定要高出0.5m以上），实际汽蚀余量NPSH主要由泵所在的管路系统决定。

(3) 最大安装高度

泵的实际安装情况一般如图1-39所示，对于水源0-0′截面和泵入口1-1′截面可以列出如下的柏努利方程：

$$\frac{p_a}{\rho g}+\frac{u_a^2}{2g}=\frac{p_1}{\rho g}+\frac{u_1^2}{2g}+H_g+h_{f,0-1} \tag{1-80}$$

式中 p_a——贮槽液面压力，Pa；

p_1——泵入口处压力，Pa；

u_1——泵入口处液体流速，m/s；

u_a——贮槽液面下降流速，m/s；

$h_{f,0-1}$——吸入管阻力损失，m液柱；

H_g——安装高度（吸上高度），m。

从式中不难发现，安装高度H_g越大，入口1-1′处NPSH越小，即实际汽蚀余量越小，越容易发生汽蚀现象。

由式(1-80)可以推导得最大安装高度为：

$$H_g=\frac{p_a}{\rho g}+\frac{u_a^2}{2g}-h_{f,0-1}-\left(\frac{p_1}{\rho g}+\frac{u_1^2}{2g}\right)_{min}=\frac{p_a}{\rho g}+\frac{u_a^2}{2g}-h_{f,0-1}-\frac{p_v}{\rho g}-(NPSH)_{re} \tag{1-81}$$

式(1-81)是用必需汽蚀余量确定泵的最大安装高度的计算公式。需要指出的是，为安全起见，实际安装高度应比最大安装高度再降低0.5m。

【例1-22】 拟用某台离心泵将20℃的某溶液由储罐送往高位槽中供生产使用，储槽上方与大气直接连通。已知在给定送液量下吸入管的压头损失为4m液柱，求大气压分别为101.3kPa的平原和60.5kPa的高原地带泵的最大安装高度。已知给定工况泵的必需汽蚀余量$(NPSH)_{re}$为3.3m，20℃时溶液的饱和蒸汽压为5.87kPa，密度为800kg/m^3，重力加速度取9.81m/s^2。

解 储罐内液面下降速度$u_a=0$，由式(1-81)可知在平原和高原上泵的最大安装高度分别为：

$$H_{g1}=\frac{p_a}{\rho g}-h_{f,0-1}-\frac{p_v}{\rho g}-(NPSH)_{re}=\frac{(101.3-5.87)\times10^3}{800\times9.81}-4-3.3=4.86\ (m)$$

$$H_{g2}=\frac{p_a}{\rho g}-h_{f,0-1}-\frac{p_v}{\rho g}-(NPSH)_{re}=\frac{(60.5-5.87)\times10^3}{800\times9.81}-4-3.3=-0.34\ (m)$$

其中高原上最大安装高度为负值，表明此时须使泵的入口位于液面以下才能保证正常操作。另外，实际应用中一般还要留出适当的裕度，按标准应降低 0.5m，这样可得实际最大安装高度分别为 4.36m 和－0.84m。

8. 操作要点

离心泵在启动前，泵内和吸入管中必须灌满液体，并将出口阀关闭，这样在启动时所需功率最小，可避免电机超负荷。待电动机运转正常后再逐渐打开出口阀，使泵进入正常输送过程。

泵运转时要经常检查轴承是否过热，注意检查润滑油、密封和填料的情况。流量的大小可以用出口阀调节。

停泵时，先关闭出口阀，再停电动机。长期停泵时，应将泵内和管路内的液体排空。

三、离心泵的选用

1. 离心泵的型号

按所输送液体的性质，离心泵可分为清水泵、耐腐蚀泵、油泵、杂质泵等。按叶轮的吸入方式，可分为单吸泵和双吸泵。按叶轮数目，可分为单级泵和多级泵。各种类型离心泵按其结构特点各自成为一个系列。

各种类型离心泵的大小、规格，均详载于机械产品泵类样本中。现对常用离心泵型号代号作简要说明。

(1) 水泵

其系列代号有 IS 型、D 型、S 型。凡是输送清水，或黏度与水相近且无腐蚀性和不含固体杂质的液体，都可以选用清水泵。现分别举例说明其型号代号。

IS——国际标准单级单吸清水离心泵；D——多级泵；S——单级双吸泵。

应用最广泛的是 IS 型离心泵。全系列扬程范围为 8～98m。流量范围为 4.5～360m^3/h。

例如：IS50-32-250 泵，其中 IS 代表国际标准单级单吸清水离心泵；50 代表吸入口直径 mm；32 代表排出口直径 mm；250 代表叶轮的尺寸 mm。

若需要扬程较高而流量并不太大的水泵，则可选用多级泵，即 D 型离心泵，全系列扬程范围为 14～351m，流量范围为 10.8～850m^3/h。

若需用输送流量大而扬程并不高，则可采用双吸泵。即 S 型离心泵，全系列扬程范围为 9～140m，流量范围为 120～1200m^3/h。

(2) 耐腐蚀泵

输送酸、碱等腐蚀性液体应采用耐腐蚀泵。这类泵与液体接触的部件系用耐腐蚀材料制造。用各种材料制造的耐腐蚀泵的结构基本相同，因此，我国生产的耐腐蚀泵都用一个系列代号，即 F 型泵，并在 F 之后加一个材料代号以作区别。例如：B——铬镍合金钢；H——灰口铸铁；J——耐碱铝铸铁；M——铬镍钼钛合金钢；Q——硬铅；S——聚三氟氯乙烯塑料；U——铝铁青铜。

如 50FM25 泵，即入口为 50mm；F 为耐腐蚀泵；M 所用材料为铬镍钼钛合金钢，25 为最高效率时的扬程 m。

耐腐蚀泵全系列的扬程范围为 15～105m，流量范围为 2～400m^3/h。

(3) 油泵

常用油泵有离心泵、往复泵、齿轮泵，以离心式油泵为多。其系列代号为 Y，适用于输送不含固体颗粒的油品。所用材料根据被输送油品的温度范围分成三类。油品的特点是易燃易爆，因此对油泵的一个重点要求是密封完善。当输送 200℃以上的热油时，还要求对轴封装置和轴承等进行冷却，故这些部件常装有冷却水夹套。

Y 型泵有单吸和双吸、单级和多级之分，全系列扬程范围为 60～600m，流量范围为 6.25～450m³/h。适用温度范围为－45～400℃。

Y 型泵的型号代号的编制与其他泵类似，如 80YⅡ-100×3，即吸入口径 80mm，单级扬程为 100m 的三级热油泵，所用材料为第Ⅱ类。

(4) 杂质泵

输送含有固体粒子的悬浮液及稠厚的浆液等的泵，称为杂质泵。其系列代号为 P，又细分为 PW—污水泵；PS—砂泵；PN—泥浆泵等。对这类泵的要求是不易堵塞，耐磨、容易清洗。它们的特点是叶轮流道宽，叶片数目少，常采用开式或半开式叶轮。有些泵壳内衬以耐磨的铸钢护板。

杂质泵的型号代号编制也与其他泵相似，如 4PNJ、4PNJF，型号中 4 为吸入口径 4×25＝100mm；PN—泥浆泵；J—以橡胶衬里，后者型号中 F 为能耐酸腐蚀。

2. 离心泵的选用

选用离心泵时，既要考虑被输送液体的性质、操作温度、压力、流量以及具体的管路所需的压头；又要了解泵制造厂所供应的泵的类型、规格、性能材质和价格等，在满足工艺要求的前提下，力求做到经济合理。一般按下列步骤进行。

① 确定输送系统的流量与压头。液体的输送量一般为生产任务所规定，如果流量在一定范围内变动，选泵时应按最大流量考虑。根据输送系统管路的安排，计算在最大流量下管路所需的压头。

② 选择泵的类型和型号。根据被输送液体的性质和操作条件确定泵的类型。按已定的流量和压头从泵样本或产品目录中选出合适的型号。选出的泵所能提供的流量 Q 与扬程 H 不一定与生产上管路所要求的流量和压头完全相等。要点是在泵的流量适用范围内，泵的扬程应等于或稍大于管路所需压头。

③ 核算泵的轴功率。若输送液体的密度大于水的密度时，再按式(1-76) 核算泵的轴功率。

【例 1-23】 用泵将密度为 1800kg/m³ 的酸性液体，自常压贮槽送到表压为 196.2kPa 的设备，要求流量为 13m³/h，升扬高度 6m，全部压头损失为 5m。试选出适合的离心泵型号。

解 输送酸性液体，宜用 F 型耐腐蚀离心泵，其材质可用灰口铁。要求输送的流量为 13m³/h，现依据管路条件确定所需的外加压头。

已知 z_2-z_1＝升扬高度＝6m；p_2-p_1＝196200Pa；贮槽及设备液面 $u_2\approx u_1\approx 0$；$\sum h_f$＝5m，对该输送系统列柏努利方程式，得：

$$H=z_2-z_1+\frac{p_2-p_1}{\rho g}+\frac{u_2^2-u_1^2}{2g}+\sum h_f$$

$$=6+\frac{196200}{1800\times 9.81}+5=6+11.1+5=22.1\ (\mathrm{m})$$

查附录中 F 型泵的性能表，50F-40A 符合要求，该泵的主要性能如下：流量 13.1m³/h；轴功率 2.64kW；扬程 32.5m；允许气蚀余量 4m；效率 44%。

因性能表中所列轴功率是按输送水测定的，今输送密度为 1800m³/h³ 的酸性液体，轴功率应重新核算，则：

$$N=\frac{QH\rho g}{\eta}=\frac{13\times 22.1\times 1800\times 9.81}{3600\times 0.44}=3203(\mathrm{W})\approx 3.2\ (\mathrm{kW})$$

【例 1-24】 拟选用一离心泵满足下述输水任务：输水量为 $20m^3/h$，用水处离水源液面的垂直高度 20m，管路全部摩擦阻力损失 32.5J/kg。试选出合用的水泵。

解 根据题意输送清水，并选择离心泵。现需确定完成输送任务管路所需的压头是多少。设水源及用水处均为大气压，两处的流速约等于 0，对输送系统列柏努利方程，得：

$$H=z_2-z_1+\frac{p_2-p_1}{\rho g}+\frac{u_2^2-u_1^2}{2g}+\sum H_f=20+\frac{32.5}{9.81}=20+3.3=23.3\ (\text{m})$$

在泵附录中查 IS 型水泵性能表，IS65-50-160 型水泵能满足该输送系统要求。其主要性能如下：流量 $25m^3/h$；轴功率 3.35kW；扬程 32m；允许气蚀余量 2.0m；效率 65%。

四、往复泵

往复泵主要由泵缸、活塞以及若干个单向阀组成。它的工作原理是借助往复运动的活塞将机械能以静压能的形式直接给予液体。

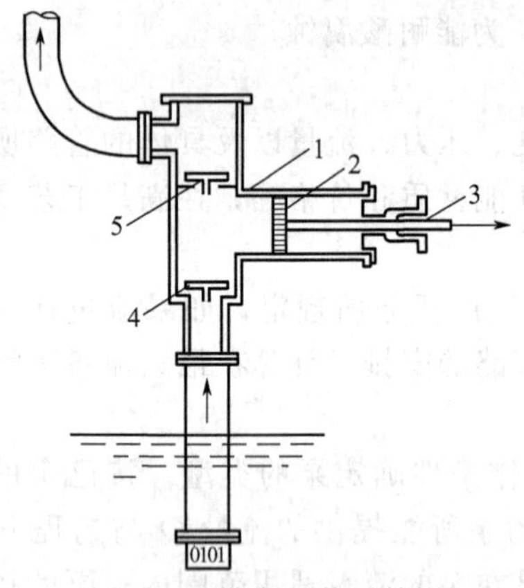

图 1-45 往复泵装置简图

1—泵缸；2—活塞；3—活塞杆；4—吸入阀；5—排出阀

图 1-45 为一台单动往复泵的装置简图，其主要部件是泵缸、活塞、活塞杆、吸入阀和排出阀，活塞杆与传动机构相连接，带动活塞作往复运动。吸入阀和排出阀都是单向阀。

当活塞从左向右移动时，泵缸内形成低压区，造成真空，排出阀受压而自动关闭，吸入阀则受泵外液体的压力而被冲开，液体沿吸入管被吸入泵内。活塞移动至右端点，吸液过程即结束。

当活塞从右向左运动时，由于活塞的挤压力使缸内液体压力增大，吸入阀受压关闭，高压液体则冲开排出阀进入排出管中，活塞移动至左端点，排液过程即结束。这样，活塞不断进行往复运动，泵缸内就交替地吸液和排液。这种泵的活塞每往复一次只吸入和排出液体各一次，所以，称为单动泵。单动泵的排液是间断的、不均匀的。为了改善往复泵的排液情况，可以用双动泵、三联泵或设置空气室，使排出液体尽量均匀、稳定。

往复泵理论送液能力只与泵缸的直径、活塞运动的距离和往复频率有关。

往复泵依靠活塞将静压能给予液体，理论上其扬程与流量无关，而实际的最大扬程是由泵的机械强度和原动机的功率所决定。它的效率比离心泵高。往复泵的性能由实验测定。

往复泵启动前必须打开出口阀，用旁路阀调节流量。往复泵适用于压头较大而流量不大的场合。

五、其他类型泵

1. 旋涡泵

旋涡泵是一种特殊类型的离心泵，其工作原理与离心泵相似。如图 1-46 所示，主要工作部件为叶轮和泵体。叶轮是一个圆盘，边缘的两侧铣成许多辐射状的径向叶片，叶片之间形成凹槽。泵壳成圆形，吸入口和排出口都在泵壳顶部，并用隔板隔开。隔板与叶片外缘之间径向间隙极小。叶轮端面与泵壳内壁之间轴向间隙也很小。泵壳与叶轮外缘之间是一个截面不变的环形流道。流道的一端与吸入口相连，而另一端与排出管相连。当叶轮高速旋转时，由于离心力的作用在叶片凹槽内的液体从叶片顶端被抛向环形流道，动能增加。在流道内液体流速减慢，部分动能转变为静压能。与此同时，由于凹槽内侧液体被抛出而形成低压，在流道内部分高压液体经过叶片根部又重新流入凹槽内，再接受叶片给它的动能，以后

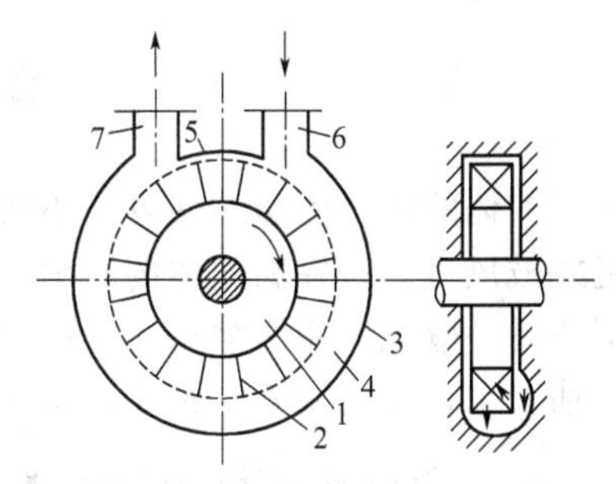

图 1-46 旋涡泵示意
1—叶轮；2—径向叶片；3—泵壳；4—流道；5—隔板；6—吸入口；7—排出口

又从叶片顶部进入流道中。这样液体从吸入口进入后，多次通过凹槽和流道之间的反复旋涡运动，沿流道前进，获得较高的压头从排出口排出。旋涡泵叶轮的每一个叶片相当于一台微型单级离心泵，整个泵就像由许多叶轮所构成的多级离心泵。

旋涡泵中的旋涡运动是靠离心力的作用，所以启动前也要灌满液体。旋涡泵的流量与扬程、流量与效率之间的关系与离心泵相似，而流量与轴功率之间则与离心泵不同，流量越小时，轴功率越大，因此，启动时应打开出口阀，以减小电机的启动功率。调节流量时，不能用调整出口阀开度的方法，只能用安装回流支路的方法。

旋涡泵的特点是：流量小、扬程高、体积小、结构简单。但效率很低，一般小于 40%。它适用于输送小流量、压头高的清液。

2. 齿轮泵

齿轮泵属于正位移泵，工作原理与往复泵相似。如图 1-47 所示。泵的主要部件为泵体和一对互相啮合的齿轮，其中一个是主动轮，由电动机经变速装置带动，另一个是从动轮。两齿轮把泵体分隔为吸入和压出两个空间。当泵启动后，齿轮按图中箭头所示方向转动时，吸入空间内由于两轮的齿互相分开，形成了低压而将液体吸入，液体随齿轮转动分为两路，沿泵体内壁达到排出空间。排出空间内两轮的齿互相合拢，于是形成高压而将液体排出泵外，出口一般为几个或十几个大气压。

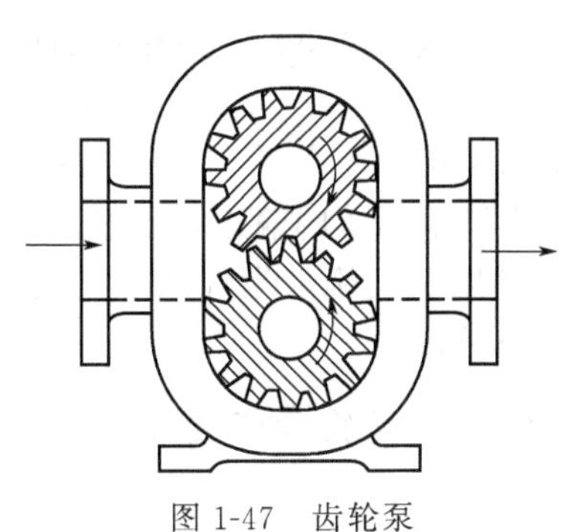
图 1-47 齿轮泵

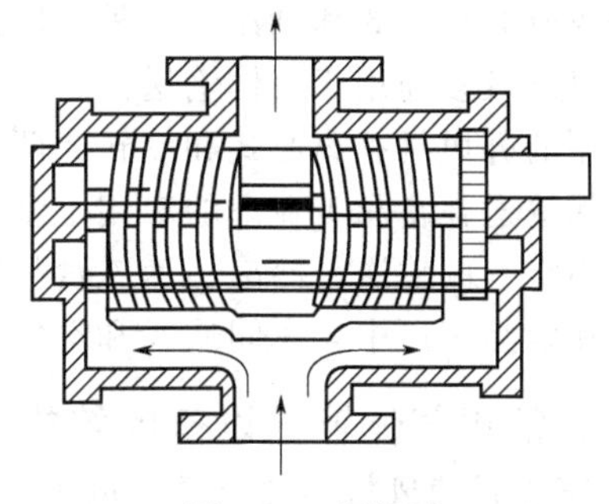
图 1-48 螺杆泵

齿轮泵与往复泵相仿，其送液能力只与齿轮的尺寸和转速有关，几乎不随扬程变化，但它的流量比往复泵均匀。

齿轮泵也用支路阀调节流量，其流量小、扬程大，可用于输送黏度较大的液体，如油类、果汁、糖浆等，但不能用于输送含固体颗粒的悬浮液。

3. 螺杆泵

螺杆泵主要由泵壳和一个或一个以上的螺杆所组成，故有单螺杆泵、双螺杆泵、三螺杆泵之分。图 1-48 是一台双螺杆泵。双螺杆泵的工作原理与齿轮泵相似，主动螺杆转动时，带动与它啮合的从动螺杆做反向旋转，液体被封闭在啮合室内沿杆柱方向前进，从螺杆两端被挤向中央而排除。螺杆越长，则扬程越高。

螺杆泵的优点是：扬程高，流量均匀，效率比齿轮泵高，运动时无噪声无震动。适用于高压下输送高黏度液体，螺杆泵虽然比齿轮泵结构复杂，由于优点较多，生产中应用广泛。

第七节 气体输送机械

气体的输送和压缩两者是不可分割的。如果主要是为了输送，那么克服阻力就需要通风机或鼓风机，以提高气体的压力，不过所需的压力都不高。如果主要为了压缩，则所需压力很高，一般就应用压缩机。与压缩相反，如果要求气体压力低于大气压力，则成为气体减压或抽真空，就需用真空泵从设备中抽气以产生真空。

一、气体输送机械的种类及作用

虽然理论上气体输送属于可压缩流体流动，其规律遵循热力学定律，但从工程角度看，如果压力变化不大，则这种流动与不可压缩流体的偏离不大。气体输送与压缩的机械按其终压（出口压力）或压缩比（压缩后与压缩前压力之比）分成四类。

(1) 通风机

终压不大于 14.7kPa（表压），或压缩比为 1～1.15。

(2) 鼓风机

终压为 14.7～300kPa（表压），或压缩比为 1.15～4。

(3) 压缩机

终压大于 300kPa（表压），或压缩比大于 4。

(4) 真空泵

终压为 1atm，压缩比根据所造成的真空度而定。

作为以气体输送为主，本节主要讨论通风机和鼓风机。

通风机有离心式和轴流式两种。轴流式通风机所产生的风压较小，一般用作通风。离心式通风机则较多地用于气体输送。

常用的鼓风机有离心式和旋转式两种，旋转式的最为常见。

气体输送在食品工业上的应用是多方面的，如喷雾干燥中热风的输送，流态化、气力输送技术中空气的输送，冷冻、速冻食品工艺中冷风的流动以及气流鼓泡洗涤、气流搅拌等。此外，在食品工厂中，车间通风和空气调节也是重要的一环。

二、常用气体输送设备的结构、工作原理、性能特点及操作要点

1. 离心式通风机和轴流式通风机

(1) 离心式通风机的结构

离心式通风机按产生风压的不同分为低压（100mmH_2O 以下）、中压（100～300mm H_2O）和高压（300～1500mmH_2O）三种。

离心式通风机的结构类似离心泵，主要由叶轮、机壳和机座组成。如图 1-49 所示，离心式通风机的机壳也是蜗壳形，但壳内逐渐扩大的气体通道及其出口的截面有矩形和圆形的两种。一般低压和中压多为方形，高压多为圆形。通风机叶轮上叶片数目较多，而且较短。如图 1-50 所示，叶片有平直的，有后弯的，也有前弯的。平直叶片应用于风压较低的场合。后弯叶片适用中压及较高压力的通风机。前弯叶片，在一定输气压力下与后弯及平直的相比较，其叶轮的直径和转速可以小一些，但出口速度较大，损失也较大，故效率一般较低。如果前弯叶片多而短，则所产生的风压较低，而风量却较大。一般离心式通风机的叶轮多为前弯式的，主要是为了减小通风机的尺寸和尽可能降低转速。

离心式通风机的工作原理与离心泵相似，当叶轮高速旋转时即带动气体旋转，使气体产生离心力流向叶轮的外缘处，增大了压力和流速后，由机壳的出口排出。由于气体在离心力

的作用下流向四周，在叶轮的中心处产生低压，故可将气体吸入机壳内。

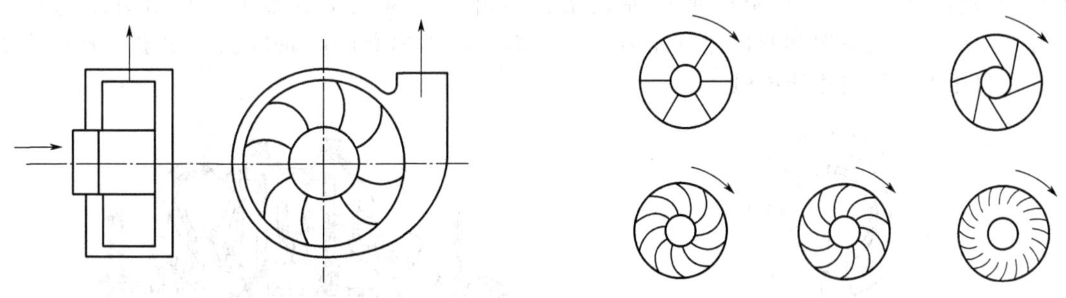

图 1-49 离心式通风机简图　　图 1-50 低压通风机用叶轮

轴流式通风机由机壳和叶轮组成，在机壳内装有一个高速旋转的叶轮，叶轮上固定有数片作扭曲状的叶片。工作时空气沿与轴平行的方向在叶片间流动。

轴流式通风机通常装在需要送风的室内的墙壁孔或天花板上。因为通风机产生的风压不高，若装上导管和气道，必然增加阻力。轴流式通风机的叶轮常固定在电动机转轴上，而电动机则装在通风机的壳内或壳外。轴流式通风机的型式很多，其效率一般较高，约 60%～65%。它适用于低风压，通常在 25mmH_2O 以下，但也可高到 100mmH_2O。

（2）离心式通风机性能

通风机的性能参数主要有风量、全风压、静风压、轴功率和效率。与泵相比，这里以全风压、静风压两参数代替了泵的压头。

① 风量　是指单位时间内通过进风口的气体体积，以符号 Q 表示，其单位为 m^3/s，但通常以 m^3/h 表示。

② 全风压　是指 $1m^3$ 的气体通过通风机获得的总能量。即 $1m^3$ 气体在通风机出口处和入口处的总能量之差。以符号 H'表示，其单位为 J/m^3 或 N/m^2，故单位与压力单位相同，但常用的是以 mmH_2O 为单位。

③ 静风压　是指 $1m^3$ 气体在通风机出口处和入口处的静压能之差，其数值等于出口处和入口处的静压强之差，以 H_0 表示，其单位与全风压相同。

如果不加说明，通常所说的风压是指全风压。

轴功率和效率　通风机的轴功率 N 的表示式为：

$$N=\frac{QH'}{1000\eta} \tag{1-82}$$

通风机的效率为：

$$\eta=\frac{QH'}{1000N} \tag{1-83}$$

式中　N——轴功率，kW；

Q——风量，m^3/s；

H'——全风压，N/m^2；

η——效率。

2. 离心式鼓风机和旋转式鼓风机

离心鼓风机的外形与离心泵相像，蜗壳形通道的截面也为圆形，但鼓风机的外壳直径与宽度之比较大，叶轮上叶片的数目较多，转速也较大，因为气体的密度小，必须如此才能达到较大的风压。离心式鼓风机有一个叶轮的，称为单级离心式鼓风机，它所产生的风压不高，其出口压力多在 294kPa 以内，如图 1-51 所示。如果将几个叶轮串联在一起，就可以得到多级离心式鼓风机。如图 1-52 所示为一台三级离心鼓风机，气体通过第一个叶轮后，风压有所增加，从第一级叶轮出来再进入第二级叶轮，风压又有增加。其出口压力可达 300kPa。一般离心式鼓风机的排气压力不是太高，所以串联的叶轮数也不太多。要达到更高的出口压力，则需用压缩机。

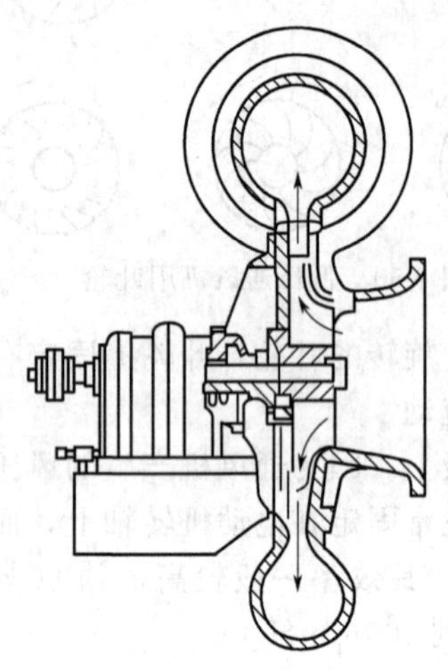

图 1-51 单级离心鼓风机

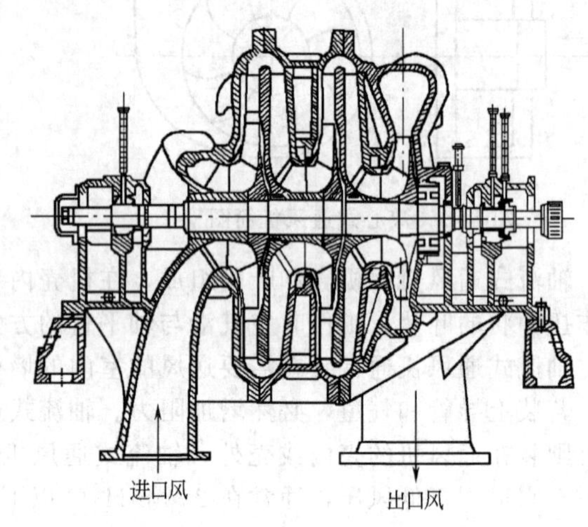

图 1-52 三级离心鼓风机

旋转式鼓风机又称为定容式鼓风机，其特点是转速一定时，风量几乎不变，不受出口压强变化的影响。常用的旋转式鼓风机为罗茨鼓风机。如图 1-53 所示，主要由机壳和两个腰形转子所组成。其工作原理是依靠两个转子不断旋转，使机壳内形成低压区和高压区两个空间。气体由低压区进入，从高压区排出。在转子与转子之间，及转子与机壳之间均留有很小的间隙，使转子能自由旋转而无过多的泄漏。若改变转子的旋转方向，则吸入口与压出口互换。因此在开车前必须详细检查是否倒转，然后才能正式开车。这类鼓风机的送风量为 2～500m^3/min；出口表压不超过 0.8atm，在 0.4atm 附近效率最高。流量用支路回流法调节，出口阀不能完全关闭。需要指出的是，气体进入罗茨鼓风机之前，应尽可能将尘屑和油污除去，出口应安装稳压气柜和安全阀。操作温度不能超过 358K，否则将引起转子受热膨胀而咬死。

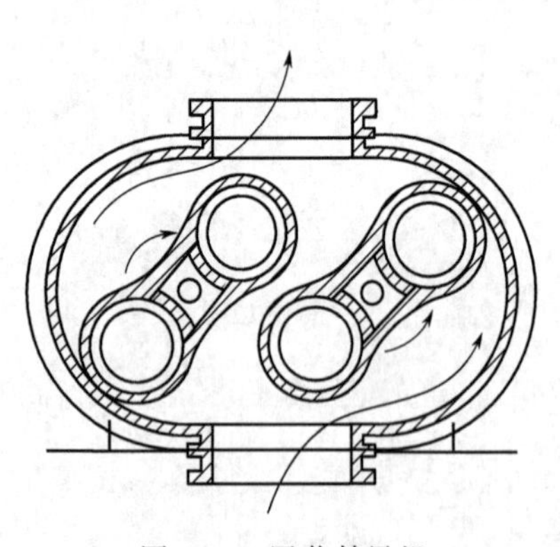

图 1-53 罗茨鼓风机

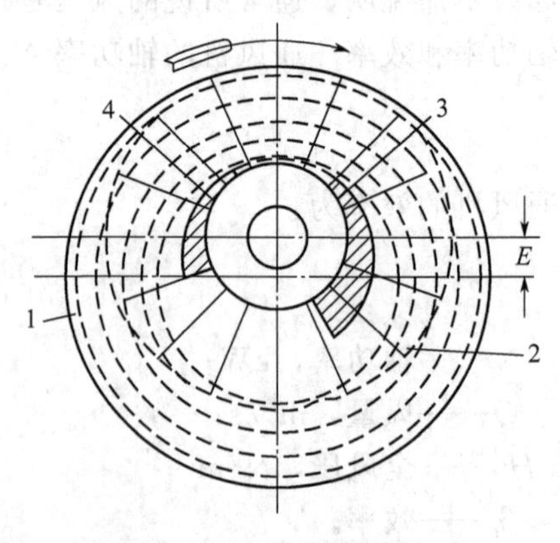

图 1-54 水环真空泵

1—外壳；2—叶片；3—水环；4—吸入口

3. 真空泵

真空泵就是在负压下吸气、在大气压下排气的气体输送机械，用于维持工艺系统中要求的真空状态。其主要性能参数为剩余压力和抽气速率。剩余压力（与最大真空度对应）指真空泵能达到的最低绝对压力；抽气速率是指在剩余压力下，真空泵单位时间吸入气体的体积。真空泵的选用，主要依据这两个参数。

(1) 水环真空泵

如图 1-54 所示，水环真空泵为圆形外壳，叶轮偏心安装，充一定量的液体，当叶轮旋转时，形成水环。水环具有液封的作用，与叶片之间形成许多不同的密封小室。当小室逐渐增大时，气体从入口吸入；当小室逐渐减小时，气体由出口排出。

水环真空泵可以造成的最高真空度为 85kPa 左右，也可作鼓风机用，但所产生的表压不超过 101.3kPa。

此类泵结构简单、紧凑、易于制造和维修。由于旋转部分没有机械摩擦，使用寿命长，操作可靠。适用于抽吸含有液体的气体，尤其是在抽吸腐蚀性或爆炸性气体时更为合适，但效率很低，约在 30%～50%，所能造成的真空度受泵中水的温度限制。

(2) 喷射泵

喷射泵是利用流体流动的静压能与动能相互转换的原理来吸、送流体的，既可用于吸送气体，也可用于吸送液体。在生产中，喷射泵常用于抽真空，故又称为喷射式真空泵。

喷射泵的工作流体可以是蒸汽，亦可以是液体。图 1-55 所示为蒸汽喷射泵。工作蒸汽在高压下以一很高的流速从喷嘴喷出。在喷射过程中，蒸汽的静压能转变为动能，产生低压，而将气体吸入。吸入的气体与蒸汽混合后进入扩散管，速度逐渐降低，压力随之升高，而后从压出口排出。

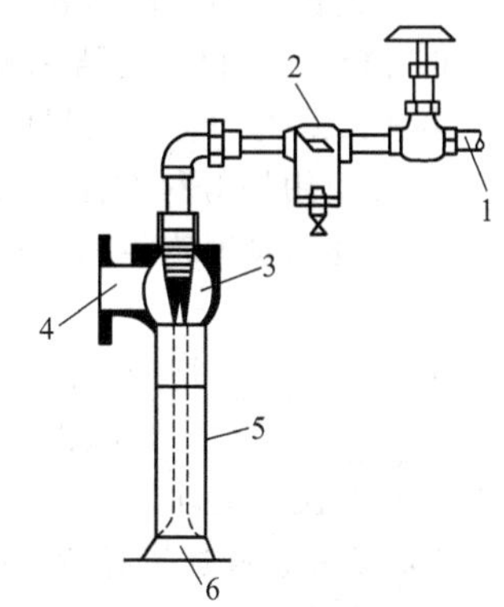

图 1-55 蒸汽喷射泵
1—工作蒸汽入口；2—过滤器；3—喷嘴；4—吸入口；5—扩散管；6—压出口

喷射泵的优点是工作压力范围大，抽气量大，结构简单，适应性强，可抽送含灰尘、腐蚀性、易燃易爆的流体。缺点是效率低，一般仅有 10%～25%。

单级喷射可达到的真空度较低，为了达到更高的真空度，可采用多级喷射。

习 题

思考题

1. 说明下列术语的意义及其单位：密度、比体积、表压、真空度、静压力和静压头、位压头和动压头、体积流量和质量流量、平均流速、质量流速、损失压头、外加压头。

2. 当流量一定时如何选定管径？

3. 雷诺实验说明什么问题？

4. 静力学基本方程式说明了什么问题？

5. 柏努利方程式表明了什么，可用于解决实际生产中的哪些问题？

6. 说明根据流体动力学原理制作的几种流量计的原理、主要优缺点。

7. 说明下列各术语的意思及其单位：送液能力、扬程、升扬高度、轴功率和有效功率、全风压、静风压。

8. 绘简图说明离心泵的构造和工作原理。

9. 离心泵启动和停车应注意些什么？如何调节流量？

10. 说明旋涡泵、齿轮泵、螺杆泵的工作原理。

11. 如何区分通风机、鼓风机和压缩机？比较通风机、鼓风机的性能和适用范围。

练习题

1. 任何流体的密度，都随它的____和____而变化。____对液体的密度影响较小，因此，常称液体为不可压缩流体。____对液体密度有一定影响，一般是随温度的升高而______。

2. 静力学基本方程式表明了流体内部的那些基本规律？

3. 流体在管路中流动时，单位时间内流过管道的距离，称为______。

4. 当流体在管道中作____流动时，根据质量守恒定律，每单位时间内通过管道任一截面的流体质量流量应____。所以，质量守恒原理称为______原理，并把反映这个原理的物料衡算关系式，称为______方程式。

5. 当流体在流动系统中做______流动时，根据能量守恒定律，对一段______内流动流体作______衡算，即可得到表示流动流体的能量关系和流动规律的______方程。

6. 柏努利方程式是研究流体流动中最重要的方程式，它表明流动流体______在任一截面上，各种形式的______之间可以互相转换，其转换的结果是______不变。

7. 在应用柏努利方程解决实际问题时，应注意哪几点？

8. 流体流动时产生内摩擦力的这种特性，称为______。衡量流体黏性大小的物理量，称为______。

9. __________是产生流体阻力的根本原因。流体在管路中流动时的阻力可分为__________________阻力和______阻力两种。影响流体阻力的因素有流体的______等流体性质外，还有流体流动______。

10. 试分别阐述毕托管、孔板、文丘里流量计的构成，及其优点、缺点。

11. 管道的种类有______________________________，其连接方式有________________________________。

12. 液体输送机械以其工作原理不同，可分为____________________。

13. 试简述离心泵的吸液和排液过程的原理。

14. 离心泵在启动前必须向泵内______以排除______。否则叶轮旋转时，由于__________的存在，产生的______力很小，泵入口处的________就会很低，吸入液面和泵入口处的______差很小，不能推动液体流入泵内，泵就无法工作。

15. 离心泵的扬程是指____________________，而升扬高度是指____________________________。

16. 气体输送机械按其出口压力或压缩比可分成____________________四类。

17. 通风机的主要性能有______________________________。

计算题

1. 某种液体的密度为 $1360 kg/m^3$，试求其相对密度。

2. 容器 A 中气体的表压力为 60kPa，容器 B 中气体的真空度为 $1.2\times10^4 Pa$。试分别求出 A、B 二容器中气体的绝对压力为多少？该处环境大气压等于标准大气压。

3. 某车间有一夹套式反应釜，生产过程中需向其夹套内通入蒸汽加热釜内物料，已知夹套内加热蒸汽的绝对压力为 $1.5 kgf/cm^2$，反应釜内的绝对压力为 500mmHg，设当地大气压为标准大气压，试以 SI 单位制分别表示蒸汽的表压力和釜内的真空度。

4. 用 U 形管压差计测量气体管路中两点的压差。已知管路中气体的密度是 $5kg/m^3$，U 形管压差计中指示液是水，指示液读数为 450mm。计算两点间压力差，用 Pa 表示。

5. 在某水管中设置一水银 U 形管压差计，以测量管道两点间的压力差。指示液的读数最大为 20mm，现因读数值太小而影响测量的精确度，要使最大读数放大 20 倍，试问应该选择密度为多大的液体为指示液？

6. 某一无缝钢管的内径是 125mm，277K 时流经此管时水的流速为 2.5m/s，试求该管道内水的体积流量和质量流量各是多少？

7. 有一输水管路，20℃的水从主管向两支管流动，如本题附图所示，主管内水的流速为 1.5m/s，支管 1 与支管 2 的水流量分别为20×10^3kg/h 与 10×10^3kg/h，支管为 ϕ89mm×3.5mm。试求：(1) 主管的内径；(2) 支管 1 内水的流速。

习题 7 附图

8. 密度为 920kg/m^3 的某种油沿内径是 150mm 的钢管输送。如质量流量是 48t/h，求体积流量和流速各是多少？

9. 选择一水管，已知质量流量是 320t/h，要求管内流速小于 3m/s。若仓库中库存有内径为 150mm、175mm、200mm、225mm、250mm 五种规格的无缝钢管，试问选用何种管子较为适宜？又问选定管径后管内流速是多大？如出口改用一节内径为 175mm 的水管，此时管内流速是多大？

10. 用泵将密度为 1070kg/m^3 的某种水溶液从开口贮槽送至开口高位槽，两槽内的液面维持恒定，其间垂直距离为 27m，管道直径为 ϕ76mm×3mm，输送量为 2×10^4kg/h。系统的总能量损失为 35J/kg，但不包括管道的出口损失与进口损失，泵的效率为 60%，试求泵的轴功率。

11. 输油管的内径是 150mm，管内油的流量为 16m^3/h，油的运动黏度为 0.002m^2/s，密度为 860kg/m^3，试求直管长度为 1000m 的沿程能量损失及压强降。

12. 附图所示的是一个丙烯精馏塔的回流系统，精馏塔内操作压力为 1.33MPa（表压）。槽内液面上方压力为 2.05MPa（表压）。塔内丙烯出口管距贮槽液面的高度差为 30m，管子内直径为 140mm，每小时输送量为4×10^4kg，丙烯的密度为 600kg/m^3。管路全部摩擦损失为 150J/kg，试核算将丙烯从贮槽送到精馏塔是否需要泵。

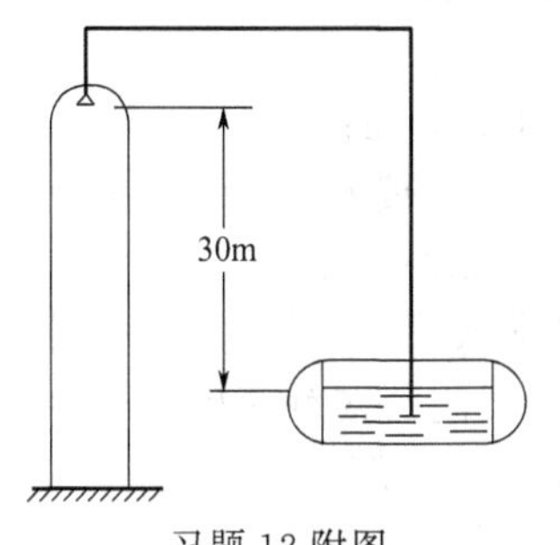

习题 12 附图

13. 已知水的体积流量是每秒 15L，温度是 277K，在 ϕ104mm×2mm 钢管内流动。试确定水的流动型态。

14. 将冷却水从水池送到高位槽，已知水池比高位槽低 10m，从水池到泵的吸入口为长 10m 的 ϕ89mm×4mm 钢管，在吸入管中有一个 90°弯头，一个吸滤阀。泵出口管是直管总长为 20m、规格为 ϕ57mm×3.5mm 的钢管，管线中有 3 个 90°弯头，一个全开闸阀和一个全开的截止阀。要求流量 5×10m^3/h。水池及贮槽液面维持恒定，其上方均为大气压。输水管的绝对粗糙度为 0.2mm。求泵所需的有效功率。

15. 某输送液体苯管道，20℃时，求：

(1) 当管长为 5m，管径为 ϕ57mm×3.5mm，输送量为 4L/s 时的压头损失；

(2) 当管径为 ϕ76mm×3.5mm，若其他条件不变，则压头损失又是多少。

16. 从水塔引水至车间，采用内径为 90mm 的水管，其管路的计算总长度（包括直管和管件、阀门的当量长度）为 150m。设水塔内水面维持恒定，且高于排水管口 12m，水温为 12℃。假设管路为光滑管，摩擦系数为 0.023。试求此管路中水的流量？单位是 m^3/h。

17. 型号为 IS65-40-200 的离心泵，转速为 2900r/min，流量为 25m^3/h，扬程为 50m，必需汽蚀余量为 2m，此泵用于将敞口水池中 50℃的水送出，已知吸入管路的总阻力损失为 2mH_2O 柱，当地大气压为 100kPa，求此泵的最大安装高度为多少？

18. 某工厂排出的冷却水温度为 65℃，以 40m^3/h 的流量注入一贮水池中，同时用一台水泵连续地将此冷却水送到一凉水池上方的喷头中。冷却水从喷头喷出，然后落到凉水池中，以达到冷却的目的。已知水在进入喷头前要保持 50kPa（表压）的压力，喷头入口比贮水池水面高 2m，吸入管路和压出管路的损失压头分别为 0.5m 和 1m（含喷头损失），压出管路内径为 100mm，试计算下列各项：

（1）选择一台合适的离心泵，并计算泵的轴功率；

（2）确定泵的安装高度（以本地区大气压计，管内动压头可忽略不计）。

本章主要符号说明

英文字母

a——加速度，m/s^2；或质量分率；

A——管道的流通截面积，m^2；

c——离心泵叶轮内液体质点的绝对速度，m/s；

C_0、C_V——流量系数；

d、d_e——圆管直径及非圆管的当量直径，m；

D——叶轮或活塞直径，m；

e——涡流系数，Pa·s；

E——1kg 流体具有的总机械能，J/kg；

F——流体的内摩擦力，N；

g——重力加速度，m/s^2；

G——质量速度，$kg/(m^2 \cdot s)$；

h——高度，m；

h_f——1kg 流体流动时为克服摩擦阻力而损失的能量，J/kg；

h'_f——局部能量损失，J/kg；

Δh——允许气蚀余量，m；

H——泵的压头，m；

H_c——泵的动压头，m；

H_e——管路系统所需的压头，m；

H_f——压头损失，m；

H_g——泵的允许安装高度，m；

H_p——泵的静压头，m；

H_s——离心泵的允许吸上真空高度，m；

h_{st}——离心通风机的静风压，m；

$H_{T,\infty}$——离心泵的理论压头，m；

l、l_e——分别为直管的长度及管件的当量长度，m；

m——质量，kg；

M——流体的摩尔质量，kg/kmol；

n——转速，r/min；

N——输送设备的轴功率，kW；

N_e——输送设备的有效功率，kW；

p——压强，Pa；

p_a——大气压强，Pa；

Δp_f——因克服流体阻力而引起的压强降，Pa；

P——压力，N；

p_v——液体的饱和蒸气压，Pa；

Q——流量，m^3/s；

Q_e——管路系统要求的流量，m^3/s；

Q_T——泵的理论流量，m^3/s；

r——半径，m；

r_H——水力半径，m；

R——液柱压差计读数，m；或气体常数，J/(mol·K)；

Re——雷诺准数；

S——两流体层间的接触面积，m^2；

t——摄氏温度，℃；

T——热力学温度，K；

u——速度或离心泵内液体质点的圆周运动速度，m/s；

u_{max}——流动截面上的最大速度，m/s；

u_r——流动截面上某点的局部速度，m/s；

U——1kg 流体的内能，J/kg；

γ——比体积，m^3/kg；

V——体积，m^3；

V_S——体积流量，m^3/s；

w——离心泵叶轮内液体质点的相对运动速度，m/s；

w_s——质量流量，kg/s；

W_e——1kg 流体通过输送设备所获得的能量，或输送设备对 1kg 流体所做的有效功，J/kg；

y——气体的摩尔分率；

z——高度或离心泵的位压头，m。

希腊字母

α——绝对速度与圆周速度的夹角；

β——流动角；

ε——绝对粗糙度，m 或 mm；

ε'——体积膨胀系数；

ξ——阻力系数；

η——效率；

λ——摩擦系数；

μ——黏度，Pa•s；

ν——运动黏度，m^2/s 或 cSt；

Π——润湿周边，m；

ρ——密度，kg/m^3；

ω——角速度，1/s；

τ——内摩擦力，Pa；

下标

1、2——截面序号；

f——摩擦的；s——秒的。

第二章 非均相物系分离

第一节 概 述

一、非均相物系分离在化工生产中的应用

在化工、轻工、环境保护等领域会经常遇到混合物的分离问题。混合物可分为均相混合物和非均相混合物两大类。溶液和混合气体属均相混合物。而具有不同物理性质的分散相和连续介质组成的物质则称为非均相混合物。在非均相物系中，处于分散状态的物质称为分散物质或分散相，如分散于流体中的固体颗粒、液滴或气泡等；包围着分散物质而处于连续状态的流体称为分散介质或连续相，如气体或液体。根据连续相的状态，非均相物系可分为两种类型。

1. 液态非均相物系

如液-固相混的悬浮液、液-液相混的乳浊液、液-气相混的泡沫液。

2. 气态非均相物系

如气-固相混的含尘气体、气-液相混的含雾气体。

化工生产中经常涉及由固体颗粒和流体组成的非均相物系，由于分散相和连续相具有不同的物理性质，工业上一般采用机械方法将两相进行分离。工业上分离非均相物系的目的如下。

(1) 收集分散物质

例如从某些类型干燥器出来的气体及从结晶机出来的晶浆中都含有一定量的固体颗粒，必须回收这些悬浮的颗粒作为产品。

(2) 提纯或净化分散介质以满足后续生产工艺要求

如某些催化反应的原料气中夹带有会影响催化活性的杂质，因此，在气体进入反应器之前，必须除去其中颗粒状的杂质。

(3) 环境保护

为了保护人类的健康，应有良好的生活环境，故而要求企业对排出的废气、废液中的有害物质加以处理，使其符合规定的标准。

可见非均相物系的分离操作在化工生产中占有非常重要的地位。

非均相物系的分离，主要是利用两相物质的某些物理性质不同来完成的，其中最常用的是两相的密度差。要实现分离，必须使两相做相对运动，如果使分散相在连续相中运动，则为沉降；使连续相相对于分散相而运动，则为过滤。沉降和过滤既可在重力场中进行，也可在离心力场中进行，后者的分离操作称为离心分离。

二、非均相物系分离案例

1. 发泡剂偶氮二甲酰胺（AC）的生产

偶氮二甲酰胺是一种有机化学发泡剂，是热敏性化合物，在120℃温度以上会热分解放出N_2、CO_2和CO等，可作为聚氯乙烯、聚乙烯、聚丙烯、橡胶的发泡剂。其生产流程参见图2-1。先用尿素与次氯酸钠及氢氧化钠在100℃下反应生成水合肼；将水合肼投入缩合

釜内与硫酸形成硫酸肼，再与尿素缩合，然后于氧化罐内在溴化钠存在下通入氯气氯化；最后经水洗、离心分离及旋风分离器分离即得成品。

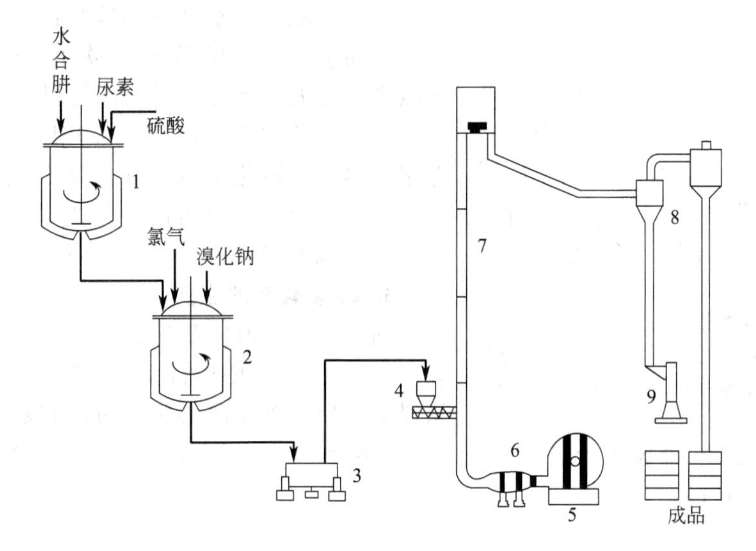

图 2-1　发泡剂偶氮二甲酰胺生产流程

1—缩合釜；2—氧化罐；3—离心机；4—加料器；5—鼓风机；6—加热器；7—气流干燥器；8—旋风分离器；9—粉碎机

2. 接触法生产硫酸

接触法生产硫酸有多种生产方法。通常硫酸生产工艺流程以炉气净化方法来命名，有水洗、酸洗和干洗 3 种制酸流程。图 2-2 为以硫铁矿为原料的水洗法二转二吸流程。

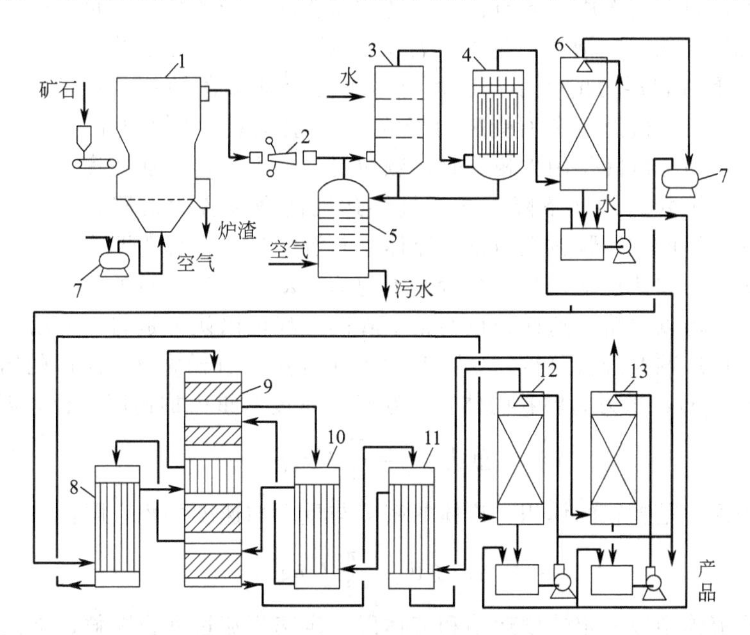

图 2-2　水洗法二转二吸流程

1—沸腾炉；2—文氏洗涤塔；3—泡沫洗涤塔；4—电除雾器；5—解析塔；6—干燥塔；7—鼓风机；8,10,11—换热器；9—转化器；12,13—第一、第二吸收塔

硫铁矿石经破碎、筛分、配料后，由加料器加入沸腾炉中，空气则由鼓风机送入炉底。

硫铁矿石在炉内沸腾焙烧，生成的炉气及细粒矿尘从炉顶排出，粗矿渣则从炉底碴口排出。SO_2 炉气依次经过旋风分离器、文氏管洗涤器、泡沫洗涤塔、电除雾器、干燥塔以净化炉气。从文、泡、电水洗流程收集的污水集中到解吸塔，利用空气把溶解的 SO_2 吹出，送回系统中去。解吸塔排出的污水处理后循环使用。

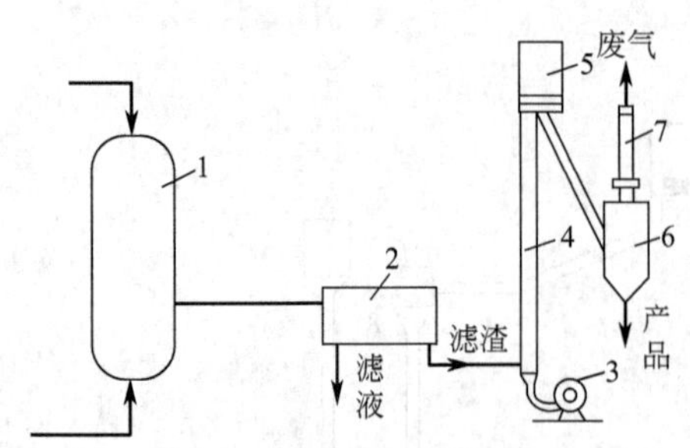

图 2-3　碳酸氢铵生产流程示意
1—碳化塔；2—离心机；3—风机；4—气流干燥器；5—缓冲罐；6—旋风分离器；7—袋滤器

净化后的炉气，用鼓风机升压，然后依次经过专用换热器和转化炉内的换热器升温，进入催化床进行催化氧化。转化后的炉气进入吸收塔，然后用89.3%的硫酸吸收。

3. 碳酸氢铵的生产

图 2-3 所示为碳酸氢铵的生产流程示意，氨水和 CO_2 在碳化塔中进行反应，生成含有碳酸氢铵的悬浮液，然后利用离心机和过滤机将液体和固体分离，再通过气流干燥器将水分进一步除去，干燥后的气固混合物由旋风分离器和袋滤器进行分离，得到最终产品。

第二节　重力沉降

一、重力作用下的沉降速度

重力场内一个颗粒在静止的流体中降落时，共受到三个力：重力 F_g、浮力 F_b 和阻力 F_d（图 2-4）。重力与浮力之差是使颗粒发生沉降的作用力，阻力是流体介质阻碍运动的力，其作用方向与颗粒运动方向相反。若颗粒的质量为 m，运动的加速度为 a，则有：重力－浮力－阻力$=ma$，对于给定的颗粒和流体，重力和浮力的大小都已固定，阻力会随降落的速度而变。初始时，颗粒的降落速度和所受阻力皆为零，随降落速度的增加，阻力也相应增大，当与沉降作用力相等时，颗粒受力达到平衡，加速度也减到零。此后，颗粒将匀速下降，这一最终达到的速度称为沉降速度。通过上面的分析可知，颗粒在静止的流体中其沉降过程可分为两个阶段：第一个阶段为加速运动，第二个阶段为匀速运动。由于颗粒的加速阶段很短，通常可以忽略，这样颗粒的整个降落过程可以认为是匀速运动。

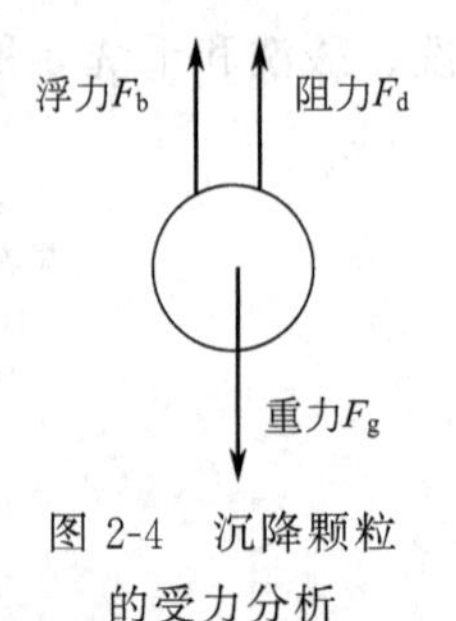

图 2-4　沉降颗粒的受力分析

下面对一个球形颗粒进行分析，令颗粒的密度为 ρ_s，直径为 d，流体的密度为 ρ，则颗粒的体积为（$\pi d^3/6$），重力为颗粒的体积、颗粒的密度和重力加速度之积，即：

$$\text{重力 } F_g=\frac{\pi}{6}d^3\rho_s g$$

颗粒所受的浮力是颗粒的体积、流体的密度与重力加速度之积，即：

$$\text{浮力 } F_b=\frac{\pi}{6}d^3\rho g$$

颗粒在静止流体中以一定速度运动和流体以一定速度流过静止颗粒，都是流体与固体之间的相对运动，其阻力性质是相同的。所以颗粒沉降时的阻力可以采用与流体流动阻力相类似的公式来表示。令 ξ 为阻力系数，u_0 为匀速沉降速度，简称沉降速度，颗粒在垂直于沉降方向的平面上的投影面积为$\frac{\pi}{4}d^2$，则阻力 $F_d=\xi\frac{\pi}{4}d^2\frac{\rho u_0^2}{2}$沉降过程进入匀速阶段时，则有：

$$\frac{\pi}{6}d^3(\rho_s-\rho)g=\xi\frac{\pi}{4}d^2\frac{\rho u_0^2}{2}$$

因此得：

$$u_0=\sqrt{\frac{4d(\rho_s-\rho)g}{3\rho\xi}} \tag{2-1}$$

此式即为沉降速度的表达式。

二、阻力系数

使用式(2-1) 计算沉降速度时首先要确定阻力系数的大小，用量纲分析可以导出 ξ 是流体与颗粒相对运动时雷诺准数 Re_0、颗粒球形度（形状系数）ϕ_s 的函数。对于球形颗粒 $\phi_s=1$，对于非球形颗粒 $\phi_s=S/S_P$

$$Re_0=\frac{du_0\rho}{\mu}$$

式中 S_P——颗粒的表面积，m^2；

S——与该颗粒等体积的一个圆球的表面积，m^2；

Re_0——沉降雷诺准数，无量纲；

μ——流体的黏度，Pa•s。

由实验测得球形颗粒 ξ-Re_0 的关系如图 2-5 所示，图中的曲线大致分为三个区域。

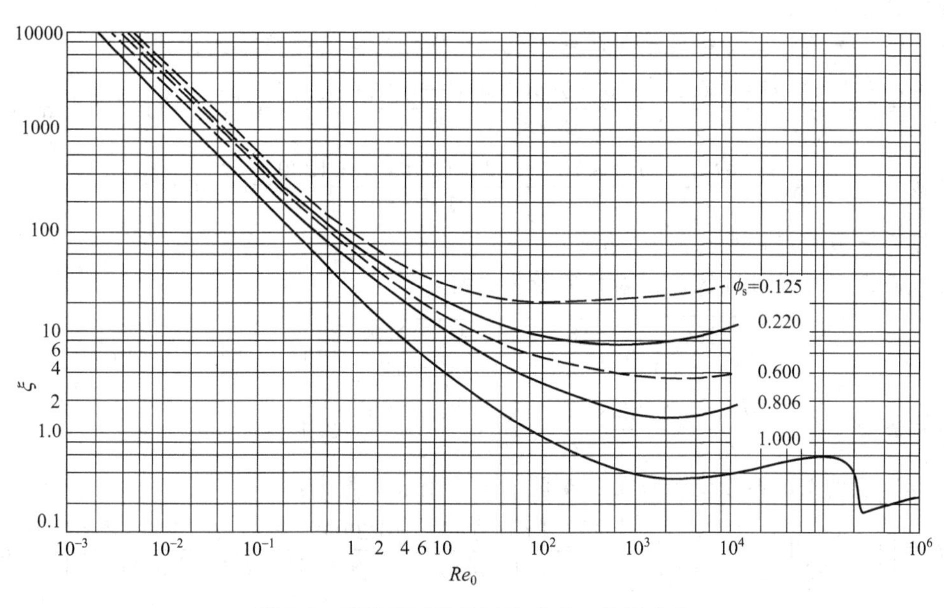

图 2-5 球形颗粒流动时的 ξ-Re_0 关系曲线

(1) 层流区 ($Re_0<1$)，此时 ξ 的计算式为：

$$\xi=\frac{24}{Re_0} \tag{2-2}$$

(2) 过渡区 ($1<Re_0<10^3$)，此时的 ξ 为：

$$\xi=\frac{18.5}{Re_0^{0.6}} \tag{2-3}$$

(3) 湍流区 ($10^3<Re_0<2\times10^5$)，此时的 ξ 为：

$$\xi = 0.44 \tag{2-4}$$

将式(2-2)～式(2-4)分别代入式(2-1)中，便可得到颗粒在各不同区域相应的沉降速度 u_0 计算公式，即：

层流区

$$u_0 = \frac{d^2(\rho_s - \rho)g}{18\mu} \quad \text{（此式又称为斯托克斯公式）} \tag{2-5}$$

过渡区

$$u_0 = 0.27\sqrt{\frac{d(\rho_s - \rho)g}{\rho}Re_0^{0.6}} \quad \text{（此式又称为艾仑公式）} \tag{2-6}$$

湍流区

$$u_0 = 1.74\sqrt{\frac{d(\rho_s - \rho)g}{\rho}} \quad \text{（此式又称为牛顿公式）} \tag{2-7}$$

需要指出，对气体介质，以上三式中 $(\rho_s - \rho) \approx \rho_s$，故三个公式可以进一步简化。对于非球形颗粒，其形状及其投影面积均影响沉降速度。通常非球形颗粒比同体积的球形颗粒沉降速度要慢一些。非球形颗粒沉降雷诺准数 Re_0 中的 d 要用颗粒的当量直径 d_e 代替，这样就相当于将非球形颗粒看作为一个与其体积相等的球形颗粒。

【例 2-1】 试计算直径为 0.1mm、密度 $\rho_s = 2440\text{kg/m}^3$ 的固体颗粒在盐水中的自由沉降速度。已知盐水密度为 1200kg/m^3，黏度为 $2.8\times10^{-3}\text{Pa·s}$。若沉降速度为 0.02m/s，求此时固体颗粒直径。

解 (1) 先假设沉降在层流区，用式(2-5)斯托克斯定律关系式计算，则：

$$u_t = \frac{d^2(\rho_s - \rho)g}{18\mu} = \frac{(0.1\times10^{-3})^2\times(2440-1200)\times9.81}{18\times2.8\times10^{-3}}\text{m/s} = 2.41\times10^{-3}\text{m/s}$$

复核

$$Re_t = \frac{du_t\rho}{\mu} = \frac{0.1\times10^{-3}\times2.41\times10^{-3}\times1200}{2.8\times10^{-3}} = 0.103 < 1$$

与假设流型相符，求得的 u_t 有效。

(2) 假设沉降属层流区，由斯托克斯公式有：

$$d = \sqrt{\frac{18\mu u_t}{g(\rho_s - \rho)}} = \sqrt{\frac{18\times2.8\times10^{-3}\times0.02}{9.81\times(2440-1200)}}\text{m} = 2.88\times10^{-4}\text{m}$$

校核流型 $Re_t = \frac{du_t\rho}{\mu} = \frac{2.88\times10^{-4}\times0.02\times1200}{2.8\times10^{-3}} = 2.47 > 1$

原假设不成立，再假设沉降属过渡区，由艾伦公式导得：

$$d = \left[\left(\frac{u_t}{0.153}\right)^{1.4}\frac{\rho^{0.4}\mu_{0.6}}{g(\rho_s - \rho)}\right]^{1/1.6} = \left[\left(\frac{0.02}{0.153}\right)^{1.4}\frac{(1200)^{0.4}\times(2.8\times10^{-3})^{0.6}}{9.81\times(2440-1200)}\right]^{1/1.6}\text{m}$$
$$= 3.06\times10^{-4}\text{m}$$

校核流型

$$Re_t = \frac{du_t\rho}{\mu} = \frac{3.06\times10^{-4}\times0.02\times1200}{2.8\times10^{-3}} = 2.62 > 1$$

故过渡区假设成立，$d = 0.306\text{mm}$ 即为所求。

三、降尘室

利用重力沉降从气流中分离出尘粒的设备称为降尘室。最常见的降尘室结构型式如图 2-6(a) 所示。

含尘气体进入降尘室后，因流道截面积扩大使速度减慢。颗粒在降尘室中的运动情况示

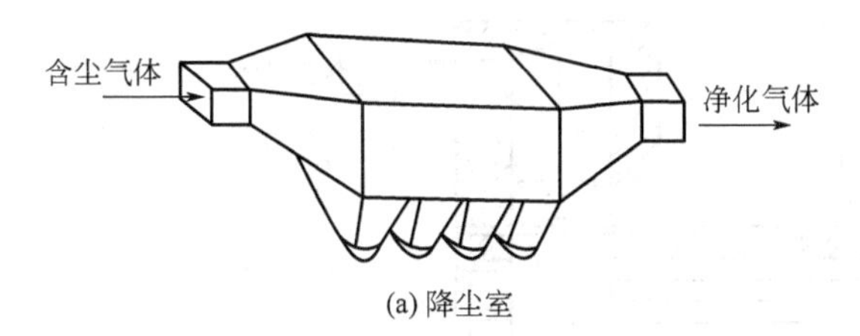

(a) 降尘室

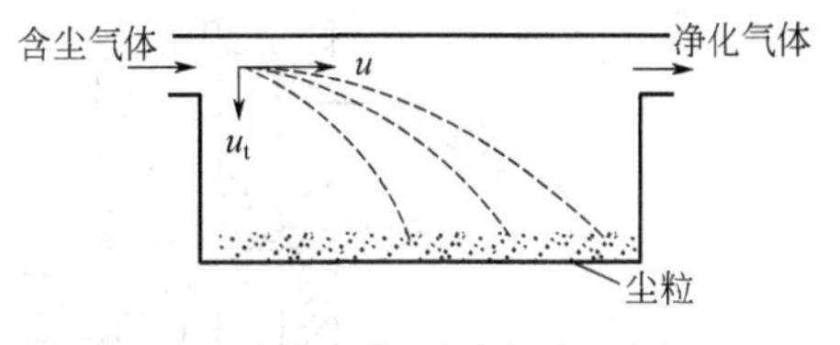

(b) 颗粒在降尘室中的运动情况

图 2-6 降尘室示意

于图 2-6(b) 中。只要颗粒能够在气体通过降尘室的时间内降至室底，便可从气流中分离出来。

显然，从理论上讲，若要使最小颗粒能够从气流中分离出来，则气体在降尘室内的停留时间至少必须等于颗粒从降尘室的最高点降至室底所要求的时间。这是降尘室设计和操作必须遵循的基本原则。

令：l——降尘室的长度，m；

b——降尘室的宽度，m；

H——降尘室的高度，m；

u——气体在降尘室的水平通过速度，m/s；

V_s——含尘气流通过降尘室的体积流量，即降尘室的生产能力，m^3/s。

位于降尘室最高点的颗粒降至室底所需要的时间为：

$$\theta_t=\frac{H}{u_t}$$

气体通过降尘室的时间为：

$$\theta=\frac{l}{u}$$

前已述及，气体在室内的停留时间应大于或等于颗粒的沉降时间，即：

$$\theta\geqslant\theta_t，\text{或}\frac{l}{u}\geqslant\frac{H}{u_t} \tag{2-8}$$

气体在降尘室内的水平通过速度为：

$$u=\frac{V_s}{Hb}$$

将式代入式(2-8) 并整理，得：

$$V_s\leqslant blu_t \tag{2-9}$$

可见，对于一定尺寸的颗粒或 u_t，理论上降尘室的生产能力只与降尘室的宽度 b 和长度 l 有关，而与其高度 H 无关。因此，降尘室应设计成扁平形，或在室内均匀设置多层水平隔板，构成多层降尘室，如图 2-7 所示。隔板间距一般为 40～100mm。

若降尘室内共设置 n 层水平隔板，则多层降尘室的生产能力为：

$$V_s\leqslant(n+1)blu_t \tag{2-10}$$

降尘室结构简单，流体阻力小，但其体积庞大，分离效率低，通常只适用于分离粒径大于 50μm 的较粗颗粒，故作为预除尘设备使用。多层降尘室虽能分离较细颗粒且节省地面，但清灰比较困难。

需要强调的是，u_t 应根据需要完全分离下来的最小颗粒尺寸计算。同时，气体在降尘室内的速度不应过高，一般应使气体需要的雷诺准数处于滞流区，以免干扰颗粒的沉降或把已沉降的颗粒重新扬起。

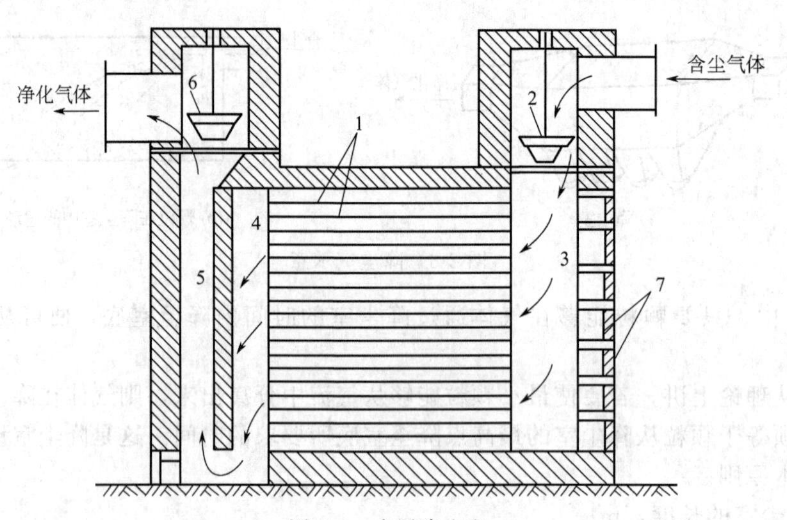

图 2-7 多层降尘室

1—隔板；2,6—调节闸阀；3—气体分配器；4—气体聚集道；5—气道；7—清灰口

【例 2-2】 拟采用降尘室回收常压炉气中所含的球形固体颗粒。降尘室底面积为 $14m^2$，宽和高均为 2m。操作条件下气体的密度为 $0.75kg/m^3$，黏度为 $2.6\times10^{-5}Pa\cdot s$；固体颗粒的密度为 $3000kg/m^3$；要求生产能力为 $2.5m^3/s$。试求：

(1) 理论上能完全捕集下来的最小颗粒直径；

(2) 粒径为 40μm 颗粒的除尘效率（回收百分率）；

(3) 欲使粒径为 9μm 的颗粒能够完全除去，在原降尘室内需设置几层水平隔板。

解 (1) 理论上能完全捕集下来的最小颗粒直径

在该降尘室内能完全分离出来的最小颗粒的沉降速度可从式(2-9) 求得，即：

$$u_t=\frac{V_s}{bl}=\frac{2.5}{14}=0.1786\ (m/s)$$

假设沉降在滞流区，则可用斯托克斯公式求最小颗粒直径，即：

$$d_{min}=\left[u_t/\frac{(\rho_s-\rho)g}{18\mu}\right]^{1/2}=\left[\frac{0.1786\times18\times2.6\times10^{-5}}{(3000-0.75)\times9.81}\right]^{1/2}=53.3\times10^{-6}\ (m)=53.3\ (\mu m)$$

校核沉降流型

$$Re_t=\frac{du_t\rho}{\mu}=\frac{53.3\times10^{-6}\times0.1786\times0.75}{2.6\times10^{-5}}=0.2746<1$$

原设沉降在滞流区正确，求得的 d_{min} 有效。

(2) 粒径为 40μm 颗粒的除尘效率

假设颗粒在炉气中是均匀分布的，则颗粒在降尘室内的沉降高度与降尘室高度之比即为该尺寸颗粒被分离下来的百分率。

由上面计算可推知，40μm 颗粒的沉降必在滞流沉降区，可用斯托克斯公式求 u_t，即：

$$u_t'=\frac{d^2(\rho_s-\rho)g}{18\mu}\approx\frac{(40\times10^{-6})^2\times(3000-0.75)\times9.81}{18\times2.6\times10^{-5}}=0.1006\ (m/s)$$

气体通过降尘室的时间至少应为：

$$\theta=\theta_t=\frac{H}{u_t}=\frac{2}{0.1786}=11.2\ (s)$$

粒径为 40μm 的颗粒在 11.2s 的时间内的沉降高度为：

$$H'=u'_{t}\theta=0.1006\times11.2=1.127\ (m)$$

则 $$回收率=\frac{H'}{H}=\frac{1.127}{2}=0.5635\ 即\ 56.35\%。$$

由于各种尺寸的颗粒在降尘室内的停留时间均相同，故 40μm 颗粒的回收率也可用其沉降速度 u'_t 与 53.3μm 颗粒的沉降速度 u_t 之比来确定，在斯托克斯定律区则为：

$$回收率=\frac{u'_t}{u_t}=\left(\frac{d'}{d}\right)^2=\left(\frac{40}{53.3}\right)^2=0.5632\ 即\ 56.32\%。$$

(3) 需设置的水平隔板数

多层降尘室中设置的水平隔板数可用式(2-10) 计算。

由前面计算可知，直径为 9μm 的颗粒必在滞流区内沉降，故：

$$u_t=\frac{d^2(\rho_s-\rho)g}{18\mu}\approx\frac{(9\times10^{-6})^2\times(3000-0.75)\times9.81}{18\times2.6\times10^{-5}}=0.0051\ (m/s)$$

由式(2-10) 可得：

$$n=\frac{V_s}{blu_t}-1=\frac{2.5}{14\times0.0051}-1=34.01$$

现取 34 层，连同底面积共 35 层，隔板间距为：

$$h=\frac{H}{n+1}=\frac{2}{35}=0.057\ (m)$$

四、沉降槽

沉降槽，也称增浓器或澄清器，是用来提高悬浮液浓度并同时得到澄清液的重力沉降设备。工业上应用比较普遍的是沉降池、多层倾斜板式沉降槽、逆流沉降器、耙式浓密机及沉降锥等。沉降槽可间歇操作也可连续操作。

间歇沉降槽通常为带有锥底的圆槽，需要处理的悬浮料浆在槽内静置足够时间以后，增浓的沉渣由槽底排出，清液则由上部排出管抽出。

连续式沉降槽结构如图 2-8 所示，悬浮液自中央进料口进入，并被送到液面以下 0.3～1.0m 处，在尽可能减小扰动的条件下沿径向散开，迅速分散到整个槽截面上，清液向上流动，经由槽顶端四周的溢流堰连续流出，称为溢流；固体颗粒下沉至底部，槽底有缓慢旋转的耙将沉渣聚拢到底中央的排渣口连续排出，这种稠浆称为底流。

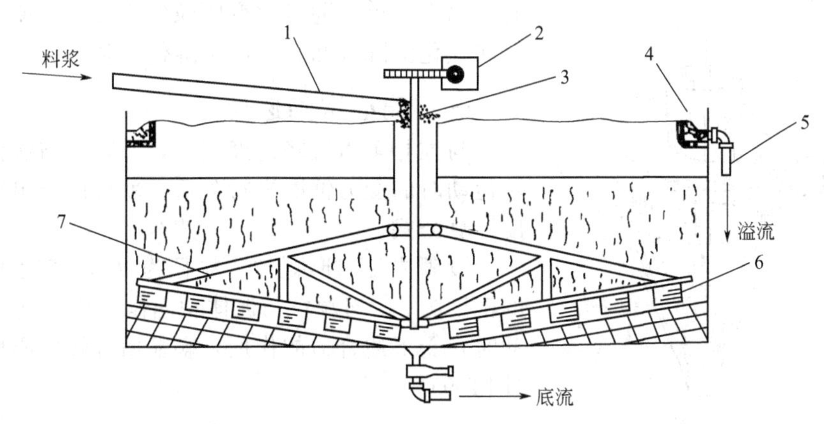

图 2-8 连续沉降槽

1—进料管；2—转动机构；3—中央进料；4—溢流槽；5—溢流管；6—叶片；7—转耙

沉降槽以加料口为界，其上为澄清区。其下为增浓区，自上而下颗粒浓度逐渐增加。沉降槽有澄清液体和增浓悬浮液的双重功能。为了获得澄清液体，在澄清区的任何瞬间液体向上的速度必须小于需要完全分离出来的最小颗粒的沉降速度。因此，沉降槽应有足够的横截面积，保证清液向上及增浓液向下的通过能力。为了把沉渣增浓到指定程度，沉降槽加料口以下应有足够的高度，以保证压紧沉渣所需要的时间。

连续沉降槽的直径，小的有数米，大的可达数百米；高度为 2.5～4m。它适用于处理量大而固相含量不高、颗粒不太细微的悬浮料浆。由沉降槽得到的底流中还含有约 50%的液体。

为了提高给定类型和尺寸沉降槽的生产能力，应尽可能加快颗粒的沉降速度，诸如：向悬浮液中加入少量凝聚剂或絮凝剂，使细粒发生“凝聚”或“絮凝”；改变一些物理条件(加热、冷冻或震动)，使颗粒的粒度或相界面发生变化；沉降槽中经常配置缓慢转动的搅拌耙，除能把沉渣导出排出口外，还能减低非牛顿型悬浮液的表观黏度，并能促进沉积物压紧，从而加速沉聚过程。

一般说来，在沉降槽的增浓区内，大都发生颗粒的干扰沉降。所进行的过程称为沉聚过程。沉聚和自由沉降有明显的区别，主要原因有以下几点。

① 大颗粒相对于小颗粒进行沉降，因而介质的有效密度和黏度大于纯液体的同类指标。固体的体积分数越大，这种现象越显著。在斯托克斯定律区内，由沉降速度计算式知，当颗粒直径 d 和密度 ρ_s 一定时。沉降速度随介质的 ρ 和 μ 加大而降低。

② 浓悬浮液内固体占的体积分数较大，故在沉降过程中，液体被沉降颗粒置换而上升的速度不可忽略，再加上颗粒间流动空隙形状和流通面积的不断变化，使得靠近颗粒周围流体的速度梯度加大，因而剪切力加大，颗粒受到比自由沉降时更大的阻力。

③ 悬浮液中的小颗粒有被沉降较快的大颗粒向下拖曳的趋势，同时微细粒子的絮凝现象也使颗粒的有效粒度变大，因而使小颗粒的沉降被加速。

综上所述，在浓悬浮液中，大颗粒的沉降受到阻滞，而小颗粒的沉降被加快。

第三节 离心沉降

由前述可知：当固体颗粒很小时，其重力沉降速度很小，需要很大的沉降设备。针对这个问题，可采用离心沉降。因为在高速旋转时，同一颗粒的离心力远远大于其重力，而且离心力的大小可以通过改变颗粒的旋转速度使之变化。所以在强化沉降方面，离心沉降优于重力沉降。

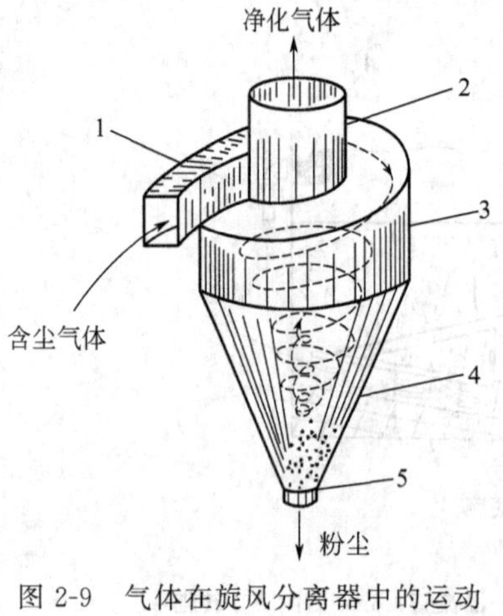

图 2-9 气体在旋风分离器中的运动
1—矩形进口管；2—螺旋状进口管；3—筒体；4—锥体；5—灰斗

一、离心沉降速度

与推导重力沉降速度相似，对颗粒与流体一起做旋转运动时的受力情况进行分析，就可以导出离心沉降速度计算公式。

设固体为球形颗粒，粒径为 d_p，密度为 ρ_p，流体的密度为 ρ。当颗粒与流体一起作等角速度 $\bar{\omega}$ 的圆周运动时，受下述合力的作用，颗粒由旋转中心向周边运动(图 2-9)。

离心力 $$F_c=\frac{\pi}{6}d_p^3\rho_p r\bar{\omega}^2 \tag{2-11}$$

向心力（浮力）$$F_b=\frac{\pi}{6}d_p^3\rho r\bar{\omega}^2 \tag{2-12}$$

曳力（向心）

$$F_D=\xi\frac{\pi d_p^2}{4}\times\frac{\rho u_r^2}{2} \tag{2-13}$$

式中 r——旋转半径，m；

u_r——径向速度，m/s。

当上述三力平衡时，颗粒在径向的运动速度 u_r 恒定，u_r 即为所求的离心沉降速度：

令

$$\frac{\pi}{6}d_p^3 r\tilde{\omega}^2(\rho_p-\rho)-\xi\frac{\pi d_p^2}{4}\times\frac{\rho u_r^2}{2}=0$$

得到

$$u_r=\sqrt{\frac{4d_p(\rho_p-\rho)}{3\xi\rho}r\tilde{\omega}^2} \tag{2-14}$$

此式与重力沉降速度计算公式相比，只是用离心加速度 $r\tilde{\omega}^2$ 代替了重力加速度 g。两者加速度的比值

$$K=\frac{r\tilde{\omega}^2}{g} \tag{2-15}$$

称为离心分离因数，它是反映离心分离设备性能的重要指标。当采用离心沉降分离一定的混合物系时，可人为地控制分离因数的大小，使固体颗粒有适宜的沉降速度。

二、旋风分离器的性能参数

评价旋风分离器性能主要有以下几个参数。

1. 临界直径 d_c

指旋风分离器能 100％除去的最小颗粒直径。通过以下三点假设，可简单地导出该粒径大小的计算公式：①在器内颗粒与气流相对运动为层流；②颗粒在分离器内的切向速度 u_t 恒定，且等于进口处的气速 u_i；③颗粒沉降所穿过的最大距离为进口宽度 B。

根据假设①，层流时离心沉降速度为：

$$u_r=\frac{d_p^2(\rho_p-\rho)u_t^2}{18\mu r_m} \tag{2-16}$$

式中 r_m——平均旋转半径，m。

根据假设②及 $\rho_p-\rho\approx\rho_p$ 得离心沉降速度为：

$$u_r=\frac{d_p^2\rho_p u_t^2}{18\mu r_m} \tag{2-17}$$

颗粒沉降穿过最大距离 B 所需的时间为：

$$\tau_r=\frac{B}{u_r}=\frac{18\mu r_m B}{d_p^2\rho_p u_i^2} \tag{2-18}$$

若气流在分离器内的螺旋线圈数为 N，则气流在离心分离器内的停留时间为：

$$\tau=\frac{2\pi r_m N}{u_t}=\frac{2\pi r_m N}{u_i} \tag{2-19}$$

由颗粒从气流中分离的条件得：

$$\frac{2\pi r_m N}{u_i}\geqslant\frac{18\mu r_m B}{d_p^2\rho_p u_i^2}$$

由极限条件，便得到临界直径的计算公式：

$$d_{p,c}=\sqrt{\frac{9B\mu}{\pi N\rho_p u_i}} \tag{2-20}$$

式中，N 通常取为 5。

必须指出，式(2-20) 是一种近似的计算结果，因为推导此式的①、③两点假设并无事实依据。

2. 分离效率

旋风分离器的分离效率有两种表示方法，即总效率和粒级效率。

(1) 总效率　指被除去的颗粒占气体进入旋风分离器时带入的总颗粒的质量分数，即：

$$\eta_o=\frac{c_i-c_o}{c_i} \tag{2-21}$$

式中，c_i，c_o——旋风分离器进、出口处气体的颗粒浓度，kg/m^3。

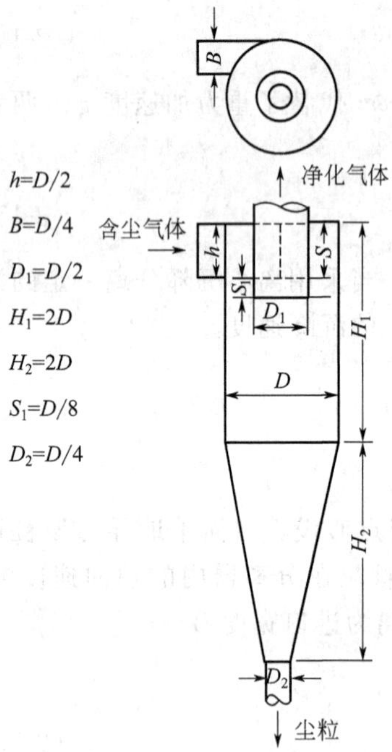

(2) 粒级效率　总效率并不能准确地代表旋风分离器的分离性能。首先含尘气体夹带的颗粒大小不等，小颗粒受到的离心力较小，而曳力却相对较大，因此较难分离，这样，同一台旋风分离器处理的含尘气体颗粒浓度相同，但粒度分布不同时，其分离总效率也会相差很大。针对这个问题，引入粒级效率概念。粒级效率指按颗粒大小分别表示出其被分离的质量分数，即：

$$\eta_i=\frac{c_{i,进}-c_{i,出}}{c_{i,进}}\times 100\% \tag{2-22}$$

式中　$c_{i,进}$、$c_{i,出}$——旋风分离器进、出口处气体中粒径为 $d_{p,i}$ 的颗粒浓度，kg/m^3。

通常把粒级效率为 50% 的颗粒直径称为分割直径 $d_{p,50}$，对于图 2-10 所示的标准旋风分离器，实验得到：

$$d_{p,50}=0.27\sqrt{\frac{\mu D}{u_i\rho}} \tag{2-23}$$

h=D/2
B=D/4
D_1=D/2
H_1=2D
H_2=2D
S_1=D/8
D_2=D/4

含尘气体　净化气体　尘粒

图 2-10　标准旋风分离器

此式与式(2-22) 形式很接近。以 $d_{p,50}$ 粒级效率为参照（图 2-11），实验得到粒级效率与 $d_{p,i}/d_{p,50}$ 的关系曲线如图 2-12 所示。

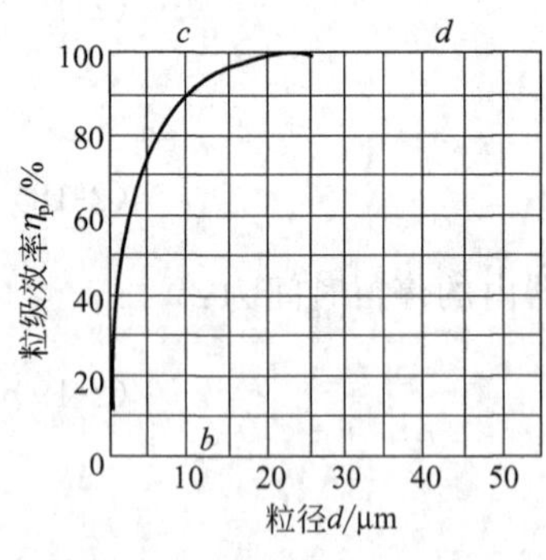

图 2-11　粒径效率曲线

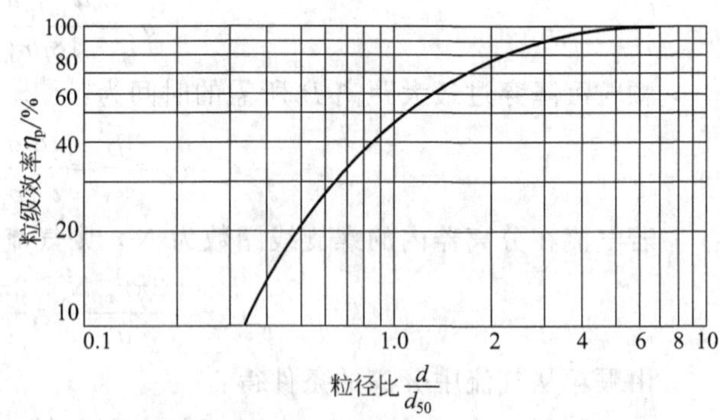

图 2-12　标准旋风分离器的 η_p-$\frac{d}{d_{50}}$ 曲线

由粒级效率及含尘气体在旋风分离器入口处所含各种颗粒的质量分数 w_i 可求得总分离效率：

$$\eta_0=\sum_{i=1}^{n}w_i\eta_i \tag{2-24}$$

3. 旋风分离器的压降

气体通过旋风分离器时，由于摩擦和涡流而产生压降，压降大小常用阻力系数表示为：

$$\Delta p=\xi_c\frac{\rho u_i^2}{2} \tag{2-25}$$

式中，ξ_c 为阻力系数。对型式不同或尺寸比例不同的旋风分离器，其 ξ_c 不同，由实验测定。对于图 2-10 标准旋风分离器$\xi_c=8.0$，旋风分离器的压降一般为 300～2000Pa，若过大能量消耗大，若过小切线进口速度小，分离效率差。

【例 2-3】 现对例 2-1 中的自由沉降改为离心沉降。已知：在旋转半径 $r=0.1$m 处的线速度 $u_t=3$m/s，试求在该处：(1) 直径为 0.1mm 颗粒的沉降速度；(2) 离心沉降速度 $u_r=0.02$m/s 的颗粒直径。

解 (1) 先假设离心沉降在层流区，由斯托克斯定律关系式计算，则：

$$u_r=\frac{d^2(\rho_s-\rho)}{18\mu}\times\frac{u_t^2}{r}=\frac{(0.1\times10^{-3})^2\times(2440-1200)}{18\times2.8\times10^{-3}}\times\frac{3^2}{0.1}\text{m/s}=2.21\times10^{-2}\text{m/s}$$

复核流型 $$Re_t=\frac{du_r\rho}{\mu}=\frac{0.1\times10^{-3}\times2.21\times10^{-2}\times1200}{2.8\times10^{-3}}=0.947<1$$

与假设沉降在层流区符合，求得的 u_r 有效。

(2) 可以根据解 (1) 的答案做出逻辑判断。由于给出的 u_r 小于解 (1) 中的 u_r，而其他条件不变，故待求的颗粒直径 d 必小于解 (1) 中的 10^{-4}m，其 Re_t 值更小，沉降必处于层流区，故有：

$$d=\sqrt{\frac{18\mu u_r r}{(\rho_s-\rho)\ u_t^2}}=\sqrt{\frac{18\times2.8\times10^{-3}\times0.02\times0.1}{(2440-1200)\ \times3^2}}\text{m}=9.50\times10^{-5}\text{m}$$

与例 2-1 中的重力沉降时的 d 相比，减小了近两个数量级，故分离效率远高于重力沉降。

4. 旋风分离器的选型与计算

旋风分离器的型号及主要尺寸是根据处理量，允许压降，粉尘性质及分离效率来决定的。实际上这些因素往往是矛盾的，如高效率与低压降是一对矛盾。从前面旋风分离器的性能参数讨论看到，一般长径比大且出、入口截面小的设备效率高而阻力大；反之效率低而阻力小。因此选型时，效率与阻力之间应权衡考虑。在实际生产中，为同时兼顾生产能力、允许压降及分离效率，往往采用多个相同结构和尺寸的小型旋风分离器并联操作来代替一个大直径的旋风分离器。

离心沉降同样可用于悬浮液的分离，如悬液分离器及各种离心机。

第四节 过　　滤

过滤是分离悬浮液最普通、最有效的操作之一，与沉降相比，过滤分离更迅速、彻底。过滤属于机械分离，与蒸发、干燥等非机械操作相比，过滤操作耗能较低。

在化工、轻工、生物工业生产中，过滤的应用十分广泛。例如：啤酒生产中热麦汁的过滤，目的是为了除去蛋白质的热凝固物；发酵液的过滤是为了除去蛋白质的冷凝固物；药厂水针剂药液的过滤操作是为了除去微小的粒子，从而得到澄清的药液；糖厂生产中用碳酸钙吸附糖汁中的杂质，然后用过滤方法得到清净糖汁。

一、基本概念

过滤是以某种多孔性物质为介质，在外力作用下使悬浮液中的液体通过介质的孔道，而固体颗粒被截留，从而实现固-液分离的一种操作。过滤操作中采用的多孔物质称为过滤介质，被过滤的悬浮液称为滤浆，被截留的固体物质称为滤饼或滤渣，得到的澄清液体称为滤液。

1. 饼层过滤和深层过滤

工业上的过滤操作可分为两大类：饼层过滤和深层过滤。

（1）饼层过滤

饼层过滤是固体粒子沉积于过滤介质的表面，形成滤饼（图 2-13)。过滤介质的孔径可能大于悬浮液中部分颗粒，因而过滤初期会有些细小粒子穿过介质，使滤液浑浊。随后较大颗粒在介质表面形成滤饼层，使固体粒子在滤饼层的孔道中和孔口堆积，发生“架桥”现象，使细小的粒子也能被截留，在后面的过滤中滤液变得逐渐澄清，而过滤初期得到的浑浊液应返回重新过滤。

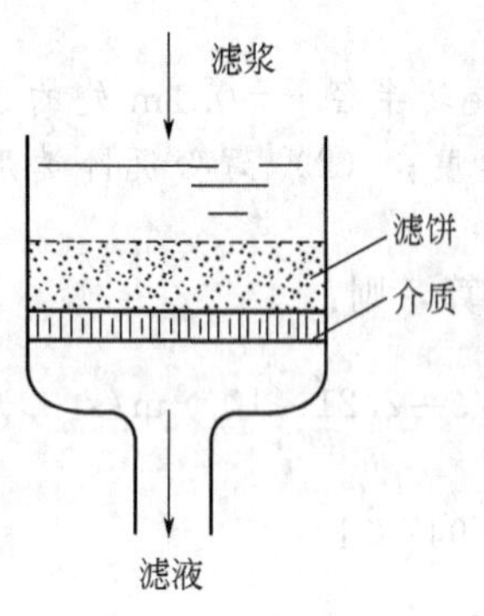

图 2-13　饼层过滤示意

可见饼层过滤真正发挥截留作用的主要是滤饼层而不是过滤介质。例如：啤酒生产中的糖化醪的过滤，就是利用醪液中的麦糟所形成的滤饼层进行过滤，从而得到澄清的麦汁。

（2）深层过滤

固体颗粒并不形成滤饼，而是沉积于过滤介质的内部，通常颗粒的粒径小于介质的孔径，一般适用于悬浮液中颗粒小，而含量少的场合。如污水处理厂水净化过程。

由于饼层过滤在工业领域中应用较为广泛，故本节着重讨论饼层过滤。

2. 过滤介质

工业用的过滤介质应具有下列特性：多孔性，液体通过的阻力要小，但为了截留住固体颗粒，孔径要适宜；根据所处理悬浮液的性质，要有相应的耐腐蚀性、耐热性；有足够的强度，因过滤时要承受一定的压力，且操作中拆装、移动；用于食品工业中的过滤介质则应无毒，易于清洗消毒。

最常用的过滤介质为织物，即用棉、毛、麻、合成纤维、玻璃丝、金属丝等织成滤布；用沙粒、碎石、炭屑等堆积成层，亦可作过滤介质；此外还有专门的多孔陶瓷、多孔金属板等。

3. 助滤剂

助滤剂是一种坚硬而形状不规则的小颗粒，能形成结构疏松而且几乎是不可压缩的滤饼。这样可减小过滤阻力。常用助滤剂有以下几种。

硅藻土，这是一种单细胞水生植物的沉积化石，骨架为多孔结构，需经过干燥或煅烧，再经粉碎而成。它可吸附细菌和胶体微粒。

珍珠岩，是一种玻璃状的火山岩石，熔融后倾入水中得到中空小球，再打碎而成。

助滤剂使用的方法有：一是配成悬浮液先在过滤介质表面滤出一薄层由助滤剂构成的滤饼，然后进行正式过滤，此法为预涂，可以防止滤布被颗粒堵死；另外一种方法是将助滤剂加到滤浆中，所得到的滤饼有较坚硬的骨架，抗压性增强，孔隙率增大。但若过滤的目的是为了得到滤饼，此法则不适用。

二、过滤操作中液体通过颗粒层的流动

滤饼层是由许多固体颗粒组成的，这些固体颗粒通常尺寸很小而且大小不均，使饼层中形成的孔道很不规则，滤液通过颗粒饼层和过滤介质的流动与流体在管内的流动有着很大的区别。过滤操作中，滤液是在狭窄曲折且相互交联，形成不规则的网状结构通道中流动的；由于滤饼的厚度不断增加，会使滤液流动所受的阻力逐渐加大，因而过滤是不稳态操作；由

于通道狭窄，且液-固之间有很大的接触表面，使滤液流动产生很大的阻力，滤液通过颗粒层时的速度较慢，因此一般为层流流动。

为了能用数学表达式对滤液通过颗粒层的流动状况加以描述，将实际颗粒床层简化为下面简单模型：床层由许多互相平行的细小孔道组成，孔道长度与床层厚度成正比；孔道内表面积之和等于全部颗粒的表面积；孔道全部流动空间等于床层空隙的容积。

这样就可以仿照哈根-泊谡叶方程来描述滤液通过滤饼层的流动。

$$u_1 \propto \frac{d_e^2(\Delta p_c)}{\mu L} \tag{2-26}$$

式中 u_1——滤液在床层孔道中的流速，m/s。

空隙体积与床层总体积之比为空隙率为：

$$\varepsilon = \frac{\text{床层空隙体积}}{\text{床层总体积}} = \frac{V_1}{V} \tag{2-27}$$

在与过滤介质层相垂直的方向上，床层空隙中的滤液流速 u_1 与按整个床层截面积计算的滤液平均流速 u 之间的关系为：

$$u_1 = \frac{u}{\varepsilon} \tag{2-28}$$

式中 u——按整个床层截面积计算的滤液的平均流速，m/s。

单位体积颗粒所具有的表面积称为比表面积 $\alpha = \dfrac{\text{颗粒的表面积}}{\text{颗粒体积}}$

由非圆形管当量直径的定义得：

$$d_e \propto \frac{\text{流道截面积}}{\text{润湿周边}} = \frac{\text{流道截面积} \times \text{流道长度}}{\text{润湿周边} \times \text{流道长度}} = \frac{\text{流道容积}}{\text{流道表面积}} \tag{2-29}$$

设：$v_{床}$——床层体积，m^3；

则：$\varepsilon v_{床}$——流道容积，m^3；流道表面积＝颗粒体积×颗粒比表面积＝$v_{床}(1-\varepsilon)\alpha$

将上述关系代入式(2-29)，则：

$$d_e \propto \frac{\text{流道截面积}}{\text{润湿周边}} = \frac{\text{流道截面积} \times \text{流道长度}}{\text{润湿周边} \times \text{流道长度}} = \frac{\text{流道容积}}{\text{流道表面积}} = \frac{\varepsilon}{(1-\varepsilon)\alpha}$$

结合式(2-26)，可得：

$$u \propto \frac{\varepsilon^3}{\alpha^2(1-\varepsilon)^2} \times \frac{\Delta p_c}{\mu L}\text{，引入系数 } K\text{，}$$

则

$$u = \frac{1}{K} \times \frac{\varepsilon^3}{\alpha^2(1-\varepsilon)^2} \times \frac{\Delta p_c}{\mu L} \tag{2-30}$$

式中 K——过滤常数，通常取值为 5。

三、过滤方程式

1. 过滤基本方程式

单位时间获得的滤液体积称为过滤速率，由于过滤是不稳定的流动，任一瞬间的过滤速率写成微分形式如下：

$$\frac{dV}{d\theta} = uA = \frac{\varepsilon^3}{5\alpha^2(1-\varepsilon)^2}\left(\frac{A\Delta p_c}{\mu L}\right) \tag{2-31}$$

若令 $r = 5\alpha^2(1-\varepsilon)^2/\varepsilon^3$，则式(2-31) 变为：

$$\frac{dV}{d\theta}=\left(\frac{A\Delta p_c}{\mu rL}\right)=\frac{A\Delta p_c}{\mu R} \tag{2-32}$$

式中 Δp_c——滤饼层的压强降，Pa；

V——滤液的体积，m^3；

A——过滤面积，m^2；

θ——过滤时间，s；

r——滤饼的比阻，即单位厚度的滤饼的阻力，$1/m^2$；

R——滤饼的阻力，1/m，$R=rL$。

同样，对于过滤介质，也可写出相应的公式：

$$\frac{dV}{d\theta}=\left(\frac{A\Delta p_e}{\mu rL_e}\right)=\frac{A\Delta p_e}{\mu R_e} \tag{2-33}$$

式中 Δp_e——过滤介质两侧的压强降，Pa；

L_e——过滤介质的当量滤饼厚度，m；

R_e——过滤介质阻力，1/m。

通常滤布与滤饼的面积相同，所以式(2-32)、式(2-33) 可以改写为：

$$\frac{dV}{d\theta}=\frac{A(\Delta p_e+\Delta p_c)}{\mu r(L_e+L)}=\frac{A\Delta p}{\mu r(L+L_e)} \tag{2-34}$$

式中 Δp——过滤介质与滤饼总压强降，Pa。

若每获得 $1m^3$ 的滤液所形成的滤饼体积为 υm^3，则：

滤饼的总体积$=V\upsilon=LA$，因而有：

$$L=\frac{V\upsilon}{A} \tag{2-35}$$

同理，对过滤介质也可写成：

$$L_e=\frac{V_e\upsilon}{A} \tag{2-36}$$

将式(2-36)、式(2-35) 带入式(2-34) 得：

$$\frac{dV}{d\theta}=\frac{A^2\Delta p}{\mu r\upsilon(V+V_e)} \tag{2-37}$$

此式适用于不可压缩滤饼。对可压缩滤饼，其比阻 r 与压强差 Δp 有关。通常用下列经验方程表示两者之间的关系。

$$r=r'(\Delta p)^s \tag{2-38}$$

式中 r'——单位压强差下的比阻，$1/m^2$；

s——滤饼的压缩性指数，其值介于 0 和 1 之间，对不可压缩滤饼，$s=0$。

几种典型物料的压缩指数值见表 2-1。

表 2-1 几种物料的压缩指数值

物料	s	物料	s
硅藻土	0.01	黏土	0.56～0.6
碳酸钙	0.19	硫酸锌	0.69
高岭土	0.33	氢氧化铝	0.9
滑石	0.51	钛白(絮凝)	0.27

将式(2-38) 代入式(2-37) 得：

$$\frac{dV}{d\theta}=\frac{A^2(\Delta p)^{1-s}}{\mu r'\upsilon(V+V_e)} \tag{2-39}$$

此式称为过滤基本方程式，它是过滤计算的基本依据。

2. 恒压过滤

应用过滤方程式时，需要根据过滤操作的具体方式而积分，过滤操作有两种形式：恒压过滤和恒速过滤。通常恒速过滤的时间比较短暂，而过滤机大多都是恒压过滤，故可对恒压过滤操作进行研究。

对于一定的悬浮液 υ、r'、μ 亦为常数，故可令

$$k=1/\mu r'\upsilon \tag{2-40}$$

恒压过滤时 Δp 不变，若 k、s 也为常数，再令

$$K=2k\Delta p^{1-s} \tag{2-41}$$

代入式(2-39) 得：

$$\frac{dV}{d\theta}=\frac{KA^2}{2(V+V_e)} \tag{2-41}$$

上式的积分式为：

$$2\int(V+V_e)\,dV=KA^2\int d\theta$$

如前所述，与过滤介质阻力相对应的虚拟滤液体积为 V_e（常数），假定获得此滤液体积所需的虚拟过滤时间为 θ_e（常数），则积分的边界条件为：

过滤时间	滤液体积
$0\rightarrow\theta_e$	$0\rightarrow V_e$
$\theta_e\rightarrow\theta_e+\theta$	$V_e\rightarrow V_e+V$

此处过滤时间是指虚拟过滤时间（θ_e）与实际过滤时间（θ）之和，过滤体积是指虚拟滤液体积（V_e）与实际过滤体积（V）之和，于是可写出：

$$2\int_0^{V_e}(V+V_e)\,d(V+V_e)=KA^2\int_0^{\theta_e}d(\theta+\theta_e)$$

及

$$2\int_{V_e}^{V+V_e}(V+V_e)\,d(V+V_e)=KA^2\int_{\theta_e}^{\theta+\theta_e}d(\theta+\theta_e)$$

积分以上两式，得到：

$$V_e^2=KA^2\theta_e \tag{2-42}$$

及

$$V^2+2VV_e=KA^2\theta \tag{2-43}$$

将上两式相加，得：

$$(V+V_e)^2=KA^2(\theta+\theta_e) \tag{2-44}$$

当过滤介质阻力可忽略时，$V_e=0$，$\theta_e=0$，则式(2-44) 变为：

$$V^2=KA^2\theta \tag{2-45}$$

若令 $q=V/A \qquad q_e=V_e/A$

q 为单位过滤面积上得到的滤液量，m^3/m^2。

则上面各式可改写成如下形式：

$$q_e^2=K\theta_e \tag{2-46}$$

$$q^2+2qq_e=K\theta \tag{2-47}$$

$$(q+q_e)^2=K(\theta+\theta_e) \tag{2-48}$$

$$q^2=K\theta \tag{2-49}$$

上面各式均称为恒压过滤方程式，其中 K 为恒压过滤常数，θ_e 和 q_e 称为介质常数，它

反映了介质阻力的大小。这些参数难以用理论公式方法计算，常用实验进行测定，再求出这些参数。

对可压缩滤渣，增大过滤压力差后，恒压过滤常数 K 可用式(2-50) 计算，即：

$$K_2=K_1\left(\frac{\Delta p_2}{\Delta p_1}\right)^{1-s} \tag{2-50}$$

式中 K_1，K_2——原压力差、改变后压力差下的恒压过滤常数，m^2/s；

Δp_1，Δp_2——原过滤压力差、改变后的过滤压力差；

s——滤渣压缩系数，0～1。

【例 2-4】 利用板框压滤机恒压过滤某种悬浮液。过滤 10min 得滤液 $1.25m^3$，再过滤 10min，又得滤液 $0.55m^3$，试求过滤 30min 共得滤液体积是多少？

解 根据已知条件：$\theta_1=10\text{min}$，$V_1=1.25m^3$

$\theta_2=20\text{min}$，$V_2=1.25+0.55=1.8m^3$

代入式(2-43) 中，得 $1.25^2+2\times1.25V_e=KA^2\times10\times60$

$1.8^2+2\times1.8V_e=KA^2\times20\times60$

求得 $V_e=0.0821m^3$

$KA^2=2.946\times10^{-3}$

则： $V_3^2+2\times0.0821V_3=2.946\times10^{-3}\times30\times60$

$V_3=2.222m^3$

3. 滤饼的洗涤

(1) 洗涤速率

叶滤机与转筒真空过滤机采用的是置换洗涤法，洗水与过滤终了时滤液流过的路径相同，且洗涤面积与过滤面积也相同，故洗涤速率与过滤终了时的过滤速率大致相等，即：

$$\left(\frac{dV}{d\theta}\right)_w=\left(\frac{dV}{d\theta}\right)_E=\frac{KA^2}{2(V+V_e)} \tag{2-51}$$

板框压滤机采用的是横穿洗涤法，洗水横穿两层滤布及整个滤饼厚度，其流径长度为过滤终了时滤液流径的 2 倍，而洗水流过面积仅为过滤面积的一半，因此洗涤速率为过滤终了时过滤速率的 1/4。

$$\left(\frac{dV}{d\theta}\right)_w=\frac{1}{4}\left(\frac{dV}{d\theta}\right)_E=\frac{KA^2}{8(V+V_e)} \tag{2-52}$$

(2) 洗涤时间

所需洗涤时间为：

$$\theta_w=\frac{V_w}{\left(\frac{dV}{d\theta}\right)_w} \tag{2-53}$$

式中 V_w——洗水体积，m^3；

θ_w——洗涤时间，s。

4. 过滤机的生产能力

(1) 间歇过滤机生产能力

它的生产特点是在每个操作周期依次进行过滤、洗涤、卸饼、清理、组装等。故一个操作周期所用操作时间为：

$$T=\theta+\theta_w+\theta_D$$

式中 θ——过滤时间，s；

θ_w——洗涤时间，s；

θ_D——卸饼、清理、组装等辅助时间之和，s。

则过滤机的生产能力为：

$$Q=\frac{3600V}{T}=\frac{3600V}{\theta+\theta_w+\theta_D} \tag{2-54}$$

式中 V——一个操作周期内所获得的滤液体积，m^3；

Q——过滤机的生产能力，m^3/h。

(2) 连续过滤机的生产能力

连续过滤机的特点是过滤、洗涤、卸渣等操作在过滤机的表面不同区域同时进行，以转筒真空过滤机为例，它每转一周相当于间歇过滤机的一个操作周期，可推导出连续过滤机的生产能力为：

$$Q=60nV=60\left[\sqrt{KA^2(60\psi n+\theta_e n^2)}-V_e n\right] \tag{2-55}$$

式中 ψ——浸没度，即浸没角度/360°；

V——滤液体积，m^3；

n——转筒的转速，r/min；

K——恒压过滤常数；

θ_e——虚拟过滤时间，s；

V_e——虚拟滤液体积，m^3；

A——过滤面积，m^2；

Q——生产能力，m^3/h。

当过滤阻力忽略时，则式(2-55) 可简化为：

$$Q=60nV=465A\sqrt{K\psi n} \tag{2-56}$$

【例 2-5】 一台板框压滤机的过滤面积为 $0.2m^2$，恒压过滤某一种悬浮液。2h 后得滤液 $40m^3$，过滤介质阻力忽略不计。①若其他条件不变，而过滤面积加倍，2h 后可得滤液多少？②若过滤压力增大 1 倍，而且滤渣是可压缩的，压缩系数为 $s=0.25$，2h 后可得滤液多少？③若在原压力下过滤 2h 后，用 $5m^3$ 的水洗涤，需要多长洗涤时间？

解 (1) 因为是恒压过滤，过滤介质阻力可忽略，且滤渣不可压缩，当面积增大 1 倍时，则所得滤液也应增大 1 倍，即 $80m^3$。

(2) 对可压缩滤渣可用式(2-50) 计算

$\frac{V_2^2}{V_1^2}=\frac{K_2}{K_1}=\left(\frac{\Delta p_2}{\Delta p_1}\right)^{1-s}=2^{1-0.25}=1.68$，则 2h 后可得滤液 $V_2=40\sqrt{1.68}=51.8$ (m^3)

(3) 由式(3-52) 得：

$\left(\frac{dV}{d\theta}\right)_w=\frac{1}{4}\left(\frac{dV}{d\theta}\right)_E=\frac{KA^2}{8(V+V_e)}$，因为过滤阻力忽略不计，则 $V_e=0$

又因为 $q^2=K\theta$，$q=V/A$，所以 $KA^2=V^2/\theta$

代入 $\left(\frac{dV}{d\theta}\right)_w=\frac{KA^2}{8V}=\frac{V^2}{8V\theta}=\frac{40}{8\times2}=2.5$ (m^3/h)

$$\theta_w=\frac{V_w}{\left(\frac{dV}{d\theta}\right)_w}=\frac{5}{2.5}=2\ \text{(h)}$$

四、过滤机的构造和操作

工业上应用最广的过滤设备是以压力差为推动力的过滤机，典型的有板框压滤机、叶滤机和转筒过滤机等，现分述如下。

1. 板框压滤机

（1）结构

压滤机以板框式最为普遍，它主要由机头、板、滤框、尾板和压紧装置构成，板和框交替排列在支架上并可在架上滑动，如图 2-14。

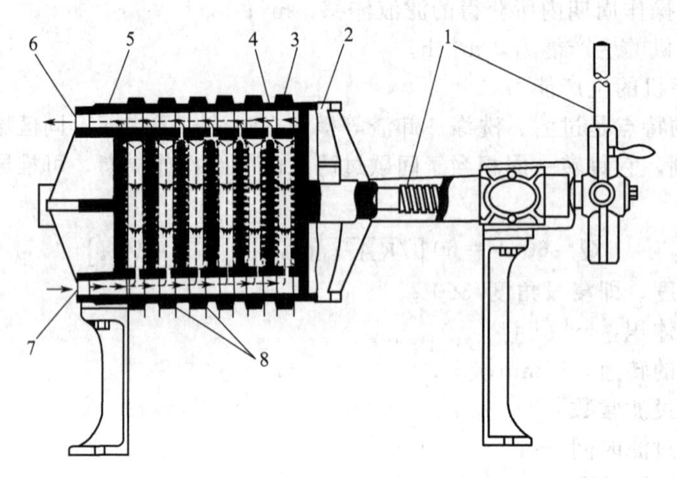

图 2-14　板框过滤机

1—压紧装置；2—可动头；3—滤框；4—滤板；5—固定头；6—滤液出口；7—滤液出口；8—滤布

板与框的形状一般制成正方形如图 2-15。板和滤框的 4 个角均开有圆孔，上端两孔中一个作为滤浆通道，另一个是洗涤液入口通道；下端一个是滤液通道，另一个是洗涤液出口通道。板的中间部位制成镂空状，既可作为汇集滤液和洗涤液的通道，又起支撑滤布的作用。滤布介于交替排列的滤框与板之间，滤框内部空间容纳滤饼。板分为洗涤板和过滤板两种，两者不同之处在于洗涤板上方一角孔内还开有与过滤框两侧相通的侧孔道，洗水可由此穿过滤布进入滤框洗涤滤饼。

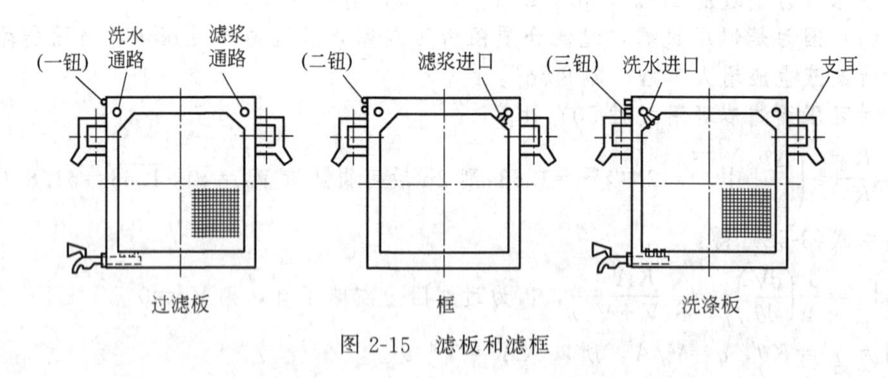

图 2-15　滤板和滤框

为了便于区别，在板与框边上作不同的标记，过滤板边上有一钮，滤框上有两钮，洗涤板上有三钮。

板框压滤机的操作是间歇的，每个操作循环由组装、过滤、洗涤、卸渣、整理等五个阶段组成。组装时以 1-2-3-2-1-2…的顺序排列。

过滤时，悬浮液在一定压差下经滤浆通道由滤框角端的暗孔进入框内；滤液分别穿过两侧的滤布，再经相邻过滤板的镂空处汇集至滤液出口，固相则被截留于框内形成滤饼，待框内充满滤饼，过滤即告结束，如图 2-16(a)。

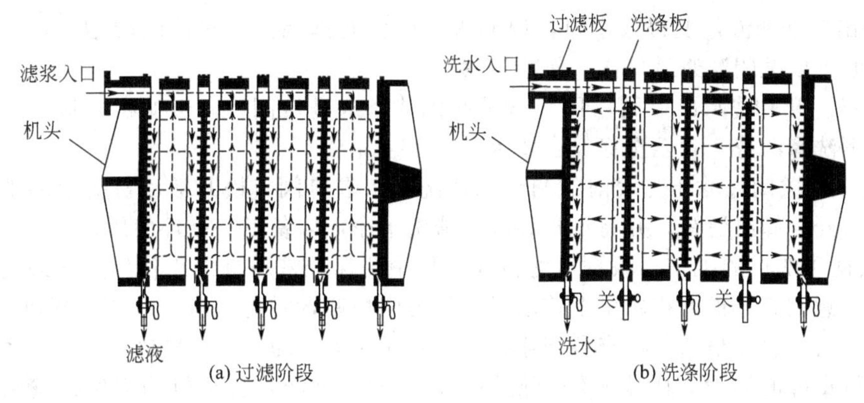

图 2-16 板框过滤机的过滤与洗涤

若滤饼需要洗涤，应先关闭洗涤板下部的滤液出口，然后将洗涤液压入洗液通道后，洗液经洗涤板角端的侧孔进入该板自身两侧，洗涤液在压差推动下穿过一层滤布和整个框厚的滤饼层，然后再横穿一层滤布，由过滤板上的镂空处汇集至下部的洗涤液出口排出，如图 2-16(b)。这种洗涤方式称为横穿洗涤法。洗涤完毕即可旋开压紧装置，经卸渣、洗布、重装，进入下一轮操作。

由上述介绍可知，洗液通过的过滤面积是滤液通过的过滤面积的一半；而穿过的距离是滤饼的整个厚度，即滤液所走距离的 2 倍。故如果洗液黏度与滤液黏度相近，且洗涤时压差与过滤压差相同，则洗涤速率约为过滤终了时过滤速率的 1/4。

常见的滤布有棉布滤布和聚丙烯滤布，其中棉布滤布的使用寿命为 100～200 批，过滤效果好，聚丙烯滤布使用寿命为 1000 批，过滤速度快，但过滤效果不如前者。

板框压滤机虽有装拆劳动强度大，清洗滤布麻烦，耗用人力和耗水量较多等缺点，但由于结构简单，价格较低，过滤面积大，过滤推动力大，对一些难于过滤的物料过滤质量较好等优点，所以许多工厂仍广泛采用。

(2) 板框压滤机的操作与维护

① 开车前的准备工作

a. 在滤框两侧先铺好滤布，将滤布上的孔对准滤框角上的进料孔，滤布如有折叠，操作时容易产生泄漏。

b. 板框装好后，压紧活动机头上的螺旋。

c. 将待分离的滤浆放入贮浆槽内，开动搅拌器以免滤浆产生沉淀。在滤液排出口准备好滤液接收器。

d. 检查滤浆进口阀及洗涤水进口阀是否关闭。

e. 开启空气压缩机，将压缩空气送入贮浆罐，注意压缩空气压力表的读数，待压力达到规定值，准备开始过滤。

② 过滤操作

a. 开启过滤压力调节阀，注意观察过滤压力表读数，过滤压力达到规定数值后，微调以维持过滤压力的稳定。

b. 开启滤液贮槽出口阀，接着开启过滤机滤浆进口阀，将滤浆送入过滤机，过滤开始。

c. 观察滤液，若滤液为清液时，表明过滤正常，发现滤液有浑浊或带有滤渣，说明过滤过程中出现了问题，应停止过滤，检查滤布及安装情况，滤板、滤框是否变形，有无裂纹，管路有无泄漏等。

d. 定时记录过滤压力，检查板与框的接触面是否有滤液泄漏。

e. 当出口处滤液量变得很小时，说明板框中已充满滤渣，过滤阻力增大，使过滤速度变慢，这时可以关闭滤浆进口阀，停止过滤。

f. 洗涤。开启洗水出口阀，再开启过滤机洗涤水进口阀，向过滤机内送入洗涤水，在相同压力下洗涤滤渣，直至洗涤符合要求。

③ 停车　关闭过滤压力表前的调节阀及洗涤水进口阀，松开活动机头上的螺旋，将滤板、滤框拉开，卸出滤饼，并将滤板和滤框清洗干净，以备下一循环使用。

④ 板框压滤机的维护　板框压滤机在使用中要保证液压缸的工作压力在规定压力内操作，不准随意调高。板框在主梁上移动时，施力应均衡，防止碰击。清洗板框和滤布时，要保证孔道畅通，表面整洁。检查各部连接零件有无松动，随时予以紧固，相对运动的零件必须经常保持良好的润滑。压滤机停止使用时，应冲洗干净，转动机构应保持整洁，无油污油垢。

板框压滤机的常见故障处理如下。

① 整机压不紧　检查溢流阀压力是否偏低。重新调节溢流阀至指定压力；检查滤板、滤框是否符合要求，有无变形等缺陷，更换不合格的板和框。

② 局部漏料　检查滤布是否有皱褶、损坏，滤板或滤框是否有局部穿孔，滤板、滤框的密封面有无杂物。拉平或更换滤布，更换有穿孔的滤板或滤框，清除杂物。

③ 液压推杆无力或不动　检查溢流阀压力，并调整至规定要求；检查油路和密封件，堵塞油路中的漏油处，更换损坏的密封元件；检查滤油网有无堵塞油缸，清洗滤油网；检查油泵有无损坏，及时修理。

④ 丝杠弯曲，丝杠螺母碎裂　检查顶紧中心是否对正，更换已弯曲的丝杠，安装时重新校正中心；检查导向架装配是否正，重新调整导向架，按规定材质正确加工丝杠螺母并更换，操作时控制压紧力不能过大。

2. 叶滤机

叶滤机可分为两类：垂直叶片机和水平叶片机。

（1）垂直叶片机

它的结构如图 2-17、图 2-18 所示。它包括以下几个主要部分：在不锈钢圆柱形壳体顶部是它的快开式顶盖，在其底部是一根较粗的水平滤液汇集总管，在管的上面有与它相垂直排列的滤叶，每个滤叶的下部有一根滤液流出管，各用活接头与汇集总管接通。

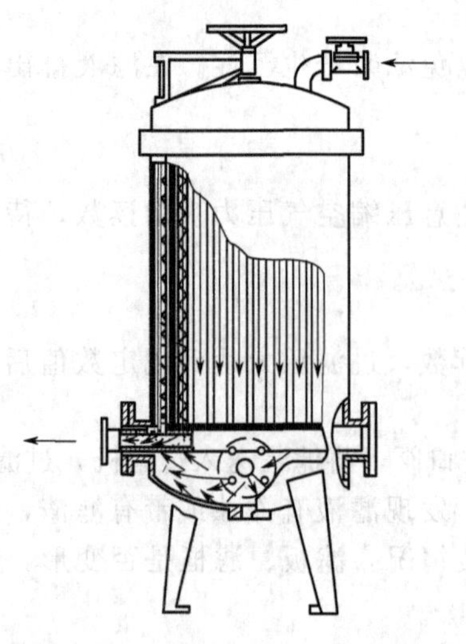

图 2-17　垂直叶片式硅藻土过滤机

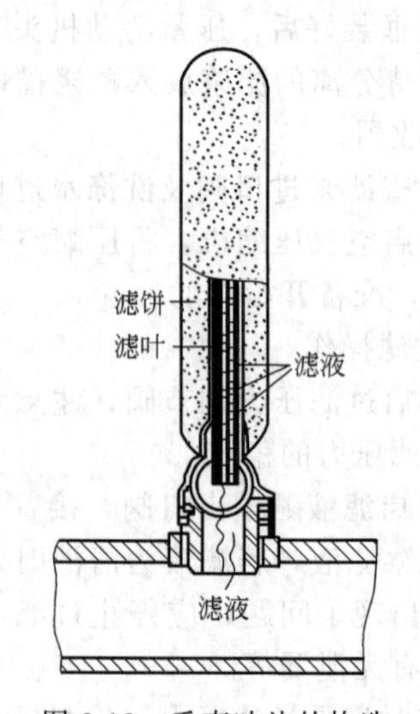

图 2-18　垂直叶片的构造

滤叶是两面紧覆着细金属丝网的滤框，它的骨架是用管子弯制的方形框，框的中间平面上夹持着一层粗的大孔格金属丝网，在它的两侧紧覆以细密的金属丝网（400～500 目），以支持滤饼层，而上述粗金属丝网则是支持两侧细金属丝网的。

过滤结束后，器内未过滤的滤浆用压缩空气压出，然后反向压入洗涤水，使滤饼疏松，再打开顶盖卸除滤饼。

垂直叶片机的特点是：单位体积的过滤面积较大，过滤速度快，但滤饼不如在压滤机中的干燥，需要人工卸除滤渣，劳动强度较大。

（2）水平叶片机

结构如图 2-19 所示。它在垂直的空心轴上装有许多水平排列的滤叶，滤叶的上面是一层细金属丝网，作为滤饼层的支持介质，滤叶的中间是一层粗的大孔格金属丝网，作为细金属丝网的支持介质，滤叶的底面是薄的不开孔金属板。滤叶的内腔与空心轴内相通，滤液从内腔流入空心轴，从底部流出。

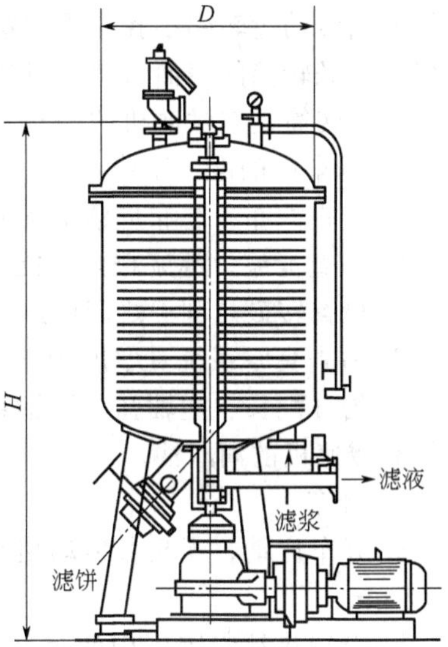

图 2-19　水平叶片式硅藻土过滤机

过滤的程序与垂直叶片过滤机相同。

过滤结束后，从空心轴反向压入洗涤水，使滤饼疏松。开动空心转轴，带动滤叶旋转，借离心力的作用将滤饼卸除。

它的特点是卸除滤饼不费人工，但单位体积的过滤面积小、过滤速度慢。

3. 转筒过滤机

（1）转筒过滤机结构

转筒的构造如图 2-20 所示，它的主要部件为转筒，其长度与直径之比为 1/2～2，筒的侧壁以金属丝网覆盖，滤布支承在网上，圆筒整个一周平分为若干段，每一段都与轴心处相通，但各段之间在筒内并不相通。分配头是由一个与转筒连在一起的转动盘和一个与之紧密贴合的固定盘组成，装于圆筒的轴心处，与从筒壁各段引来的连通管相接，圆筒旋转时当转动盘上的某几个孔与固定盘上的凹槽相遇，则转鼓表面与这些孔相连的几段便与滤液罐相

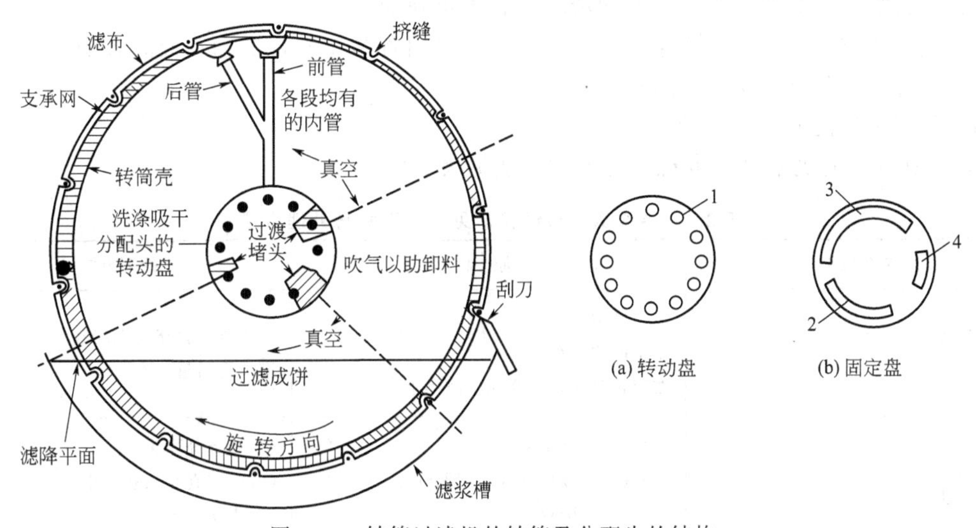

图 2-20　转筒过滤机的转筒及分配头的结构

1—与筒壁各段相通的孔；2,3—与真空管路相通的凹槽；4—与吹气管路相通的凹槽

通，滤液从这里吸入，滤饼被吸附于滤布上，当转动盘的孔与凹槽 3 相通时，则转鼓的这部分表面与洗水罐相通，吸入洗水。当与凹槽相通时，这几段与鼓风机相通，将沉积于其上的滤饼吹干，随着转筒的转动，这些滤饼与刮刀相遇被刮下。再继续转动又进入下一个循环。这期间当转动盘转到小孔与固定盘的凹槽之间的空白区域时，则为一个区向另一个区过渡的时候，可见转筒的表面可分为过滤区、洗涤区、吹干区、卸渣区。

（2）转筒真空过滤机的操作与维护

① 开车前的准备工作

a. 检查滤布。滤布应清洁无缺损。

b. 检查滤浆。滤浆槽内不能有沉淀物或杂物。

c. 检查转鼓与刮刀之间的距离，一般为 1～2mm。

d. 检查真空系统真空度和压缩空气系统压力是否符合要求。

e. 给分配头、主轴瓦、压辊系统、搅拌器和齿轮等传动机构加润滑脂和润滑油，检查和补充减速机的润滑油。

② 开车

a. 开车启动。观察各传动机构运转情况，应平稳、无振动、无碰撞声，可试空车和洗车 15min。

b. 开启进滤浆阀门向滤槽注入滤浆，当液面上升到滤槽高度的 1/2 时，再打开真空、洗涤、压缩空气等阀门，开始正常生产。

③ 正常操作

a. 经常检查滤槽内的液面高低，保持液面高度，高度不够会影响滤饼的厚度。

b. 经常检查各管路、阀门是否有渗漏，如有渗漏应停车修理。

c. 定期检查真空度、压缩空气压力是否达到规定值。洗涤水分布是否均匀。

d. 定时分析过滤效果，如滤饼的厚度、洗涤水是否符合要求。

④ 停车

a. 关闭滤浆入口阀门，再依次关闭洗涤水阀门、真空和压缩空气阀门。

b. 洗车。除去转鼓和滤槽内的物料。

⑤ 转鼓真空过滤机的维护

a. 要保持各转动部位有良好的润滑状态，不可缺油。

b. 随时检查紧固件的工作情况，发现松动，及时拧紧，发现振动，及时查明原因。

c. 滤槽内不允许有物料沉淀和杂物。

d. 备用过滤机要定期转动一次。

转鼓真空过滤机常见异常现象与处理方法见表 2-2。

表 2-2 转鼓真空过滤机常见异常现象与处理方法

异常现象	原因	处理方法
滤饼厚度达不到要求 滤饼不干	真空度达不到要求 滤槽内滤浆液面低 滤布长时间未洗涤或洗涤不干净	检查真空管路有无漏气 增加进料量
真空度过低	(1)分配头磨损漏气 (2)真空泵效率低或管路漏气 (3)滤布有破损 (4)错气窜风	(1)检查分配头 (2)检查真空泵和管路 (3)更换滤布 (4)调整操作区域

习　题

1. 计算直径 d 为 80μm，密度 $\rho_s=2800\text{kg/m}^3$ 的固体颗粒，分别在 20℃空气和水中的自由沉降速度。

2. 一种测定黏度的仪器由一钢球及玻璃筒组成，测试时筒内充满被测液体，记录钢球下落一定距离的时间。今测得钢球的直径为 6mm，在糖浆下落距离为 200mm，所用时间是 6.36s。已知钢球密度为 7800kg/m^3，糖浆密度为 1400kg/m^3，试计算糖浆的黏度。

3. 粒径为 90μm，密度为 3500kg/m^3 的球形颗粒在 20℃的水中作自由沉降，水在容器中的深度为 0.6m，试求颗粒沉降至容器底部需要多长时间？

4. 某颗粒直径为 3.5mm，密度为 1500kg/m^3，试求其在常温水中的沉降速度，如果将该物粒放在同样的水中，测得其沉降速度为 0.2m/s，试求其粒径为多少？

5. 密度为 1800kg/m^3 的固体颗粒在 323K 和 293K 水中按斯托克斯定律沉降时，沉降速度相差多少？如果微粒的直径增加 1 倍，在 323K 和 293K 水中沉降时，沉降速度又相差多少？

6. 对密度为 1120kg/m^3，含有 20%固相的悬浮液进行过滤，在过滤悬浮液 15m^3 后，能获得湿滤渣的量是多少？已知滤渣内含水分 25%。

7. 在实验室中用板框式压滤机对啤酒与硅藻土的混合液进行过滤。滤框空处长与宽均为 810mm，厚度为 45mm，共有 26 个框，过滤面积为 33m^2，框内总容量为 0.760m^3。过滤压力为 2.5kgf/cm^2（表压），测得过滤常数为：$K=5\times10^{-5}\text{m}^2/\text{s}$，$q_e=0.01\text{m}^3/\text{m}^2$，滤渣体积与滤液体积之比 $c=0.08\text{m}^3/\text{m}^3$。试计算：

（1）过滤进行到框内全部充满滤渣所需过滤时间；

（2）过滤后用相当于滤液量 1/10 的清水进行横穿洗涤，求洗涤时间。

8. 在 1.013×10^5Pa 的恒压下过滤某种悬浮于水中的颗粒。已知悬浮液中固相的质量分率为 0.14，固相的密度为 2200kg/m^3，滤饼的空隙率为 0.51，过滤常数为 $K=2.8\times10^{-5}\text{m}^2/\text{s}$，过滤面积为 45m^2，过滤阻力忽略不计，欲得滤饼体积为 0.5m^3，则所需过滤时间为多少？

9. 某叶滤机的过滤面积为 0.4m^2，在 2×10^2kPa 的恒压差下过滤 4h 得到滤液 4m^3，滤饼为不可压缩，且过滤介质阻力可忽略，试求：

（1）其他条件不变，将过滤面积增大 1 倍，过滤 4h 可得滤液多少？

（2）其他条件不变，过滤压差加倍，过滤 4h 可得滤液多少？

（3）在原条件下过滤 4h，而后用 0.4m^3 清水洗涤滤饼，所需洗涤时间是多少？

10. 用直径为 600mm 的标准式旋风分离器来收集药物粉尘，粉尘的密度为 2200kg/m^3，入口空气的温度为 473K，流量为 3800m^3/h，求临界直径。

11. 密度为 1050kg/m^3 速溶咖啡粉，其直径为 60μm，用温度为 250℃，的热空气代入旋风分离器中，进入时切线速度为 18m/s，在分离器中旋转半径为 0.5m，求其径向沉降速度。将同样大小的咖啡粉粒放在同温度的静止空气中，其沉降速度又为多少？

本章主要符号说明

英文字母

a——颗粒比表面积，m^2/m^3；加速度，m/s^2；常数；

A——截面积，m^2；

b——除尘室宽度，m；

B——旋风分离器的进口管宽度，m；

C——悬浮物系中分散相浓度，kg/m^3；

d——颗粒直径，m；

d_c——旋风分离器的临界粒径，m；

d_{50}——旋风分离器的分割粒径，m；
d_e——当量直径，m；
D——设备直径，m；
D_i——旋风分离器的进口直径，m；
D_1——旋风（旋液）分离器排出管直径，m；
D_2——旋风（旋液）分离器底流排出管直径，m；
F——作用力，N；
g——重力加速度，m/s^2；
h——旋风分离器的进口管高度，m；
H——设备高度，m；
H_e——旋液分离器排出管插入筒体的深度，m；
k——滤饼的特性常数，$m^4/(N \cdot s)$；
K——过滤常数，m^2/s；无量纲数群；
K_c——分离因数；
l——降尘室长度，m；
L——滤饼厚度，m；
L_e——过滤介质的当量滤饼厚度，m；
n——转速，r/min；
N_e——旋风分离器内气体的有效回转圈数；
Δp——压强降或过滤推动力，Pa；
Δp_w——洗涤推动力，Pa；
q——单位过滤面积获得的液体体积，m^3/m^2；
q_e——单位过滤面积上的当量滤液体积，m^3/m^2；
Q——过滤机的生产能力，m^3/h；
r——滤饼的比阻，$1/m^2$；
r'——单位压强差下滤饼的比阻，$1/m^2$；
R——滤饼阻力，1/m；
Re——雷诺准数；
Re_t——等速沉降时的雷诺准数；
R_m——过滤介质阻力，1/m；
s——滤饼的压缩性指数；
S——表面积，m^2；
T——操作周期或回转周期，s；
u——速度，过滤速度，m/s；
u_i——旋风分离器的进口速度，m/s；
u_T——切向速度，m/s；
u_r——离心沉降速度或径向速度，m/s；
v——滤饼体积与滤液体积之比；
V——滤液体积或每个操作周期所得滤液体积，m^3；
V_e——过滤介质的当量滤液体积，m^3；
V_S——含尘气体的体积流量，m^3/s；滤饼体积，m^3。

希腊字母

α——转筒过滤机的浸没角度数；
β——床层孔隙率；
η——分离效率；
θ——通过时间或过滤时间，s；
θ_D——辅助时间，s；
θ_e——过滤介质的当量过滤时间，s；
θ_t——沉降时间，s；
θ_w——洗涤时间，s；
μ——流体黏度或滤液黏度，$Pa \cdot s$；
μ_w——洗水黏度，$Pa \cdot s$；
ρ——密度，kg/m^3；
ρ_s——分散相或固相密度，kg/m^3；
ϕ_s——颗粒的球形度；
ψ——转筒过滤机的浸没度。

下标

b——浮力的；
c——离心力的；
d——阻力的；
D——辅助操作的；
e——当量的、有效的、与过滤介质阻力相当的；
g——重力的；
i——进口的或第 i 段的；
m——介质的；
o——总的；
p——部分的、粒级的、颗粒的；
r——径向的；
S——固相的、分散相或滤饼的；
t——终端的；
T——切向的；
W——洗涤的；
1——进口的；
2——出口的。

第三章　传　　热

第一节　概　　述

一、传热过程在化工生产中的应用

传热，即热量传递，是自然界中和工程技术领域中普遍存在的一种传递过程。在化工、能源、冶金、机械、建筑等工业部门都会涉及很多传热问题。

化学工业与传热过程的关系尤为密切。因为无论是生产中的化学反应过程，还是化工单元操作，几乎都伴有热量的传递。传热在化工生产过程中的应用主要有以下几个方面。

1. 为化学反应创造必要的条件

化学反应是化工生产的核心，几乎所有的化学反应都要求有一定的温度条件。如合成氨的操作，温度为470～520℃，为了达到要求的反应温度，在化工生产中须对原料进行加热。对于放热或吸热反应，为了保持最佳反应温度，又必须及时移出或补充热量。

2. 为单元操作创造必要的条件

对某些单元操作，如蒸发、结晶、蒸馏和干燥等，往往需要输入或输出热量，才能保证操作的正常进行。在干燥操作中，需要向湿物料输入热量使湿分汽化，从而使物料得到干燥。

3. 热能的合理利用和余热的回收

如合成氨生产过程，合成塔出口气体的温度很高，而将反应产物与原料气分离又必须降温，可通过设置废热锅炉生产蒸汽，达到回收余热、合理利用热能的目的。

4. 隔热与节能

化工生产中为了维持系统温度，减少热量（或冷量）的损失，降低能耗及保护劳动环境，往往需要对设备和管道进行保温。

化工生产过程中对传热的要求可分为两种情况：一是强化传热，如各种换热设备中的传热，要求传热速率快，传热效果好；另一种是削弱传热，如设备和管道的保温，要求传热速率慢，以减少热量（或冷量）的损失。

传热设备不仅在化工厂的设备投资中占有很大的比例，而且它们所消耗的能量也是相当可观的。因此，传热过程直接影响着企业的建设投资和经济效益。

二、传热过程案例

在化工生产中，传热通常是在两种流体间进行的，故称换热，实现热量交换的设备称为换热器。在换热器中，参与换热的流体称为载热体。温度较高、放出热量的流体称为热载热体，简称热流体；温度较低、吸收热量的流体称为冷载热体，简称冷流体。若换热的目的是为了将冷流体加热，则将热流体称为加热剂；若换热的目的是为了将热流体冷却（或冷凝），则将冷流体称为冷却剂（或冷凝剂）。

1. 脱丙烷塔的传热过程

如气体分馏车间脱丙烷塔（图3-1），进料预热器、塔底再沸器选用列管式换热器，通过加热使部分釜液汽化并返回塔内，提供精馏塔上升气体。塔顶选用空冷器，以空气作为冷却介质，对管内气体进行冷凝。

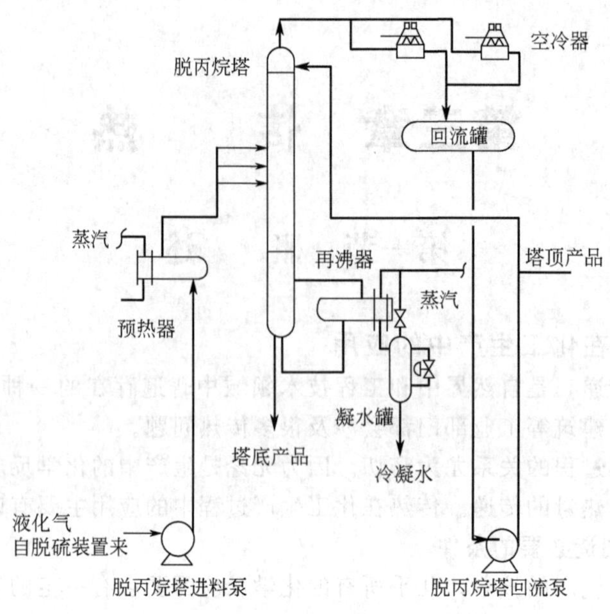

图 3-1　气体分馏装置脱丙烷塔工艺流程

2. 冷却塔的传热过程

冷却塔是工业循环冷却水系统中主要设备之一，用来冷却换热器中排出的热水，是循环冷却水蒸发降温的关键设备，如图 3-2 所示。在冷却塔中，热水从塔顶向下喷溅成水滴或水膜状，空气则由下向上与水滴或水膜逆向流动，或水平方向交错流动，在汽水接触过程中进行热交换，使水温降低。

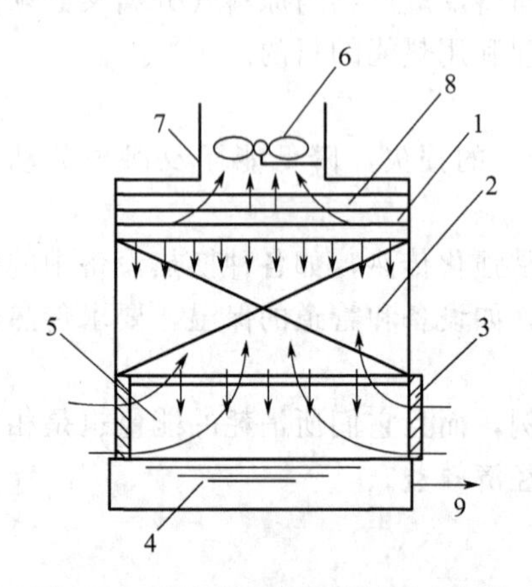

图 3-2　抽风逆流式机械通风冷却塔

1—配水系统；2—淋水系统；3—百叶窗；4—集水池；5—空气分配器；6—风机；7—风筒；8—热空气和水；9—冷水

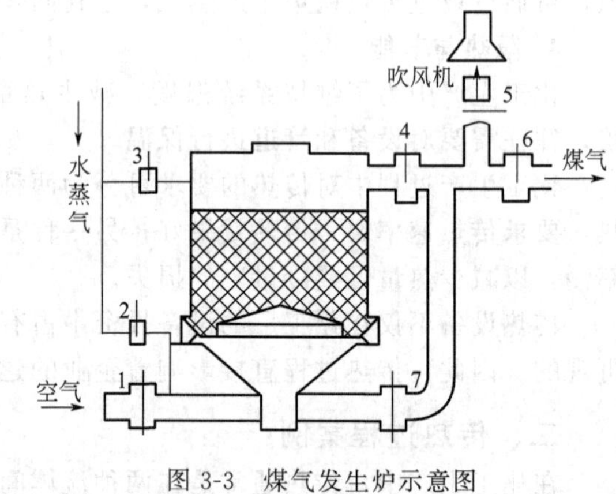

图 3-3　煤气发生炉示意图

1～7—阀门

3. 煤气发生炉的传热

煤气发生炉是制半水煤气的主要设备，炉中是煤或焦炭的固定床层，采用间歇法造气时，空气和水蒸气交替通入煤气发生炉，如图 3-3 所示。首先通入空气，主要目的是提高炉温（蓄热），然后吹入水蒸气，利用热量制气。为了充分利用热量和保证安全，实际生产过程的一个循环分 5 个阶段，煤气发生炉内的气体流向见图 3-3。

三、工业换热方法概述

1. 工业换热方法

根据换热器的作用原理不同，化工生产中通常可根据实际需要采用不同的换热方法。

(1) 间壁式换热

间壁式换热是指在间壁式换热器内进行的传热，在此类换热器中，需要进行热量交换的两流体被固体壁面分开，互不接触，热量由热流体通过壁面传给冷流体。此类换热器的特点是两流体在换热过程中不混合。而化工生产中往往要求两流体进行换热时不能有丝毫混合，因此，间壁式换热器应用最广，形式多样，各种管式和板式结构的换热器均属此类。

(2) 混合式换热

混合式换热是指在混合式换热器内进行的传热，在此类换热器中，两流体直接接触，相互混合进行换热。该类换热器结构简单，设备及操作费用均较低，传热效率高，适用于两流体允许混合的场合，是工业上的首选换热方式。常见的这类换热器有凉水塔、洗涤塔、喷射冷凝器等。

(3) 蓄热式换热

蓄热式换热是指在蓄热式换热器内进行的传热，蓄热式换热器，简称蓄热器，借助蓄热体将热量由热流体传给冷流体。在此类换热器中，热、冷流体交替进入，热流体将热量储存在蓄热体中，然后由冷流体取走，从而达到换热的目的。此类换热器结构简单，可耐高温，其缺点是设备体积庞大，传热效率低且不能完全避免两流体的混合。常用于高温气体热量的回收或冷却，如煤制气过程的气化炉、蓄热式加热炉等。

2. 常用的加热剂

化工生产中的换热目的主要有两种，一是将工艺流体加热（汽化），二是将工艺流体冷却（冷凝）。根据生产任务的需要，结合生产实际，采用的加热剂与冷却剂种类较多。

(1) 水蒸气

水蒸气是最常用的加热剂，通常使用饱和水蒸气，在蒸汽过热程度不大（过热 20～30℃）的条件下，允许使用过热蒸汽。

优点：汽化潜热大，蒸汽消耗量相对较小，在给定压力下冷凝温度恒定，故在有必要时可通过改变加热蒸汽的压力来调节其温度；蒸汽冷凝时传热系数很大，能够在较低的温度差下操作；价廉、无毒、无失火危险等。

缺点：饱和温度与压力一一对应，且对应的压力较高，甚至中等饱和温度（200℃）就对应着相当大的压力（绝压 1.55×10^{6} Pa），对设备的机械强度要求高，投资费用大。

用水蒸气加热的方法有两种：直接蒸汽加热和间接蒸汽加热。

当直接蒸汽加热时，水蒸汽直接引入被加热介质中，并与介质混合。这种方法适用于允许被加热介质和蒸汽的冷凝液混合的场合。直接蒸汽由鼓泡器引入，鼓泡器通常布置在设备底部，鼓泡器一般为开有许多小孔的盘管，蒸汽鼓泡时通过并搅拌液层，与介质直接换热。

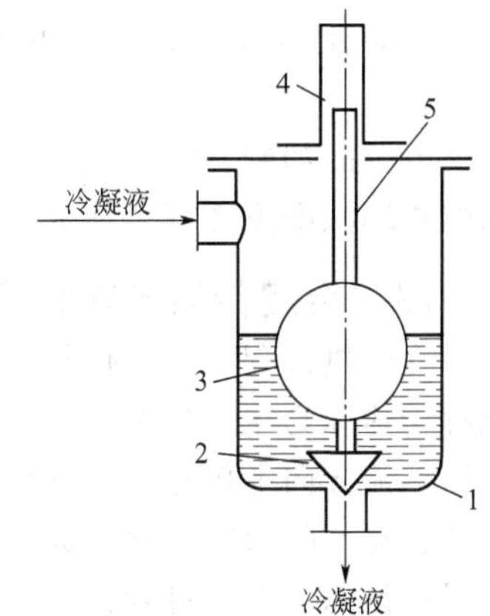

图 3-4 闭式浮球冷凝水排除器
1—外壳；2—针形阀；3—浮球；4—导向筒；5—导向杆

当间接蒸汽加热时通过换热器的间壁传递热量。当蒸汽在换热器内没有完全冷凝时，一部分蒸汽将随冷凝液排出，造成蒸汽消耗量增加，为了使冷凝液能顺利排出且不带走蒸汽，需要设置冷凝水排除器，如图 3-4 所示。在冷凝水排除器

内始终保持一定的液位，以阻止蒸汽从冷凝水排除器内漏出，

（2）其他常用加热剂

化工生产中其他常用加热剂的种类、组成、温度范围及特点见表 3-1。

表 3-1 常用的加热剂及温度范围

加热剂	温度范围/K	组成	特点
热水或高压热水	376～573	—	无毒、腐蚀性小。可利用二次热源，节约能量。使用锅炉热水和从换热器或蒸发器得到的冷凝水。和蒸汽冷凝相比，传热系数低很多，加热的均匀性不好。使用高压热水时对设备的强度要求和操作费用较高
导热油	473～623	烃、醚、硅油、含卤烃及含氮杂环	使用温度高，不用高压就能得到高温，使用方便，既可用于加热又可用于制冷
熔盐	573～773	硝酸钠、硝酸钾和亚硝酸钠混合物	流动性好，熔盐加热装置应具有高度的气密性，并用惰性气体保护。由于硝酸盐和亚硝酸盐混合物具有很强的氧化性，因此应避免和有机物接触
烟道气	873～1173	一氧化碳、二氧化碳等混合气体	流动性好、传热效率高，操作简单

此外，工业生产中，还可以利用液体金属和电等来加热。其中，液态金属可加热到 300～800℃，电加热最高可加热到 3000℃。

3. 常用的冷却剂

工业生产中，使用最普遍的冷却剂是水和空气，可得到 10～30℃的冷却温度。

水的主要来源是江河水和地下水，江河水的温度与当地气候以及季节有关，通常在 10～30℃，地下水的温度则较低，大约在 4～15℃。

为了节约用水和保护环境，生产上大多使用循环水，在换热器内用过的冷却水，送至凉水塔内，与空气逆流接触，部分汽化而冷却，再重新作为冷却剂使用。冷却水可用于间壁式换热器和混合式换热器中。

工业用水由于常常会被污染，因此要求在最终排放前，必须进行水质净化。以达到排放标准。

空气作为冷却剂，适用于有通风机的冷却塔和有更大的传热面的换热器（如翅片式换热器）的强制冷却。空气作为冷却剂的优点是不会在传热面产生污垢。其缺点是传热系数小，比热容较低，耗用量较大，达到同样的冷却效果，空气的质量流量大约是水的 5 倍。

若要冷却到 0℃左右，工业上通常采用冷冻盐水（如氯化钙溶液），由于盐的存在，使水的凝固温度下降（具体数值视盐的种类和含量而定），盐水的低温由制冷系统提供。

四、稳定传热与非稳定传热

在传热过程中，若传热系统（例如换热器）中各点温度只随位置改变，不随时间而变，此种传热称为稳定传热，其特点是系统中不积累能量（即输入的能量等于输出的能量），在同一热流方向上传热速率（单位时间内传递的热量）为常量。若传热系统中各点的温度既随位置变化又随时间变化，此种传热称为不稳定传热。连续工业生产多涉及稳定传热过程，本章只讨论稳定传热过程。

五、传热的基本方式

根据传热机理的不同，热量传递有 3 种基本方式，即热传导、热对流和热辐射。

1. 热传导

又称导热。当物体内部或两个直接接触的物体之间存在着温度差时，物体中温度较高部位的分子因振动而与相邻的分子碰撞，并将热量的一部分传给后者，借此，热能就从物体的温度较高部位传到温度较低部位。这种传递热量的方式称为热传导。在热传导过程中，没有物质的宏观位移。

2. 对流

又称为热对流、对流传热。在流体中，主要是由于流体质点的位移和混合，将热量由一处传至另一处的传递热量方式称为对流传热。对流传热过程中往往伴有热传导。工程中通常将流体和壁面之间的传热称为对流传热；若流体的运动是由于受到外力的作用（如风机、泵等）所引起，则称为强制对流；若流体的运动是由于流体内部冷、热部分的密度不同而引起的，则称为自然对流。

3. 辐射

辐射是一种通过电磁波传递能量的过程。任何物体，只要其绝对温度大于零，都会以电磁波的形式向外界辐射能量。其热能不依靠任何介质而以电磁波形式在空间传播，当被另一物体部分或全部接受后，又重新转变为热能。这种传递热能的方式称为辐射传热或热辐射。

第二节 热 传 导

一、傅里叶定律

1. 温度场和温度梯度

只要物体内部存在温度差，就有热量从高温部位向低温部位传递。所以研究热传导必然涉及物体内部的温度分布，物体内各点的温度在任一瞬间的分布情况称为温度场。温度场是空间位置和时间的函数，故温度场可表示为：

$$t=f(x,y,z,\theta) \tag{3-1}$$

式中 t——温度，℃或K；

x，y，z——任一点的空间坐标；

θ——时间，s。

若温度场内各点的温度随时间而变，则此温度场为非定态温度场。若温度场内各点的温度不随时间而变，则此温度场为定态温度场。定态温度场的数学表达式为：

$$t=f(x,y,z) \tag{3-2}$$

在特殊情况下，若定态温度场中温度仅沿一个空间坐标而变，则此温度场为定态的一维温度场，即：

$$t=f(x) \tag{3-3}$$

温度场中具有相同温度的各点组成的面称为等温面。显然，沿等温面没有热量的传递，而且各等温面也互不相交。

我们把两等温面之间的温度差 Δt 和其间的垂直距离 Δn 之比的极限称为温度梯度，记作 $\mathrm{grad}t$，数学表达式为：

$$\mathrm{grad}t=\lim_{n\to 0}\frac{\Delta t}{\Delta x}=\frac{\partial t}{\partial n} \tag{3-4}$$

温度梯度是个向量，它垂直于等温面，并以温度增加的方向为正，如图3-5所示。

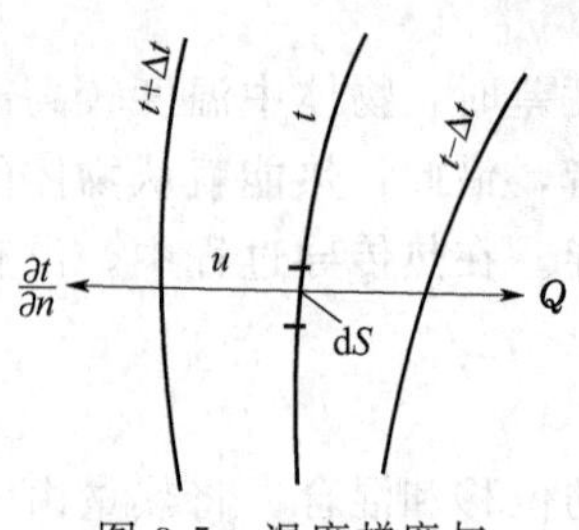

图 3-5 温度梯度与傅里叶定律

对于定态的一维温度场，温度梯度可表示为：

$$\text{grad}t=\frac{\mathrm{d}t}{\mathrm{d}x} \tag{3-5}$$

2. 傅里叶定律

傅里叶定律（Fourier's law）是热传导的基本定律，它表示单位时间内传导的热量与温度梯度及垂直于热流方向的截面积成正比，即：

$$\mathrm{d}Q=-\lambda \mathrm{d}A\frac{\partial t}{\partial x} \tag{3-6}$$

式中 Q——单位时间传导的热量，简称导热速率，W；

A——导热面积，即垂直于热流方向的表面积，m^2；

λ——物质的热导率，W/(m·K) [或 W/(m·℃)]。

式(3-6) 中的负号是指热流方向总是和温度梯度方向相反，即热量从高温向低温传递。

二、热导率

热导率表示物质的导热能力，它在数值上等于温度梯度为 1℃/m 时单位面积上的热流量。热导率是物质的物理性质之一，与物质的组成、结构、密度、压力、温度等有关，可用实验方法测定。一般而言，金属的热导率最大，非金属次之，气体的热导率最小。各种物质的热导率的大致范围如下：

材料	金属	建筑材料	绝热材料	液体	气体
热导率/[W/(m·℃)]	2.3～420	0.25～3	0.025～0.25	0.09～0.6	0.006～0.4

① 对于固体材料，若其结构和组成一定，热导率主要受温度的影响。(对金属来说还与纯度有关。) 热导率与温度近似成直线关系，可用式(3-7) 表示：

$$\lambda=\lambda_0(1+\alpha t) \tag{3-7}$$

式中 λ——固体在温度为 t℃时的热导率，W/(m·℃)；

λ_0——固体在温度为 0℃时的热导率，W/(m·℃)；

α——温度系数，对于大多数金属材料为负值，对大多数非金属材料为正值，1/℃。

② 液体分为非金属液体和金属液体。在非金属液体中，水的热导率最大，除水和甘油外，绝大多数液体的热导率随温度升高略有减小，纯液体的热导率比其溶液的大。

液态金属的热导率比一般液体要高，其中纯液态钠具有较高的热导率。大多数液态金属的热导率随温度升高而降低。

③ 气体的热导率很小，对导热不利，但有利于绝热、保温。工业上所用的保温材料，如软木、玻璃棉等因其空隙中有气体，它们的热导率很小，因此适用于保温隔热。

气体的热导率随温度升高而增大。在相当大的压强范围内，气体的热导率随压强变化甚微，可以忽略不计。

应当指出，在热传导过程中，物质内不同位置的温度可能不同，热导率也有差别。在工程计算中，常取热导率的平均值。

三、通过平壁的热传导

1. 单层平壁的定态热传导

如图 3-6 所示，设有一层厚度为 b 的单层平壁，两侧表面温度恒定，各为 t_1 及 t_2，且 $t_1>t_2$。平壁内的温度只沿与表面垂直的方向变化，为一维定态温度场。单位时间内通过此

平壁所传递的热量 Q 为定值，根据傅立叶定律，有：

$$Q=-\lambda A\frac{\mathrm{d}t}{\mathrm{d}x} \tag{3-8}$$

若平壁的热导率不随温度而变化，则：

$$\frac{\mathrm{d}t}{\mathrm{d}x}=-\frac{Q}{\lambda A}=\text{常数}$$

说明平壁内的温度呈线性分布。

利用边界条件

$x=0$ 时，$t=t_1$

$x=b$ 时，$t=t_2$

又 $t_1>t_2$，则积分式(3-8) 可得：

$$Q=\frac{\lambda}{b}A(t_1-t_2) \tag{3-9}$$

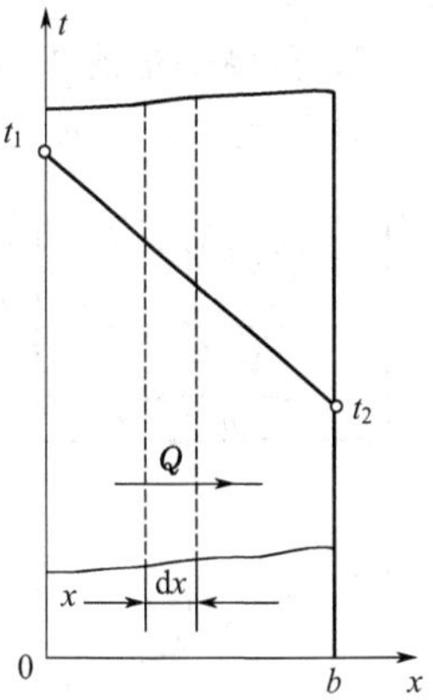

图 3-6 单层平壁热传导

或

$$Q=\frac{t_1-t_2}{\dfrac{b}{\lambda A}}=\frac{\Delta t}{R}=\frac{\text{推动力}}{\text{阻力}} \tag{3-10}$$

或

$$q=\frac{Q}{A}=\frac{\Delta t}{\dfrac{b}{\lambda}}=\frac{\Delta t}{R'} \tag{3-11}$$

式中 b——平壁厚度，m；

R——导热热阻，$R=\dfrac{b}{\lambda A}$，℃/W；

R'——单位传热面积的导热热阻，$R'=\dfrac{b}{\lambda}$，m^2·℃/W；

Δt——温度差，导热推动力，℃。

式(3-10) 表明热流量 Q 与导热推动力 Δt 成正比，与热阻 R 成反比，和欧姆定律类似。

【例 3-1】 某平壁厚度 b 为 400mm，壁内表面温度 t_1 为 1000℃、外表面温度 t_2 为 300℃，平壁材料的热导率 $\lambda=0.815(1+0.00093t)$W/(m·℃)。试求导热热通量和平壁内的温度分布。

解 热导率按平壁的平均温度 t_m 为常数计算，即：

$$t_m=\frac{t_1+t_2}{2}=\frac{1000+300}{2}=650\ (℃)$$

则平均热导率为：

$$\lambda_m=0.815(1+0.00093\times650)=1.307[\mathrm{W/(m\cdot℃)}]$$

导热热通量由式(3-11) 求得：

$$q=\frac{\lambda_m}{b}(t_1-t_2)=\frac{1.307}{0.4}(1000-300)=2287\ (\mathrm{W/m^2})$$

设以 x 表示沿壁厚方向上的距离，若在 x 处等温面上温度为 t，则：

$$q=\frac{\lambda_m}{b}(t_1-t)$$

或

$$t=t_1-\frac{qx}{\lambda_m}=1000-\frac{2287}{1.307}x=1000-1750x$$

上式即为将热导率视为常数时平壁内温度分布关系式，该式表示等温面的温度和距离呈直线关系。

2. 多层平壁的热传导

在工业生产中常见的是多层平壁，如锅炉的炉墙。现以一个三层平壁为例，说明通过多层平壁导热量的计算。如图 3-7 所示，已知平壁面积为 A，各层厚度为 b_1、b_2 和 b_3，热导率为 λ_1、λ_2 和 λ_3，且为常数；两侧表面温度为 t_1 和 t_4，且 $t_1 > t_4$，层与层间接触良好，界面温度为 t_2 和 t_3。

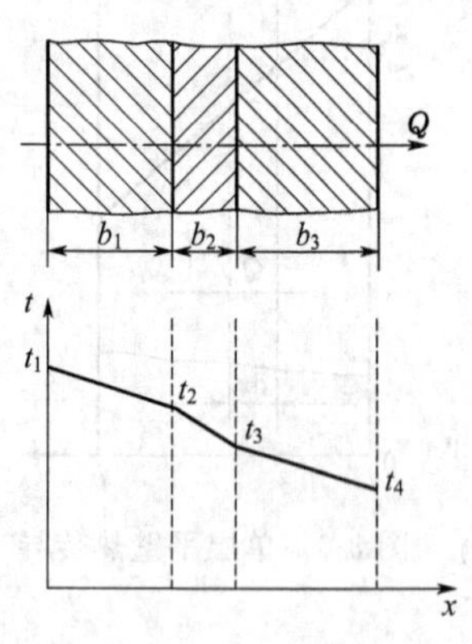

图 3-7 三层平壁热传导

在定态热传导时，通过各层的热传导速率必相等，即：

$$Q=Q_1=Q_2=Q_3$$

$$Q=\frac{\lambda_1 A(t_1-t_2)}{b_1}=\frac{\lambda_2 A(t_2-t_3)}{b_2}=\frac{\lambda_3 A(t_3-t_4)}{b_3}$$

由上式可得：

$$\Delta t_1=t_1-t_2=Q\frac{b_1}{\lambda_1 A}=QR_1$$

$$\Delta t_2=t_2-t_3=Q\frac{b_2}{\lambda_2 A}=QR_2$$

$$\Delta t_3=t_3-t_4=Q\frac{b_3}{\lambda_3 A}=QR_3$$

将上三式相加，并整理得：

$$Q=\frac{\Delta t_1+\Delta t_2+\Delta t_3}{R_1+R_2+R_3}=\frac{t_1-t_4}{\dfrac{b_1}{\lambda_1 A}+\dfrac{b_2}{\lambda_2 A}+\dfrac{b_2}{\lambda_3 A}} \tag{3-12}$$

式(3-12) 为三层平壁的热传导速率方程式。

对 n 层平壁，可类推得到：

$$Q=\frac{t_1-t_{n+1}}{\sum\limits_{i=1}^{n}\dfrac{b_i}{\lambda_i A}}=\frac{\sum \Delta t}{\sum R}=\frac{\text{总推动力}}{\text{总阻力}} \tag{3-13}$$

式中，下标 i 表示平壁的序号。

多层平壁热传导是一种串联的传热过程。由式(3-13) 可以看出，串联传热过程的总推动力（总温度差）是各分过程温度差之和；总热阻是各分过程热阻之和。

【例 3-2】 燃烧炉的平壁由 3 种材料的平砖构成，内层为耐火砖，厚度为 150mm；中间层为绝热砖，厚度为 130mm；外层为普通砖，厚度为 230mm。已知炉内、外壁表面温度分别为 900℃和 40℃，试求耐火砖和绝热砖间、绝热砖和普通砖间界面的温度。假设各层接触良好。

解 欲解本题，需知各层材料的热导率 λ，但 λ 值与各层的平均温度有关，而界面温度正是题目所要求的内容，因此须采用试差法，先假设各层的平均温度（或界面温度），查得或计算出该温度下材料的热导率，再利用导热速率方程计算各层间接触面的温度。若计算结果与所设的温度不符，则需重新计算。一般经几次试算后，可得到合理的估算值。下面列出经几次试算后的结果：

耐火砖 $\lambda_1=1.15\text{W/(m·℃)}$

绝热砖 $\lambda_2=0.15\text{W/(m·℃)}$

普通砖 $\lambda_3=0.80\text{W/(m·℃)}$

设 t_2 为耐火砖和绝热砖间界面温度，t_3 为绝热砖和普通砖间界面的温度。又知 $t_1=900℃$，$t_4=40℃$，则三层平壁的导热通量为：

$$q=\frac{Q}{A}=\frac{t_1-t_4}{\frac{b_1}{\lambda_1}+\frac{b_2}{\lambda_2}+\frac{b_3}{\lambda_3}}=\frac{t_1-t_4}{R_1'+R_2'+R_3'}=\frac{900-40}{\frac{0.15}{1.15}+\frac{0.13}{0.15}+\frac{0.23}{0.80}}$$

$$=\frac{860}{0.1304+0.867+0.2875}=669.3\ (\mathrm{W/m^2})$$

再由式(3-11) 得：

$$\Delta t_1=R_1'q=0.1304\times 669.3=87.3\ (℃)$$

所以

$$t_2=t_1-\Delta t_1=900-87.3=812.7\ (℃)$$

$$\Delta t_2=R_2'q=0.8667\times 669.5=580.3\ (℃)$$

$$t_3=t_2-\Delta t_2=812.7-580.3=232.4\ (℃)$$

$$\Delta t_3=R_3'q=t_3-t_4=232.4-40=192.4\ (℃)$$

各层的温度差和热阻数值列于表 3-2 中。

表 3-2 各层材料的温度差和热阻

材料	温度差/℃	热阻/(m²·℃/W)
耐火砖	87.3	0.1304
绝热砖	580.3	0.867
普通砖	192.4	0.2875

由表 3-2 可见，对于多层平壁定态热传导，哪层的热阻越大，通过该层的温度差也越大，即导热中温度差和热阻成正比。

四、通过圆筒壁的稳定热传导

在化工生产中，经常遇到通过圆筒壁的热传导。与平壁中的导热不同，当热流径向穿过圆筒壁时，传热面积也随半径变化。

1. 单层圆筒壁的定态导热

设有一单层圆筒壁，其长为 L，内、外半径分别为 r_1 及 r_2，壁厚 $\delta=r_2-r_1$，筒壁的热导率 λ 为常数，圆筒内、外表面温度恒定，分别为 t_1 及 t_2，沿轴向散热忽略不计，温度仅沿半径方向变化。通过此圆筒壁的导热属于一维定态导热（图 3-8）。

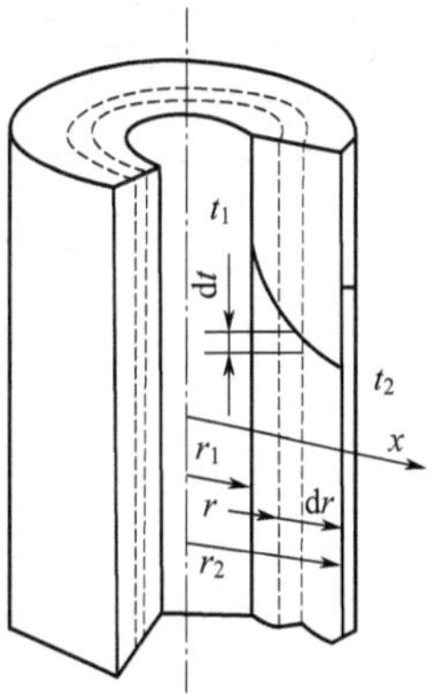

由于传热面积随半经的增大而增大，设想在筒壁内取一半径为 r、厚度为 $\mathrm{d}r$ 的微元圆筒壁。由于 $\mathrm{d}r$ 很小。这个微元圆筒壁的传热面积可视为常量，且 $A=2\pi rL$。又设该微元圆筒壁内的温度变化为 $\mathrm{d}t$，则根据傅里叶定律得：

$$Q=-\lambda A\frac{\mathrm{d}t}{\mathrm{d}r}=-\lambda(2\pi rL)\frac{\mathrm{d}t}{\mathrm{d}r} \tag{3-14}$$

图 3-8 单层圆筒壁的热传导

将上式分离变量积分并整理得：

$$Q=\frac{2\pi L\lambda(t_1-t_2)}{\ln\frac{r_2}{r_1}}=\frac{t_1-t_2}{\frac{\ln\frac{r_2}{r_1}}{2\pi L\lambda}}=\frac{\Delta t}{R} \tag{3-15}$$

式中　R——圆筒壁导热热阻，$R=\dfrac{\ln\dfrac{r_2}{r_1}}{2\pi L\lambda}$。

式(3-15) 即为单层圆筒壁的热传导速率方程式。该式也可以写成与平壁热传导速率方程式相类似的形式，即：

$$Q=\frac{A_m\lambda(t_1-t_2)}{r_2-r_1} \tag{3-16}$$

将式(3-16) 与式(3-15) 相比较，可解得平均面积为：

$$A_m=\frac{2\pi L(r_2-r_1)}{\ln\dfrac{r_2}{r_1}}=2\pi r_m L \tag{3-17}$$

其中

$$r_m=\frac{r_2-r_1}{\ln\dfrac{r_2}{r_1}} \tag{3-18}$$

或

$$A_m=\frac{2\pi L(r_2-r_1)}{\ln\dfrac{2\pi Lr_2}{2\pi Lr_1}}=\frac{A_2-A_1}{\ln\dfrac{A_2}{A_1}} \tag{3-19}$$

式中　r_m——圆筒壁的对数平均半径，m；

A_m——圆筒壁的内、外表面的对数平均面积，m^2。

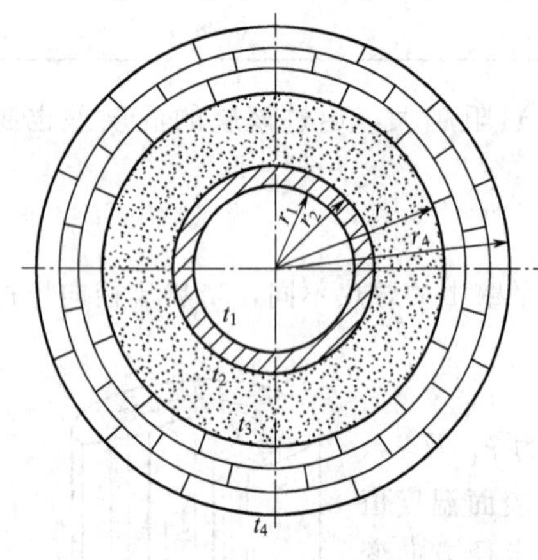

图 3-9　多层圆筒壁热传导

应予指出，化工计算中，经常采用对数平均值，应注意对数平均值的表示方法。但是当两个变量的比值（如 r_2/r_1）等于 2 时，使用算术平均值代替对数平均值的误差仅为 4%，这是工程计算中可接受的。因此当两个变量的比值≤2 时，经常用算术平均值代替对数平均值，使计算变得简便。

2. 多层圆筒壁（以三层为例）**的热传导**

如图 3-9 所示。

假设各层间接触良好，各层的热导率分别为 λ_1、λ_2 和 λ_3，厚度分别为 $b_1=r_2-r_1$、$b_2=r_3-r_2$ 和 $b_3=r_4-r_3$。根据串联传热的原则，可写出三层圆筒壁的热传导速率方程式为：

$$Q=\frac{\Delta t_1+\Delta t_2+\Delta t_3}{R_1+R_2+R_3}=\frac{t_1-t_4}{\dfrac{\ln\dfrac{r_2}{r_1}}{2\pi L\lambda_1}+\dfrac{\ln\dfrac{r_3}{r_2}}{2\pi L\lambda_2}+\dfrac{\ln\dfrac{r_4}{r_3}}{2\pi L\lambda_3}} \tag{3-20}$$

或

$$Q=\frac{t_1-t_4}{\dfrac{b_1}{\lambda_1 A_{m1}}+\dfrac{b_2}{\lambda_2 A_{m2}}+\dfrac{b_3}{\lambda_3 A_{m3}}} \tag{3-21}$$

对 n 层圆筒壁

$$Q=\frac{t_1-t_{n+1}}{\sum\limits_{i=1}^{n}\dfrac{\ln\dfrac{r_{i+1}}{r_i}}{2\pi L\lambda_i}} \tag{3-22}$$

或
$$Q=\frac{t_1-t_{n+1}}{\sum_{i=1}^{n}\frac{b_i}{\lambda_i A_i}} \tag{2-23}$$

应予注意，对圆筒壁的热传导，通过各层的热传导速率都是相同的，但是热通量却都不相等。

【例 3-3】 在外径为 140mm 的蒸汽管道外包扎保温材料，蒸汽管道外壁温度为 390℃，保温层外表面温度不大于 40℃。保温材料的 λ 与 t 的关系为 $\lambda=0.1+0.0002t$ [t 的单位为℃，λ 的单位为 W/(m·℃)]。若要求每米管长的热损失 Q/L 不大于 450W/m，试求保温层的厚度以及保温层中的温度分布。

解 此题为圆筒壁热传导问题，已知：

$$r_2=0.07\text{m}\quad t_2=390℃\quad t_3=40℃$$

先求保温层在平均温度下的热导率，即：

$$\lambda=0.1+0.0002\left(\frac{390+40}{2}\right)=0.143[\text{W/(m·℃)}]$$

(1) 保温层厚度 将式(3-15) 改写为：

$$\ln\frac{r_3}{r_2}=\frac{2\pi\lambda(t_2-t_3)}{Q/L}$$

$$\ln r_3=\frac{2\pi\times0.143(390-40)}{450}+\ln0.07$$

得
$$r_3=0.141\ (\text{m})$$

故 保温层厚度为

$$b=r_3-r_2=0.141-0.07=0.071\ (\text{m})=71\ (\text{mm})$$

(2) 保温层中温度分布 设保温层半径 r 处，温度为 t，代入式(3-17) 可得：

$$\frac{2\pi\times0.143(390-t)}{\ln\frac{r}{0.07}}=450$$

解上式并整理得：$t=-501\ln r-942$

计算结果表明，即使热导率为常数，圆筒壁内的温度分布也非直线而是曲线。

第三节 对流传热

一、对流传热分析

在化工生产中经常遇到的对流传热乃是将热由流体传给换热器的固体壁面或者由换热器的固体壁面传给周围的流体。此对流传热过程也称为对流给热。

当流体沿固体壁面流动时，无论流体的湍动程度如何，在紧靠固体壁面处，总是有一层滞流内层存在，只不过湍动程度越高，滞流内层越薄。

如图 3-10 所示，无论壁面温度高于或低于流体主体的温度，都将发生对流给热过程。壁面向流体主体的给热过程，可作如下分析。

① 当流体完全静止时，热量传递的方式为通过流体的热传导，由壁面到流体主体的温度分布是直线。然而由于自然对流的存在，流体中很难有纯粹的热传导。

② 当流体处于层流时，由于在传热方向上没有流体质点的运动，传热方式仍然是热传导。但是，因为有速度分布，所以温度分布受到影响，不再呈直线关系。

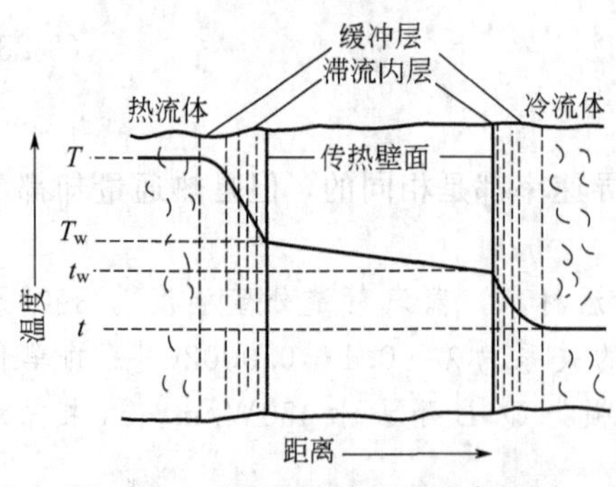

图 3-10 对流传热的温度分布情况

③ 当流体处于湍流时，温度差大部分集中在滞流内层，在湍流主体与滞流内层之间还存在一个过渡区，在此区内温度逐步变化。这说明，传递同样多的热量，在滞流内层中需要较大的推动力，而在流体主体中则只需要较小的推动力。换句话说，滞流内层中的热阻较大。虽然滞流内层的厚度较薄，但一般流体的热导率 λ 很小，这就使滞流内层的热阻成为对流给热热阻的主要部分。而在滞流内层以外，其所产生的热阻，只是对流给热热阻中的一小部分。由此可见，对流给热是流体在滞流内层以外的对流传热和滞流内层热传导的串联过程。而滞流内层的导热热阻为对流给热热阻的主要部分。因此，减薄滞流内层的厚度是强化对流传热的重要途径。

二、对流传热速率方程和对流传热系数

1. 对流传热速率方程

由前面分析可知，对流传热是一个复杂的传热过程，而且它有各种不同的情况，其机理也各不相同。但各种情况的对流传热速率均可表达成式(3-24) 的形式，即：

$$dQ=\frac{\Delta t}{\dfrac{1}{\alpha\, dA}}=\alpha\, dA\,\Delta t \tag{3-24}$$

流体被加热时，$\Delta t=t_{冷w}-t_{冷}$

流体被冷却时，$\Delta t=t_{热}-t_{热w}$

式中 dQ——通过传热面 dA 的对流传热速率，W；

dA——微元传热面积，m^2；

$t_{热}$——换热器任一截面上热流体的平均温度，℃；

$t_{热w}$——换热器任一截面上与热流体相接触一侧的壁面温度，℃；

$t_{冷}$——换热器任一截面上冷流体的平均温度，℃；

$t_{冷w}$——换热器任一截面上与冷流体相接触一侧的壁面温度，℃；

α——比例系数，又称局部对流传热系数，$W/(m^2\cdot℃)$。

式(3-24) 又称为牛顿公式。该式采用微分形式，是因为温度、对流传热系数在换热器中是沿程变化的；因此式中的量均为局部的参数。但是在工程计算中，常采用平均对流传热系数（一般也用 α 表示，应注意与局部对流传热系数的区别)，此时牛顿公式可表示为：

$$Q=\alpha A\,\Delta t=\frac{\Delta t}{\dfrac{1}{\alpha A}} \tag{3-25}$$

式中 α——平均对流传热系数，$W/(m^2\cdot℃)$；

A——总传热面积，m^2；

Δt——流体与壁面（或反之）间温度差的平均值，℃。

需要指出，式中$\dfrac{1}{\alpha A}$为对流传热热阻。由于换热器的换热面积可用 A_i 和 A_o 表示，流体可在换热器的管程或壳程流动，因此必须注意对流传热系数是和传热面积以及温度差相对应的。例如，若热流体在换热器的管内流动，冷流体在换热器的管外流动，则它们的对流传热速率方程式分别表示为：

$$dQ=\alpha_i(t_{热}-t_{热w})dA_i \qquad (3\text{-}26)$$

$$dQ=\alpha_o(t_{冷w}-t_{冷})dA_o \qquad (3\text{-}27)$$

式中 A_i，A_o——换热管的内、外表面积，m^2；

α_i，α_o——换热管内侧、外侧的流体对流传热系数，$W/(m^2\cdot℃)$。

牛顿公式是将复杂的对流传热问题，用一般简单的关系式表达，实质上是将矛盾集中在对流传热系数 α 上，因此研究对流传热系数的影响因素和计算方法，成为解决对流传热问题的关键。

2. 对流传热系数

牛顿公式也是对流传热系数的定义式，即：

$$\alpha=\frac{Q}{A\Delta t}$$

由此可见，对流传热系数是表示在单位温度差下，单位传热面积的对流传热速率，其单位为 $W/(m^2\cdot℃)$，它反映对流传热的快慢，α 越大，表示对流传热越快。

对流传热系数 α 不同于热导率 λ，它不是物性参数，而是受多种因素影响的一个参数。表 3-3 列出了几种对流传热情况下的 α 值范围，以便对 α 的大小有一数量级的概念，同时 α 的经验值也可以作为传热计算的参考。

表 3-3 α 数值的范围

换热方式	空气自然对流	气体强制对流	水自然对流	水强制对流	水蒸气冷凝	有机蒸汽冷凝	水沸腾
$\alpha/[W/(m^2\cdot℃)]$	5～25	20～100	200～1000	1000～15000	5000～15000	500～2000	2500～25000

第四节 传热过程计算

前面讨论了热传导和热对流，为学习传热计算打下了基础。工程上传热过程的计算主要有两类：一是设计计算，即根据生产任务的要求，确定换热器的传热面积及其他有关尺寸，以设计和选择换热器；另一类是校核计算，即判断一个换热器能否满足生产要求或预测生产中某些参数（如流体流量和温度）的变化对换热器传热能力的影响等。两种计算都是以换热器的热量衡算和总传热速率方程为基础的。

一、热量衡算

在传热计算中，首先要确定换热器的热负荷。对间壁式换热器做热量衡算，若保温良好，无热损失时，则单位时间内热流体放出的热量等于冷流体吸收的热量，即热量衡算式为：

$$Q=W_h(H_{h1}-H_{h2})=W_c(H_{c2}-H_{c1}) \qquad (3\text{-}28)$$

式中 Q——换热器的热负荷，kW；

W——流体的质量流量，kg/s；

H——单位质量流体的焓，kJ/kg。

下标 c 和 h 分别表示冷流体和热流体，下标 1 和 2 表示换热器的进口和出口。式(3-28) 即为换热器的热量衡算式。

若换热器中两流体无相变化，且流体的比热容可视为不随温度而变或可取为平均温度下的比热容时，式(3-28) 可表示为：

$$Q=W_h c_{ph}(t_{热1}-t_{热2})=W_h c_{pc}(t_{冷2}-t_{冷1}) \tag{3-29}$$

式中 c_p——流体的平均定压比热容，kJ/(kg·℃)；

$t_热$——热流体的温度，℃；

$t_冷$——冷流体的温度，℃。

若换热器中热流体有相变化，且在饱和温度下离开换热器，例如热流体为饱和蒸汽冷凝，冷流体无相变化，则式(3-29) 可表示为：

$$Q=W_h r=Wc_{pc}(t_{冷2}-t_{冷1}) \tag{3-30}$$

式中 W_h——饱和蒸汽的冷凝速率，kg/s；

r——饱和蒸汽的冷凝潜热，kJ/kg。

【例 3-4】 在某列管式换热器中采用 120.85kPa（绝压）的饱和水蒸气加热苯，苯的流量为 4500kg/h，从 20℃加热到 60℃。若设备的热损失估计为所需加热量的 7%，试求热负荷及蒸汽用量（设蒸汽凝液在饱和温度下排出）。

解 本题情况下写出如下的热量衡算式

$$Q=W_h r=Wc_{pc}(t_{冷2}-t_{冷1})+Q_L$$

其中：Q_L——热损失，而 $Q_L=[Wc_{pc}(t_{冷2}-t_{冷1})]\times 7\%$

所以 $Q=Wc_{pc}(t_{冷2}-t_{冷1})\times(1+0.07)$

根据苯的平均温度 $t_m=\dfrac{t_{冷1}+t_{冷2}}{2}=\dfrac{20+60}{2}=40$（℃）

由相关手册查得苯的平均比热容 $c_{pc}=1.53$kJ/(kg·℃)

120.85kPa 水蒸气的冷凝潜热 $r=2245.4$kJ/kg

热负荷

$$Q=4500\times 1.53\times(60-20)\times(1+0.07)=294678(\text{kJ/h})=81.86(\text{kW})$$

蒸汽用量 $$W=\frac{Q}{r}=\frac{294678}{2245.4}=131.24\ (\text{kg/h})$$

二、总传热速率微分方程

当应用前述的热传导速率方程或对流传热速率方程来计算过程的传热速率时，都需要已知固体壁面的温度。而实际上壁面的温度往往是未知的。为了计算方便，希望避开壁温，直接用冷、热流体的温度，因此引出了间壁两侧换热的总传热速率方程。

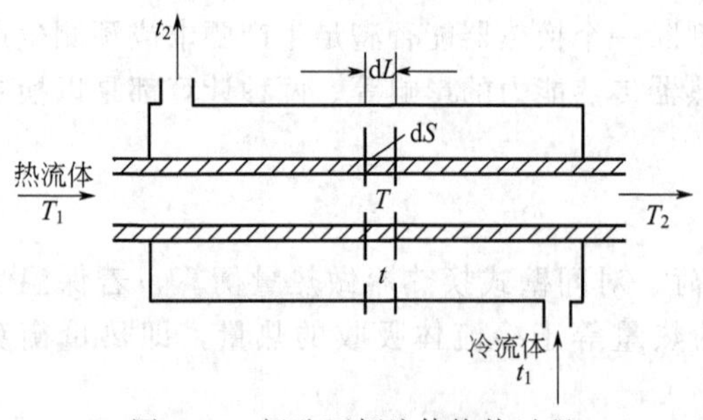

图 3-11 间壁两侧流体换热过程

参照图 3-11，通过间壁换热器任一微元面积 dA，两侧流体间进行热交换的总传热速率方程，可以仿照对流传热速率方程写出，即：

$$\mathrm{d}Q=K(t_热-t_冷)\mathrm{d}A=K\Delta t\,\mathrm{d}A \tag{3-31}$$

式中 dQ——通过微元传热面积 dA 的传热速率，W；

K——局部总传热系数，W/(m²·℃)；

Δt——局部传热温度差，℃；

$t_热$——换热器任一截面上热流体的平均温度，℃；

$t_冷$——换热器任一截面上冷流体的平均温度，℃。

式(3-31) 为总传热速率微分方程式，也是总传热系数的定义式，表明总传热系数在数值上等于单位温度差下的总传热通量，总传热系数 K 和对流传热系数 α 的单位完全一致，但应注意其中温度差所代表的区域并不相同。总传热系数的倒数 $1/K$ 代表间壁两侧流体传热的总热阻。

应予指出：总传热系数必须和所选择的传热面积相对应，选择的传热面积不同，总传热系数的数值也不同。因此式(3-31) 可表示为：

$$dQ=K_o(t_{热}-t_{冷})dA_o=K_i(t_{热}-t_{冷})dA_i=K_m(t_{热}-t_{冷})dA_m \tag{3-32}$$

式中 K_o，K_i，K_m——基于管外表面积、内表面积和内外侧平均面积的传热系数，W/(m²·℃)；

A_o，A_i，A_m——表示管外表面积、内表面积和内外表面积的平均面积，m²。

由式(3-32) 可知，在传热计算中，选择何种面积作为计算基准，其结果完全相同，但工程上大多以外表面为基准，手册所列 K 值，若无特别说明，可视为基于管外表面积的 K_o。

由于 dQ 及（$t_{热}-t_{冷}$）两者与选择的基准面积无关，故可得：

$$\frac{K_o}{K_i}=\frac{dA_i}{dA_o}=\frac{d_i}{d_o} \tag{3-33}$$

及

$$\frac{K_o}{K_m}=\frac{dA_m}{dA_o}=\frac{d_m}{d_o} \tag{3-34}$$

式中 d_i，d_o，d_m——管内径、外径和管内外径的平均直径，m。

三、总传热系数

在总传热速率微分方程式 $dQ=K(t_{热}-t_{冷})dA=K\Delta t dA$ 中，传热量 dQ 是由生产任务决定的，温度差（$t_{热}-t_{冷}$）是由冷、热流体的主体温度决定的，则传热面积与总传热系数 K 值密切相关，因此，要设计换热面积就必须合理确定 K 值。

目前，总传热系数 K 值有 3 个来源：一是选择经验值，即目前生产设备中所用的经过实践证实并总结出来的生产实践数据；二是实验测定 K 值；三是计算值。

1. 换热器中总传热系数 K 值的大致范围

在传热计算中，如何合理地确定 K 值，是设计换热器时的一个重要问题。而在设计中往往参照在工艺条件相仿、类似设备上较为成熟的生产数据作为设计依据。工业生产用列管式换热器中总传热系数 K 值的大致范围列于表 3-4。

表 3-4 列管式换热器中 K 值的大致范围

热流体	冷流体	总传热系数 K/[W/(m²·℃)]
水	水	850～1700
轻油	水	340～910
重油	水	60～280
气体	水	17～280
水蒸气冷凝	水	1420～4250
水蒸气冷凝	气 体	30～300
低沸点烃类蒸气冷凝(常压)	水	455～1140
高沸点烃类蒸气冷凝(减压)	水	60～170
水蒸气冷凝	水沸腾	2000～4250
水蒸气冷凝	轻油沸腾	455～1020
水蒸气冷凝	重油沸腾	140～425

2. 总传热系数 K 值的计算式

如前所述，两流体通过金属管壁的传热包括以下过程。

热流体在流动过程中把热量传给管壁的对流传热，其对流传热速率可由式(3-26)求出；

通过管壁的热传导，导热速率可由式(3-16)的微分形式求得，即：

$$\mathrm{d}Q=\frac{\lambda(t_{热w}-t_{冷w})}{b}\mathrm{d}A_{m} \tag{3-35}$$

式中 $(t_{热w}-t_{冷w})$——管壁任一截面两侧的温度差，℃。

管壁与流动中的冷流体之间的对流传热，其对流传热速率可由式(3-27)求出。

在定态传热条件下，联立式(3-26)、式(3-27)和式(3-35)，移项后相加得：

$$(t_{热}-t_{热w})+(t_{热w}-t_{冷w})+(t_{冷w}-t_{冷})=t_{热}-t_{冷}=\Delta t$$

$$=\mathrm{d}Q\left(\frac{1}{\alpha_{i}\mathrm{d}A_{i}}+\frac{b}{\lambda\mathrm{d}A_{m}}+\frac{1}{\alpha_{o}\mathrm{d}A_{o}}\right)$$

由上式解得 $\mathrm{d}Q$，然后在式两边除以 $\mathrm{d}A_{o}$，可得：

$$\frac{\mathrm{d}Q}{\mathrm{d}A_{o}}=\frac{t_{热}-t_{冷}}{\dfrac{\mathrm{d}A_{o}}{\alpha_{i}\mathrm{d}A_{i}}+\dfrac{b\mathrm{d}A_{o}}{\lambda\mathrm{d}A_{m}}+\dfrac{1}{\alpha_{o}}}$$

因为

$$\frac{\mathrm{d}A_{o}}{\mathrm{d}A_{i}}=\frac{d_{o}}{d_{i}}、\frac{\mathrm{d}A_{o}}{\mathrm{d}A_{m}}=\frac{d_{o}}{d_{m}}$$

所以

$$\frac{\mathrm{d}Q}{\mathrm{d}A_{o}}=\frac{t_{热}-t_{冷}}{\dfrac{d_{o}}{\alpha_{i}d_{i}}+\dfrac{bd_{o}}{\lambda d_{m}}+\dfrac{1}{\alpha_{o}}} \tag{3-36}$$

比较式(3-32)和式(3-34)，可得：

$$K_{o}=\frac{1}{\dfrac{1}{\alpha_{o}}+\dfrac{bd_{o}}{\lambda d_{m}}+\dfrac{d_{o}}{\alpha_{i}d_{i}}} \tag{3-37}$$

同理可得

$$K_{i}=\frac{1}{\dfrac{1}{\alpha_{i}}+\dfrac{bd_{i}}{\lambda d_{m}}+\dfrac{d_{i}}{\alpha_{o}d_{o}}} \tag{3-38}$$

及

$$K_{m}=\frac{1}{\dfrac{d_{m}}{\alpha_{i}d_{i}}+\dfrac{b}{\lambda}+\dfrac{d_{m}}{\alpha_{o}d_{o}}} \tag{3-39}$$

式(3-37)、式(3-38)及式(3-39)均为总传热系数的计算式。

总传热系数也可以表示为热阻的形式，由式(3-37)可得：

$$\frac{1}{K_{o}}=\frac{1}{\alpha_{o}}+\frac{bd_{o}}{\lambda d_{m}}+\frac{d_{o}}{\alpha_{i}d_{i}} \tag{3-40}$$

上式表明，间壁两侧流体间传热的总热阻等于两侧流体对流热阻及管壁导热热阻之和。

当传热面为平壁或薄管壁时，上式中的 d_{i}、d_{o} 和 d_{m} 相等或近似相等，则式(3-40)可简化为：

$$\frac{1}{K}=\frac{1}{\alpha_{o}}+\frac{b}{\lambda}+\frac{1}{\alpha_{i}} \tag{3-41}$$

3. 污垢热阻

换热器在实际操作中，传热表面上常有污垢积存，对传热产生附加热阻，使总传热系数降低。在估算 K 值时一般不能忽略污垢热阻。由于污垢层的厚度及其热导率难以准确估计，因此通常选用污垢热阻的经验值作为计算 K 值的依据。若管壁内、外侧表面上的污垢热阻

分别用 R_{si} 及 R_{so} 表示，则式(3-39) 变为：

$$\frac{1}{K_o}=\frac{1}{\alpha_o}+R_{so}+\frac{bd_o}{\lambda d_m}+R_{si}\frac{d_o}{d_i}+\frac{d_o}{\alpha_i d_i} \tag{3-42}$$

应指出，污垢热阻将随换热器的操作时间加长而变大。因此，换热器要根据实际的操作情况，定期清洗。这是设计和操作换热器时应予以考虑的问题。

4. 关于提高 *K* 值的讨论

欲提高 K 值，必须设法减小起决定作用的热阻。当管壁和污垢热阻可以忽略时，对薄壁管而言，式(3-42) 可简化为：

$$\frac{1}{K}=\frac{1}{\alpha_i}+\frac{1}{\alpha_o}$$

若 $\alpha_i \gg \alpha_o$，则 $K \approx \alpha_o$。

由此可知，总热阻是由热阻大的那一侧的对流传热所控制，即当两个对流传热系数相差较大时，要提高 K 值，关键在于提高对流传热系数较小一侧的 α 值。若两侧 α 相差不大时，则必须同时提高两侧的 α 值，才能提高 K 值。

【例 3-5】 某列管式换热器由 ϕ25mm×2.5mm 的钢管组成，热空气流经管程，冷却水在管间与空气呈逆流流动。已知管内侧空气的 α_i 为 50W/(m²·℃)，管外水侧的 α_o 为 1000W/(m²·℃)，钢的 λ 为 45W/(m²·℃)。试求基于管外表面积的总传热系数 K_o 及按平壁计的总传热系数。

解 参考附录，空气侧的污垢热阻 $R_{si}=0.5\times10^{-3}$ m²·℃/W，水侧的污垢热阻 $R_{so}=0.2\times10^{-3}$ m²·℃/W。

由式(3-42) 知：

$$\frac{1}{K_o}=\frac{d_o}{\alpha_i d_i}+R_{si}\frac{d_o}{d_i}+\frac{bd_o}{\lambda d_m}+R_{so}+\frac{1}{\alpha_o}$$

$$=\frac{0.025}{50\times0.02}+0.5\times10^{-3}\times\frac{0.025}{0.02}+\frac{0.0025\times0.025}{45\times0.0225}+0.2\times10^{-3}+\frac{1}{1000}=0.0269$$

所以 $K_o=37.2\ [\mathrm{W/(m^2\cdot ℃)}]$

若按平壁计算，由式(3-42) 知：

$$\frac{1}{K}=\frac{1}{\alpha_i}+R_{si}+\frac{b}{\lambda}+R_{so}+\frac{1}{\alpha_o}$$

$$=\frac{1}{50}+0.5\times10^{-3}+\frac{0.0025}{45}+0.2\times10^{-3}+\frac{1}{1000}=0.0218$$

$$K=46[\mathrm{W/(m^2\cdot ℃)}]$$

由以上计算结果表明，在该题条件下，由于管径较小，若按平壁计算 K，误差稍大，即为 $\frac{K-K_o}{K_o}\times100\%=\frac{46-37.2}{37.2}\times100\%=23.7\%$。

【例 3-6】 热空气在冷却管外流过，$\alpha_o=90$W/(m²·℃)；冷却水在管内流动，$\alpha_i=1000$W/(m²·℃)。管外径 $d_o=16$mm，管壁厚 $\delta=1.5$mm，管材热导率 $\lambda=40$W/(m²·℃)，按平壁换热。

试求：(1) 传热系数 K（忽略污垢热阻及热损失）；

(2) 管外给热系数 α_o 增加 1 倍，传热系数有何变化？

(3) 管内给热系数 α_i 增加 1 倍，传热系数有何变化？

解 依题意，按平壁计算传热，故

(1) $$K=\frac{1}{\frac{1}{\alpha_i}+\frac{\delta}{\lambda}+\frac{1}{\alpha_o}}=\frac{1}{\frac{1}{1000}+\frac{0.0015}{40}+\frac{1}{90}}=82.3[W/(m^2\cdot℃)]$$

(2) $$\alpha_o'=2\alpha_o=2\times 90=180W/(m^2\cdot℃)$$

则 $$K'=\frac{1}{\frac{1}{1000}+\frac{0.0015}{40}+\frac{1}{180}}=151.7[W/(m^2\cdot℃)]$$

(3) $$\alpha_i'=2\alpha_i=2\times 1000=2000W/(m^2\cdot℃)$$

则 $$K''=\frac{1}{\frac{1}{2000}+\frac{0.0015}{40}+\frac{1}{90}}=85.8[W/(m^2\cdot℃)]$$

(4) 讨论：上述两种情况下，传热系数 K 值的增加率各为

$$\frac{K'-K}{K}\times 100\%=\frac{151.7-82.3}{82.3}\times 100\%=84.3\%$$

$$\frac{K''-K}{K}\times 100\%=\frac{85.8-82.3}{82.3}\times 100\%=4.2\%$$

可见，提高 K 值的有效途径应当是提高较小的 α_o 值。

四、传热平均温度差

式(3-31) 是总传热速率的微分方程式，积分后才有实际意义。但该式中 Δt 通常随换热器壁面位置而变，是个变量。积分过程中只有找出 Δt 的替代值 Δt_m（Δt 的均值，看作一个常量），来代替公式中的局部温度差 Δt，才可能进行积分。而 Δt_m 与两种流体在换热器中的流动方向和流体温度变化情况有关。

换热器中冷、热流体间有不同的流动型式。并流为两种流体同向流动；逆流，即两种流体反向流动；错流，两种流体相互垂直交叉流动；简单折流，一种流体沿一方向流动，而另一种流体反复折流；复杂折流，两种流体均作折流，或既有折流又有错流。

换热器中两种流体温度变化情况，可分为恒温传热和变温传热。

为了推导平均温度差 Δt_m，即为了积分式(3-31)，应作以下简化或假定：

① 传热为稳态操作过程，两种流体的质量流量 W_c 和 W_h 为常量。

② 两种流体的比热容均为常量（可取为换热器的进、出口温度下的平均值)。

③ 总传热系数 K 为常量，即 K 值不随换热器管长而变化。

④ 换热器的热损失可忽略。

1. 恒温传热时的平均温度差

即冷、热两种流体进行热交换时，这两种流体的温度均不沿换热器的管长而变化，两者间的温度差在换热器的不同截面上都相等，即 $\Delta t=t_{热}-t_{冷}$。流体的流动方向对 Δt_m 没有影响。例如，蒸发器中间壁的一侧采用饱和水蒸气作为加热剂，间壁的另一侧是沸腾着的液体。积分式(3-31)，可得：

$$Q=KA\Delta t_m=KA(t_{热}-t_{冷}) \tag{3-43}$$

2. 变温传热时的平均温度差

在热交换过程中，间壁两侧（或一侧）流体在传热壁面的不同位置处温度各不相同，但在同一位置处温度不随时间而变，此时两流体的流向不同，对平均温度差的影响也不相同，故应分别讨论。

(1) 逆流和并流时的平均温度差

如图 3-12 所示套管换热器中，冷、热流体呈逆流流动。热流体的进、出口温度分别为 $t_{热1}$ 和 $t_{热2}$，冷流体的进、出口温度分别为 $t_{冷1}$ 和 $t_{冷2}$。

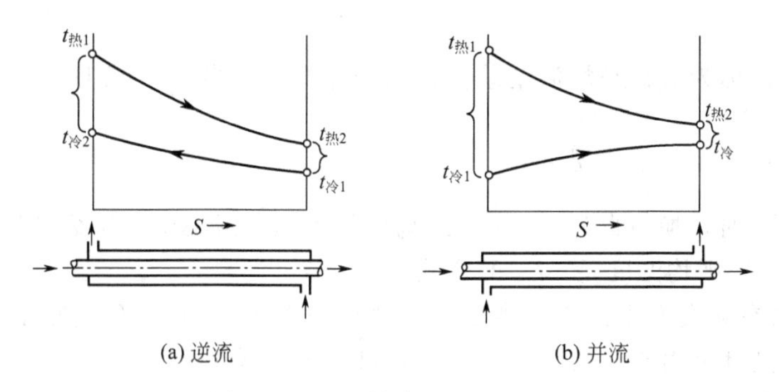

图 3-12 变温传热时温度差变化

由换热器的热量衡算微分式知

$$dQ = -W_h c_{ph} dt_{热} = W_c c_{pc} dt_{冷}$$

由上式可得 $\frac{dQ}{dt_{热}} = -W_h c_{ph} =$ 常量；$\frac{dQ}{dt_{冷}} = W_c c_{pc} =$ 常量

如果将 Q 对 $t_{热}$ 或 $t_{冷}$ 作图，由上二式可知 Q-$t_{热}$ 和 Q-$t_{冷}$ 都是直线关系，可分别表示为：

$$t_{热} = mQ + k$$
$$t_{冷} = m'Q + k'$$

上二式相减，得：

$$t_{热} - t_{冷} = \Delta t_m = (m - m')Q + (k - k')$$

式中，m、m'、k、k' 分别为直线 Q-$t_{热}$ 和 Q-$t_{冷}$ 的斜率及截距。

由上式可知，Δt_m 与 Q 之间也呈直线关系，如图 3-13 所示。

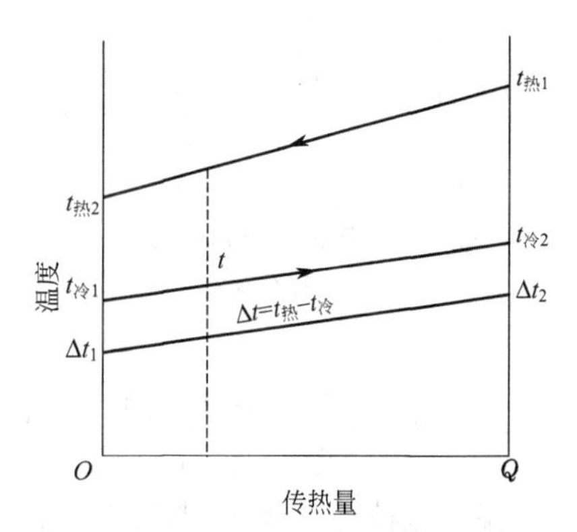

图 3-13 逆流时平均温度差的推导

由图可见，Δt_m 与 Q 直线的斜率为：

$$\frac{d(\Delta t)}{dQ} = \frac{\Delta t_2 - \Delta t_1}{Q}$$

将式(3-31) 代入上式可得：

$$\frac{d\ (\Delta t)}{K\, dA\, \Delta t} = \frac{\Delta t_2 - \Delta t_1}{Q}$$

由前述的假定③可知 K 为常量，故积分上式，得：

$$\frac{1}{K}\int_{\Delta t_1}^{\Delta t_2} \frac{d(\Delta t)}{\Delta t} = \frac{\Delta t_2 - \Delta t_1}{Q}\int_0^A dA$$

$$\frac{1}{K}\ln\frac{\Delta t_2}{\Delta t_1} = \frac{\Delta t_2 - \Delta t_1}{Q}A$$

则

$$Q = KA\frac{\Delta t_2 - \Delta t_1}{\ln\frac{\Delta t_2}{\Delta t_1}} = KA\Delta t_m \qquad (3\text{-}44)$$

由该式可知：

$$\Delta t_m=\frac{\Delta t_2-\Delta t_1}{\ln\dfrac{\Delta t_2}{\Delta t_1}} \tag{3-45}$$

上式中的 Δt_m 称为对数平均温度差。在工程计算中，当$\dfrac{\Delta t_2}{\Delta t_1}\leqslant 2$ 时，可用算术平均温度差$\left(\dfrac{\Delta t_2+\Delta t_1}{2}\right)$来代替对数平均温度差。

应用式(3-44)时，换热器任一端的 Δt 均可作为 Δt_1 或 Δt_2，其结果都是相同的。该式是逆流和并流时计算平均温度差 Δt_m 的通式。

【例 3-7】 在套管式换热器中，热流体温度由 90℃冷却到 75℃，冷流体温度由 20℃加热到 50℃，试分别计算两种流体作逆流和并流时的平均温度差。

解 逆流时：

热流体温度 $t_{热}$ 90℃→75℃

冷流体温度 $t_{冷}$ 50℃←20℃

Δt_1 为 40℃、Δt_2 为 55℃

$$\Delta t_m=\frac{\Delta t_2-\Delta t_1}{\ln\dfrac{\Delta t_2}{\Delta t_1}}=\frac{55-40}{\ln\dfrac{55}{40}}=47.1\ (℃)$$

并流时：

热流体温度 $t_{热}$ 90℃→75℃

冷流体温度 $t_{冷}$ 20℃→50℃

Δt_1 为 70℃、Δt_2 为 25℃

$$\Delta t_m=\frac{\Delta t_2-\Delta t_1}{\ln\dfrac{\Delta t_2}{\Delta t_1}}=\frac{70-25}{\ln\dfrac{70}{25}}=43.7\ (℃)$$

由上例可知，当冷、热流体的进、出口温度一定时，逆流的 Δt_m 值比并流的大。因此，在换热器 K 值相同的条件下，为完成同样的热负荷，采用逆流操作，可以节省传热面积，或对于同一台换热器而言，采用逆流操作，可以提高传热速率。

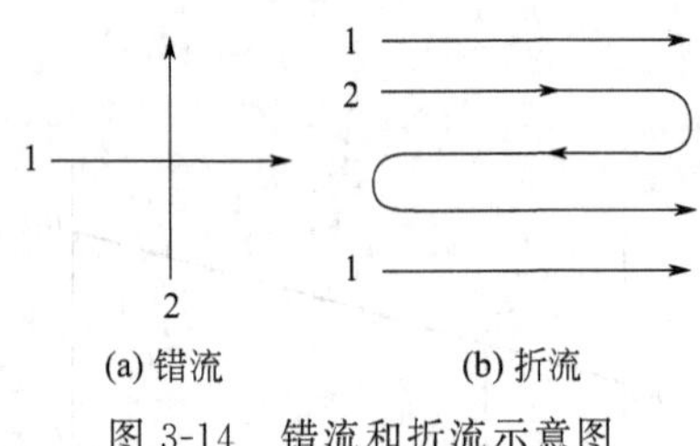

图 3-14 错流和折流示意图

1，2—任意流体

（2）错流和折流时的平均温度差

错流和折流的流程如图 3-14 所示，此时的平均温度差，可采用恩德伍德和鲍曼提出的图算法。该法是先按逆流计算对数平均温度差，然后再乘以考虑流动方向的温度差校正系数 $\varphi_{\Delta t}$，即：

$$\Delta t_m=\varphi_{\Delta t}\Delta t'_m \tag{3-46}$$

式中 $\Delta t'_m$——按逆流计算的对数平均温度差，℃；

$\varphi_{\Delta t}$——温度差校正系数，无量纲。

温度差校正系数 $\varphi_{\Delta t}$ 与冷、热流体的温度变化程度有关，是 P 和 R 两因数的函数，即：

$$\varphi_{\Delta t}=f(R,P)$$

式中 $P=\dfrac{t_{冷2}-t_{冷1}}{t_{热1}-t_{冷1}}=\dfrac{冷流体的温升}{两流体的最初温度差}$

$R=\dfrac{t_{热1}-t_{热2}}{t_{冷2}-t_{冷1}}=\dfrac{热流体的温降}{冷流体的温升}$

温度差校正系数 $\varphi_{\Delta t}$ 值可根据 P 和 R 两因数从图 3-15 中查得。

图 3-15 中（a）、（b）、（c）和（d）的壳程分别为一、二、三、四壳程，每个单壳程内的管程可以是 2、4、6、8 程。其他情况下的 $\varphi_{\Delta t}$ 值，可由手册或传热的书籍中查取。由图可见，$\varphi_{\Delta t}$ 值恒小于 1，这是由于各种复杂流动中同时存在错流和并流的缘故，因此，它们的 Δt_m 都比纯逆流小。通常在换热器设计中规定 $\varphi_{\Delta t}$ 的值不小于 0.8，若小于此值，则应增加壳程数或将多台换热器串联使用，以使其传热过程更接近于逆流。

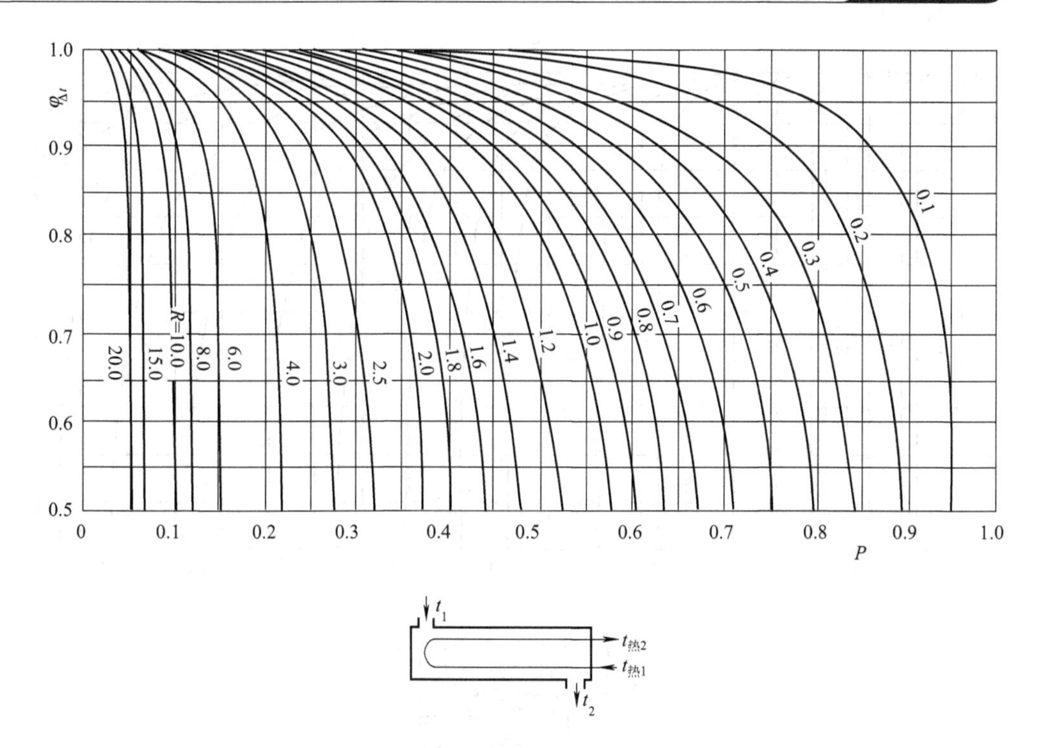

(a) 单壳程

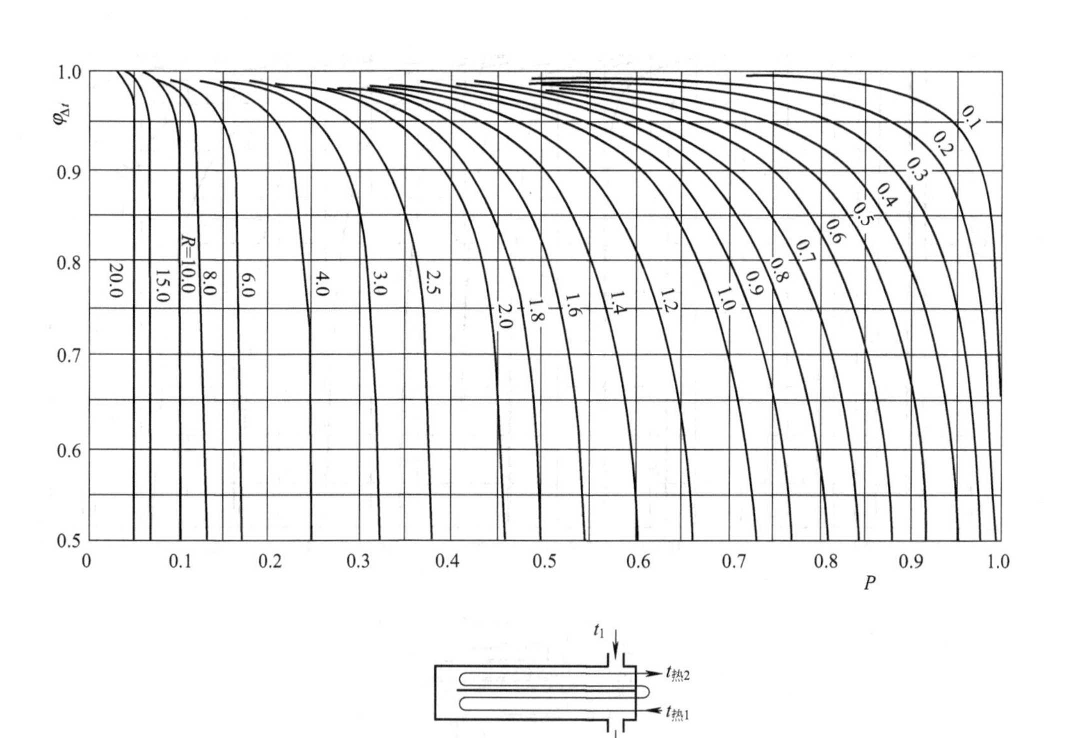

(b) 双壳程

图 3-15

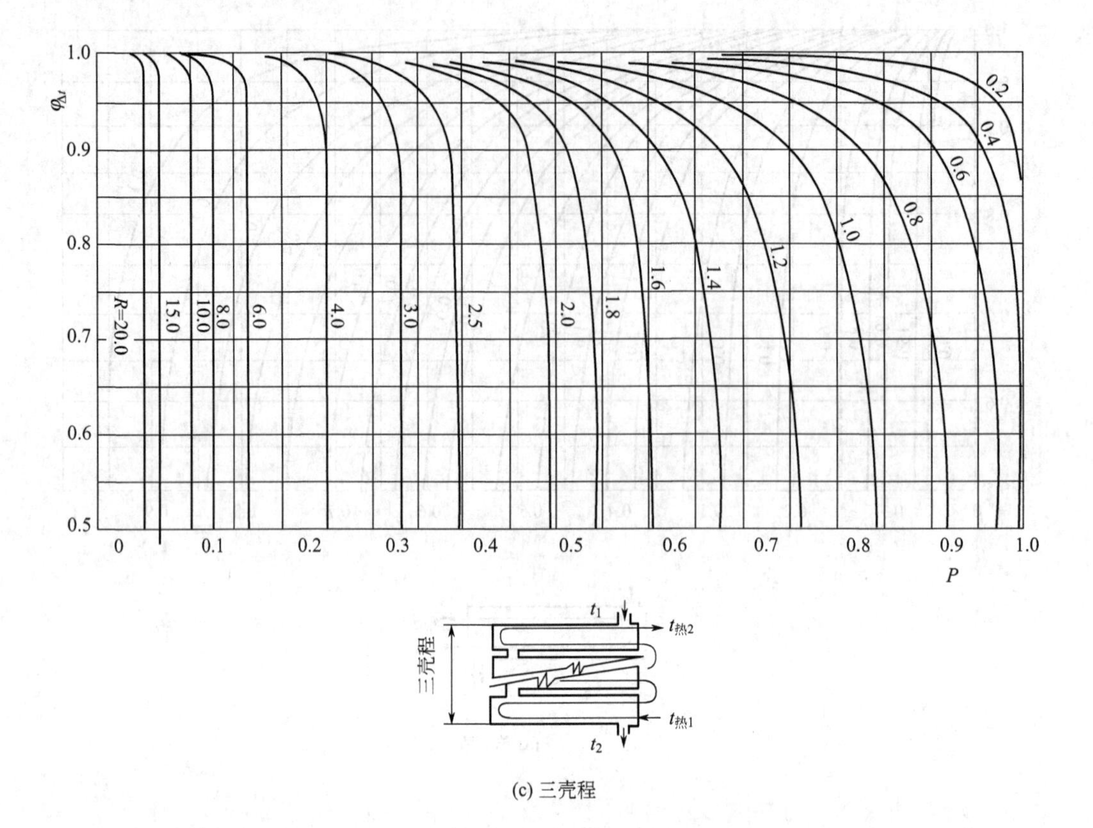

(c) 三壳程

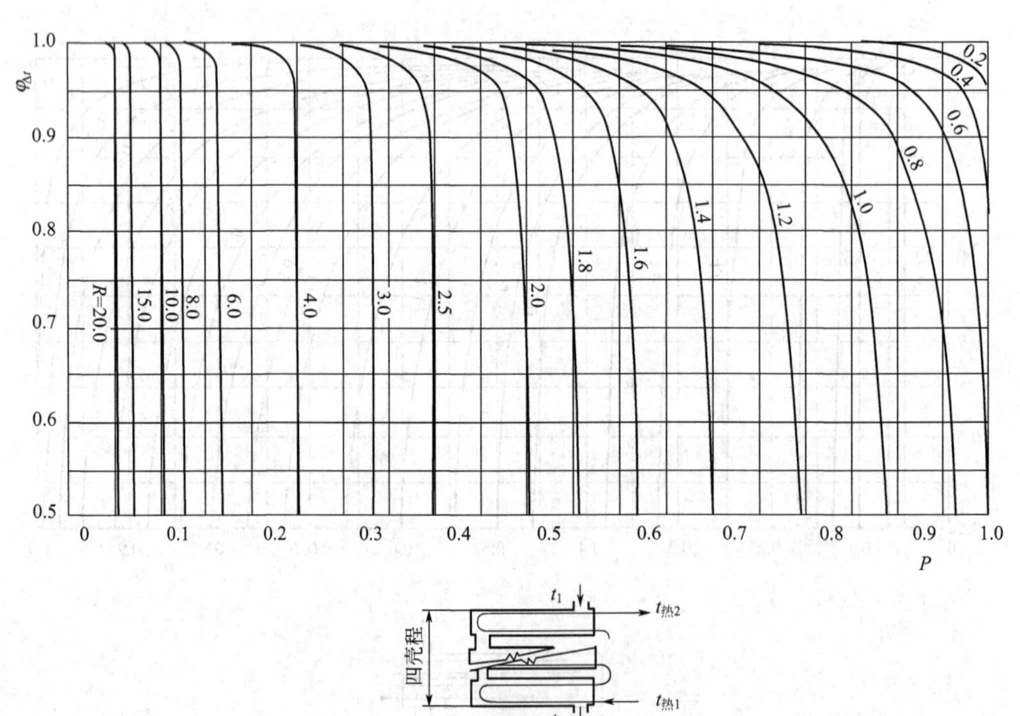

(d) 四壳程

图 3-15 对数平均温度差校正系数 $\varphi_{\Delta t}$ 值

【例 3-8】 在一单壳程、四管程的列管式换热器中，用水冷却热油。冷水在管内流动，进、出口温度分别是 20℃和 50℃。油的进、出口温度分别是 100℃和 60℃。试求两流体间的平均温度差。

解 此题为求简单折流时流体的平均温度差，先按逆流计算：

$$\Delta t'_m=\frac{\Delta t_2-\Delta t_1}{\ln\dfrac{\Delta t_2}{\Delta t_1}}=\frac{(100-50)-(60-20)}{\ln\dfrac{100-50}{60-20}}=44.8\ (℃)$$

而 $$R=\frac{t_{热1}-t_{热2}}{t_{冷2}-t_{冷1}}=\frac{100-60}{50-20}=1.33\quad P=\frac{t_{冷2}-t_{冷1}}{t_{热1}-t_{冷1}}=\frac{50-20}{100-20}=0.375$$

对单壳程、四管程的列管式换热器，$\varphi_{\Delta t}$ 值可从图 3-15(a) 查得，即：

$$\varphi_{\Delta t}=0.9$$

所以 $$\Delta t_m=\varphi_{\Delta t}\Delta t'_m=0.9\times44.8=40.3\ (℃)$$

五、传热计算举例

传热速率方程 $Q=KA\Delta t_m$ 是传热基本方程，应熟练掌握该式中各项的意义、单位和不同情况下的求法。并以此方程为基础，把热量衡算、平均温度差、总传热系数以及热传导方程、对流传热方程和对流传热系数等内容联系起来，学会分析、解决传热过程中的实际问题。其中，总传热系数的确定是解决传热问题的关键。

【例 3-9】 某碳钢制造的套管换热器，内管规格为 ϕ89mm×3.5mm，流量为 2000kg/h 的苯在内管中从 80℃冷却到 50℃。冷却水在环隙中从 15℃升到 35℃。苯的对流传热系数 $\alpha_i=230\text{W}/(\text{m}^2\cdot℃)$，水的对流传热系数 $\alpha_o=290\text{W}/(\text{m}^2\cdot℃)$。忽略污垢热阻。试求：①冷却水消耗量；②并流和逆流操作时所需传热面积；③如果逆流操作时所采用的传热面积与并流时的相同，计算冷却水出口温度与消耗量，假设总传热系数随温度的变化忽略不计。

解 ①苯的平均温度 $T=\dfrac{80+50}{2}=65℃$，比热容 $c_{p1}=1.86\times10^3\text{J}/(\text{kg}\cdot\text{K})$，苯的流量 $W_1=2000\text{kg/h}$；水的平均温度 $t=\dfrac{15+35}{2}=25\ (℃)$，比热容 $c_{p2}=4.178\times10^3\text{J}/(\text{kg}\cdot\text{K})$。

热量衡算式为：

$$Q=W_1c_{p1}(t_{热1}-t_{热2})=W_2c_{p2}(t_{冷2}-t_{冷1})\ （忽略热损失）$$

热负荷 $$Q=\frac{2000}{3600}\times1.86\times10^3\times(80-50)=3.1\times10^4\ (\text{W})$$

冷却水消耗量 $$W_2=\frac{Q}{c_{p2}(t_{冷2}-t_{冷1})}=\frac{3.1\times10^4\times3600}{4.178\times10^3\times(35-15)}=1335.6\ (\text{kg/h})$$

② 以内表面积 A_i 为基准的总传热系数 K_i，碳钢的热导率 $\lambda=45\text{W}/(\text{m}\cdot\text{K})$

$$\frac{1}{K_i}=\frac{1}{\alpha_i}+\frac{bd_i}{\lambda d_m}+\frac{d_i}{\alpha_o d_o}=\frac{1}{230}+\frac{0.0035\times0.082}{45\times0.0855}+\frac{0.082}{290\times0.089}$$

$$=4.35\times10^{-3}+7.46\times10^{-5}+3.18\times10^{-3}=7.60\times10^{-3}\ (\text{m}^2\cdot\text{K/W})$$

$K_i=131.5\text{W}/(\text{m}^2\cdot\text{K})$，本题管壁热阻与其他热阻相比很小，可以忽略不计。

并流操作 80→50

15→35

$$\Delta t\quad 65\quad 15\quad \Delta t_{m并}=\frac{65-15}{\ln\dfrac{65}{15}}=34.1\ (℃)$$

传热面积 $A_{i并}=\dfrac{Q}{K_i\Delta t_{m并}}=\dfrac{3.1\times10^4}{131.5\times34.1}=6.91\ (m^2)$

逆流操作 　　80→50

　　35←15

$$\Delta t\quad 45\quad 35\qquad \Delta t_{m逆}=\frac{45+35}{2}=40\ (℃)$$

传热面积 $$A_{i逆}=\frac{Q}{K_i\Delta t_{m逆}}=\frac{3.1\times10^4}{131.5\times40}=5.89\ (m^2)$$

因 $\Delta t_{m并}<\Delta t_{m逆}$，$A_{i并}>A_{i逆}$，$\dfrac{A_{i并}}{A_{i逆}}=\dfrac{6.91}{5.89}=1.17$

③ 依题意，逆流操作 取 $A_i=6.91m^2$，$K_i=131.5W/(m^2\cdot K)$

$$\Delta t_m=\frac{Q}{K_iA_i}=\frac{3.1\times10^4}{131.5\times6.91}=34.1\ (℃)$$

设冷却水出口温度为 t_2'，则

80 → 50

t_2' ← 15

$$80-\Delta t_2'\quad 35\qquad \Delta t_m=\frac{(80-t_2')+35}{2}=34.1\ (℃)$$

$$t_2'=46.8\ (℃)$$

水的平均温度 $t'=(15+46.8)/2=30.9\ (℃)$，$c_{p2}'=4.178\times10^3J/(kg\cdot℃)$

冷却水消耗量 $W_2=\dfrac{Q}{c_{p2}'(t_2'-t_1)}=\dfrac{3.1\times10^4\times3600}{4.178\times10^3\times(46.8-15)}=840\ (kg/h)$

逆流操作比并流操作可节省冷却水

$$\frac{1335.6-840}{1335.6}\times100\%=37.1\%$$

当逆流与并流的传热面积相同，则逆流时冷却水出口温度由原来的35℃变为46.8℃。在热负荷相同条件下，冷却水消耗量减少了37.1%。

【例 3-10】 在一传热外面积 A_o 为 $300m^2$ 的单程列管式换热器中，300℃的某种气体流过壳程并被加热到430℃。另一种560℃的气体作为加热介质，两种气体逆流操作，流量均为 $1\times10^4kg/h$，平均比热容均为 $1.05kJ/(kg\cdot℃)$。试求总传热系数。假设换热器的热损失为壳程流体传热量的10%。

解 对给定的换热器，其总传热系数可由总传热速率方程求得，即：

$$K_o=\frac{Q}{A_o\Delta t_m}$$

换热器的传热量为：

$$Q=W_c c_{pc}(t_{冷2}-t_{冷1})+Q_L=1.1[W_c c_{pc}(t_{冷2}-t_{冷1})]$$

$$=1.1[\frac{1\times10^4}{3600}\times1.05\times10^3\times(430-300)]=4.17\times10^5\ (W)$$

热气体的出口温度由热量衡算式求得，即：

$$Q=W_h c_{ph}(t_{热1}-t_{热2})$$

或
$$4.17\times10^5=\frac{1\times10^4}{3600}\times1.05\times10^3(560-t_{热2})$$

解得
$$t_{热2}=417℃$$

流体的对流平均温度差为：

因
$$\frac{\Delta t_2}{\Delta t_1}=\frac{560-430}{417-300}=1.11<2$$

所以
$$\Delta t_m=\frac{\Delta t_1+\Delta t_2}{2}=\frac{(560-430)+(417-300)}{2}=123.5\ (℃)$$

故
$$K_o=\frac{4.17\times10^5}{300\times123.5}=11.3[W/(m^2\cdot ℃)]$$

由本例计算可以看出，两气体间传热的总传热系数是很低的。

【例 3-11】 在一单程逆流操作的列管式换热器中，热空气在规格为 ϕ25mm×2.5mm 的列管内流动，热空气的温度由 110℃降至 70℃。管内对流传热系数为 40W/(m^2·℃)。冷水在壳程呈湍流流动，水温由 20℃升高至 80℃。管外水对流传热系数为 1500W/(m^2·℃)。若冷水流量增加一倍，试估算水和空气的出口温度。假设管壁热阻、污垢热阻及换热器的热损失均可忽略。

解 先计算水流量增加前两流体的热容量之比及传热面积：

由换热器的热量衡算知

$$Q=W_c c_{pc}(t_{冷2}-t_{冷1})=W_h c_{ph}(t_{热1}-t_{热2})$$

$$\frac{W_h c_{ph}}{W_c c_{pc}}=\frac{t_{冷2}-t_{冷1}}{t_{热1}-t_{热2}}=\frac{80-20}{110-70}=1.5 \tag{a}$$

总传热系数为：

$$K_o=\frac{1}{\frac{1}{\alpha_o}+\frac{d_o}{\alpha_i d_i}}=\frac{1}{\frac{1}{1500}+\frac{0.025}{40\times0.02}}=31.3\ [W/(m^2\cdot ℃)]$$

平均温度差为：

$$\Delta t_m=\frac{\Delta t_2-\Delta t_1}{\ln\frac{\Delta t_2}{\Delta t_1}}=\frac{(110-80)-(70-20)}{\ln\frac{110-80}{70-20}}=39.2\ (℃)$$

故
$$A_o=\frac{Q}{K_o\Delta t_m}=\frac{W_h c_{ph}(110-70)}{31.3\times39.2}=0.0326W_h c_{ph} \tag{b}$$

水流量增加一倍时，设水和空气的出口温度分别为 $t'_{冷2}$ 和 $t'_{热2}$。由热量衡算知：

$$W_h c_{ph}(t_{热1}-t'_{热2})=2W_c c_{pc}(t'_{冷2}-t_{冷1})$$

$$t'_{冷2}-t_{冷1}=\frac{W_h c_{ph}}{2W_c c_{pc}}(t_{热1}-t'_{热2}) \tag{c}$$

将式(a) 代入式(c) 得：

$$t'_{冷2}-t_{冷1}=0.75(t_{热1}-t'_{热2}) \tag{d}$$

总传热速率方程为：

$$Q=W_h c_{ph}(t_{热1}-t'_{热2})=K'_o A_o\frac{(t_{热1}-t'_{冷2})-(t'_{热2}-t_{冷1})}{\ln\frac{t_{热1}-t'_{冷2}}{t'_{热2}-t_{冷1}}}$$

$$=K'_o A_o\frac{(t_{热1}-t'_{热2})-(t'_{冷2}-t_{冷1})}{\ln\frac{(t_{热1}-t'_{冷2})}{(t'_{热2}-t_{冷1})}} \tag{e}$$

其中 $K'_o=\dfrac{1}{\dfrac{1}{2^{0.55}\times\alpha_o}+\dfrac{d_o}{\alpha_i d_i}}=\dfrac{1}{\dfrac{1}{1.46\times1500}+\dfrac{0.025}{40\times0.02}}=31.5\ [\mathrm{W/(m^2\cdot℃)}]$

（说明：因为在列管式换热器管外，对流传热系数 $\alpha_o \propto Re^{0.55}$。）

计算结果表明，在本题条件下，水的流量增加1倍，对总传热系数基本上没有影响。

将式(b)、式(d) 及 K'_o值代入式(e) 中，得：

$$W_h c_{ph}(t_{热1}-t'_{热2})=31.5\times0.0329W_h c_{ph}\times\frac{(t_{热1}-t'_{热2})-0.75(t_{热1}-t'_{热2})}{\ln\dfrac{t_{热1}-t'_{冷2}}{t'_{热2}-t_{冷1}}}$$

化简上式得：

$$\ln\frac{t_{热1}-t'_{冷2}}{t'_{热2}-t_{冷1}}=0.26$$

或
$$\frac{t_{热1}-t'_{冷2}}{t'_{热2}-t_{冷1}}=1.297 \tag{f}$$

联立式(d) 及式(f)，解得空气和水的出口温度为：

$$t'_{热2}=61.1℃，t'_{冷2}=56.7℃$$

第五节　对流传热系数经验关联式

前已述及，由于对流传热过程非常复杂，传热系数尚不能由理论公式直接给出，只能由实验测定，经整理得经验关联式。

一、影响对流传热系数的因素

通过理论分析和实验表明，影响对流传热系数的主要因素有以下几方面。

1. 流体的种类和相变化

液体、气体和蒸汽的对流传热系数各不相同，牛顿型流体和非牛顿型流体的 α 也有区别，流体有无相变化以及属于何种相变化（沸腾或冷凝）都对 α 有影响。

2. 流体的性质

对 α 影响较大的流体物性参数有热导率、比热容、黏度和密度。对于同一种流体，这些物理参数又是温度的函数，而且气体的密度 ρ 还与压强有关。

3. 流体的流型

当流体呈湍流时，随着 Re 的增大滞流内层的厚度减薄，故 α 就增大。而当流体呈滞流时，流体在热流方向上基本没有混杂运动，故滞流时的 α 较湍流时小。

4. 对流的种类

根据引起流体流动的原因，对流传热可以分为自然对流和强制对流两类。

自然对流是由于流体内部存在温度差，使各部分流体密度不同，而引起流体质点的位移。

设 ρ_1 和 ρ_2 分别代表流体在温度为 t_1 和 t_2 处的密度，则单位体积流体因密度差产生的升力为：

$$(\rho_1-\rho_2)g=[\rho_2(1+\beta\Delta t)-\rho_2]g=\rho_2 g\beta\Delta t \tag{3-47}$$

或
$$\frac{\rho_1-\rho_2}{\rho_2}=\beta\Delta t \tag{3-48}$$

强制对流是由于外力的作用，例如泵、搅拌器等迫使流体流动。通常，强制对流传热系数要比自然对流传热系数大几倍至几十倍。

5. 传热面的形状、位置和大小

传热管、板、管束等不同传热面的形状；管子的排列方式，水平或垂直放置；管径、管长或板的高度都影响 α 值。

从上述众多影响 α 的因素可见，工业上各种对流传热情况差别很大，它们各自须通过实验建立相应的对流传热系数经验关联式。化工上经常遇到的对流传热大致有如下 4 类：

液体无相变化时 { 强制对流传热 / 自然对流传热 }

液体有相变化时 { 蒸汽冷凝传热 / 液体沸腾传热 }

不同情况下的对流传热系数经验关联式很多，本书仅介绍常用的几种经验式。

二、对流传热系数经验公式的建立

由于影响对流传热系数 α 的因素很多，要建立一个通式来求各种条件下的 α 是很困难的。目前常用量纲分析法，即将众多的影响因素（物理量）组合成若干个无量纲数群（准数），然后再用实验确定这些准数间的关系，即可得到不同情况下求算 α 的关联式。

根据前项的分析可知，无相变时强制对流传热的影响因素有传热设备的特征尺寸 l、流体的密度 ρ、黏度 μ、热导率 λ、比热容 c_p 和流速 u，即：

$$\alpha=f(l,\rho,\mu,\lambda,c_p,u) \tag{3-49}$$

通过量纲分析，可得到以下准数关系式：

$$Nu=F(Re,Pr) \tag{3-50}$$

同样，对自然对流，仅用浮升力 $\rho g\beta\Delta t$ 代替流速 u，其他影响因素与强制对流传热的相同，即：

$$\alpha=f'(l,\rho,\mu,\lambda,c_p,\rho g\beta\Delta t) \tag{3-51}$$

通过量纲分析，也可得到以下准数关系式：

$$Nu=\phi(Gr,Pr) \tag{3-52}$$

式(3-50) 和式(3-52) 中各准数的名称，符号及意义见表 3-5。

表 3-5 准数的符号和意义

准数名称	符 号	准 数 式	意 义
努塞尔特准数	Nu	$\frac{\alpha l}{\lambda}$	表示对流传热系数的准数
雷诺准数	Re	$\frac{du\rho}{\mu}$	确定流动状态的准数
普兰特准数	Pr	$\frac{c_p\mu}{\lambda}$	表示物性影响的准数
格拉斯霍夫准数	Gr	$\frac{\beta g\Delta t l^3\rho^2}{\mu^2}$	表示自然对流影响的准数

各种情况下的对流传热的具体函数关系需由实验确定。在使用由实验得到的 α 关联式时，应注意以下几点。

(1) 应用范围：关联式中 Re 和 Pr 准数的数值范围。

(2) 特征尺寸：Nu、Re 等准数中 l 应如何确定。

(3) 定性温度：各准数中流体的物性参数应按什么温度确定。

三、流体无相变时的对流传热

① 低黏度（小于2倍常温水的黏度）流体在圆形直管内作强制湍流，对流传热系数的关联式为：

$$Nu=0.023Re^{0.8}Pr^{n} \tag{3-53}$$

或

$$\alpha=0.023\frac{\lambda}{d_{i}}\left(\frac{d_{i}u\rho}{\mu}\right)^{0.8}\left(\frac{c_{p}\mu}{\lambda}\right)^{n} \tag{3-54}$$

式中 n 值随热流方向而异，当流体被加热时，$n=0.4$；当流体被冷却时，$n=0.3$。

应用范围：$Re>10000$，$0.7<Pr<120$；管长与管径比 $\frac{L}{d_{i}}\geqslant 60$。若 $\frac{L}{d_{i}}<60$ 时，可将由式(3-53) 计算得到的结果 α 乘以短管修正系数 $\left[1+\left(\frac{d_{i}}{L}\right)^{0.7}\right]$，予以修正。

特征尺寸：管内径 d_{i}。

定性温度：流体进、出口温度的算术平均值。

② 高黏度流体在圆形直管内作强制湍流，对流传热系数的关联式为：

$$Nu=0.023Re^{0.8}Pr^{0.33}\left(\frac{\mu}{\mu_{w}}\right)^{0.14} \tag{3-55}$$

定性温度：除 μ_{w} 取壁温时的黏度外，其他均取流体进、出口温度的算术平均值。

应用范围和特征尺寸与式(3-53) 的相同。

式(3-53) 中 Pr 的方次 n 采用不同的数值，即流体被加热时取为0.4，冷却时取0.3。式(3-55) 中校正项 $(\mu/\mu_{w})^{0.14}$ 可取近似值，即液体被加热时，取 $(\mu/\mu_{w})^{0.14}\approx 1.05$；液体被冷却时，取 $(\mu/\mu_{w})^{0.14}\approx 0.95$，对于气体，无论是被加热还是被冷却，均取 $(\mu/\mu_{w})^{0.14}\approx 1.0$。

【例 3-12】 常压下，空气以15m/s的流速在长为4m，规格为 ϕ60mm×3.5mm 的钢管中流动，温度由150℃升至250℃。试求管壁对空气的对流传热系数。

解 此题为空气在圆形直管内做强制对流

定性温度

$$t=\frac{150+250}{2}=200\ (℃)$$

查200℃时空气的物性数据（见有关手册）如下

$$c_{p}=1.026\times 10^{3}\,\mathrm{J/(kg\cdot ℃)}$$

$$\lambda=0.03928\,\mathrm{W/(m\cdot ℃)}$$

$$\mu=26.0\times 10^{-6}\,\mathrm{N\cdot s/m^{2}}$$

$$\rho=0.746\,\mathrm{kg/m^{3}}$$

特性尺寸

$$d=0.060-2\times 0.0035=0.053\ (\mathrm{m})$$

$$\frac{l}{d}=\frac{4}{0.053}=75.5>60$$

$$Re=\frac{du\rho}{\mu}=\frac{0.053\times 15\times 0.746}{2.6\times 10^{-5}}=2.28\times 10^{4}>10^{4}\ (湍流)$$

$$Pr=\frac{c_{p}\mu}{\lambda}=\frac{1.026\times 10^{3}\times 26.0\times 10^{-6}}{0.03928}=0.68$$

故可用式(3-54) 计算 α，本题中空气被加热，取 $n=0.4$ 代入，得：

$$Nu=0.023Re^{0.8}Pr^{0.4}=0.023\times 22800^{0.8}\times 0.68^{0.4}=60.4$$

$$\alpha=\frac{\lambda}{d}Nu=\frac{0.03928}{0.053}\times 60.4=44.8[\mathrm{W/(m^2\cdot ℃)}]$$

③ 圆形直管内做强制过渡流时的对流传热系数　流体在过渡流区范围内，即当 $Re=2300\sim10000$ 之间时，在用湍流公式(3-54) 及式(3-55) 计算出 α 值后再乘以校正系数 f，f 可按式(3-56) 求得：

$$f=1-\frac{6\times 10^5}{Re^{1.8}} \tag{3-56}$$

【例 3-13】 一套管换热器，内管为 ϕ25mm×2.5mm 钢管，外套管为 ϕ89mm×2.5mm 钢管。环隙中为 $p=100$kPa 的饱和水蒸汽冷凝，冷却水在内管中流过，进口温度为 15℃，出口为 35℃。冷却水流速为 0.4m/s，试求管壁对水的对流传热系数。

解 此题为水在圆形直管内流动

定性温度为：

$$t=\frac{15+35}{2}=25\ (℃)$$

查 25℃时水的物性参数如下：

$$c_p=4.179\times 10^3\mathrm{J/(kg\cdot K)}$$

$$\rho=997\mathrm{kg/m^3}$$

$$\lambda=60.8\times 10^{-2}\mathrm{W/(m\cdot K)}$$

$$\mu=90.27\times 10^{-5}\mathrm{N\cdot s/m^2}$$

$$Re=\frac{du\rho}{\mu}=\frac{0.02\times 0.4\times 997}{90.27\times 10^{-5}}=8836\ (\text{在 }2300\sim10000\text{ 之间，过渡流区})$$

$$Pr=\frac{c_p\mu}{\lambda}=\frac{4.179\times 10^3\times 90.27\times 10^{-5}}{60.8\times 10^{-2}}=6.2$$

α 可按式(3-54) 计算，水被加热，$n=0.4$。

校正系数 f

$$f=1-\frac{6\times 10^5}{Re^{1.8}}=1-\frac{6\times 10^5}{8836^{1.8}}=0.9527$$

$$\alpha=0.023\times\frac{0.608}{0.02}\times(8836)^{0.8}\times(6.2)^{0.4}\times 0.9527=1984\ [\mathrm{W/(m^2\cdot K)}]$$

④ 流体在圆形直管内做强制滞流时的对流传热系数　流体在圆形直管内强制滞流时，应考虑自然对流及热流方向对对流传热系数的影响。由于此传热过程情况较复杂，故对流传热系数的计算误差也较大。当自然对流的影响较小且可被忽略时，对流传热系数 α 可用式(3-57) 计算：

$$Nu=1.86Re^{1/3}Pr^{1/3}\left(\frac{d_i}{L}\right)^{1/3}\left(\frac{\mu}{\mu_w}\right)^{0.14} \tag{3-57}$$

使用范围：$Re<2300$，$0.6<Pr<6700$

$$\left(RePr\frac{d_i}{L}\right)>100$$

特征尺寸：管内径 d_i。

定性温度：除 μ_w 取壁温外，均取流体进、出口温度的算术平均值。

当 $Gr>25000$ 时，可先按式(3-57) 计算 α，然后再乘以修正系数 f：

$$f=0.8(1+0.015Gr^{1/3}) \tag{3-58}$$

【例 3-14】 列管式换热器的列管规格为 ϕ25mm×2.5mm，长为 3m。管内有冷却盐水（25%$CaCl_2$）流过，流速为 0.3m/s，温度自−5℃升至 15℃。假设管壁的平均温度为 20℃，试求管壁与流体间的对流传热系数。

解 定性温度 $=\frac{1}{2}(-5+15)=5$（℃）

从有关手册中查得 25%$CaCl_2$ 在 5℃时的物性：

$$\rho\approx 1230\text{kg/m}^3$$
$$c_p=2.85\text{kJ/(kg}\cdot\text{℃)}$$
$$\lambda\approx 0.57\text{W/(m}\cdot\text{℃)}$$
$$\mu=4\times10^{-3}\text{Pa}\cdot\text{s}$$

及
$$\mu_w=2.5\times10^{-3}\text{Pa}\cdot\text{s},\ \beta=\frac{1}{273+5}=3.6\times10^{-3}\ (1/\text{℃})$$

判断流型：

$$Re=\frac{d_i u\rho}{\mu}=\frac{0.02\times0.3\times1230}{4\times10^{-3}}=1845\ (\text{滞流})$$

$$Pr=\frac{c_p\mu}{\lambda}=\frac{2.85\times10^3\times4\times10^{-3}}{0.57}=20$$

$$RePr\left(\frac{d_i}{L}\right)=1845\times20\times\frac{0.02}{3}=246>100$$

$$Gr=\frac{\rho^2 g\beta\Delta t d_i^3}{\mu^2}=\frac{1230^2\times9.81\times3.6\times10^{-3}(20-5)(0.02)^3}{(4\times10^{-3})^2}=400722>25000$$

在本题条件下，先用式(3-66) 计算 α'，再用式(3-67) 求自然对流修正系数 f，即可求得 α：

$$\alpha'=1.86\left(\frac{\lambda}{d_i}\right)(Re)^{1/3}(Pr)^{1/3}\left(\frac{d_i}{L}\right)^{1/3}\left(\frac{\mu}{\mu_w}\right)^{0.14}$$
$$=1.86\times\frac{0.57}{0.02}\times(1845)^{1/3}\times(20)^{1/3}\times\left(\frac{0.02}{3}\right)^{1/3}\times\left(\frac{4\times10^{-3}}{2.5\times10^{-3}}\right)^{0.14}=354.7\ [\text{W/(m}^2\cdot\text{℃)}]$$

又
$$f=0.8(1+0.015Gr^{1/3})=0.8(1+0.015\times400722^{1/3})=1.68$$

故
$$\alpha=f\alpha'=1.68\times354.7=596.0\ [\text{W/(m}^2\cdot\text{℃)}]$$

⑤ 流体在弯管中的对流传热系数　流体在弯管（如肘管、蛇管等）内流动时，由于受离心力作用，扰动增加，故所得的对流传热系数值较在直管内大些。此时 α 可用式(3-59) 计算，即：

$$\alpha'=\alpha\left(1+1.77\frac{d_i}{R}\right) \tag{3-59}$$

式中 α'——弯管中流体的对流传热系数，W/(m²·℃)；

α——直管中流体的对流传热系数，W/(m²·℃)；

d_i——管内径，m；

R——弯管的弯曲半径，m。

⑥ 流体在非圆形管内强制对流时的对流传热系数　此时，仍可用上述各关联式计算，但需将管内径改为当量直径。当量直径按下式计算

$$d_e=4\times\frac{\text{流体流动截面积}}{\text{润湿周边}}$$

应指出的是，文献中也遇到另一种计算当量直径的方法，即：

$$d_e = 4 \times \frac{\text{流体流动截面积}}{\text{传热周边}}$$

在计算非圆形管内的对流传热系数 α 时，采用哪一种当量直径，应根据所选用的关联式中的规定而定。通常未特别注明时，均指前一种。

用当量直径法计算非圆形管内的对流传热系数虽然比较简便，但计算结果欠准确。另一种方法是选用非圆形管道由实验求得的计算对流传热系数关联式，在此不详述。

⑦ 流体在管外强制横向流过管束 流体横向流过管束时，由于管与管之间的影响，情况较复杂。管束的几何条件，如管径、管间距、排数及排列方式等都影响对流传热系数。管束的排列方式分为直列和错列两种。错列中又有正方形和等边三角形两种，如图 3-16 所示。

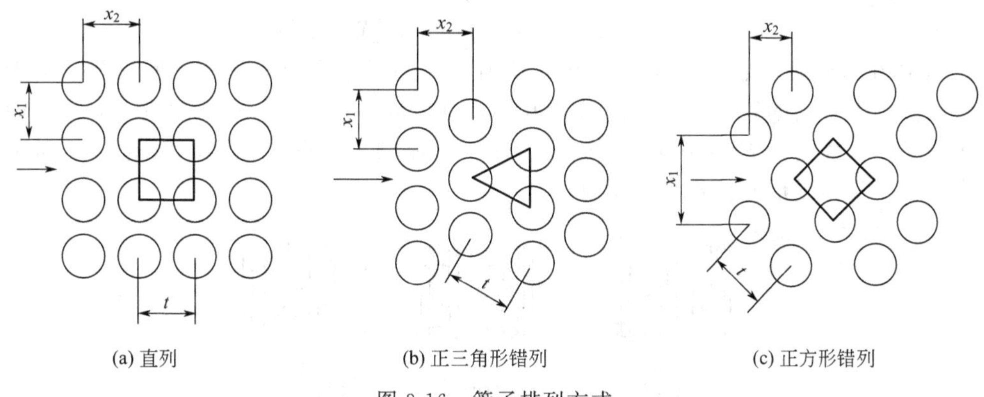

(a) 直列 (b) 正三角形错列 (c) 正方形错列

图 3-16 管子排列方式

流体在错列管束外流过时，平均对流传热系数可用式(3-60) 计算，即：

$$Nu = 0.33Re^{0.6}Pr^{0.33} \tag{3-60}$$

流体在直列管束外流过时，平均对流传热系数可用式(3-61) 计算，即：

$$Nu = 0.26Re^{0.6}Pr^{0.33} \tag{3-61}$$

式(3-60) 和式(3-61) 的应用条件如下。

应用范围：$Re > 3000$。

特征尺寸：管外径 d_o，流速取流体通过每排管子最狭窄通道处的速度。

定性温度：流体进、出口温度的算术平均值。

管束排数应为 10，若不是 10 排，应将计算结果乘以表 3-6 的系数。

表 3-6 式(3-61) 的修正系数

排数	1	2	3	4	5	6	7	8	9	10	12	15	18	25	35	75
错列	0.68	0.75	0.83	0.89	0.92	0.95	0.97	0.98	0.99	1.0	1.01	1.02	1.03	1.04	1.05	1.06
直列	0.64	0.80	0.83	0.90	0.92	0.94	0.96	0.98	0.99	1.0						

【例 3-15】 在预热器内将压强为 101.3kPa 的空气从 10℃加热到 50℃。预热器由一束长为 1.5m、规格为 ϕ89mm×2.5mm 错列直立钢管组成。空气在管外垂直流过，沿流动方向共有 15 排，每排管子数相同。空气流过管间最狭窄处的流速为 8m/s。试求管壁对空气的平均对流传热系数。

解 空气的定性温度$=\frac{1}{2}(10+50)=30$ (℃)

于附录五中查得空气在30℃时的物性参数如下：

$$\mu=1.86\times10^{-5}\,\mathrm{Pa\cdot s},\ \rho=1.165\,\mathrm{kg/m^3}$$

$$\lambda\approx2.67\times10^{-2}\,\mathrm{W/(m\cdot℃)},\ c_p\approx1\,\mathrm{kJ/(kg\cdot℃)}$$

所以

$$Re=\frac{du\rho}{\mu}=\frac{0.089\times8\times1.165}{1.86\times10^{-5}}=44600$$

$$Pr=\frac{c_p\mu}{\lambda}=\frac{1\times10^3\times1.86\times10^{-5}}{2.67\times10^{-2}}=0.7$$

空气流过10排错列管束的平均对流传热系数可由式(3-60)求得：

$$\alpha'=0.33\frac{\lambda}{d_o}Re^{0.6}Pr^{0.33}=0.33\times\frac{0.0267}{0.089}\times44600^{0.6}\times0.7^{0.33}=54.2\ [\mathrm{W/(m^2\cdot℃)}]$$

空气流过15排管束时，由表3-6查得系数为1.02，则有：

$$\alpha=1.02\alpha'=1.02\times54.2=55.3\ [\mathrm{W/(m^2\cdot℃)}]$$

⑧ 流体在换热器的管间流动　如图3-31所示的为经常采用的列管式换热器，由于壳体是圆筒，管束中各列的管数不同，而且一般都装有折流挡板。流体在管间流动时，流向和流速不断地变化，因而在 $Re>100$ 即可达到湍流。折流挡板的形式较多，如图3-17所示，其中以圆缺形（又称弓形）挡板最为常见。

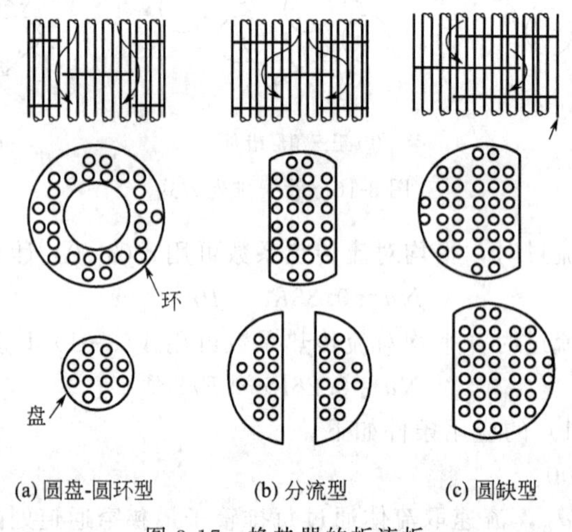

图3-17　换热器的折流板

应当指出，在管间安装折流挡板，虽然可使对流传热系数增大，但是流体阻力也会相应增加，增大动力消耗；另外，若挡板与壳体之间、挡板和管束之间的间隙过大，部分流体会从间隙中流过，这部分流体称为旁流，旁流的存在会使对流传热系数下降。因此在安装折流板时，选择合理的折流板间距和折流板大小以及挡板和管束之间的间隙是必需的。

换热器装有圆缺形挡板（缺口面积为25%的壳体内截面积）时，壳程流体的对流传热系数可用下式计算：

$$Nu=0.36Re^{0.55}Pr^{1/3}\varphi_\mu \tag{3-62}$$

或

$$\alpha=0.36\frac{\lambda}{d_e}\left(\frac{d_eu\rho}{\mu}\right)^{0.55}\left(\frac{c_p\mu}{\lambda}\right)^{1/3}\left(\frac{\mu}{\mu_w}\right)^{0.14} \tag{3-63}$$

应用范围：$Re=2\times10^3\sim1\times10^6$。

特征尺寸：当量直径 d_e。

定性温度：除 μ_w 取壁温外，均取流体进、出口温度的算术平均值。

当量直径 d_e 可根据图 3-18 所示的管子排列情况分别用不同的公式进行计算。

管子为正方形排列，则有：

$$d_e=\frac{4\left(t^2-\frac{\pi}{4}d_o^2\right)}{\pi d_o} \tag{3-64}$$

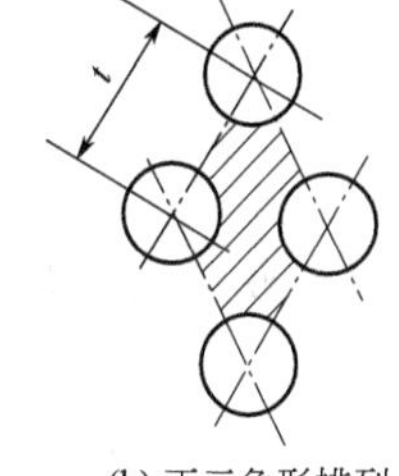

(a) 正方形排列　　(b) 正三角形排列

图 3-18　管间当量直径的推导

管子为正三角形排列，则有：

$$d_e=\frac{4\left(\frac{\sqrt{3}}{2}t^2-\frac{\pi}{4}d_o^2\right)}{\pi d_o} \tag{3-65}$$

式中　t——相邻两管的中心距，m；

d_o——管子外径，m。

式(3-63) 中的流速 u 根据流体流过管间最大截面积 A 计算，即：

$$A=hD\left(1-\frac{d_o}{t}\right) \tag{3-66}$$

式中　h——两挡板之间的距离，m；

D——换热器的外壳内径，m。

若换热器的管间无挡板，管外流体沿管束平行流动，则对流传热系数仍可用管内强制对流的公式计算，但需将公式中的管内径改为管间的当量直径。

⑨ 自然对流　自然对流时的对流传热系数仅与反映流体对流状况的 Gr 准数及 Pr 准数有关，通常其准数关系可表示为：

$$Nu=c(GrPr)^n \tag{3-67}$$

对于大空间的自然对流，例如管道或传热设备的表面与周围大气之间传热，通过实验测得的 c 和 n 值列于表 3-7 中。

表 3-7　式(3-67) 中的 c 和 n 值

加热表面形状	特征尺寸	$(GrPr)$范围	c	n
水平圆管	外径 d_o	$10^4\sim10^9$	0.53	1/4
		$10^9\sim10^{12}$	0.13	1/3
垂直管或板	高度 L	$10^4\sim10^9$	0.59	1/4
		$10^9\sim10^{12}$	0.10	1/3

式(3-67) 中的定性温度取膜的平均温度，即为壁面温度和流体平均温度的算术平均值。特征尺寸与加热面的方位有关，对水平管取为管外径 d_o，对垂直管或板取为垂直高度 L。

【例 3-16】 一水平放置的蒸汽管道，外径为 100mm。若管外壁温度为 120℃，周围空气温度为 20℃，计算单位管长的散热量（忽略热辐射引起的热损失）。

解　此为自然对流传热，α 可用式(3-67) 计算，即：

$$\alpha=c\frac{\lambda}{d_o}(GrPr)^n$$

定性温度$=\frac{120+20}{2}=70$（℃），此时空气的物性可由附录六求得：

$$\lambda=0.02963\text{W}/(\text{m}^2\cdot℃)$$

$$\upsilon=\frac{\mu}{\rho}=2.002\times10^{-5}\text{m}^2/\text{s},\ Pr=0.694$$

体积膨胀系数 $\beta=\dfrac{1}{t+273}=\dfrac{1}{70+273}=2.92\times10^{-3}$ (1/℃)

所以 $$Gr=\frac{\beta g\Delta td_{\text{o}}^3}{\upsilon^2}=\frac{2.92\times10^{-3}\times9.81\times(120-20)\times0.1^3}{(2.002\times10^{-5})^2}=7.15\times10^6$$

$$GrPr=7.15\times10^6\times0.694=4.96\times10^6$$

查表 3-7 得：$c=0.53$ $n=\dfrac{1}{4}$

故 $$\alpha=0.53\left(\frac{0.02963}{0.1}\right)(4.96\times10^6)^{1/4}=7.41\ [\text{W}/(\text{m}^2\cdot℃)]$$

单位管长的散热量为

$$\frac{Q}{L}=\alpha(\pi d_{\text{o}})\Delta t=7.41\times\pi\times0.1(120-20)=232.8\ (\text{W/m})$$

四、蒸汽冷凝时的对流传热系数

当饱和蒸汽与低于饱和温度的壁面接触时，将放出潜热冷凝成液体。蒸汽冷凝成液体时，可有两种完全不同的冷凝方式：一为膜状冷凝，一为滴状冷凝，如图 3-19。

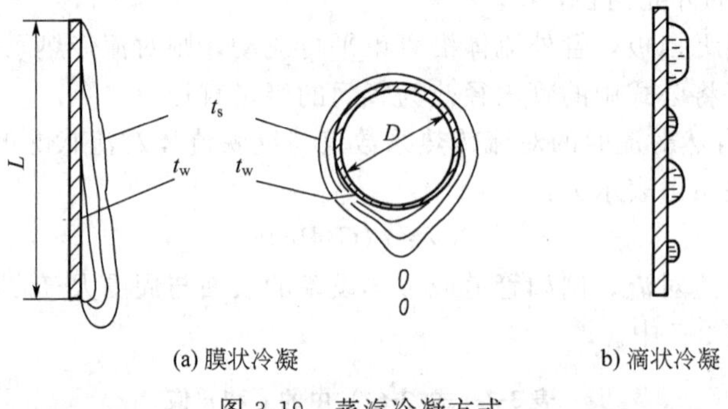

图 3-19 蒸汽冷凝方式

膜状冷凝是由于冷凝液能润湿壁面，因而能形成一层完整的液膜。在整个冷凝过程中，因壁面上始终覆盖着一层液膜，故壁面与冷凝蒸汽之间的对流传热必须通过液膜，从而增大了传热阻力。

滴状冷凝的发生，是由于冷凝壁面上存在着一些油类物质，或蒸汽中混有油类或脂类物质，致使冷凝液不能全部润湿壁面，遂聚成液滴，液滴长成后，自壁面上落下，重又露出冷凝面，以供再次生成新液滴之用，这种冷凝过程称为滴状冷凝。由于滴状冷凝时蒸汽不必通过液膜传热而直接在传热面上冷凝，故其对流传热系数比膜状时大，一般可大几倍至十几倍。

在化工生产中遇到的冷凝多为膜状冷凝过程，即使是滴状冷凝，也因大部分表面在可凝性蒸汽中暴露一段时间后，会被凝液所润湿，很难维持滴状冷凝状况，所以工业冷凝器的设计皆按膜状冷凝计算。下面介绍纯饱和蒸汽膜状冷凝时对流传热系数的计算方法。

1. 蒸汽在水平管外冷凝

蒸汽在水平单根管外冷凝时的对流传热系数可用式(3-68) 计算：

$$\alpha=0.725\left(\frac{\gamma\rho^2g\lambda^3}{\mu d_{\text{o}}\Delta t}\right)^{1/4} \tag{3-68}$$

定性温度：γ 取 t_s 下的，其余为膜平均温度。

特征尺寸：管外径 d_o。

在列管式换热器中，管束由互相平行的多列管子组成，通常每一列的管数不相等，此时管束的平均对流传热系数可用式(3-69)求得：

$$\alpha=0.725\left(\frac{\lambda^3\rho^2\gamma mg}{N_t d_o\mu\Delta t}\right)^{1/4} \tag{3-69}$$

式中 N_t——总的管数；

m——垂直列数；

其他符号同式(3-68)。

【例 3-17】 甲醇蒸气在一单根水平管外冷凝成甲醇液体，管规格为 ϕ25mm×2.5mm。甲醇蒸汽饱和温度为 65℃，气化潜热为 1120kJ/kg。冷凝液在饱和温度下排出。管壁的平均温度为 45℃。试求蒸汽冷凝传热系数。

解 定性温度 $t_m=\frac{1}{2}(t_s+t_w)=\frac{1}{2}(65+45)=55$（℃）

在 55℃下液体甲醇的物性：

$$\rho=760\text{kg/m}^3$$

$$\lambda=0.2\text{W/(m}\cdot\text{℃)}$$

$$\mu=0.376\times10^{-3}\text{Pa}\cdot\text{s}$$

蒸汽冷凝传热系数由式(3-68)计算：

$$\alpha=0.725\left(\frac{\gamma\rho^2 g\lambda^3}{\mu d_o\Delta t}\right)^{1/4}=0.725\left(\frac{1120\times10^3\times760^2\times9.81\times0.2^3}{0.376\times10^{-3}\times0.025\times20}\right)^{1/4}$$

$$=2939[\text{W/(m}^2\cdot\text{℃)}]$$

2. 蒸汽在垂直管外（或垂直板上）**的冷凝**

如图 3-19 所示，当蒸汽在垂直管外（或垂直板上）冷凝，液膜的流动为层流时，由顶端向下，液膜逐渐加厚，随 Re 数增大，对流传热系数减小；当壁的高度足够高，且冷凝液量较大时，则壁的下部冷凝液膜会出现湍流流动，此时局部对流传热系数反而有所增大。而决定冷凝液膜为层流或湍流的临界数值仍为 Re 数，对冷凝系统而言，Re 数被定义为：

$$Re=\frac{d_e u\rho}{\mu}=\frac{\frac{4A}{b}\times\frac{W}{A}}{\mu}=\frac{4\frac{W}{b}}{\mu}=\frac{4M}{\mu b}$$

式中 d_e——当量直径，m；

A——冷凝液流的流通面积，m^2；

b——冷凝液的润湿周边，m；

W——冷凝液的质量流量，kg/s；

M——冷凝负荷，单位时间、单位润湿周边上流过的冷凝液量，kg/(m·s)。

当液膜为滞流时，即 $Re<2100$，冷凝传热系数可用式(3-70)计算：

$$\alpha=1.13\left(\frac{g\rho^2\lambda^3\gamma}{\mu L\Delta t}\right)^{1/4} \tag{3-70}$$

式中 L——垂直管或板的高度，m；

λ——冷凝液的热导率，W/(m·℃)；

ρ——冷凝液的密度，kg/m^3；

μ——冷凝液的黏度，Pa·s；

γ——饱和蒸汽的冷凝潜热，kJ/kg；

Δt——蒸汽饱和温度 t_s 和壁温 t_w 之差，℃。

定性温度：γ 取饱和温度 t_s 下的值，其余取膜平均温度 $t_m=\frac{1}{2}(t_s+t_w)$。

当液膜为湍流时，即 $Re>2100$，冷凝传热系数可用式(3-71) 计算：

$$\alpha=0.0077\left(\frac{\rho^2 g\lambda^3}{\mu^2}\right)^{1/3}Re^{0.4} \tag{3-71}$$

3. 影响冷凝传热的因素

对纯饱和蒸汽冷凝而言，恒压下蒸汽温度为一定值，即汽相中不存在温度差，亦即汽相内没有热阻，这种情况下对流传热系数的大小取决于液膜厚度及冷凝液的物性。当流体已定，对流传热系数的大小则由液膜厚度决定。可见一切有利于液膜变薄的因素，都将增大对流传热系数。

(1) 不凝性气体的影响

若蒸汽内含有不凝性气体，就会严重削弱冷凝传热。其原因是在蒸汽凝结时不凝性气体在液膜表面形成一层气膜，从而使传热阻力增大，冷凝传热系数降低。例如，当蒸汽中空气含量达 1%时，冷凝传热系数降低 60%左右，因此，设计冷凝器时应考虑在设备最高处安装不凝气排出管，以便在设备运行过程中随时排出不凝性气体。

(2) 蒸汽流速和流向的影响

当蒸汽和液膜的相对速度不大（<10m/s）时，可忽略蒸汽流速对对流传热系数的影响。当蒸汽和液膜的相对速度较大时，则会影响液膜的流动。若蒸汽与液膜流向一致，由于两者之间摩擦力的作用将使液膜流动加快，从而液膜减薄，对流传热系数增大；反之若蒸汽与液膜流向相反，则使对流传热系数减小。若蒸汽速度大致冲破液膜层的流动，液膜被蒸汽吹离壁面，则随着蒸汽流速的增加 α 亦随之增大。所以当蒸汽速度较大时，应考虑流速对对流传热系数的影响。

(3) 蒸汽过热的影响

如壁面温度高于过热蒸汽的饱和温度时，则壁面上无冷凝现象发生，此时的传热过程即为气体冷却过程。如壁面温度低于蒸汽的饱和温度，在壁面附近的过热蒸汽先在汽相下冷却至饱和温度，然后在壁面上冷凝，可见过热蒸汽的冷凝过程是由冷却与冷凝两个过程组成。在冷却过程中，在蒸汽内产生温度梯度并向液膜传递显热，但这一部分热量（显热）与总热量相比很小，同时又因蒸汽冷凝时体积急剧缩小，过热蒸汽急速流向液面，因此，过热蒸汽的冷凝与饱和蒸汽的冷凝差别很小，所以通常将过热蒸汽冷凝按饱和蒸汽冷凝处理，即按本节给出的公式进行计算。

(4) 冷凝面的高度及布置方式

对垂直壁面（板或管），沿冷凝液流动方向的尺寸增大，沿途积存的液体增多，液膜增厚，则对流传热系数下降。但当高度尺寸增至某一程度时，液膜进入湍流，对流传热系数又开始上升。因只有在较长的垂直壁面下部才可能进入湍流，所以为了提高对流传热系数，可在垂直壁面上开若干纵向沟槽，使冷凝液沿沟槽流下，以达到减薄凝液膜厚度、强化传热过程的目的。

对水平放置的管束，冷凝液从上部各排管子流下，使下部管排凝液膜变厚，则 α 变小。沿垂直方向上管排数目越多，α 下降亦越大。为此，应减少垂直方向上管排数目，或者将管束由直列改为错列，或装有去除冷凝液的挡板等，皆是提高对流传热系数的有效方法。

4. 液体沸腾时的对流传热系数

液体与高温壁面接触被加热汽化，并产生气泡的过程，称为液体的沸腾。工业上液体沸腾的方法有二：一是将加热壁面浸没在液体中，液体在壁面处受热沸腾，称为大容积沸腾；另一是液体在管内流动时受热沸腾，称为管内沸腾。后者机理更为复杂，下面主要讨论大容积沸腾（又称池内沸腾）。

（1）液体沸腾曲线

实验表明，大容器内液体沸腾时，随温度差 Δt（即 t_w-t_s）的不同而出现不同类型的沸腾状况。下面以常压下水在大容器中沸腾传热为例，讨论温度差 Δt 对传热系数 α 的影响。

① 当温度差 Δt 较低（$\Delta t \leqslant 5$℃）时，加热表面上的液体轻微受热，使液体内部产生自然对流，没有气泡从液体中逸出液面，而仅在液体表面上发生蒸发，此阶段的 α 较低，如图 3-20 中 AB 段所示，通常将此阶段称为自然对流区。

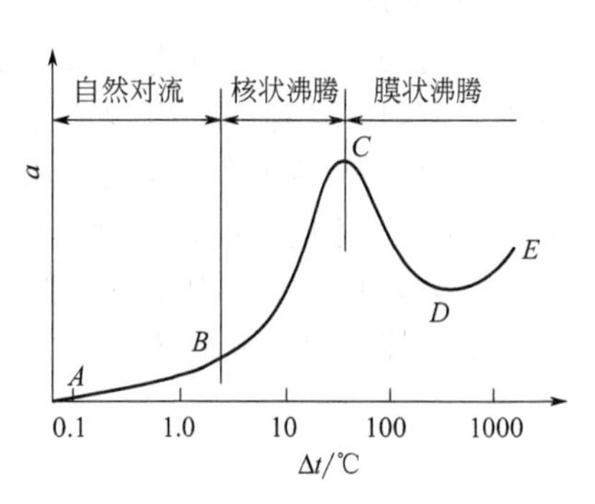

图 3-20 水的沸腾曲线

② 当 Δt 逐渐升高（$\Delta t=4\sim25$℃）时，在加热表面的局部位置上开始产生气泡，该局部位置称为气化核心。气泡的产生、脱离和上升使液体受到强烈扰动，因此 α 急剧增大，如图 3-20 中 BC 段所示，此阶段称为核状沸腾。

③ 当 Δt 再增大（$\Delta t>25$℃）时，加热面上的气泡大量增多，气泡产生的速度大于它脱离表面的速度。在表面上形成一层蒸汽膜。由于蒸汽的热导率低，气膜的附加热阻使 α 急剧下降。当气膜开始形成时是不稳定的，大气泡可能脱离表面，故此阶段为不稳定的膜状沸腾或部分核状沸腾，如图 3-20 中 CD 段所示。当达到 D 点时，加热面全部被气膜所覆盖，开始形成稳定的气膜，以后随 Δt 的增加，α 又上升，这是由于壁温升高，辐射传热影响所致，如图 3-20 中 DE 段所示。实际上一般将 CDE 段称为膜状沸腾。

由核状沸腾向膜状沸腾过渡的转折点 C 称为临界点。临界点处的温度差、传热系数分别称为临界温度差 Δt_c、临界沸腾传热系数 α_c。由于核状沸腾传热系数较膜状沸腾的大，工业生产中总是设法控制在核状沸腾下操作，因此确定不同液体沸腾时临界点处的参数具有实际意义。

（2）影响沸腾传热因素

① 液体的性质。液体的热导率 λ、密度 ρ、黏度 μ 和表面张力 σ 等都对沸腾传热有重要的影响。一般情况下，α 随 λ、ρ 的增加而加大，随 μ 和 σ 的增加而减小。

② 温度差 Δt。前已述及，温度差（t_w-t_s）是控制沸腾传热过程的重要参数。曾经有人在特定的实验条件（沸腾压强、壁面形状等）下，对多种液体进行核状沸腾时传热系数的测定，整理得到下面形式的经验式：

$$\alpha=a(\Delta t)^n \tag{3-72}$$

式中，a 和 n 为随液体种类和沸腾条件而定的常数，由实验确定。

③ 操作压强。提高沸腾压强即相当于提高饱和温度，使液体的表面张力和黏度均减小，有利于气泡的生成和脱离，强化了沸腾传热。在相同的 Δt 下，操作压强越高，则 α 和 q 都越大。

④ 加热表面状况。一般新的或清洁的加热面，α 较大。当表面被油脂沾污后，会使 α 急剧下降。表面越粗糙，气泡核心越多，越有利于沸腾传热。此外，加热面的布置情况，对沸腾传热也有明显的影响。

应予强调指出，对于不同类型的换热器及不同的对流传热情况，已有许多求算 α 的关联式。本节介绍的仅是部分较典型的情况。在进行传热计算时，有关的 α 关联式可查阅传热专著或手册，但选用时一定要注意公式的应用条件和适用范围，否则计算结果误差较大。

第六节　辐射传热

一、热辐射的基本概念

1. 热辐射

当物质受热而引起其内部原子复杂激动后，就会对外发射出辐射能。这种能量是以电磁波的形式发射、传播的。当射到另一物体被吸收时则又转变为热能。电磁波的范围极广（图 3-21），但能被物体吸收而转变为热能的辐射线主要为可见光和红外线两部分。其波长范围在 0.4～40μm 之间，统称为“热射线”。其中可见光的辐射能（波长在 0.4～0.8μm）仅占很小一部分，只在很高温度下才能察觉其热效应。这种只与物体本身温度有关而引起的“热射线”的传播过程，称为热辐射。

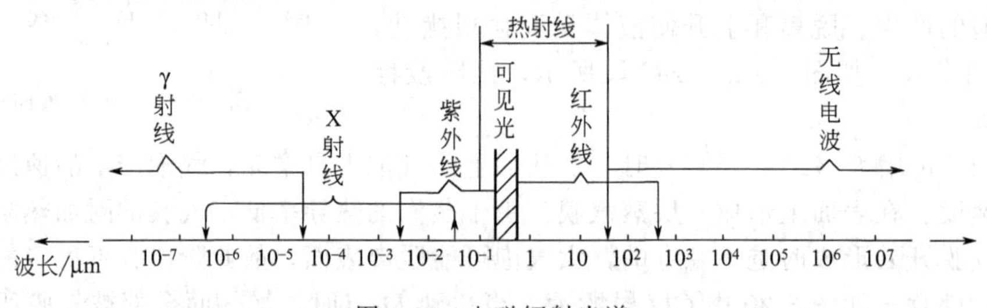

图 3-21　电磁辐射光谱

热辐射和光辐射的本质完全相同，两者的区别仅在于波长范围不同。它们都服从反射和折射定律，能在均一介质中直线传播。在真空和大多数的气体（惰性气体和对称双原子气体）中，热射线可完全透过，但是对于大多数固体和液体，热射线则不能被透过。

2. 黑体、镜体、透热体和灰体

如图 3-22 所示，假设投射在某一物体上的总辐射能为 Q，则其中有一部分能量 Q_A 被吸收，一部分能量 Q_R 被反射，余下的能量 Q_D 透过物体。根据能量守恒定律，可得：

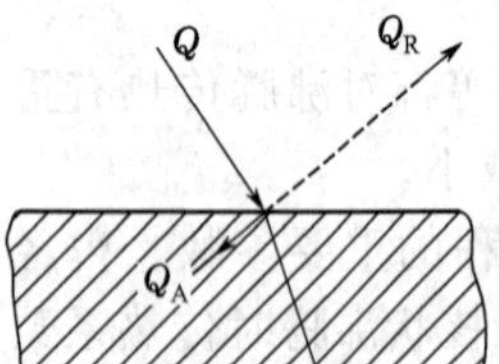

$$Q=Q_A+Q_R+Q_D \tag{3-73}$$

或

$$\frac{Q_A}{Q}+\frac{Q_R}{Q}+\frac{Q_D}{Q}=1$$

令

$$A=\frac{Q_A}{Q} \qquad R=\frac{Q_R}{Q} \qquad D=\frac{Q_D}{Q} \tag{3-74}$$

则

$$A+R+D=1 \tag{3-75}$$

图 3-22　辐射能的吸收、反射和透过

式中 A、R 和 D 分别称为物体的吸收率、反射率和透射率。

若 $A=1$，则表示该物体能全部吸收投射其上的辐射能。这种物体称为绝对黑体，简称黑体。

若 $R=1$，则表示该物体能将投射其上的辐射能全部反射出去，该物体称为镜体或绝对白体。

若 $D=1$，则表示该物体能透过全部辐射能，这种物体成为透热体。

黑体、镜体和透热体都是假定的理想物体，实际物体只是或多或少地接近这种理想物体。例如无光泽的黑煤，其 A 约为 0.97，接近于黑体；磨光的铜表面（R 约为 0.97）接近于镜体；单原子气体和对称的双原子气体可视为透热体。物体的吸收率、反射率和透射率的大小取决于物体的性质、表面状况及辐射能的波长等。一般固体和液体都是不透热体，即 $D=0$，$A+R=1$。由此可见，吸收能力小的物体，其反射能力就大，反之则相反。气体则不同，其反射率 R 为零，故 $A+D=1$。显然吸收能力大的气体，其透过能力就差。某些气体只能部分地吸收一定波长范围的辐射能。

通常固体能部分地吸收所有波长范围的辐射能。凡能以相同的吸收率吸收所有波长范围的辐射能的物体，定义为灰体。灰体也是理想物体。但是大多数工程材料可视为灰体。灰体具有以下特点：①它的吸收率不随辐射能波长而变；②它是不透热体，即 $A+R=1$。

3. 辐射传热

物体在向外发射辐射能的同时，也在不断地吸收周围其他物体发射的辐射能，并将吸收的辐射能转变为热能。这种物体间相互发射和吸收辐射能的传热过程称为辐射传热。若两个温度不等的物体间进行辐射传热，则其净的结果是高温物体向低温物体传递了热量。若两个换热物体的温度相等，则物体间净的辐射传热量等于零，但是它们之间的相互辐射和吸收过程仍在进行。本节重点讨论固体壁面之间的辐射传热。

二、物体的辐射能力

物体的辐射能力是指物体在一定的温度下单位表面积、单位时间内所发射的全部波长（从 0 到∞）的总能量，用 E 表示，单位为 W/m^2。在相同的条件下，物体发射特定波长的辐射能力，称为单色辐射能力，用 E_λ 表示。

1. 黑体的辐射能力 斯蒂芬-波尔茨曼定律

理论上可证明，黑体的辐射能力与其表面绝对温度的 4 次方成正比，即：

$$E_b=\sigma_0 T^4 \tag{3-76}$$

式中 E_b——黑体辐射能力，W/m^2；

T——黑体表面的热力学温度，K；

σ_0——黑体的辐射常数，其值为 $5.67\times10^{-8}\,W/(m^2\cdot K^4)$。

式(3-76) 即为斯蒂芬-玻尔茨曼定律。它表明黑体的辐射能力与其表面绝对温度的 4 次方成正比，故又称为四次方定律。为了工程计算上的方便，通常将式(3-76) 写成以下形式：

$$E_b=C_0\left(\frac{T}{100}\right)^4 \tag{3-77}$$

式中 C_0——黑体的辐射系数，其值为 $5.67W/(m\cdot K^4)$。

2. 灰体的辐射能力

实验表明，斯蒂芬-玻尔兹曼定律也可应用于灰体。灰体的辐射能力可表示为：

$$E=C\left(\frac{T}{100}\right)^4 \tag{3-78}$$

式中 C——灰体的辐射系数。

在同一温度下，灰体的辐射能力与黑体的辐射能力之比，定义为物体的黑度，用 ε 表示即：

$$\varepsilon=\frac{E}{E_b} \tag{3-79}$$

由式(3-78) 和式(3-79) 可得：

$$E=\varepsilon C_0\left(\frac{T}{100}\right)^4 \tag{3-80}$$

只要已知物体的黑度，便可由式(3-80) 求得该物体的辐射能力。

物体的黑度 ε 值取决于物体的性质、温度及表面状况（如表面粗糙度及氧化程度），一般由实验测得。常见的工业材料的黑度列于表 3-8 中。

表 3-8 某些工业材料的黑度

材 料	温 度/℃	黑 度
红砖	20	0.93
耐火砖	—	0.8～0.9
钢板(氧化的)	200～600	0.8
钢板(磨光的)	940～1100	0.55～0.61
铝(氧化的)	200～600	0.11～0.19
铝(磨光的)	225～575	0.039～0.057
铜(氧化的)	200～600	0.57～0.87
铜(磨光的)	—	0.03
铸铁(氧化的)	200～600	0.64～0.78
铸铁(磨光的)	330～910	0.6～0.7

3. 克希霍夫定律

克希霍夫定律表达物体的辐射能力 E 和吸收率 A 之间的关系。假设有两块相距很近的平行平板，一块板上的辐射能可以全部落在另一板上，如图 3-23 所示。若板 1 为灰体，其辐射能力、吸收率和表面温度分别为 E_1、A_1 和 T_1，而板 2 为黑体，其辐射能力、吸收率和表面温度分别为 $E_2(=E_b)$、$A_2(=1)$ 和 T_2。两板之间为透热体，系统与外界绝热。以单位时间、单位平板面积为基准，讨论两板间辐射传热的情况如下。

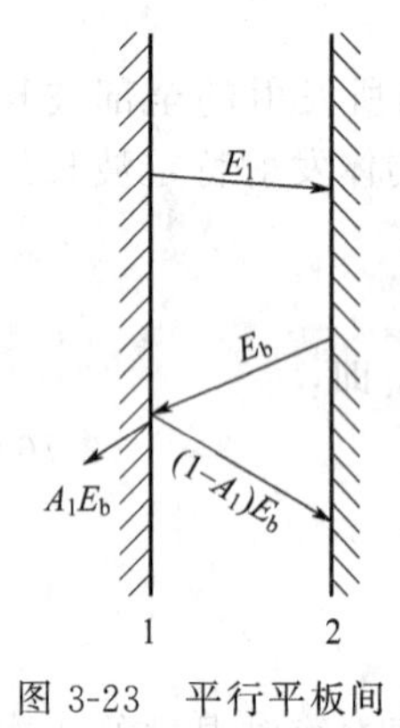

图 3-23 平行平板间辐射传热

由于板 2 为黑体，板 1 所发射出的能量 E_1 被板 2 全部吸收，而板 2 所发射出的 E_b 被板 1 吸收了 A_1E_b，余下的 $(1-A_1)E_b$ 被反射至板 2，并被其全部吸收。故对 1 而言，净的辐射传热的结果为：

$$q=E_1-A_1E_b$$

当两板达到热平衡，即 $T_1=T_2$，$q=0$，故有：

$$E_1=A_1E_b \quad 或 \quad \frac{E_1}{A_1}=E_b$$

以上关系可推广至任何灰体，故上式可改写为：

$$\frac{E_1}{A_1}=\frac{E_2}{A_2}=\cdots=\frac{E}{A}=E_b=f(T) \tag{3-81}$$

式(3-81) 为克希霍夫定律的数学表达式。该式表明任何物体的辐射能力和吸收率的比值恒等于同温度下黑体的辐射能力，即仅和物体的温度有关。实际物体的吸收率均小于 1，故在任一温度下，黑体的辐射能力最大。而且物体的吸收率越大，其辐射能力也越大。

比较式(3-79) 和式(3-81)，可以看出 $A=\varepsilon$，即在同一温度下，物体的吸收率在数值上等于该物体的黑度。

三、两固体间的辐射传热

化工中常遇到两固体壁面之间的辐射传热。由于大多数工程材料可视为灰体，故讨论两灰体间的辐射传热。

在两灰体间的相互辐射中，由于它们的吸收率不等于 1，存在着辐射能的多次被吸收和多次被反射的过程，因此它比黑体与灰体之间的辐射传热过程复杂得多。在计算两灰体间的辐射传热时，必须考虑它们的吸收率、物体的形状、大小以及两灰体之间的位置和距离等因素的影响。

对平行平壁间的辐射传热，可导得以下形式的辐射传热速率计算式：

$$Q_{1-2}=C_{1-2}S\left[\left(\frac{T_1}{100}\right)^4-\left(\frac{T_2}{100}\right)^4\right] \tag{3-82}$$

式中 Q_{1-2}——净的辐射传热速率，W；

C_{1-2}——总辐射系数，W/(m²·K⁴)；

S——辐射面积；m²；

T_1、T_2——高温和低温物体表面温度，K。

对任意两灰体间的辐射传热速率，应考虑一个壁面发射的辐射能可能只有一部分落到另一壁面上，为此需引入角系数 φ 的概念。φ 表示一物体发射的总能量投射到另一个物体表面的分率。它和物体的形状、大小及两物体间的相互位置与距离有关。于是式(3-82) 可改写成以下普遍适用的形式：

$$Q_{1-2}=C_{1-2}S\varphi\left[\left(\frac{T_1}{100}\right)^4-\left(\frac{T_2}{100}\right)^4\right] \tag{3-83}$$

总辐射系数 C_{1-2} 值取决于壁面的性质（ε 值）和两个壁面的几何因素（形状、大小和位置等），几种典型辐射情况下 C_{1-2} 计算式列于表 3-9 中。

表 3-9 φ 值与 C_{1-2} 的计算式

序号	辐射情况	面积 S	角系数 φ	总辐射系数 C_{1-2}
1	极大的两平行面	S_1 或 S_2	1	$C_o/\left(\frac{1}{\varepsilon_1}+\frac{1}{\varepsilon_2}-1\right)$
2	面积有限的两相等的平行面	S_1	<1①	$\varepsilon_1\varepsilon_2C_o$
3	很大的物体 2 包住物体 1	S_1	1	ε_1C_o
4	物体 2 恰好包住物体 1，$S_1\approx S_2$	S_1	1	$C_o/\left(\frac{1}{\varepsilon_1}+\frac{1}{\varepsilon_2}-1\right)$
5	在 3、4 两种情况之间	S_1	1	$C_o/\left[\frac{1}{\varepsilon_1}+\frac{S_1}{S_2}\left(\frac{1}{\varepsilon_2}-1\right)\right]$

① 此种情况的 φ 值由图 3-24 查得。

角系数 φ 值一般利用模型通过实验测定。几种简单情况下的 φ 值见表 3-9 和图 3-24。

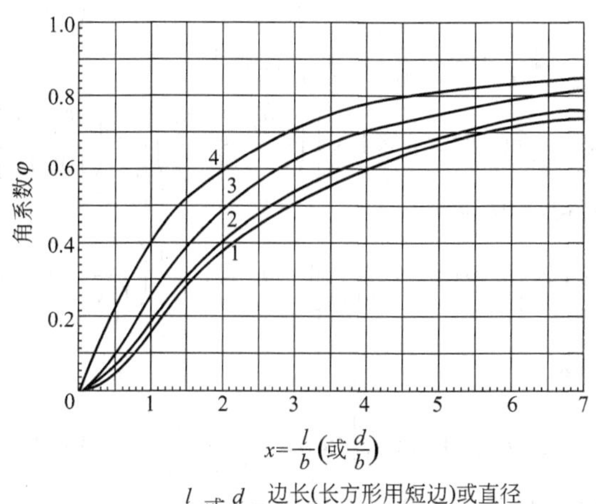

图 3-24 平行面间辐射传热的角系数

1—圆盘形；2—正方形；3—长方形（边长之比为 2∶1）；4—长方形（狭长）

【例 3-18】 车间内有一高和宽各为 1m 的铸铁炉门，温度为 427℃，室内温度为 27℃。为了减少热损失，在炉门前 40mm 处放置一块尺寸和炉门相同的铝板（氧化），试求放置铝板前、后因辐射损失的热量。

解 查表 3-8，得铸铁黑度 $\varepsilon=0.75$，铝的黑度 $\varepsilon=0.15$。

（1）放置铝板前因辐射损失的热量

$$Q_{1-2}=C_{1-2}S\varphi\left[\left(\frac{T_1}{100}\right)^4-\left(\frac{T_2}{100}\right)^4\right]$$

本题属于很大物体 2 包住物体 1 的情况。

故 $$S=S_1=1\times1=1\ (\mathrm{m}^2)$$

$$C_{1-2}=C_0\varepsilon=5.67\times0.75=4.253\ [\mathrm{W/(m^2\cdot K)}]$$

$$\varphi=1$$

所以 $$Q_{1-2}=4.253\times1\times1\times\left[\left(\frac{427+273}{100}\right)^4-\left(\frac{27+273}{100}\right)^4\right]=9867\ (\mathrm{W})$$

（2）放置铝板后因辐射损失的热量

以下标 1、2 和 i 分别表示炉门、房间和铝板。设铝板的温度为 T_iK，则铝板向房间辐射的热量为

$$Q_{i-2}=C_{i-2}\varphi S_i\left[\left(\frac{T_i}{100}\right)^4-\left(\frac{T_2}{100}\right)^4\right]$$

其中 $$S_i=1\times1=1\ (\mathrm{m}^2)$$

$$C_{i-2}=C_0\varepsilon=5.67\times0.15=0.851\ [\mathrm{W/(m^2\cdot ℃)}]$$

$$\varphi=1$$

所以 $$Q_{i-2}=0.851\times1\times1\times\left[\left(\frac{T_i}{100}\right)^4-\left(\frac{27+273}{100}\right)^4\right] \tag{a}$$

炉门对铝板的辐射传热可视为两无限大平板之间的传热，故放置铝板后因辐射损失的热量为：

$$Q_{1-i}=C_{1-i}\varphi S_i\left[\left(\frac{T_1}{100}\right)^4-\left(\frac{T_i}{100}\right)^4\right]$$

其中 $\varphi=1$

$$C_{1-i}=\frac{C_0}{\dfrac{1}{\varepsilon_1}+\dfrac{1}{\varepsilon_i}-1}=\frac{5.67}{\dfrac{1}{0.75}+\dfrac{1}{0.15}-1}=0.81[\mathrm{W/(m^2\cdot K^4)}]$$

所以 $$Q_{1-i}=0.81\times1\times1\times\left[\left(\frac{427+273}{100}\right)^4-\left(\frac{T_i}{100}\right)^4\right] \tag{b}$$

当传热达到稳定时，$Q_{1-i}=Q_{i-2}$

即 $$0.81\times\left[2401-\left(\frac{T_i}{100}\right)^4\right]=0.851\times\left[\left(\frac{T_i}{100}\right)^4-81\right]$$

解得 $T_i\approx590$ (K)

将 T_i 值代入式(b)，得：

$$Q_{1-i}=0.81\times1\times1\times\left[2401-\left(\frac{590}{100}\right)^4\right]=963.3\ (\mathrm{W})$$

放置铝板后因辐射的热损失减少百分率为

$$\frac{Q_{1-2}-Q_{1-i}}{Q_{1-2}}\times100\%=\frac{9867-963.3}{9867}\times100\%=90.2\%$$

由以上计算结果可知，设置隔热挡板是减少辐射散热的有效方法，而且挡板材料的黑度越低，挡板的层数越多，则热损失越少。

四、对流和辐射的联合传热

在化工生产中，许多设备的外壁温度往往高于周围环境的温度，因此热量将以对流和辐射两种方式散失于周围环境中。许多温度较高的设备，如换热器、塔器和蒸汽管道等都必须进行保温隔热，以减少热损失。设备的热损失应等于对流传热和辐射传热之和。

由于对流传热而损失的热量为：

$$Q_C = \alpha S_w (t_w - t) \tag{3-84}$$

式中 S_w——设备外壁面积，m^2；

t_w——设备外壁温度，℃；

t——环境温度，℃。

由于辐射传热而损失的热量为：

$$Q_R = C_{1-2} \varphi S_w \left[\left(\frac{T_w}{100} \right)^4 - \left(\frac{T}{100} \right)^4 \right] \tag{3-85}$$

式中 T_w——设备外壁温度，K；

T——环境温度，K。

为计算方便，通常将辐射传热速率方程改为对流传热速率方程的形式，即：

$$Q_R = \alpha_R S_w (t_w - t) \tag{3-86}$$

比较式(3-85) 和式(3-86)，可得：

$$\alpha_R = \frac{C_{1-2} \varphi \left[\left(\frac{T_w}{100} \right)^4 - \left(\frac{T}{100} \right)^4 \right]}{t_w - t}$$

式中，α_R称为辐射传热系数。

设备总的热损失为：

$$Q = Q_C + Q_R = (\alpha + \alpha_R) S_w (t_w - t) \tag{3-87}$$

或

$$Q = \alpha_t S_w (t_w - t) \tag{3-88}$$

式中$\alpha_t = \alpha + \alpha_R$，称为对流—辐射联合传热系数，单位为$W/(m^2 \cdot ℃)$。$\alpha_t$可用以下各式计算：

(1) 空气自然对流

在平壁保温层外

$$\alpha_t = 9.8 + 0.07(t_w - t) \tag{3-89}$$

在管道或圆筒壁保温层外

$$\alpha_t = 9.4 + 0.052(t_w - t) \tag{3-90}$$

以上二式适用于$t_w < 150℃$的情况。

(2) 空气沿粗糙壁面强制对流

空气流速$u \leqslant 5m/s$：

$$\alpha_t = 6.2 + 4.2u \tag{3-91}$$

空气流速$u > 5m/s$：

$$\alpha_t = 7.8u^{0.78} \tag{3-92}$$

第七节 换 热 器

换热器是化工、石油化工等许多工业部门的通用设备。由于生产中物料的性质、传热的要求各不相同，因此换热器的种类很多，特点不一，设计和使用时可根据生产工艺要求进行选择。

一、换热器的分类

化工生产中所用的换热器种类很多，通常可按其用途分类，亦可按传热原理及换热方法分类。

1. 按用途分类

根据用途不同，换热器可分为：加热器、冷却器、蒸发器、再沸器、冷凝器、分凝器等。

2. 按传热方式分类

(1) 间壁式换热器

此类换热器是在冷、热两流体间用一固体壁（金属或非金属）隔开，以便两种流体不相混合而进行热量传递。如夹套式、蛇管式、套管式、列管式、板式、板翅式等。

(2) 直接接触式换热器

在此类换热器中，冷、热两流体以直接混合的方式进行热量交换。在工艺上允许两种流体可以混合的情况下，既方便又有效，所用设备也较简单，化工生产中常用于气体冷却或水蒸气的冷凝。

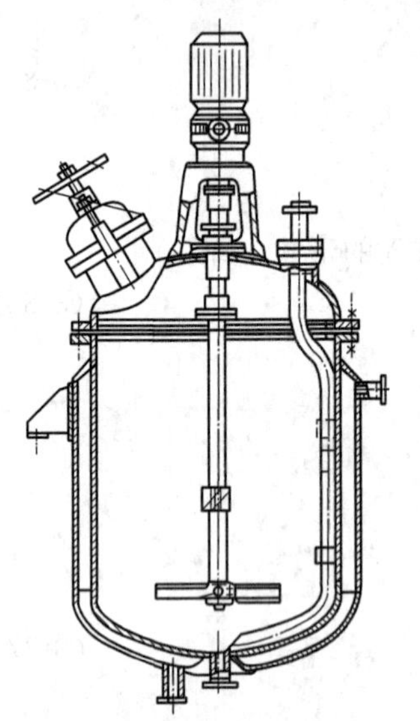

图 3-25　夹套式换热器

二、间壁式换热器的类型

在化工生产中，大多数情况下，冷、热两种流体在换热过程中不允许混合，故间壁式换热器在化工生产中被广泛使用。下面就常用的换热器做一简要介绍。

1. 夹套式换热器

如图 3-25 所示，这种换热器结构简单，主要用于反应器的加热或冷却。夹套要装在容器外部，在夹套和器壁间形成密闭的空间，成为一种流体的通道。当用蒸汽进行加热时，蒸汽由上部接管进入夹套，冷凝水由下部接管排除。冷却时，则冷却水由下部进入，由上部流出。由于夹套内部清洗困难，故一般用不易产生垢层的水蒸气、冷却水等作为载热体。

因夹套式换热器的传热面积受到限制，所以当需要及时移走较大热量时，则应在容器内部加设蛇管（或列管）冷却器，管内通入冷却水，及时取走热量以保持器内一定的温度。当夹套内通冷却水时，为提高其对流传热系数可在夹套内加设挡板，这样既可使冷却水流向一定，又可提高流速，从而增大总传热系数。

2. 套管式换热器

将两种直径大小不同的管材装成同心套管。根据换热要求，可将几段套管连接起来组成换热器。每一段套管称为一程，每程的内管依次与下一程的内管用 U 形管连接，而外管之间也由管子连接，如图 3-26 所示。换热器的程数可以按照传热面积大小而增加，也可几排并列，每排与总管相连。换热时一种流体在内管中流动，另一种流体在套管的环隙中流动，两种流体可始终保持逆流流动。由于两个管径都可以适当选择，以使内管与环隙间的流体呈湍流状态，故一般具有较高的总传热系数，同时也减少垢层的形成。这种换热器的优点是：结构简单、能耐高压、制造方便、应用灵活、传热面易于增减。其缺点是单位传热面的金属消耗量很大，占地较大，故一般适用于流量不大、所需传热面也不大及高压的场合。

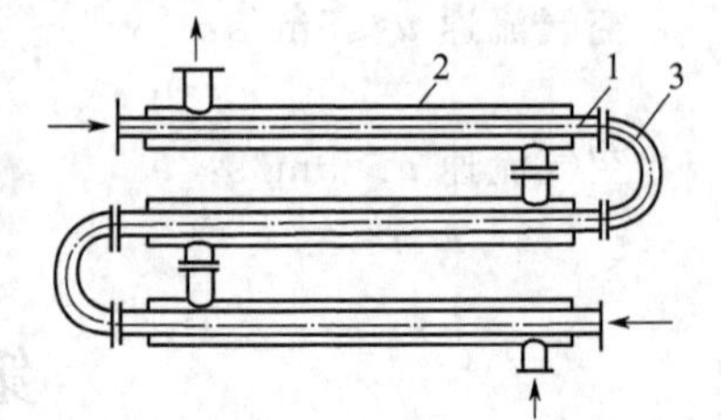

图 3-26　套管式换热器

1—内管；2—外管；3—U 形肘管

3. 蛇管式换热器

(1) 沉浸式蛇管换热器

蛇管多以金属管子弯绕而成，或制成适应容器需要的形状，沉浸在容器中，两种流体分别在管内、外进行换热，如图 3-27 中所示。此种换热器的主要优点是结构简单、便于防腐、且能承受高压。其主要缺点是管外流体的对流传热系数较小，从而总传热系数亦小，如增设搅拌装置，则可提高传热效果。

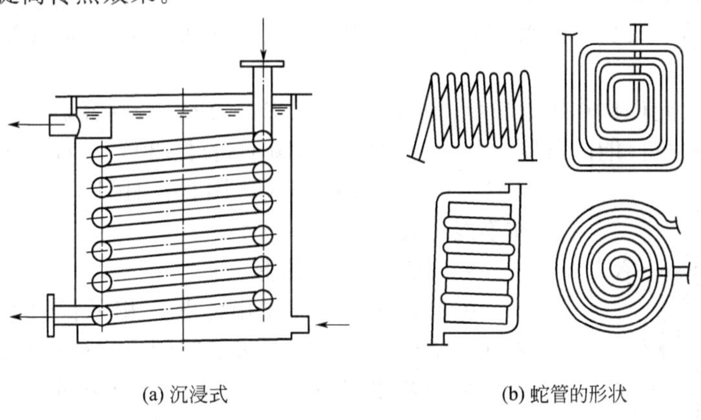

(a) 沉浸式　　(b) 蛇管的形状

图 3-27 蛇管式换热器

(2) 喷淋蛇管式换热器

如图 3-28 所示，冷水由最上面管子的喷淋装置中淋下，沿管表面下流，而被冷却的流体自最下面管子流入，由最上面管子中流出，与外面的冷流体进行热交换，所以传热效果较沉浸式为好。与沉浸式相比，该换热器便于检修和清洗。其缺点是占地面积较大，水滴溅落到周围环境。且喷淋不易均匀。

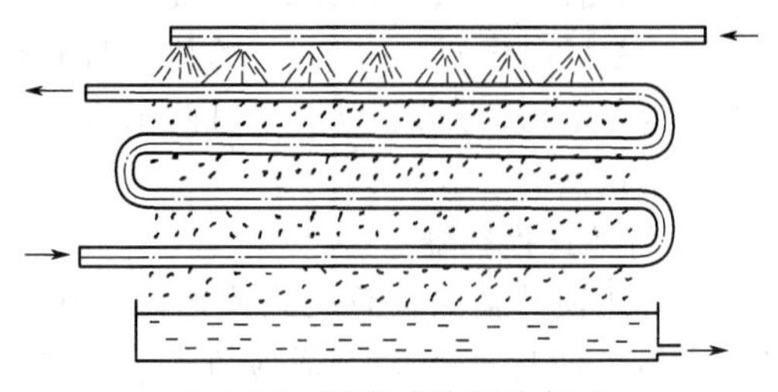

图 3-28 喷淋式冷凝冷却器

4. 板式换热器

板式换热器主要由一组长方形的薄金属板平行排列构成。用框架将板片夹紧组装于支架上，如图 3-29 所示。两相邻板片的边缘衬以垫片（橡胶或压缩石棉等）压紧，达到密封的目的。板片四角有圆孔，形成流体的通道。冷、热流体交替地在板片两侧流过，通过板片进行换热。板片通常被压制成各种槽形或波纹形的表面，这样既增强了刚度，不致受压变形同时也增加流体的湍流程度，增大传热面积，亦利于流体的均匀分布。如图 3-30 所示。

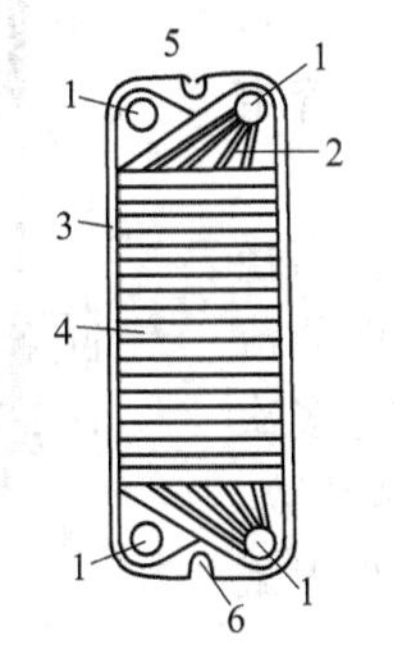

图 3-29 板式换热器的板片

1—角孔（流体进出孔）；2—导流槽；3—密封槽；4—水平波纹；5—挂钩；6—定位缺口

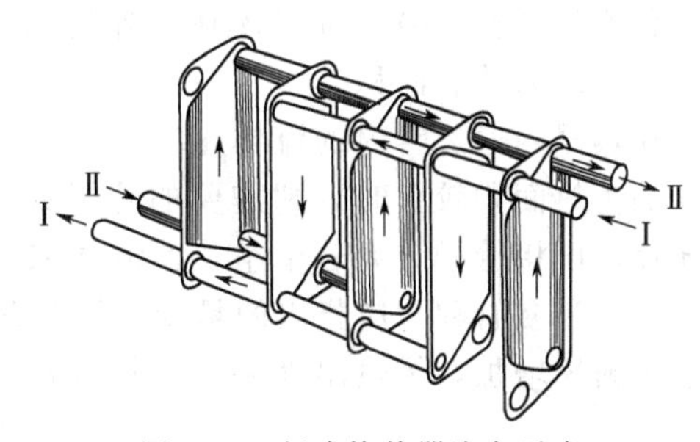

图 3-30 板式换热器流向示意

板片尺寸常见宽度为200～1000mm，高度最大可达2m。板间距通常为4～6mm。板片材料通常用不锈钢，亦可用其他耐腐蚀合金材料。

板式换热器的主要优点是：总传热系数高，因板式换热器中，板面被压制成波纹或沟槽，可在低流速下（如 $Re=200$ 左右）即可达到湍流，故总传热系数高，而流体阻力却增加不大，污垢热阻亦较小。对低黏度液体的传热，K 值可高达 $7000W/(m^2 \cdot K)$；结构紧凑，单位体积设备的传热面积大，操作灵活性大，可以根据需要调节板片数目以增减传热面积或以调节流道的办法，适应冷、热流体流量和温度变化的要求；加工制造容易、检修清洗方便、热损失小。

主要缺点是：允许操作压力较低，最高不超过1961kPa，否则容易渗漏；操作温度不能太高，因受垫片耐热性能的限制，如对合成橡胶垫圈不超过130℃，对压缩石棉垫圈也应低于250℃；处理量不大，因板间距小，流道截面较小，流速亦不能过大。

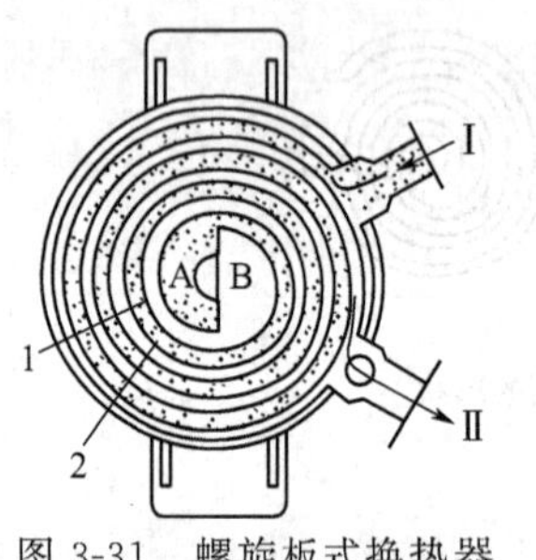

图 3-31 螺旋板式换热器
1，2—金属板；Ⅰ—冷流体入口；Ⅱ—热流体出口；A—冷流体出口；B—热流体入口

5. 螺旋板式换热器

螺旋板式换热器是由两张互相平行的钢板，卷制成互相隔开的螺旋形流道。两板之间焊有定距柱以维持流道的间距。螺旋板的两端焊有盖板。冷、热流体分别在两流道内流动，通过螺旋板进行热量交换。如图3-31所示。

螺旋板式换热器的主要优点是结构紧凑，单位体积提供的传热面积大，总传热系数较大，传热效率高，不易堵塞。主要缺点是操作压力和温度不能太高，流体阻力较大，不易检修，且对焊接质量要求很高。故一般只能在1961kPa以下，操作温度在300～400℃以下。目前国内已有系列标准的螺旋板式换热器，采用的材料为碳钢和不锈钢两种。

6. 列管式换热器

列管式换热器又称管壳式换热器，在化工生产中被广泛应用。它的结构简单、坚固、制造较容易，处理能力大，适应性强，操作弹性较大，尤其在高压、高温和大型装置中使用更为普遍。

(1) 列管式换热器结构

如图3-32所示，列管式换热器主要由壳体、管束、管板、封头（又称端盖）等部件组成。壳体内装有管束，管束两端固定在管板上。管子在管板上的固定方法可用胀接法、焊接法或账焊结合法。冷、热两种流体在列管式换热器内进行换热时，一种流体通过管内，其行程称为管程；另一种流体在管外流动，其行程称为壳程。管束的表面积即为传热面积。

换热器内通过管内的流体每通过一次管束称为一个管程。当换热器的传热面积较大时，则需要的管子数目较多，为提高管程的流体流速，可将管子分为若干组，使流体依次通过每组管子往返多次通过，称为多管程。应指出的是管程数多有利于提高对流传热系数，但能量损失增加，传热温度差小，故程数不宜多，以2、4、6程最为多见。

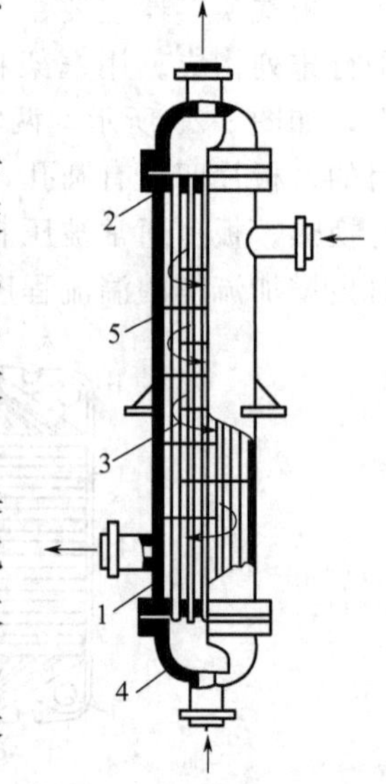

图 3-32 列管式换热器
1—壳体；2—管板；3—管束；4—封头；5—挡板

同理，流体每通过一次壳体称为一个壳程同样为了提高壳程流体的流速，可在壳程内安装横向或纵向折流挡板，见图3-33及图

3-34。提高壳程流体流速，从而提高壳程流体的对流传热系数。常用的横向折流挡板多为圆缺形挡板（亦称弓形挡板），如图 3-35 所示，也可用圆盘-圆环形挡板，如图 3-36。

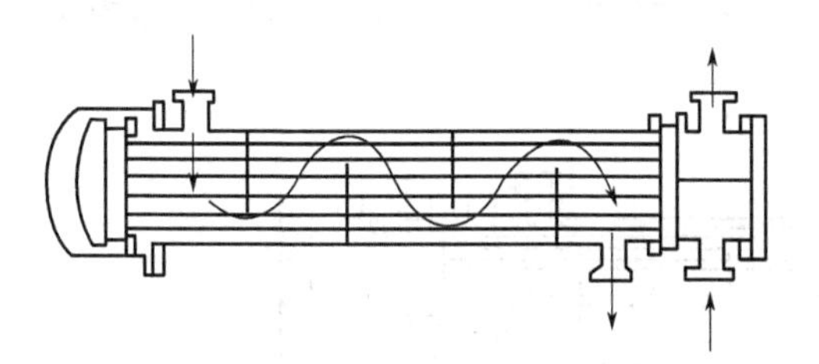

图 3-33 具有横向折流挡板的列管式换热器

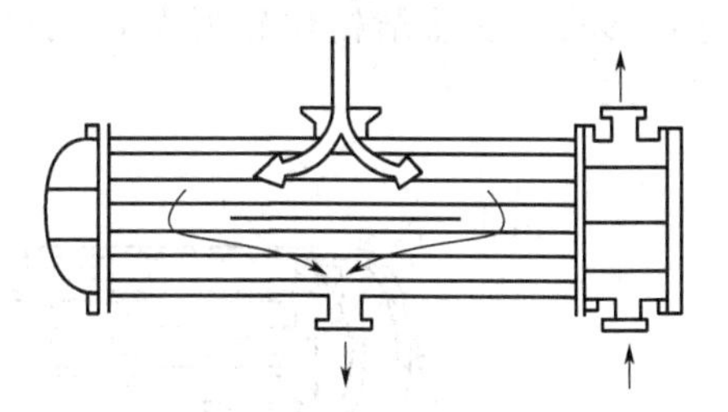

图 3-34 具有纵向折流挡板的列管式换热器

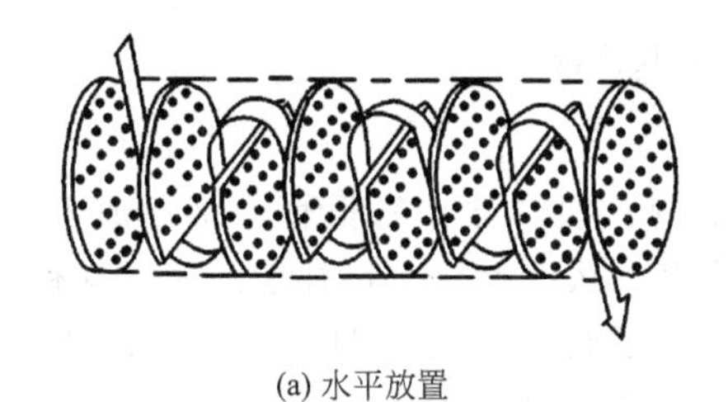

(a) 水平放置

(b) 垂直放置

图 3-35 圆缺形折流挡板

（2）列管式换热器的补偿装置

列管式换热器操作时，由于冷、热两种流体温度不同，使壳体和管束受热不同，其热膨胀程度亦不同。若两者温差较大（50℃以上），就可能引起设备变形，或使管子扭弯，从管板上松脱，甚至毁坏整个换热器。对此，必须从结构上考虑消除或减轻热膨胀对整个换热器的影响。对热膨胀所采用的补偿法，有浮头补偿、补偿圈补偿和 U 形管补偿等。

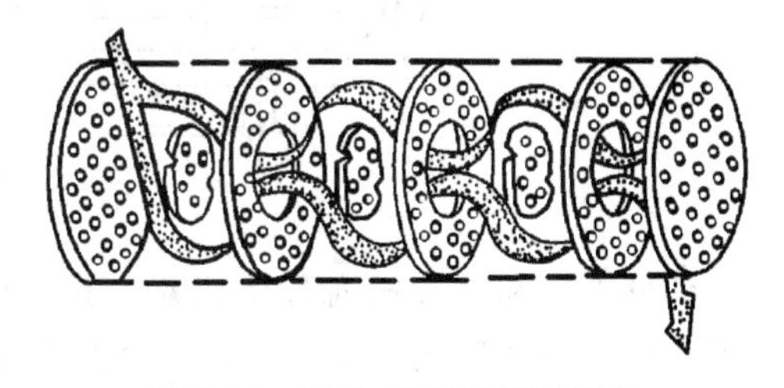

图 3-36 圆盘-圆环形折流挡板

① 固定管板式换热器——补偿圈补偿 如图 3-37 所示，补偿圈（或称膨胀节），当管与壳间有温度差时，依靠补偿圈的弹性变形，来适应外壳与管子间的不同热膨胀。这种结构通常适用于管、壳温度差小于 60～70℃，壳程压力小于 588kPa 的情况下。

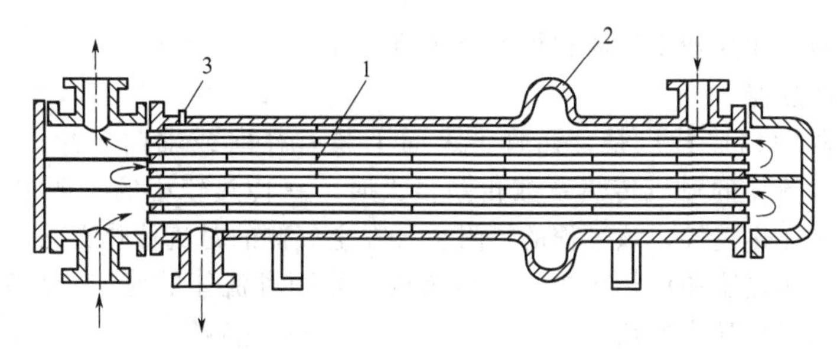

图 3-37 具有补偿圈的固定管板式换热器

1—挡板；2—补偿圈；3—放气嘴

② 浮头式换热器——浮头补偿 在这种换热器中，两端均有管板，但其中有一端的管板不与壳体相连，此端管板连同管束可以沿管长方向自由浮动，如图 3-38 所示。当壳

程与管束因温度不同而引起热膨胀时，管束连同浮头就可在壳体内沿轴向自由伸缩，所以可以完全消除热应力。清洗和检修时整个管束可从壳体中拆出。由于有上述特点，尽管这种形式换热器结构比较复杂，金属消耗最多，造价也较高，但仍是应用较多的一种结构形式。

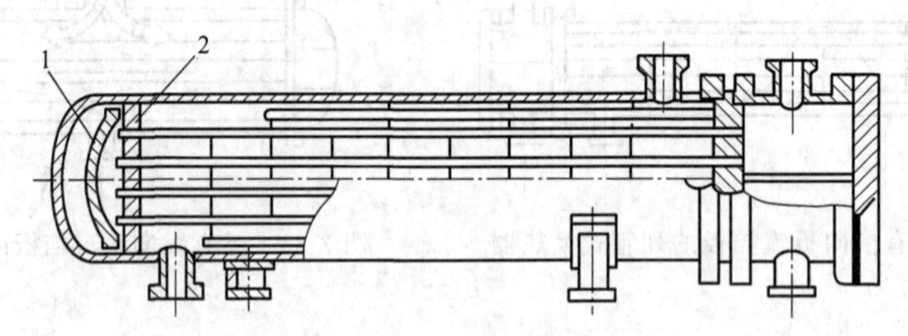

图 3-38　浮头式换热器

1—浮头；2—浮动管板

③ U 形管式换热器　图 3-39 所示为一 U 形管式换热器，每根管子都弯成 U 形，两端固定在同一管板上，因此，每根管子皆可自由伸缩，从而解决了热补偿问题。这种换热器结构简单，质量轻，但弯管工作量较大，为了满足管子有一定的弯曲半径，管板利用率较差。管程不易清洗，因此管内流体必须清洁。该换热器在高温、高压下很适用。

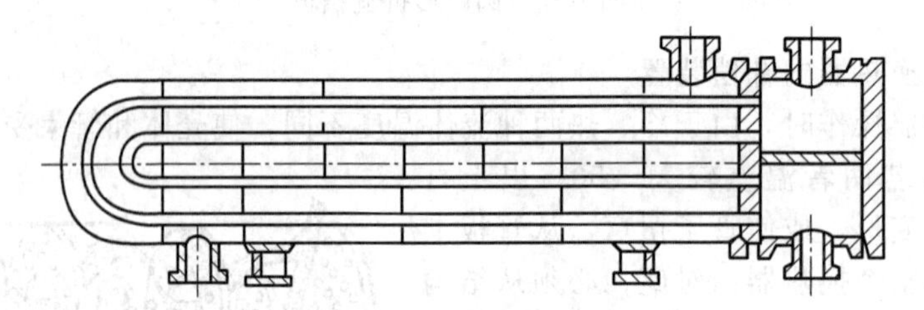

图 3-39　U 形管式换热器

U 形管式和浮头式列管换热器，我国已有系列标准，可供选用。其型号规格一般包括以下几项：表明型式、外壳直径、公称压力、公称面积、管程数等。具体选择换热器时可查阅有关手册。

7. 翅片式换热器

在传热面上加装翅片，不仅增加了传热面积，而且增强了流体的扰动程度，故可强化传热过程。

翅片式换热器有翅片管换热器和板翅换热器两种。

(1) 翅片管换热器

翅片管换热器的构造特点是，在管子表面上装有径向或轴向翅片。常见的翅片如图 3-40 所示。当两种流体的对流传热系数相差很大时，在传热较小的一侧加翅片可以强化传热。例如用水蒸气加热空气，该过程的热阻主要在空气侧的对流传热方面。因此在空气侧加装翅片，可以强化换热器的传热效果，一般来说，当两种流体的对流传热系数之比为 3∶1 或更大时，宜采用翅片管式换热器。

翅片的种类很多，按翅片的高度可以分为低翅片和高翅片两种。低翅片一般为螺纹管，适用于两种流体的对流传热系数相差不太大的场合。高翅片适用于管内、外对流传热系数相差较大的场合，现已广泛地应用于空气冷却器上。

(2) 板翅式换热器

图 3-40 常见的集中翅片形式

板翅式换热器是一种更为紧凑、轻巧、高效的换热器。板翅式换热器的结构形式很多，但是基本结构元件相同，即在两块平行的薄金属板间，夹入波纹状或其他形状的金属翅片，两边以侧条密封，组成一个传热基本单元。将各基本单元进行不同的叠积和适当地排列，并用钎焊固定，即可制成并流、逆流或错流的板束（又称芯部），如图 3-41 所示。然后将带有流体进、出口的集流箱焊到板束上，即成为板翅式换热器。我国目前常用的翅片形式有光直翅片、锯齿翅片、多孔翅片三种，如图 3-42 所示。

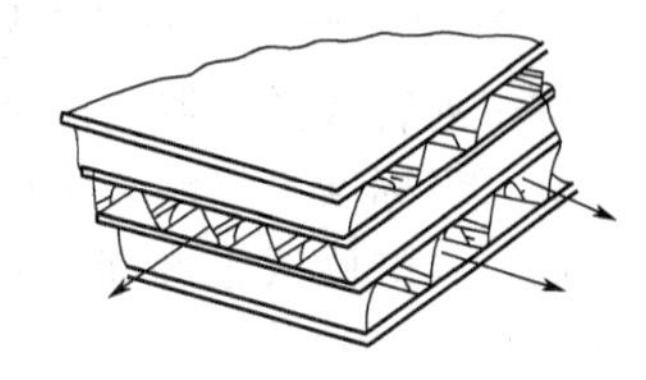

图 3-41 板翅式换热器的板束

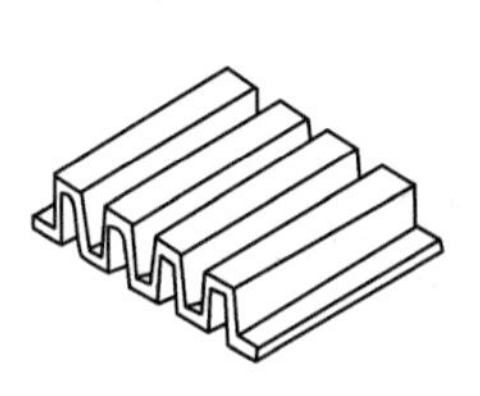

(a) 光直翅片

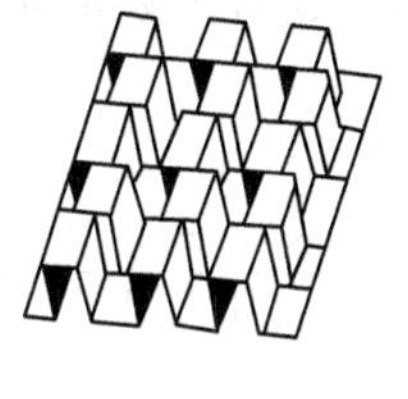

(b) 锯齿翅片

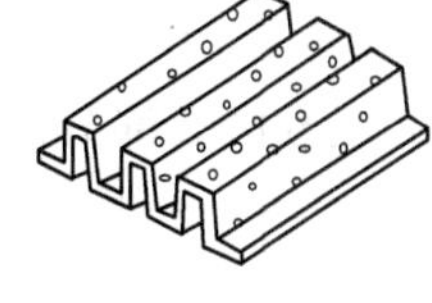

(c) 多孔翅片

图 3-42 板翅式换热器的翅片

板翅式换热器的主要优点有以下几点。

① 总传热系数高、传热效果好，由于翅片促进了流体的湍流并破坏了热边界层的发展，故其传热系数较高。并且大部分热量通过翅片传递，因此提高了传热效果。

② 结构紧凑、轻巧牢固，单位体积设备提供的传热面积一般能达到 $2500m^2/m^3$，最高可达 $4300m^2/m^3$。它通常用铝合金制造，故质量轻。在相同传热面积下，其质量约为列管式换热器的 1/10。波形翅片不单是传热面，又是两板间的支撑，故强度很高。

③ 适应性强、操作范围广。铝合金不仅热导率高，而且在零度以下操作时，其延展性和抗拉强度都较高，故操作范围广。可在 200℃ 至绝对零度范围内使用，适用于低温和超低温的场合。它即可用于各种情况下的热交换，也可用于蒸发或冷凝。操作方以为逆流、并流、错流或错、逆流同时并进等。此外还可用于多种介质在同一设备内进行换热。

板翅式换热器的缺点有以下几点。

① 设备流道小，故易堵塞，压强降也较高。且换热器清洗和检修很困难，故处理的物料应洁净或需预先净制。

② 由于隔板和翅片都由薄铝板制成，故要求介质对铝不腐蚀。应予指出，以上介绍的各种类型的间壁式换热器，其中有较老式的换热器（如蛇管式换热器和夹套式换热器），也

有新型高效换热器（如螺旋板式、平板式和板翅式换热器），但是每种换热器都有其优缺点及适用的场合。由于化工生产中需要在不同的条件下进行换热，例如流体的温度范围、操作压强、两流体的温差、流量的大小及流体的特点等各不相同，因此在选择换热器时，要针对不同情况进行选择。对某种换热器，在某种情况下使用是最好的，而在另外的情况下却不能令人满意，甚至根本不能用。如在釜式反应器中的换热，采用老式的蛇管或夹套换热器很合适，而采用其他类型的换热器就难以完成这种任务。又如列管式换热器在传热效果、紧凑性及金属耗料方面不如新型换热器，但它的结构坚固、材料范围广及可在高温度下操作，因此列管式换热器的使用仍然是很普遍的。当操作温度和压强都不是很高，流量又不太大，或处理腐蚀性流体而要求用贵重金属材料时，宜采用新型换热器。总之，采用什么类型的换热器，要视具体情况，通过比较，择优选取。

三、列管式换热器类型

1. 列管式换热器的系列标准

鉴于列管式换热器应用极广，为便于制造和选用，有关部门已制定了列管式换热器的系列标准。现标准为《浮头式换热器和冷凝器型式与基本参数》，《固定管板式换热器型式与基本参数》、《虹吸式重沸器型式与基本参数》、《U形管式换热器型式与基本参数》等（JB/T 4714～4717—92）。

（1）基本参数

列管式换热器的基本参数主要有：①公称换热面积 SN；②公称直径 DN；③公称压力 PN；④换热管规格；⑤换热管长度 L；⑥管子数量 n；⑦管程数 N_p；等等。

（2）型号表示方法

列管式换热器的型号由五部分组成。

$$\underset{1}{\underline{\times}}\ \underset{2}{\underline{\times\times\times\times}}\ \underset{3}{\underline{\times}}-\underset{4}{\underline{\times\times}}-\underset{5}{\underline{\times\times\times}}$$

1——换热器代号；

2——公称直径 DN，mm；

3——管程数 N_p，Ⅰ、Ⅱ、Ⅳ、Ⅵ；

4——公称压力 PN，MPa；

5——公称换热面积 SN，m^2。

例如，公称直径为 600mm，公称压力为 1.6MPa，公称换热面积为 $55m^2$，双管程固定管板式换热器的型号为：G600 Ⅱ-1.6-55，其中 G 为固定管板式换热器的代号。

2. 列管式换热器选型时需考虑的问题

（1）流动空间的选择

流动空间的选择是指管程和壳程各走哪一种流体，通常确定的原则如下。

不洁净或易结垢的流体宜走管程，因为管程清洗较方便。

腐蚀性流体宜走管程，以免管子和壳体同时被腐蚀，且管子便于维修和更换。

压力高的流体宜走管程，以免壳体受压，有利于降低壳体金属消耗量。

被冷却的流体宜走壳程，便于散热，增强冷却效果。

高温加热剂与低温冷却剂宜走管程，以减少设备的热量或冷量的损失。

有相变的流体宜走壳程，如冷凝传热过程中蒸汽走壳程有利于及时排除冷凝液，从而提高冷凝传热膜系数。

有毒害的流体宜走管程，以减少泄漏量。

黏度大的液体或流量小的流体宜走壳程，因流体在有折流挡板的壳程中流动，流速与流向不断改变，在低 Re（$Re>100$）的情况下即可达到湍流，以提高传热效果。

若两流体温差较大时，对流传热系数较大的流体宜走壳程。因管壁温接近于 α 较大的流体，以减小管子与壳体的温差，从而减小温差应力。

(2) 流速的选择

流体在管程或壳程中的流速，不仅直接影响传热膜系数，而且影响污垢热阻，从而影响传热系数的大小，特别对含有较易沉积颗粒的流体，流速过低可能导致管路堵塞，严重影响到设备的使用，但流速增大，又将使流体阻力增大。因此选择适宜的流速是十分重要的，根据经验，表 3-10、表 3-11 列出一些工业上常用的流速范围，以供参考。

表 3-10 列管式换热器常用的流速范围

流体种类	流速/(m/s)	
	管程	壳程
一般液体	0.5～3	0.2～1.5
易结垢液体	>1	>0.5
气体	5～30	3～15

表 3-11 液体在列管式换热器中的流速

液体黏度/mPa·s	>1500	1500～500	500～100	100～35	35～1	<1
最大流速/(m/s)	0.6	0.75	1.1	1.5	1.8	2.4

(3) 加热剂（或冷却剂）进、出口温度的确定方法

通常，被加热（或冷却）流体进、出换热器的温度由工艺条件决定，但对加热剂（或冷却剂）而言，进、出口温度则需由设计者视具体情况而定。

为确保设计出的换热器在所有气候条件下均能满足工艺要求，加热剂的进口温度应按所在地的冬季状况确定；冷却剂的进口温度应按所在地的夏季状况确定。若综合利用系统流体作加热剂（或冷却剂）时，因流量、入口温度确定，故可由热量衡算直接求其出口温度。用蒸汽作加热剂时，为加快传热，通常宜控制为恒温冷凝过程，蒸汽入口温度的确定要考虑蒸汽的来源、锅炉的压力等。在用水作冷却剂时，为便于循环操作，提高传热推动力，冷却水的进、出口温度差一般控制在 5～10℃。

(4) 列管式换热器类型的选择

对热、冷流体的温差在 50℃以内时，不需要热补偿，可选用结构简单、价格低廉且易清洗的固定管板式换热器。当热、冷流体的温差超过 50℃时，需要考虑热补偿。在温差校正系数 $\varphi_{\Delta t}<0.8$ 的前提下，若管程流体较为洁净，宜选用价格相对便宜的 U 形管式换热器；反之，则应选用浮头式换热器。

(5) 管子的规格与管间距的选择

管子的规格包括管径和管长。列管式换热器标准系列中常采用 ϕ25mm×2.5mm（或 ϕ25mm×2mm）、ϕ19mm×2mm 两种规格的管子。对于洁净的流体，可选择小管径换热管；对于不洁净或易结垢的流体。可选择大管径换热管。管长则以便于安装、清洗为原则。

管长的选择以清洗方便及合理用材为原则，长管不便于清洗，且易弯曲。一般标准钢管长度为 6m，则合理的管长为 1.5m、2m、3m 和 6m，其中以 3m 和 6m 更为常用。此外管长和壳径比一般应在 4～6 之间。

(6) 单程与多程

在列管式换热器中存在单程与多程结构（管程与壳程）。当换热器的换热面积较大而管子不是很长时，就得用较多根的管子，为了提高流体在管内的流速，需要将管束分程。但是

程数过多，会使管程流动阻力增大，动力消耗增加，平均温度差降低，设计时应权衡考虑。列管式换热器标准系列中管程数有1、2、4、6四种，管程数 N_p 计算方法为：

$$N_p=\frac{u}{u'}$$

当温差校正系数小于0.8时，则不能采用包括U形管式、浮头式在内的多程结构，宜采用几台固定管板式换热器串联或并联操作。

(7) 折流挡板间距的确定

折流挡板应按等距布置，间距的确定原则主要是考虑流体流动，比较理想的是使缺口的流通截面积和通过管束的错流流动截面积大致相等。这样可以减小压降，避免或减小“静止”区，从而改善传热效果。板间距不得小于壳内径的1/5，且不小于50mm，最大间距应不大于壳体内径。间距过小，会使流动阻力增大；间距过大，传热系数会下降。标准系列中采用的间距为：固定管板式有150mm、300mm、600mm三种；浮头式有150mm、200mm、300mm、480mm、600mm五种。但是，当壳程流体有相变化时，不应设置折流板。

(8) 流体通过换热器的流动阻力（压力降）的计算

列管式换热器可看成是一局部阻力装置，流体阻力的大小将直接影响动力的消耗。当流体在换热器中的流动阻力过大时有可能导致系统流量低于工艺规定的要求。对选用合理的换热器而言，管、壳程流体的压力降一般应控制在10.13～101.3kPa。

① 管程流动阻力的计算　流体流过管程遇到的阻力包括直管阻力及所有局部阻力。通常进、出口阻力较小，可以忽略。因此，管程阻力可按下式计算：

$$\sum\Delta p_i=(\Delta p_1+\Delta p_2)F_tN_SN_p$$

式中　Δp_1——由直管阻力引起的压降，Pa；

Δp_2——由回弯阻力引起的压降，Pa；

F_t——结垢校正系数，对 ϕ25mm×2.5mm 管子有 $F_t=1.4$，对 ϕ19mm×2mm 有 $F_t=1.5$；

N_S——串联的壳程数；

N_p——每个壳程的管程数。

式中的 Δp_1 可按直管阻力计算式进行计算；Δp_2 可由下面经验式估算，即：

$$\Delta p_2=3\left(\frac{\rho u_i^2}{2}\right)$$

② 壳程流动阻力的计算　壳程流体的流动状况较管程复杂，计算壳程阻力的公式较多，不同公式计算的结果相差较大。当壳程采用标准圆缺形折流挡板时，流体阻力主要有流体流过管束的阻力与通过折流板缺口的阻力。此时，壳程压力降可采用通用的埃索公式，即：

$$\sum\Delta p_0=(\Delta p'_1+\Delta p'_2)F_SN_S$$

其中

$$\Delta p'_1=Ff_0n_c(N_B+1)\frac{\rho u_0^2}{2}$$

$$\Delta p'_2=N_B\left(3.5-\frac{2h}{D}\right)\frac{\rho u_0^2}{2}$$

式中　$\Delta p'_1$——流体横向流过管束的压强降，Pa；

$\Delta p'_2$——流体流过折流挡板缺口的压强降，Pa；

F_S——壳程结垢系数，对于液体 $F_S=1.15$，对于气体或蒸汽 $F_S=1$；

F——管子排列方式对压强降的校正系数，对正三角形排列 $F=0.5$，正方形斜转角45°排列 $F=0.4$，正方形直列 $F=0.3$；

f_0——壳程流体的摩擦系数，当 $Re_0=\frac{d_0u_0\rho}{\mu}>500$ 时，$f_0=5.0Re_0^{-0.228}$；

N_B——折流挡板数；

h——折流板间距，m；

n_c——通过管束中心线上的管子数；

u_0——按壳程最大流通面积 A_0 计算的流速，m/s，$A_0=h(D-n_cd_0)$。

3. 列管式换热器选型的一般步骤

① 根据换热任务，本着能量综合利用的原则选择合适的加热剂或冷却剂。

② 确定基本数据（两流体流量、进出口温度、定性温度下的有关物性、操作压力等）。

③ 确定流体在换热器内的流动空间。

④ 根据两流体的温度差和流体类型，以及温度差校正系数不小于 0.8 的原则，确定换热器的结构型式（并核算实际温度差）。

⑤ 计算热负荷。

⑥ 先按逆流（即单壳程、单管程）计算平均温度差。

⑦ 选取总传热系散，并根据传热基本方程初步算出传热面积，以此作为选择换热器型号的依据，并确定初选换热器的实际换热面积 $S_{实}$，以及在 $S_{实}$ 下所需的总传热系数 $K_{需}$。

⑧ 压力降校核。根据初选设备的情况，计算管、壳程流体的压力差是否合理。若压力降不符合要求，则需重新选择其他型号的换热器，直至压力降满足要求。

⑨ 校核总传热系数。计算换热器管、壳程流体的传热膜系数，确定污垢热阻，再计算总传热系数 $K_{计}$，由传热基本方程求出所需传热面积 $S_{需}$，再与换热器的实际换热面积 $S_{实}$ 比较。若 $S_{实}/S_{需}$ 在 1.1～1.25 之间（也可以用 $K_{计}/K_{需}$），则认为合理，否则另选 $K_{选}$，重复上述计算步骤，直至符合要求。

该校核过程也可在求出所选设备的实际总传热系数 $K_{计}$ 后，用传热基本方程计算出完成换热任务所需的总传热系数 $K_{需}$，即：

$$K_{需}=\frac{Q}{S_{实}\Delta t_m}$$

四、列管式换热器的操作要点

1. 换热器的正确操作

① 检查装置上的仪表、阀门等是否齐全好用。

② 打开冷凝水阀，排除积水和污垢；打开放空阀，排除空气和不凝性气体，放净后逐一关闭。

③ 打开冷流体进口阀并通入冷流体，而后打开热流体入口阀。缓慢或逐次地通入。做到先预热后加热，切忌躁冷骤热，以免换热器受到损坏，影响其使用寿命。

④ 通入的冷、热流体应干净，流体如果含有大颗粒固体杂质和纤维质，一定要提前过滤和清除（特别是对板式换热器），防止堵塞通道及结垢。

⑤ 调节冷、热流体的流量，达到工艺要求所需的温度。

⑥ 经常检查冷、热流体的进、出口温度和压力变化情况，如有异常现象，应立即查明原因，消除故障。

⑦ 在操作过程中，换热器的一侧若为蒸汽的冷凝过程，则应及时排放冷凝液和不凝气体，以免影响传热效果。

⑧ 定时分析冷、热流体的变化情况，以确定有无泄漏。如泄漏应及时修理。

⑨ 定期检查换热器及管子与管板的连接处是否有损，外壳有无变形以及换热器有无振

动现象，若有应及时排除。

⑩ 在停车时，应先停热流体，后停冷流体，并将壳程及管程内的液体排净，以防换热器冻裂和锈蚀。

2. 操作注意事项

化工生产中采用不同的加热和冷却方法时，换热器的操作要点也有所不同。

① 采用蒸汽加热必须不断排除冷凝水，否则冷凝水积于换热器中，部分或全部变为无相变化传热，传热速率下降；同时还必须及时排放不凝性气体，因为不疑性气体的存在使蒸汽冷凝传热系数大大降低。

② 采用热水加热，一般温度不高，加热速度慢，操作稳定，只要定期排放不凝性气体就能保证正常操作。

③ 采用烟道气加热一般用于生产蒸汽或加热、汽化液体，烟道气的温度较高，且温度不易调节，在操作过程中，必须时时注意被加热物料的液位、流量和蒸汽产量，还必须做到定期排污。

④ 采用导热油加热的特点是温度高（可达 400℃），黏度较大、热稳定性差、易燃。温度调节困难，提作时必须严格控制进、出口温度，定期检查进、出管口及介质流道是否结垢，做到定期排污，定期放空，过滤或更换导热油。

⑤ 采用水和空气冷却操作时注意根据季节变化调节水和空气的用量，用水冷却时，还要注意定期清洗。

⑥ 采用冷冻盐水冷却，特点是温度低、腐蚀性较大，在操作时应严格控制进、出口温度，防止结晶堵塞介质通道，要定期放空和排污。

习　题

1. 载热体流量为 1500kg/h，试计算以下各过程中载热体放出或得到的热量。

（1） 100℃的饱和水蒸气冷凝成 100℃的水。

（2） 比热容为 3.77kJ/(kg·K) 的 NaOH 溶液从 290K 加热到 370K。

（3） 常压下 20℃的空气加热到 150℃。

（4） 压力为 245kPa 的饱和蒸汽冷凝成 40℃的水。

2. 将 50 kg100℃的饱和水蒸气通入温度为 20℃的 100kg 水中，求混合后的温度。

3. 普通砖平壁厚度为 460mm，一侧壁面温度为 200℃，另一侧壁面温度为 30℃，已知砖的平均热导率为 0.93W/(m·℃)，试求：

（1） 通过平壁的热传导通量，W/m^2；

（2） 平壁内距离高温侧 300mm 处的温度。

4. 在三层平壁的热传导中，测得各层壁面温度 t_1、t_2、t_3 和 t_4 分别为 500℃、400℃、200℃和 100℃，试求各层热阻之比。假设各层壁面间接触良好。

5. 某燃烧炉的平壁由下列砖依次砌成：

耐火砖　热导率$\lambda_1=1.05W/(m·℃)$、壁厚 $b_1=0.23m$

绝热砖　热导率$\lambda_2=0.095W/(m·℃)$

普通砖　热导率$\lambda_3=0.71W/(m·℃)$、壁厚 $b_3=0.24m$

若已知耐火砖内侧面温度为 860℃，耐火砖与绝热砖接触面温度为 800℃，而绝热砖与普通砖接触面温度为 135℃，试求：

（1） 通过炉墙损失的热量，W/m^2；

（2）绝热砖层厚度，m；

（3）普通砖外壁面温度，℃。

6. 规格为 ϕ60mm×3mm 的钢管用 30mm 厚的软木包扎，其外又用 100mm 厚的保温灰包扎，以作为绝热层。现测得钢管外壁面温度为－110℃，绝热层外表面温度为 10℃。已知软木和保温灰的平均热导率分别为 0.043W/(m·℃) 和 0.07W/(m·℃)，试求每米管长的冷量损失量，W/m。

7. 用 ϕ170mm×5mm 钢管输送水蒸气，为减少热损失，钢管外包扎两层绝热材料，第一层厚度为 30mm，第二层厚度为 50mm，管壁及两层绝热材料热导率分别为 45W/(m·℃)、0.093W/(m·℃) 和 0.175W/(m·℃)，钢管内壁面温度为 300℃，第二层保温层外表面温度为 50℃，试求单位管长的热损失量和各层间接触界面的温度。

8. 在蒸汽管道外包扎有两层厚度相等而热导率不同的绝热层，外层的平均直径为内层的 2 倍，其热导率也为内层的 2 倍。若将两层材料互换而其他条件不变，试计算热阻的变化。说明在本题情况下，哪一种材料包扎在内层较为合适。

9. 在套管换热器中，用冷水将硝基苯从 85℃冷却到 35℃，硝基苯流量为 2000kg/h，进出口温度分别为 20℃和 30℃，试求冷却水用量。假设换热器热损失可忽略。

10. 在一列管式换热器中，壳程有绝压为 180kPa 水蒸汽冷凝。某种液体在管内流过，其流量为 2000kg/h，进口温度为 20℃，出口温度为 70℃，平均温度下比热容为 2.5kJ/(kg·℃)，试求蒸汽用量。假设换热器热损失可忽略，壳程蒸汽冷凝后排出的为饱和水。

11. 在一套管换热器中，热流体由 300℃降到 200℃，冷流体由 30℃升到 150℃，试分别计算并流和逆流操作时的对数平均温度差。

12. 在下列的列管式换热器中，冷流体在管内流过，由 20℃加热到 50℃，热流体在壳程流动，由 100℃冷却到 60℃，试求以下两种情况下的平均温度差。

（1）壳方单程，管方四程。

（2）壳方二程，管方四程。

13. 在一套管换热器中，内管为 ϕ170mm×5mm 的钢管，热水在内管内流动，热水流量为 2500kg/h，进、出口温度分别为 90℃和 50℃，冷水在环隙中流动，冷水进、出口温度分别为 20℃和 30℃。逆流操作，若已知基于管外表面积的总传热系数为 1500W/(m^2·℃)，试求套管换热器的长度。假设换热器的热损失可忽略。

14. 在一套管换热器中，苯在管内流动，流量为 3000kg/h，进、出口温度分别为 80℃和 30℃，在平均温度下苯的比热为 1.9kJ/(kg·℃)。水在环隙中流动，进出口温度分别为 15℃和 30℃。逆流操作，若换热器的传热面积为 2.5m^2，试求总传热系数。

15. 用绝对压力 p＝294kPa 的饱和水蒸汽将对二甲苯由 80℃加热到 100℃，对二甲苯的流量为 80m^3/h，密度为 860kg/m^3，试求蒸汽用量。又当总传热系数 K＝800W/(m^2·K) 时，求所需的传热面积。

16. 在一逆流操作的单程列管式换热器中，用冷水将 1.25kg/s 的某液体［比热容为 1.9kJ/(kg·℃)］从 80℃冷却到 30℃。水在管内流动，进、出口温度分别为 20℃和 50℃。换热器的列管规格为 ϕ25mm×2.5mm，若已知管内、管外的对流传热系数分别为 0.85kW/(m^2·℃) 和 1.70kW/(m^2·℃)，试求换热器的传热面积。假设污垢热阻、管壁热阻及换热器的热损失均可忽略。

17. 在列管式换热器中，用冷水冷却某油品，水在规格为 ϕ19mm×2mm 的列管内流动。已知管内水侧对流传热系数为 2000W/(m^2·℃)，管外油侧对流传热系数为 250W/(m^2·℃)。该换热器使用一段时间后，管壁两侧均形成垢层，水侧垢层热阻为 0.00025m^2·℃/W，油侧垢层热阻为 0.0002m^2·℃/W。管壁热导率为 45W/(m·℃)。试求产生污垢后热阻增加的百分数。

18. 常压下空气以10m/s的平均流速在长为4m、管径为ϕ60mm×3.5mm的钢管中流动，温度从150℃升高到250℃，试求管壁对空气的对流传热系数。

19. 空气以4m/s的流速通过一ϕ75.5mm×3.75mm的钢管，管长20m。空气入口温度为32℃，出口温度为68℃。试计算空气与管壁间的对流传热系数。如空气流速增加1倍，其他条件不变，对流传热系数又为多少？

20. 在套管换热器中，内管规格为ϕ38mm×2.5mm，外管规格为ϕ57mm×3.5mm。甲苯在环隙中流动，流量为2650kg/h，进出口温度分别为90℃和30℃，甲苯的密度可取为830kg/m^3，试求甲苯侧的对流传热系数。

21. 在ϕ48mm×3mm的钢管内水的流速为0.5m/s，水在进口处温度为20℃，在出口处温度为70℃，试求管壁对水加热的给热系数。

22. 在套管换热器中，一定流量的水在内管流过，温度从25℃升高到75℃，并测得管内水侧的对流传热系数为1500W/(m^2·℃)。若相同体积流量的某油品通过该换热器的内管而被加热，试求此时管内油侧的对流传热系数。假设两种情况下流体均呈湍流流动。已知两流体在定性温度下的物性如下：

流体	ρ/(kg/m^3)	μ/Pa·s	c_p/[kJ/(kg·℃)]	λ/[W/(m·℃)]
水	1000	0.54×10^{-3}	4.17	0.65
油品	810	5.1×10^{-3}	2.01	0.15

23. 流量为720kg/h的常压饱和蒸汽在直立的列管式换热器的列管外冷凝。换热器的列管规格为ϕ25mm×2.5mm，长为2m。列管外壁面温度为94℃。试按冷凝要求估算换热器的管数（设管内侧传热可满足要求）。换热器的热损失可忽略。

24. 在列管式换热器中，管间通入133℃的饱和蒸汽。管内冷水温度由20℃升到80℃。换热器的列管规格为ϕ25mm×2.5mm。现测得基于管外表面积的总传热系数为700W/(m^2·℃)。换热器使用一段时间后，由于生成垢层，传热能力下降。若水量不变，水进口温度仍为20℃，出口温度变为70℃。试求此时的总传热系数和水垢层热阻。

25. 有一套管式换热器，内管为ϕ54mm×2mm，外管为ϕ116mm×4mm的钢管。内管中苯被加热，苯进口温度为50℃，出口温度为80℃。流量为4000kg/h。套管中为p=196.2kPa的饱和水蒸汽冷凝，冷凝的对流传热系数为10000W/(m^2·℃)。已知管内壁的垢阻为0.0004m^2·K/W，管壁及管外侧热阻均不计，苯的密度为880kg/m^3。试求：

(1) 加热蒸汽用量；

(2) 管壁对苯的对流传热系数；

(3) 完成上述处理量所需套管的有效长度；

(4) 现由某种原因加热蒸汽压力降至137.2kPa，问这时苯出口温度有何变化？应为多少摄氏度？（设苯的对流传热系数值不变）（平均温差可用算术平均值法计算）

26. 一套管换热器，内管规格为ϕ170mm×5mm，内管内流体的对流传热系数为200W/(m^2·℃)，内管外流体的对流传热系数为350W/(m^2·℃)。若两流体均在湍流下进行换热。试分别估算下列情况下总传热系数K_0增加的百分数。

(1) 管内流速增加一倍；

(2) 管外流速增加一倍。

假设污垢和管壁热阻均可忽略。

27. 在一列管换热器中，壳方用110℃的饱和蒸汽加热管方呈湍流流动的空气，空气的温度由30℃升到45℃。若空气的流量增加0.5倍，试求空气的出口温度，假设管壁和污垢热阻可忽略（计算中可作合理的假设）。

28. 一单程列管式换热器，内装规格为ϕ25mm×2.5mm的钢管300根，管长为2m。流量为

8000kg/h 的常压空气在管内流动，温度由 20℃加热到 85℃。壳程为 108℃饱和蒸汽冷凝。若已知蒸汽冷凝传热系数为 1×10^4 W/(m^2·℃)，换热器热损失及管壁、污垢热阻均可忽略，试求：

（1）管内空气对流传热系数；

（2）基于管外表面积的总传热系数；

（3）说明该换热器能否满足要求。

29. 试计算一外径为 50mm，长为 10m 的氧化钢管，其外壁温度为 250℃时的辐射热损失。若将此管敷设在：

（1）与管径相比很大的车间内，车间内石灰粉刷壁面的温度为 27℃。石灰粉刷壁 $\varepsilon=0.91$；

（2）截面为 200mm×200mm 的红砖砌的通道中，通道壁面的温度为 20℃。

本章主要符号说明

英文字母

a——常数；

A——流通面积，m^2；

b——厚度，m；

b——润湿周边，m；

c——常数；

c_p——定压比热容，kJ/(kg·℃)；

C——辐射系数，W/(m^2·K^4)；

d——管径，m；

D——辐射通过率；

D——换热器壳径，m；

E——辐射能力，W/m^2；

f——摩擦系数；

g——重力加速度，m/s^2；

h——挡板间距，m；

H——设备高度，m；

K——总传热系数，W/(m^2·℃)；

l——特征尺寸，m；

L——长度，m；

M——冷凝负荷，kg/(m·s)；

n——指数；

n——管数；

N——程数；

p——压强，Pa；

P——系数；

q——热通量，W/m^2；

Q——传热速率，W；

r——半径，m；

r——气化潜热，kJ/kg；

R——热阻，m^2·℃/W；

R——系数；

R——反射率；

S——传热面积，m^2；

t——冷流体温度，℃；

t——管心距，m；

T——热流体温度，℃；

T——热力学温度，K；

u——流速，m/s；

W——质量流量，kg/s；

x、y、z——空间坐标。

希腊字母

α——对流传热系数，W/(m^2·℃)；

β——体积膨胀系数，1/℃；

Δ——有限差值；

ε——黑度；

θ——时间，s；

λ——热导率，W/(m·℃)；

Λ——波长，μm；

μ——黏度，Pa·s；

σ——表面张力，N/m；

σ——斯蒂芬-玻尔兹曼常数，W/(m^2·K^4)；

φ——角系数；

φ——校正系数。

下标

b——黑体的；

c——冷流体的；

e——当量的；
h——热流体的；
i——管内的；
m——平均的；
o——管外的；
s——污垢的；
s——饱和的；
w——壁面的；
Δt——温度差的。

第四章　蒸 发 操 作

第一节　概　　述

一、蒸发操作的基本概念

蒸发是将含有不挥发溶质的溶液加热至沸腾，使部分溶剂汽化并不断移除，以提高溶液中溶质浓度的操作，也就是浓缩溶液的单元操作。在化学工业、轻工业、医药、食品等工业中，常常需要将溶有固体溶质的稀溶液浓缩，以便得到固体产品或者制取溶剂。如硝酸铵、烧碱、抗生素、制糖以及海水淡化等生产中，都要用到蒸发操作。用来进行蒸发的设备称为蒸发器。

蒸发操作若在溶液的沸点下进行，这种蒸发称为沸腾蒸发。沸腾蒸发时，溶液的表面和内部同时进行汽化，蒸发速率较大，在工业中几乎都采用沸腾蒸发。溶剂的汽化在低于溶液的沸点下进行的操作为自然蒸发操作，如海盐的晒制过程。自然蒸发时，溶剂的汽化只是在溶液表面进行，蒸发速度慢，生产效率低，工业上很少使用。

工业中，蒸发操作的热源通常用饱和水蒸气，而蒸发的物料大多是水溶液，蒸发时产生的蒸汽也是水蒸气。为了区别，将加热的蒸汽称为加热蒸汽或生蒸汽，而由溶液蒸发出来的蒸汽称为二次蒸汽。

二、蒸发流程

如图 4-1 为一典型的蒸发操作装置示意。稀溶液（料液）经过预热加入蒸发器。蒸发器的下部是由加热管组成的加热室，管外用加热蒸汽加热管内的溶液，使之沸腾汽化，经浓缩后的完成液从蒸发器底部排出。蒸发器的上部为蒸发室，汽化所产生的蒸汽在蒸发室及其顶部的除沫器中将其中夹带的液沫予以分离。若排出的蒸汽不再使用，则送往冷凝器被冷凝而除去；若排出的蒸汽作为其他加热设备的热源，则送往需被加热的设备。

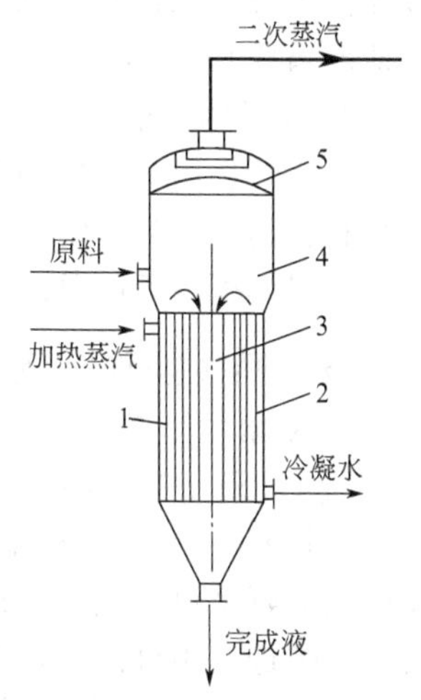

图 4-1　液体加热的流程
1—加热室；2—加热管；3—中央循环管；4—蒸发室；5—除沫器

三、蒸发器的分类

1. 根据操作压强进行分类

蒸发分为常压蒸发、加压蒸发和减压蒸发。常压蒸发所用的分离室与大气相通，蒸发产生的二次蒸汽直接排放到大气中，设备和工艺最为简单。加压蒸发通常用于黏性较大的溶液，产生的二次蒸汽可作为其他加热设备的热源。减压蒸发由于溶液的沸点较低，可增大传热温度差，即增加了蒸发器的生产能力，但为维持真空操作须增加真空设备费用和一定的动力消耗，一般适用于热敏性溶液的蒸发。

2. 根据二次蒸汽是否被利用进行分类

蒸发分为单效蒸发和多效蒸发。单效蒸发所产生的二次蒸汽不再利用，因此蒸汽利用率低、适用于小批量、间歇生产的场合。多效蒸发是将产生的二次蒸汽通到另一压力较低的蒸发器作为加热蒸汽，使多个蒸发器串联起来的操作。多效蒸发由于多次利用蒸发的二次蒸汽，因而加热蒸汽（生蒸汽）的利用率大大提高，但是整个系统流程复杂，设备费用提高。大规模的、连续性的生产一般都采用多效蒸发。

3. 根据操作过程是否连续进行分类

蒸发分为间歇蒸发和连续蒸发。间歇蒸发时溶液的浓度和沸点随时间不断改变，是一个非定态的蒸发过程，它适用于小批量、多品种的场合。连续蒸发是一个连续的、定态的蒸发过程，适用于大批量生产。

四、蒸发操作的特点

蒸发过程实质上是间壁一侧的蒸汽冷凝放出潜热将热量通过传热壁面传递给间壁另一侧的液体，使液体沸腾汽化产生二次蒸汽的过程，所以蒸发器也是一种换热器，但是蒸发操作是含有不挥发溶质的溶液的沸腾传热，因此它与一般的传热过程相比，有它的特殊性。

1. 沸点升高

在相同的压力下，含有不挥发物质的溶液，其沸点比纯溶剂高。蒸发的原料是溶有不挥发溶质的溶液，所以蒸发时溶液的沸点比纯溶剂的沸点高，即加热蒸汽压力一定时，蒸发溶液时的传热温度差比蒸发纯溶剂时小，所以溶液蒸发的传热温度差小于纯溶剂蒸发时的传热温度差，而且溶液的浓度越大，这种影响就越显著。

2. 汽化产生的二次蒸汽的综合利用

蒸发汽化溶剂需要消耗大量的加热蒸汽，同时会产生水蒸汽（二次蒸汽），将二次蒸汽冷直接排放，会浪费大量的热源。因此，如何充分利用热能，使单位质量的加热蒸汽能汽化较多的水分和如何充分利用二次蒸汽，即如何提高加热蒸汽的经济性（如采用多效蒸发或者其他的措施），是蒸发操作节约能源的重要课题。

3. 物料物性的改变

由于蒸发时物料中的水分减少，物料的浓度增大，则可能结垢或有结晶析出；有些热敏性物料在高温下易分解变质（如牛奶）；有些物料增浓后黏度明显增加或者具有较强的腐蚀性等。对此类溶液的蒸发，应根据物料的性质，选择适宜的蒸发方法和设备。

五、蒸发操作案例

1. 尿素的生产

图 4-2 所示为水溶液全循环法生产尿素的流程示意。经过加压预热的原料液氨与经压缩后的原料 CO_2 气及循环回收来的氨基甲酸铵液一并进入预反应器。在预反应器内氨与 CO_2 反应生成氨基甲酸铵，再进入尿素合成塔，在塔内氨基甲酸铵脱水生成尿素。尿素熔融物从塔顶出来进入预分离器，将氨基甲酸铵和氨进行分离。氨基甲酸铵从预分离器底部出来进入中压循环加热器，用蒸汽间接加热使氨基甲酸铵分解，然后进入中压循环分离器，分离出的尿液再减压进入精馏塔，进一步分解氨基甲酸铵。精馏塔底出来的尿液进入低压循环加热器，用蒸汽加热进一步提高温度，促使残余氨基甲酸铵分解。气、液在低压循环分离器内分离。分离出的尿液经减压至常压后，进入闪蒸槽，经减压后尿液中的氨基甲酸铵和氨几乎全部清除。自闪蒸槽出来的尿液进入尿液贮槽，用尿素溶液泵打入中压蒸发加热器及低压蒸发加热器，在不同真空度下加热蒸发，气、液分别在中压蒸发分离器及低压蒸发分离器内分离。低压分离器出口尿液浓度达 99.7%（质量分数）以上，用熔融尿素泵打入造粒塔，经造粒喷头成为尿素颗粒，在塔底得到尿素成品。

2. 烧碱的生产

隔膜法生产烧碱的主要过程如图 4-3 所示。从隔膜电解槽出来的电解液中 NaOH 的含

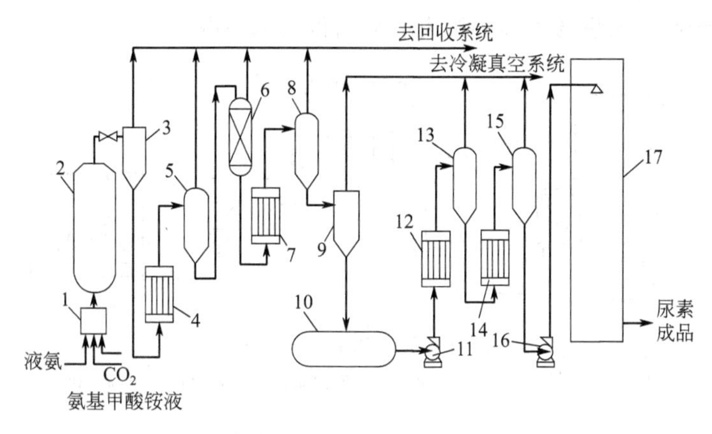

图 4-2 水溶液全循环法合成尿素流程示意

1—预反应器；2—尿素合成塔；3—预分离器；4—中压循环加热器；5—中压循环分离器；6—精馏塔；7—低压循环加热器；8—低压循环分离器；9—闪蒸槽；10—尿素槽；11—尿素溶液泵；12——段蒸发加热器；13——段蒸发分离器；14—二段蒸发加热器；15—二段蒸发分离器；16—熔融尿素泵；17—造粒塔

量较低，只含 11%～12%的 NaOH，而且还含大量的 NaCl，不符合使用要求。由于稀碱液中的溶质 NaOH 不具有挥发性，而溶剂水具有挥发性，因此生产上可将稀碱液蒸发，使其中大量的水分发生汽化并除去，这样原碱液中的溶质 NaOH 的浓度就得到了提高。通过蒸发可以得到 42%～50%符合工艺要求的浓碱液。至于电解液里原有的大量 NaCl，则在蒸发过程中结晶析出后被化成盐水，此盐水在生产上称为回收盐水。由于这种回收盐水中既含 NaCl，又含有少量的 NaOH，所以可送至盐水工段重复使用。

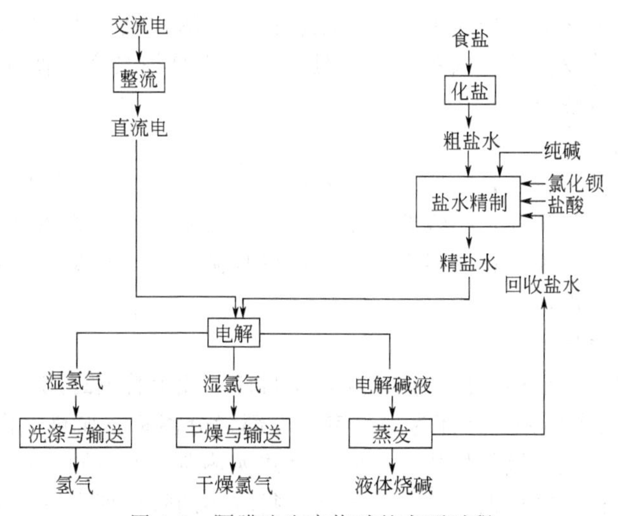

图 4-3 隔膜法生产烧碱的主要过程

3. 木糖醇的生产

以玉米芯为原料制取木糖醇的生产工艺流程如图 4-4 所示。将原料玉米芯用热水浸泡进行预处理，然后加入硫酸水解，石灰乳中和，经过活性炭脱色及离子交换树脂净化之后得到净化的木糖液。木糖液在镍催化剂存在下在加氢反应器中催化加氢，反应生成的氢化液送入装有活性炭的过滤器中进行过滤，以滤除催化剂得到澄清的木糖醇溶液。将含 12%木糖醇的氢化液送入蒸发器中进行真空蒸发浓缩，至木糖醇浓度达 85%～86%。用泵将木糖醇浓缩液送至结晶机结晶，然后送入离心机离心分离得到木糖醇。

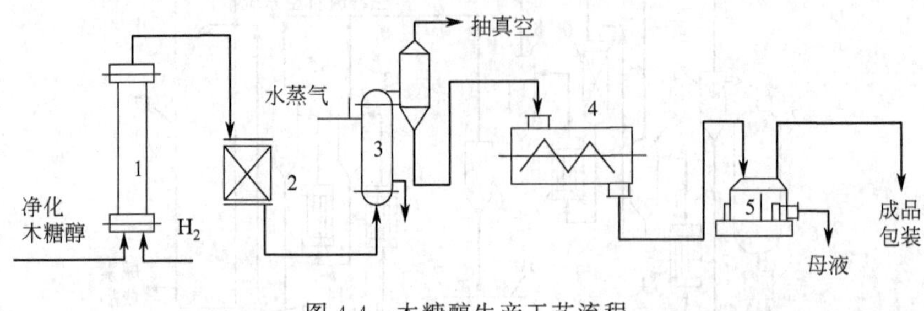

图 4-4　木糖醇生产工艺流程

1—加氢反应器；2—过滤器；3—蒸发器；4—结晶机；5—离心机

第二节　蒸发器设备

蒸发设备主要包括蒸发器、冷凝器和除沫器。

一、蒸发器的结构

根据蒸发器中溶液的流动情况，蒸发器可以分为循环型与非循环型两类。循环型包括中央循环管式蒸发器、外热式蒸发器、悬筐式蒸发器、列文式蒸发器、强制循环蒸发器等；非循环型蒸发器主要包括升膜式蒸发器、降膜式蒸发器和旋转刮板式蒸发器 3 种。下面对它们的结构分别介绍。需要特别说明的是，在生物工程领域，大多数生物技术产品的耐热性都比较差，不方便直接用蒸发设备浓缩，往往需要在这些蒸发器的二次蒸汽出口处加装一台真空泵抽真空，以降低料液的沸点，使料液在低温下蒸发浓缩，以保护产品不被热破坏。例如发酵中间补料用高浓度糖化液，如采用常压浓缩，在糖液的沸点约 100℃以下，糖分很容易形成焦糖，因此必须在蒸发器的二次蒸汽出口处加装真空泵抽真空，使糖液沸点降低到 70℃左右，就可以防止形成焦糖。

1. 循环型蒸发器

循环型蒸发器的基本特点是在这类蒸发器中，溶液每经加热管加热一次，就会汽化一部分，但相对量较小，达不到规定的浓缩要求，因此需要多次循环多次蒸发，料液逐渐浓缩，最终达到所需浓缩要求。因为料液要在蒸发器中反复循环加热蒸发，所以在这类蒸发器中存液量大，溶液在器中的停留时间长。

（1）中央循环式蒸发器

中央循环式蒸发器，也称标准式蒸发器，是目前工业上普遍运用的一种蒸发器，其结构如图 4-5。它分上下两个部分：下部为加热室，上部为分离室。加热室由直立的列管换热器组成，料液走管内，蒸汽在管外加热，如同列管式换热器。所不同的是，加热室中间的一根列管的直径非常大，称为中央循环管。一系列直径较小的管排列在中央循环管的周围，称为沸腾管。一般中央循环管的截面积相当于所有沸腾管总截面积的 40%～100%。由于中央循环管的截面积较大，处于中央循环管中的料液单位体积的传热面积就较小。处于沸腾管中的料液则正好相反，单位体积的传热面积相对较大，这就导致沸腾管中的料液温度比中央管中的高，密度比中央管中的低。中央管中的料液因为密度较大，液体就由中央管下降。沸腾管中的料液密度较低，液体就沿沸腾管上升，这样料液就在沸腾管与中央管之间形成了一个完整的循环。料液经沸腾管上升进入上部的汽-液分离室后，发生汽液分离，分离出来的二次蒸汽经上部的出口排走，或放空或再利用，剩下的料液因除汽后密度上升，进入中央管，参加下一个循环。循环流动的推动力为 $(\rho_1-\rho_2)gh$，其中，ρ_1、ρ_2 分别为中央循环管和沸腾管中料液的密度；h 为管子高度；g 为重力加速度。由公式可知，中央循环管与沸腾管中料液的密度差越大，管子越高，料液的循环推动力也越大，料液循环的速度就会越快。但是由于受蒸发器总高度的限制，管子的高度一般都较短，一般为 0.6～2m，沸腾管的直径一般约为 25～75mm。这导致中央循环蒸发器中料液的循环速度一般都较低，大约在 0.5m/s 以下。这是中央循环蒸发器的一个缺点，同时它还有另外两个缺点：传热系数较小和检修十分麻烦。当然，中央循环加热器的优点也同样明显，主要是结构简单，制造方便，投资费用相对较低。

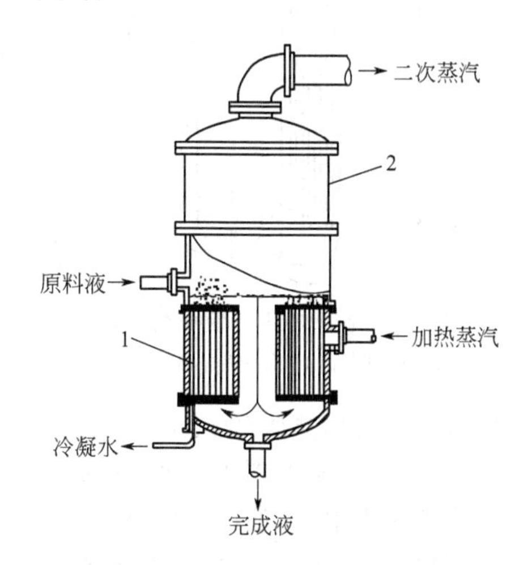

图 4-5 中央循环管式蒸发器
1—加热室；2—分离室

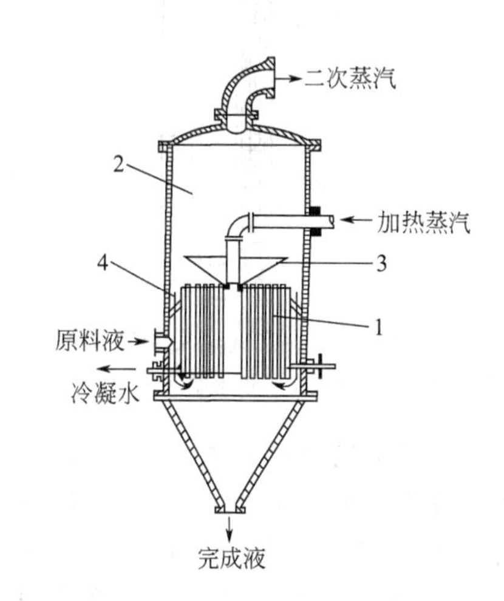

图 4-6 悬筐式蒸发器结构示意
1—加热室；2—分离室；3—除沫器；4—环形循环通道

（2）悬筐式蒸发器

悬筐式蒸发器的结构如图 4-6，因其加热室类似于一个悬筐而得名。这种蒸发器同中央循环管式蒸发器很类似，同样采用列管式沸腾管对料液进行加热汽化，所不同的是悬筐蒸发器的加热室悬空在蒸发器的中间，料液的上升循环同样是借助于列管，经换热后汽液混合物的密度减小，沿列管向上运动，但下降循环则与中央循环管式加热器不同，它借助的是加热室与蒸发器壳体之间的环形空隙，在上部分离室中发生汽-液分离后产生的高密度料液经此下降到蒸发器底部，再次进入列管加入下一轮的循环。

悬筐式蒸发器的环形截面积约为循环管总截面积的 100%～150%，因此料液的循环速度较中央循环管式蒸发器高。悬空在蒸发器里面的加热器，可经顶端取出，便于检修和更换。这种蒸发器缺点是其结构相对复杂，单位传热面所耗金属的量比较大，它适用于易结垢或有结晶析出的溶液的浓缩。

（3）列文式蒸发器

图 4-7 是列文式蒸发器的结构示意。列文式蒸发器的特点是在加热室的上部增设沸腾室。料液在加热室升温后，由于受到沸腾室产生的附加液压，沸点升高，因此料液并不会在加热室沸腾。料液沿加热室的列管上升进入沸腾室后，所受压强降低，才开始沸腾，并大量汽化，形成汽-液混合物，使料液密度降低，继续上升进入汽-液分离室后，所受压强进一步降低，发生汽液分离，产生的二次蒸汽由顶端的二次蒸汽出口排出，剩下的料液进入循环管，沿循环管下降，再一次参加新的循环。目前多数列文式蒸发器的沸腾室里面大都装有隔板，可以防止产生大的气泡，这样会有助于料液上升速度的提高。

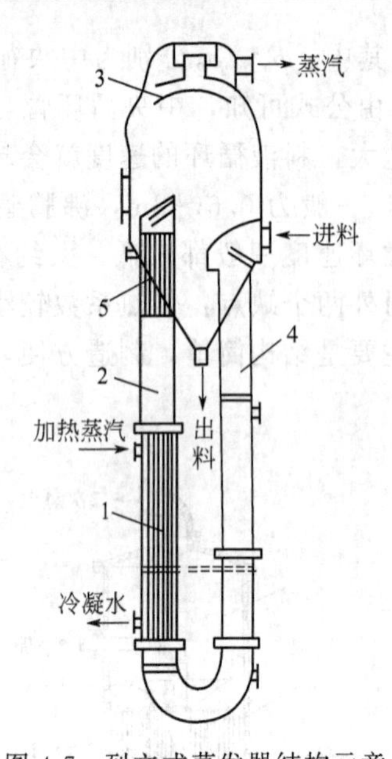

图 4-7 列文式蒸发器结构示意

1—加热室；2—沸腾室；3—除沫器；4—循环管；5—沸腾室隔板

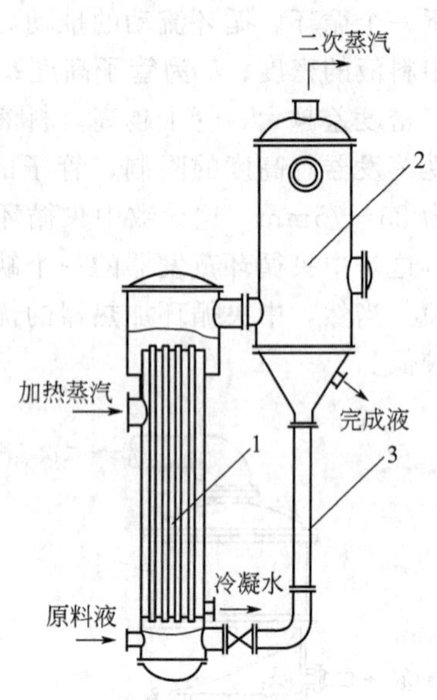

图 4-8 外循环式蒸发器结构示意

1—加热室；2—分离室；3—循环管

列文蒸发器的高度较大，一般为7～8m，循环管的截面积约为加热管的200％～350％，使循环系统阻力较小，因此料液的循环速度可高达2～3m/s。列文蒸发器的优点是料液在加热管中不沸腾，这样可以避免料液在加热管中汽化浓缩产生晶体，而且还能减轻加热管表面上污垢的形成。另外，列文式蒸发器的传热效果较好，适用于处理有结晶析出的溶液。该蒸发器的缺点是设备体积比较庞大，制造时需要消耗大量金属材料，安装时需要建设高大厂房。此外，由于液层静压强引起的温度差损失较大，因此要求加热蒸汽压强较高。

(4) 外循环式蒸发器

外循环式蒸发器与中央循环式蒸发器不同，它的汽-液分离器与加热器是分开独立的，其结构如图4-8。加热器类似于普通的列管换热器，料液走管内，经管外的蒸汽加热后，形成汽-液混合物，密度降低，液内压力增大，推动料液向上运动，到加热器顶端后，经侧面的循环管进入汽-液分离器。料液在汽-液分离器中发生汽-液分离，产生的二次蒸汽由上端的蒸汽出口排出，剩下的料液因除汽后密度升高，沿汽-液分离器的下端的循环管下降，再次进入加热器，开始第二次循环。经过多次循环达到料液浓缩要求后，经汽-液分离器下端的完成液出口排出，交给下一道工序。

外循环式蒸发器的特点是将加热室与汽-液分离室分开，因此便于清洗和更换。同时，这种结构有利于降低蒸发器的总高度，可以采用较长的加热管，如同在中央循环式蒸发器中所讲，长的加热管可以提高料液循环的推动力，因此外循环式蒸发器中料液的循环速度比较快，可达1.5m/s以上，相当于中央循环管式蒸发器的3倍。此外，循环速度大，溶液通过加热管的汽化率低，溶液在加热面局部浓度增高较小，有利于减轻结垢。

(5) 强制循环蒸发器

强制循环蒸发器与前面所讲的几种蒸发器不同，前面所讲的几种蒸发器内料液的循环都是依靠蒸发器中沸腾液的密度差使溶液自然循环，溶液的循环速度一般都较低，不宜处理高黏度、易结垢以及有结晶析出的溶液。处理这类溶液的浓缩，就需要用到强制循环蒸发器。这种蒸发器的基本结构与外循环式蒸发器一样，所不同的只是在外循环式蒸发器的循环管上加装了一台循环泵，通过泵的输送，促进蒸发器内料液的循环。其结构如图4-9。在循环泵的作用下，蒸发器内料液高速循环，循环速度能达到1.5～3.5m/s。

强制循环蒸发器的传热系数较自然循环蒸发器大，但其动力消耗也大，单位加热面耗费功率约为0.4～0.8kW/m^2。

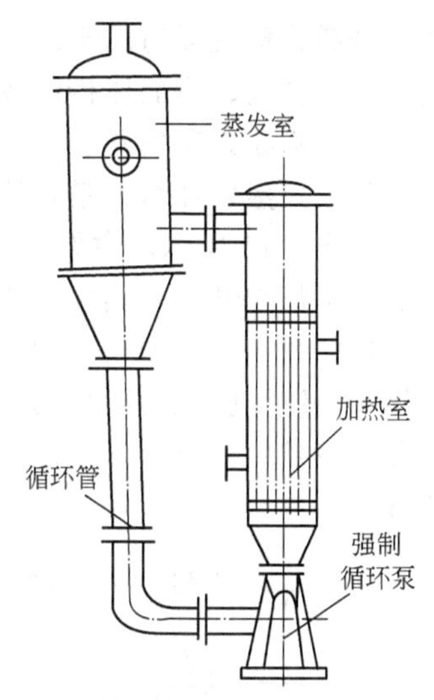

图4-9 强制循环蒸发器结构示意

2. 非循环型蒸发器

非循环型蒸发器又称单程型蒸发器，其基本特点是料液在蒸发器内只经过一次加热蒸发，因此料液在蒸发器内停留的时间比循环型蒸发器要短，蒸发器内的存液量相对也要小许多。在这类蒸发器中，料液经受的加热时间比较短，因此特别适用于一些受热易变性的物质的浓缩。因为要求溶液经过一次加热蒸发即达到浓缩的目的，因此对蒸发器设计与操作的要求相对比较高。

料液进入这类蒸发器时，多呈薄膜状在加热管表面流动，因此通常也称非循环型蒸发器为膜式蒸发器，根据器内液体流动方向及成膜原因不同，膜式蒸发器有升膜式、降膜式和旋转刮板式3种形式。

(1) 升膜式蒸发器

升膜式蒸发器的加热室换热面有换热管和换热面两种，相应的蒸发器分别称为管式升膜蒸发器和板式升膜蒸发器。本书以管式为例介绍升膜式蒸发器的基本结构和工作原理。图4-10是管式升膜蒸发器的基本结构图，主要由两部分组成：加热室和分离室。加热室（类似列管式换热器）内装有一束较长的换热管，管长3～15m，直径25～50mm，管长和管径比约为100～150。原料液先经预热后经由加热器底部进入换热管，并在换热管内受热汽化，所产生的二次蒸汽在管内高速上升，带动液体沿管内壁呈膜状向上流动。在常压下二次蒸汽排出时速度一般为20～50m/s，最低不应小于10m/s；若加上真空泵，在真空浓缩环境下，二次蒸汽的排出速度可达100～160m/s或更高。料液在上流的过程中，不断蒸发，进入分离室后，完成液与二次蒸汽分离，由分离室底部排出。

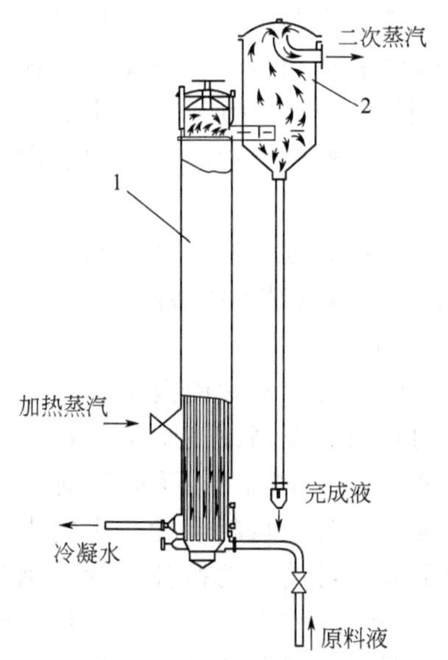

图4-10 升膜蒸发器结构示意
1—蒸发室；2—分离室

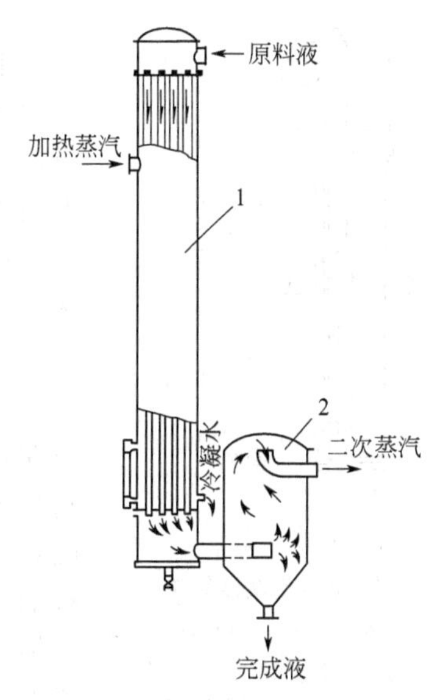

图4-11 降膜蒸发器结构示意
1—蒸发室；2—分离室

升膜式蒸发器适用于溶液浓度较稀、蒸发量大、溶质对热敏感及易产生泡沫的溶液，不适用于高黏度、有晶体析出或易结垢的溶液和浓溶液。

（2）降膜式蒸发器

降膜式蒸发器与升膜式蒸发器类似，同样可分为板式和管式。管式降膜式蒸发器的基本结构如图 4-11 所示，主要由三部分组成：加热室、分离室和膜分布器，其中加热室与分离室的结构都与升膜式蒸发器的相同，膜分布器的体积较小，安装在每根换热管上端口处，详细结构如图 4-12。原料液由加热室的顶部进入，经膜分布器分布后，在自身重力作用下沿换热管内壁呈膜状向下流动，在下流的过程中被蒸发浓缩。汽-液混合物从管下端流出，进入分离室发生汽液分离，二次蒸汽由分离室顶部的出口排出，完成液（浓缩液）由分离室底部排出。

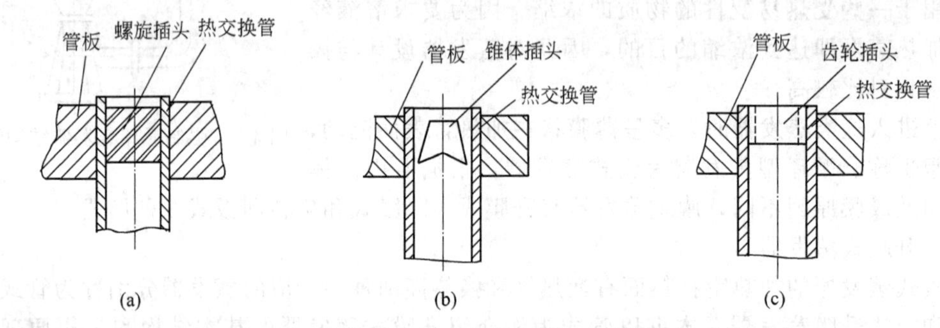

图 4-12　常见的三种降膜蒸发器插头型分布器示意

膜分布器对降膜式蒸发器的性能起决定作用。在换热管顶端都装有膜分布器，保证料液呈均匀的膜状沿管壁向下流动。分布器的种类很多，常见的有溢流型、插头型、喷淋型等，其中以插头型的结构最简单，方便安装和检修，所以在工业上应用最普遍。根据插头的形状不同，插头型又可分为多种类别。图 4-12 所示为 3 种常见的插头型降膜分布器。图 4-12(a) 中，液体依靠一螺旋形沟槽的圆柱体导流，液体沿沟槽旋转流下分布在整个管内壁上；图 4-12(b) 中的分布器下端是圆锥体，锥体底面向内凹，防止沿锥体斜面流下的料液向中央聚集；图 4-12(c) 中所示为液体通过齿缝沿换热管成膜状下降。除此之外还有空心球型和切向孔型等不同类别。

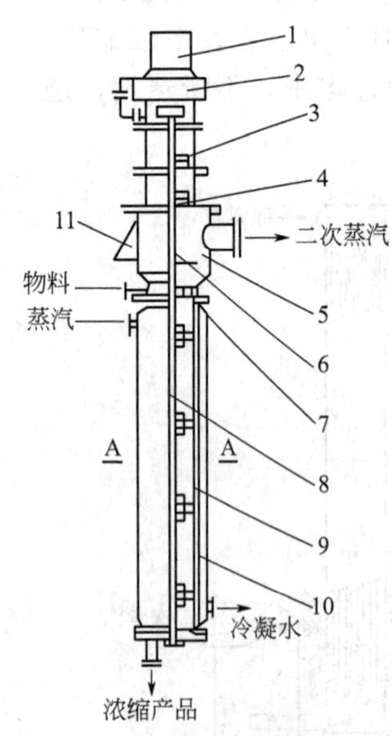

图 4-13　旋转薄膜蒸发器结构示意
1—电机；2—减速机；3—轴承；4—密封；5—分离器；6—捕泡器；7—分布器；8—转子；9—沟槽刮板；10—蒸汽夹套；11—支架

在生产中，降膜式蒸发器可蒸发浓度和黏度较大的溶液，但不适用于蒸发易结晶或易结垢的溶液。

（3）旋转刮板式蒸发器

在这类蒸发器中，依靠旋转刮片的拨刮作用使液体分布在加热管壁上，它们专门用于高黏度溶液的蒸发。旋转刮片分固定和活动两种形式。图 4-13 所示为刮片固定的旋转薄膜蒸发器。其加热管为一根粗圆管，它的中下部装有加热蒸汽夹套，内部装有可旋转的搅拌刮片，刮片端部与加热管内壁的间隙固定为 0.75～1.5mm。料液由蒸发器上部沿切线方向进入器内，被刮片带动旋转，在加热管内壁上形成旋转下降的液膜，而被蒸发浓缩，完成液（浓缩液）由底部排出，二次蒸汽上升至顶部经分离器后进入冷凝器。

这种蒸发器适用于处理易结垢、易结晶、高黏度的溶液。在某些情况下可将溶液蒸干而由底部直接获得固体产物。其缺点是结构复杂，动力消耗较大，传热面积较小，一般为 3～4m²，最大不超过 20m²，故其处理量较小，生产能力有限。

3. 各类蒸发器的性能比较

常用蒸发器的主要性能综合比较见表 4-1。

表 4-1 各种蒸发器的主要性能比较

蒸发器的形式	溶液在加热管内流速/(m/s)	传热系数	停留时间	完成液浓度控制	处理量	对溶液的适应性					
						稀溶液	高黏度	易起泡	易结垢	热敏性	有晶体
中央循环管式	0.1～0.5	一般	长	易	一般	适	难适	能适	尚适	不甚适	能适
悬筐式	0.6～1.0	稍高	长	易	一般	适	难适	能适	尚适	不甚适	能适
外循环式	0.4～1.5	较高	较长	易	较大	适	尚适	尚适	尚适	不甚适	能适
列文式	1.5～2.5	较高	较长	易	大	适	尚适	尚适	适	不甚适	能适
强制循环式	2.0～3.5	高	较长	易	大	适	适	适	适	不甚适	适
升膜式	0.4～1.0	高	短	难	大	适	适	适	尚适	适	不适
降膜式	0.4～1.0	高	短	较难	较大	能适	尚适	不适	不适	适	不适
旋转刮板式		高	短	较难	小	能适	尚适	适	适	适	能适

二、冷凝器和除沫器

1. 冷凝器

冷凝器的作用是使蒸发产生的二次蒸汽冷凝成水排出。根据冷凝水是否与二次蒸汽直接接触，冷凝器可分为间壁式冷凝器和直接接触式冷凝器。间壁式冷凝器可采用列管式或板式换热器将二次蒸汽冷凝成水。直接接触式冷凝器也称为混合式冷凝器，通过自上而下的冷却水与自下而上的逆流蒸汽直接接触，吸收蒸汽热量使蒸汽冷凝，此法在蒸发操作中应用较广泛。图 4-14 为逆流高位混合式冷凝器，顶部用冷却水喷淋，使之与二次蒸汽直接接触将其冷凝。这种冷凝器一般均处于负压操作，为将混合冷凝后的水排向大气，冷凝器的安装必须足够高。冷凝器底部所连接的长管称为大气腿。

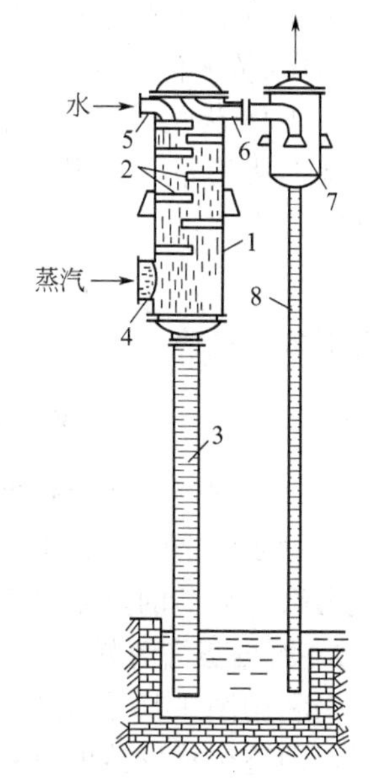

图 4-14 逆流高位冷凝器
1—外壳；2—淋水板；3,8—气压管；4—蒸汽进口；5—进水口；6—冷凝气出口；7—分离罐

当蒸发过程在减压下进行时，不凝气需用真空泵抽出，冷却水则需用气压管排出。气压管的结构为一水封装置，其下端插入水中，气压管应有足够高度，以保证冷凝器中的水能依靠高位自动流出，而外界的空气不会进入冷凝器内，一般气压管高度为 10～11m。

2. 除沫器

在蒸发器的分离室中，二次蒸汽与液体分离后，其中还会夹带液滴，需进一步分离以防止有用产品的损失或冷凝液被污染，因此，需要在蒸发器的顶部设置除沫器，除去夹带的液

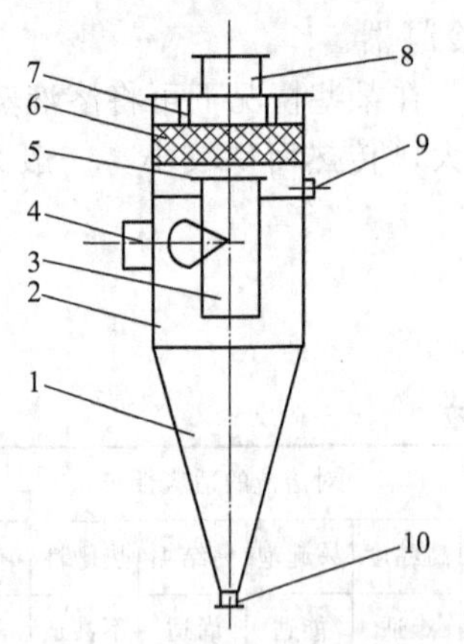

图 4-15　金属丝网除沫器结构示意
1—锥体；2—筒体；3—导管；4—蒸汽进口；5—风挡；6—丝网；7—压架；8—出风口；9—中排液口；10—下排液

滴。除沫器可以设置在蒸发器的顶部，也可以在蒸发器外专门设置。根据除沫器工作原理的不同，直接安装在蒸发器顶端的除沫器包括折流式除沫器、球形除沫器、金属丝网除沫器和离心式除沫器等类别，单独安装在蒸发器外部的除沫器分为冲击式除沫器、旋风式除沫器和离心式除沫器等类型。

图 4-15 为在发酵工业中常用的金属丝网除沫器结构示意图。其工作原理是夹带液滴的二次蒸汽以一定的速度穿过丝网层时，气体中的液滴与丝网碰撞并附着于丝网上形成液滴，然后在毛细管现象和液滴表面张力作用下，使聚积在丝网上的液滴不断增大，待液滴重量超过上升汽流产生的提升力时，液滴就离开丝网掉下，从而达到分离的目的。丝网层高度一般为 200mm，放置二层，网号为 40～100（0.1mm×0.3mm）不锈钢丝网，重叠安装即可。

第三节　单效蒸发

一、单效蒸发的计算

根据物料衡算、热量衡算和传热方程式可求得单效蒸发时的溶剂蒸发量、加热蒸汽消耗量、传热面积。

1. 溶剂蒸发量

若在蒸发过程中，溶质的挥发性极低，其挥发损失可以忽略不计，经过蒸发后的溶质则全部浓缩到了完成液中。此时的物料衡算公式为：

料液进入量×溶液初浓度＝浓缩液量×溶液终浓度＝(料液进入量－蒸发量)×溶液终浓度

图 4-16 为单效蒸发的物料衡算图，图中 F 代表料液进入量，x_0 代表溶液初始浓度，W 代表溶剂蒸发量，x_1 代表浓缩后溶液的终浓度，则根据物料衡算公式有：

$$Fx_0=(F-W)x_1 \tag{4-1}$$

故溶剂蒸发量为：

$$W=F\left(1-\frac{x_0}{x_1}\right) \tag{4-2}$$

蒸发过程中，若原料液中的溶质还有部分挥发，其物料衡算相对要复杂一些，本书不作重点讨论，请读者参考其他有关书籍。后面的热量衡算和传热面积计算亦是如此。

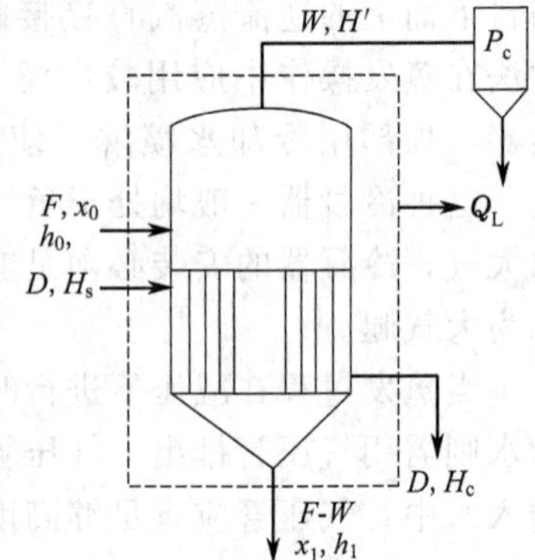

图 4-16　单效蒸发的物料衡算和热量衡算示意

2. 加热蒸汽消耗量

仍利用图 4-16 作为热量衡算图。取整个蒸发器为研究系统，则整个蒸发器的热量衡算公式为：

蒸汽热量＋原料液热量＝冷凝水热量＋二次蒸汽热量＋浓缩液热量＋热损失

结合图中表示，D 为蒸汽量，Q_L 为热损失量，F 与 W 如前，则有：

$$DH_s+Fh_0=Dh_c+WH'+(F-W)h_1+Q_L \tag{4-3}$$

故加热蒸汽用量为：

$$D=\frac{WH'+(F-W)h_1-Fh_0+Q_L}{H_s-h_c} \tag{4-4}$$

式中 H_s——加热蒸汽的焓，J/kg；
H'——二次蒸汽的焓，J/kg；
h_c——冷凝水的焓，J/kg；
h_1——完成液的焓，J/kg；
h_0——原料液的焓，J/kg；
Q_L——蒸发器热损失，J/h。

由式(4-4) 可知，只要知道各物流的焓值和热损失 Q_L，即可求出加热蒸汽的用量。

(1) 溶液的焓

各种溶液的焓需用实验求得，一般说来，溶液的焓值是其浓度与温度的函数。对于浓缩热（或稀释热）不大的溶液，其焓值可由比热容近似计算。取0℃的溶液作为基准，则：

$$h_0=c_0t_0 \tag{4-5a}$$

$$h_1=c_1t_1 \tag{4-5b}$$

式中 c_0——原料液在0℃到 t_0℃间的平均比热容，J/(kg·K)；
c_1——完成液在0℃到 t_1℃间的平均比热容，J/(kg·K)；
t_1——蒸发器中溶液的沸点，℃。

代入式(4-4)，可得：

$$D=\frac{WH'+(F-W)c_1t_1-Fc_0t_0+Q_L}{H_s-h_c} \tag{4-6}$$

对于溶解时热效应不大的溶液，其比热容近似地可按线性加和原则由水的比热容和溶质的比热容按以下两式计算：

$$c_0=c_W(1-x_0)+c_Bx_0 \tag{4-7a}$$

$$c_1=c_W(1-x_1)+c_Bx_1 \tag{4-7b}$$

式中 c_B，c_W——为溶质与纯水的比热容，J/(kg·K)。

由式(4-7a) 得：

$$c_B=\frac{c_0-c_W+c_Wx_0}{x_0}$$

再由式(4-1) 得：

$$x_1=\frac{Fx_0}{F-W}$$

代入式(4-7b)，化简得：

$$(F-W)c_1=Fc_0-Wc_W \tag{4-7c}$$

代入式(4-6) 得：

$$D=\frac{WH'+(Fc_0-Wc_W)t_1-Fc_0t_0+Q_L}{H_s-h_c}$$

$$=\frac{WH'-Wc_Wt_1+Fc_0(t_1-t_0)+Q_L}{H_s-h_c} \tag{4-8}$$

(2) 蒸汽与水的焓

加热蒸汽的焓可根据其饱和温度 t_s 由蒸汽表查得，冷凝水的焓 h_c 与温度有关，可由蒸汽表查得或根据水的比热容和温度计算：

$$h_c = c_W t \tag{4-9}$$

式中　t——冷凝水的温度，℃。

通常冷凝水在饱和温度下排出，则式(4-6) 中的 $(H_s - h_c)$ 即为加热蒸汽的冷凝热 r (J/kg)。

式(4-4) 中二次蒸汽的焓取决于温度（即溶液的沸点 t_1）和压强。这里必须强调指出，溶液的沸点比同压强下水的沸点高，所以从溶液沸腾汽化出来的蒸汽对于水来说不是饱和蒸汽而是过热蒸汽。过热蒸汽的焓值可以从水蒸汽表中的过热蒸汽部分查得，也可以由式(4-10) 计算：

$$H' = H_{s,p1} + c_p (t_1 - t_{1,s}) \tag{4-10}$$

式中　t_1——溶液的沸点，℃；

$H_{s,p1}$——压强为蒸发器操作压强 p_1 的饱和蒸汽的焓，J/kg；

$t_{1,s}$——压强为 p_1 的饱和蒸汽的温度，℃；

c_p——水蒸气的等压比热容，J/(kg·K)。

虽然二次蒸汽多为过热，但过热程度不大，且蒸发器有热损失，蒸汽离开液面后很快降为饱和状态，故相应的各项参数均可近似地按蒸发室压强下饱和状态计，此时可将离开蒸发面后二次蒸汽的焓值 H'（t_1 温度下饱和水蒸气的焓）近似取为温度为 $t_{1,s}$（蒸发室温度）的饱和水蒸汽的焓。因此式(4-8) 中的 $(H' - c_W t_1)$ 可以近似地取 $t_{1,s}$ 下水的汽化热 r'，即 $r' \approx H' - c_W t_1$。于是式(4-8) 可写为：

$$D = \frac{Wr' + Fc_0 (t_1 - t_0) + Q_L}{r} \tag{4-11}$$

或

$$Dr = Wr' + Fc_0 (t_1 - t_0) + Q_L \tag{4-12}$$

此式表示加热蒸汽放出的热量用于：

① 使原料液升温到沸点 t_1；

② 使水在 t_1 下汽化成二次蒸汽；

③ 热损失。

若原料液在沸点下加入蒸发器，同时忽略热损失，则由式(4-12) 可得单位蒸汽消耗量 e 为：

$$e = \frac{D}{W} = \frac{r'}{r} \tag{4-13}$$

一般水的汽化潜热随压强的变化不大，$r \approx r'$，则 $D \approx W$，$e \approx 1$，即在理想的条件下，采用单效蒸发，蒸发 1kg 水约需 1kg 的加热蒸汽。实际上由于溶液的热效应和热损失等原因，e 约为 1.1 或更大。

(3) 热损失

蒸发器的热损失原则上可以根据传热原理计算，通常根据实际操作的经验数据确定，一般取加热蒸汽放热量的一个百分数。

3. 蒸发器的传热面积

由传热方程式得：

$$A = \frac{Q}{K \Delta t_{均}} \tag{4-14}$$

式中　A——蒸发器的传热面积，m^2；

Q——传热量，W，且 $Q = Dr$；

K——传热系数，W/(m²·℃)；

$\Delta t_{均}$——传热的平均温度差，℃。

由于蒸发过程为蒸汽冷凝和溶液沸腾之间的恒温传热，$\Delta t_{均}=t_s-t_1$（t_s为压强为p_1的饱和蒸汽的温度,℃），故有：

$$A=\frac{Q}{K(t_s-t_1)}=\frac{Dr}{K(t_s-t_1)} \tag{4-15}$$

【例 4-1】 在谷氨酸的蒸发过程中，设进料量为 10000kg/h，用压力为 686kPa（绝压）饱和蒸汽将其由质量百分比 15%浓缩至 45%。若蒸发室压力为 20kPa（绝压）。溶液的沸点为 100℃，蒸发器的传热系数为 1200W/(m²·K)，沸点进料，试求不计热损失时的加热蒸汽消耗量和蒸发器的传热面积。

解 由式(4-1) 得：

$$W=F\left(1-\frac{x_0}{x}\right)=10^4\left(1-\frac{15}{45}\right)=6.67\times10^3\ (\text{kg/h})$$

又已知加热蒸汽压力为 686kPa（绝压），由蒸汽表查得：$t_s=164.2$℃，$r=2073$kJ/kg，由蒸发室压力为 20kPa（绝压），可查得：$r'=2356$kJ/kg。

已知为沸点进料，且不计热损失，有：

$$D=W\times\frac{r'}{r}=6.67\times10^3\times\frac{2356}{2073}=7.58\times10^3\ (\text{kg/h})$$

蒸发器的传热面积为：

$$A=\frac{Q}{K(t_s-t_1)}$$

传热量 $Q=Dr=7.58\times10^3\times2073=15.71\times10^6$ (kJ/h)$=4.37\times10^6$ (W)，又已知$t_1=100$℃，故有：

$$A=\frac{4.37\times10^6}{1200\times(164.2-100)}=56.7\ (\text{m}^2)$$

二、温度差损失

如前述，蒸发器中的传热温度差$\Delta t_{均}$为加热蒸汽温度与溶液沸点的差值，即$\Delta t_{均}=t_s-t_1$，称为有效温度差。在生产上是根据加热蒸汽和冷凝器中的二次蒸汽的压力，从水蒸气表查出其相应的温度t_s和t'，由此得出的温度差（t_s-t'）称为视温度差，以$\Delta t_{视}$表示。事实上，由于溶液沸点升高、液柱静压力和管路流体阻力的影响，导致溶液沸点温度t_1高于查出的二次蒸汽温度t'，因此有效温度差总是比视温度差小，即$\Delta t_{均}<\Delta t_{视}$，这样就产生了温度差损失，以符号$\Delta$示之，即：

$$\Delta=\Delta t_{视}-\Delta t_{均}=(t_s-t')-(t_s-t_1)=t_1-t' \tag{4-16}$$

式(4-16) 表示温度差损失Δ等于溶液沸点t_1与二次蒸汽饱和温度t'之差。在已知二次蒸汽温度t'的前提下，只有求得Δ，才可求得溶液的沸点t_1和有效温度差$\Delta t_{均}$（$=\Delta t_{视}-\Delta$）。

蒸发操作时，引起温度差损失的主要原因有：因原料液浓度引起的溶液沸点升高（Δ'）、因液柱静压力引起的溶液沸点升高（Δ''）和因管路流体阻力引起的溶液沸点升高（Δ'''），总温度差损失为：

$$\Delta=\Delta'+\Delta''+\Delta''' \tag{4-17}$$

若是根据蒸发器分离室的压力（即不是根据冷凝器的压力）确定时，有：

$$\Delta=\Delta'+\Delta'' \tag{4-17a}$$

1. 由于原料液浓度引起的溶液沸点升高导致的温度差损失

溶液中含有溶质，故其沸点必然高于纯溶剂在同一压力下的沸点，此高出的温度即Δ'。Δ'主要和溶液的种类、浓度及蒸发压力有关，其值由实验测定。

在一般手册中，可以查到常压下某些溶液在不同浓度时的沸点升高数据。计算非常压下溶液沸点升高的方法很多，本书应用校正系数法近似计算，即：

$$\Delta' = f\Delta'_0 \tag{4-18}$$

式中 Δ'_0——常压下溶液的沸点升高，℃；

f——无量纲校正系数。

式(4-18) 中的无量纲校正系数可按式(4-19) 计算：

$$f = 0.0162T^2/r'' \tag{4-19}$$

式中 T——实际压力下二次蒸汽的绝对温度，K；

r''——实际压力下二次蒸汽的汽化潜热，kJ/kg。

【例 4-2】 蒸发浓度为 45%（质量百分比）的 NaOH 水溶液时，若二次蒸汽压力为 32kPa（绝），试求溶液的沸点升高Δ'和溶液的沸点t_1。

解 由附录三可查得浓度45%的 NaOH 水溶液在常压下的沸点为 135.4℃，故

$$\Delta'_0 = 135.4 - 100 = 35.4\ (℃)$$

由式(4-18)，$\Delta' = f\Delta'_0$；

又 $$f = 0.0162T^2/r''$$

由蒸汽表查得 32kPa（绝）下水蒸汽的饱和温度 $T=71℃=344K$；其潜热 $r''=2330kJ/kg$，可求得 $f=0.82$。

故：

$$\Delta' = 35.4 \times 0.82 = 29\ (℃)$$

$$t_1 = 71 + 29 = 100\ (℃)$$

溶液的沸点t_1常按杜林规则求取。该规则认为，一定浓度的某种溶液，其沸点和相同压力下标准液体的沸点t_w呈线性关系，即有：

$$t_1 = kt_w + m \tag{4-20}$$

式中的k和m分别为沸点直线的斜率和截距。一般选取水为标准液体，当已知不同压力下该溶液与水的沸点时，即可求得k和m。k和m与溶液种类和深度有关，例如对 NaOH 溶液，设x为 NaOH 的质量分率，有：

$$\left.\begin{aligned} k &= 1 + 0.142x \\ m &= 150.75x^2 - 2.71x \end{aligned}\right\} \tag{4-21}$$

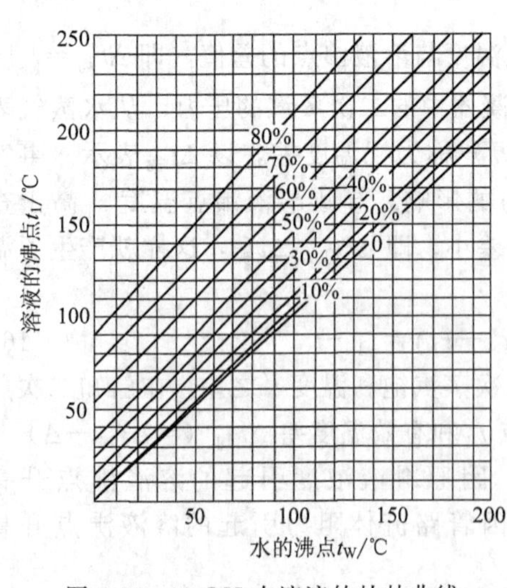

图 4-17 NaOH 水溶液的杜林曲线

式(4-21) 的关系常以图示给出。图 4-17 为不同浓度 NaOH 水溶液的沸点直线。当需求某一浓度 NaOH 溶液的沸点时，可根据给定的二次蒸汽的压力先求得此时水的沸点，亦即其二次蒸汽的饱和温度，然后由图中相应的直线查得。这些直线和图中对$x=0$之间的距离即沸点升高。由图可知，低浓度下的沸点直线近似和 45°线平行，故实际上此时压力对沸点升高的影响不大。

【例 4-3】 试用杜林规则求上例中 NaOH 溶液沸点t_1和沸点升高Δ'。

解 上例已查得32kPa（绝）下二次蒸汽的饱和温度，亦即水的沸点t_w为71℃。

（1）图解法

由图4-16可查得71℃下浓度为45%的NaOH水溶液的沸点t_1为105℃。可得沸点升高为：

$$\Delta'=t_1-t_w=105-71=34\ (℃)$$

（2）计算法

由式(4-21)计算直接代入式(4-20)得：

$$\begin{aligned}t_1&=(1+0.142x)t_w+150.75x^2-2.71x\\&=(1+0.142\times0.45)\times71+150.75\times(0.45)^2-2.71\times0.45\\&=104.8\ (℃)\end{aligned}$$

$$\Delta'=t_1-t_w=104.8-71=33.8\ (℃)$$

由上两例可知，采用不同的计算方法，结果会有所不同。

2. 液柱静压力引起的沸点升高 Δ''

由于有些蒸发器操作时需维持一定的液位，因而溶液内部所受的压力大于液面所受的压力，相应的溶液内部的沸点亦较液面处的为高，二者之差即为液柱静压力引起的沸点升高Δ''。为简便计，溶液内部的沸点多按平均深度处的压力计算。由静力学基本方程得：

$$p_{均}=p_0+\frac{\rho gh}{2} \tag{4-22}$$

式中 $p_{均}$——蒸发器内平均深度处的压力，Pa；

p_0——液面处压力，即二次蒸汽压力，Pa；

ρ——溶液的密度，kg/m^3；

h——液层的深度，m。

依据平均深度处的压力可查得水的沸点，因此可按式(4-23)计算Δ''，即：

$$\Delta''=t_{p均}-t_{p0} \tag{4-23}$$

式中 $t_{p均}$——根据平均深度处的压力$p_{均}$求得的水的沸点，℃；

t_{p0}——根据二次蒸汽压力p_0求得的水的沸点，℃。

应当指出的是由于溶液在沸腾时形成汽液混合物，因此式(4-22)中的密度比实际的大，故由式(4-23)求出Δ''值偏大。但是，当蒸发器加热管中溶液的速度较大时，因流体阻力而使溶液的平均压力增大，从而Δ''也要加大，上式并未计算此项影响。可见由式(4-22)计算得到的Δ''仅是估计值。

3. 由于管路流体阻力引起的温度差损失 Δ'''

二次蒸汽由蒸发器运行到冷凝器的过程中，因流体阻力使其压力降低，蒸汽的饱和温度也相应降低，使得视温度差加大，由此引起的温度差损失即为Δ'''。

Δ'''值与蒸汽在管道中的流速、物性以及管道尺寸有关。此项温度差损失根据经验可取为1～1.5℃。

三、真空蒸发

生物技术产品大多数都是热敏性物质，为了降低蒸发时溶液的沸点，保证产品的稳定性，在工业中多采用真空蒸发。

真空蒸发将真空泵安装在二次蒸汽的出口。有关真空泵的工作原理、计算与选型，请参阅有关参考书。真空蒸发的优点除了能有效保护热敏性物质不被破坏之外，还由于真空下溶液的沸点较低，有时可以利用低压蒸汽或废蒸汽作为加热蒸汽；在相同加热蒸汽压力下，可以提高蒸发时的传热温度差，增大蒸发器的生产能力。

真空蒸发过程中产生的二次蒸汽一般很难回收利用，因此真空蒸发在单效蒸发中利用的相当普遍，但在以利用二次蒸汽节约能耗的多效蒸发中却受到一定程度的限制。在多效蒸发过程中，若有必要用到真空蒸发时，一般也仅在多效蒸发的最后几效采用。

有关真空蒸发的计算问题，请参考上述有关单效蒸发的计算。不同之处仅在溶液的沸点由原来的 t_1 变为真空状态下的 t'_1。

第四节 多效蒸发

一、多效蒸发流程

前面一节所讲的单效蒸发过程所产生的二次蒸汽都未曾再利用，造成能量的浪费，克服这一不足的方法就是多效蒸发。多效蒸发中，通入生蒸汽的蒸发器为第一效，利用第一效产生的二次蒸汽作为加热蒸汽的蒸发器为第二效，依此类推串接成多效蒸发。下面以三效为例来说明多效蒸发的流程。在多效蒸发中，各效加热蒸汽（t_s、$t_{s,2}$、$t_{s,3}$）与溶液的沸点温度（t_1、t_2、t_3）依次降低：

$$t_s > t_1 > t_{s,2} > t_2 > t_{s,3} > t_3$$

因此各效的操作压强（p_1、p_2、p_3）也依次降低：

$$p_1 > p_2 > p_3 > p_c$$

式中　p_c——冷凝器的操作压强。

多效蒸发中溶液的流向可以有不同的方式，根据溶液与蒸汽流向的相对关系，多效蒸发有以下 4 种操作流程。

1. 并流加料

图 4-18 为并流加料蒸发流程。生蒸汽通入第一效加热室，蒸发所得二次蒸汽送至第二效作为加热蒸汽，第二效的二次蒸汽送至第三效作为加热蒸汽，第三效的二次蒸汽则送至冷凝器全部冷凝。原料液进入第一效蒸发浓缩后由底部排出，再依次送入第二效和第三效继续蒸发浓缩得到完成液。在这种流程中，溶液的流向和蒸汽的流向相同，故称为并流（或顺流）加料。

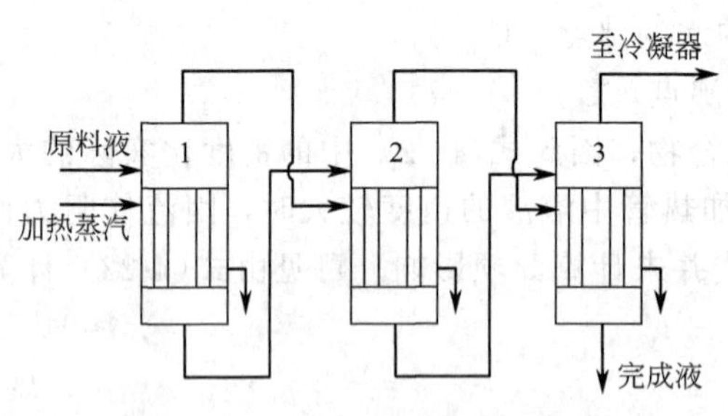

图 4-18　并流加料三效蒸发流程

并流加料的优点是溶液从压强和温度高的蒸发器流向压强和温度低的蒸发器，因此溶液可以依靠效间的压强差流动，不需要泵送，操作方便。同时溶液进入温度、压强较低的次一效时自蒸发（有时也叫闪蒸），可以产生较多的二次蒸汽，从整个蒸发装置看，完成液以较低的温度排出，所以热量损耗较少。

并流加料的缺点是各效间随着溶液浓度的增高，溶液的温度反而降低，因此随着溶液逐效流向后面诸效，溶液黏度增加很快，蒸发器的传热系数下降，特别是最后诸效传热系数下降更为厉害，结果使整个装置的生产能力降低。

2. 逆流加料

此时溶液的流向和蒸汽的流向相反，其流程如图 4-19。

逆流加料的优点是随着溶液在各效中浓度的增高温度亦随之升高，因此浓度增高使黏度增大的趋势刚好被温度上升使黏度下降所大致抵消，所以各效的传热系数差别不大，这种加料方式适宜于处理黏度和浓度变化较大的溶液。

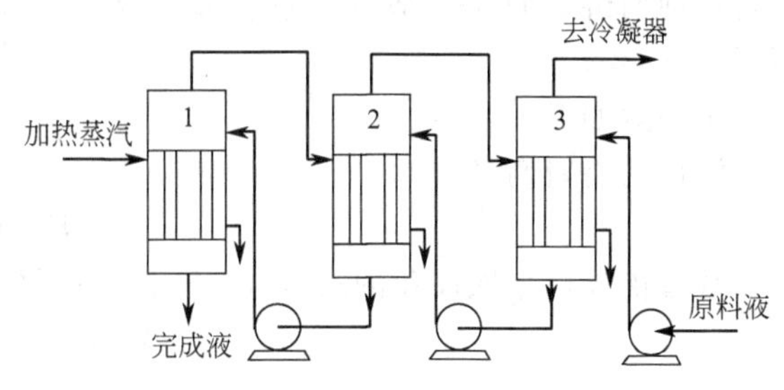

图 4-19 逆流加料的三效蒸发流程图

该加料方式的缺点是溶液在效间流动是从低压流向高压，从低温流向高温，故必须用泵输送。同时对各效来说，都是冷加料，没有自蒸发，产生的二次蒸汽少。从整个装置看，完成液在较高温度下排出，所以热量消耗较大。对热敏性物质的溶液蒸发不利。

3. 错流加料

从上述可知，并流加料和逆流加料各有优缺点，为了克服两者的缺点，保持两者的优点，采用部分并流加料和部分逆流加料的错流加料应运而生。一般是在末尾几效采用并流加料以利用其不需泵送和自蒸发等优点。

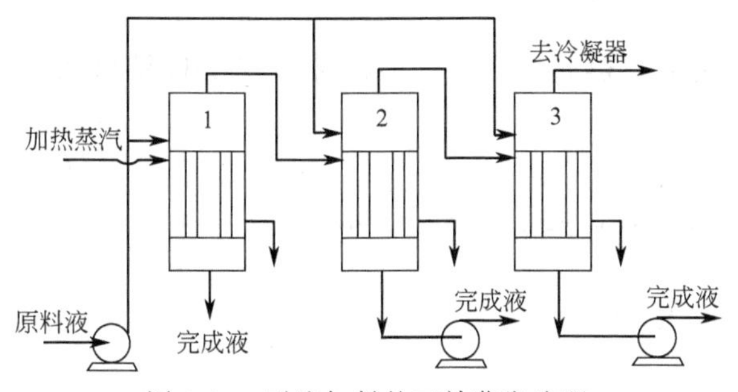

图 4-20 平流加料的三效蒸发流程

4. 平流加料

此时料液由各效分别加入，完成液也由各效分别排出，各效溶液的流向相互平行，其流程如图 4-20。

这种流程的特点是溶液不在效间流动，适合用于蒸发浓缩会易产生结晶析出的溶液。

二、多效蒸发的计算

1. 多效蒸发过程的分析

讨论图 4-21 所示的并流加料 n 效蒸发过程。第一效加入加热蒸汽和料液。加热蒸汽流量 D_1，饱和温度 t_s，压强 p_s，料液流量 F，浓度 x_0，温度 t_0；第 n 效出完成液，其浓度为 x_E（即 x_N）；冷凝器的操作压强 p_c；各效中分离室的压强、溶液的浓度、沸点、蒸发量（即二次蒸汽量）分别用 p_i、x_i、t_i 和 W_i 表示；各效的二次蒸汽作为次一效的加热蒸汽，其冷凝温度用 $t_{s,i+1}$ 表示。

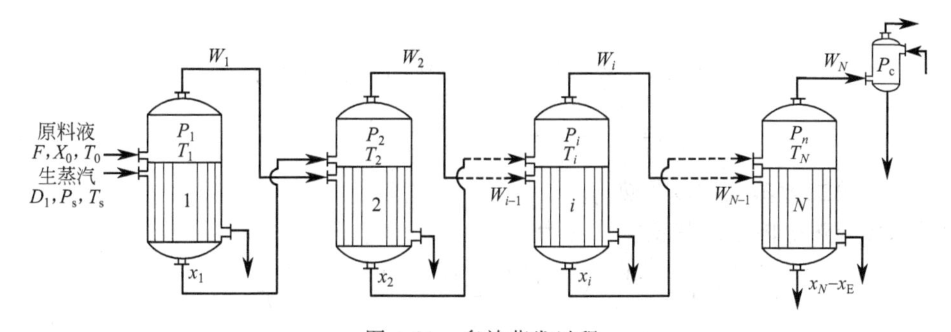

图 4-21 多效蒸发过程

当上述 n 效蒸发装置达到稳态操作时，加料、加热蒸汽和完成液的流量与状态（温度、浓度、压强等）以及各效中的压强，溶液浓度、沸点和蒸发量等均保持定值，它们之间的关系将由前面讲到的3个基本关系式和沸点、焓等的关系式确定。现逐个分析各效蒸发器的情况。

第一效如下。

溶质的物料衡算：

$$Fx_0=(F-W_1)x_1 \tag{4-24}$$

热量衡算：采取简化的式(4-12)，且不计热损失，则：

$$D_1r_1=W_1r'_1+Fc_0(t_1-t_0) \tag{4-25}$$

得：

$$W_1=\frac{D_1r_1+Fc_0(t_0-t_1)}{r'_1} \tag{4-25a}$$

式中 r_1和r'_1——第一效加热蒸汽与二次蒸汽的冷凝热。

如果考虑溶液的稀释热和热损失等，可引入热利用系数η。

$$W_1=\frac{D_1r_1+Fc_0(t_0-t_1)}{r_1}\eta_1 \tag{4-25b}$$

η取经验值，一般为0.96～0.98。溶液稀释热越大，η越小，对于NaOH溶液可用下列经验公式计算：

$$\eta=0.98-0.007\Delta x \tag{4-26}$$

式中，Δx为溶液在蒸发器中的浓度增高值，以质量百分数表示。

传热速率方程：

$$Q_1=D_1r_1=K_1A_1(t_s-t_1) \tag{4-27}$$

沸点组成关系：

$$t_1=f_1(p_1,x,L_1) \tag{4-28}$$

L_1为液层高。

上述诸式中r_1是温度t_s的函数，r'_1是温度t_1、压强p_1和浓度x_1等的函数，因诸式中已包括t_1、p_1、t_s和x_1等，为简体起见，可以把r_1和r'_1看成已知的常数，所以在式(4-24)～式(4-28)的四式中包括F、x_0、t_0、D_1、t_s、W_1、x_1、t_1、p_1、A_1、K_1等11个参数。

第二效：同第1效。

溶质的物料衡算：

$$(F-W_1)x_1=(F-W_1-W_2)x_2 \tag{4-29}$$

热量衡算：

$$W_1r'_1=W_2r'_2+(F-W_1)c_1(t_2-t_1) \tag{4-30}$$

上式可写为：

$$W_1r'_1=W_2r'_2+(Fc_0-W_1)c_1(t_2-t_1)$$

$$W_2=\frac{W_1r'_1+(Fc_0-W_1c_w)(t-t_1)}{r'_2} \tag{4-30a}$$

式中 r'_2——第二效蒸汽的冷凝热。

如考虑稀释热等因素，热衡算式应为：

$$W_2=\frac{W_1r'_1+(Fc_0-W_1c_w)(t-t_1)}{r'_2}\eta_2 \tag{4-30b}$$

传热速率方程：

$$Q_2=W_1r'_1=K_2A_2(t_{s,2}-t_2) \tag{4-31}$$

沸点与组成关系：

$$t_2=f_2(p_2,x_2,L_2) \tag{4-32}$$

第二效的式(4-29)～式(4-32) 的诸式中除增加 W_2、x_2、t_2、p_2、A_2、K_2等 6 个参数外，还增加了加热蒸汽（即第一效来的二次蒸汽）的冷凝温度 $t_{s,2}$，它与第一效溶液沸点的关系为：

$$t_{s,2}=t_1-(\Delta'+\Delta''+\Delta''') \tag{4-33}$$

式中，$(\Delta'+\Delta''+\Delta''')=\Delta_1$ 为第一效的总温度差损失

$$\Delta_1=\varphi_1(p_1,x_1,L_1) \tag{4-34}$$

因此这里新增了两个参数和两个方程式。

同理，对于第 i 效蒸发器可得类似的 6 个关系式：

$$(F-W_1-W_2-\cdots-W_{i-1})x_{i-1}=(F-W_1-W_2-\cdots-W_i)x_i \tag{4-35}$$

$$W_i=\frac{W_{i-1}r'_{i-1}+(Fc_0-W_1c_w-\cdots-W_{i-1}c_w)(t_{i-1}-t_i)}{r'_1} \tag{4-36}$$

或

$$W_i=\frac{W_{i-1}r'_{i-1}+(Fc_0-W_1c_w-\cdots-W_{i-1}c_w)(t_{i-1}-t_i)}{r'_1}\eta_1 \tag{4-37}$$

$$Q_i=W_{i-1}r'_{i-1}=K_iA_i(t_{s,i}-t_i) \tag{4-38}$$

$$t_i=f_i(p_i,x_i,L_i) \tag{4-39}$$

$$t_{s,i}=t_{i-1}-\Delta_{i-1} \tag{4-40}$$

$$\Delta_{i-1}=\varphi_{i-1}(p_{i-1},x_{i-1},L_{i-1}) \tag{4-41}$$

新增参数为 W_i、x_i、p_i、$t_{s,i}$、K_{i2}、A_i、t_i、Δ_{i-1}等 8 个。

同理第 n 效也有类似的 6 个关系式，新增 8 个参数。

第 n 效溶液沸点 t_n 与冷凝器操作压强下水的沸点 t_c 的关系为：

$$t_c=t_n-\Delta_n \tag{4-42}$$

$$\Delta n=\varphi_n(p_n,x_n,L_n) \tag{4-43}$$

由上可知对于 n 效蒸发器有 $6n$ 个关系式，共涉及（$8n+5$）个参数，如果已知各效蒸发器的传热系数和要求各效蒸发器的传面相等，则共有（$6n+6$）个参数，因此只要给定 6 个参数，联立上述 $6n$ 个方程求解，即可求出 n 效蒸发器的全部操作与设备参数。

由于描绘多效蒸发过程的方程组是复杂的非线性方程组，精确解的工作量很大，现在已经提出多种解题方法，甚至已有相应的软件可供借鉴，可参阅有关专著，这里只介绍试差解法。

2. 多效蒸发的设计型计算

设计型计算主要是要确定蒸发器所需的传热面积。一般其命题如下。

设计一个 n 效蒸发装置。已知：加料量 F（kg/h），组成 x_0，温度 t_0；要求完成液浓度为 x_E；加热蒸汽的压强为 p_s（或饱和温度为 t_s）；冷凝器的操作压强 p_c；各效的传热系数 K_1，K_2，…。

计算：(1) 总蒸发量 W 及各效蒸发量 W_i；

(2) 加热蒸汽消耗量 D；

(3) 各效传热面积相等时的传热面积 A。

n 效蒸发器的总蒸发量 W 可根据整个系统的物料衡算用式(4-2) 确定，即：

$$W=F\left(1-\frac{x_0}{x_E}\right)$$

其余的量均需联立前述的 $6n$ 个方程解得。本题已给定 F、x_0、t_0、x_E、t_s、p_c等 6 个

参数，故有定解。

用试差法求解的具体计算采取以下步骤。

① 设初值　一般设各效蒸发量W_1、W_2、…和各效压强p_1、p_2、…为初值。各效蒸发量的初值可按各效蒸发量相等的原则确定，也可根据具体的蒸发过程的经验数据确定。各效的操作压强可按各效压差相等计算，即取相邻两效间的压差为$(p_s-p_c)/n$。

② 根据各效蒸发量的初值，应用物料衡算式依次计算各效的溶液浓度x_i。

③ 根据各效压强的初设值与计算出的溶液浓度x_i，确定各效温度差损失Δ_i和溶液沸点t_i。

④ 应用热量衡算式，联立解出加热蒸汽用量D与各效蒸发量W_1、W_2、…。

⑤ 应用传热速率方程式，计算各效所需传热面积A_i。

⑥ 检验各效蒸发量的计算值与初设值是否相等，各效传热面是否相等，如不相等则重设初值、重新计算。

各效蒸发量初设值的调整，通常以本次蒸发量的计算值作为下次计算的初设值。

因为各效压强影响溶液的沸点与各效温度差损失，一般，各效压强初设值不同而引起的各效温度差损失的差别不大，所以各效压强初设值与实际不符主要影响各效溶液的沸点，即影响各效传热的有效温度差，从而使计算所得的传热面积不同，因此重新调整各效压强的目的是要调整各效传热的有效温度差。

因为第一次试算时有以下结果。

第一效：$Q_1=K_1A_1\Delta t_1$

第二效：$Q_2=K_2A_2\Delta t_2$

…

在各效蒸发量确定的条件下，各效传热量已基本确定，不会有显著改变，所以要求各效传热面相等时，各效有效温度差调整后应符合：

$$Q_1=K_1A\Delta t'_1$$
$$Q_2=K_2A\Delta t'_2$$
$$\cdots$$

式中，$\Delta t'_1$、$\Delta t'_2$、…为调整后的有效温度差。

所以有：

$$\frac{A_1\Delta t_1}{A\Delta t'_1}=\frac{A_2\Delta t_2}{A\Delta t'_2}=\cdots=\frac{A_1\Delta t_1+A_2\Delta t_2+\cdots}{A(\Delta t'_1+\Delta t'_2+\cdots)}=\frac{A_1\Delta t_1+A_2\Delta t_2+\cdots}{A\sum\Delta t'_1}=1 \tag{4-44}$$

$$A=\frac{A_1\Delta t_1+A_2\Delta t_2+\cdots}{\sum\Delta t'} \tag{4-45}$$

因此各效的有效温度差应分别调整为：

$$\Delta t'_1=\frac{A_1\Delta t_1}{A},\ \Delta t'_2=\frac{A_2\Delta t_2}{A},\ \cdots \tag{4-46}$$

算出各效调整后的有效温度差后，重新确定各效压强。

根据调整后的初设值，重新进行第②～⑤步的计算，如此重复直至各效蒸发量的计算值与初设值相符，各效传热面积相等为止。

对于操作型的计算问题，例如已知n效蒸发器的传热面积A和其他条件，要求确定装置的处理量F，也可以联立上述方程组求得。

【例 4-4】 设计一套并流加料的双效蒸发器，蒸发 NaOH 溶液。已知料液浓度为 10%，加料量为 10000kg/h，沸点加料。要求完成液浓度达到 50%，加热蒸汽为 500kPa（绝压）

的饱和蒸汽（冷凝温度157.1℃）。冷凝器操作压强为15kPa（绝压）。一、二两效蒸发器的传热系数分别为1170W/(m²·K)与700W/(m²·K)。原料液的比热容为3.77kJ/(kg·K)。估计蒸发器中加热管底端以上液层高度为1.2m。两效中溶液的平均密度分别为1120kg/m³和1460kg/m³，冷凝液均在饱和温度下排出。

要求计算出：(1) 总蒸发量与各效蒸发量；

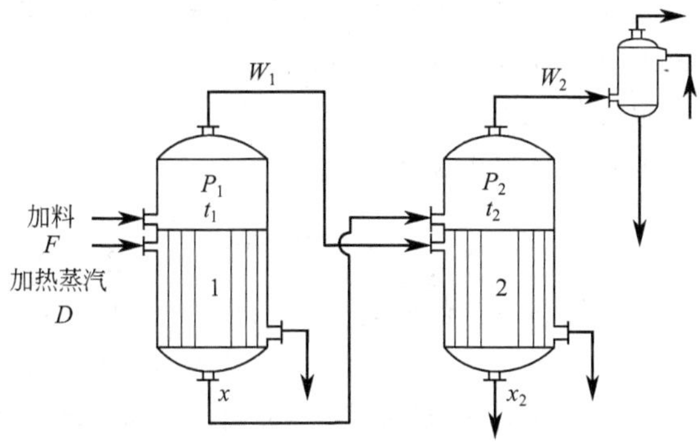

图4-22 例4-4图

(2) 加热蒸汽用量；

(3) 各效蒸发器的传热面积（要求各效传热面相等）。

解 按前述步骤计算，符号参见图4-18。

(1) 设 W_1、W_2、p_1、p_2 的初值

总蒸发量：

$$W=F\left(1-\frac{x_0}{x_E}\right)=10000\times\left(1-\frac{0.1}{0.5}\right)=8000\ (\text{kg/h})$$

设

$$W_1=W_2=\frac{8000}{2}=4000(\text{kg/h})$$

每效压强降

$$\Delta p=\frac{500-15}{2}=242.5\ (\text{kPa})$$

为计算方便取 $p_1=500-240=260\ (\text{kPa})$

$$p_2=15\ (\text{kPa})$$

(2) 求 x_1，x_2

$$x_1=\frac{Fx_0}{F-W_1}=\frac{1000}{6000}=0.167$$

$$x_2=0.5$$

(3) 求各效沸点与温度损失

第二效：冷凝器操作压强下水的沸点 t_c，查附录得：

$$t_c=53.5℃$$

取 $\Delta'''_2=1℃$

$$p_2=p_c=16\ (\text{kPa})$$

液层中平均压强 p_{2m} 为：

$$p_{2m}=15+\frac{1460\times9.81\times1.2}{2\times10^3}=23.6\ (\text{kPa})$$

在此压强下水的沸点为62.9℃，所以有：

$$\Delta''_2=62.9-53.5=9.4\ (\text{kPa})$$

查图4-17得在此压强下溶液的沸点为101.3℃，所以有：

$$\Delta'_2=101.3-62.9=38.4\ (℃)$$

$$t_2=53.5+(38.4+9.4+1)=102.3\ (℃)$$

第一效：取第二效加热室的压强近似等于第一效分离室的压强，即 260kPa，在此压强下水蒸汽的冷凝温度为 128℃。

取 $\Delta'''_1=1$℃

液层中平均压强 p_{1m} 为：

$$p_{1m}=260+\frac{1120\times9.81\times1.2}{2\times10^3}=266.6\ (\text{kPa})$$

在此压强下水的沸点为 128.8℃，所以有：

$$\Delta''_1=128.8-128=0.8\ (℃)$$

查图 4-16 得在此压强下 16.7% 的 NaOH 溶液的沸点为 137.8℃，所以有：

$$\Delta'_1=137.8-128.8=9\ (℃)$$

$$t_1=128+(9+0.8+1)=138.8\ (℃)$$

两效的有效温度差分别为：

$$\Delta t_1=151.7-138.8=12.9\ (℃)$$

$$\Delta t_2=128-102.3=25.7\ (℃)$$

$$总\ \Delta t=12.9+25.7=38.6\ (℃)$$

(4) 求 D，W，W_2

第一效：根据热量衡算式(4-30b)

沸点加料：$t_0=t_1=138.8$℃

$$\eta_1=0.98-0.007\times\Delta x=0.98-0.007\times6.7=0.933$$

加热蒸汽的冷凝热为 2113kJ/kg，二次蒸汽的汽化热取 260kPa 下水的汽化热，为 2180kJ/kg，将以上数据代入式(4-30b) 求得：

$$W_1=\frac{D_1r_1}{r'_1}\eta_1=0.904D \quad ①$$

第二效：二次蒸汽的汽化热取 15kPa 下水的汽化热，为 2370kJ/kg。根据热量衡算式(4-30b)

$$\eta_2=0.98-0.007\times\Delta x=0.98-0.007\times(50-16.7)=0.747$$

$$c_0=3.77\text{kJ/(kg·K)},\ c_w=4.187\text{kJ/(kg·K)}$$

$$t_1=138.8℃,\qquad t_2=102.3℃$$

将以上数据代入式(4-30b)，得

$$W_2=0.64W_1+434 \quad ②$$

此外

$$W_1+W_2=8000\ (\text{kg/h}) \quad ③$$

联立式①，式②和式③得：

$$D=5103\text{kg/h};\qquad W_1=4613\text{kg/h};\qquad W_2=3387\text{kg/h}$$

(5) 求效的传热面积

$$A_1=\frac{Q_1}{K_1\Delta t_1}=\frac{5103\times2113\times10^3}{3600\times1170\times12.9}=198.4\ (\text{m}^2)$$

$$A_2=\frac{Q_2}{K_2\Delta t_2}=\frac{4613\times2180\times10^3}{3600\times700\times25.7}=155\ (\text{m}^2)$$

(6) 检验第 1 次试算结果

$A_1\neq A_2$，且 W_1 和 W_2 与初值相差很大，调整蒸发量。$W_1=4613$kg/h，$W_2=3387$kg/h 取。调整各效的有效温度差，根据式(4-45) 与式(4-46)，有：

$$A=\frac{198.4\times12.9+155\times25.7}{38.6}=170\ (\text{m}^2)$$

$$\Delta t'_1=\frac{198.4\times12.9}{170}=15.1\ (℃)$$

$$\Delta t'_2=\frac{155\times25.7}{170}=23.4\ (℃)$$

重新进行另一次试算。

(1′) 求 x_1

$$x_1=\frac{1000}{5382}=0.186$$

(2′) 求各效沸点与温度差损失

第二效条件未变，溶液沸点与温度差损失同前。

第一效：由于第二效有效温度差减小 2.3℃，第二效加热室冷凝温度降低 2.3℃，即应为 125.7℃。相应地第一效的压强应为 240kPa，与第一次所设初值变化不大，鉴于第一效蒸发器中因液层静压力而引起的温度差损失不大，第一效的 NaOH 溶液浓度与第一次试算值差别不大，NaOH 稀溶液的沸点升高值随压强的变化也不大，所以第一效蒸发器的温度差损失也可以认为不变，因此有：

$$t_1=151.7-15.2=136.5\ (℃)$$

(3′) 求 D，W_1，W_2

同前面 (4)，得出 3 个方程式，联立求解得：

$$D=5135\text{kg/h};\ W_1=3430\text{kg/h};\ W_2=4570\text{kg/h}$$

(4′) 求 A

$$A_2=\frac{Q_2}{K_2\Delta t_2}=\frac{4570\times2180\times10^3}{3600\times700\times23.4}=169\ (\text{m}^2)$$

$$A_1=\frac{Q_1}{K_1\Delta t_1}=\frac{5135\times2113\times10^3}{3600\times1170\times15.2}=169\ (\text{m}^2)$$

计算结果与初设值基本一致，故结果为：

$$A=169\text{m}^2;\qquad D=5135\text{kg/h}$$

$$W_1=4570\text{kg/h};\qquad W_2=3430\text{kg/h}$$

三、多效蒸发的效数

由前述可知，使用多效蒸发的最大好处就是可以有效节约热能，而且是效数越多，能耗节约越多，但多效蒸发的效数不能无限制地增多，还要视以下两种情况而定。

随着多效蒸发器效数的增加，在总视温度差一定的情况下，各效传热温度差损失之和增加，各效总有效传热温度差相应减小。在极限情况下，若各效传热温度差损失之和增加至与总视温度差相等，此时总有效传热温度差将等于 0，蒸发操作将无法进行，因此，多效蒸发的效数必存在一定的限制。

另外，多效蒸发器的效数也直接与产品成本相关。一方面，随效数的增加，加热蒸汽的利用效率提高，经济效益提高，成本降低，但这种效益提高的幅度是与效数的增加而降低的。例如，由单效蒸发变为双效蒸发，加热蒸汽的经济效益约增加 92.3%，但当由四效提高到五效时，其经济效益提高幅度仅有 11.1%。另一方面，随效数的增加，设备的投资费用始终成正比例增加。因此，在效数的增加和投资增加之间，必须找到一个合适的平衡点，才能实现经济利益的最大化。

在实际生产中，多效蒸发器的效数不是很多的，除特殊情况外（如海水淡化），一般电解质溶液，由于其沸点升高比较大，故通常为2～3效。对生物工程产业而言，所蒸发的对象大多是非电解质溶液，其沸点升高相对较小，一般采用4～6效。而从传热角度考虑，为使溶液的沸腾传热维持在核状沸腾阶段，在确定效数时，应注意使各效分配到的有效温度差不小于5～7℃。近年来，为了更充分地利用热能，已出现了适当增加效数的趋势，但适宜效数的选择还需要通过经济核算来确定，原则上应使单位生产能力的设备与操作费用之和为最小。

第五节 影响蒸发器生产强度的因素

蒸发器的生产强度，也是蒸发操作和评价蒸发器性能的一个重要指标。蒸发器生产强度是指蒸发器单位传热面积在单位时间内所蒸发的水量，用U表示，单位是kg/(m²·h)，即：

$$U=\frac{W}{A} \tag{4-47}$$

结合式(4-13) 和式(4-15)，在沸点进料的情况下，忽略蒸发器的热损失，则：

$$U=\frac{Dr/r'}{Dr/K(t_{1,s}-t_1)}=\frac{K(t_{1,s}-t_1)}{r'} \tag{4-48}$$

由式(4-48) 可以看出，要提高蒸发器的生产强度U，则必须提高蒸发时的有效温度差$(t_{1,s}-t_1)$和传热系数K。

有效温度差除了和温度差损失有关外，主要取决于总视差温度，即取决于加热蒸汽和冷凝器的压力之间的差值，要设法提高加热蒸汽的压力和降低冷凝器的压力。加热蒸汽压力越高，其饱和蒸汽温度也越高，相应的总视差温度越高，但加热蒸汽的压强受工厂具体提供蒸汽条件的限制，一般为300～500kPa。要降低冷凝器的压力，唯一的办法就是用抽真空的办法，降低溶液的沸点，但这将增加能耗和设备投资，甚至还会导致溶液黏度增加，传热系数下降，因此一般冷凝器中的压力不能低于10～20kPa。另外，为了控制溶液的沸腾局限在泡核沸腾状态，不至于剧烈沸腾，也不宜采用过高的温度差。由以上分析可知，传热温度差的提高是有一定限度的。

一般说来，增大传热系数K是提高蒸发器生产强度U的主要途径。传热系数的值按式(4-49) 计算：

$$K=\frac{1}{\dfrac{1}{\alpha_1}+\dfrac{1}{\alpha_2}+R_W+R_S} \tag{4-49}$$

式中 α_1、α_2——管外蒸汽冷凝对流传热系数和管内溶液沸腾传热系数，W/(m²·℃)；

R_W，R_S——管壁和管垢层的热阻，m²·℃/W。

通常，管壁热阻R_W很小，在计算时可略去不计。又蒸汽冷凝时的对流传热系数α_1比管内溶液沸腾时的对流传热系数α_2大得多，即蒸汽冷凝的热阻在总热阻中所占比例不大，但设计和操作时蒸汽中所含不凝性气体应排出。

在多数情况下，管内溶液侧垢层的热阻R_S是影响传热系数K的重要因素。特别是在蒸发容易结晶或容易结垢的料液时，往往很快就在传热面上形成垢层，使K值急剧下降。为减少垢层热阻，除定期清洗外，还可以从设备结构上加以改进，例如采用强制循环蒸发器或列文蒸发器。此外，目前也已经开发出了一些新的方法，例如添加阻垢剂阻止垢层的形成，添加晶种，防止溶质在传热面上结晶等。

在蒸发不易结晶或结垢的料液时，影响传热系数 K 的主要因素就是管内溶液沸腾的对流传热系数α_2。这是溶液在有限空间内的沸腾，传热情况比大容积下的沸腾传热更为复杂；而且对于不同类型的蒸发器，影响 α_2的因素和程度又有所不同。目前在工程实践中，主要通过现场实测数据来选定。

第六节 蒸发器的操作与维护

一、影响蒸发器蒸发强度的因素

蒸发器的生产能力通常指单位时间内蒸发的水量，其大小由蒸发器的传热速率来决定。

蒸发器的蒸发强度是指单位时间内单位传热面积上所能蒸发的水量，是评价蒸发器性能优劣的一个重要指标。对于给定的蒸发量，蒸发强度越大，所需传热面积越小，蒸发设备尺寸越小。要提高蒸发器的蒸发强度，必须做到以下几点。

1. 提高总传热系数 *K*

提高总传热系数 K 是提高蒸发强度较为有效的途径。总传热系数的大小取决于传面两侧的对流传热系数和污垢热阻。蒸汽冷凝的对流传热系数一般要比溶液沸腾的对流传热系数大，即溶液沸腾侧的对流传热热阻较大，设计和操作中应采取措施提高溶液沸腾的对流传热系数。可提高溶液的循环速度和湍动程度，从而提高蒸发器的蒸发能力。

在蒸发器的操作中，还要注意及时排除加热蒸汽中的不凝性气体，若在蒸汽中含有少量不凝性气体时，则加热蒸汽冷凝膜系数下降。据测试，蒸汽中含 1%不疑性气体，总传热系下降 60%，所以在操作中，必须密切注意和及时排除不凝性气体。

在蒸发操作中，结垢现象不可避免，尤其当处理易结晶和腐蚀性物料时，由于结垢或析出结晶，会产生很大的污垢热阻，使总传热系数急剧下降。为减小污垢热阻，蒸发器必须定期进行清洗。减小污垢热阻的措施还有选用适宜的蒸发器型式，例如强制循环型蒸发器；在溶液中加入微量阻垢剂，以阻止污垢的形成或减小污垢形成的速度；另一方面改进蒸发器的结构，如把蒸发器的加热管加工光滑些，使污垢不易生成，即使生成也易清洗，这就可以提高溶液循环的速度，从而可降低污垢生成的速度。

2. 提高蒸汽压力

为了提高蒸发器的生产能力，提高加热蒸汽的压力和降低冷凝器中二次蒸汽压力，有助于提高传热温度差。因为加热蒸汽的压力提高，饱和蒸汽的温度也相应提高。冷凝器中的二次蒸汽压力降低，蒸发室的压力变低，溶液沸点温度也就降低。由于加热蒸汽的压力常受工厂锅炉的限制，所以通常加热蒸汽压力控制在 300～500kPa；冷凝器中二次蒸汽的绝对压力控制在 10～20kPa。假如压力再降低，势必增大真空泵的负荷，增加真空泵的功率消耗，且随着真空度的提高，溶液的黏度增大，使总传热系数下降，反而影响蒸发器的传热量。

3. 提高传热量

提高蒸发器的传热量，必须增加它的传热面积。在操作中，应密切注意蒸发器内液面高低。如在膜式蒸发器中，液面应维持在管长的$\frac{1}{5}$～$\frac{1}{4}$处，才能保证正常的操作。在自然循环型蒸发器中，液面在管长$\frac{1}{3}$～$\frac{1}{2}$处时，溶液循环良好，这时气液混合物从加热管顶端涌出，达到循环的目的。液面过高，加热管下部所受的静压强过大，溶液达不到沸腾；液面过低则不能造成溶液循环。

二、蒸发器的操作与维护

1. 蒸发系统的日常运行操作

（1）开车

开车前要准备好泵、仪表、蒸汽和冷凝水管路，通常用加料管路为装置加料。根据物料，蒸发设备及所附带的自控装置的不同，按照事先设定好的程序，通过控制室依次按规定的开度、规定的顺序开启加料阀、蒸汽阀，并依次查看各效分离罐的液位显示。当液位达到规定值时再开启相关输送泵，设置有关仪表设定值，同时置其为自动状态；对需要抽真空的装置进行抽真空；监测各效温度，检查其蒸发情况；通过有关仪表观测产品浓度，然后增大有关蒸汽阀门开度以提高蒸汽流量；当蒸汽流量达到期望值时，调节加料流量以控制浓缩液浓度，一般来说，减少加料流量则产品浓度增大，而增大加料流量则浓度降低。

在开车过程中由于非正常操作常会出现许多故障，最常见的是蒸汽供给不稳定。这可能是因为管路冷或冷凝水管路内有空气所致。应注意检查阀、泵的密封及出口，当达到正常操作温度时，就不会出现这种问题。也可能是由于空气漏入二效、三效蒸发器所致。当一效分离罐工艺蒸汽压力升高超过一定值时，这种泄漏就会自行消失。

（2）操作运行

不同的蒸发装置都有自身的运行情况。通常情况下，操作人虽应按规定的时间间隔检查该装置的调整运行情况，并如实、准时填写运转记录。经常调校仪表，使其灵敏可靠。如果发现仪表失灵要及时查找原因并处理。当装置处于稳定运行状态下，不要轻易变动性能参数，否则会使装置处于不平衡状态，以致需花费一定时间调整达平稳。

控制蒸发装置的液位是关键，严格控制各效蒸发器的液位，使其处于工艺要求的适宜位置。目的是使装置运行平稳，从邻近效间的流量更趋合理、稳定。有效地控制液位也能避免泵的“汽蚀”现象，由于大多数泵输送的是沸腾液体，所以不可忽视发生“汽蚀”危险，控制好液位，延长泵的使用寿命。

在蒸发易结晶的物料时，易发生管路、加热室、阀门等处的结垢堵塞现象。因此需定期用水冲洗保持畅通，或者采用真空抽拉等措施补救。经常对设备、管路进行严格检查、探伤，特别是透镜玻璃要经常检查、适时更换，以防因腐蚀造成事故。

为确保故障条件下连续运转，所有的泵都应配有备用泵，并在启动泵之前，检查泵的工作情况，严格按照要求进行操作。按规定时间检查控制室仪表和现场仪表读数，如超出规定，应迅速找出原因。如果蒸发料液为腐蚀性溶液，应注意经常检查视镜玻璃，如有腐蚀，及时更换，避免造成危险。

（3）停车

① 完全停车。蒸发装置长时间不启动或因维修需要排空情况下应完全停车。

② 短期停车。对装置进行小型维修只需短时间停车，应使其处于备用状态。

③ 紧急停车。针对事故停车，一般应遵循如下几条。

当事故发生时，首先用最快的方式切断蒸汽，关闭控制室气动阀，或现场关闭手动截止阀，以避免料液温度继续升高。

考虑停止料液供给是否安全，如果安全，应用最快方式停止进料。

再考虑破坏真空会发生什么情况，如果判断出不会发生不利情况，应该打开靠近末效真空器的开关以解除真空状态，停止蒸发操作。

要小心处理热料液，避免造成伤亡事故。

2. 蒸发器的维护

① 对蒸发器的维护通常采用“洗效”的方法：蒸发装置内易积存污垢，特别是当操作

不正常时，污垢多。不同类型的蒸发器在不同的运转条件下结垢情况也不一样，因此要根据生产实际和经验积累定期进行洗效。洗效周期的长短和生产强度及蒸汽消耗紧密相关。因此要特别重视操作质量，延长洗效周期。洗效方法分大洗和小洗两种。

a. 大洗 大洗是排出洗效水的洗效方法。首先降低进汽量，将效内料液出尽，然后将冷凝水加至规定液面，并提高蒸汽压力，使水沸腾以溶解效内污垢，开启循环泵冲洗管道，当达到洗涤要求时，降低蒸汽压力，再排出洗效水。若结垢严重，可进行两次洗涤。

b. 小洗 不排出洗效水的洗效方法。一般蒸发器加热室下方易结垢，在未效整体结垢前可定时水洗，以清除加热室局部垢层，从而恢复正常蒸发强度。方法是降低蒸汽量之后，将加热室及循环管内料液出尽，然后循环管内进水达一定液位时，再提高蒸汽压，并恢复正常生产，让洗效水在效内循环洗涤。

② 经常观察各加料泵、过料泵、强制循环泵的运行电流及工作状态。

③ 蒸发器周围环境要保持清洁无杂物，设备外部的保温保护层要完好，如有损坏，应及时进行维护，以减小热损失。

④ 严格执行大、中、小修计划，定期进行拆卸检查修理，并做好记录，积累设备检查修理的数据，以利于加强技术改进。

⑤ 蒸发器的测量及安全附件、温度计、压力表、真空表及安全阀等都必须定期校验，要求准确可靠，确保蒸发器的正确操作控制及安全运行。

⑥ 蒸发器为一类压力容器，日常的维护和检修必须严格执行压力容器规程的规定；对蒸发室主要进行外观和壁厚检查。加热室每年进行一次外观检查和壳体水压试验；定期对加热管进行无损壁厚测定，根据测定结果采取相应措施。

⑦ 检修设备前，要泄压泄料，并用水冲洗降温，去除设备内残存腐蚀性液体。拆卸法兰螺母时应对角拆卸或紧固，而且按步骤执行，特别是拆卸时，确认已经无液体时再卸下，以免料液喷出，并且注意管口下面不能有人。检修蒸发器要将物料排放干净，并用热水清洗处理，再用冷水进行冒顶洗出处理。同时要检查有关阀门是否能关死，否则加盲扳，以防检修过程中物料溅出伤人。蒸发器放水后，打开人孔应让空气置换并降温至36℃以下，此时检修人员方可穿戴好衣服进行进入检修，外面需有人监护，便于发生意外时及时抢救。

三、蒸发系统常见事故处理

① 高温腐蚀性液体或蒸汽外泄。泄漏处多发生在设备和管路焊缝、法兰、密封填料、膨胀节等薄弱环节。产生泄漏的直接原因多是开、停车时由于热胀冷缩而造成开裂；或者是因管道腐蚀而变薄，当开、停车时因应力冲击而破裂，致使液体或蒸汽外泄。要预防此类事故，在开车前严格进行设备检验，试压、试漏，并定期检查设备腐蚀情况。

② 管路、阀门堵塞。对于蒸发易晶析的溶液，常会随物料增浓而出现结晶造成管路、阀门、加热器等堵塞，使物料不能流通，影响蒸发操作的正常进行。因此要及时分离盐泥，并定期洗效。一旦发生堵塞现象，则要用加压水冲洗，或采用真空抽吸补救。

③ 蒸发器视镜破裂，造成热溶液外泄。如烧碱这种高温、高浓度溶液极具腐蚀性，易腐蚀玻璃，使其变薄，机械强度降低，受压后易爆裂，使内部热溶液喷溅伤人。应及时检查，定期更换。总之，要根据蒸发操作的生产特点，严格制定操作规程，并严格执行，以防止各类事故发生，确保操作人员的安全及生产的顺利进行。

习 题

1. 已知25%NaCl水溶液在0.1MPa下沸点为107℃，在0.02MPa下沸点为65.8℃。试利用杜林规则计算在 0.05MPa 下的沸点。

2. 试计算密度为 1200kg/m^3 溶液，在蒸发时因液柱压头引起的温度差损失，已知蒸发器加热管底端以上液柱深度为 2m，液面操作压强为 20kPa（绝压）。

3. 当二次蒸汽的压强为 19.62kPa 时，试计算 24.24% NaCl 水溶液的沸点升高值为多少？

4. 在传热面积为 85m^2 的单效蒸发器中，每小时蒸发 1600kg 浓度为 10%的某种水溶液。原料液温度为 30℃，蒸发操作的平均压强为 100kPa，加热蒸汽总压为 200kPa，已估计出有效温度差为 12℃。试求完成液浓度。已知蒸发器的总传热系数为 900W/(m^2·K)，热损失取为蒸发器传热量的 5%，设溶液比热容 c_0 = 3.7kJ/(kg·K)。

5. 某真空蒸发器中，每小时蒸发 10^4kg、浓度为 8%的 NaOH 水溶液。原料液温度为 75℃，蒸发室压强为 40kPa（绝压），加热蒸汽绝压为 200kPa。若需求完成液浓度为 42.5%，试求蒸发器的传热面积和加热蒸汽量。已知蒸发器的传热系数 K = 950W/(m^2·K)，热损失为总传热量的 3%，并忽略静压效应，设溶液比热容近似取为 c_0 = 4.0kJ/(kg·K)。

6. 牛乳在喷雾干燥前，先要由 10%的固形物含量浓缩到 50%。现用双效并流蒸发器浓缩，加料量为 5t/h，沸点加料。加热蒸汽为 50kPa（绝压）的饱和蒸汽压（冷凝温度 81.2℃）。冷凝器操作压强为 1.5kPa（绝压）。一二两效蒸发器的传热系数分别为 1230W/(m^2·K) 与 750W/(m^2·K)。原料液的比热容为 5.23kJ/(kg·K)。估计蒸发器中加热管底端以上液层高度为 1.2m。两效中溶液的平均密度分别为 1032kg/m^3 和 1620kg/m^3，冷凝液均在饱和温度下排出。

要求计算出：(1) 总蒸发量与各效蒸发量；

(2) 加热蒸汽用量；

(3) 各效蒸发器的传热面积（要求各效传热面相等）。

本章主要符号说明

英文字母

b——厚度，m；

c——比热容，kJ/(kg·℃)；

d——管径，m；

D——加热蒸汽消耗量，kg/h；

D_o、D_r——分离室及加热室的直径，m；

e——单位蒸汽耗量，kg/kg；

f——校正系数，无量纲；

F——进料量，kg/h；

g——重力加速度，m/s^2；

h——液体的焓，kJ/kg；

H——蒸汽的焓，kJ/kg；

H_o——分离室的高度，m；

k——杜林线的斜率；

K——总传热系数，W/(m^2·℃)；

l——液柱高度，m；

L——加热管长度，m；

n——效数；

n'——蒸发器的加热管管数；

p——压强，Pa 或 kPa；

Q——传热速率，W 或 kW；

r——气化潜热，kJ/kg；

R——热阻，m^2·℃/W；

S——传热面积，m^2；

t——溶液的沸点，℃；

t'——管中心距，m；

T——蒸汽的温度，℃；

U——蒸发强度，W/(m^2·h)；

V_s——蒸汽的体积流量，m^3/s；

V'_s——蒸发体积强度，m^3/(m^3·s)；

W——蒸发量，kg/h；

x——溶质在溶液中的质量分率；

y——杜林线的截距。

希腊字母

α——对流传热系数，W/(m^2·℃)；

Δ——温度差损失，℃；

η——热损失系数，无量纲；

λ——材料的热导率，W/(m·℃)；

ρ——密度，kg/m^3；

Σ——综合。

下标

1、2、…、n——效数的序号；

o——进料的；

a——常压的；

k——冷凝器的；

m——平均的；

o——外侧的；

s——秒的；

w——水的。

下标的

′——二次蒸汽的；

′——因溶液蒸气压下降引起的；

″——因液柱静压强引起的；

‴——因流体阻力引起的。

第五章 蒸 馏

第一节 概 述

一、蒸馏及其在工业中的应用

在化工生产中，为了获得合格的产品（或中间产物）或者要除去有害杂质，常需要对液体混合物进行分离提纯。常用的分离方法有：蒸馏、萃取、蒸发和结晶等，其中蒸馏是最常采用的一种分离方法。蒸馏是利用液体混合物中各组分间挥发度的差异，将各组分分离的一种单元操作。这种单元操作是将液体混合物部分气化并通过气液两相间的质量传递来实现。例如，将乙醇和水的混合物加热，使之部分气化，由于乙醇的沸点比水的沸点低，即乙醇的挥发度比水的挥发度大，所以，乙醇较水易于从液相中气化，若把所气化的蒸气全部冷凝，就可得到乙醇含量高于原来混合液的产物，从而使乙醇和水得以初步分离提纯。

蒸馏在石油炼制、石油化工、基本有机化工、精细化工、高分子化工、医药工业、日用化工及轻工业等部门得到了广泛的应用。如，石油炼制是用蒸馏的方法把原油按沸点的高低分离为汽油、煤油、柴油、重油等产品；空气中氧气与氮气的分离，是先将空气降温、加压，使之液化再进行精馏，获得较高纯度的氧和氮；聚合级的乙烯、丙烯生产也是先将炼厂气或裂解气压缩液化后，再进行精馏。因此，蒸馏是化工及其他工业部门最主要的一种传质分离的单元操作。

二、蒸馏的分类

蒸馏操作可以按不同的方法分类。按操作方式可分为连续蒸馏和间歇蒸馏。在现代化的大规模的工业生产中多为连续蒸馏，在小规模或某些特殊要求的场合和实验研究主要采用间歇蒸馏。按分离的难易或对分离的要求高低来分，蒸馏操作可分为简单蒸馏、平衡蒸馏（闪蒸）、精馏和特殊精馏，对较易分离或对分离纯度要求不高的物料，可采用简单蒸馏或平衡蒸馏，而对要求分离纯度高或难分离的物料，一般采用精馏方法分离，另外对于普通蒸馏方法无法分离或分离时操作费用和设备投资很大，经济上不合理时可采用特殊蒸馏（如恒沸精馏、萃取精馏等）。按操作压力分，有常压蒸馏、减压蒸馏和加压蒸馏，通常情况下采用常压蒸馏，对于沸点高或热敏性物料采用减压蒸馏，而对常压下为气态或常压下沸点很低的物料（如氧气、氮气、乙烯、乙烷等），一般采用加压蒸馏。按所要分离混合物的组分数分，蒸馏分为双组分蒸馏和多组分蒸馏（精馏）。

三、蒸馏过程案例

从生产实际出发，考虑混合液物系的特点，在满足工艺分离要求的前提下，蒸馏过程可以采取不同的方式和设备，以下是几个化工生产中的蒸馏案例。

1. 芳烃分离

由溶剂抽提所得的混合芳烃中含有苯、甲苯、二甲苯、乙苯及少量较重的芳烃，而有机合成工业对所需的原料有很高的纯度要求，为此必须将混合芳烃通过精馏的方法分离成高纯度的单体芳烃，这一过程称为芳烃精馏。芳烃精馏过程的工艺流程如图 5-1 所示。

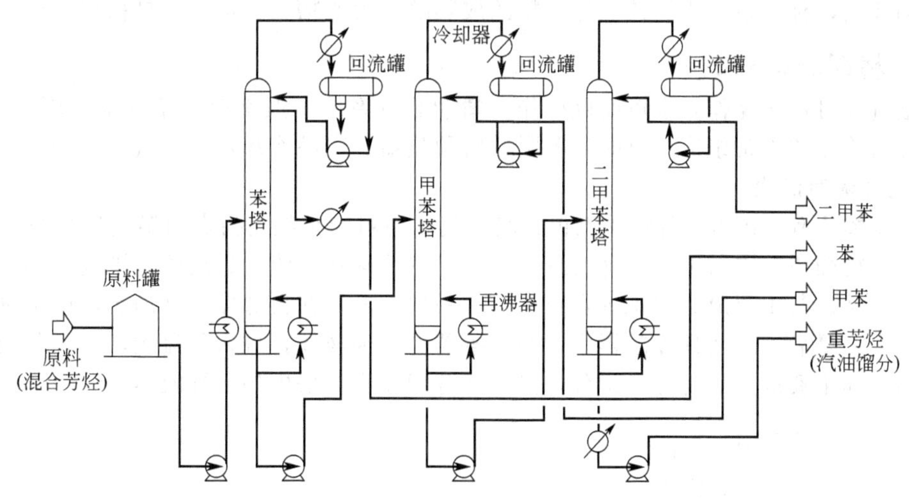

图 5-1 催化重整装置芳烃精馏过程的工艺流程（三塔流程）

混合芳烃依次送入苯塔、甲苯塔、二甲苯塔，分别通过精馏的方法进行分离，得到苯、甲苯、二甲苯及 C_9 芳烃等单一组分。此法芳烃的纯度为苯 99.9%，甲苯 99.0%，二甲苯 96%，二甲苯还需进一步分离。

2. 醇-水恒沸物制取无水乙醇

用苯作夹带剂的乙醇-水恒沸精馏过程的工艺流程如图 5-2 所示。乙醇-水进入主塔，塔顶出三元恒沸物，塔釜产品为无水乙醇。塔顶蒸汽冷凝后分层，上层富苯相回流入主塔，下层富水相进入苯回收塔，该塔塔顶蒸出物为三组分恒沸物与主塔塔顶产物一起冷凝，塔釜水相中尚有一定量的乙醇，再入乙醇回收塔，塔顶蒸出乙醇-水恒沸物，可重新回到主塔的进料中。

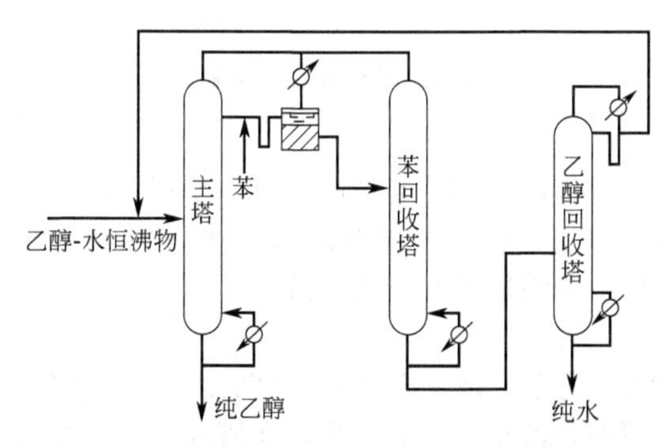

图 5-2 用苯作夹带剂分离乙醇-水的恒沸物流程

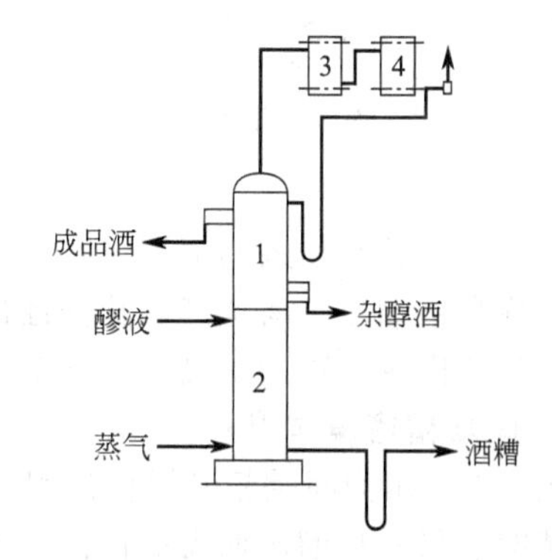

图 5-3 单塔蒸馏工艺流程

1—精馏段；2—粗馏段；3—第一冷凝器；4—第二冷凝器

3. 白酒蒸馏

某酒厂要将发酵后的酿酒原料制成一定纯度的白酒，发酵后的酿酒原料中乙醇含量在 10%左右，要求将其浓度进一步提高。工厂采用如图 5-3 所示的工艺流程来实现这一目的。

在此过程中，乙醇含量为 10%左右的成熟醪液被送入粗馏段上部，塔底部用直接蒸汽加热，成熟醪液受热后酒精蒸气被初步蒸出，然后酒精蒸气直接进入精馏段。在精馏段，酒精蒸气中酒精含量进一步提高，上升到第一冷凝器、第二冷凝器被冷凝，冷凝下来的液体中乙醇含量在 70%左右，部分返回塔内。从精馏段上部可得到成品酒，精馏段下部取出一些沸点高的杂质，称为杂醇酒。被蒸尽酒精的成熟醪称为酒糟，由塔底部排糟器自动排出。

四、精馏流程

精馏过程可连续操作，也可间歇操作。精馏装置系统一般都应由精馏塔、塔顶冷凝器、塔底再沸器等相关设备组成，有时还要配原料预热器、产品冷却器、回流用泵等辅助设备。

1. 连续精馏流程

连续精馏流程如图 5-4 所示。以板式塔为例，原料液预热至指定的温度后从塔的中段适当位置进入精馏塔，与塔上部下降的液体汇合，然后逐板下流，最后流入塔底，一部分液体作为塔底产品，其主要成分为难挥发组分，另一部分液体在再沸器中被加热，产生蒸汽，蒸汽逐板上升，最后进入塔顶冷凝器中。经冷凝器冷凝为液体，进入回流罐，一部分液体作为塔顶产品，其主要成分为易挥发组分，另一部分回流作为塔中的下降液体。

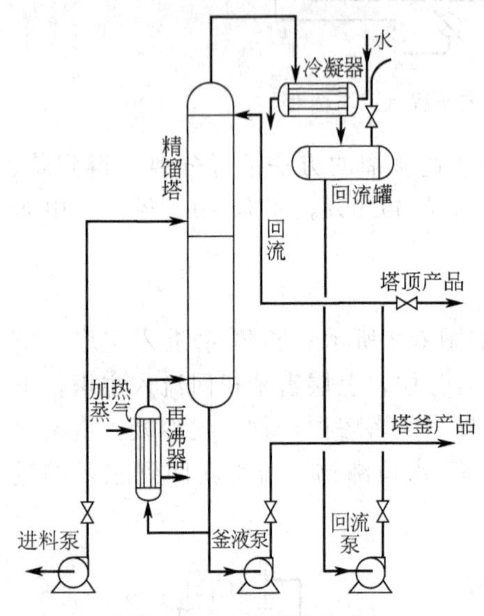

图 5-4 连续精馏流程

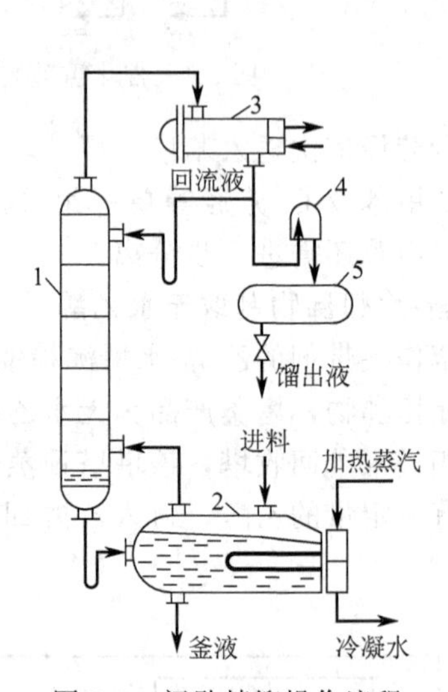

图 5-5 间歇精馏操作流程

1—精馏塔；2—再沸器；3—全凝器；4—观察罩；5—贮罐

通常，将原料加入的那层塔板称为加料板。加料板以上部分起精制原料中易挥发组分的作用，称为精馏段，塔顶产品称为馏出液。加料板以下部分（含加料板），起增浓原料中难挥发组分的作用，称为提馏段，从塔釜排出的液体称为塔底产品或釜残液。

2. 间歇精馏操作流程

图 5-5 所示为间歇精馏操作流程。与连续精馏不同之处是：原料液一次加入釜中，因而间歇精馏塔只有精馏段而无提馏段；同时，间歇精馏釜液组成不断变化，在塔底上升气量和塔顶回流液量恒定的条件下，馏出液的组成也逐渐降低。当釜液达到规定组成后，精馏操作即被停止，并排出釜残液。

间歇精馏的主要特点：①能单塔分离多组分混合物；②允许进料组分浓度在很大的范围内变化；③可适用于不同分离要求的物料，如相对挥发度及产品纯度要求不同的物料。此外间歇精馏还比较适用于高沸点、高凝固点和热敏性等物料的分离。随着精细化工及医药工业等的发展，对间歇精馏技术的要求越来越高，陆续出现了一些新型塔，如反向间歇塔、中间罐间歇塔和多罐间歇塔等。这些新型操作方式往往是针对分离任务的特点而设计的，因而其流程和操作方式更符合实际情况，效率更高、更具灵活性，在化工生产中具有很好的应用前景。

第二节 气-液相平衡关系

蒸馏过程的依据，既然是蒸汽与液体相平衡时两相组成不同，那么，蒸馏过程能否进行以及进行的程度，就取决于蒸汽与液体之间的气液相平衡关系。

一、平衡体系的自由度

由于双组分溶液与饱和蒸汽之间组成的平衡体系有 2 个相($\phi=2$)和 2 个独立组分（$C=2$），则根据相律可确定该体系的自由度数 f 为：

$$f=C-\phi+2=2-2+2=2$$

该体系中有温度、压强、蒸汽相组成和液体相组成四个变量，其中有二个是独立变量，当在一定总压强下测定双组分溶液的平衡数据时，该体系就只有一个独立变量了，其余变量随独立变量而变，为非独立变量。

二、相间平衡关系 y-x 的求取

对于已知组成的混合液，在确定自由度的条件下，其蒸汽相与液体相之间的平衡关系可由实验测定。实验测定的数据可通过编列平衡数据表、绘制各种相图，或列出数学函数关系式等方式加以表达。

1. 平衡数据表

各种化学或化工数据手册所载平衡数据表中的数据有各种表达方法。在讨论双组分精馏过程时，最常用的平衡数据表达方式为以下两种。

(1) 在一定总压下，温度与液相（汽相）平衡组成的关系，即 t-$x(y)$ 关系。

(2) 在一定总压下，蒸汽相与液体相的平衡组成关系，即 y-x 关系。

表 5-1 所列为苯和甲苯混合液在总压为 1.013×10^5 Pa 时，温度与相平衡组成的实验数据。

表 5-1 苯-甲苯混合液的温度与相平衡组成数据（$p=1.013\times10^5$ Pa）

温度 t/℃	液相组成 x_A/摩尔分数	蒸汽相组成 y_A/摩尔分数
80.1	1.00	1.00
82.3	0.90	0.957
84.6	0.80	0.909
87.0	0.70	0.854
98.5	0.60	0.791
92.0	0.50	0.713
95.3	0.40	0.620
98.5	0.30	0.507
102.5	0.20	0.373
106.2	0.10	0.210
110.6	0	0

根据双组分物系中各纯组分在不同温度下的饱和蒸汽压数据，可按如下方法换算成 t-$x(y)$ 或 y-x 关系数据。

对于理想物系，其溶液为遵守拉乌尔定律的理想溶液，蒸汽则为遵循理想气体定律和道尔顿分压定律的理想气体。

根据拉乌尔定律，平衡体系的液相组成与蒸汽相平衡分压之间存在如下关系：

$$p_A=p_A^0x_A \quad p_B=p_B^0x_B \tag{5-1}$$

式中 p_A和p_B——分别表示平衡时，组分A和组分B在气相中的蒸汽分压，Pa；

p_A^0和p_B^0——分别表示纯组分A和纯组分B的饱和蒸汽压，Pa；

x_A和x_B——分别表示相平衡时溶液中组分A和组分B的摩尔分数。

蒸汽相的总压应等于各组分的分压之和。对于A、B双组分混合液，则可得：

$$p=p_A+p_B=p_A^0x_A+p_B^0x_B=p_A^0x_A+p_B^0(1-x_A) \tag{5-2}$$

整理式(5-2) 又可得：

$$x_A=\frac{p-p_B^0}{p_A^0-p_B^0} \tag{5-3}$$

根据道尔顿分压定律，则组分A在蒸汽相中的摩尔分率y_A应为：

$$y_A=\frac{p_A}{p} \tag{5-4}$$

已知

$$p_A=p_A^0x_A$$

所以

$$y_A=\frac{p_A^0}{p}x_A \tag{5-5}$$

由此可见，对于双组分理想溶液，可根据纯组分的饱和蒸汽压实验数据，按式(5-3) 和式(5-5) 换算为温度与平衡组成的关系数据，或者两相平衡组成关系数据。如表5-2所列苯和甲苯纯组分在不同温度下的饱和蒸汽压数据，换算结果如表5-3所列。此计算结果与直接测定数据相当接近，说明苯和甲苯双组分物系近乎理想物系。

表5-2 苯与甲苯的饱和蒸汽压

温度 t		苯蒸气压强 p_A^0		甲苯蒸气压强 p_B^0	
℃	K	mmHg	MPa	mmHg	MPa
80.1	353.25	760	0.1013	295	0.0393
84.0	357.15	852	0.1136	333	0.0444
88.0	361.15	957	0.1276	379.5	0.0506
92.0	365.15	1078	0.1437	432	0.0576
96.0	369.15	1204	0.1605	492.5	0.0656
100.0	373.15	1344	0.1792	559	0.0745
104.0	377.15	1495	0.1993	625	0.0833
108.0	381.15	1659	0.2211	704.5	0.0939
110.6	383.75	1748	0.2330	760	0.1013

表5-3 苯和甲苯的蒸气-液体两相平衡组成（$p=0.1013$MPa）

温度 t/℃	$x_A=\frac{p-p_B^0}{p_A^0-p_B^0}$	$y_A=\frac{p_A^0}{p}x_A$
80.1	1.00	1.00
84.0	$\frac{0.1013-0.0444}{0.1136-0.0444}=0.822$	$\frac{0.1136}{0.1013}\times0.822=0.922$
88.0	$\frac{0.1013-0.0506}{0.1276-0.0506}=0.658$	$\frac{0.1276}{0.1013}\times0.658=0.829$
92.0	$\frac{0.1013-0.0576}{0.1437-0.0576}=0.508$	$\frac{0.1437}{0.1013}\times0.508=0.721$
96.0	$\frac{0.1013-0.0656}{0.1605-0.0656}=0.376$	$\frac{0.1605}{0.1013}\times0.376=0.596$

续表

温度 t/℃	$x_A=\frac{p-p_B^0}{p_A^0-p_B^0}$	$y_A=\frac{p_A^0}{p}x_A$
100.0	$\frac{0.1013-0.0745}{0.1792-0.0745}=0.256$	$\frac{0.1792}{0.1013}\times 0.256=0.453$
104.0	$\frac{0.1013-0.0833}{0.1993-0.0833}=0.155$	$\frac{0.1993}{0.1013}\times 0.156=0.305$
108.0	$\frac{0.1013-0.0939}{0.2211-0.0939}=0.0582$	$\frac{0.2211}{0.1013}\times 0.0582=0.127$
110.6	0	0

在数据手册中，有时不直接列出纯组分的温度与饱和蒸汽压数据，而是将实验数据关联成各种形式的经验公式。目前较为常见的经验公式为安托因公式，即：

$$\ln p^0=A-\frac{B}{T+C} \tag{5-6}$$

式中 p^0——任一纯组分的饱和蒸汽压，Pa；

T——温度，K；

A、B 和 C——安托因常数。当使用这类经验公式时，一定要注意手册中所列常数的数值及与之相对应的温度和压强的单位。

2. 平衡相图

在分析精馏原理和图解计算时，如果将相平衡数据以各种相图来表达，则既形象又方便。

(1) 温度-组成图　将表 5-1 所列实验数据标绘在横坐标为组成、纵坐标为温度的坐标上，如图 5-6 所示为常压下双组分理想混合液（苯-甲苯）的温度-组成图，即 t-x-y 图，其中 y 与 x 都是以易挥发组分（苯）的摩尔分数来表示。

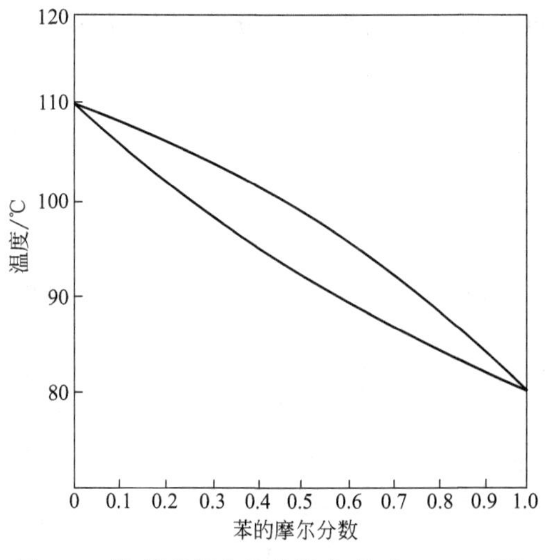

图 5-6　苯-甲苯混合液的温度-组成（t-x-y 图）

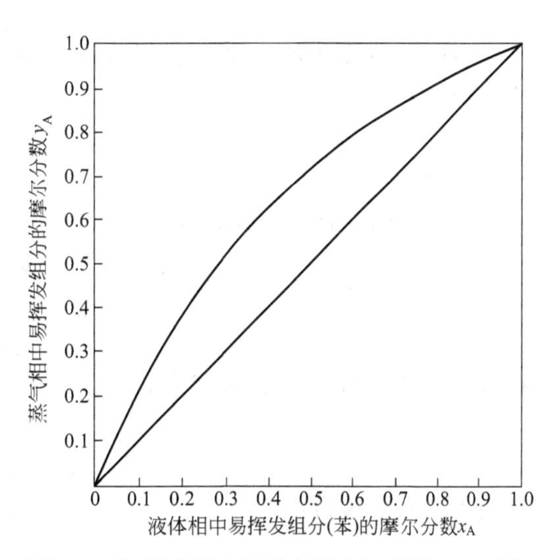

图 5-7　苯-甲苯混合液的相平衡组成图（y-x 图）

图中蒸气相曲线位于液相曲线的上方，表明在同一温度下，平衡时的蒸气相中含易挥发组分量大于液相。液相曲线上各点温度，即为溶液开始沸腾时的温度，称为泡点（以区别于纯组分的沸点），因此，液相曲线表示平衡时的液相组成与泡点的关系。蒸气相曲线上各点温度为蒸气开始冷凝时的温度，称为露点。因此，蒸气相曲线表示平衡时的蒸气相组成与露点的关系。两条曲线构成三个区域：液相曲线以下为溶液尚未沸腾的液相区；蒸气相曲线以上为溶液全部气化为过热蒸气的过热蒸气区；两条曲线之间为气液共存区。

（2）相平衡组成图　讨论精馏问题时，经常采用在平衡状态下，由液相组成 x 与蒸气相组成 y 标绘而成的相图，即相平衡组成图或称 y-x 图（图 5-7）。y-x 图可利用 t-x-y 图采集数据标绘而成。对应于某一温度（泡点与露点之间），在 t-x-y 图上可读取一对互成平衡的蒸气相组成和液相组成。将此互成平衡的两相组成标绘在 y-x 图上得一点。同理，在 t-x-y 图上取若干组数据标在 y-x 图上，则可将这些点连成一条曲线，即为 y-x 平衡曲线。显然，曲线上各点表示不同温度下的蒸气与液体两相平衡组成。在 y-x 图上另有一条 45°对角线作为辅助线，对角线上的各点所表示的两相组成完全相同，即 $y=x$。

根据 y-x 图的形状，可以很方便地判断采用蒸馏方法分离该物系的难易程度，若物系的平衡曲线离对角线越近，即蒸气与液体两相的组成越相近，则分离也就越难；反之，则分离越易。

3. 平衡关系式

蒸气与液体两相平衡关系除了上述表达方式外，尚可借助于相对挥发度的概念，导出相平衡关系的数学表达式。

在完全互溶的混合液中某一组分的挥发度，可以定义为该组分在蒸气相中的分压与其在液相中的平衡浓度（摩尔分数）之比，即：

$$\upsilon_A=\frac{p_A}{x_A} \tag{5-7}$$

$$\upsilon_B=\frac{p_B}{x_B} \tag{5-8}$$

两个组分的挥发度之比，称为相对挥发度，以 α 表示：

$$\alpha=\frac{\upsilon_A}{\upsilon_B}=\frac{p_A/x_A}{p_B/x_B} \tag{5-9}$$

对于遵循拉乌尔定律的理想溶液，相对挥发度也可表示为两个组分的饱和蒸汽压之比，即：

$$\alpha=\frac{p_A^0}{p_B^0} \tag{5-9a}$$

对于双组分理想气体，根据道尔顿分压定律，有：

$$p_A=py_A \tag{a}$$

$$p_B=py_B=p(1-y_A) \tag{b}$$

且

$$x_B=1-x_A \tag{c}$$

将（a）、（b）和（c）三式代入式(5-9)，则得：

$$\frac{y_A}{1-y_A}=\alpha\frac{x_A}{1-x_A} \tag{5-10}$$

经整理后又可写为：

$$y_A=\frac{\alpha x_A}{1+(\alpha-1)x_A} \tag{5-10a}$$

该式即为蒸气与液体相平衡关系的数学表达式。

理想溶液的相对挥发度，可以直接由饱和蒸汽压的实验数据计算得到。例如表 5-4 所列数据即为根据表 5-2 所列苯-甲苯饱和蒸气实验数据计算所得该混合液的相对挥发度值。从表 5-4 所列数据可以看出，α 值随温度而变化，但对于像苯-甲苯这种接近理想溶液的物系，

α 值随温度变化不大，且可取其平均值，按定值处理。

表 5-4 苯-甲苯混合液的相对挥发度（p=0.1013MPa）

温度 t/℃	苯蒸气压 p_A^0/MPa	甲苯蒸气压 p_B^0/MPa	相对挥发度 α
80.1	0.1013		
84.0	0.1136	0.0444	2.56
88.0	0.1276	0.0506	2.52
92.0	0.1437	0.0576	2.49
96.0	0.1605	0.0656	2.45
100.0	0.1792	0.0745	2.41
104.0	0.1993	0.0833	2.39
108.0	0.2211	0.0939	2.35
110.6		0.1013	

当已知物系的相对挥发度，则可按平衡关系式计算液相与蒸汽相的平衡组成，又能确切而简便地判断混合液蒸馏分离的难易程度。当 $\alpha>1$ 时，$y_A>x_A$，则该物系能够采用蒸馏方法加以分离。并且 α 值越大，挥发度差别越大，蒸馏分离越容易；反之，则越难。当 $\alpha=1$ 时，$y_A=x_A$，则该物系不能采用一般的蒸馏方法加以分离。

最后，对于蒸气与液体相平衡关系问题，需要着重指出以下两点。

① 对于完全互溶体系的蒸气与液体相平衡关系，取决于溶液的性质。理想溶液服从拉乌尔定律，而实际溶液与理想溶液存在着一定的偏差。当实际溶液与理想溶液偏差不大时，可按理想溶液来处理，这样可使问题简化。当实际溶液与理想溶液偏差较大时，非理想体系的相平衡关系一般由实验直接测出或用活度系数对拉乌尔定律进行修正。

当物系与拉乌尔定律有正负偏差，且有恒沸点时，则由于恒沸点处蒸气相组成与溶液组成相同，因此，一般的蒸馏方法只能将这类物系分离成一种纯组分和一种具有恒沸组成的溶液，所以不能用一般的蒸馏方法加以分离（图 5-8）。

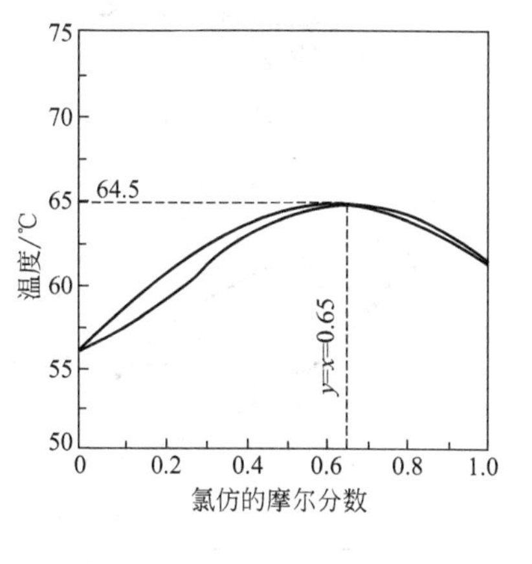

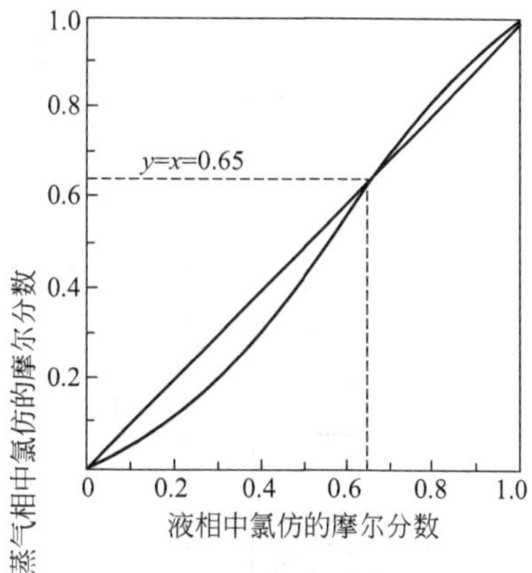

图 5-8 具有恒沸点物系的相平衡图

② 蒸气与液体相平衡关系随总压的改变而改变，图 5-9 所示为不同压强下，苯与甲苯的 t-x-y 图和 y-x 图。由图可见，压强增高气相组成和液相组成差别减少，不利于采用蒸馏方法分离。

一般情况下，平衡数据都是在一定压强下测得的，在实际操作中，只要总压变动不超过 20%～30%，仍按恒压处理。

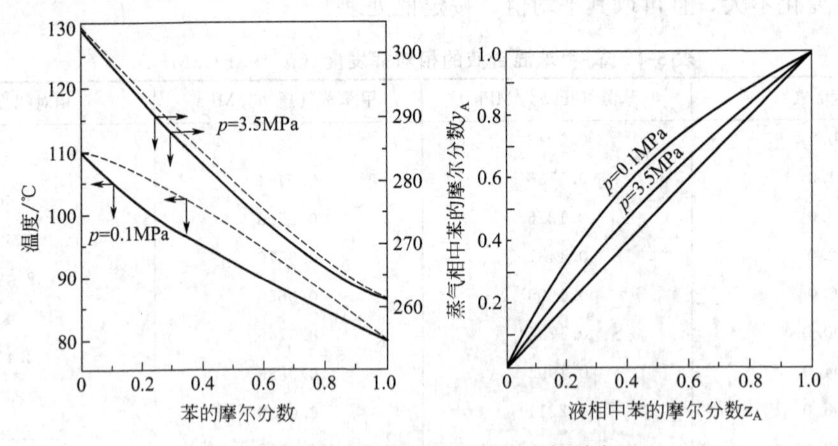

图 5-9 不同压强下的苯-甲苯溶液相平衡图

第三节 简单蒸馏与精馏原理

一、简单蒸馏原理及流程

简单蒸馏操作过程可在图 5-10 所示的装置中实现。

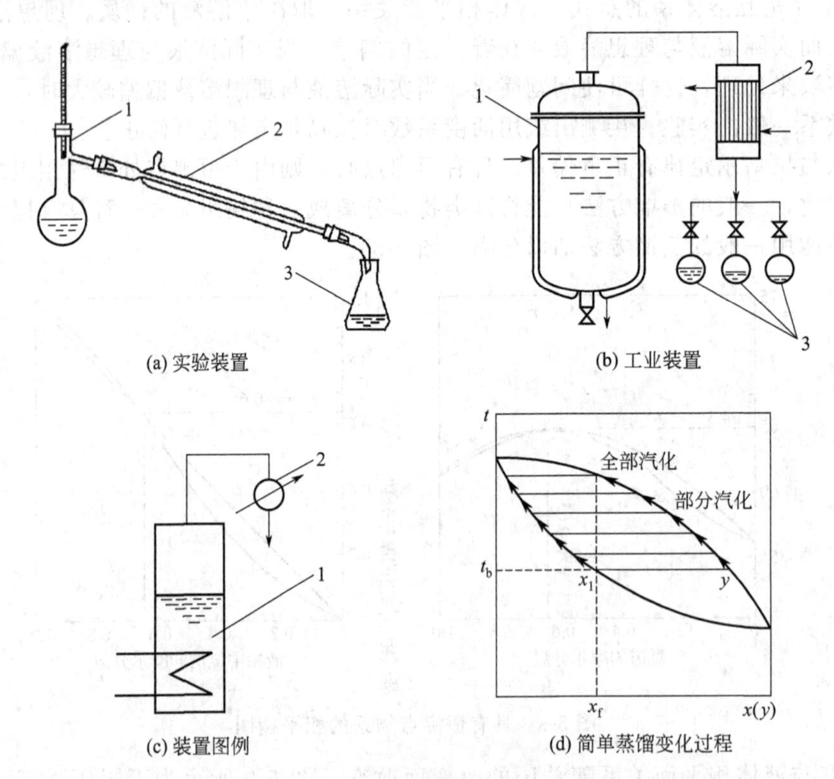

图 5-10 简单蒸馏

1—蒸馏釜；2—冷凝器；3—馏出液接收器

简单蒸馏是将原料液一次性加入蒸馏釜中，在一定压强下加热至沸腾，使液体不断气化，气化的蒸气引出经冷凝后，加以收集。因此，简单蒸馏属于间歇操作。

蒸馏过程中，由于蒸气中易挥发组分也将随之递减，同时，泡点和露点温度也将随之改变，因此，简单蒸馏过程为非定态过程，其变化过程如图 5-10(d) 中的 t-x-y 图所示。

简单蒸馏主要用于分离沸点相差很大的液体混合物，或者用于对含有复杂组分的混合液进行粗略的预处理，例如石油和煤焦油的粗略分离。

二、精馏原理和流程

简单蒸馏是仅进行一次部分气化和部分冷凝的过程，只能部分地分离液体混合物，而精馏是进行多次部分气化与多次部分冷凝过程，可使混合液得到近乎完全的分离。

一次部分气化与一次部分冷凝如图 5-11 所示，将组成为 x_F、温度为 t_F 的混合液加热到 t_1，使其部分气化，并将气相与液相分开，则所得的气相组成为 y_1，液相组成为 x_1。由图 5-12 可以看出，$y_1>x_F>x_1$。这样，用一次部分气化方法得到的气相产品的组成 y_1 不会大于 y_F，这里 y_F 是加热原料液时产生的第一个气泡的组成。同时液相产品的组成 x_1 不会低于 x_W，这里 x_W 是原料液全部气化后剩下的最后一滴液体的组成。

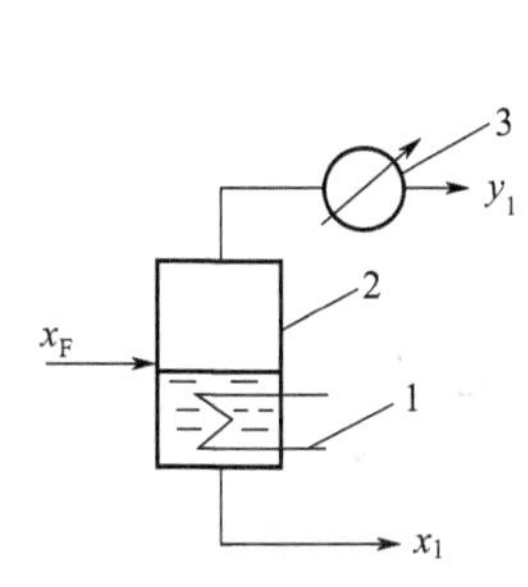

图 5-11　一次部分气化示意

1—加热器；2—分离罐；3—冷凝器

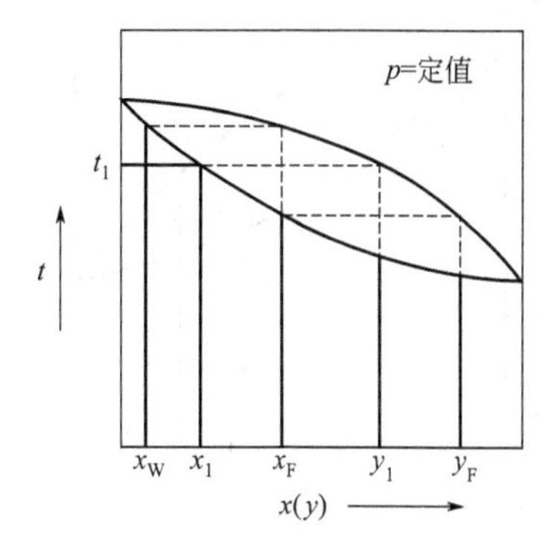

图 5-12　一次部分汽化时的 t-x-y 图

由此可见，将液体混合物进行一次部分气化（或部分冷凝）的过程，只能起到部分分离作用，因此这种方法只适用于粗分离或初步加工场合。要使混合物中的组分得到几乎完全的分离，必须进行多次部分气化和多次部分冷凝的过程。设想将图 5-11 所示的单级分离加以组合，变成如图 5-13 所示的多级分离（图中以三级为例）。若将第一级中溶液部分气化所得气相产品在冷凝器中加以冷凝，然后再将冷凝液在第二级中加以部分气化，此时所得气相组成为 y_2，且 $y_2>y_1$，若部分气化的次数（即级数）越多，所得蒸汽的组成也越高，最后几乎可得到纯态的易挥发组分。同理，若将从各分离器所得的液相产品分别进行多次部分气化和分离，那么这种级数越多，得到液相产品的组成越低，最后可得到几乎纯态的难挥发组分。图 5-13 中没有画出这部分的示意情况。上述的气液相组成的变化情况可以从图 5-14 中清晰地看出。因此，进行多次部分气化和多次部分冷凝是使混合液得以几乎完全分离的必要条件。但图 5-13 所示的过程也存在着设备数量庞大、中间产物众多、最后纯产品收率很低等弊端。为了解决这些问题，可将多次部分

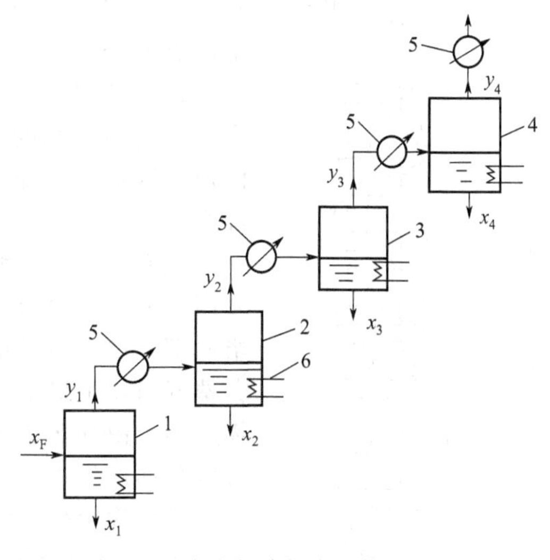

图 5-13　多次部分气化的分离示意图

1～3—分离罐；4—加热器；5—冷凝器；6—加热器

气化和多次部分冷凝结合起来，如图 5-15 所示。为了说明方便起见，各流股均以组成命名。由图 5-14 可知，第二级液相组成 x_2 小于第一级原料液组成 x_F，但两者较接近，因此 x_2 可返回与 x_F 相混合。同时，让第三级所产生的中间产品 x_3 与第二级的液料 y_1 混合，……，这样就消除了中间产物。由图 5-14 还可看出，当第一级所产生蒸气 y_1 与第三级下降的液相 x_3 直接混合时，由于液相温度 t_3 低于气相温度 t_1，因此高温蒸气将加热低温液体，而使液体部分气化，而蒸气本身则被部分冷凝。由此可见，不同温度且互不平衡的气-液两相接触时，必然会产生传质和传热的双重作用，所以使上一级液相回流（如液相 x_3）与下一级上升的气相（如气相 y_1）直接接触，就可以将图 5-14 所示的流程演变为图 5-15 所示的分离流程，从而省去了中间加热器和冷凝器。

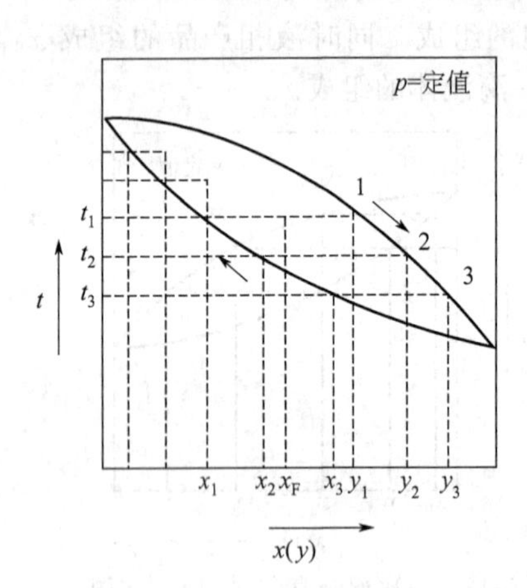

图 5-14 多次部分气化和冷凝的 t-x-y 图

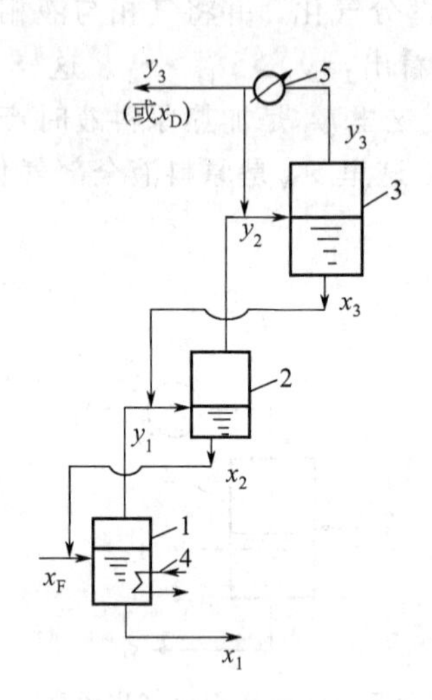

图 5-15 无中间产品及中间加热器与冷凝器

1～3—分离器；4—加热器；5—冷凝器

从上述分析可知，将每一级中间产物返回到下一级中，不仅是为了提高产品的收率，而且是过程进行必不可少的条件。例如，对于第二级而言，如果没有液体 x_3 回流到 y_1 中，而又无中间加热器和冷凝器，那么就不会有溶液的部分气化和蒸汽的部分冷凝，第二级也就没有分离作用了。显然，每一级都需有回流液，那么，对于最上一级（图中第三级）而言，将 y_3 冷凝后不是全部作为产品，而是把其中一部分返回与 y_2 相混合，这是最简单的回流方法。通常，将引回设备的部分产品称为回流。因此，回流是保证精馏过程连续稳定操作的必不可少的条件之一。

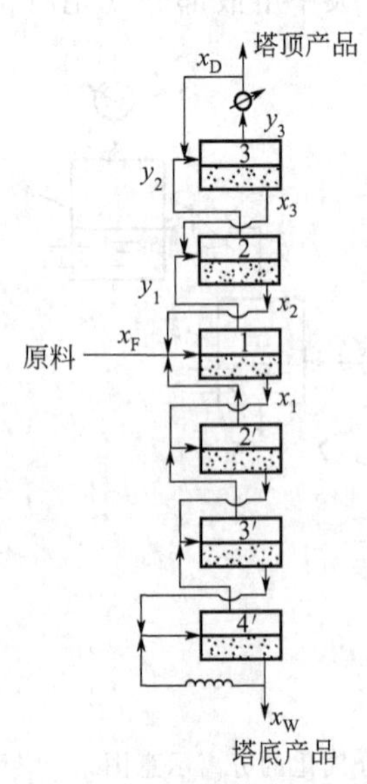

图 5-16 精馏塔模型

上面分析的是增浓混合液中易挥发组分的情况。对增浓难挥发组分来说，原理是完全相同的。因此，将最下端的加热器移至塔底部，使难挥发组分组成最高的蒸气进入最下一级，显然这部分蒸气只能由最下一级下降的液体部分气化而得到，此时气化所需的热量由加热器（再沸器）供给。所以在再沸器中，溶液的部分气化而产生上升蒸汽，如同塔设备上部回流一样，是精馏过程得以连续稳定操作的必备条件。

图 5-16 所示的是精馏塔的模型，操作时，塔顶和塔底可分别得到易挥发组分和难挥发组分。塔中各级的易挥发组分浓度

由上而下逐级降低，当某级的组成与原料液的组成相同或相近时，原料液就由此级加入。

总之，精馏是将由挥发度不同的组分所组成的混合液，在精馏塔中同时进行多次部分气化和多次部分冷凝，使其分离成几乎纯态组分的过程。

1. 精馏塔

化工厂中精馏操作是在直立圆筒形精馏塔内进行的。塔内装有若干层塔板或充填一定高度的填料。不管是板式塔的液层还是填料塔的填料表面都是气-液两相进行热量交换和物质交换的场所。图 5-17 所示的为筛板塔中任意第 n 层板上的操作情况。塔板上开有许多小孔，由下一层板（如第 $n+1$ 层板）上升的蒸气通过板上小孔上升，而上一层板（如第 $n-1$ 层板）上的液体通过溢流管下降到第 n 层板上，在第 n 层板上气-液两相密切接触，进行传质传热。设进入第 n 层板的气相组成和温度分别为 y_{n+1} 和 t_{n+1}，液相的组成和温度分别为 x_{n-1} 和 t_{n-1}，两者相互不平衡，即 x_{n-1} 大于与 y_{n+1} 成平衡的液相组成 x^*_{n+1}。因此组成为 y_{n+1} 的气相与组成为 x_{n-1} 的液相在第 n 层板上接触时，由于存在温度差和浓度差，气相就要进行部分冷凝，使其中部分难挥发组分转入液相中；而气相冷凝时放出的潜热传给液相，使液相部分气化，其中部分易挥发组分转入气相中。总的结果是离开第 n 层板的液相中易挥发组分的浓度比进入该板时低，而离开的气相中易挥发组分浓度又较进入时高，即 $y_n > y_{n+1}$。若气-液两相在板上接触时间足够长，那么离开该板时气-液两相互成平衡。若离开该板时气-液两相互成平衡状态，则将这种塔板称为理论板。精馏塔的每层板上都进行着上述相似的过程。因此，塔内只要有足够多的塔板层数，就可使混合液达到所要求的分离程度。

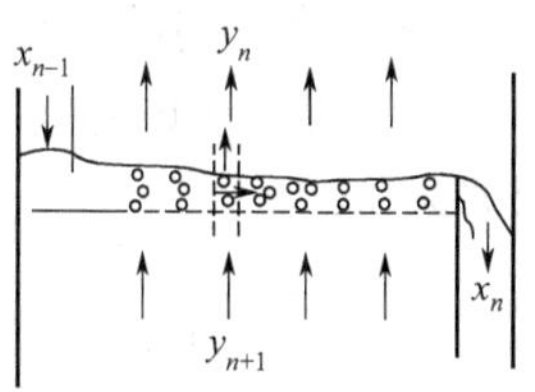

图 5-17 筛板塔的操作情况

2. 精馏操作流程

根据精馏原理可知，只有精馏塔还不能完成精馏操作，而必须同时有塔顶冷凝器和塔底再沸器。有时还配有原料液预热器、回流液泵等附属设备。再沸器的作用是提供一定流量的上升蒸汽流，冷凝器的作用是提供塔顶液相产品及保证有适当的液相回流，精馏塔塔板的作用是提供气-液接触进行传质、传热的场所。

典型的连续精馏流程如图 5-18 所示。原料液经预热到指定温度后，送入精馏塔内。操作时，连续地从塔釜取出部分液体作为塔底产品（釜残液），部分液体送入再沸器气化，产生上升蒸气，依次通过各层塔板。塔顶蒸气进入冷凝器中被全部冷凝，并将部分冷凝液借重力作用（也可用泵）送回塔顶作为回流液体，其余部分经冷却器（图中未画出）冷却后被送出作为塔顶馏出液。

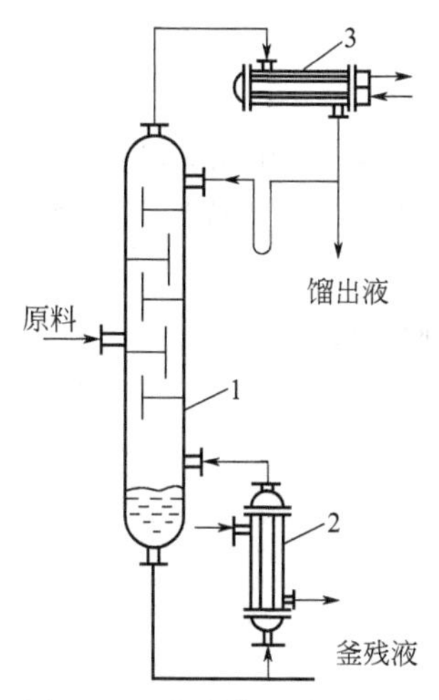

图 5-18 连续精馏装置流程
1—精馏塔；2—再沸器；3—冷凝器

通常，将原料液进入的那层板称为加料板，加料板以上的塔段称为精馏段，加料板以下的塔段（包括加料板）称为提馏段。

精馏过程也可间歇操作，此时原料液一次性加入塔釜中，而不是连续地加入精馏塔中。因此间歇精馏只有精馏段而没有提馏段。同时，因间歇精馏釜液浓度不断地变化，故一般产品组成也逐渐降低。当釜中液体组成降到规定值后，间歇精馏操作即被停止。

第四节 精馏塔的物料衡算——操作线方程

在精馏塔设计过程中，塔高的计算是一项非常重要的工作，要想计算塔高首先必须知道塔板数或填料层高度。实际塔板数的计算以理论塔板数为基础，理论塔板数的计算又是从物料衡算开始，通过建立操作线方程，进而实现计算目标。

一、全塔物料衡算

通过对精馏塔的全塔物料衡算，可以求出精馏产品的流量、组成以及进料流量、组成之间的关系。

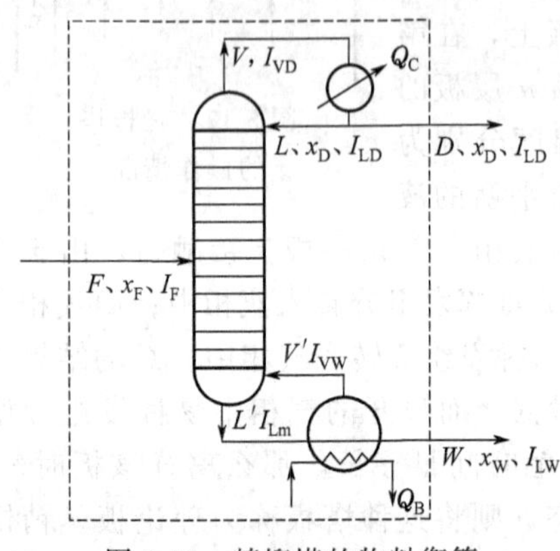

图 5-19 精馏塔的物料衡算

对图 5-19 所示的连续精馏装置作物料衡算，并以单位时间为基准。

总物料： $$F=D+W \tag{5-11}$$

易挥发组分： $$Fx_F=Dx_D+Wx_W \tag{5-11a}$$

式中 F——原料液流量，kmol/s；

D——塔顶产品（馏出液）流量，kmol/s；

W——塔底产品（釜残液）流量，kmol/s；

x_F——原料液中易挥发组分的摩尔分数；

x_D——馏出液中易挥发组分的摩尔分数；

x_W——釜残液中易挥发组分的摩尔分数。

在式(5-11) 和式(5-11a) 中，通常 F 和 x_F 为已知，因此只要给定两个参数，即可求出其他参数。

应指出，在精馏计算中，分离要求可以用不同形式表示，例如以下几点。

① 规定易挥发组分在馏出液和釜残液中的组成 x_D 和 x_W。

② 规定馏出液组成 x_D 和馏出液中易挥发组分的回收率。后者的定义为馏出液中易挥发组分的量与其在原料液中的量之比，即：

$$\eta=\frac{Dx_D}{Fx_F}$$

式中 η——馏出液中易挥发组分的回收率。

③ 规定馏出液组成 x_D 和塔顶采出率 D/F，等等。

【例 5-1】 在连续精馏塔中分离苯-甲苯混合液。已知原料液流量为 10000kg/h，苯的组成为 40%（质量%，下同）。要求馏出液组成为 97%，釜残液组成为 2%。试求馏出液和釜残液的流量（kmol/h）及馏出液中易挥发组分的回收率。

解 苯的摩尔质量为 78kg/kmol，甲苯的摩尔质量为 92kg/kmol。

原料液组成（摩尔分数）为：

$$x_F=\frac{40/78}{40/78+60/92}=0.44$$

馏出液组成为：

$$x_D=\frac{97/78}{97/78+3/92}=0.974$$

釜残液组成为：

$$x_W=\frac{2/78}{2/78+98/92}=0.0235$$

原料液的平均摩尔质量为：

$$M_F=0.44\times78+0.56\times92=85.8\ (\mathrm{kg/kmol})$$

原料液摩尔流量为：

$$F=10000/85.8=116.6\ (\mathrm{kmol/h})$$

由全塔物料衡算，可得：

$$D+W=F=116.6 \tag{a}$$

及

$$Dx_D+Wx_W=Fx_F$$

即

$$0.974D+0.0235W=116.6\times0.44 \tag{b}$$

联立式(a) 和 (b) 解得：

$$D=51.0\mathrm{kmol/h}$$

$$W=65.6\mathrm{kmol/h}$$

馏出液中易挥发组分回收率为：

$$\frac{Dx_D}{Fx_F}=\frac{51.0\times0.974}{116.6\times0.44}=0.97=97\%$$

二、理论板概念及恒摩尔流假设

1. 理论板概念

如前所述，精馏操作涉及气-液两相间的传质和传热过程。塔板上两相间的传热速率和传质速率不仅取决于物系的性质和操作条件，而且还与塔板结构有关，因此它们很难用简单的方程加以描述。引入理论板的概念，可使问题简化。

所谓理论板是指在其上气-液两相能充分混合，且传热及传质过程阻力均为零的理想化塔板。因此不论进入理论板的气、液两相组成如何，离开该塔板时气-液两相达到平衡状态，即两相温度相等、组成互成平衡。

实际上，由于板上气-液两相接触面积和接触时间是有限的，因此在任何形式的塔板上气-液两相都难以达到平衡状态，即理论板是不存在的。理论板仅用作衡量实际板分离效率的依据和标准。通常在精馏计算中，先求得理论板数然后利用塔板效率予以修正，即可求得实际板数。引入理论板的概念对精馏过程的分析和计算是十分有用的。

2. 恒摩尔流假设

为简化精馏计算，通常引入塔内恒摩尔流动的假定。

恒摩尔气流，恒摩尔气流是指在精馏塔内，在没有中间加料（或出料）条件下，各层板的上升蒸汽摩尔流量相等，即：

精馏段 $$V_1=V_2=V_3=\cdots=V=\text{常数}$$

提馏段 $$V'_1=V'_2=V'_3=\cdots=V'=\text{常数}$$

但两段的上升蒸汽摩尔流量不一定相等。

恒摩尔液流，恒摩尔液流是指在精馏塔内，在没有中间加料（或出料）条件下，各层板的下降液体摩尔流量相等，即：

精馏段 $$L_1=L_2=L_3=\cdots=L=\text{常数}$$

提馏段 $$L'_1=L'_2=L'_3=\cdots=L'=\text{常数}$$

但两段的下降液体摩尔流量不一定相等。

在精馏塔的塔板上气-液两相接触时，若有 $n$kmol/h 的蒸气冷凝，相应有 $n$kmol/h 的液体气化，这样恒摩尔流动的假定才能成立。为此必须符合以下条件：①混合物中各组分的摩尔气化潜热相等；②各板上液体显热的差异可忽略（即两组分的沸点差较小）；③塔设备保温良好，热损失可忽略。

由此可见，对基本符合以上条件的某些系统，在塔内可视为恒摩尔流动。以后介绍的精馏计算是以恒摩尔流为前提的。

若已知某物系的气-液平衡关系，即离开任意理论板（n 层）的气-液两相组成 y_n 与 x_n 之间的关系已被确定。若还能知道由任意板（n 层）下降的液相组成 x_n 与由下一层板（$n+1$ 层）上升的气相组成 y_{n+1} 之间的关系，则精馏塔内各板的气-液相组成将可逐板予以确定，因此即可求得在指定分离要求下的理论板数。而上述的 y_{n+1} 和 x_n 之间的关系是由精馏条件决定的，这种关系可由塔板间的物料衡算求得，并称为操作关系。

三、精馏段的物料衡算——操作线方程式

按图 5-20 虚线范围（包括精馏段第 $n+1$ 层塔板以上塔段和冷凝器）做物料衡算，以单位时间为基准，即：

总物料
$$V=L+D \tag{5-12}$$

易挥发组分
$$Vy_{n+1}=Lx_n+Dx_D \tag{5-12a}$$

式中 x_n——精馏段中任意第 n 层板下降液体的组成，摩尔分数；

y_{n+1}——精馏段中任意第 $n+1$ 层板上升蒸汽的组成，摩尔分数。

将式(5-12) 代入式(5-12a)，并整理得：

$$y_{n+1}=\frac{L}{L+D}x_n+\frac{D}{L+D}x_D \tag{5-13}$$

若将上式等号右边两项的分子和分母同时除以 D，可得：

$$y_{n+1}=\frac{L/D}{(L/D)+1}x_n+\frac{1}{(L/D)+1}x_D$$

令：$\frac{L}{D}=R$，代入上式得：

$$y_{n+1}=\frac{R}{R+1}x_n+\frac{1}{R+1}x_D \tag{5-14}$$

式中 R——回流比，其值由设计者选定，R 值的确定和影响将在后面讨论。

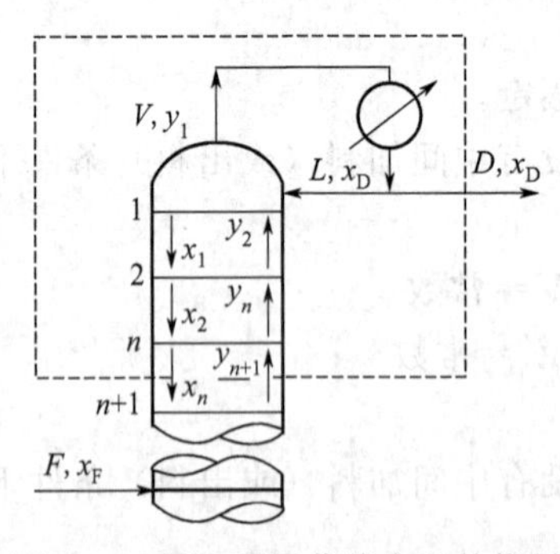

图 5-20 精馏段操作线方程的推导

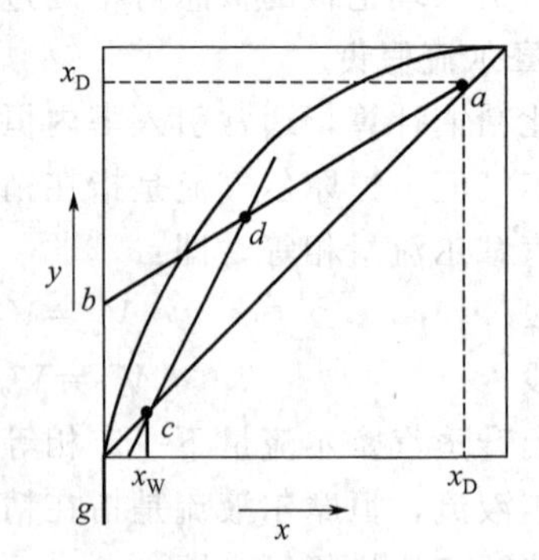

图 5-21 精馏塔的操作线

式(5-13) 和式(5-14) 称为精馏段操作线方程。该方程的物理意义是表达在一定的操作条件下，精馏段内自任意第 n 层板下降液相组成 x_n 与其相邻的下一层（即 $n+1$ 层）上升蒸汽组成 y_{n+1} 之间的关系。根据恒摩尔流假定，L 为定值，且在连续定态操作时，R、D、x_D 均为定值，因此该式为直线方程，即在 x-y 图上为一直线，直线的斜率为 $R/(R+1)$，截距为 $x_D/(R+1)$，由式(5-14) 可知，当 $x=x_D$ 时，$y_n=x_D$，即该点位于 x-y 图的对角

线上，如图 5-21 中的 a；又当 $x_n=0$ 时，$y_{n+1}=x_D/(R+1)$，即该点位于 y 轴上，如图中点 b 点，则直线 ab 即为精馏段操作线。

【例 5-2】 在某两组分连续精馏塔中，精馏段内自第 n 层理论板下降的液相组成 x_n 为 0.65（易挥发组分摩尔分数，下同），进入该板的气相组成为 0.75，塔内气-液摩尔流量比 V/L 为 2，物系的相对挥发度为 2.5，试求回流比 R，从该板上升的气相组成 y_n 和进入该板的液相组成 x_{n-1}。

解 (1) 回流比 R

由回流比定义知：

$$R=\frac{L}{D}$$

其中

$$D=V-L$$

故

$$R=\frac{L}{V-L}=\frac{1}{\frac{V}{L}-1}=\frac{1}{2-1}=1$$

或由精馏段操作线斜率知：

$$\frac{R}{R+1}=\frac{L}{V}=\frac{1}{2}$$

解得

$$R=1$$

(2) 气相组成 y_n

离开第 n 层理论板的气、液组成符合平衡关系，即：

$$y_n=\frac{\alpha x_n}{1+(\alpha-1)x_n}$$

其中

$$\alpha=2.5 \qquad x_n=0.65$$

所以

$$y_n=\frac{2.5\times0.65}{1+(2.5-1)\times0.65}=0.823$$

(3) 液相组成 x_{n-1}

由精馏段操作线方程知：

$$y_{n+1}=\frac{R}{R+1}x_n+\frac{1}{R+1}x_D$$

其中

$$y_{n+1}=0.75 \qquad x_n=0.65 \qquad R=1$$

即

$$0.75=\frac{1}{2}\times0.65+\frac{x_D}{1+1}$$

解得

$$x_D=0.85$$

又

$$y_n=\frac{R}{R+1}x_{n-1}+\frac{x_D}{R+1}$$

即

$$0.823=\frac{1}{2}x_{n-1}+\frac{0.85}{2}$$

解得

$$x_{n-1}=0.796$$

四、提馏段的物料衡算——操作线方程式

按图 5-22 虚线范围（即自提馏段任意相邻两板 m 和 $m+1$ 间至塔底釜残液出口）做物料衡算，即：

总物料

$$L'=V'+W \tag{5-15}$$

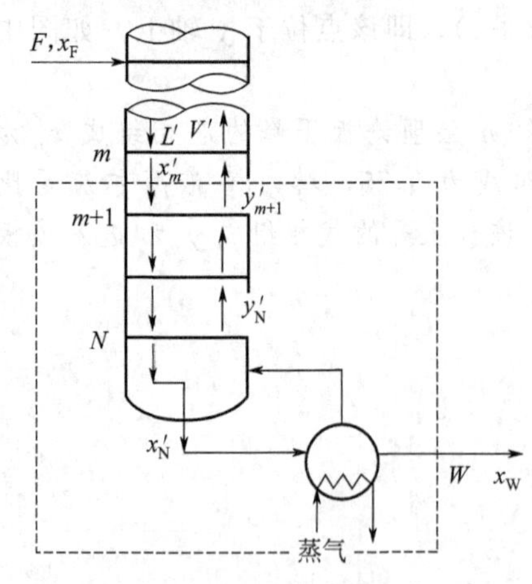

图 5-22 提馏段操作线方程的推导

易挥发组分 $L'x'_m = V'y'_{m+1} + Wx_W$ (5-15a)

式中 x'_m——提馏段中任意第 m 板下降液体的组成，摩尔分数；

y'_{m+1}——提馏段中任意第 $m+1$ 板上升蒸气的组成，摩尔分数。

联立式(5-15)和式(5-15a)，可得：

$$y'_{m+1} = \frac{L'}{L'-W}x'_m - \frac{W}{L'-W}x_W \tag{5-16}$$

式(5-16)称为提馏段操作线方程。该式的物理意义是表达在一定的操作条件下，提馏段内任意第 m 板下降的液相组成与相邻的下一层（即 $m+1$）板上升的蒸气组成之间的关系。根据恒摩尔流的假定，L'为定值，且在连续定态操作中，W 和 x_W 也是定值，故式(5-16)为直线方程，它在 x-y 图上也是一直线。该线的斜率为 $L'/(L'-W)$，截距为 $-Wx_W/(L'-W)$。由式(5-16)可知，当 $x'_m = x_W$ 时，$y'_{m+1} = x_W$，即该点位于 x-y 图的对角线上，如图 5-21 中的点 c；当 $x'_m = 0$ 时，$y'_{m+1} = -Wx_W/(L'-W)$，该点位于 y 轴上，如图 5-21 中点 g，则直线 cg 即为提馏段操作线。由图 5-21 可见，精馏段操作线和提馏段操作线相交于点 d。

应予指出，提馏段内液体摩尔流量 L'不如精馏段液体摩尔流量 L（$L=RD$）那样容易求得，因为 L'不仅与 L 的大小有关，而且它还受进料量及进料热状况的影响。

五、进料热状况对操作线的影响——操作线交点轨迹方程

1. 精馏塔的进料热状态

在精馏操作中，加入精馏塔中的原料可能有以下 5 种热状态。

（1）冷液体进料

加入精馏塔的原料液温度低于泡点。提馏段内下降液体流量包括三部分：精馏段内下降的液体流量 L；原料液流量 F；由于将原料液加热到进料板上液体的泡点温度，必然会有一部分自提馏段上升的蒸气被冷凝，即这部分冷凝液也将成为 L'的一部分。因此精馏段内上升蒸气流量 V 比提馏段上升的蒸气流量 V'要少，其差值即为被冷凝的蒸气量。由此可见：

$$L' > L+F \qquad V' > V$$

（2）饱和液体进料

加入精馏塔的原料液温度等于泡点。由于原料液的温度与进料板上液体的温度相近，因此原料液全部进入提馏段，而两段的上升蒸气流量相等，即：

$$L' = L+F \qquad V' = V$$

（3）气液混合物进料

原料温度介于泡点和露点之间。进料中液体部分成为 L'的一部分，而其中蒸气部分成为 V 的一部分，即：

$$L < L' < L+F \qquad V' < V$$

（4）饱和蒸气进料

原料为饱和蒸气，其温度为露点。进料为 V 的一部分，而两段的液体流量相等，即：

$$L = L' \qquad V = V'+F$$

（5）过热蒸气进料

原料为温度高于露点的过热蒸气。精馏段上升蒸气流量包括三部分：提馏段上升蒸气流量 V'，原料液流量 F，由于原料温度降至进料板上温度必然会放出一部分热量，使来自精馏段的下降液体被气化，气化的蒸气量也成为 V 的一部分，而提馏段下降的液体流量 L' 也就比精馏段的下降液体量 L 要少，差值即为被气化的部分液体量。由此可知：

$$L'<L \qquad V>V'+F$$

由以上分析可知，精馏塔中两段的气、液摩尔流量间的关系受进料量和进料热状况的影响，通用的定量关系可通过进料板上的物料衡算和热量衡算求得（图 5-23）。

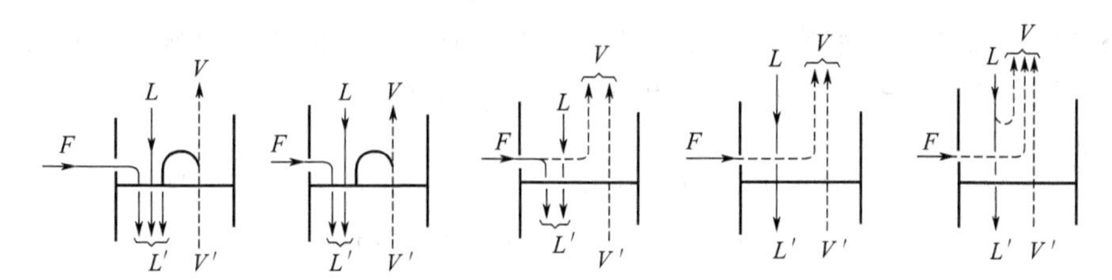

图 5-23　进料状况对进料板上、下各流股的影响

2. 进料板上的物料衡算和热量衡算

对图 5-24 所示的虚线范围内分别作进料板的物料衡算和热量衡算，以单位时间为基准，即：

总物料衡算　　$F+V'+L=V+L'$　　(5-17)

热量衡算　　$FI_F+V'I_V+LI_L=VI_V+L'I_{L'}$　　(5-17a)

式中　I_F——原料液的焓，kJ/mol；

I_V、$I_{V'}$——分别为进料板上、下处饱和蒸汽的焓，kJ/mol；

I_L、$I_{L'}$——分别为进料板上、下处饱和液体的焓，kJ/mol；

由于与进料板相邻的上、下板的温度及气、液相组成各自都很接近，故有：

$$I_V \approx I_{V'}$$

和

$$I_{L'} \approx I_L$$

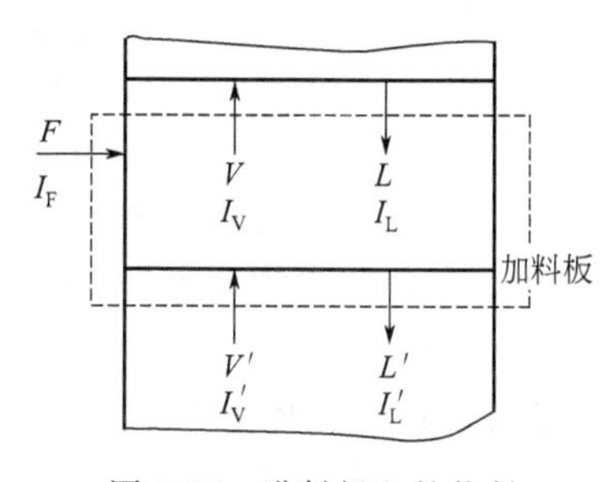

图 5-24　进料板上的物料衡算和热量衡算

将上述关系代入式(5-17a)，则联立式(5-17) 和式(5-17a) 可得：

$$\frac{L'-L}{F}=\frac{I_V-I_F}{I_V-I_L} \tag{5-18}$$

令：

$$q=\frac{I_V-I_F}{I_V-I_L}=\frac{1\text{kmol 原料变为饱和蒸气所需热量}}{\text{原料液的千摩尔汽化潜热}} \tag{5-18a}$$

q 称为进料热状况参数。对各种进料热状态，可用式(5-18a) 计算 q 值。根据式(5-18) 和式(5-18a) 可得：

$$L'=L+qF \tag{5-19}$$

将式(5-19) 代入式(5-17)，可得：

$$V=V'+(1-q)F \tag{5-20}$$

式(5-19) 和式(5-20) 表示在精馏塔内精馏段和提馏段的气-液相流量与进料量及进料热状态参数之间的基本关系。

根据 q 的定义可得：

冷液进料　$q>1$

饱和液体进料　$q=1$

气液混合物进料　$q=0\sim1$

饱和蒸气进料　$q=0$

过热蒸气进料　$q<0$

若将式(5-19) 代入式(5-16)，则提馏段操作线方程可改写为：

$$y'_{m+1}=\frac{L+qF}{L+qF-W}x'_m-\frac{W}{L+qF-W}x_W \tag{5-21}$$

【例 5-3】 分离例 5-1 中的苯-甲苯混合液，若进料为饱和液体，操作回流比为 3.5，试求提馏段操作线方程，并说明提馏段操作线的斜率和截距。

解 由例 5-1 知：

$$F=116.6\text{kmol/h} \qquad x_W=0.0235$$
$$D=51.0\text{kmol/h} \qquad W=65.6\text{kmol/h}$$

精馏段下降液体量为：

$$L=RD=3.5\times51.0=178.5\ (\text{kmol/h})$$

因饱和液体进料，故 $q=1$

将以上数据代入式(5-21)，可整理得到提馏段操作线方程为：

$$\begin{aligned}y'_{m+1}&=\frac{L+qF}{L+qF-W}x'_m-\frac{W}{L+qF-W}x_W\\&=\frac{178.5+1\times116.6}{178.5+1\times116.6-65.6}x'_m-\frac{65.6\times0.0235}{178.5+1\times116.6-65.6}\\&=1.29x'_m-0.0067\end{aligned}$$

提馏段操作线的斜率为 1.29，截距为 -0.0067。

由计算结果可知，本题的提馏段操作线的截距很小，一般情况下都是如此，且均为负值。

【例 5-4】 分离例 5-3 中的苯-甲苯混合液，若将进料热状态变为 20℃的冷液体，试求提馏段的上升蒸汽流量和下降液体流量。

已知操作条件下苯的气化潜热为 389kJ/kg，甲苯的气化潜热为 360kJ/kg，原料液的平均比热容为 158kJ/(kmol·℃)。苯-甲苯混合液的平衡数据参见表 5-1。

解 由例 5-1 和例 5-3 知

$$x_F=0.44 \qquad R=3.5$$
$$F=116.6\text{kmol/h} \qquad D=51.0\text{kmol/h} \qquad W=65.6\text{kmol/h}$$

精馏段内上升蒸气和下降液体流量分别为：

$$V=(R+1)D=(3.5+1)\times51.0=229.5\ (\text{kmol/h})$$
$$L=RD=3.5\times51.0=178.5\ (\text{kmol/h})$$

进料热状态参数为

$$q=\frac{I_V-I_F}{I_V-I_L}=\frac{c_p(t_s-t_F)+r}{r}$$

其中，由图 5-6 查得 $x_F=0.44$ 时进料泡点温度为：

$$t_s=93℃$$

原料液的平均气化潜热为：

$$r=0.44\times389\times78+0.56\times360\times92=31897.7\ (\text{kJ/kmol})$$

及 $$c_p=158\text{kJ}/(\text{kmol}\cdot℃)$$

故 $$q=1+\frac{158(93-20)}{31897.7}=1.362$$

提馏段下降液体流量为：

$$L'=L+qF=178.5+1.362\times116.6=337.3\ (\text{kJ/h})$$

提馏段上升蒸气流量为：

$$V'=V-(1-q)F=230-(1-1.362)\times116.6=272.2\ (\text{kmol/h})$$

六、q 线方程（进料方程）

由于提馏段操作线的截距很小，因此提馏段操作线 cg 不易准确作出，而且这种作图方法不能直接反映进料热状况的影响。因此不采用截距法作图，通常是先找出提馏段操作线与精馏段操作线的交点 d，再连接 cd 即可得到提馏段操作线。两操作线的交点可通过联立两操作线方程而得到。若略去式(5-12a) 和式(5-15a) 中变量的上、下标，可得：

$$Vy=Lx+Dx_D$$

$$V'y=L'x-Wx_W$$

上二式相减可得：

$$(V'-V)y=(L'-L)x-(Dx_D+Wx_W) \tag{5-22}$$

由式(5-19)、式(5-20) 和式(5-20a) 可知：

$$L'-L=qF$$

$$V'-V=(q-1)F$$

及 $$Dx_D+Wx_W=Fx_F$$

将上述三式代入式(5-22)，并整理得：

$$y=\frac{q}{q-1}x-\frac{x_F}{q-1} \tag{5-23}$$

式(5-23) 称为 q 线方程或进料方程，即为两条操作线交点的轨迹方程。在连续定态操作中，当进料热状况一定时，进料方程也是一条直线方程，标绘在 x-y 图上的直线称为 q 线，该线的斜率为 $q/(q-1)$，截距为 $-x_F/(q-1)$。q 线必与两操作线相交于一点。

七、操作线在 x-y 图上的作法

1. 精馏段操作线作法

精馏段操作线方程为 $y_{n+1}=\frac{R}{R+1}x_n+\frac{1}{R+1}x_D$，表示在一定的操作条件下，精馏段内自任意第 n 层板下降液相组成 x_n 与其相邻的下一层（即 $n+1$ 层）上升蒸汽组成 y_{n+1} 之间的关系。略去下标则方程为 $y=\frac{R}{R+1}x+\frac{1}{R+1}x_D$，根据恒摩尔流假定，$L$ 为定值，且在连续定态操作时，R、D、x_D 均为定值，因此该式为直线方程，即在 x-y 图上为一直线，直线的斜率为 $R/(R+1)$，截距为 $x_D/(R+1)$，在 y 轴上的交点为 b，同时该直线与对角线的交点为 $a(x_D, x_D)$，连接 a 点和 b 点，则直线 ab 即为精馏段操作线。

2. 提馏段操作线作法

若将 q 线方程与对角线方程 $y=x$ 联立，解得交点坐标为 $x=x_F$，$y=x_F$，如图 5-25 中点 e。再过 e 点作斜率为 $q/(q-1)$ 的直线，如图中直线 ef，即为 q 线。q 线与精馏段操作线 ab 相交于点 d，该点即为两操作线交点。连接点 c（x_W、x_W）和点 d，直线 cd 即为提馏段操作线。

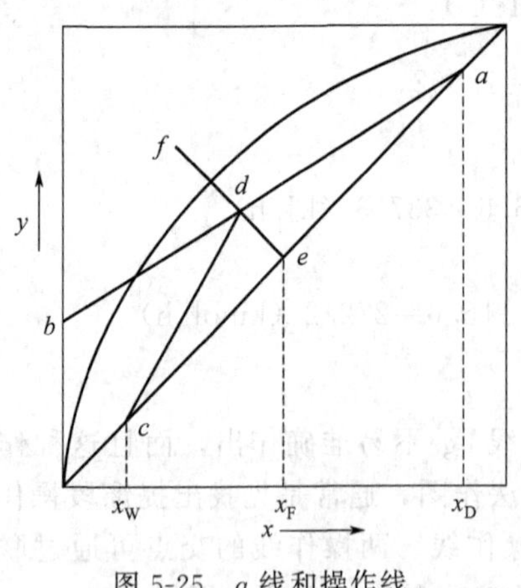

图 5-25 q 线和操作线

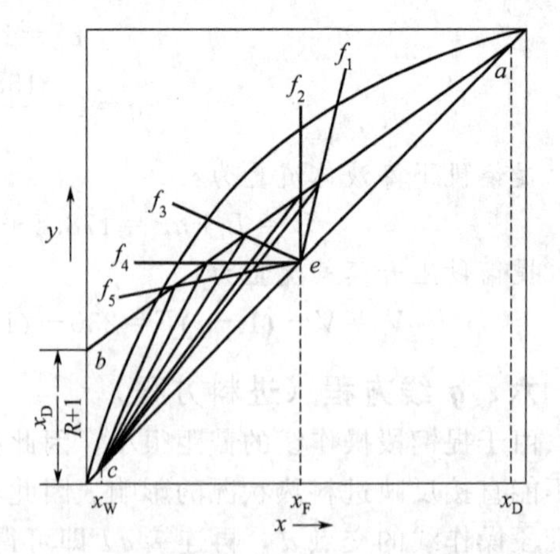

图 5-26 进料热状况对操作线的影响

3. 进料热状况对 q 线及操作线的影响

进料热状况不同，q 线的位置也就不同，故 q 线和精馏段操作线的交点随之改变，从而提馏段操作线的位置也会发生相应变化。不同进料热状况对 q 线的影响列于表 5-5 中。

表 5-5 进料热状况对 q 线的影响

进料热状况	进料的焓 I_F	q 值	q 线斜率$\frac{q}{q-1}$	q 线在 x-y 图上的位置
冷液体	$I_F<I_L$	>1	$+$	ef_1(↗)
饱和液体	$I_F=I_L$	1	∞	ef_2(↑)
气-液混合物	$I_L<I_F<I_V$	$0<q<1$	$-$	ef_3(↖)
饱和蒸气	$I_F=I_V$	0	0	ef_4(←)
过热蒸气	$I_F>I_V$	<0	$+$	ef_5(↙)

当进料组成 x_F、回流比 R 及分离要求（x_D及 x_W）一定时，五种不同进料热状况对 q 线及操作线的影响如图 5-26 所示。

第五节 双组分连续精馏过程的计算

双组分连续精馏过程计算主要涉及塔高计算和加热量以及冷却剂用量的计算，后两者将在后面讨论。化工计算中塔高计算经常采用理论级（平衡级）的方法。这种方法不仅用于精馏过程的分级接触板式塔设备的计算；也可用于连续接触填料塔设备的计算。

用理论级方法进行分级接触精馏的计算，一般按如下 3 个步骤进行：先计算达到预定分离要求所需的理论塔板数（理论级数）；然后研究实际塔板与理论塔板之间的偏离程度，并用简单参数——塔板效率加以概括；最后根据塔板效率和理论塔板数量，求出实际塔板数。理论塔板数有多种求算方法，本节介绍逐板计算法、图解计算法。

一、逐板计算法

1. 逐板计算法通用步骤

逐板计算法的依据是气液平衡关系式和操作线方程。该方法是从塔顶开始，交替利用平衡关系式和操作线方程，逐级推算气相和液相的组成，来确定理论塔板数。

若生产任务规定将相对挥发度为 α 及组成为 x_F的原料液，分离成组成为 x_D的塔顶产品和组成为 x_W的塔底产品，并选定操作回流比为 R，则逐板计算理论塔板数的步骤如下。

① 若塔顶冷凝器为全凝器，则 $y_1=x_D$。按照气-液相平衡关系式，由 y_1 计算出第一层理论塔板上液相组成 x_1。

② 由第一层理论塔板下降的回流液组成 x_1，按精馏段操作线方程，计算出第二层理论板上升的蒸汽组成 y_2。再利用气液平衡关系式，由 y_2 计算出第二层理论板上的液相组成 x_2。

③ 按操作线方程，由 x_2 计算出 y_3。再利用气-液相平衡关系式，由 y_3 求出 x_3。

依次类推，一直算到 $x_n \leqslant x_F$ 为止。每利用一次平衡关系式，即表示需要一块理论塔板。

提馏段理论塔板数也可按上述相同步骤逐板计算，只是将精馏操作线方程改为提馏段操作线方程，并一直算到 $x'_m \leqslant x_W$ 为止。

逐板计算法较为准确，不仅应用于双组分精馏计算，也可用于多组分精馏计算（图 5-27）。

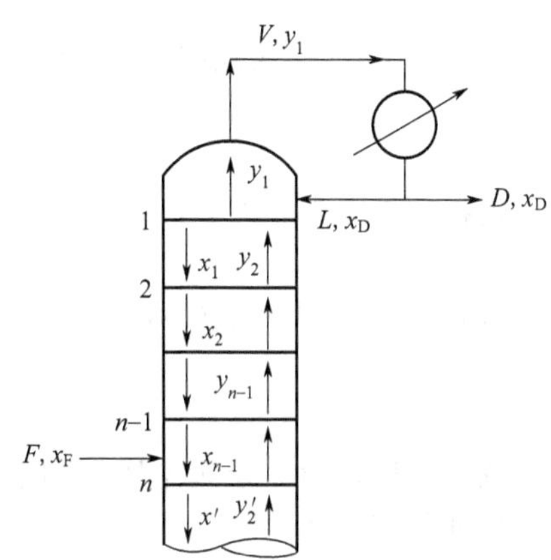

图 5-27 逐板计算法示意

全回流时，精馏塔所需的理论塔板数，可用逐板计算法导出一个简单的计算式。

在任何一块理论塔板上，气-液达到平衡。对于双组分物系，气液两相组成之间的关系为：

$$\frac{y_i}{1-y_i}=\alpha\frac{x_i}{1-x_i} \tag{5-24}$$

全回流时，操作方程为：

$$y_{i+1}=x_i \tag{5-25}$$

式中 x_i——在第 i 块理论塔板上，液相组成（以易挥发组分摩尔分数表示）；

y_i——第 i 块理论塔板上，蒸气相组成（以易挥发组分摩尔分数表示）；

y_{i+1}——由 $i+1$ 块塔板上升的蒸气组成（以易挥发组分摩尔分数表示）。

2. 全回流时，全塔最少理论塔板数 N_{min} 的求法

设在全回流下，全塔共有理论塔板数 $N_{min}=n$，则 $i=1$、2、3、…、n。

现从塔顶开始，逐板进行推算如下。

塔顶：

已知塔顶回流液组成为 x_D，当塔顶蒸汽在冷凝器中全部冷凝时，有：

$$y_1=x_D$$

第一层理论塔板如下。

根据平衡关系式，有：

$$\frac{y_1}{1-y_1}=\alpha\frac{x_1}{1-x_1} \tag{5-26}$$

将 $y_1=x_D$ 关系式代如上式，得：

$$\frac{x_D}{1-x_D}=\alpha_1\frac{x_1}{1-x_1} \tag{5-27}$$

根据操作方程，有：

$$x_1=y_2 \tag{5-28}$$

将式(5-28) 代入式(5-27)，得：

$$\frac{x_D}{1-x_D}=\alpha_1\frac{y_2}{1-y_2} \tag{5-29}$$

第二层理论塔板如下。

根据平衡关系式：

$$\frac{y_2}{1-y_2}=\alpha_2\frac{x_2}{1-x_2} \tag{5-30}$$

将式(5-30) 代入式(5-29)，得：

$$\frac{x_D}{1-x_D}=\alpha_1\alpha_2\frac{x_2}{1-x_2} \tag{5-31}$$

根据操作方程，有：

$$x_2=y_3 \tag{5-32}$$

将式(5-32) 代入式(5-31)，得：

$$\frac{x_D}{1-x_D}=\alpha_1\alpha_2\frac{y_3}{1-y_3} \tag{5-33}$$

依次类推，第 n 层理论塔板如下。

根据平衡关系：

$$\frac{y_n}{1-y_n}=\alpha_n\frac{x_n}{1-x_n} \tag{5-34}$$

同理可得：

$$\frac{x_D}{1-x_D}=\alpha_1\alpha_2\alpha_3\cdots\alpha_n\frac{x_n}{1-x_n} \tag{5-35}$$

根据操作方程：

$$x_n=y_{n+1} \tag{5-36}$$

将式(5-36) 代入式(5-35)，得：

$$\frac{x_D}{1-x_D}=\alpha_1\alpha_2\alpha_3\cdots\alpha_n\frac{y_{n+1}}{1-y_{n+1}} \tag{5-37}$$

塔釜：

根据平衡关系

$$\frac{y_{n+1}}{1-y_{n+1}}=\alpha_W\frac{x_W}{1-x_W} \tag{5-38}$$

将式(5-38) 代入式(5-37)，得：

$$\frac{x_D}{1-x_D}=\alpha_1\alpha_2\alpha_3\cdots\alpha_n\alpha_W\frac{x_W}{1-x_W} \tag{5-39}$$

若以平均相对挥发度 α 代替各层塔板上的相对挥发度，则：

$$\alpha_1\alpha_2\alpha_3\cdots\alpha_n\alpha_W=\alpha^{n+1} \tag{5-40}$$

以此可得：

$$\frac{x_D}{1-x_D}=\alpha^{n+1}\frac{x_W}{1-x_W} \tag{5-41}$$

将上式两边取对数并加以整理，可得：

$$n=\frac{\ln\left[\left(\frac{x_D}{1-x_D}\right)\left(\frac{1-x_W}{x_W}\right)\right]}{\ln\alpha}-1 \tag{5-42}$$

由此可得在全回流条件下的理论塔板数计算式：

$$N_{\min}=\frac{\ln\left[\left(\frac{x_D}{1-x_D}\right)\left(\frac{1-x_W}{x_W}\right)\right]}{\ln\alpha}-1 \tag{5-43}$$

该式通常称为芬斯克公式。用此式计算的全回流条件下理论塔板数 $N_{\min}$ 中，已扣除了相当于一块理论塔的塔釜。式中平均相对挥发度 α，一般取塔顶和塔底的相对挥发度的几何平均值，即 $\alpha=\sqrt{\alpha_D \alpha_W}$。

二、图解法

图解法求理论板数的基本原理与逐板计算法完全相同，即用平衡线和操作线代替平衡方程和操作线方程，将逐板法的计算过程在 x-y 图上图解进行。该法虽然结果准确性较差，但是计算过程简便、清晰，因此目前在双组分连续精馏计算中广为采用。

1. 图解步骤

参见图 5-28，图解法步骤如下。

① 在 x-y 图上画出平衡曲线和对角线。

② 依照前面介绍的方法作精馏段操作线 ab，q 线 ef，提馏段操作线 cd。

③由塔顶即图中点 a（$x=x_D$，$y=x_D$）开始，在平衡线和精馏段操作线之间作直角梯级，即首先从点 a 作水平线与平衡线交于点 1，点 1 表示离开第 1 层理论板的液、气组成（x_1，y_1），故由点 1 可定出 x_1。由点 1 作垂直线与精馏段操作线相交，交点 1′表示（x_1，y_2），即由交点 1′可定出 y_2。再由此点作水平线与平衡线交于点 2，可定出 x_2。这样，在平衡线和精馏段操作线之间作由水平线和垂直线构成的梯级，当梯级跨过两操作线交点 d 时，则改在平衡线和提馏段操作线之间绘梯级，直到梯级的垂线达到或越过点 c（x_W，x_W）为止。图中平衡线上每一个梯级的顶点表示一层理论板。其中过 d 点的梯级为进料板，最末梯级为再沸器。

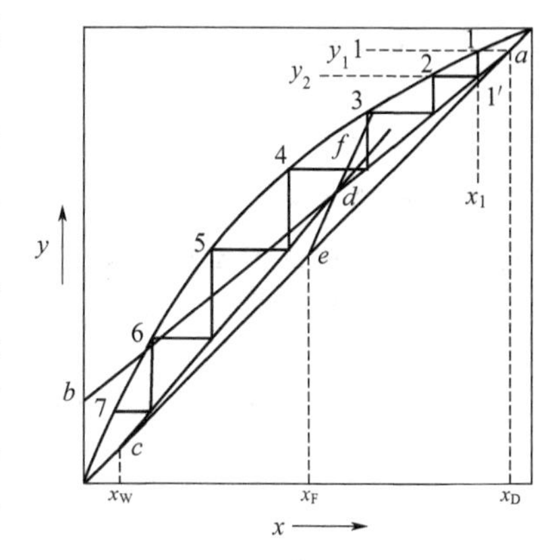

图 5-28 图解过程

在图 5-28 中，图解结果为：梯级总数为 7，第 4 级跨过两操作线交点 d，即第 4 级为进料板，故精馏段理论板数为 3。因再沸器相当于一层理论板，故提馏段理论板数为 3。该分离过程需 6 层理论板（不包括再沸器）。

图解时也可从塔底点 c 开始绘梯级，所得结果基本相同。

2. 适宜进料位置

在进料组成 x_F 一定时，进料位置随进料热状态而异。适宜的进料位置一般应在塔内液相或气相组成与进料组成相同或相近的塔板上，这样可达到较好的分离效果，或者对一定的分离要求所需的理论板数较少。当用图解法求理论塔板数时，进料位置应由精馏段操作线与提馏段操作线的交点确定，即适宜的进料位置应该在跨过两操作线交点的梯级上，这是因为对一定的分离任务而言，如此作图所需理论板数最少。

在精馏塔的设计中，进料位置确定不当，将使理论板数增多；在实际操作中，进料位置不合适，将使馏出液和釜残液不能同时达到要求。进料位置过高，使馏出液中难挥发组分含量增高；反之，进料位置过低，使釜残液中易挥发组分含量增高。

【例 5-5】 在常压连续精馏塔中，分离例 5-1 中的苯-甲苯混合液。全塔操作条件下物系的平均相对挥发度为 2.47，塔顶采用全凝器，泡点下回流。塔釜采用间接蒸汽加热，试用逐板计算法求理论板数。

解 由例 5-4 知：

$$x_F=0.44 \quad x_D=0.975 \quad x_W=0.00235$$

$$R=3.5 \qquad q=1.362$$
$$F=116.6\text{kmol/h} \qquad W=65.6\text{kmol/h}$$
$$L'=337.3\text{kmol/h} \qquad V'=272.2\text{kmol/h}$$

精馏段操作线方程为：

$$y=\frac{R}{R+1}x+\frac{x_D}{R+1}=\frac{3.5}{3.5+1}x+\frac{0.975}{3.5+1}=0.778x+0.217 \qquad ①$$

q 线方程为：

$$y=\frac{q}{q-1}x-\frac{x_F}{q-1}=\frac{1.362}{1.362-1}x-\frac{0.44}{1.362-1}=3.76x-1.215 \qquad ②$$

提馏段操作线方程为：

$$y'_m=\frac{L'}{V'}x'_m-\frac{W}{V'}x_W=\frac{337.3}{272.2}x-\frac{65.6}{272.2}\times 0.0235=1.24x-0.0057 \qquad ③$$

相平衡方程为：

$$x_n=\frac{y_n}{\alpha-(\alpha-1)y_n}=\frac{y_n}{2.47-1.47y_n} \qquad ④$$

本题计算中先用平衡方程和精馏段操作线方程进行逐板计算，直至 $x_n \leqslant x_F$ 为止，然后改用提馏段操作线方程和平衡方程继续逐板计算，直至 $x'_m \leqslant x_W$ 为止。

因塔顶采用全凝器，故有：

$$y_1=x_D=0.975$$

x_1 由平衡方程式④求得，即：

$$x_1=\frac{0.975}{2.47-1.47\times 0.975}=0.9404$$

y_2 由精馏段操作线方程①求得，即：

$$y_2=0.778\times 0.9404+0.217=0.9486$$

依上述方法逐板计算，当求得 $x_n \leqslant 0.44$ 时该板为进料板。然后改用提馏段操作线方程式③和平衡方程式④进行计算，直至 $x'_m \leqslant 0.023$ 为止。计算结果列于表 5-6 中。

表 5-6 例 5-5 附表

序号	y	x	备注
1	0.975	0.9404	
2	0.9486	0.8820	
3	0.9032	0.7907	
4	0.8322	0.6675	
5	0.7363	0.5306	
6	0.6298	$0.4079<x_q$	（进料板）
7	0.5001	0.2883	改用提馏段操作线方程
8	0.3518	0.1802	
9	0.2178	0.1013	
10	0.1199	0.05227	
11	0.05912	0.02481	
12	0.02506	$0.01030<x_W$	（再沸器）

计算结果表明，该分离过程所需理论板数为 11（不包括再沸器），第 6 层为进料板。

【例 5-6】 在常压连续精馏塔中分离例 5-4 中的苯-甲苯混合液，试用图解法求理论板数。

解 图解法求理论板数的步骤如下。

(1) 在直角坐标图上利用平衡方程绘平衡曲线，并绘对角线，如图 5-29 所示。

(2) 在对角线上定点 a（0.975，0.975），在 y 轴上截距为：

$$\frac{x_D}{R+1}=\frac{0.975}{3.5+1}=0.217$$

据此在 y 轴上定出点 b，联结 ab 即为精馏段操作线。

(3) 在对角线上定点 e（0.44，0.44），过点 e 作斜率为 3.76 的直线 ef，即为 q 线。q 线与精馏段操作线相交于点 d。

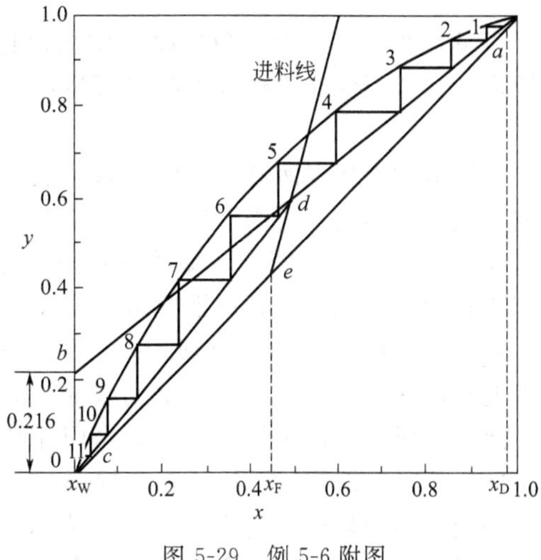

图 5-29 例 5-6 附图

(4) 在对角线上定点 c（0.0235，0.0235），连接 cd，该直线即为提馏段操作线。

(5) 自点 a 开始在平衡线和精馏段操作线间作由水平线和垂直线所构成的梯级，当梯级跨过 d 后更换操作线，即在平衡线和提馏段操作线间绘梯级，直到梯级达到或跨过点 c 为止。

图解结果所需理论板数为 9（不包括再沸器），自塔顶往下的第 5 层为进料板。

图解结果与上例逐板计算结果基本接近。

第六节 回流比的影响及其选择

前已指出，回流是保证精馏塔连续定态操作的基本条件，因此回流比是精馏过程的重要参数，它的大小影响精馏的投资费用和操作费用；也影响精馏塔的分离程度。在精馏塔的设计中，对于一定的分离任务（α、F、x_F、q、x_D及 x_W一定），设计者应选定适宜的回流比。

回流比有两个极限值，上限为全回流（即回流比为无穷大），下限为最小回流比，适宜回流比介于两极限值之间的某一值。

一、全回流和最少理论板数

精馏塔塔顶上升蒸汽经全凝器冷凝后，冷凝液全部回流至塔内，这种回流方式称为全回流。在全回流操作下，塔顶产品流量 D、进料量 F 和塔底产品流量 W 均为零，即既不向塔内进料，也不从塔内取出产品。此时生产能力为零，因此对正常生产无实际意义。但在精馏操作的开工阶段或在实验研究中，多采用全回流操作，这样便于过程的稳定控制和比较。

全回流时回流比为：

$$R=\frac{L}{D}=\frac{L}{0}=\infty$$

因此精馏段操作线的截距为：

$$\frac{x_D}{R+1}=0$$

精馏段操作线的斜率为：

$$\frac{R}{R+1}=1$$

可见，在 x-y 图上，精馏段操作线及提馏段操作线与对角线重合，全塔无精馏段和提馏段之分，全回流时操作线方程可写为：

$$y_{n+1}=x_n$$

全回流时操作线距离平衡线最远，表示塔内气-液两相间传质推动力最大，因此对于一定的分离任务而言，所需理论板数为最少，以 $N_{\min}$ 表示。

$N_{\min}$ 可由在 x-y 图上平衡线和对角线之间绘梯级求得；同样也可用平衡方程和对角线方程逐板计算得到，后者可推导得到求算 $N_{\min}$ 的解析式，称为芬斯克方程，即式(5-42)。

最小回流比：如图 5-30 所示，对于一定的分离任务，若减小回流比，精馏段操作线的斜率变小，两操作线的位置向平衡线靠近，表示气-液两相间的传质推动力减小。因此对特定分离任务所需的理论板数增多。当回流比减小到某一数值后，使两操作线的交点 d 落在平衡曲线上时，图解时不论绘多少梯级都不能跨过点 d，表示所需的理论板数为无穷多，相应的回流比即为最小回流比，以 $R_{\min}$ 表示。

在最小回流比下，两操作线和平衡线的交点 d 称为夹点，而在点 d 前后各板之间（通常在进料板附近）区域气、液两相组成基本上没有变化，即无增浓作用，故此区域称为恒浓区（又称夹紧区）。

应指出，最小回流比是对于一定料液，为达到一定分离程度所需回流比的最小值。实际操作回流比应大于最小回流比，否则不论有多少层理论板都不能达到规定的分离程度。当然在精馏操作中，因塔板数已固定，不同回流比下将达到不同的分离程度，因此 $R_{\min}$ 也就无意义了。最小回流比的求法依据平衡曲线的形状分两种情况。

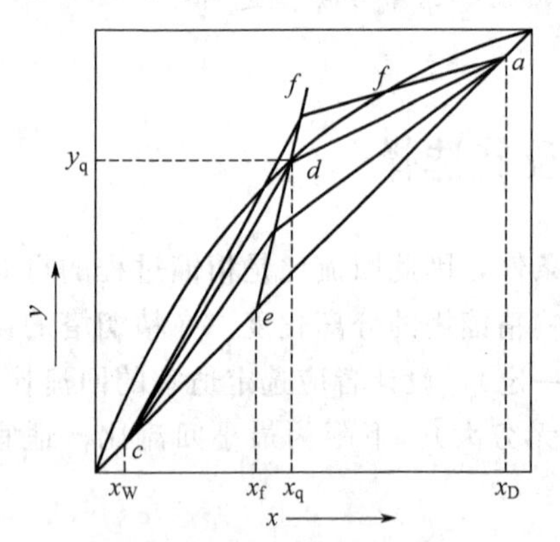

图 5-30 最小回流比的确定

① 正常平衡曲线（无拐点）如图 5-30 所示，夹点出现在两操作线与平衡线的交点，此时精馏段操作线的斜率为：

$$\frac{R_{\min}}{R_{\min}+1}=\frac{x_D-y_q}{x_D-x_q} \tag{5-44}$$

将式(5-44) 整理可得：

$$R_{\min}=\frac{x_D-y_q}{y_q-x_q} \tag{5-44a}$$

式中 x_q，y_q——q 线与平衡线的交点坐标，可由图中读得。

② 不正常平衡曲线（有拐点，即平衡线有下凹部分）如图 5-31 所示，此种情况下夹点可能在两操作线与平衡线交点前出现，如图 5-31(a) 的夹点 g 先出现在精馏段操作线与平衡线相切的位置，所以应根据此时的精馏段操作线斜率求 $R_{\min}$。而在图 5-31(b) 中，夹点出现在提馏段操作线与平衡线相切的位置，此时应根据精馏段操作线斜率求得 $R_{\min}$。

二、适宜回流比

适宜回流比应通过经济核算确定。操作费用和投资费用之和为最低时的回流比，称为适宜回流比。

精馏过程的操作费用，主要包括再沸器热量消耗、冷凝器能量消耗及动力消耗等费用，而这些量取决于塔内上升蒸汽量，即：

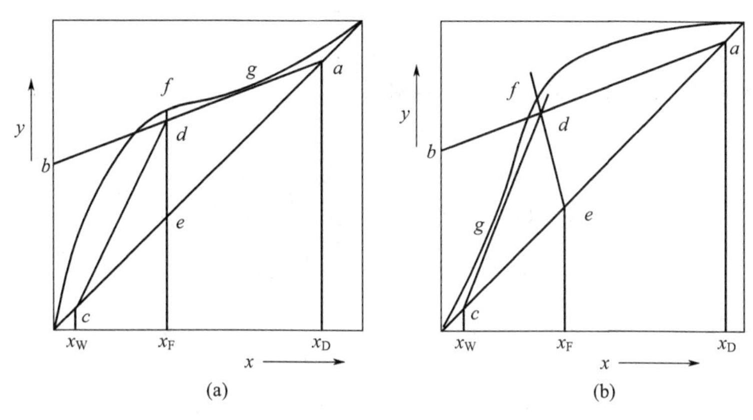

图 5-31 不正常平衡曲线的 R_{min} 的确定

$$V=(R+1)D$$

和

$$V'=V+(q-1)F$$

故当 F、q 和 D 一定时，V 和 V' 均随 R 而变。当回流比 R 增加时，加热及冷却介质用量随之增加，精馏操作费用增加。操作费和回流比的大致关系如图 5-32 中曲线 2 所示。

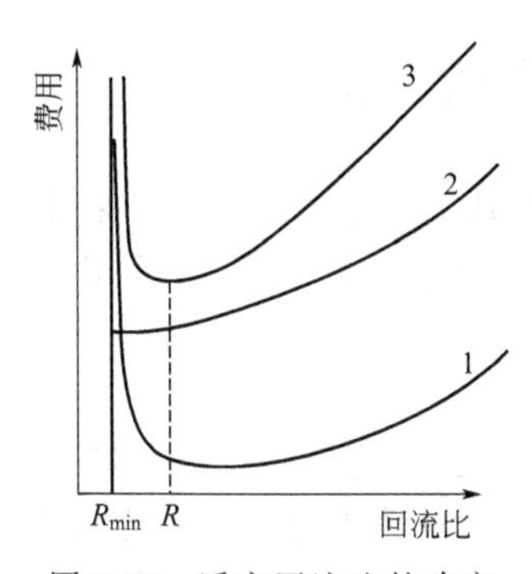

图 5-32 适宜回流比的确定

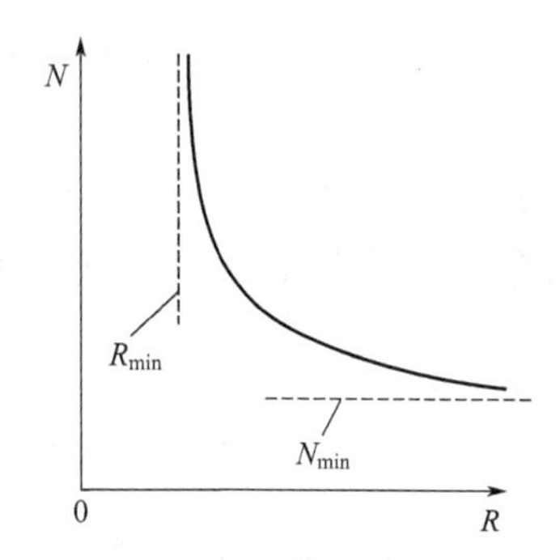

图 5-33 N 和 R 的关系

精馏过程的设备主要包括精馏塔、再沸器和冷凝器，若设备的类型和材料一经选定，则此项费用主要取决于设备的尺寸。当回流比为最小回流比时，需无穷多理论板数，故设备费为无穷大。当 R 稍大于 R_{min} 时，所需理论板数即变为有限数，故设备费急剧减小。但随着 R 的进一步增加，所需理论板数减小的趋势变缓，N 和 R 的关系如图 5-33 所示。但同时因 R 的增大，即 V 和 V' 的增加，而使塔径、塔板尺寸及再沸器和冷凝器的尺寸均相应增大，所以在 R 增大至某值后，设备费反而增加。设备费和 R 的大致关系如图 5-32 中曲线 1 所示。总费用为设备费和操作费之和，它与 R 的大致关系如图 5-32 中曲线 3 所示。曲线 3 最低点对应的回流比为适宜回流比（即最佳回流比）。

在精馏设计计算中，一般不进行经济衡算，操作回流比可取经验值。根据生产数据统计，适宜回流比的范围可取为：

$$R=(1.1\sim2)R_{min} \tag{5-45}$$

【例 5-7】 在常压连续精馏塔中分离苯-甲苯混合液。原料液组成为 0.4（苯的摩尔分数，下同）馏出液组成为 0.95，釜残液组成为 0.05。操作条件下物系的平均相对挥发度为 2.47。试分别求出以下两种进料热状态下的最小回流比。

(1) 饱和液体进料；(2) 饱和蒸汽进料。

解 (1) 饱和液体进料 最小回流比可由下式计算：

$$R_{\min}=\frac{x_D-y_q}{y_q-x_q}$$

因饱和液体进料，上式中的 x_q 和 y_q 分别为：

$$x_q=x_F=0.4$$

$$y_q=y_F=\frac{\alpha x_F}{1+(\alpha-1)x_F}=\frac{2.47\times0.4}{1+(2.47-1)\times0.4}=0.622$$

故
$$R_{\min}=\frac{0.95-0.622}{0.622-0.4}=1.48$$

（2）饱和蒸气进料　在求 $R_{\min}$ 的计算式中，x_q 和 y_q 分别为：

$$y_q=x_F=0.4$$

$$x_q=\frac{y_q}{\alpha-(\alpha-1)y_q}=\frac{0.4}{2.47-1.47\times0.4}=0.213$$

故
$$R_{\min}=\frac{0.95-0.4}{0.4-0.213}=2.94$$

计算结果表明，不同进料热状态下，$R_{\min}$ 值是不同的，通常情况下热进料时的 $R_{\min}$ 较冷进料时的 $R_{\min}$ 为高。

第七节　简捷法计算理论塔板数

精馏塔理论板层数除了可用前述的图解法和逐板法计算外，还可以采用简捷法计算。下面介绍一种采用经验关联图的捷算法，此法应用很广泛，特别适用于初步设计计算。

1. 吉利兰图

如前所述，精馏塔是在全回流和最小回流比两个极限之间进行操作的。最小回流比时，所需的理论板数为无限多；全回流时，所需的理论板数为最少。采用实际回流比时，则需要一定层数的理论板。为此，人们对 $R_{\min}$、R、$N_{\min}$ 及 N 四个变量之间的关系进行了广泛的研究。图 5-34 所示即为上述四个变量的关联图，该图称为吉利兰图。

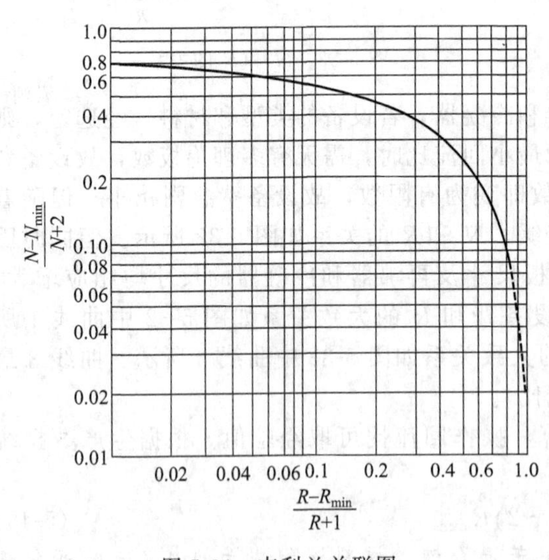

图 5-34　吉利兰关联图

吉利兰图为双对数坐标图，横坐标表示 $(R-R_{\min})/(R+1)$，纵坐标表示 $(N-N_{\min})/(N+2)$。其中 N、$N_{\min}$ 为不包括再沸器的理论板数及最少理论板层数。由图可见，曲线的两端代表两种极限情况，右端表示全回流时的操作情况，即 $R=\infty$，$(R-R_{\min})/(R+1)=1$，故 $(N-N_{\min})/(N+2)=0$ 或 $N=N_{\min}$，说明全回流时理论板层数为最少。曲线左端延长后表示在最小回流比的操作情况，此时 $(R-R_{\min})/(R+1)=0$，故 $(N-N_{\min})/(N+2)=1$ 或 $N=\infty$，说明最小回流比操作时理论板层数为无限多。

吉利兰图是用 8 个物系在下面的精馏条件下，由逐板计算得出的结果绘制而成的。这些条件是：组分数目为 2～11；进料热状况包括冷料至过热蒸汽等 5 种情况；R_{min} 为 0.53～7.0；组分间相对挥发度为 1.26～4.05；理论板层数为 2.4～43.1。

2. 求理论板层数的步骤

通常，简捷法求理论板层数的步骤如下。

① 应用式(5-44a) 算出 R_{min}，并选择 R。

② 应用式(5-43) 算出 N_{min}。

③ 计算 $(R-R_{min})/(R+1)$ 之值，在吉利兰图横坐标上找到相应点，由此点向上做垂线与曲线相交，由交点的纵坐标 $(N-N_{min})/(N+2)$ 之值，算出理论板层数 N（不包括再沸器）。

④ 确定进料板位置，方法见例 5-8。

【例 5-8】 有一连续精馏塔分离苯和甲苯双组分混合液，进料液中含甲苯 0.7（摩尔分数，下同），塔顶产品中含苯 0.95，塔底产品中含苯 0.1，饱和液体进料，实际回流比为最小回流比的 1.5 倍，泡点液体回流，常压操作，试用简捷计算法计算所需理论塔板数。

解 (1) 求算最小回流比 R_{min} 和实际回流比 R

当采用饱和液体进料时，最小回流比可用式(5-44a) 计算

$$R_{min}=\frac{x_D-y_q}{y_q-x_q}$$

数据

$x_D=0.95$，$x_q=0.3$，$y_q=0.507$（根据相平衡数据，由 x_q 查得 y_q）

计算

$$R_{min}=\frac{0.95-0.507}{0.507-0.30}=2.14,\quad R=1.5\times2.14=3.21$$

(2) 求算全回流下的最少理论板数 N_{min}

$$N_{min}=\frac{\lg\left[\left(\frac{x_D}{1-x_D}\right)\left(\frac{1-x_W}{x_W}\right)\right]}{\lg\alpha}-1$$

已知

$x_D=0.95$，$x_W=0.1$

$\alpha=\sqrt{\alpha_D\alpha_W}$（查数据表得 $\alpha_D=2.38$，$\alpha_W=2.57$）

$=\sqrt{2.38\times2.57}=2.47$

计算

$$N_{min}=\frac{\lg\left[\left(\frac{0.95}{1-0.95}\right)\left(\frac{1-0.1}{0.1}\right)\right]}{\lg2.47}-1=4.7\text{(不包括塔釜)}$$

(3) 计算 $(R-R_{min})/(R+1)$ 之值

$$\frac{R-R_{min}}{R+1}=\frac{3.21-2.14}{3.21+1}=0.254$$

(4) 从吉利兰图上横坐标值 0.254 查得纵坐标值

$$(N-N_{min})/(N+2)=0.40$$

由此可解得全塔所需理论塔板数

$$N=\frac{N_{min}+0.4\times2}{1-0.4}=\frac{4.7+0.4\times2}{1-0.40}=9.17\text{(不包括塔釜)}$$

第八节 连续精馏的热量衡算

精馏装置主要包括精馏塔、再沸器和冷凝器。根据要求可对精馏装置的不同范围进行热量衡算，以求得再沸器和冷凝器的热负荷、加热及冷却介质的消耗量。

一、再沸器的热量衡算

对前面图 5-18 所示的再沸器做热量衡算，可得：

$$Q_B=V'I_{VW}+WI_{LW}-L'I_{Lm}+Q_L \tag{5-46}$$

式中 Q_B——再沸器的热负荷，kJ/h；

Q_L——再沸器的热损失，kJ/h；

I_{VW}——再沸器中上升蒸气的焓，kJ/kmol；

I_{LW}——釜残液的焓，kJ/kmol；

I_{Lm}——提馏段底部流出液体的焓，kJ/kmol。

若近似取 $I_{LW}=I_{Lm}$，且 $V'=L'-W$，则：

$$Q_B=V'(I_{VW}-I_{LW})+Q_L \tag{5-47}$$

加热介质消耗量可由式(5-48) 计算，即：

$$W_h=\frac{Q_B}{I_{B1}-I_{B2}} \tag{5-48}$$

式中 W_h——加热介质消耗量，kg/h；

I_{B1}，I_{B2}——加热介质进、出再沸器时的焓，kJ/kg。

若用饱和蒸汽加热，且冷凝液在饱和温度下排出，则加热蒸汽消耗量可按式(5-49) 计算：

$$W_h=\frac{Q_B}{r} \tag{5-49}$$

式中 r——加热蒸汽的冷凝潜热，kJ/kg。

二、冷凝器的热量衡算

对前面图 5-18 所示的全凝器做热量衡算，若忽略热损失，则可得：

$$Q_c=VI_{VD}-(LI_{LD}+DI_{LD})$$

因 $V=L+D=(R+1)D$，代入上式得：

$$Q_c=(R+1)D(I_{VD}-I_{LD}) \tag{5-50}$$

式中 Q_c——全凝器的热负荷，kJ/h；

I_{VD}——塔顶上升蒸汽的焓，kJ/kmol；

I_{LD}——馏出液的焓，kJ/kmol。

冷却介质消耗量可按式(5-51) 计算，即：

$$W_c=\frac{Q_c}{c_{pc}(t_2-t_1)} \tag{5-51}$$

式中 W_c——冷却介质消耗量，kJ/h；

c_{pc}——冷却介质的平均比热容，kJ/(kg·℃)；

t_1，t_2——冷却介质在冷凝器的进、出口温度，℃。

第九节 特殊蒸馏

一、水蒸气蒸馏

若待分离的混合液为水溶液，且水是难挥发组分，即馏出液中主要为非水组分，釜液为近于纯水，这时可采用水蒸气直接加热方式，以省掉再沸器。

直接加热时理论板层数的求法，原则上与蒸汽间接加热方法相同。精馏段与常规塔没有区别，故其操作线不变。q 线的作法也与常规塔无异。但由于塔底多了一股蒸汽，故提馏段操作线方程应予修正。

对图 5-35 所示的虚线范围内作物料衡算，即：

总物料 $$L'+V_0=V'+W$$

易挥发组分 $$L'x'_m+V_0y_0=V'y'_{m+1}+Wx_W$$

式中 V_0——直接加热蒸汽的流量，kmol/h；

y_0——加热蒸汽中易挥发组分的摩尔分率，一般 $y_0=0$。

若塔内恒摩尔流动仍能适用，即 $V'=V_0$，$L'=W$，则式(5-52) 可改写为：

$$Wx'_m=V_0y'_{m+1}+Wx_W$$

或 $$y'_{m+1}=\frac{W}{V_0}x'_m-\frac{W}{V_0}x_W \tag{5-52}$$

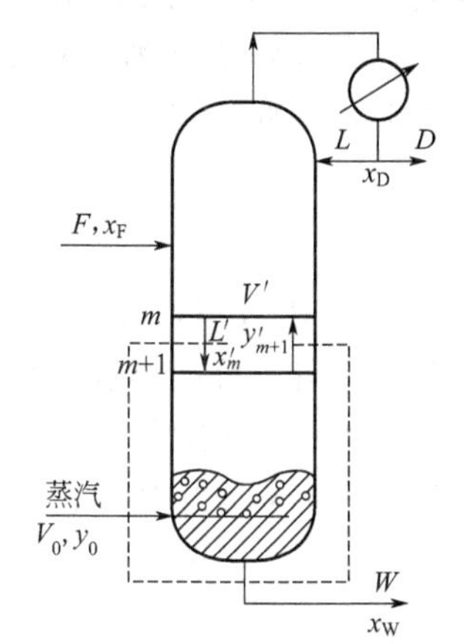

图 5-35 直接蒸汽加热时精馏塔

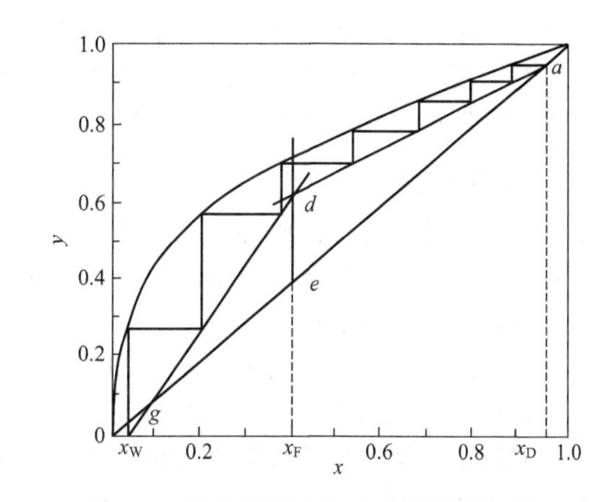

图 5-36 直接蒸汽加热时理论板数的求法

式(5-52) 即为蒸汽直接加热时的提馏段操作线方程。该式与间接蒸汽加热时的提馏段操作线方程形式相似，它和精馏段操作线的交点轨迹方程仍然是 q 线，但与对角线的交点不在点 c （x_W、x_W）上。由式(5-52) 可知，当 $y'_{m+1}=0$ 时，$x'_m=x_W$，因此提馏段操作线通过横轴上的 $x=x_W$ 的点，如图 5-36 中的点 g（x_W、0），联 gd 即为提馏段操作线。此时可从点 a 开始绘梯级，直至 $x'_m \leqslant x_W$ 为止，如图 5-36 所示。

二、恒沸蒸馏

生产中若待分离的物系具有恒沸点，则不能用普通精馏方法实现完全的分离，这时可采用恒沸蒸馏的方法加以分离。

在待分离的混合液中加入第三组分（称为挟带剂），该组分与原混合液中的一个或两个组分形成新的恒沸液，且其沸点较原组分构成的恒沸液的沸点更低，使组分间相对挥发度增大，从而使原料液能用普通精馏方法予以分离，这种精馏方法称为恒沸精馏。

用苯作挟带剂，从工业乙醇中制取无水乙醇是恒沸精馏的典型例子。乙醇与水形成共沸物（常压下恒沸点为78.15℃，恒沸物组成为0.984），用普通精馏只能得到乙醇含量接近恒沸组成的工业乙醇，不能得到无水乙醇。

在原料液中加入苯后，可形成苯、乙醇及水的三元最低恒沸液，常压下其恒沸点为64.6℃，恒沸物组成为含苯0.544、乙醇0.230、水0.226（均为摩尔分数）。

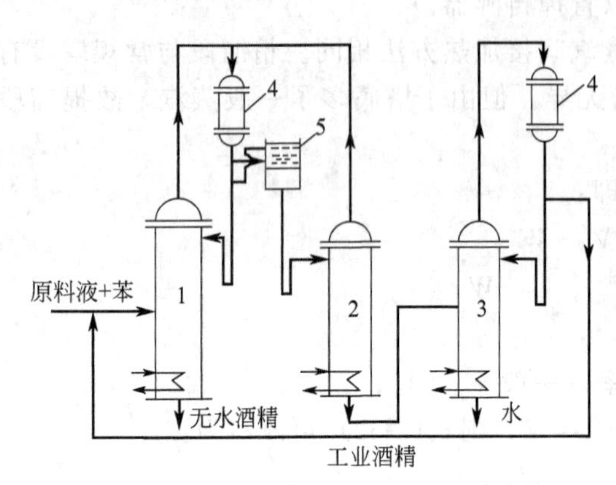

图 5-37 恒沸精馏流程示意

制取无水乙醇的工艺流程如图5-37所示。原料液与苯进入恒沸精馏塔1中，塔底得到无水乙醇产品，塔顶蒸出苯-乙醇-水三元恒沸物，在冷凝器4中冷凝后，部分液相回流至塔内，其余的进入分层器5中，上层为富苯层，返回塔1作为补充回流，下层为富水层（含少量苯）。富水层进入苯回收塔2的顶部，塔2顶部引出的蒸汽也进入冷凝器4中，底部的稀乙醇溶液进入乙醇回收塔3中。塔3中的塔顶产品为乙醇-水恒沸液，送回塔1作为原料。在精馏过程中，苯是循环使用的，但要损失部分苯，应及时补充。

恒沸精馏的关键是选择合适的挟带剂。对挟带剂的主要要求是：①形成新的恒沸液沸点低，与被分离组分的沸点差大，一般两者沸点差不小于10℃；②新恒沸液所含挟带剂少，这样挟带剂用量与气化量均少，热量消耗低；③新恒沸液宜为非均相混合物，可用分层法分离挟带剂；④使用安全、性能稳定、价格便宜等。

三、萃取精馏

萃取精馏也是在待分离的混合液中加入第三组分（称为萃取剂或溶剂），以改变原组分间的相对挥发度而得到分离。但不同的是萃取剂的沸点较原料液中各组分的沸点为高，且不与组分形成恒沸液。萃取精馏常用于分离相对挥发度接近1的物系（组分沸点十分接近）。例如苯与环已烷的沸点（分别为80.1℃和80.73℃）十分接近，它们难于用普通精馏方法予以分离。若在苯-环已烷溶液中加入萃取剂糠醛（沸点为161.7℃），由于糠醛分子与苯分子间的作用力较强，从而使环已烷和苯间的相对挥发度增大。

图5-38为分离苯-环已烷溶液的萃取精馏流程示意。原料液从萃取精馏塔1的中部进入，萃取剂糠醛从塔顶加入，使它在塔中每层塔板上与苯接触，塔顶蒸出的是环已烷。为避免糠醛蒸气从顶部带出，在精馏塔顶部设萃取剂回收段2，用回流液回收。糠醛与苯一起从塔釜排出，送入溶剂回收塔3中，因苯与糠醛的沸点相差很大，故两者容易分离。塔3底部排出的糠醛，可循环使用。

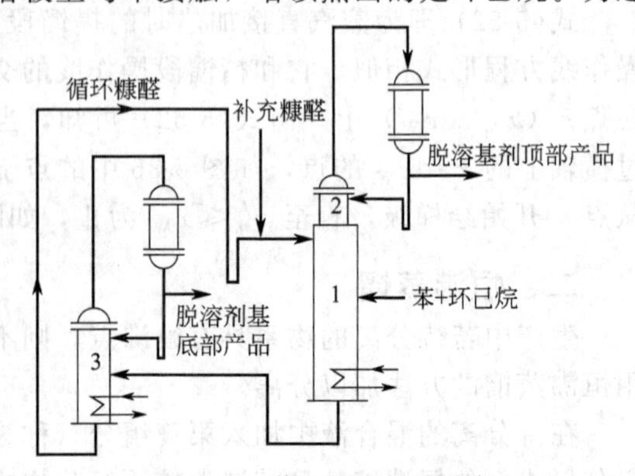

图 5-38 萃取精馏流程示意

萃取剂的选择，应考虑的主要因素有：①选择性好，即加入少量的萃取剂，使原组分间的相对挥发度有较大的提高；②沸点较高，与被分离组分的沸点差较大，使萃取剂易于回收；③与原料液的互溶性好，不产生分层现象；④性能稳定，使用安全，价格便宜等。

第十节 板式塔设备及操作技术

一、塔板类型

生产中采用着各种类型的塔板，常用以下述指标来评价其性能的优劣：

① 生产能力即单位塔截面、单位时间处理的气液负荷量；

② 塔板效率；

③ 塔板压降；

④ 操作弹性；

⑤ 结构是否简单，制造成本是否低廉。

据此对各种板式塔分析如下。

1. 泡罩塔

泡罩塔板的气体通道是升气管和泡罩。由于升气管高出塔板，即使在气体负荷很低时也不会发生严重漏液。因而泡罩塔板具有很大的操作弹性（图 5-39）。升气管是泡罩塔区别于其他塔板的主要结构特征。气体从升气管上升通过齿缝被分散为细小的气泡和流股经液层上升，液层中充满气泡而形成泡沫层，为气液两相提供了大量的传质界面。但泡罩塔板结构过于复杂，制造成本高，安装检修不便。气体通道曲折，塔板压降大，液泛气速低，生产能力小。

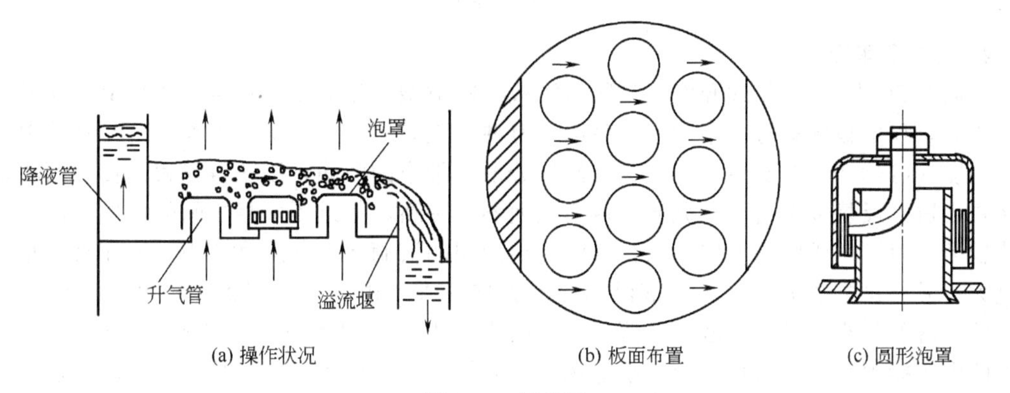

图 5-39 泡罩塔

2. 浮阀塔板

浮阀塔板与泡罩塔板相比其主要改进是取消了升气管，在塔板开孔的上方安装可浮动的阀片（图 5-40）。

浮阀可随气体流量变化自动调节开度，气量小时阀的开度较小，气体仍能以足够气速通过环隙，避免过多的漏液；气量大时阀片浮起，由阀脚钩住塔板来维持最大开度。因开度增大而使气速不致过高，从而降低了压降，也使液泛气速提高，故在高液气比下浮阀塔板的生产能力大于泡罩塔。气体以水平方向吹入液层，气液接触时间较长而液沫夹带较小，故塔板效率较高。

图 5-40 浮阀塔板

1—浮阀片；2—凸缘；3—浮阀腿；4—塔板上的孔

3. 筛孔塔板

筛孔塔板简称筛板，它的出现略迟于泡罩塔，其结构如图 5-41 所示。与泡罩塔的相同点是都有降液管，不同点是取消了泡罩与升气管，直接在板上钻有若干小圆孔，筛板一般用不锈钢制成，孔的直径为3～8mm。操作时，液体横过塔板，气体从板上小孔（筛孔）鼓泡进入板上液层。筛板塔在工业应用的初期被认为操作困难，操作弹性小，但随着人们对筛板塔性能研究的逐步深入，其设计更趋合理。生产实践证明，筛板塔结构简单、造价低、生产能力大、板效率高、压降低，已成为应用最广泛的一种。

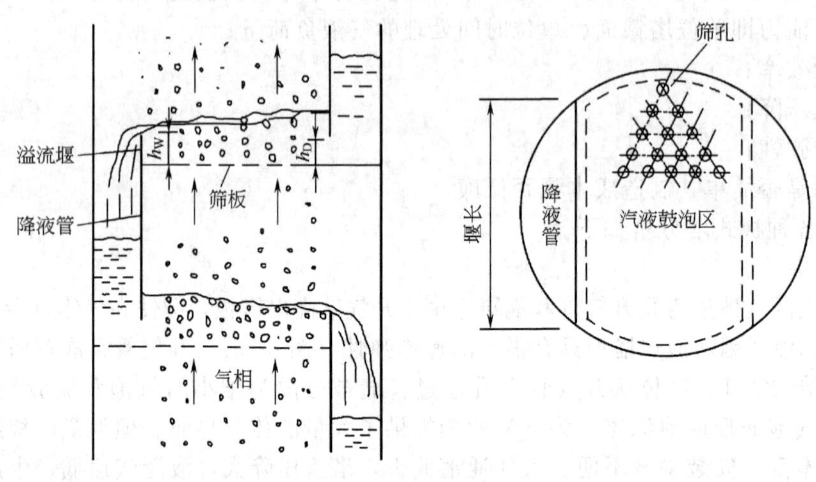

图 5-41 筛板塔

4. 喷射型塔板

人们在 20 世纪 60 年代开发了喷射型塔板。喷射型塔板的主要特点是塔板上气体通道中的气流方向和塔板倾斜有一个较小的角度（有些甚至接近于水平），气体从气流通道中以较高的速度（可达 20～30m/s）喷出，将液体分散为细小的液滴，以获得较大的传质面积，且液滴在塔板上反复多次落下和抛起，传质表面不断更新，促进了两相之间的传质。即使气体流速较高，但因气成倾斜方向喷出，气流带出液层的液滴向上分速度较小，液沫夹带量亦不致过大；另外这类塔板的气流与液流的流动方向一致，由于气流起到了推动液体流动的作用，液面落差较小，塔板上液层较薄，塔板阻力不太大。因此喷射型塔板具有塔板效率高、塔板的生产能力较大、塔板阻力较小等优点。其缺点是液体受气流的喷射作用，在进入降液管时气泡夹带现象较为严重，这是喷射型塔板设计、制造和操作时一个必须注意的问题。图 5-42 中所示的是两种典型的喷射型塔板。其中舌形塔板的操作弹性较小，而浮舌塔板则是结合舌形塔板和浮阀塔板的优点，兼有浮阀和喷射的特点，具有较大的操作弹性，且在压

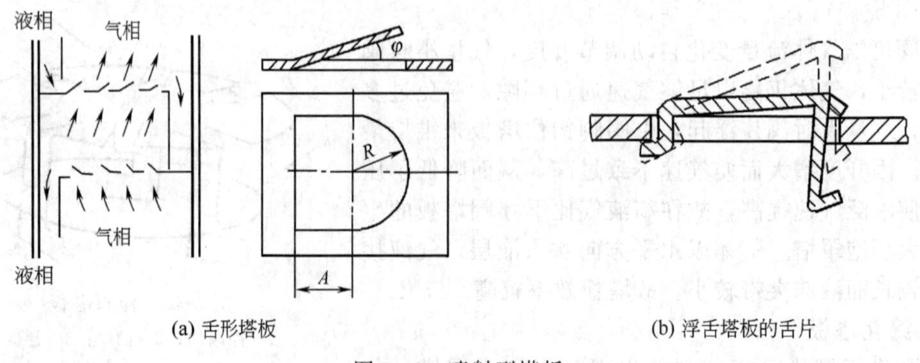

(a) 舌形塔板　　(b) 浮舌塔板的舌片

图 5-42 喷射型塔板

降、塔板效率等方面优于舌形塔板和浮阀塔板。

5. 淋降筛孔塔板

淋降筛孔塔板即为没有降液管的筛孔塔板，又称为无溢流型筛孔塔板。塔板上气液两相为逆流流动，气液都穿过筛孔，故又称为穿流式筛孔塔板。这种塔板较筛孔塔板的结构更为简单，造价更低。因其节省了降液管所占据的塔截面积，使塔板的有效鼓泡区域面积增加了15%～30%，从而使生产能力提高。根据生产资料表明，淋降筛板塔的生产能力比泡罩塔大20%～100%，压降比泡罩塔小40%～80%，特别适用于真空操作。

这种塔在操作时，液体时而从某些筛孔漏下，时而又从另外一些筛孔漏下，气体流过塔板的情况也类似。塔板上液层厚度对气体流量变化相当敏感。当气体流量变小时漏液严重，板上液层薄；气体流量大时则板上液层厚，液沫夹带严重，故操作弹性较小。

淋降筛孔塔板的板材一般为金属，也可用塑料、石墨或陶瓷等。塔板可开圆的筛孔或条形孔，也可采用栅板作为塔板。塔板为栅板时称为淋降栅板。

淋降筛孔塔板因其操作弹性小现已很少使用，通常使用的是改进型的波纹塔板。

二、塔板结构

目前工业生产中多数使用的是有溢流管的筛板塔和浮阀塔，现以有溢流管的塔板为例介绍塔板结构。

具有单溢流弓形管的塔板结构如图5-43所示。它是由开有升气孔道的塔板，溢流堰和降液管组成。塔板是气液两相传质的场所，为了能使气液两相充分接触，可以在其上装有浮阀、浮舌、泡罩等气液接触元件。塔板有整块式和分块式两种，在塔径小于800mm的小塔内采用整块式塔板，塔径在900mm以上的大塔内，通常采用分块式塔板，以便通过人孔装拆塔板。单溢流塔板的面积可分为4个区域。

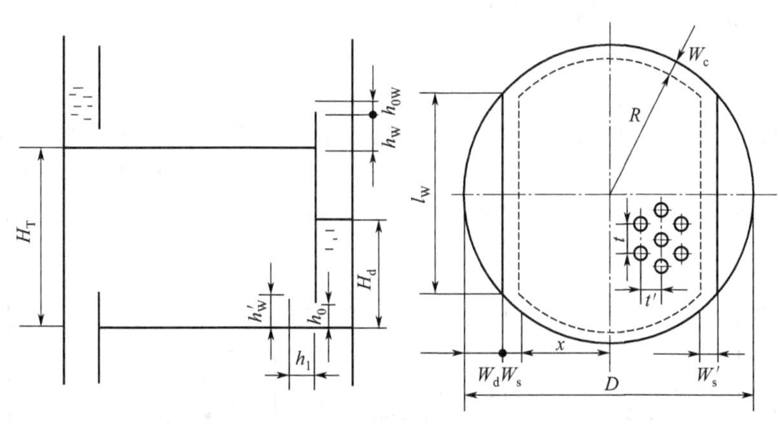

图5-43 单溢流塔板结构参数

（1）鼓泡区

即图5-43中虚线以内的区域，为气液传质的有效区域。

（2）溢流区

即溢流管及受液盘所占的区域。

（3）安定区

在鼓泡区和溢流区之间的面积。目的是为在液体进入溢流管前，有一段不鼓泡的安定区域，以免液体夹带大量泡沫进入溢流管。其宽度 W_s 一般可按下述范围选取：外堰前的安定区可取70～100mm；内堰前的安定区 W'_s 可取50～100mm。在小塔中，安定区可适当减小。

（4）边缘区

在靠近塔壁的部分，需留出一圈用于支持塔板边梁使用的边缘区域 W_c。对于 2.5m 以上的塔径，可取为 50mm，大于 2.5m 的塔径则取 60mm，或更大些。

图 5-43 中 h_W 为出口堰高，h_{0W}为堰上液层高度，h_0 为降液管底隙高度，h_1 为进口堰与降液管间的水平距离，h'_W进口堰高，h_d 为降液管中清液层高度，H_T 为板间距，l_W 为堰长，W_d 为弓形降液管宽度，W_s、W'_s为破沫区宽度，W_c 为无效周边宽度，D 为塔径，R 为鼓泡区半径，x 为鼓泡区宽度的 1/2，t 为孔心距，t'为相邻两排孔中心线的距离。

降液管是液体从上一层塔板流向下一层塔板的通道。降液管的横截面有弓形和圆形两种。因塔体多为圆筒形，弓形降液管可充分利用塔内空间，使降液管在可能条件下流通截面最大，通液能力最强。故被普遍采用。降液管下缘在操作时必须要浸在液层内，以保证液封，即不允许气体通过降液管“短路”窜至上一层塔板上方空间。降液管下缘与下一层塔板间的距离称为降液管底隙高度 h, h_0 一般为 20～25mm。若 h_0 过小则液体流过降液管底隙时的阻力太大。为了保证液封，要求（h_W-h_0）大于 6mm。

在液体横向流过塔板后到达末端，设有溢流堰。溢流堰是一直条形板，溢流堰高 h_W 对板上液层的高度起控制作用。h_W 值大，则板上液层厚，气液接触时间长，对传质有利，但气体通过塔板的压降大。常压操作时，h_W 为 20～50mm，真空操作时 h_W 为 10～20mm，加压操作时 h_W 为 40～80mm。

三、板式塔的流体力学性能

1. 气液两相在塔板上的接触状态

气、液两相在塔板上的流动情况和接触状态直接影响气液两相的传质和传热过程。实验研究表明，气液两相在塔板上的接触状态，主要与气体通过塔板上元件的速度和液体的流量等因素有关。一般可分为 3 种接触状态。

（1）鼓泡接触状态

当气体通过塔板的气速很低时，气体以分散的气泡形式通过塔板上液层。这种接触状态称为鼓泡接触状态，如图 5-44 所示。此时，塔板上有大量的清液层，通过液层的气泡数量少，气液两相接触面积不大，气液两相湍动程度也不剧烈。因此，在鼓泡接触状态时，塔板上气液两相传质效率低、传质阻力较大。在鼓泡接触状态，气相为分散相，液相为连续相。

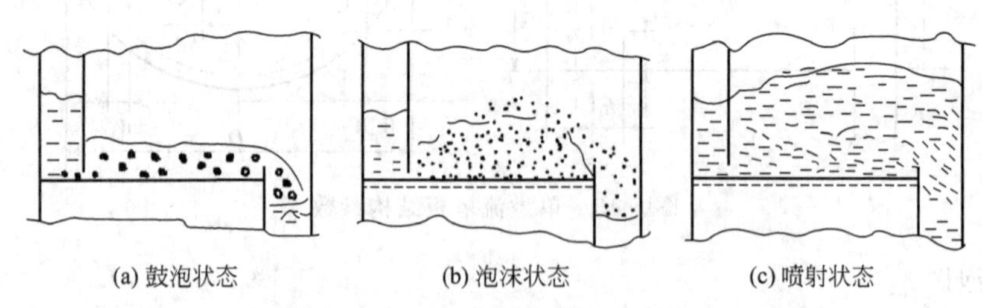

(a) 鼓泡状态　(b) 泡沫状态　(c) 喷射状态

图 5-44　气液在塔板上的接触状况

（2）泡沫接触状态

随着气泡的增加，气体通过液层的气泡数量也急剧增加，气泡之间不断碰撞和破裂。塔板上液体大部分形成液膜，存在于气泡之间，但在塔板表面还存在一层很薄的清液层。在这种状态下，气液两相湍动较为强烈，气泡和液膜表面由于不断的合并与破裂而更新，两相接触面积不同于鼓泡状态时气泡表面，而是很薄的液膜。所以，气液两相传质效率高。泡沫接触状态，气相为分散相，液相仍是连续相。

（3）喷射接触状态

当气体速度增加到一定程度时，由于气相动能很大，气流以喷射状态穿过塔上液层，将液体分散成许多大小不等的液滴，并随气流抛向塔板上方，然后由于重力作用，液滴会落下，又形成很薄的液膜，再与喷射气流接触，破裂成液滴而抛出。在喷射接触状态下，液滴数量多而且在不断更新，气相转变为连续相，液相转变为分散相。因此，传质面积大，传质效率高。

泡沫接触状态和喷射接触状态，由于接触面积大而且不断更新，工业上多数的传质过程都控制在这两种状态下操作。

2. 塔板上的不正常操作

在正常操作的情况下，气液两相在塔内的流动从总体上应该是逆流流动，而在每块塔板上为错流流动，这样可以使气液两相在塔板上进行充分的接触，并有量大的传质推动力。气液两相在塔板上接触的好坏，主要取决于气液两相的流速、物性以及塔板的结构形式。如果在操作过程中某些参数控制不当，也会影响塔的正常操作，降低塔板效率，甚至会出现无法正常操作的情况。为了避免这种情况的发生，需要对不正常操作情况作具体的分析。塔的不正常操作主要是严重漏液、过量雾沫夹带和液泛等。

（1）严重漏液

在正常的操作时，液体经降液管横向流过塔板，然后经出口堰和降液管流入下层塔扳。当气相通过塔板的速度较小时，通过塔板开孔处上升气体的动压头和克服液层及液体表面张力所产生的压强降，不足以阻止塔板上液体从开孔处流下时，液体就会从塔板中的孔道往下漏，这种现象叫做漏液。漏液会导致气液两相在塔扳上接触时间的缩短，而使塔板效率下降。少量漏液在实际操作中是不可避免的，但严重漏液会使塔板上的液体量减少，以致在塔板上建立不起一定厚度的液层，从而导致塔板效率严重下降，甚至无法正常操作。在实际操作中，为了维持塔的正常操作，漏液量应小于液体流量的10%，此时的气体速度称为漏液速度，塔的操作气速应控制在漏液速度以上。这是塔操作气速的下限。引起漏液的主要原因是气速太小和由于液面落差太大使气体在塔板上的分布不均匀造成的。所以除了在操作时要保证一定气速外，在塔板设计时也要加以考虑。如在液体入口处，设置安定区，在液面落差太大时，设置多个降液管等。

（2）严重雾沫夹带和泡沫夹带

上升气体穿过液层时，会将液体分散成液滴或雾沫，当气体离开液体时，会夹带少量的液滴和雾沫进入上层塔板。这种现象称为液沫夹带。另外，经过气液接触的液体，越过出口堰进入降液管，由于夹在液体中的少量气泡来不及分离，也会随液体带人下层塔板。这种现象称为气泡夹带或称泡沫夹带。两种夹带现象的出现都会影响塔板效率，甚至会引起液泛，使塔无法正常操作。为了保持塔的正常操作，一般控制在液沫夹带量 $e_V<0.1$kg（液体）/kg（气体）下操作。影响液沫夹带主要因素是操作的气速和塔板的间距。

（3）液泛

在塔板正常操作时，塔板上必须维持一定的液层。如果液体流量或塔板压强降过大，降液管中液体不能顺利下流，使降液管内液面上升，直至达到上层塔板出口堰顶部，这时液体淹至上层塔板，最终使整个塔充满液体，这种现象称为降液管液泛。另外，当气体流量过大，气速很高时，大量的液沫夹带到上层塔板，塔内充满了大量气液混合物，最后使塔内充满了液体，这种现象称为夹带液泛；液泛使整个塔内液体不能正常流动，液体返混严重，使塔无法正常操作。影响液泛的主要因素是气液两相的流量和塔板的间距。

3. 塔的负荷性能图

当塔板结构参数一定时，对一定的物系来说，要维持塔的正常操作，必须使气、液负荷（流量）限制在一定的范围。因为气体流量太小，会引起严重漏液；气体速度太大会产生严重液沫夹带，气体流量太大或液体流量太大会产生夹带液泛或降液管液泛。它们都使塔板效率严重下降，甚至使塔无法正常操作。为检验塔的设计是否合理，了解塔的操作情况，以及调节改进塔的提作性能，通常在直角坐标系中，以气相流量 q_n（V）为纵坐标，而以液相流量 q_n（L）为横坐标，绘制在各种极限条件下的 q_n（V）-q_n（L）关系曲线，从而得到允许的负荷波动范围的图形，这个图称为塔板的负荷性能图。塔板的负荷性能图，如图 5-45 所示。负荷性能图由 5 条线组成。

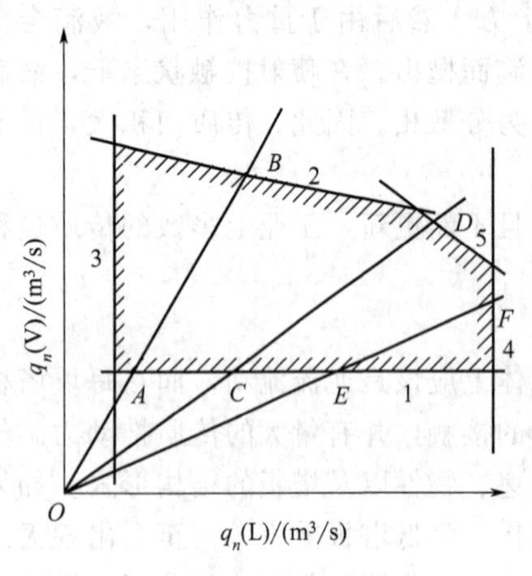

图 5-45　塔板负荷性能图

（1）气相负荷下限线（漏液线）

图中线 1 为气相负荷下限线，此线表示不发生严重漏液现象的最低气相负荷，它可根据各种类型塔板的漏液点的气速作出。气液负荷点在 1 线下方表明漏液严重，塔板效率严重下降。

（2）过量液沫夹带线（气相负荷上限线）

图中线 2 为过量液沫夹带线，当气液负荷点在此线上方时，表明液沫夹带量超过允许范围［一般精馏 $e_V<0.1$kg（液体）/kg（气体）］，而使塔板效率大为降低。

（3）液相负荷下限线

图中线 3 为液柜负荷下限线，如果液相负荷低于该下限，塔板上液体严重分布不均匀，导致塔板效率大幅度下降，甚至出现“干板”现象。

（4）液相负荷上限线

图中线 4 为液相负荷上限线。若操作时液相负荷超过此上限线时，液体在降液管内停留时间过短，夹带在液体中的气泡得不到充分的分离，而大量的气泡随液体带入下层塔板，造成气相返混，而降低塔板效率，严重时会出现溢流液泛。

（5）液泛线

图中线 5 为液泛线。当气液负荷点位于线 5 的右上方时，塔内将发生液泛现象，塔不能正常操作。

由上面各条线所围成的区域，就是塔的稳定操作区，操作点必须落在稳定操作区内，否则塔就不能正常操作。必须指出，物系一定时，塔板的负荷性能图的形状因塔板类型及结构尺寸的不同而异。在塔板设计时，根据操作点在负荷性能图中的位置，可以适当调整塔板的结构参数来满足所需要的操作范围。

对于一定气液比的操作过程，［q_n（V）/q_n（L）］为定值，操作线在负荷性能图上可用通过坐标原点（O 点）的直线表示。此直线与负荷性能图中的线有两个交点，分别代表塔的操作上、下极限。上、下极限操作的气相负荷（或液相负荷）之比称为塔板的操作弹性。不同气液比的 3 种操作情况（以 OAB、OCD、OEF 三条操作线表示），上、下限的控制条件并不一定都相同，其操作弹性也不相同。在设计和生产操作时，需要做具体分析。

四、浮阀塔的设计原则

板式塔的设计是在给定气相和液相的流量、操作温度和压强、流体的物性（如密度、黏度等），以及实际塔板数的条件下进行的。其设计内容包括塔高、塔径的设计，塔板板面的布置和有关结构尺寸的选择，以及流体力学特性的校核等。尽管塔板类型很多，但其设计原则和步骤大同小异，下面以浮阀塔为例进行讨论。

1. 塔的有效段高度

当实际塔板数 N 为已知时，就可用式(5-53) 计算塔的有效段高度 Z，即：

$$Z=H_TN \tag{5-53}$$

式中，H_T 为塔板间距，即两层相邻板之间的距离。塔板间距 H_T 小，塔高 Z 可降低，但塔板间距对于液沫夹带及液泛有重要影响。H_T 较大，允许的空塔气速可以大，所需的塔径可以较小，但塔高要增大。因此塔板间距的大小与塔径之间的关系，应全面进行经济权衡来确定。表 5-7 列出了浮阀塔板间距的参考数值以供设计时参考。

表 5-7 浮阀塔板间距参考数值 单位：m

塔径 D	0.3～0.5	0.5～0.8	0.8～1.6	1.6～2.0	2.0～2.4	>2.4
板间距 H_T	0.2～0.3	0.3～0.35	0.35～0.45	0.45～0.6	0.5～0.8	≥0.6

选择板间距的数值要按规定选取整数，如 300mm、350mm、400mm、450mm、500mm、600mm、800mm 等。在决定板间距时还要考虑物料的起泡性、制造和维修等问题，如在塔体人孔处，应留有足够的工作空间，其值不应小于 600mm。

2. 塔径

根据气体流量公式可计算塔径：

$$D=\sqrt{\frac{4q_V}{\pi u}} \tag{5-54}$$

式中 D——塔径，m；

q_V——操作状态下气体流量，m^3/s；

u——空塔气速，即按空塔截面积计算的气体流速，m/s。

计算塔径的关键是确定适宜的空塔气速 u。空塔气速的上限是由严重的雾沫夹带或液泛决定，下限是由漏液速度决定，适宜的空塔气速应介于两者之间。一般依据最大允许空塔气速 u_{max}来确定。最大允许空塔气速 u_{max}可根据式(5-55) 来确定：

$$u_{max}=C\sqrt{\frac{\rho_L-\rho_V}{\rho_V}} \tag{5-55}$$

式中 u_{max}——最大允许空塔气速，m/s；

C——负荷参数；

ρ_V——气相密度，kg/m^3；

ρ_L——液相密度，kg/m^3。

研究表明负荷系数 C 值与气、液流量及密度，板间距与板上液层高度以及液体的表面张力有关。史密斯等汇集了若干泡罩、筛板和浮阀塔的数据，整理出负荷系数与这些影响因素的关联曲线，常称为史密斯关联图，如图 5-46 所示。

图 5-46 中，q_V、q_L 为塔内气、液两相的体积流量，m^3/s；ρ_V、ρ_L 分别为塔内气、液两相密度，kg/m^3；H_T 为板间距，m；h_L 为板上液层高度，m。

横坐标$\left(\frac{q_L}{q_V}\right)\left(\frac{\rho_L}{\rho_V}\right)^{\frac{1}{2}}$为无量纲比值，它反映气、液两相的流量和密度的影响，图中 H_T-h_L 反映了塔板间液滴沉降空间高度的影响。板间距 H_T 可按表 5-7 选取，板上液层高度 h_L 对

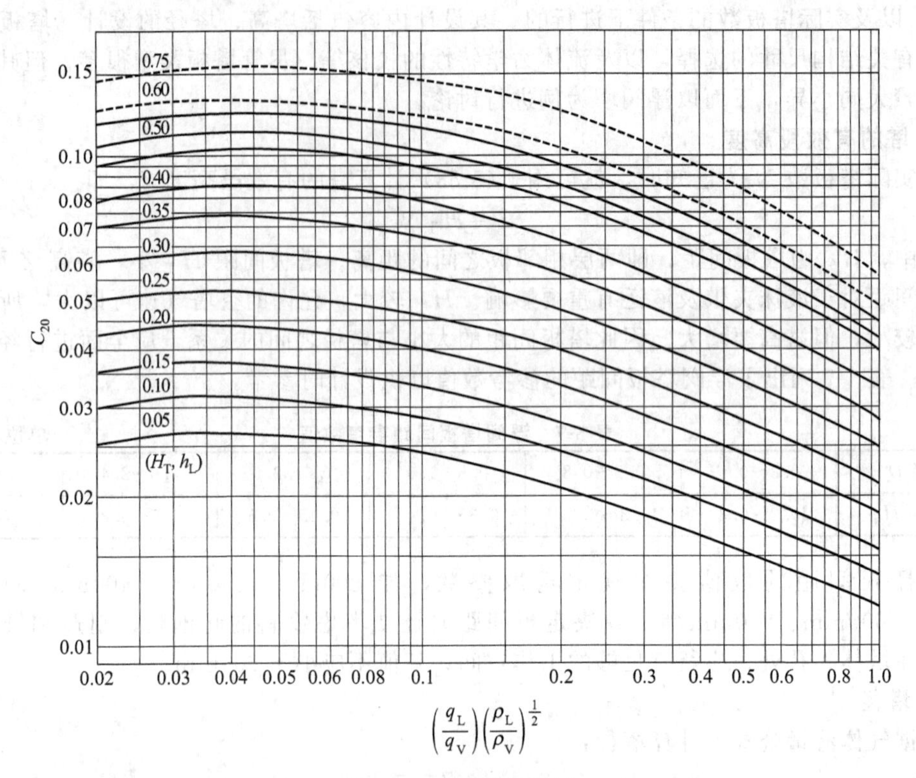

图 5-46 史密斯关联图

常压塔一般取 0.05～0.1m，对减压塔应取低些，可降到 0.025m 以下。

图中的 C_{20} 为液体表面张力 $\sigma=20$mN/m 时的负荷系数。若实际液体的表面张力不等于上述值，则可由式(5-56) 计算操作物系的负荷系数 C 值：

$$C=C_{20}\left(\frac{\sigma}{20}\right)^{0.2} \tag{5-56}$$

式中 σ——液体的表面张力，mN/m。

当由式(5-56) 确定 C 值后，即可由式(5-55) 确定最大允许空塔气速 u_{max}。求出最大允许空塔气速 u_{max} 后，乘以安全系数，便可得到适宜的空塔气速 u，即：

$$u=(0.6\sim0.8)u_{max}$$

将求得适宜空塔气速代入式(5-54) 算出塔径后，还需根据浮阀塔直径系列标准予以圆整。算出的塔径值若在 1m 以内，应圆整为按 0.1m 递增的尺寸，若超过 1m 则按 0.2m 递增值进行圆整。如 0.7m、0.8m、0.9m、1.0m、1.2m、1.4m 等。

应当指出，如此算出的塔径只是初估值，以后还需要根据流体力学原则，进行核算，必要时要对初估的塔径进行修正。此外若精馏段和提馏段上升气量差别较大时，两段的塔径应分别计算。

3. 溢流形式的选择

液体横过塔盘的流动行程长，气液接触充分，传质效果好。但液体行程长必然导致流动阻力大，液面落差大，容易造成倾向性漏液，影响塔板效率。当液体流量很大或塔径过大时，这一问题尤为严重。所以溢流形式的选择是塔板设计中重要的一个环节。液体流量或塔径较小时，则可采用 U 形溢流，如图 5-47(a) 所示。单溢流型结构简单，安装制造方便，液体行程较长等优点，是板式塔中最常用的溢流形式，如图 5-47(b) 所示。对于流体流量大或塔径大的情况可采用如图5-47（c）双溢流或（d）阶梯溢流等。溢流形式的初步选择可参考表5-8。

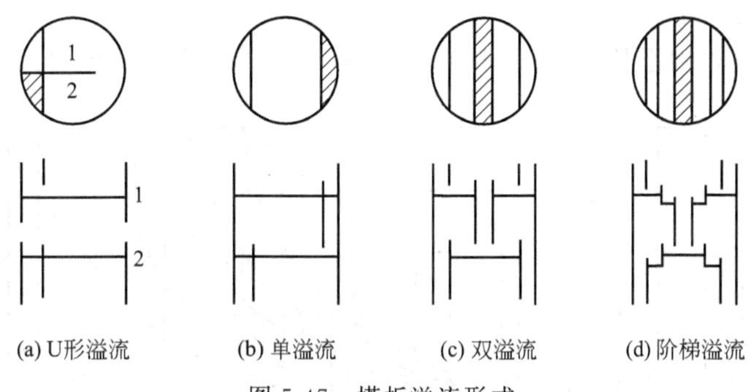

图5-47 塔板溢流形式

表5-8 板上溢流形式的选择

塔径 D/m	液体流量 q_L/(m^3/h)			
	U形溢流	单溢流	双溢流	阶梯溢流
1000	<7	<45		
1400	<9	<70		
2000	<11	<90	90～160	
3000	<11	<110	100～200	200～300
4000	<11	<110	110～230	230～350
5000	<11	<110	110～250	250～400
6000	<11	<110	110～250	250～400

4. 溢流装置的设计

溢流装置包括溢流堰、降液管和受液盘几部分，其结构和尺寸对塔的性能有着重要的影响。

（1）溢流堰

溢流堰有内堰（进口）和外堰（出口堰）之分，在较大的塔内，有时在液体进入塔板处设有进口堰，以保证降液管的液封，并减少液体水平冲出，使液体在塔板上分布均匀。但对于常见的弓形降液管，液体在塔板上分布一般比较均匀，而进口堰要占用较多板面，还容易发生沉淀物沉积造成阻塞，故多不设进口堰。

出口堰的作用是维持板上有一定的液层厚度和使板上液体流动均匀，除个别情况以外(如很小的塔或用非金属制作的塔板)，一般均设置出口堰。出口堰的主要尺寸有堰长 l_W 和堰高 h_W。

① 堰长　堰长 l_W 是指弓形降液管的弦长，根据液体负荷及流动形式而定。对于单溢流一般取 l_W 为 $(0.6\sim0.8)D$；对于双溢流，取 l_W 为 $(0.5\sim0.7)D$，其中 D 为塔径。

按一般经验，堰上最大液体流量不宜超过100～130m^3/(h•m)，可按此确定堰长。

② 堰高　为了保证塔板上有一定的液层，降液管上端必须要高出塔板一定高度，这一高度即为堰高，以 h_W 表示，单位为m。板上液层高度 h_L 为堰高 h_W 与堰上液层高度 h_{OW} 之和，即：

$$h_L=h_W+h_{OW} \tag{5-57}$$

式中堰上液层高度 h_{OW} 可用式(5-58) 确定：

$$h_{OW}=\frac{2.84}{1000}E\left(\frac{q_L}{l_W}\right)^{2/3} \tag{5-58}$$

式中 h_{OW}——堰上液层高度，m；

q_L——堰上液体流量，m^3/h；

l_W——堰长，m；

E——流体收缩系数，可由图 5-48 查得，若 q_L 不大，一般可近似取 $E=1$。

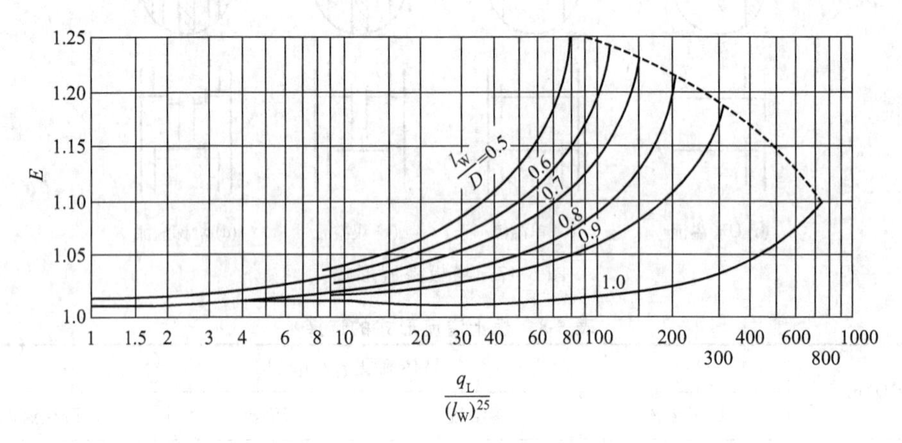

图 5-48　液流收缩系数

若求得的 h_{OW} 值太小，则会由于堰与塔板安装时的水平误差引起液体横过塔板时流动不均，而引起塔板效率降低。一般 h_{OW} 不应小于 6mm，否则需调整 l_W/D 或采用堰的上缘开有锯齿形缺口的溢流堰。

(2) 降液管

降液管有弓形和圆形之分，由于弓形降液管应用较为普遍，这里以弓形降液管为例说明有关尺寸确定方法。

① 弓形降液管的宽度和截面积　在塔径 D 和板间距 H_T 一定的条件下，确定了堰长 l_W，实际上是已经固定了弓形降液管的尺寸。根据 l_W/D 查图 5-49 即可求得弓形降液管的宽度 W_d 和截面积 A_f。

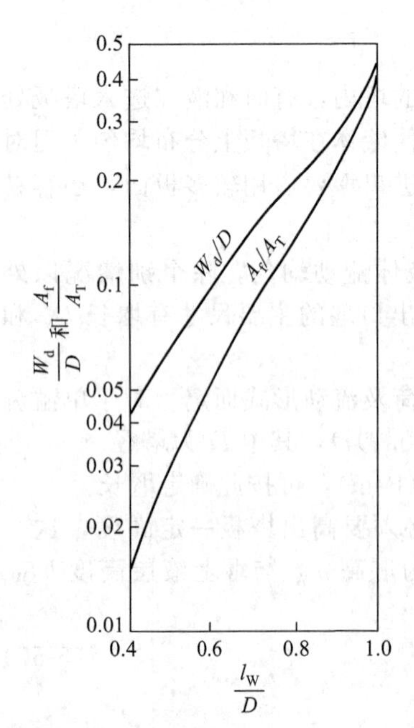

图 5-49　弓形降液管几何关系

降液管的截面积 A_f 应能保证液体在降液管内有足够的停留时间，使溢流液体中夹带的气泡能分离出来。为此液体在降液管内的停留时间不应小于 3～5s，对于高压操作塔及易起泡的系统，停留时间应更长些。因此，在求得降液管截面积后，应按式(5-59) 验算降液管内液体的停留时间 θ，即：

$$\theta=\frac{A_f H_T}{q_L} \tag{5-59}$$

式中 q_L——液体体积流量，m^3/s；

θ——液体的停留时间，s。

② 降液管的底隙高度　降液管的底隙高度 h_0 为降液管底缘与塔板之间的距离。确定降液管的底隙高度 h_0 的原则是：保证液体流经此处的局部阻力不大，防止沉淀物在此堆积而阻塞降液管；同时又要有良好的液封，防止气体通过降液管发生短路。一般按式(5-60) 计算 h_0，即：

$$h_0=\frac{q_L}{l_W u_0'} \tag{5-60}$$

式中 u_0'——液体通过降液管底隙时的流速，m/s。根据经验，一般取 $u_0'=0.07\sim0.25$m/s。

为了简便起见，有时用式(5-61) 确定 h_0，即：

$$h_0=h_W-0.006 \tag{5-61}$$

式(5-61) 表明要使降液管底隙高度比溢流堰高低 6mm，以保证降液管底部的液封。

降液管的底隙高度一般不宜小于 20～25mm，否则容易发生堵塞，或因安装偏差造成液体流动不畅，造成液泛。

③ 受液盘 塔板上接受降液管流下液体的那部分区域称为受液盘。它有平形和凹形两种形式，平形受液盘结构简单，最为常用。对于直径较大的塔，多采用凹形受液盘，如图 5-50。这种结构可在液体流量较小时仍能有良好的液封，且有改变液体流向的缓冲作用，凹形受液盘的深度一般在 50mm 以上，但受液盘不适于易聚合及有悬浮固体的场合，因其易造成死角而堵塞。

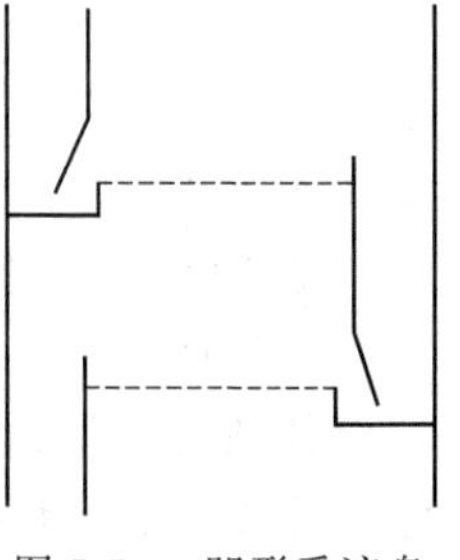

图 5-50 凹形受液盘

5. 浮阀数确定和布置

当气相流量 q_V 为已知时，可根据流量关系式来确定塔板上的浮阀数，即：

$$n=\frac{q_V}{\frac{\pi}{4}d_0^2u_0} \tag{5-62}$$

式中 n——塔板上的浮阀数；

q_V——操作状态下气体体积流量，m^3/s；

d_0——阀孔直径，mm；对常用的 F_1 重型、V-4 型、T 型浮阀孔径均为 0.039m；

u_0——阀孔气速，m/s。

阀孔气速 u_0 由阀孔的动能因数 F_0 来确定。F_0 反映了密度为 ρ_V 的气体以流速 u_0 通过阀孔时动能的大小。F_0 与气体密度 ρ_V 和阀孔流速 u_0 之间的关系为 $F_0=u_0\sqrt{\rho_V}$，根据经验当 F_0 在 8～12 之间时，塔板上所有浮阀刚刚全开，此时塔板的压强降和漏液量都较小而操作弹性大，其操作性能最好。在确定浮阀数时，应在 8～12 之间取 F_0，即可求得适宜阀孔气速为：

$$u_0=\frac{F_0}{\sqrt{\rho_V}} \tag{5-63}$$

当由式(5-62) 求得浮阀数后，可在塔板上的鼓泡区内进行试排列。排列方式有正三角形与等腰三角形两种，按阀孔中心连线与液流方向的关系，又有顺排和叉排之分，如图5-51所示。叉排时的气液接触效果好，故一般情况下都采用叉排方式。对于整块式塔板多采用正三角形叉排，孔心距 t 为 75mm、100mm、125mm、150mm 等；对于分块式塔板，宜采用等腰三角形叉排，此时常将同一横排的阀中心距定为 75mm，而相邻两排阀中心线的距离 t' 可取为 65mm、80mm、100mm 等几种尺寸，必要时还可以调整。

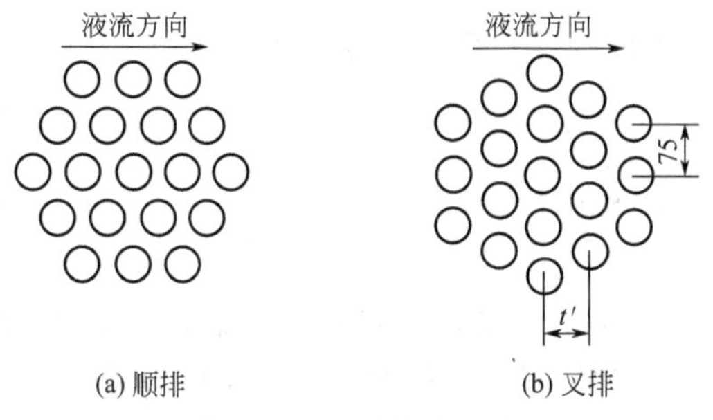

图 5-51 浮阀排列方式

按照确定的孔距作图，可准确得到鼓泡区内可以布置的浮阀数。若此数与前面计算所得的浮阀数相近，则按此阀孔数目重算阀孔气速，并校核阀孔动能因数 F_0。若 F_0 仍在 8～12 范围之内，即可认为画图所得的浮阀数能满足要求。否则需调整孔距、浮阀数、重新作图，甚至要调整塔径，反复计算，直至满足 F_0 在 8～12 范围的要求为止。

塔板上阀孔总面积与塔截面积之比称为开孔率 φ，即：

$$\varphi=\frac{\frac{\pi}{4}d_0^2 n}{\frac{\pi}{4}D^2}=n\frac{d_0^2}{D^2} \tag{5-64}$$

对常压塔或减压塔，开孔率 φ 常在 10%～13%之间；对加压塔，小于10%，常见为6%～9%。

6. 浮阀塔板的流体力学校核

(1) 气体通过浮阀塔板的压强降校核

气体通过一层浮阀塔板时的总压强降 Δp_p 是由克服塔板本身干板阻力所产生的压强降 Δp_c、气流通过板上充气液层克服液层静压强所产生的压强降 Δp_1、气流从液层表面冲出克服液体表面张力所产生的压强降 Δp_σ 三项组成。即：

$$\Delta p_p=\Delta p_c+\Delta p_1+\Delta p_\sigma \tag{5-65}$$

① 干板压强降　气体通过浮阀塔板的干板压强降，在浮阀全部开启前后有着不同的规律。板上所有浮阀刚好全部开启时，气体通过阀孔的速度称为临界孔速，以 u_{0c}表示。对 F_1 型重阀可用以下经验公式求取干板压强降 Δp_c：

浮阀全开前 ($u_0 \leqslant u_{0c}$)　　$\Delta p_c=19.9u_0^{0.175}g$　　(5-66)

浮阀全开后 ($u_0 \geqslant u_{0c}$)　　$\Delta p_c=2.67u_0^2\rho_v$　　(5-67)

式中　Δp_c——干板压强降，Pa；

u_0——阀孔气速，m/s；

ρ_v——气体密度，kg/m^3；

g——重力加速度，m/s^2。

在计算 Δp_c时，可先将上两式联立解得临界孔速 u_{0c}，令：

$$19.9u_{0c}^{0.175}g=2.67u_{0c}^2\rho_v$$

将 $g=9.81m/s^2$ 代入解得：

$$u_{0c}=\sqrt[1.825]{\frac{73.1}{\rho_v}} \tag{5-68}$$

将计算出的 u_{0c}与 u_0 进行比较，便可在两式中选定一个来计算干板压强降 Δp_c。在塔板设计中，习惯上常将压强降大小用塔内液体的液柱高度 h_c 表示，即：

$$h_c=\frac{\Delta p_c}{\rho_L g} \tag{5-69}$$

式中　h_c——液柱高度，m；

ρ_L——液体密度，kg/m^3。

② 板上充气液层阻力产生的压强降　一般用下面的经验公式计算，即：

$$\Delta p_1=\varepsilon_0 h_L\rho_L g \tag{5-70}$$

式中　Δp_1——板上充气液层阻力产生的压强降，Pa；

h_L——板上液层高度，m，用计算塔径时的选定值；

ρ_L——液体密度，kg/m^3；

ε_0——反映板上液层充气程度的因素，称为充气系数，量纲为一。液相为水时，$\varepsilon_0=0.5$；为油时，$\varepsilon_0=0.2$～0.35；为碳水混合物时，$\varepsilon_0=0.4$～0.5。

同理，也可将 Δp_1 用塔内液体的液柱高度表示，则：

$$h_l=\varepsilon_0 h_L \tag{5-71}$$

式中 h_l——气体通过板上充气液层的阻力，m。

③ 液体表面张力造成的压强降

$$\Delta p_\sigma=\frac{2\sigma}{h} \tag{5-72}$$

式中 Δp_σ——液体表面张力造成的压强降，Pa；

σ——液体的表面张力，N/m；

h——浮阀的开度，m。

若用塔内液体的液柱高度表示，则有：

$$h_\sigma=\frac{2\sigma}{h\rho_L g} \tag{5-73}$$

式中 h_σ——液体表面张力造成的阻力，m。通常浮阀塔的 h_σ 很小，计算时可忽略不计。

若以塔内液体的液柱高度表示通过一层浮阀塔板的总阻力，符号为 h_p，单位为 m，则：

$$h_p=h_c+h_l+h_\sigma \tag{5-74}$$

一般说来，浮阀塔的压强降要比筛板塔的大，比泡罩塔的小，在正常操作情况下，常压和加压塔的塔板压强降以 290～490Pa 为宜，在减压塔内为了减少塔的真空度损失，一般为 200Pa 左右。通常应在保证较高的板效率前提下，力求减小压强降，以降低能耗和改善塔的操作性能。当所设计塔板的压强降超出以上规定的范围时，则需对所设计的塔板进行调整，直至满足要求为止。

(2) 液泛（淹塔）校核

为了防止液泛现象的发生，须控制降液管中液体和泡沫的当量清液层高度 H_d 要低于上层塔板的出口堰顶，为此在设计中令

$$H_d \leqslant \phi(H_T+h_w) \tag{5-75}$$

式中 H_d——降液管中全部泡沫及液体折合为清液柱的高度，m；

ϕ——系数。对一般物系，ϕ 值取 0.5；对于发泡严重的物系，取 0.3～0.4；对不易发泡的物系取 0.6～0.7；

H_T——塔板间距，m；

h_w——出口堰高，m。

降液管中的当量清液层高度 H_d 所应保持的高度，为操作中气体通过一层浮阀塔板的阻力 h_p、板上液层高度的阻力 h_L 及液体流过降液管时的阻力 h_d 之和所决定。因此可用式(5-76) 来表示：

$$H_d=h_p+h_L+h_d \tag{5-76}$$

式中，h_p 可由式(5-74) 计算，h_L 在计算塔径时已选定。液体流过降液管的阻力 h_d，主要是由降液管底隙处的局部阻力造成，可按下面经验公式计算。

塔板上不设进口堰时：

$$h_d=0.153\left(\frac{q_L}{l_w h_0}\right)^2 \tag{5-77}$$

塔板上设有进口堰时：

$$h_d=0.2\left(\frac{q_L}{l_w h_0}\right)^2 \tag{5-78}$$

式中 q_L——液体流量，m^3/s；

l_w——堰长，m；

h_0——降液管的底隙高度，m。

将计算所得的降液管中当量清液层高度 H_d 与 $\phi(H_T+h_w)$ 比较，必须要符合式(5-75)的规定。若计算所得的 H_d 过大，不能满足上述规定，可设法减小塔板阻力 h_p，特别是其中的 h_c，或适当增大塔的板间距 H_T。

(3) 雾沫夹带量校核

正常操作的浮阀塔雾沫夹带量的一般要求为 $e_V \leqslant 0.1$kg（液）/kg（气），在设计中，常用泛点率 F_1 大小来验算雾沫夹带量是否在 0.1kg（液）/kg（气）以下。

泛点率 F_1 的意义为设计负荷与该塔泛点负荷之比，以百分数表示。对正常操作的精馏塔，若要雾沫夹带量在 0.1kg（液）/kg（气）以下，泛点率 F_1 应在以下范围：

一般的大塔，$F_1<80\%\sim82\%$；

减压塔，$F_1<75\%\sim77\%$；

直径小于 0.9m 的小塔，$F_1<65\%\sim75\%$。

泛点率 F_1 可按以下两个经验公式计算：

$$F_1=\frac{q_V\sqrt{\dfrac{\rho_V}{\rho_L-\rho_V}}+1.36q_L Z_L}{KC_F A_b}\times100\% \tag{5-79}$$

$$F_1=\frac{q_V\sqrt{\dfrac{\rho_V}{\rho_L-\rho_V}}}{0.78KC_F A_T}\times100\% \tag{5-80}$$

式中 q_V，q_L——塔内气、液两相体积流量，m^3/s；

ρ_V，ρ_L——塔内气、液相密度，kg/m^3；

Z_L——板上液体流径长度，m。对单溢流塔板，$Z_L=D-2W_d$，其中 D 为塔径，W_d 为弓形降液管的宽度；

A_b——板上液流面积，m^2。对单溢流塔板，$A_b=A_T-2A_f$，其中 A_T 为塔截面积，A_f 为弓形降液管截面积；

C_F——泛点负荷系数，可根据气相密度 ρ_V 及板间距 H_T 由图 5-52 查得；

K——物性系数，其值见表 5-9。

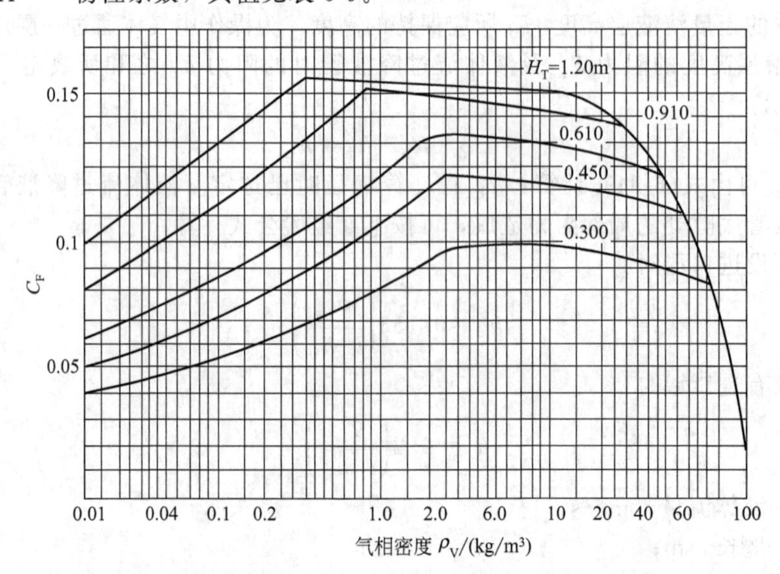

图 5-52 泛点负荷系数

表 5-9 物性系数 K

系统	物性系数 K
无泡沫，正常系统	1.0
氟化物（如 BF_3、氟利昂）	0.9
中等发泡系统（如油吸收塔、胺及乙二醇再生塔）	0.85
多泡沫系统（如胺及乙二胺吸收塔）	0.73
严重发泡系统（如甲乙酮装置）	0.60
形成稳定泡沫的系统（如碱再生塔）	0.30

按以上两式分别计算 F_1 后，取其中数值大者为验算的依据。若两式之一所计算的泛点率不在规定的范围内，则应适当调整有关参数，如板间距、塔径等，并重新计算。

7. 塔板负荷性能图

任何一个物系和工艺尺寸均已给定的塔板，操作时气、液两相负荷必须维持在一定范围之内，以防止塔板上两相出现异常流动而影响正常操作。通常以气相负荷 $q_{V,V}$ （m^3/s） 为纵坐标，液相负荷 $q_{V,L}$ （m^3/s） 为横坐标，在坐标图上用曲线表示开始出现异常流动时气、液负荷之间的关系；由这些曲线组合而成的图形就称为塔板的负荷性能图。图中由这些曲线围成的区域即为该塔的适宜操作区，越出这个区域就可能出现不正常操作现象，导致塔板效率明显降低。浮阀塔的负荷性能图如图5-53所示，图中各条曲线的意义和作法如下。

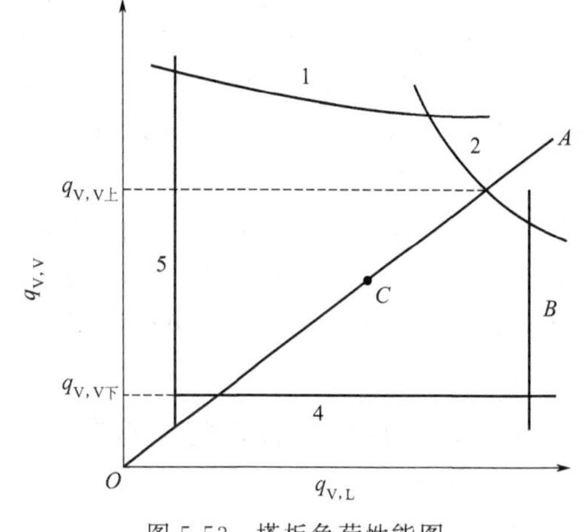

图 5-53 塔板负荷性能图

（1） 雾沫夹带上限线

如图 5-53 中曲线 1 所示，此线表示雾沫夹带量 e_V 为 0.1kg （液）/kg （气） 时的 $q_{V,V}$ 与 $q_{V,L}$ 之间的关系。适宜操作区应在此线以下，否则将因过多的雾沫夹带而使塔板效率严重下降。此线可由式(5-79) 或式(5-80) 整理出一个 $q_{V,V}=f(q_{V,L})$ 的函数式，据此关系作出雾沫夹带上限线。

（2） 液泛线

图 5-53 中曲线 2 所示。此线表示降液管内液体当量高度超过最大允许值时的 $q_{V,V}$ 与 $q_{V,L}$ 之间的关系，塔板的适宜操作区也应在此线以下，否则将可能发生淹塔现象，破坏塔的正常操作。

此线可将式(5-75) 写为 $H_d=\phi(H_T+h_W)$，即：

$$\phi(H_T+h_W)=h_p+h_L+h_d=h_c+h_1+h\sigma+h_L+h_d$$

将式中各项的计算经验式代入上式并整理，也可得一个 $q_{V,V}=f(q_{V,L})$ 函数式，据此即可作出液泛线 2。

（3） 液相负荷上限线

图 5-53 中线 3 所示。液体流量超过此线，表明液体流量过大，液体在降液管内停留时间过短，进入降液管中的气泡来不及与液相分离而被带入下一层塔板，造成气相返混，降低塔板效率。液体在降液管内停留时间 θ 不得小于 3～5s，若取 5s 为最短停留时间，依式(5-59) 得塔内液体的上限值为：

$$q_L=\frac{A_f H_T}{5}$$

由求得的液体上限值 q_L 可作出液相负荷上限线 3。

（4）漏液线

图 5-53 中线 4 所示。漏液线又称为气相负荷下限线，此线表明不发生严重漏液现象的最低气相负荷，低于此线塔板将产生超过液体流量 10% 的漏液量。对于浮阀塔板，可取动能系数 $F_0=5$ 为作为确定气相负荷下限的依据，依式(5-63) 得气相流量下限值为：

$$q_V=\frac{\pi}{4}d_0^2nu_0=\frac{\pi}{4}d_0^2n\frac{5}{\sqrt{\rho_V}}=\frac{5\pi}{4}\times\frac{d_0^2n}{\sqrt{\rho_V}}$$

将上式求得的气相流量下限值作图，得漏液线 4。

（5）液相负荷下限线

此线表明塔板允许的最小液体流量，低于此值便不能保证塔板上液流的均匀分布以致降低气液接触效果。此液相负荷下限线，可将式(5-58) 中的堰上液层高度 h_{OW} 用平直堰上液层高度最低值 0.006m 代入，即可求得液相负荷下限值，由此可作出液相负荷下限线 5。

操作时的气相流量 $q_{V,V}$ 与液相流量 $q_{V,L}$ 在负荷性能图上的坐标点称为操作点，如 C 点所示。对定态精馏过程，塔板上的 $q_{V,V}/q_{V,L}$ 为定值。因此，每层塔板上的操作点都是沿通过原点、斜率为 $q_{V,V}/q_{V,L}$ 的直线变化，该直线称为操作线，如图中 OA 直线。

操作线与负荷性能图上曲线的交点，分别表示塔的上下操作极限，气体流量的上下两个极限 $q_{V,V上}$ 和 $q_{V,V下}$ 的比值称为塔板的操作弹性。操作弹性大，说明塔适应变动负荷的能力大，操作性能好。对于浮阀塔，一般操作弹性都可达 3～4，若所设计操作弹性较小，则说明塔板设计不合理。此时，应分析影响上下操作极限的因素，找出关键问题，对塔板结构尺寸进行调整。

五、精馏塔的操作与控制调节

1. 开停车操作

（1）开车操作

① 开工准备，包括塔及管线的吹扫、清洗、试漏等，检查仪器、仪表、阀门等是否齐全、正确、灵活，与有关岗位联系，进行开车。

② 预进料。先打开放空阀，充氮置换系统中的空气，以防在进料时出现事故，当压力达到规定指标后停止。打开进料阀，进料要求平稳，打入指定液位高度的料液后停止。

③ 打开加热和冷却系统。

④ 建立回流。塔釜见液面后，按其升温速度缓慢升温至工艺指标。随着塔压力的升高，逐渐排除设备内的惰性气体，并逐渐加大塔顶冷凝器的冷剂量，当回流液槽的液面达到 1/2 以上时，开始打回流。在全回流情况下继续加热，直到塔温、塔压均达到规定指标，产品质量符合要求。

⑤ 进料与出产品。打开进料阀进料，同时从塔顶和塔底采出产品，调节到指定的回流比。

⑥ 控制调节。精馏塔控制调节的实质是控制塔内气、液相负荷的大小，以保持良好的传质和传热，获得合格产品。但气、液相负荷无法直接控制，生产中主要通过控制温度、压力、进料量及回流比来实现。

空塔加料时，由于没有回流液体，精馏段的塔板上是处于干板操作的状态。由于没有气液接触，气相中的难挥发组分容易被直接带入精馏段。如果升温速度过快，则难挥发组分会大量地被带到精馏段，而不易为易挥发组分所置换，塔顶产品的质量不易达到合格，造成开车时间长。当塔顶有了回流液，塔板上建立了液体层后，升温速度可适当地提高。减压精馏塔的升温速度，对于开车成功与否的影响，将更为显著。例如，对苯酚的减压精馏，已有经验证明，升温速度一般应维持在上升蒸气的速度1.5～3m/s，每块塔板的阻力为133.3～399.9Pa。如果升温速度太快，则顶部尾气的排出量太大，真空设备的负荷增大，在真空泵最大负荷的限制下，可能使塔内的真空度下降，开车不易成功。

开车时，对阀门、仪表的调节一定要勤调、慢调，合理使用。发现有不正常现象应及时分析原因，果断进行处理。

(2) 停车操作

精馏塔的停车，可分为临时停车和长期停车两种情况。

① 临时停车 接停车命令后，马上停止塔的进料、塔顶采出和塔釜采出。进行全回流操作。适当地减少塔顶冷剂量及塔釜热剂量，全塔处于保温、保压的状态。如果停车时间较短，可根据塔的具体情况处理，只停塔的进料，可不停塔顶采出（此时为产品），以免影响后工序的生产，但塔釜采出应关闭。这种操作破坏了正常的物料平衡，不可长时间应用，否则产品质量会下降。

② 长期停车 接停车命令后，立即停止塔的进料，产品可继续进行采出，当分析结果不合格时，停止采出，同时停止塔釜加热和塔顶冷凝，然后放净釜液。对于分离低沸点物料的塔，釜液的放净要缓慢地进行，以防止节流造成过低的温度使设备材质冷脆。

2. 影响精馏操作的因素与控制调节

对于现有的精馏装置和特定的物系，精馏操作的基本要求是使设备具有尽可能大的生产能力，达到预期的分离效果，操作费用最低。影响精馏装置稳态、高效操作的主要因素包括操作压力、进料组成和热状况、塔顶回流、全塔的物料平衡、冷凝器和再沸器的传热性能、设备散热情况等。以下就其主要影响因素予以简要分析。

(1) 物料平衡的影响和制约

根据精馏塔的总物料衡算可知，对于一定的原料液流量 F 和组成 x_F，只要确定了分离程度 x_D 和 x_W，馏出液流量 D 和釜残液流量 W 也就确定了。而塔顶组成 x_D 和塔釜 x_W 组成决定了气液平衡关系、x_F、F、R 和理论板数 N_T（适宜的进料位置），因此 D 和 W 只能根据 x_D 和 x_W 确定，而不能任意增减，否则进、出塔的两个组分的量不平衡，必然导致塔内组成变化，操作波动，使操作不能达到预期的分高要求。

在精馏塔的操作中，需维持塔顶和塔底产品的稳定，保持精馏装置的物料平衡是精馏塔操作的必要条件，通常由塔底液位来控制精馏塔的物料平衡。

(2) 塔顶回流的影响

回流比是影响精馏塔分离效果的主要因素，生产中经常用回流比来调节、控制产品的质量。例如当回流比增大时，精馏产品质量提高；反之，当回流比减小时 x_D 减小而 x_W 增大，使分离效果变差。

回流比增加，使塔内上升蒸气量及下降液体量均增加，若塔内气液负荷超过允许值，则可能引起塔板效率下降，此时应减小原料液流量。

调节回流比的方法可有如下几种。

① 减少塔顶采出量以增大回流比。

② 塔顶冷凝器为分凝器时，可增加塔顶冷剂的用量，以提高凝液量，增大回流比。

③ 有回流液中间罐的强制回流，可暂时加大回流量，以提高回流比，但不得将回流贮罐抽空。

必须注意，在馏出液采出率 D/F 规定的条件下，借增加回流比 R 以提高 x_D 的方法并非总是有效。此外，加大操作回流比意味着加大蒸发量与冷凝量，这些数值还将受到塔釜及冷凝器传热面的限制。

(3) 进料组成和热状况的影响

当进料组成和热状况（x_F 和 q）发生变化时，应适当改变进料位置，并及时调节回流比 R。一般精馏塔常设几个进料位置，以适应生产中进料状况，保证在精馏塔的适宜位置进料。如进料状况改变而进料位置不变，必然引起馏出液和釜残液组成的变化。

进料状况对精馏操作有着重要意义。常见的进料状况有5种，不同的进料状况，都显著地直接影响提馏段的回流量和塔内的气液平衡。精馏塔较为理想的进料状况是泡点进料，它较为经济和最为常用。对特定的精馏塔，若 x_F 减小，则将使 x_D 和 x_W 均减小，欲保持 x_D 不变，则应增大回流比。

(4) 塔釜温度的影响

釜温是由釜压和物料组成决定的。精馏过程中，只有保持规定的釜温，才能确保产品质量。因此釜温是精馏操作中重要的控制指标之一。

提高塔釜温度时，则使塔内液相中易挥发组分减少，同时，并使上升蒸气的速度增大，有利于提高传质效率。如果由塔顶得到产品，则塔釜排出难挥发物中，易挥发组分减少，损失减少；如果塔釜排出物为产品，则可提高产品质量，但塔顶排出的易挥发组分中夹带的难挥发组分增多，从而增大损失。因此，在提高温度的时候，既要考虑到产品的质量，又要考虑到工艺损失。一般情况下，操作习惯于用温度来提高产品质量，降低工艺损失。

当釜温变化时，通常改变蒸发釜的加热蒸汽量，使釜温转入正常。当釜温低于规定值时，应加大蒸汽用量，以提高釜液的汽化量，使釜液中重组分的含量相对增加，泡点提高，釜温提高。当釜温高于规定值，应减少蒸汽用量，以减少釜液的汽化量，使釜液中轻组分的含量相对增加，泡点降低，釜温降低。

(5) 操作压力的影响

塔的压力是精馏塔主要的控制指标之一。在精馏操作中，常常规定了操作压力的调节范围。塔压波动过大，就会破坏全塔的气液平衡和物料平衡，使产品达不到所要求的质量。

提高操作压力，可以相应地提高塔的生产能力，操作稳定。但在塔釜难挥发产品中，易挥发组分含量增加。如果从塔顶得到产品，则可提高产品的质量和易挥发组分的浓度。

影响塔压变化的因素是多方面的，例如塔顶温度、塔釜温度、进料组成、进料流量、回流量、冷剂压力等的变化以及仪表故障，设备和管道的冻堵等，都可能引起塔压的变化。例如真空蒸馏的真空系统出了故障、塔顶冷却器的冷却剂突然停止等都会引起塔压的升高。

对于常压塔的压力控制，主要有以下3种方法。

① 对塔顶压力在稳定性要求不高的情况下，无需安装压力控制系统，应当在精馏设备（冷凝器或回流罐）上设置一个通大气的管道，以保证塔内压力接近于大气压。

② 对塔顶压力的稳定性要求较高或被分离的物料不能和空气接触时，若塔顶冷凝器为全凝器时，塔压多是靠冷剂量的大小来调节。

③ 用调节塔釜加热蒸汽量的方法来调节塔釜的气相压力。

在生产中，当塔压变化时，控制塔压的调节机构就会自动动作，使塔压恢复正常。当塔压发生变化时，首先要判断引起变化的原因，而不要简单地只从调节上使塔压恢复正常，要从根本上消除变化的原因，才能不破坏塔的正常操作。如釜温过低引起塔压降低，若不提高釜温，而单靠减少塔顶采出来恢复正常塔压，将造成釜液中轻组分大量增加。由于设备原因而影响了塔压的正常调节时，应考虑改变其他操作因素以维持生产，严重时则要停车检修。

六、塔设备的日常维护与保养

1. 塔设备的日常维护的主要内容

① 检查确认压力表是否灵敏、堵塞，损坏。

② 检查温度指示是否准确。

③ 检查塔附属安全阀是否漏气、卡涩、零部件是否松动。

④ 检查塔体基础是否下沉、裂纹，螺栓是否松动。

⑤ 检查塔及附属管道阀门的保温是否损坏，脱落。

⑥ 检查塔附属管道的阀门填料、管道法兰有无泄漏。

⑦ 目测、耳听、手摸附属管道支架是否松动，管道是否振动。

⑧ 检查塔体和附属管道高压螺栓是否锈蚀，应定期涂防腐油脂。

⑨ 升、降温及升、降压速率应严格按规定执行；对有催化剂的，催化剂更不能超温，以免降低活性，加速衰老。

⑩ 高压的塔设备生产期间不得带压紧固螺栓，不得调整安全阀。

⑪ 对有腐蚀性的介质坚持及时分析、及时调整工艺指标，避免对设备造成严重腐蚀。

⑫ 有下列情况之一者应停塔：

a. 压力超出允许压力，不停塔压力降不下来，或压力表失灵而又无法确认塔内压力；

b. 系统安全阀失灵；

c. 塔主要部件出现裂纹或漏气、漏水现象；

d. 发生其他安全规则中不允许继续运行的情况。

2. 常用塔设备的巡检内容及方法

塔设备运行时的巡检内容及方法见表5-10。

表5-10 塔设备运行时巡检内容及方法

检查内容	检查方法	问题的判断和说明
操作条件	(1)查看压力表、温度计和流量表等 (2)检查设备操作记录	(1)压力表突然下降——泄漏 (2)压力上升——塔板阻力增加，或设备、管道阻塞
物料变化	(1)目测观察 (2)物料组成分析	(1)内漏或操作条件被破坏 (2)混入杂物或杂质
防腐层、保温层	目测观察	对室外保温的设备，着重检查温度在1000℃以上的部位、雨水浸入处、保温材料变质处、长期经外来微量的腐蚀性液体侵蚀处
附属设备	目测观察	(1)进入管阀门的连接螺栓是否松动、变形 (2)管架、支架是否变形 (3)人孔是否腐蚀、变形，启用是否良好
基础	(1)目测观察 (2)水平仪	基础如出现下沉或裂纹，会使塔体倾斜，塔板失去水平
塔体	(1)目测观察 (2)渗透探伤 (3)磁粉探伤 (4)敲打检查 (5)超声波斜角探伤 (6)发泡剂(肥皂水、其他等)检查 (7)气体检测器	塔体的接管处、支架处容易出现裂纹或泄漏

习　题

1. 已知苯-甲苯混合液中苯的质量分数为 0.25，试求其摩尔分数和混合液的平均分子量。

2. （1）含乙醇 0.12（质量分数）的水溶液，其摩尔分数为多少？

（2）乙醇-水恒沸物中乙醇含量为 0.894（摩尔分数），其质量分数为多少？

3. 苯-甲苯混合液在压强为 101.33kPa 下的 t-x-y 图见本情境图 5-6，若混合液中苯初始组成为 0.5（摩尔分数），试求：

（1）该溶液的泡点温度及其瞬间平衡气相组成；

（2）将该混合液加热到 95℃时，试问溶液处于什么状态？各项组成为若干？

（3）将该溶液加热到什么温度，才能使其全部气化为饱和蒸气，此时的蒸气组成为若干？

4. 苯-甲苯混合液中苯的初始组分为 0.4（摩尔分数，下同），若将其在一定总压下部分汽化，测得平衡液相组分为 0.258，气相组成为 0.455，试求该条件下的气液比。

5. 某两组分理想溶液，在总压为 26.7kPa 下的泡点温度为 45℃，试求气液平衡组成和物系的相对挥发度，设在 45℃下，组分的饱和蒸气压为 $P_A^0=29.8\text{kPa}$，$P_B^0=9.88\text{kPa}$。

6. 在连续精馏塔中分离二硫化碳（A）和四氯化碳（B）混合液，原料液流量为 1000kg/h，组成为 0.30（组分 A 质量分数，下同），若要求釜残液组成不大于 0.05，馏出液中二硫化碳回收率为 90%，试求馏出液流量和组成（组分 A 的摩尔分率）。

7. 在常压连续精馏塔中分离某两组分理想溶液，原料液流量为 300kmol/h，组成为 0.35（易挥发组分的摩尔分数，下同），泡点进料。馏出液组成为 0.90 釜残液组成为 0.05，操作回流比为 3.0，试求：

（1）塔顶和塔底产品流量，kmol/h；

（2）精馏段与提馏段的上升蒸气流量和下降液体流量，kmol/h。

8. 在连续精馏塔中分离两组分理想溶液，原料液流量为 75kmol/h，泡点进料，若已知精馏段和提馏段操作线方程分别为 $y=0.723x+0.263$，$y=1.35x-0.018$，试求：

（1）精馏段和提馏段的下降液体流量，kmol/h；

（2）精馏段和提馏段的上升蒸气流量，kmol/h。

9. 在常压连续精馏塔中，分离甲醇-水溶液。若原料液组成为 0.45（甲醇摩尔分数）温度为 30℃，试求进料热状态参数。已知进料泡点温度为 75.3℃，操作条件下甲醇和水的汽化潜热分别为 1055kJ/kg 和 2320kJ/kg，甲醇和水的比热容分别为 2.68kJ/(kg·℃) 和 4.19kJ/(kg·℃)。

10. 在连续精馏塔中分离两组分理想溶液，已知精馏段和提馏段操作线方程为 $y=0.723x+0.263$，$y=1.25x-0.0187$，若原料液于露点温度下进入精馏塔中，试求原料液馏出液和釜残液的组成及回流比。

11. 在连续精馏中分离两组分理想溶液，已知原料液组成为 0.45（易挥发组分摩尔分数，下同），原料液流量 100kmol/h，泡点进料，馏出液组成为 0.90，釜残液组成为 0.05，操作回流比为 2.4。试写出精馏段操作线方程和提馏段操作线方程。

12. 在连续精馏中分离两组分理想溶液，已知原料液组成为 0.55（易挥发组分摩尔分数，下同），泡点进料，馏出液组成为 0.90，操作回流比为 2.5，物系的平均相对挥发度为 3.0，塔顶为全凝器，试用逐板法计算求精馏段理论板数。

13. 在常压连续精馏塔中分离苯-甲苯混合液，原料液组成为 0.50（苯的摩尔分数，下同），气液混合物进料，其中液化率为 1/3，若馏出液组成为 0.95，釜残液组成为 0.02，回流比为 2.5，试求理论板数和适宜的进料位置。

14. 在常压连续精馏塔中分离甲醇-水溶液，原料液组成为 0.4（甲醇的摩尔分数，下同），泡点进料。馏出液组成为 0.95，釜残液组成为 0.03，回流比为 1.6，塔顶为全凝器，塔釜采用饱和蒸气直接加热，试求理论板数和适宜的进料位置。

15. 在连续精馏塔中分离两组份理想溶液，原料液组成为 0.35（易挥发组分的摩尔分数，下同），馏出液组成为 0.9，物系的平均相对挥发度为 2.0，回流比为最小回流比的 1.4 倍，试求以下两种情况下的操作回流比。(1) 饱和液进料；(2) 饱和蒸汽进料。

16. 在连续精馏塔中分离两组分理想溶液。塔顶采用全凝器。实验测得塔顶第一层塔板的单板效率为 0.6。物系的平均相对挥发度为 3.0，精馏段操作线方程为 $y=0.833x+0.15$。试求离开塔顶第二层塔板的上升蒸气组成 y_2。

17. 用一连续精馏塔分离含二硫化碳 0.44 的二硫化碳-四氯化碳混合液。原料在泡点下进料，原料液流量为 4000kg/h，要求馏出液组成为 0.98，釜液组成不大于 0.09（以上均为摩尔分率）。回流比为 2，全塔操作平均温度为 61℃，空塔速度为 0.8m/s，塔板间距为 0.4m，全塔效率为 59%。试求：(1) 实际塔板层数；(2) 两种产品的质量流量；(3) 塔径；(4) 塔的有效高度。

常压下二硫化碳-四氯化碳溶液的平衡数据如下。

常压下二硫化碳-四氯化碳溶液的平衡数据

液相中 CS_2 摩尔分数 x	气相中 CS_2 摩尔分数 y	液相中 CS_2 摩尔分数 x	气相中 CS_2 摩尔分数 y
0	0	0.3908	0.6340
0.0296	0.0823	0.5318	0.7470
0.0615	0.1555	0.6630	0.8290
0.1106	0.2660	0.7574	0.8970
0.1535	0.3325	0.8604	0.9320
0.2580	0.4950	1.0	1.0

18. 在常压连续精馏塔中，分离苯-甲苯混合液，原料液流量为 10000kg/h，组成为 0.50（苯的摩尔分数，下同），泡点进料。馏出液组成为 0.99，釜残液组成为 0.01。操作回流比为 2.0，泡点回流。塔底再沸器用绝压为 200kPa 的饱和蒸气加热，塔顶全凝器中冷却水的进、出口温度分别为 25℃和 35℃。试求：

(1) 再沸器的热负荷和加热蒸汽消耗量；

(2) 冷凝器的热负荷和冷却水消耗量。

假设设备的热损失可忽略。苯的气化潜热为 389kJ/kg，甲苯的气化潜热为 360kJ/kg。

本章主要符号说明

英文字母

a——质量分率；

c——比热容，kJ/(kg·℃)；

C——独立组分数；

D——塔顶产品（馏出液）流量，kmol/h 或 kg/h；

D——塔内经，m；

E——塔板效率，%；

F——原料液流量，kmol/h 或 kg/h；

HETP——理论板当量高度，m；

i——原料液的焓，kJ/kg；

I——物质的焓，kJ/kg；

L——塔内下降液体流量，kmol/h；

m——提馏段理论板数；

M——摩尔质量，kg/kmol；

n——精馏段理论板数；

N——理论板数；

p——分压，Pa 或 kPa；

P——系统的总压或外压，Pa 或 kPa；

q——进料热状况参数；

Q——传热速率或热负荷，W 或 kW；

r——气化潜热，kJ/kg；
R——回流比；
t——沸点，℃；
T——热力学温度，K；
u——空塔气速，m/s；
v——挥发度，Pa；
V——塔内上升蒸汽流量，kmol/h；
W——塔底产品（残液）流量，kmol/h 或 kg/h；
x——液相中易挥发组分摩尔分数；
y——气相中易挥发组分摩尔分数；
z——填料塔中填料层有效高度，m。

希腊字母

α——相对挥发度；
ϕ——相数；
μ——黏度，Pa·s；
ρ——密度，kg/m³。

下标

A——易挥发组分；
B——再沸器；
B——难挥发组分；
c——冷却或冷凝；
C——冷凝器；
D——馏出液；
e——最终；
F——原料液；
h——加热；
i、j——塔板序号；
L——液相；
m——平均或塔板序号；
n——精馏段；
o——直接蒸汽；
P——实际的；
min——最小；
q——q 线与平衡线交点；
R——回流液的；
T——理论的；
V——气相的；
W——残液的。

上标

o——纯态；
*——平衡状态；
′——提馏段。

第六章　气体吸收

第一节　概　　述

工业生产中常会遇到气体混合物的分离问题。为了分离混合气体中的各组分，常将混合气体与选择的某种液体相接触，气体中的一种或几种组分便溶解于液体内而形成溶液，不能溶解的组分则留在气相中，从而实现了气体混合物的分离。这种利用各组分溶解度不同而分离气体混合物的操作称为吸收。吸收过程是溶质由气相转移到液相的相际传质过程。

吸收操作中，能够溶解的组分称为吸收质或溶质，以 A 表示；不被吸收的组分称为惰性组分，以 B 表示；吸收操作所用的溶剂称为吸收剂，以 S 表示；吸收所得到的溶液称为吸收液，其主要成分为溶剂 S 和溶质 A；吸收过后排走的气体称为尾气，其主要成分是惰性气体 B 和残余的少量溶质 A。

吸收过程只是使混合气中的溶质溶解于吸收剂中而得到一种溶液，但就溶质的存在形态而言，仍然是一种混合物，并没有得到纯度较高的气体溶质。在工业生产中，除以制取溶液产品为目的的吸收之外，大都需要将吸收液进行解吸，以便得到纯净的溶质或使吸收剂再生后循环使用，解吸是使溶质从吸收液中释放出来的过程，是吸收的逆过程。

吸收操作在化工生产中的主要用途如下所述。

① 净化或精制气体　例如用水或碱液脱除合成氨原料气中的二氧化碳；用丙酮脱除石油裂解气中的乙炔等。

② 制备某种气体的溶液　例如用水吸收二氧化氮制造硝酸；用水吸收氯化氢制取盐酸；用水吸收甲醛制备福尔马林溶液等。

③ 回收气体中的有用组分　例如用硫酸处理焦炉气以回收其中的氨；用洗油处理焦炉气以回收其中的苯、二甲苯等；用液态烃处理石油裂解气以回收其中的乙烯、丙烯等。

④ 废气治理，保护环境　工业废气中含有 SO_2、NO、NO_2、H_2S 等有害气体，直接排入大气，对环境危害很大，可通过吸收操作使之净化，综合利用。

一、气体吸收的分类

1. 物理吸收和化学吸收

在气体吸收过程中，如果溶质与溶剂之间不伴随有明显的化学反应，可视为单纯的气体溶于液体的物理过程，称为物理吸收。如酒精发酵罐排出的 CO_2 混合气中酒精蒸气的回收；酵母培养罐中发酵液对通入氧气的吸收等。有的则在吸收过程中伴随着明显的化学反应，称为化学吸收，如油脂的氢化等。

2. 单组分吸收和多组分吸收

若混合气体中只有一个组分进入液相，而其他组分都不溶于溶剂，则为单组分吸收；如果混合气体中有两个或多个组分溶于溶剂中，则为多组分吸收。

3. 等温吸收和非等温吸收

若在吸收过程中伴随着热效应，而使液相温度升高，这样的吸收为非等温吸收；若热效应很小，几乎觉察不到液相温度的变化，则为等温吸收。

4. 低浓度吸收和高浓度吸收

通常将溶质在气液两相中的浓度均不太高的吸收过程称为低浓度吸收过程；反之则为高浓度吸收过程。

本章只讨论低浓度单组分等温物理吸收的原理与计算。

二、吸收剂的选择

吸收操作是依靠气体溶质在吸收剂中的溶解来实现的，因此，吸收剂性能的优劣往往是决定吸收操作效果和经济性的关键。在选择吸收剂时，应考虑以下几方面。

1. 溶解度

吸收剂对于溶质组分应具有较大的溶解度，或者说，在一定温度与浓度下，溶质组分的气相平衡分压要低。这样从平衡的角度看，处理一定量的混合气体所需的吸收剂数量较少，吸收尾气中溶质的极限残余浓度也可降低。就传质速率而言，溶解度越大，吸收速率越大，所需设备的尺寸就越小。

2. 选择性

吸收剂在对溶质组分有良好的吸收能力的同时，应对混合气体中的其他组分基本上不吸收，或吸收甚微，否则不能实现有效的分离。

3. 挥发度

在操作温度下吸收剂的挥发度要小，因为挥发度越大，吸收剂损失量越大，分离后气体中含溶剂量也越大。

4. 黏度

在操作温度下吸收剂的黏度越小，在塔内流动性越好，从而提高吸收速率，且有助于降低液体输送泵的功率消耗。

5. 再生

吸收剂要易于再生。溶质在吸收剂中的溶解度应对温度的变化比较敏感，即不仅低温下溶解度要大，而且随温度的升高，溶解度应迅速下降，这样才比较容易利用解吸操作使吸收剂再生。

6. 稳定性

化学稳定性好，以免在操作过程中发生变质。

7. 其他

要求无毒、无腐蚀性、不易燃、不易产生泡沫、冰点低、价廉易得。

工业上的气体吸收操作中，很多用水作吸收剂，只有对于难溶于水的溶质才采用特殊的吸收剂，如用洗油吸收苯和二甲苯。有时为了提高吸收效果，也常采用化学吸收，例如用铜氨溶液吸收一氧化碳和用碱液吸收二氧化碳等，应用化学吸收时化学反应必须是可逆的。总之，吸收剂的选用，应从生产的具体要求和条件出发，全面考虑各方面的因素，做出经济合理的选择。

工业生产中的吸收过程以低组成吸收为主，本章主要以填料塔为例，着重讨论常压下单组分低组成等温物理吸收过程。从以上分析可以看出，要解决化工生产中的有关吸收问题，掌握吸收操作技术及设备，应具备如下的知识和能力：

① 吸收相平衡及在吸收过程中的应用；

② 传质基本方式及吸收原理；

③ 吸收速率及影响因素，提高吸收速率的方法；

④ 吸收塔的基本计算；

⑤ 吸收操作分析；

⑥ 吸收设备的结构、特点及检修技术。

三、相组成表示法

均相混合物中各组分的组成常采用以下几种不同方法表示。

1. 质量分数与摩尔分数

质量分数：质量分数是指在混合物中某种组分的质量占混合物总质量的分数。对于混合物中A组分有：

$$w_A=\frac{m_A}{m} \tag{6-1}$$

式中 w_A——组分A的质量分数；

m_A——混合物中组分A的质量，kg；

m——混合物总质量，kg。

若混合物由组分A、B、…、N组成，则：

$$w_A+w_B+\cdots+w_N=1 \tag{6-2}$$

摩尔分数：摩尔分数是指在混合物中某种组分的摩尔数占混合物总物质的量（mol）的分数。对于混合物中A组分有：

气相：

$$y_A=\frac{n_A}{n} \tag{6-3}$$

液相：

$$x_A=\frac{n_A}{n} \tag{6-4}$$

式中 y_A，x_A——组分A在气相、液相中的摩尔分数；

n_A——气相或液相中组分A的摩尔数；

n——气相或液相的总物质的量，mol。

显然，混合物中所有组分的摩尔分数之和为1，即：

$$y_A+y_B+\cdots+y_N=1 \tag{6-5}$$

$$x_A+x_B+\cdots+x_N=1 \tag{6-6}$$

2. 质量比与摩尔比

在传质分离计算时，有时以某一组分为基准来表示混合物中其他组分的组成，会使计算更简单。质量比是指混合物中某组分A的质量与惰性组分B（不参加传质的组分）的质量之比，即：

$$\bar{\alpha}_A=\frac{m_A}{m_B} \tag{6-7}$$

摩尔比是指混合物中某组分A的摩尔数与惰性组分B（不参加传质的组分）的摩尔数之比，即：

$$Y_A=\frac{n_A}{n_B} \tag{6-8}$$

$$X_A=\frac{n_A}{n_B} \tag{6-9}$$

式中 Y_A，X_A——分别为组分A在气相、液相中的摩尔比。

质量分数与质量比的关系为：

$$w_A=\frac{\bar{\alpha}_A}{1+\bar{\alpha}_A} \tag{6-10}$$

$$\bar{a}_A = \frac{w_A}{1-w_A} \tag{6-11}$$

摩尔分数与摩尔比的关系为：

$$x = \frac{X}{1+X} \tag{6-12}$$

$$y = \frac{Y}{1+Y} \tag{6-13}$$

$$X = \frac{x}{1-x} \tag{6-14}$$

$$Y = \frac{y}{1-y} \tag{6-15}$$

3. 质量浓度与摩尔浓度

质量浓度定义为单位体积混合物中某组分的质量

$$G_A = \frac{m_A}{V} \tag{6-16}$$

式中 G_A——组分 A 的质量浓度，kg/m^3；

V——混合物的体积，m^3；

m_A——混合物中组分 A 的质量，kg。

摩尔浓度是指单位体积混合物中某组分的物质的量：

$$c_A = \frac{n_A}{V} \tag{6-17}$$

式中 c_A——组分 A 的摩尔浓度，$kmol/m^3$；

V——混合物的体积，m^3；

n_A——混合物中组分 A 的物质的量，kmol。

质量浓度与质量分数的关系为：

$$G_A = w_A \rho$$

摩尔浓度与摩尔分数的关系为：

$$c_A = x_A c$$

式中 c——混合物的总摩尔浓度，$kmol/m^3$；

ρ——混合物的密度，kg/m^3。

四、吸收操作案例

1. 用醇胺溶液吸收天然气中的酸性气体

从天然气气井中采出的天然气通常都含有一定量的酸性气体，其中以 H_2S 为主。只有将天然气中的酸性气体脱除，原料天然气才能转化为商品天然气。脱除天然气中酸气最常见的方法是醇胺法，其基本工艺流程如图 6-1 所示。

原料天然气由下而上与溶液逆流通过吸收塔。从吸收塔底流出的富液与从解析塔底流出的贫液换热而被加热，然后进入解析塔顶部附近的某一部位。在处理高压酸性气体的装置中，通常将富液通入闪蒸器，闪蒸至中等压力，以除去解吸前在溶液内溶解和夹带进入的烃类。在热交换器中部冷却了的贫液用水或空气进一步冷却，然后泵入吸收塔顶部，完成溶液循环。对经解析塔溶液中释放出来的酸性气体进行冷却，以冷凝分离出大部分水蒸气。冷凝液（或纯水）连续地加回到系统里，防止醇胺溶液不断蒸浓。通常，全部或部分水以回流方式加回到解析塔顶富液入口之上的某处，以回收被酸性气体带出的醇胺蒸气。

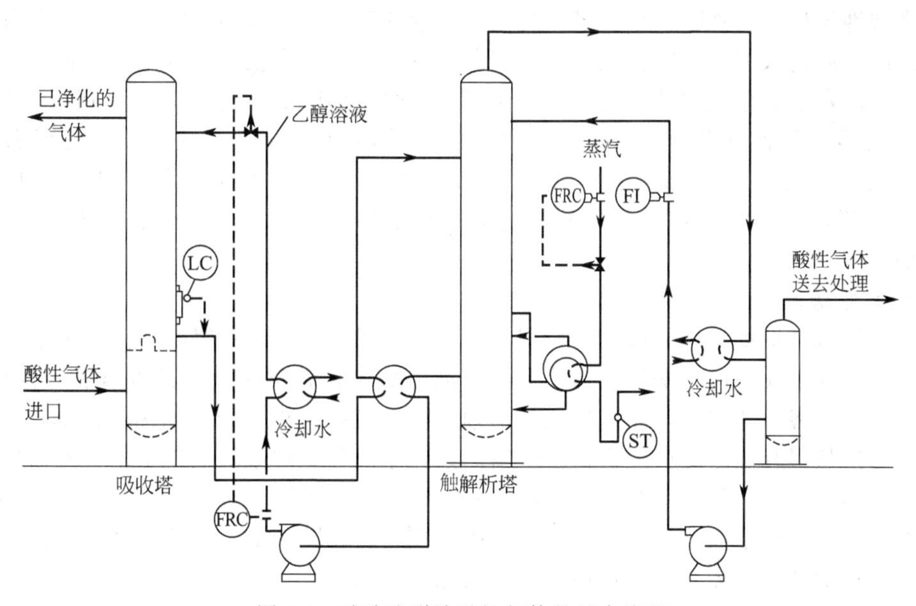

图 6-1 醇胺法脱除酸性气体的基本流程

LC—液位控制器；FRC—流量记录控制器；FI—流量指示器；ST—气水分离器

2. 二氧化碳吸收

某合成氨厂经一氧化碳变换工序后变换气的主要成分为 N_2、H_2、CO_2，此外还含有少量的 CO、甲烷等杂质，其中以二氧化碳含量最高，二氧化碳既是氨合成催化剂的有害物质，又是生产尿素、碳酸氢铵的原料，须在合成前除去，工厂采用如图 6-2 所示的工艺流程来实现。在此流程中含二氧化碳 18%左右的低温变换气从吸收塔底部进入，在塔内分别与塔中部来的半贫液和塔顶部来的贫液进行逆流接触，溶解进入贫液和半贫液的二氧化碳与液

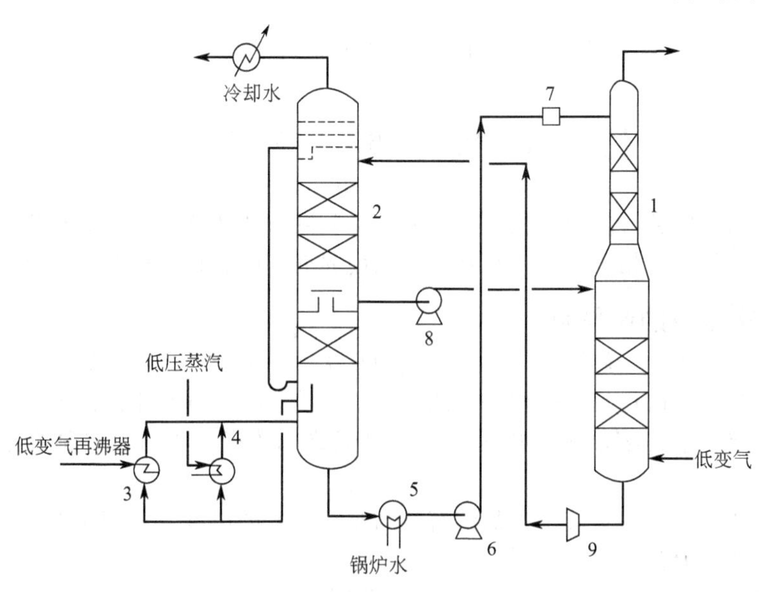

图 6-2 热钾碱法脱除二氧化碳工艺流程示意

1—吸收塔；2—再生塔；3—低变气再沸器；4—蒸汽再沸器；5—锅炉给水预热器；6—贫液泵；7—机械过滤器；8—半贫液泵；9—水力透平

相中的碳酸钾发生反应被吸收，出塔净化气中二氧化碳含量低于0.1%，经分离器分离掉气体夹带的滴液后进入下一工序。吸收了二氧化碳的溶液称为富液，从吸收塔的底部引出。为了回收能量，富液先经过水力透平机减压膨胀，然后利用自身残余压力流到再生塔顶部，在再生塔顶部，溶液闪蒸出部分水蒸气和二氧化碳后沿塔流下，与由低变气再沸器加热产生的蒸汽逆流接触，受热后进一步释放二氧化碳。由塔中部引出的半贫液经泵加压进入吸收塔中部，再生塔底部贫液经锅炉给水预热器冷却后，由贫液泵加压进入吸收塔顶部循环吸收。

3. 吸收解吸联合

某化工厂从焦炉煤气中回收粗苯（苯、甲苯、二甲苯等），采用如图6-3所示的工艺流程。焦炉煤气在吸收塔内与洗油（焦化厂副产品，数十种碳氢化合物的混合物）逆流接触，气相中粗苯蒸气溶于洗油中，脱苯煤气从塔顶排出。溶解了粗苯的洗油称为富油，从塔底排出。富油经换热器升温后从塔顶进入解吸塔。过热水蒸气从解吸塔底部进塔，在解吸塔顶部排出的气相为过热水蒸气和粗苯蒸气的混合物。该混合物冷凝后因两种冷凝液不互溶，并因密度不同而分层，粗苯在上、水在下，分别引出则可得粗苯产品。从解吸塔底部出来的洗油称为贫油，贫油经换热器降温后再进入吸收塔循环使用。

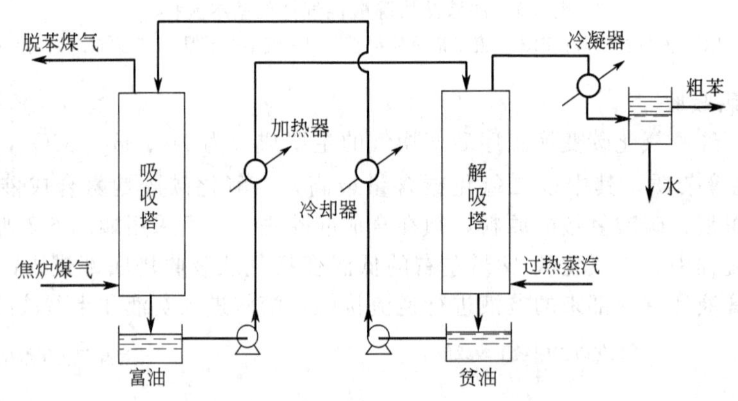

图6-3 吸收解吸联合操作流程示意

第二节 气-液相平衡关系

气体吸收过程的实质是溶质由气相传递到液相。判断溶质传递的方向和极限、进行吸收过程和设备的计算，都是以相平衡关系为基础，因此先介绍吸收操作中的相平衡。

一、气体在液体中的溶解度

在一定的温度和压强下，使混合气体与吸收剂相接触，溶质便向液相转移，直至液相中溶质达到饱和浓度为止，这种状态称相平衡或平衡。平衡状态下气相中的溶质分压称为平衡分压或饱和分压；液相中的溶质浓度称为平衡浓度或饱和浓度，也就是气体在液相中的溶解度。

一般说来，气体溶质在一定液体中的溶解度与整个物系的温度、气相中溶质气体分压密切相关，而与物系总压无关。

气体的溶解度通过实验测定。图6-4～图6-6分别示出常压下氨、二氧化硫和氧在水中的溶解度与其在气相中的分压之间的关系。图中的关系线称为溶解度曲线。从图中可以看出以下几点。

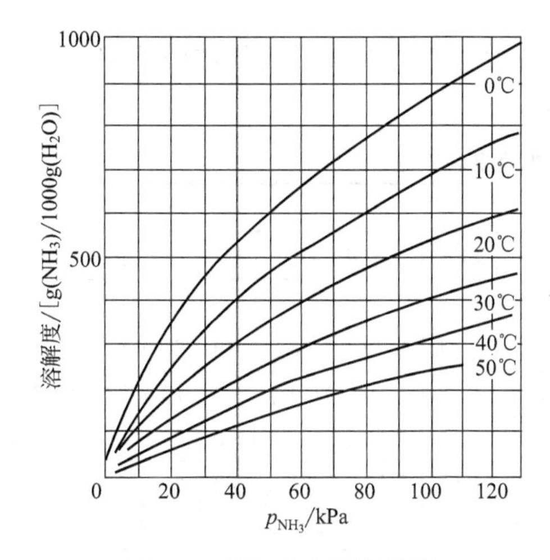

图 6-4 氨在水中的溶解度

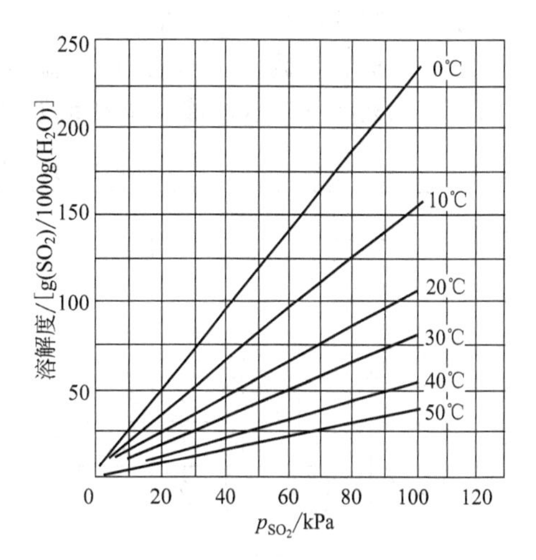

图 6-5 二氧化硫在水的溶解度

① 在同一种溶剂（水）中，不同气体的溶解度有很大差异。例如，当温度为 20℃、气相中溶质分压为 20kPa 时，每 1000kg 水中所能溶解的氨、二氧化硫和氧的质量分别为 170kg、22kg 和 0.009kg。

② 对同一种溶质在相同的温度下，随着气体分压的提高，在液相中的溶解度加大。例如，在 10℃时、当氨气在气相中分压分别为 40kPa 和 100kPa 时，每 1000kg 水中所能溶解的氨的质量分别为 395kg 和 680kg。

③ 同一种溶质在相同的气相分压下，溶解度随温度降低而加大。例如，当氨的分压为 60kPa 时，温度从 40℃降至 10℃，每 1000kg 水中溶解的氨从 220kg 增加至 515kg。

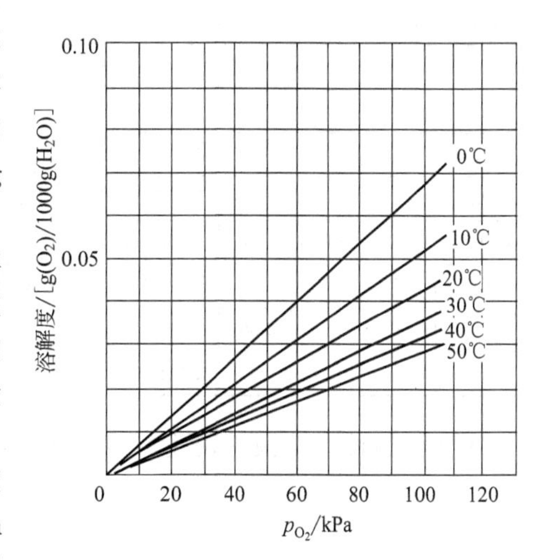

图 6-6 氧在水中的溶解度

由溶解度曲线所显示的共同规律可得知，加压和降温可提高气体的溶解度，对吸收操作有利；反之，升温和减压对解吸操作有利。

二、亨利定律

当吸收操作用于分离低浓度气体混合物时，所得吸收液的浓度也较低，1803 年亨利对此类低浓度气体的溶解现象进行了深入研究，结果发现：在总压不高时，在一定温度下，稀溶液上方气相中溶质的平衡分压与溶质在液相中的浓度成正比，即可用亨利定律表示为：

$$p^{*}=\frac{c}{H} \tag{6-18}$$

式中 c——溶质在溶液中的浓度，$kmol/m^3$；

p^*——溶质在气相中的平衡分压，kPa；

H——溶解度系数，$kmol/(m^3 \cdot kPa)$，由实验测得，其值随温度的升高而减小。H 值的大小反映了气体溶解的难易程度，H 值越大，气体越易于溶解。

亨利定律还可用另一种形式表示：

$$p^{*}=Ex \tag{6-19}$$

式中　x——溶液中溶质的摩尔分数；

E——亨利系数，kPa，其值随温度升高而增大，E 越大表明该气体的溶解度越小，某些气体水溶液的亨利系数见表 6-1。

表 6-1　某些气体水溶液的亨利系数

气体	温度/℃														
	0	5	10	15	20	25	30	35	40	45	50	60	70	80	90
	$E\times10^{-6}$/kPa														
H_2	5.87	6.16	6.44	6.70	6.92	7.16	7.39	7.52	7.61	7.70	7.75	7.75	7.71	7.65	7.61
N_2	5.35	6.05	6.77	7.48	8.15	8.76	9.36	9.98	10.5	11.0	11.4	12.2	12.7	12.8	12.8
空气	4.38	4.94	5.56	6.15	6.73	7.30	7.81	8.34	8.82	9.23	9.59	10.2	10.6	10.8	10.9
CO	3.57	4.01	4.48	4.95	5.43	5.88	6.28	6.68	7.05	7.39	7.71	8.32	8.57	8.57	8.57
O_2	2.58	2.95	3.31	3.69	4.06	4.44	4.81	5.14	5.42	5.70	5.96	6.37	6.72	6.96	7.08
CH_4	2.27	2.62	3.01	3.41	3.81	4.18	4.55	4.92	5.27	5.58	5.85	6.34	6.75	6.91	7.01
NO	1.71	1.96	2.21	2.45	2.67	2.91	3.14	3.35	3.57	3.77	3.95	4.24	4.44	4.54	4.58
C_2H_6	1.28	1.57	1.92	2.90	2.66	3.06	3.47	3.88	4.29	4.69	5.07	5.72	6.31	6.70	6.96
	$E\times10^{-5}$/kPa														
C_2H_4	5.59	6.62	7.78	9.07	10.3	11.6	12.9	—	—	—	—	—	—	—	—
N_2O	—	1.19	1.43	1.68	2.01	2.28	2.62	3.06	—	—	—	—	—	—	—
CO_2	0.738	0.888	1.05	1.24	1.44	1.66	1.88	2.12	2.36	2.60	2.87	3.46	—	—	—
C_2H_2	0.73	0.85	0.97	1.09	1.23	1.35	1.48	—	—	—	—	—	—	—	—
Cl_2	0.272	0.334	0.399	0.461	0.537	0.604	0.669	0.74	0.80	0.86	0.90	0.97	0.99	0.97	0.96
H_2S	0.272	0.319	0.372	0.418	0.489	0.552	0.617	0.686	0.755	0.825	0.689	1.04	1.21	1.37	1.46

对于稀溶液，溶液的密度与溶剂的密度近似相等，则可导出：

$$E=\frac{\rho_s}{HM_s} \tag{6-20}$$

式中　ρ_s——溶剂的密度，kg/m^3；

M_s——溶剂的千摩尔质量，kg/kmol。

此外，亨利定律还可表示为：

$$y^*=mx \tag{6-21}$$

式中　y^*——气相中溶质的摩尔分数；

x——液相中溶质的摩尔分数；

m——相平衡常数。

由道尔顿分压定律可知，$m=\dfrac{E}{P}$　(6-22)

式中　P——混合气体总压，kPa。

【例 6-1】　含有 30%（体积）CO_2 的某种混合气体与水充分接触，系统总压为 101.3kPa，温度为 30℃。试求：CO_2 在液相中的平衡浓度 x 和 c。

解：　1）根据分压定律 $p^*=p_{总}\times y=101.3\times0.3=30.39$（kPa）

由表 6-1 查得亨利系数 $E=1.88\times10^5$ kPa

根据亨利定律式(6-19) 得 $x=\dfrac{p^*}{E}=\dfrac{30.39}{1.88\times10^5}=1.616\times10^{-4}$

2）由于 CO_2 较难溶于水，则可用式(6-20) $E=\frac{\rho_s}{HM_s}$

$$H=\frac{\rho_s}{EM_s}=\frac{1000}{1.88\times10^5\times18}=2.955\times10^{-4}\ [\text{kmol}/(\text{m}^3\cdot\text{kPa})]$$

$$c=Hp^*=2.955\times10^{-4}\times30.39=8.980\times10^{-3}\ (\text{kmol}/\text{m}^3)$$

第三节 传质过程理论

气体吸收是作为溶质的气体分子从气相转移到液相的传质过程，这种相际间的物质传递过程主要是通过扩散进行的。

气体分子由气相扩散到液相经由以下 3 个具体过程：气体分子从气相主体转移到两相界面上气体一侧；气体分子从相界面上气体一侧转移到液相一侧，期间发生相应的物理、化学变化；气体分子从液相界面一侧转移到液相的主体中。

从传质角度来考虑，可以把上面 3 个阶段概括成为两种情况：物质在一相内部的传递——单相中物质的扩散；两相界面上发生的传递——相际间传质。

一、定态的一维分子扩散

1. 分子扩散与菲克定律

在静止或滞流体内部，若某一组分存在浓度差，则因分子无规则热运动导致该组分由浓度较高处向较低处传递，这种现象称为分子扩散。

在图 6-7 所示的容器中，左边盛有气体 A，右边盛有气体 B，两边压力相等，当抽掉隔板后，气体 A 将借助分子无规则热运动通过气体 B 扩散到浓度低的右边。同理，气体 B 也向浓度低的左边扩散，过程一直进行到整个容器里 A、B 两组分浓度完全均匀为止。这是一个非稳定的分子扩散。

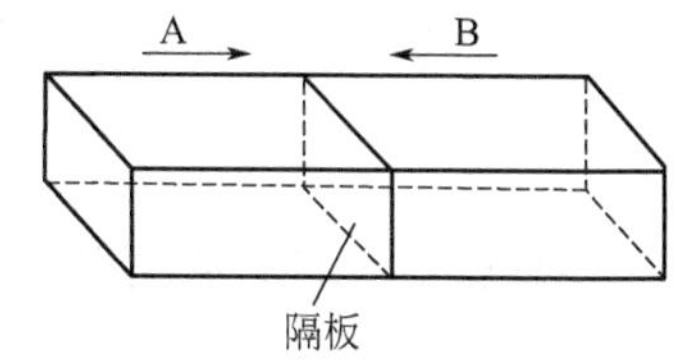

图 6-7 两种气体相互扩散

分子扩散由高浓度向低浓度进行，扩散的推动力是扩散方向 Z 上的浓度梯度 $\frac{dc}{dZ}$，单位时间单位面积上扩散的物质量称为扩散通量（扩散速率）。组分 A 的扩散速率与其浓度梯度成正比，即：

$$J_A=-D_{AB}\frac{dc_A}{dZ} \tag{6-23}$$

式中 J_A——组分 A 在扩散方向 Z 上的扩散通量，kmol/($\text{m}^2\cdot$s)；

$\frac{dc_A}{dZ}$——组分 A 在扩散方向 Z 上的浓度梯度，kmol/m^4；

D_{AB}——组分 A 在组分 B 中的扩散系数，m^2/s。

式中负号表示扩散方向与浓度梯度方向相反，即扩散沿着浓度降低的方向进行。

此式称为菲克定律，其形式与牛顿黏性定律、傅里叶热传导定律相类似。

同理，组分 B 的扩散速率 J_B 为：

$$J_B=-D_{BA}\frac{dc_B}{dZ}$$

对于双组分混合物，在总压各处相同的情况下，总浓度也各处相等，即：

$$c=c_A+c_B=\text{常数}$$

因此

$$\frac{\mathrm{d}c_A}{\mathrm{d}Z}=-\frac{\mathrm{d}c_B}{\mathrm{d}Z} \tag{6-24}$$

在这种情况下，由于是等分子反方向扩散，故：

$$J_A=-J_B \tag{6-25}$$

结合式(6-23)～式(6-25) 可知：

$$D_{AB}=D_{BA}$$

即由A、B两种气体组成的混合物中，A与B的扩散系数相等。

2. 等分子反方向扩散

设想用一段粗细均匀的直管将两个很大的容器连通，如图6-8所示。两容器中分别充有浓度不同的A、B混合气体，其中$p_{A1}>p_{A2}$，$p_{B1}<p_{B2}$，但温度及总压都相同。两容器内均装有搅拌器，以保持各自浓度均匀。由于两端存在浓度差，连通管内将发生分子扩散现象，使物质A向右传递而物质B向左传递，且由于两个容器的总压相同，因此物质A的传递量与物质B的传递量相等。又由于容器很大而连通管很细，故在有限时间内扩散作用不会使两容器中的气体组成发生明显变化，可以认为1、2两截面上的A、B分压均维持不变，连通管中发生的是稳定的一维分子扩散过程。

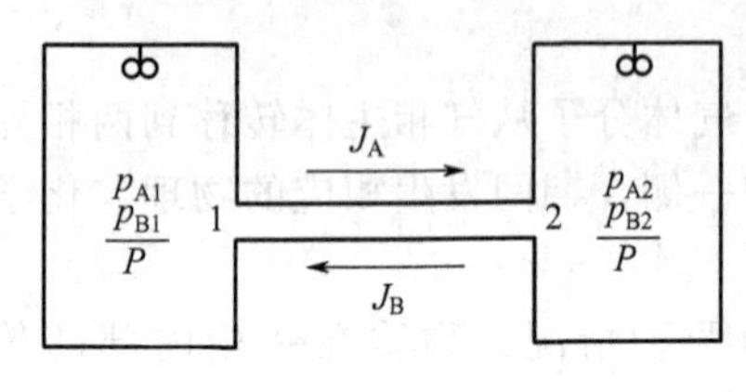

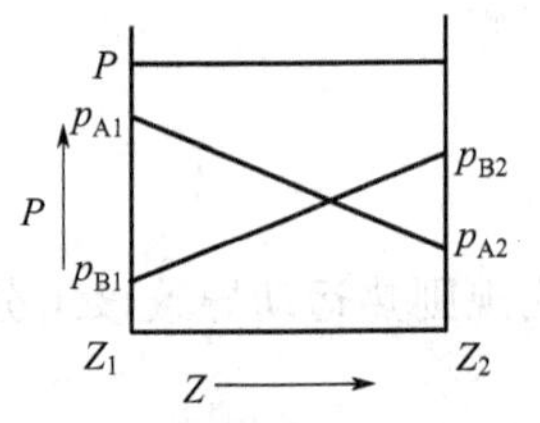

图6-8　等分子反方向扩散

传质速率定义为：在任一固定的空间位置上，单位时间内通过垂直于传递方向的单位面积传递的物质量，记作N。

在如图6-8所示的等分子反方向扩散中，组分A的传质速率等于其扩散速率，即：

$$N_A=J_A=-D\frac{\mathrm{d}c_A}{\mathrm{d}Z} \tag{6-26}$$

在总压不很高的情况下，组分在气相中的浓度c可用分压p表示，即：

$$c_A=\frac{n_A}{V}=\frac{p_A}{RT}$$

将上式代入式(6-26)，得：

$$N_A=-D\frac{\mathrm{d}p_A}{RT\mathrm{d}Z}=-\frac{D}{RT}\times\frac{\mathrm{d}p_A}{\mathrm{d}Z} \tag{6-27}$$

由于该过程为定态过程，传质速率N_A为一常数，从图6-8可知积分边界条件为：$Z_1=0$处，$p_A=p_{A1}$；$Z_2=Z$处，$p_A=p_{A2}$，对式(6-27) 积分可得：

$$N_A\int_0^Z\mathrm{d}Z=-\frac{D}{RT}\int_{p_{A1}}^{p_{A2}}\mathrm{d}p_A$$

解得传质速率为：

$$N_A=\frac{D}{RTZ}(p_{A1}-p_{A2}) \tag{6-28}$$

【例6-2】 在图6-8所示的左右两个大容器中分别装有浓度不同的NH_3和N_2两种气体混合物。连通管长0.8m、内径24.4mm，系统的温度为25℃，压力为101.33kPa。左侧容器内NH_3的分压为20kPa，右侧容器内NH_3的分压为6.67kPa。已知在本题条件下，NH_3-N_2的扩散系数为$2.30\times10^{-5}\mathrm{m^2/s}$。试求：

(1) 单位时间内自左容器向右容器传递的NH_3量，kmol/s；

（2）连通管子的中点与截面1相距0.4m处的NH_3分压，kPa。

解 （1）传递的NH_3量

根据题意可知，应按等分子反方向扩散计算传质速率N_A。

依式(6-28)，NH_3的传递速率为：

$$N_A=\frac{D}{RTZ}(p_{A1}-p_{A2})=\frac{2.3\times10^{-5}}{8.315\times298\times0.80}(20-6.67)=1.547\times10^{-7}\ [\text{kmol}/(\text{m}^2\cdot\text{s})]$$

连通管截面积为：

$$A=\frac{\pi}{4}d^2=\frac{\pi}{4}\times(0.0244)^2=4.676\times10^{-4}\ (\text{m}^2)$$

所以，单位时间内自左容器向右容器传递的NH_3量为：

$$N_AA=(1.547\times10^{-7})(4.676\times10^{-4})=7.234\times10^{-11}\ (\text{kmol/s})$$

（2）连通管中点处NH_3的分压

因传递过程处于定态下，故连通管各截面上在单位时间内传递的NH_3量相等，即N_AA为常数，又知A为定值，故N_A为常量，若以p'_{A2}代表与截面1的距离为$Z'_2=0.4$m处NH_3的分压，则依式(6-28)可写出下式：

$$N_A=\frac{D}{RTZ'_2}(p_{A1}-p'_{A2})$$

因此 $$p'_{A2}=p_{A1}-\frac{N_ART Z'_2}{D}=20-\frac{(1.547\times10^{-7})\times8.315\times298\times0.4}{2.3\times10^{-5}}=13.36\ (\text{kPa})$$

3. 一组分通过另一停滞组分的扩散

在气体吸收过程中，混合气体中的溶质A不断由气相主体扩散到气液相界面，在界面处被液体溶解，而组分B不被溶剂所吸收，被界面截留。现仍以图6-8说明此吸收过程，这里将截面2想象成相界面，只允许A通过，而不允许其他任何分子通过，在此情况下，凭借1、2截面间的浓度差异，仍可使物质A的分子不断地自左向右扩散，连通管内物质B的分子也应有自右向左的扩散运动。单从分子扩散的角度来看，两种物质的扩散通量仍然是数值相等而方向相反，即$J_A=-J_B$。

但是，为了研究物质A传递的速率关系，截面2左侧的情况是值得注意的，如图6-9所示，这里的A分子不断地通过截面2进入右侧空间，却没有任何其他分子能够通过截面2返回左侧，因此必将在截面2左侧附近不断地留下相应的空缺。于是，连通管中各截面上的混合气体便会自动地向截面2依次递补过来，以便随时填充进入截面2右侧的分子A所留下的空缺。这样就发生了A、B两种分子并行的向右递补的运动。这种递补运动称为“总体流动”。

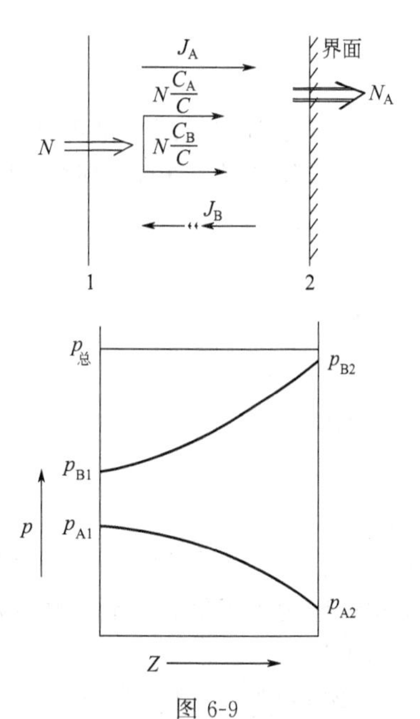

图6-9

在上述整个过程中，组分A扩散的方向与总体流动的方向一致，所以组分A因分子扩散和总体流动总和作用所产生的传质速率为N_A，即：

$$N_A=J_A+N_M\frac{c_A}{c} \tag{6-29}$$

同理 $$N_B=J_B+N_M\frac{c_B}{c}$$

根据前面的限制条件，组分B不能通过气液界面，故在定态条件下，组分 B 通过截面 2 及连通管各截面的传质速率为零，即 $N_B=0$。这说明组分 B 的分子扩散与总体流动的作用相抵消。

故
$$0=J_B+N_M\frac{c_B}{c}$$

$$J_B=-N_M\frac{c_B}{c}$$

因为
$$J_A=-J_B$$

所以
$$J_A=N_M\frac{c_B}{c}$$

代入式(6-29)，得到：

$$N_A=N_M\frac{c_B}{c}+N_M\frac{c_A}{c}=N_M\frac{c_A+c_B}{c}=N_M$$

即
$$N_A=N_M \tag{6-30}$$

从式(6-30) 可以看出，定态扩散时，总体流动所引起的单位时间单位传质面积传递的物质量等于组分 A 的传质速率。

将式(6-30) 及菲克定律 $J_A=-D\frac{dc_A}{dZ}$代入式(6-29) 得：

$$N_A=-D\frac{dc_A}{dZ}+N_A\frac{c_A}{c}$$

即
$$N_A=-\frac{Dc}{c-c_A}\times\frac{dc_A}{dZ} \tag{6-31}$$

对于定态过程，N_A 为定值。物系和操作条件一定，D、c、T 均为定值。在 $Z=0$，$c_A=c_{A1}$；$Z=Z$，$c_A=c_{A2}$的边界条件下，对式(6-31) 积分得：

$$N_A=\frac{Dc}{Zc_{Bm}}(c_{A1}-c_{A2}) \tag{6-32}$$

式中：
$$c_{Bm}=\frac{c_{B1}-c_{B2}}{\ln\frac{c_{B1}}{c_{B2}}}$$

即组分 B 在截面 1 和截面 2 处浓度的对数平均值。

当组分 A 在气相扩散时，式(6-32) 可表示为：

$$N_A=\frac{Dp}{RTZ}\ln\frac{p_{B2}}{p_{B1}} \tag{6-33}$$

或
$$N_A=\frac{Dp}{RTZp_{Bm}}(p_{A1}-p_{A2}) \tag{6-34}$$

式中：
$$p_{Bm}=\frac{p_{B2}-p_{B1}}{\ln\frac{p_{B1}}{p_{B2}}}$$

$\frac{p}{p_{Bm}}$、$\frac{c}{c_{Bm}}$称为“漂流因子”，很显然$\frac{p}{p_{Bm}}>1$，$\frac{c}{c_{Bm}}>1$，所以总体流动使传质速率较单纯分子扩散增大若干倍。当混合物中溶质 A 的浓度较低时，“漂流因子”近似为 1，总体流动可忽略不计。

【例 6-3】 在温度为 20℃、总压为 101.3kPa 的条件下，CO_2 与空气的混合气体缓慢地

沿着 Na_2CO_3 溶液液面流过，空气不溶于 Na_2CO_3 溶液。CO_2 透过 1mm 厚的静止空气层扩散到 Na_2CO_3 溶液中，混合气体中 CO_2 的摩尔分数为 0.2，CO_2 到达 Na_2CO_3 溶液液面上立即被吸收，故界面上 CO_2 的浓度可忽略不计。已知 20℃时 CO_2 在空气中的扩散系数为 $0.18cm^2/s$。试求 CO_2 的传质速率为多少？

解 CO_2 通过静止空气层扩散到 Na_2CO_3 溶液液面属于一组分通过另一停滞组分扩散，可用式(6-34) 计算。

已知：CO_2 在空气中的扩散系数为 $0.18cm^2/s=1.8\times10^{-5}m^2/s$

扩散距离 $Z=1mm=0.001m$，气体总压 $P=101.3kPa$

气相主体中溶质 CO_2 的分压 $p_{A1}=Py_{A1}=101.3\times0.2=20.26$ (kPa)

气液界面上 CO_2 的分压 $p_{A2}=0$

所以，气相主体中惰性气体（空气）的分压为：

$$p_{B1}=P-p_{A1}=101.3-20.26=81.04\ (\text{kPa})$$

气液界面上惰性气体（空气）的分压：

$$p_{B2}=P-p_{A2}=101.3-0=101.3\ (\text{kPa})$$

惰性气体（空气）在气相主体和界面上分压的对数平均值为：

$$p_{Bm}=\frac{p_{B2}-p_{B1}}{\ln\frac{p_{B2}}{p_{B1}}}=\frac{101.3-81.04}{\ln\frac{101.3}{81.04}}=90.8\ (\text{kPa})$$

代入式(6-34)，得：

$$N_A=\frac{DP}{RTZp_{Bm}}(p_{A1}-p_{A2})$$
$$=\frac{1.8\times10^{-5}}{8.314\times293\times0.001}\times\frac{101.3}{90.8}\times(20.26-0)=1.67\times10^{-4}\ [\text{kmol}/(\text{m}^2\cdot\text{s})]$$

二、扩散系数

由菲克定律得到扩散系数的物理意义为：单位浓度梯度下的扩散通量，单位为 m^2/s，即：

$$D=-\frac{J_A}{\frac{dc_A}{dZ}} \tag{6-35}$$

扩散系数反映了某组分在一定介质（气相或液相）中的扩散能力，是物质特性常数之一。其值随物质种类、温度、浓度或总压的不同而变化。

1. 空气中的扩散系数

某些气体在空气中的扩散系数列于表 6-2。

表 6-2 一些物质在空气中的扩散系数 (101.3kPa，0℃)

扩散物质	扩散系数 $D/(10^{-4}m^2/s)$	扩散物质	扩散系数 $D/(10^{-4}m^2/s)$
H_2	0.611	H_2O	0.220
N_2	0.132	C_6H_6	0.077
O_2	0.178	C_7H_8	0.076
CO_2	0.138	CH_3OH	0.132
HCl	0.130	C_2H_5OH	0.102
SO_2	0.095	CS_2	0.089
NH_3	0.170	$C_2H_5OC_2H_5$	0.078

2. 水中的扩散系数

某些气体在水中的扩散系数列于表 6-3。

表 6-3　一些物质在水中的扩散系数（浓度很低时）

物质名称	温度/K	扩散系数/($10^{-9}m^2/s$)	物质名称	温度/K	扩散系数/($10^{-9}m^2/s$)
Cl_2	298	1.25	N_2	293	2.60
CO	293	2.03	SO_2	294	1.69
CO_2	298	1.92	O_2	298	2.10
H_2	293	5.0	甲醇	283	0.84
NO_2	293	2.07	乙醇	283	0.84
NH_3	285	1.64	醋酸	293	1.19
NO	298	1.69	丙酮	293	1.16

三、对流扩散

1. 涡流扩散

在有浓度差存在下，物质通过湍流流体的运动进行传递的过程称为涡流扩散。涡流扩散时，扩散物质不仅靠分子本身的扩散作用，而且借助湍流流体的携带作用而转移。涡流扩散速率比分子扩散速率大得多，涡流扩散速率可仿照菲克定律写成：

$$J_A=-D_e\frac{dc_A}{dZ} \tag{6-36}$$

式中　J_A——涡流扩散速率，kmol/(m^2·s)；

D_e——涡流扩散系数，m^2/s。

涡流扩散系数 D_e 不是物性常数，它与湍动程度有关，且随位置而异。

2. 对流扩散

对流扩散是湍流主体与相界面之间的分子扩散与涡流扩散两种传质作用的总和。因此其扩散速率为：

$$J_A=-(D+D_e)\frac{dc_A}{dZ} \tag{6-37}$$

式中，D 和 D_e 的相对大小随位置而变化，在作层流流动的流体中，D 占主导地位，而在湍流主体中，D_e 占主导地位。

四、双膜理论

认为在气体吸收操作中，溶质分子由气相主体进入到液相主体的过程中，需要经过两个滞流膜层——气膜和液膜，这一理论称为双膜理论，其要点如下。

① 相互接触的气-液两流体间存在着共同的相界面，界面两侧各有一个有效滞流膜层：气膜和液膜。溶质以分子扩散方式通过此二膜层。

② 无论气-液两相主体中溶质的浓度是否达到平衡，在相界面处气-液两相都假设达到平衡。

③ 在膜层以外的气、液两相中心区，由于流体充分湍动，吸收质浓度是均匀的，即两相中心区内浓度梯度皆为零，全部浓度变化集中在两个有效膜层内。

通过以上假设，就把整个吸收传质过程简化为经由气、液两膜的分子扩散过程。图6-10即为双膜理论模型示意图。

由上述要点可以看出，气-液传质过程的阻力全部集中于两个有效膜层内，膜层阻力决定了传质速率的大小，因此双膜理论又称为双阻力理论。

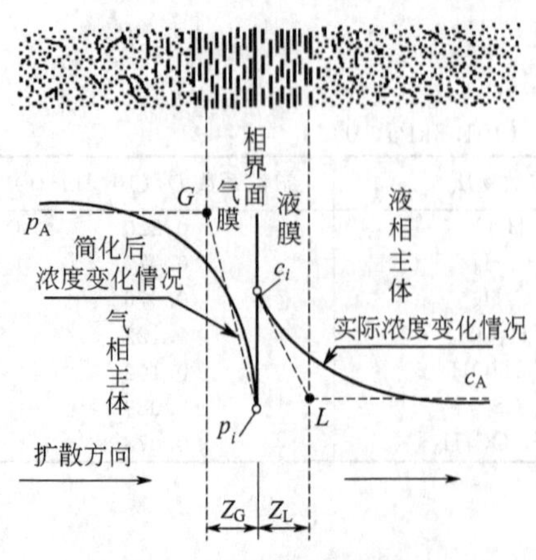

图 6-10　双膜理论示意

第四节 吸收速率

根据生产任务要求进行吸收设备的设计计算，或核算混合气体通过指定设备所能达到的吸收程度，都需要知道吸收速率。吸收速率是指单位时间内单位相界面上吸收的溶质量。表明吸收速率与吸收推动力之间关系的数学式为吸收速率方程式。吸收速率关系可表达为“吸收速率=吸收系数×推动力”的一般形式，由于吸收系数及其相应的推动力的表达方式及范围的不同，出现了多种形式的吸收速率方程式。

一、气膜吸收速率方程式

溶质 A 由气相主体到相界面的对流扩散速率方程式(6-34) 即为气膜吸收速率方程式，该式也可写成如下形式：

$$N_A = k_G(p - p_i) \tag{6-38}$$

当气相组成以摩尔分率表示时，相应的气膜吸收速率方程式为：

$$N_A = k_y(y - y_i) \tag{6-39}$$

式中 y，y_i——气相主体、气-液相界面处溶质 A 的摩尔分数；

p，p_i——气相主体、气-液相界面处溶质 A 的分压，kPa；

k_G——以 Δp 为推动力的气膜吸收系数，$kmol/(m^2 \cdot s \cdot kPa)$；

k_y——以 Δy 为推动力的气膜吸收系数，$kmol/(m^2 \cdot s)$。

二、液膜吸收速率方程式

由相界面到液相主体的对流扩散速率方程式为：

$$N_A = k_L(c_i - c) \tag{6-40}$$

当液相组成以摩尔分率表示时，相应的液膜吸收速率方程式为：

$$N_A = k_x(x_i - x) \tag{6-41}$$

式中 c_i、c——气-液相界面处、液相主体中溶质 A 的摩尔浓度，$kmol/m^3$；

x_i、x——气-液相界面处、液相主体中溶质 A 的摩尔分数；

k_L——以 Δc 为推动力的液膜吸收系数，$kmol/(m^2 \cdot s \cdot kmol/m^3)$；

k_x——以 Δx 为推动力的液膜吸收系数，$kmol/(m^2 \cdot s)$。

三、总传质速率方程式

对稳定的吸收过程虽可用式(6-38)～式(6-41) 计算吸收速率，但都必须知道界面参数。为避开难于确定的界面参数，可以采用主体浓度的某种差值来表示总推动力。因此相应的吸收速率方程式可表示为以下几种形式。

1. 以 $(p - p^*)$ 表示总推动力的吸收速率方程式

在定态操作的吸收设备内任一部位上，气、液两膜中的传质速率相等，因此由式(6-38) 和式(6-40) 可得：

$$N_A = k_G(p - p_i) = k_L(c_i - c)$$

若系统浓度不高，服从亨利定律，则可通过亨利定律将液相的体积摩尔浓度用相应的气相分压来表示。令 p^* 表示与液相主体浓度 c 成平衡的气相分压，即：

$$p^* = \frac{c}{H}$$

根据双膜理论，相界面上两相互成平衡，即：

$$p_i=\frac{c_i}{H}$$

将上两式代入液膜吸收速率方程式(6-40)，得：

$$N_A=k_L H(p_i-p^*)$$

或

$$\frac{N_A}{Hk_L}=p_i-p^*$$

将气膜吸收速率方程式(6-38) 也可改写成如下形式，即：

$$\frac{N_A}{k_G}=p-p_i$$

上二式相加，得：

$$N_A\left(\frac{1}{Hk_L}+\frac{1}{k_G}\right)=p-p^* \tag{6-42}$$

令

$$\frac{1}{K_G}=\frac{1}{Hk_L}+\frac{1}{k_G} \tag{6-42a}$$

则

$$N_A=K_G(p-p^*) \tag{6-43}$$

式中　K_G——气体总吸收系数，kmol/(m²·s·kPa)。

式(6-43) 即为以 $(p-p^*)$ 表示总推动力的吸收速率方程式，也称为气相总吸收速率方程式。$1/K_G$ 为两膜总阻力，它由气膜阻力 $1/k_G$ 与液膜阻力 $1/(Hk_L)$ 两部分组成。当 H 较大时，气膜阻力占主导，属气膜控制过程，此时 $K_G \approx k_G$。

2. 以 $(Y-Y^*)$ 表示总推动力的吸收速率方程式

将 $p=Py$ 及 $y=Y/(1+Y)$ 的关系代入式(6-43)，经整理和简化得到以 $(Y-Y^*)$ 表示总推动力的吸收速率方程式，即：

$$N_A=K_Y(Y-Y^*) \tag{6-44}$$

$$K_Y=\frac{K_G P}{(1+Y)(1+Y^*)}$$

式中　Y——气相主体中溶质 A 的摩尔比浓度；

Y^*——与液相浓度 X 成平衡的气相摩尔比浓度；

K_Y——气相总吸收系数，kmol/(m²·s)。

对低浓度吸收过程，Y、Y^* 很小时，此时 $K_Y=K_G P$。$1/K_Y$ 为两膜总阻力，由气膜阻力 $1/k_Y$ 与液膜阻力 m/k_X 两部分组成，即：

$$\frac{1}{K_Y}=\frac{1}{k_Y}+\frac{m}{k_X} \tag{6-45}$$

同样，对于易溶气体的气膜控制过程，$K_Y \approx k_Y$。

3. 以 (c^*-c) 表示总推动力的吸收速率方程式

对于服从亨利定律的低浓度吸收系统，将式(6-42) 两边均乘以溶解度系数 H，可得：

$$N_A\left(\frac{H}{k_G}+\frac{1}{k_L}\right)=c^*-c \tag{6-46}$$

令

$$\frac{1}{K_L}=\frac{H}{k_G}+\frac{1}{k_L} \tag{6-46a}$$

则

$$N_A=K_L(c^*-c) \tag{6-47}$$

式中　K_L——液相总吸收系数，$\text{kmol}/\left(\text{m}^2\cdot\text{s}\cdot\frac{\text{kmol}}{\text{m}^3}\right)$，即 m/s。

式(6-47) 即为以 (c^*-c) 表示总推动力的吸收速率方程式，也称为液相总吸收速率方程式。$1/K_L$ 为两膜总阻力，它由气膜阻力 H/k_G 与液膜阻力 $1/k_L$ 两部分组成。当 H 较小时，液膜阻力占主导，属液膜控制过程，此时 $K_L \approx k_L$。

4. 以（X^*-X）表示总推动力的吸收速率方程式

将 $c=Cx$ 及 $x=X/(1+X)$ 的关系代入式(6-47)，经整理和简化得到：

$$N_A = K_X(X^*-X) \tag{6-48}$$

式中 K_X——以 ΔX 为推动力的液相总吸收系数，$kmol/(m^2 \cdot s)$。

式(6-48) 即为以（X^*-X）表示总推动力的液相吸收速率方程式，$1/K_X$ 为两膜总阻力。对于低浓度的吸收过程，$K_X \approx Ck_L$。

四、总传质系数间的关系

利用相平衡关系式可以导出下列关系：

$$K_G = HK_L \tag{6-49}$$

$$mK_Y = K_X \tag{6-50}$$

$$pK_G = K_Y \tag{6-51}$$

$$cK_L = K_X \tag{6-52}$$

式中 p——气相总压力，kPa；

c——液相总浓度，$kmol/m^3$。

【例 6-4】 某服从亨利定律的低浓度混合气体被吸收时，已知其气膜吸收系数为 $k_G = 2.74\times10^{-7} kmol/(m^2 \cdot s \cdot kPa)$，液膜吸收系数为 $k_L = 6.94\times10^{-5} m/s$，溶解度系数 $H = 1.5 kmol/(m^3 \cdot kPa)$，试求气相吸收总系数 K_G，并分析该气体是易溶还是难溶的。

解 因系统服从亨利定律，故按照公式(6-42a)，有：

$$\frac{1}{K_G} = \frac{1}{Hk_L} + \frac{1}{k_G} = \frac{1}{1.5\times6.94\times10^{-5}} + \frac{1}{2.74\times10^{-7}}$$

$$K_G = 2.734\times10^{-7}\ [kmol/(m^2 \cdot s \cdot kPa)]$$

由此可见：$K_G \approx k_G$，可判断该气体为易溶气体。

【例 6-5】 在总压 100kPa、温度为 20℃时，用清水吸收混合气体中的氨，气相传质系数 $k_G = 3.84\times10^{-6} kmol/(m^2 \cdot s \cdot kPa)$，液相传质系数 $k_L = 1.83\times10^{-4} m/s$，假设此操作条件下的平衡关系服从亨利定律，并测得当液相中溶质的摩尔分数为 0.05 时，其气相平衡分压为 6.7kPa。求当塔内某截面上气、液组成分别为 $y=0.05$，$x=0.01$ 时，

(1) 以（$p-p^*$）、（c^*-c）表示的传质总推动力及相应的传质速率、总传质系数；

(2) 分析该过程的控制因素。

解 (1) 根据亨利定律 $E = \dfrac{p^*}{x} = \dfrac{6.7}{0.05} = 134\ (kPa)$

$$\text{相平衡常数}\ m = \frac{E}{p} = \frac{134}{100} = 1.34$$

$$\text{溶解度常数}\ H = \frac{\rho_S}{EM_S} = \frac{1000}{134\times18} = 0.4146$$

以气相分压差（$p-p^*$）表示总推动力时：

$$p-p^* = (100\times0.05-134\times0.01) = 3.66\ (kPa)$$

$$\frac{1}{K_G} = \frac{1}{Hk_L} + \frac{1}{k_G} = \left(\frac{1}{0.4146\times1.83\times10^{-4}} + \frac{1}{3.84\times10^{-6}}\right)$$

$$= (13180+260417) = 273597\ (m^2 \cdot s \cdot kPa/kmol)$$

$$K_G = 3.66\times10^{-6}\ [kmol/(m^2 \cdot s \cdot kPa)]$$

$$N_A=K_G(p-p^*)=3.66\times10^{-6}\times3.66=1.34\times10^{-5}\ [\text{kmol}/(\text{m}^2\cdot\text{s})]$$

以浓度差（c^*-c）表示总推动力时：

$$c=\frac{0.01}{18/1000}=0.56\ (\text{kmol/m}^3)$$

$$c^*-c=(0.4146\times100\times0.05-0.56)=1.513\ (\text{kmol/m}^3)$$

$$K_L=\frac{K_G}{H}=\frac{3.66\times10^{-6}}{0.4146}=8.8\times10^{-6}\ (\text{m/s})$$

$$N_A=K_L(c^*-c)=8.8\times10^{-6}\times1.513=1.331\times10^{-5}\ [\text{kmol}/(\text{m}^2\cdot\text{s})]$$

(2) 以（$p-p^*$）表示的传质总推动力相应的传质阻力为 273597（$\text{m}^2\cdot\text{s}\cdot\text{kPa/kmol}$）；

其中气相阻力为$\frac{1}{k_G}=260417$（$\text{m}^2\cdot\text{s}\cdot\text{kPa/kmol}$）

液相阻力为$\frac{1}{Hk_L}=13180$（$\text{m}^2\cdot\text{s}\cdot\text{kPa/kmol}$）

气相阻力占总阻力的百分数为$\frac{260417}{273597}\times100\%=95.2\%$

故传质过程为气膜控制。

第五节　吸收塔计算

吸收操作既可在填料塔内进行，也可在板式塔内进行，但多数场合以填料塔为主，故本章以连续接触的填料塔为研究对象，讨论吸收过程中的计算问题。

在填料塔内气液两相可作逆流也可作并流流动。在两相进出口浓度相同的情况下，逆流的平均推动力大于并流。同时，逆流时下降至塔底的液体与刚刚进塔的混合气体接触，有利于提高出塔液体的浓度，可以减少吸收剂的用量；上升至塔顶的气体与刚刚入塔的新鲜吸收剂接触，有利于降低出塔气体的浓度，可提高溶质的吸收率，故气体吸收多采用逆流操作。

在许多工业吸收操作中，当进塔混合气中的溶质浓度不高时，通常称为低浓度气体吸收，因而吸收的溶质量很少，所以，流经全塔的混合气体流量和液体流量变化不大。同时可以忽略热效应，不作热量衡算。全塔的流动状况基本相同，传质分系数 k_G 和 k_L 可认为是常数。若在操作范围内气-液相平衡曲线的斜率变化不大，传质总系数 K_G、K_L 也可认为是常数。这样可使计算过程简化。

吸收塔计算的主要内容包括吸收剂用量和塔设备的主要尺寸（塔高、塔径），下面将分别予以讨论。

一、全塔物料衡算及操作线方程

工业吸收操作大多在填料吸收塔内以逆流方式进行，如图 6-11 所示，图中：V 为单位时间通过吸收塔的惰性气体量，kmol/s；L 为单位时间通过吸收塔的吸收剂量，kmol/s；Y、Y_1、Y_2 为在塔的任一截面、塔底、塔顶的气体中溶质与惰性气体的摩尔比，kmol(A)/kmol(B)；X、X_1、X_2 为在塔的任一截面、塔底、塔顶的液体中溶质与溶剂的摩尔比，kmol(A)/kmol(L)。

对进、出吸收塔的溶质 A 进行物料衡算，得：

$$V(Y_1-Y_2)=L(X_1-X_2) \tag{6-53}$$

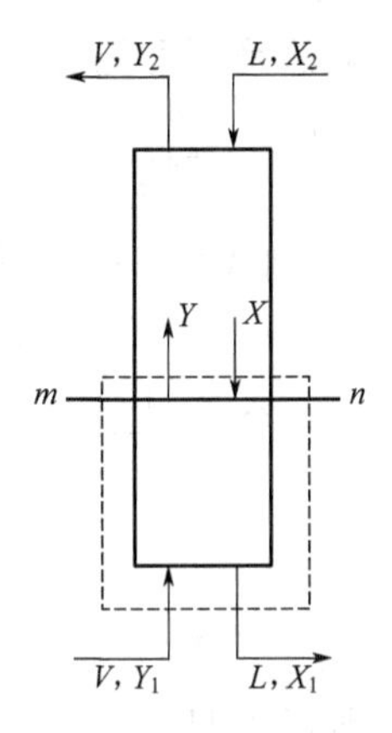

图 6-11 逆流吸收塔的物料衡算

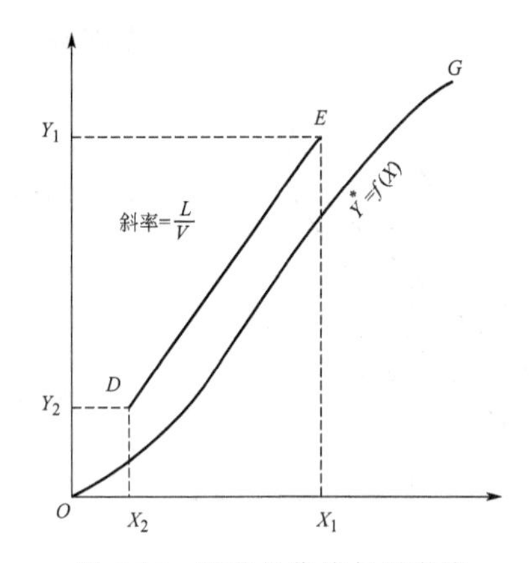

图 6-12 吸收操作线与平衡线

一般情况下，进塔混合气的组成与流量及溶剂的组成与流量都是吸收任务规定的，即 V、Y_1、L、X_2 皆为已知，根据吸收任务所规定的吸收率 φ_A，就可以计算出气体出塔时的含量，即：

$$Y_2=Y_1(1-\varphi_A) \tag{6-54}$$

式中 φ_A——气相中溶质被吸收的量与气相中原有溶质量之比。

在塔内任一截面与塔底进行物料衡算，得：

$$V(Y_1-Y)=L(X_1-X) \tag{6-55}$$

故

$$Y=\frac{L}{V}X+\left(Y_1-\frac{L}{V}X_1\right) \tag{6-56}$$

此式称为逆流吸收塔的操作线方程，它表明塔内任一截面的气相浓度 Y 与液相浓度 X 之间成直线关系，斜率为 L/V，且直线通过 $E(X_1, Y_1)$ 及 $D(X_2, Y_2)$ 两点，直线 ED 称为吸收塔的操作线，如图 6-12 所示。图中 OG 线为平衡线，若系统符合亨利定律，则 OG 为过原点的直线。

二、吸收剂消耗量

1. 吸收剂单位耗用量

将全塔物料衡算式(6-53) 改写，得：

$$\frac{L}{V}=\frac{Y_1-Y_2}{X_1-X_2} \tag{6-57}$$

式中 $\frac{L}{V}$——单位惰性气体消耗的吸收剂量，简称吸收剂单位耗用量，或液气比。

2. 最小液气比 $\left(\frac{L}{V}\right)_{\min}$

由前面可知，由于 X_2 和 Y_2 是给定的或是可计算出来的，所以操作线上的 D 点是固定的，那么随着吸收剂用量的改变，操作线的斜率是变化的。又由于气相的初始含量 Y_1 是给定的，因此 E 点将在平行于 X 轴的直线 Y_1F 上移动，由图 6-12 可见，随着吸收剂用量的减小，操作线的斜率也变小，操作线与平衡线逐步接近，吸收推动力 ΔY 变小，吸收变得较困难，为达到吸收效果，就必须延长气-液接触时间，致吸收塔必须增高。当操作线与平衡线相交或相切时，操作线的斜率最小，即 L/V 达到了最小值，此时吸收推动力 $\Delta Y=0$，为了完成吸收任务，气-液两相接触时间应为无限长，气-液接触面积无限大，吸收塔高度应为

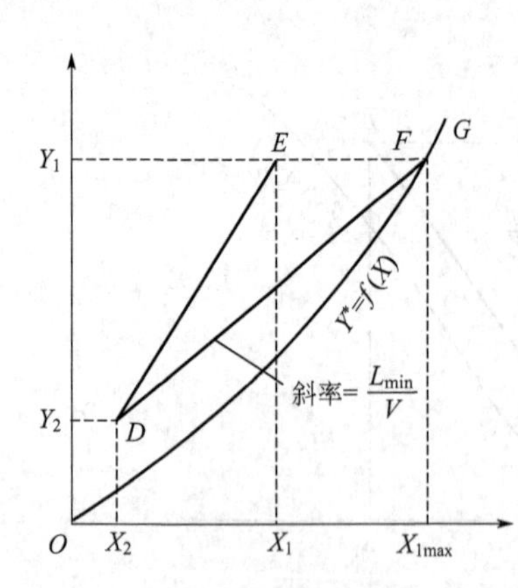

图 6-13　吸收剂单位耗用量的求取（操作线与平衡线相切）

无限高。这在实际生产中显然是不可能的。

由式(6-57) 可知，

$$\left(\frac{L}{V}\right)_{min}=\frac{Y_1-Y_2}{X_1^*-X_2} \tag{6-58}$$

由亨利定律可知 $Y^*=mX$，则式(6-58) 还可写为：

$$\left(\frac{L}{V}\right)_{min}=\frac{Y_1-Y_2}{X_1^*-X_2}=\frac{Y_1-Y_2}{\frac{Y_1}{m}-X_2} \tag{6-59}$$

若 $X_2=0$ 则有：

$$\left(\frac{L}{V}\right)_{min}=m\varphi_A \tag{6-60}$$

由此可见，吸收操作时选用的液气比必须较上述的理论最小值大，如果 L/V 过小，则吸收塔必须增高，设备费用就很大；反之，L/V 过大，则吸收剂单位耗用量太多，操作费用增加，因此在吸收塔的设计计算中必须对两项费用进行权衡，以使二项费用之和最小，一般选择操作液气比为最小液气比的 1.2～2 倍，即：

$$\frac{L}{V}=(1.2\sim2)\left(\frac{L}{V}\right)_{min} \tag{6-61}$$

【例 6-6】 用清水吸收混合气中的可溶组分 A，已知吸收塔内的操作压力为 110kPa，温度为 30℃，混合气的处理量为 1300m³/h，其中 A 的摩尔分数为 0.03，要求 A 的吸收率为 95%，操作条件下的平衡关系为 $Y^*=0.65X$，若取吸收剂用量为最小用量的 1.5 倍，求每小时送入塔顶清水的用量 L 及吸收液含量 X_1。

解　(1) 清水用量

惰性气体用量

$$V=\frac{1300}{22.4}\times\frac{273}{273+30}\times\frac{110}{101.3}(1-0.03)=55.08\ (\text{kmol/h})$$

进塔气体组成

$$Y_1=\frac{y_1}{1-y_1}=\frac{0.03}{1-0.03}=0.03093$$

出塔气体组成

$$Y_2=Y_1(1-\varphi_A)=0.03093\times(1-0.95)=0.00155$$

$$X_2=0$$

由式(6-60) 可知：

$$L_{min}=Vm\varphi_A=55.08\times0.65\times0.95=34.01\ (\text{kmol/h})$$

则

$$L=1.5L_{min}=1.5\times34.01=51.02\ (\text{kmol/h})$$

(2) 吸收液含量

根据全塔物料衡算，得：

$$X_1=X_2+\frac{V(Y_1-Y_2)}{L}=\frac{55.08\times(0.03093-0.00155)}{51.01}=0.03172$$

三、吸收塔填料层高度计算

填料层高度计算通常采用传质单元数法，该法的依据是传质速率、物料衡算和相平衡关系。

1. 填料层高度的基本计算式

填料塔是连续接触式设备，气液两相的浓度沿填料层高度连续变化，因而各截面上传质推动力和吸收速率也随之变化，对整个吸收塔而言，各截面上的吸收速率并不相同，因此对填料塔的研究运用微积分的方法。

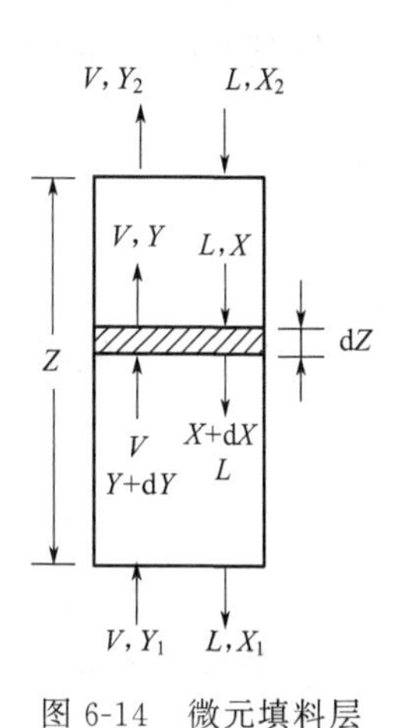

图 6-14 微元填料层的物料衡算

在填料层中任意截面 $m-n$ 处取一微元高度 dZ（如图 6-13）来研究。对通过高度为 dZ 的微元填料层作溶质 A 的物料衡算，经此微元高度气体释放出的溶质量 $dG=VdY$、溶剂获得的溶质量 $dG=LdX$，根据物料衡算，可得：

$$dG=VdY=LdX \tag{6-62}$$

根据吸收速率定义，dZ 段内溶剂吸收溶质的量为：

$$dG=N_A dA=N_A(\alpha\Omega dZ) \tag{6-63}$$

式中 G——单位时间溶剂吸收溶质的量，kmol/s；

N_A——微元填料层内溶剂对溶质的吸收速率，kmol/(m²·s)。

将吸收速率方程 $N_A=K_Y(Y-Y^*)$ 代入上式得：

$$dG=K_Y(Y-Y^*)\alpha\Omega dZ \tag{6-64}$$

将式(6-62) 与式(6-64) 联立，得：

$$dZ=\frac{V}{K_Y\alpha\Omega}\times\frac{dY}{Y-Y^*} \tag{6-65}$$

当吸收塔定态操作时，V、L、α、Ω 均不随塔截面位置而变。对于低浓度吸收，在全塔范围内液相的物性变化都较小，K_Y 可看作常数，将式(6-65) 积分得：

$$Z=\int_{Y_2}^{Y_1}\frac{VdY}{K_Y\alpha\Omega(Y-Y^*)}=\frac{V}{K_Y\alpha\Omega}\int_{Y_2}^{Y_1}\frac{dY}{Y-Y^*} \tag{6-66}$$

式(6-66) 为低浓度定态吸收填料层高度计算基本公式。式中单位体积填料层内的有效传质面积 α 是指那些被流动液体膜层所覆盖能提供气液接触的有效面积。α 值与填料的类型、形状、尺寸、填充情况有关，还随流体物性、流动状况而变化。其数值不易直接测定，通常将它与传质系数的乘积作为一个物理量，称为体积传质系数。如 $K_Y\alpha$ 为气相体积传质系数，单位为 kmol/(m³·s)。

体积传质系数的物理意义为：在单位推动力下，单位体积填料层内吸收的溶质量。在低浓度吸收情况下，体积传质系数在全塔范围内为常数，可取平均值。

2. 传质单元数与传质单元高度

为使填料层高度计算简便，通常将式(6-66) 的右端分解为两部分，该式右端的数群 $V/(K_Y\alpha\Omega)$ 是过程条件所决定的数组，具有高度的单位，称为“气相总传质单元高度”，以 H_{OG} 表示，即：

$$H_{OG}=\frac{V}{K_Y\alpha\Omega} \tag{6-67}$$

积分项反映取得一定吸收效果的难易情况，积分值是一个无量纲纯数，称为“气相总传质单元数”，以 N_{OG} 表示，即：

$$N_{OG}=\int_{Y_2}^{Y_1}\frac{dY}{Y-Y^*} \tag{6-68}$$

因此，填料层高度为：

$$Z=N_{OG}H_{OG} \tag{6-69}$$

同理，由式(6-62) 可导出如下关系式：

$$Z=N_{OL}H_{OL}$$

$$H_{OL}=\frac{L}{K_X a\Omega} \tag{6-70}$$

式中 H_{OL}——液相总传质单元高度，m；

N_{OL}——液相总传质单元数，无量纲。

$$N_{OL}=\int_{X_2}^{X_1}\frac{dX}{X^*-X} \tag{6-71}$$

于是，可写出计算填料层高度的通式，即：

填料层高度=传质单元高度×传质单元数。

3. 传质单元数的计算

根据物系平衡关系的不同，求算传质单元数的方法有多种，常用的有脱吸因数法和对数平均推动力法。

(1) 脱吸因数法

若在吸收过程所涉及的浓度范围内平衡关系可用直线方程 $Y=mX+b$ 表示时，便可将平衡关系代入气相总传质单元数的定义式(6-68)，得：

$$N_{OG}=\int_{Y_2}^{Y_1}\frac{dY}{Y-Y^*}=\int_{Y_2}^{Y_1}\frac{dY}{Y-(mX+b)}$$

为统一变量，将操作线方程 $X=\frac{V}{L}(Y-Y_2)+X_2$ 代入上式得：

$$N_{OG}=\int_{Y_2}^{Y_1}\frac{dY}{Y-m\left[\frac{V}{L}(Y-Y_2)+X_2\right]-b}$$

$$=\int_{Y_2}^{Y_1}\frac{dY}{\left(1-\frac{mV}{L}\right)Y+\left[\frac{mV}{L}Y_2-(mX_2+b)\right]}$$

令 $mV/L=S$，则：

$$N_{OG}=\int_{Y_2}^{Y_1}\frac{dY}{(1-S)Y+(SY_2-Y_2^*)}$$

积分上式并化简得：

$$N_{OG}=\frac{1}{1-S}\ln\left[(1-S)\frac{Y_1-Y_2^*}{Y_2-Y_2^*}+S\right] \tag{6-72}$$

由式(6-72) 可以看出，N_{OG}的数值与脱吸因数 S、$\frac{Y_1-Y_2^*}{Y_2-Y_2^*}$有关。为方便计算，以 S 为参数，$\frac{Y_1-Y_2^*}{Y_2-Y_2^*}$为横坐标、$N_{OG}$为纵坐标，在半对数坐标上标绘式(6-72) 的函数关系，得到图 6-15 所示的曲线。此图可方便地查出 N_{OG}值。

$\frac{Y_1-Y_2^*}{Y_2-Y_2^*}$值的大小反映了溶质 A 吸收率的高低。当物系及气、液相进口浓度一定时，吸收率越高，Y_2 值越小，$\frac{Y_1-Y_2^*}{Y_2-Y_2^*}$越大，则对应一定 S 的 N_{OG}就越大，所需填料层高度就越高。

参数 S 反映了吸收过程推动力的大小，其值为平衡线斜率与吸收操作线斜率之比。当溶质的吸收率和气、液相进出口浓度一定时，S 越大，吸收操作线越接近于平衡线，则吸收过程的推动力就越小，N_{OG} 值就增大。反之，若 S 减小，则 N_{OG} 值也减小。

S 的大小可人为控制，S 取 0.7～0.8 比较经济合理。

液相总传质单元数也可用吸收因数法计算，其计算式为：

$$N_{OL}=\frac{1}{1-A}\ln\left[(1-A)\frac{Y_1-Y_2^*}{Y_2-Y_2^*}+A\right] \tag{6-73}$$

式中，$A=L/mV$ 称为吸收因数，操作线斜率与平衡线斜率之比，是脱吸因数的倒数。

式(6-73) 多用于脱吸过程计算。为简化计算，可将图 6-15 的参数 S 改为吸收因数 A 后，完全可适用于 N_{OL} 与 $\frac{Y_1-Y_2^*}{Y_2-Y_2^*}$ 之间的关系。

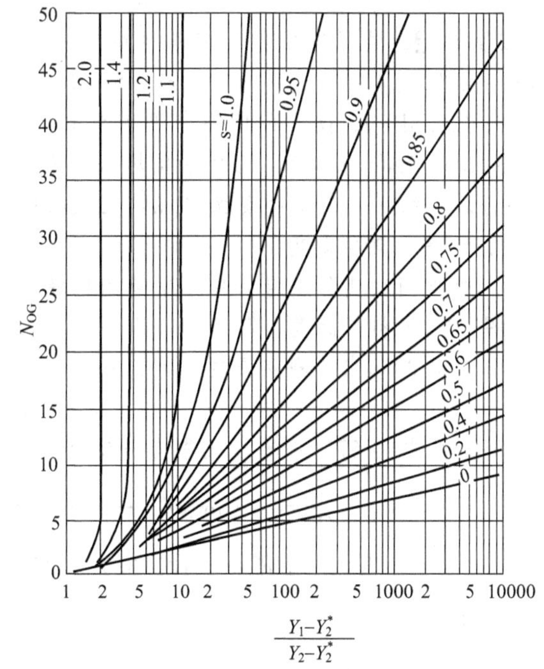

图 6-15 N_{OG}-$\frac{Y_1-Y_2^*}{Y_2-Y_2^*}$关系图

(2) 对数平均推动力法

对上述条件下推得的式(6-72) 再加以分析研究，还可获得以吸收塔底、顶两端面浓度差为吸收推动力求算 N_{OG} 的另一种计算式：

因为
$$S=m\left(\frac{V}{L}\right)=\frac{Y_1^*-Y_2^*}{X_1-X_2}\left(\frac{X_1-X_2}{Y_1-Y_2}\right)=\frac{Y_1^*-Y_2^*}{Y_1-Y_2}$$

所以
$$1-S=\frac{(Y_1-Y_1^*)-(Y_2-Y_2^*)}{Y_1-Y_2}=\frac{\Delta Y_1-\Delta Y_2}{Y_1-Y_2}$$

将此式代入式(6-72)，得到：

$$N_{OG}=\frac{Y_1-Y_2}{\Delta Y_1-\Delta Y_2}\ln\left[\left(\frac{\Delta Y_1-\Delta Y_2}{Y_1-Y_2}\right)\frac{Y_1-Y_2^*}{Y_2-Y_2^*}+\frac{Y_1^*-Y_2^*}{Y_1-Y_2}\right]$$

由上式可推得：

$$N_{OG}=\frac{Y_1-Y_2}{\Delta Y_m} \tag{6-74}$$

式中：
$$\Delta Y_m=\frac{\Delta Y_1-\Delta Y_2}{\ln\frac{\Delta Y_1}{\Delta Y_2}}=\frac{(Y_1-Y_1^*)-(Y_2-Y_2^*)}{\ln\frac{Y_1-Y_1^*}{Y_2-Y_2^*}} \tag{6-75}$$

ΔY_m 是塔底与塔顶两截面上吸收推动力 ΔY_1 与 ΔY_2 的对数平均值。

同理，当 $Y^*=mX+b$ 时，从式(6-73) 出发可导出关于液相总传质系数 N_{OL} 的相应解析式

$$N_{OL}=\frac{X_1-X_2}{\Delta X_m} \tag{6-76}$$

式中：
$$\Delta X_m=\frac{\Delta X_1-\Delta X_2}{\ln\dfrac{\Delta X_1}{\Delta X_2}}=\frac{(X_1^*-X_1)-(X_2^*-X_2)}{\ln\dfrac{X_1^*-X_1}{X_2^*-X_2}} \tag{6-77}$$

【例 6-7】 在逆流操作的填料塔中用三乙醇胺水溶液吸收碳氢化合物气体中有害组分 H_2S。入塔气体中含 2.91%（体积）的 H_2S，要求吸收率不低于 99%。操作温度为 300K，压强为 101.3kPa，操作条件下的平衡关系为 $Y=2X$。进塔溶剂中不含 H_2S。出塔溶剂中 H_2S 的浓度 $X_1=0.013$，已知单位塔截面积上单位时间内流过的混合气体量 0.0156kmol/(m²·s)，气体总体积吸收系数 $K_G\alpha=0.000395$kmol/(m³·s·kPa)。试求：

1. 所需填料层高度；

2. 吸收剂的实际用量为最小用量的倍数。

解 1. 填料层高度

用式(6-69) 求填料层高度，即：

$$Z=N_{OG}H_{OG}$$

H_{OG}用式(6-67) 计算，式中有关参数为：

$$\frac{V}{\Omega}=0.0156\times(1-0.0291)=0.01515\ [\text{kmol/(m}^2\cdot\text{s)}]$$

$$K_Y\alpha=PK_G\alpha=101.33\times3.95\times10^{-4}=0.04\ [\text{kmol/(m}^3\cdot\text{s)}]$$

所以
$$H_{OG}=\frac{0.01515}{0.04}=0.379\ (\text{m})$$

由于平衡关系为直线，N_{OG}可用解析法计算。

(1) 脱吸因数法

$$Y_1=\frac{y_1}{1-y_1}=\frac{0.0291}{1-0.0291}=0.02997$$

$$Y_2=Y_1(1-\varphi_A)=0.02997\times(1-0.99)\approx0.0003$$

$$X_1=0.013$$

$$X_2=0 \qquad Y_2^*=0$$

$$S=\frac{mV}{L}=m\frac{X_1-X_2}{Y_1-Y_2}=2\times\frac{0.013}{0.02997-0.0003}=0.8763$$

$$\frac{Y_1-Y_2^*}{Y_2-Y_2^*}=\frac{Y_1}{(1-\varphi_A)Y_1}=\frac{1}{0.01}=100$$

将有关数据代入式(6-72)，得：

$$N_{OG}=\frac{1}{1-S}\ln\left[(1-S)\frac{Y_1-Y_2^*}{Y_2-Y_2^*}+S\right]=\frac{1}{1-0.8763}\ln[(1-0.8763)\times100+0.8763]=20.9$$

由 $S=0.8765$ 及$\dfrac{Y_1-Y_2^*}{Y_2-Y_2^*}=100$，查图 6-15 得 $N_{OG}=21$

(2) 对数平均推动力法

$$\Delta Y_1=Y_1-mX_1=0.02997-2\times0.013=0.00397$$

$$\Delta Y_2=Y_2-mX_2=0.0003$$

$$\Delta Y_m=\frac{\Delta Y_1-\Delta Y_2}{\ln\dfrac{\Delta Y_1}{\Delta Y_2}}=\frac{0.00397-0.0003}{\ln\dfrac{0.00397}{0.0003}}=0.00142$$

$$N_{OG}=\frac{Y_1-Y_2}{\Delta Y_m}=\frac{0.02997-0.0003}{0.00142}=20.9\approx 21$$

则 $Z=0.379\times 21=7.96$ (m)，实取 8m。

2. 溶剂的实际用量为最小用量的倍数

用式(6-59) 计算溶剂的最小用量，即：

$$\left(\frac{L}{\Omega}\right)_{min}=\frac{V(Y_1-Y_2)}{\Omega\left(\frac{Y_1}{m}-X_2\right)}=\frac{V\varphi_A Y_1}{\Omega Y_1/m}=\frac{V}{\Omega}\varphi_A m=0.01515\times 0.99\times 2=0.03\ [\text{kmol}/(\text{m}^2\cdot\text{s})]$$

$$\frac{L}{\Omega}=\frac{V(Y_1-Y_2)}{\Omega(X_1-X_2)}=\frac{V\varphi_A Y_1}{\Omega X_1}=\frac{0.01515\times 0.99\times 0.0297}{0.013}=0.03427\ [\text{kmol}/(\text{m}^2\cdot\text{s})]$$

则
$$\frac{L}{L_{min}}=\frac{0.03427}{0.03}=1.142$$

【例 6-8】 在直径为 0.8m 的填料吸收塔中，用水吸收混于空气中的氨，氨气的分压为 1330Pa，经过吸收操作后，混合气中 99.5% 的氨被水吸收，已知入塔的惰性气体流率为 1390kg/h，水的用量为其最小用量的 1.44 倍。在操作平均温度为 20℃，压强为 101.3kPa 下，气—液平衡关系为 $Y=0.755X$；气相体积吸收总系数 $K_Y\alpha=314\text{kmol}/(\text{m}^3\cdot\text{h})$。试求所需填料层高度。

解 平衡关系符合亨利定律

$$Y_1=\frac{p}{P-p}=\frac{1330}{101330-1330}=0.0133\ (\text{kmolNH}_3/\text{kmol 空气})$$

$$Y_2=0.0133\times(1-0.995)=0.0000665\ (\text{kmolNH}_3/\text{kmol 空气})$$

$$X_2=0$$

$$V=\frac{1390}{29}=47.9\ (\text{kmol 空气/h})$$

$$L_{min}=\frac{V(Y_1-Y_2)}{\frac{Y_1}{m}-X_2}=\frac{47.9\times(0.0133-0.0000665)}{\frac{0.0133}{0.755}}=36\ (\text{kmol/h})$$

实际吸收剂用量

$$L=1.44\times 36=51.8\ (\text{kmol/h})$$

溶液出塔浓度

$$X_1=\frac{X_2+V(Y_1-Y_2)}{L}=\frac{47.9\times(0.0133-0.0000665)}{51.8}=0.0122\ (\text{kmolNH}_3/\text{kmolH}_2\text{O})$$

$$Y_1^*=0.755X_1=0.755\times 0.0122=0.0092$$

$$Y_2^*=0$$

根据式(6-75) 得：

$$\Delta Y_m=\frac{(Y_1-Y_1^*)-(Y_2-Y_2^*)}{\ln\frac{(Y_1-Y_1^*)}{(Y_2-Y_2^*)}}$$

解得

$$\Delta Y_m=0.000978$$

所以根据式(6-74)，得：

$$N_{OG}=\frac{Y_1-Y_2}{\Delta Y_m}=\frac{0.0133-0.0000665}{0.000978}=13.53$$

根据式(6-67)，得：

$$H_{OG}=\frac{V}{K_{Y}a\Omega}=\frac{47.9}{314\times\frac{\pi}{4}\times 0.8^{2}}=0.303\ (\text{m})$$

根据式(6-69)，得：

$$Z=H_{OG}N_{OG}=0.303\times 13.53=4.10\ (\text{m})$$

四、塔径计算

吸收塔塔径的计算可以仿照圆形管路直径的计算公式：

$$D=\sqrt{\frac{4V_{s}}{\pi u}} \tag{6-78}$$

式中 D——吸收塔的直径，m；

V_s——混合气体通过塔的实际流量，m^3/s；

u——空塔气速，m/s。

按式(6-78) 计算出的塔径，还应根据压力容器公称直径系列值进行圆整。

第六节 吸收塔操作

一、填料吸收塔的结构认识

目前，工业生产中使用的吸收塔主要有板式塔、填料塔、湍球塔、喷洒塔和喷射式吸收器等，其中以填料塔应用最为广泛。填料塔具有结构简单、压降低等优点，尤其是近年来由于新型填料的开发和塔内分布器等附件的改进，填料塔的应用范围越来越广，不仅用于中小型塔，也用于直径为几米甚至十几米的大塔。本次主要介绍填料塔的结构与性能特点。

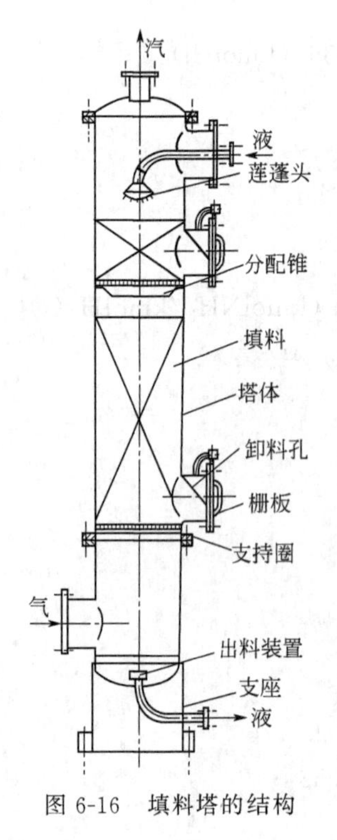

图 6-16 填料塔的结构

填料塔是吸收操作中使用最广泛的一种塔型。其结构如图6-16所示，填料塔由填料、塔内件及塔体构成。塔体一般为直立圆柱形筒体，两端有封头，并装有气液体进、出口接管，塔下部装有支撑栅板，板上填充一定高度的填料，填料可以乱堆，也可以有规则地放置于塔内。塔顶有填料压板和液体喷洒装置，以保证液体均匀喷淋到整个塔的截面上。由于填料层中液体在向下流动过程中有向塔壁流动的倾向，故填料层较高时，常将其分成若干段，段与段之间设有液体再分布装置，可将向塔壁流动的液体重新喷洒到截面中心，保证整个填料表面都能得到很好的润湿。

在填料塔的操作中，气体在压力差的推动下，自下而上通过填料的间隙，由塔的底部流向顶部；吸收剂则由塔顶喷淋装置喷出，分布于填料层上，靠重力作用沿填料表面向下流动形成液膜，由塔底引出。气液两相在塔内互成逆流接触，两相的传质通常是在填料表面的液体与气体间的界面上进行。填料塔属于连续接触式的气液传质设备，两相组成沿塔高连续变化，在正常操作状态下，气相为连续相，液相为分散相。填料塔的优点是生产能力大、分离效率高、阻力小、操作弹性大、结构简单、易用耐腐蚀材料制作、造价低。缺点是当塔径较大时，气液两相接触难均匀、效率低。但近年来，随着各种性能优越的新型填料被开发出来，大直径填料塔已不少见。

二、填料

1. 填料的类型

根据堆放方式的不同，填料可分为两类：乱堆填料和整砌填料。乱堆填料由小块状填料，如拉西环、鲍尔环等无规则堆放于塔内而成。整砌填料由规整填料砌成，或制成规整填料放置在塔内。根据填料的疏密，又大致可分为实体填料与网体填料两大类。实体填料包括环形填料（如拉西环、鲍尔环和阶梯环）、鞍形填料（如弧鞍、矩鞍）以及栅板填料和波纹填料等，由陶瓷、金属、塑料等材质制成。网体填料主要是由金属网制成的各种填料，如鞍形网、θ网、波纹网等。

下面分别介绍工业上常用的填料。

（1）拉西环

拉西环是工业上最老的应用最广泛的一种填料。它的构造如图6-17(a) 所示，是外径和高度相等的空心圆柱，可用陶瓷或金属制造。由于拉西环形状简单、制造容易，在工业上曾得到广泛的应用。

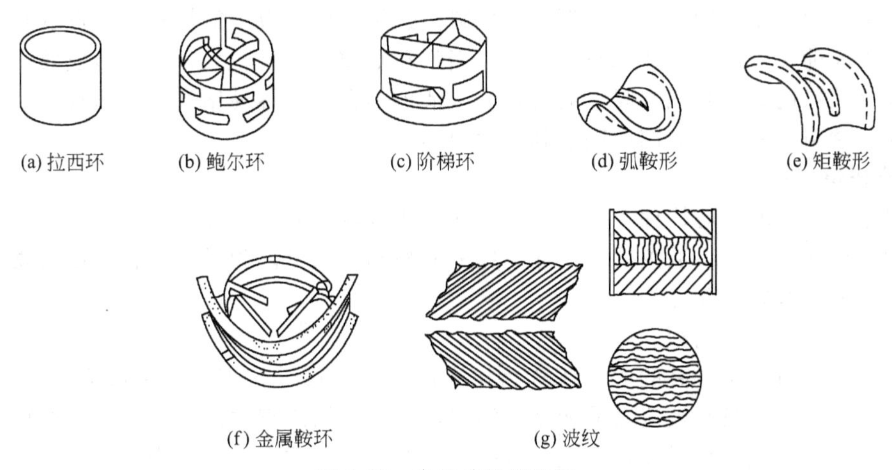

图 6-17 常用填料的形状

工业应用表明拉西环存在着对气体流速的变化敏感、操作弹性较窄等缺点，主要原因是拉西环在填料塔内呈直立状时，填料内外表面都是气、液传质表面，且气流阻力小；但当其横卧或呈倾斜状时，填料部分内表面不能成为有效的气液传质区，而且使气流阻力增大。这些都使得拉西环在工业上的应用已很少。

（2）鲍尔环

鲍尔环是针对拉西环存在的缺点加以改进而研制成功的一种填料。它的构造如图6-17(b) 所示。在普通拉西环的壁上开上下两层长方形窗孔，窗孔部分的环壁形成叶片向环中心弯入，在环中心相搭，上下两层小窗位置交叉。由于鲍尔环填料在环壁上开了许多窗孔，使得填料塔内的气体和液体能够从窗孔自由通过，填料层内气体和液体分布得到改善，同时降低了气体流动阻力。

鲍尔环的优点是气体阻力小，压力降小，液体分布比较均匀，是国内外公认的性能优良的填料，其应用越来越广泛。鲍尔环可采用陶瓷、金属或塑料制造。

（3）阶梯环

在鲍尔环的基础上，又发展了一种叫做“阶梯环”的填料。阶梯环的总高为直径的5/8，圆筒一端有向外翻卷的喇叭口，如图 6-17(c) 所示。这种填料的孔隙率大，而且填料个体之间呈点接触，可使液膜不断更新。具有压降小和传质效率高等特点，是目前使用的环形填料中性能最为良好的一种。阶梯环多用金属及塑料制造。

(4) 矩鞍形填料

矩鞍形填料的形状像马鞍，结构不对称，填料两面大小不等，使得两个鞍形填料不论以何种方式接触都不会叠合，如图 6-17(e) 所示。其优点是有较大的空隙率，阻力小，效率高，且因液体流道通畅，不易被悬浮物堵塞，制造也比较容易，并能采用价格便宜又耐腐蚀的陶瓷和塑料等。实践证明，矩鞍形填料是工业上较为理想而且很有发展前途的一种填料。

(5) 波纹填料与波纹网填料

波纹填料是由许多层波纹薄板制成，各板高度相同但长短不等，搭配排列而成圆饼状，波纹与水平方向成 45°倾角，相邻两板反向叠靠，使其波纹倾斜方向互相垂直。圆饼的直径略小于塔体内径，各饼竖直叠放于塔内。相邻的上下两饼之间波纹板片排列方向互成 90°，见图 6-17(g) 所示。波纹填料的特点是结构紧凑，比表面积大，流体阻力小，液体每经过一层都得到一次再分布，故流体分布均匀，传质效果好。同时，制作方便，容易加工，可用多种材料制造，以适应各种不同腐蚀性、不同温度、压力的场合。

波纹网填料是用丝网制成一定形状的填料。这是一种高效率的填料，其形状有多种。优点是丝网细而薄，做成填料体积较小，比表面积和空隙率都比较大，因而传质效率高。

波纹网填料的缺点是成本高，通道较小，清理不方便，容易堵塞，不适宜于易结垢和含固体颗粒的物料，故它的应用范围受到很大限制。

2. 选择填料的原则

填料是填料塔的核心构件，它提供了气液两相接触传质的相界面，是决定填料塔性能的主要因素。填料的特性参数主要有尺寸、比表面积和空隙率。为了使吸收操作高效进行，对填料的基本要求有以下几点。

(1) 有较大的比表面积

单位体积填料层所具有的表面积称为比表面积，用符号 σ 表示，单位为 m^2/m^3。在吸收塔中，填料的表面只有被流动的液相所润湿，才可能构成有效的传质面积。填料的比表面积越大，所提供的气液传质面积越大，对吸收越有利。因此应选择比表面积大的填料，此外还要求填料有良好的润湿性能及有利于液体均匀分布的形状。

(2) 有较高的空隙率

单位体积填料层具有的空隙体积称为空隙率，用符号 ε 表示，单位为 m^3/m^3。气体是通过填料的空隙流动的，当填料的空隙率较高时，气流阻力小，气体通过的能力大，气液两相接触的机会多，对吸收有利。同时，填料层质量轻，对支承板要求低，也是有利的。

(3) 具有适宜的填料尺寸和堆积密度

单位体积填料的质量为填料的堆积密度，用符号 ρ 表示，单位为 kg/m^3。在机械强度许可的条件下，填料厚度要尽量薄，这样可以减小堆积密度，增大空隙率，降低成本。对同一种填料而言，填料尺寸小，堆积的填料数目多，比表面积大，空隙率小，则气体流动阻力大；反之，填料尺寸过大，在靠近塔壁处，由于填料与塔壁之间的空隙大，易造成气体由此短路或液体沿壁下流，使气液两相沿塔截面分布不均匀。为此，一般要求塔径与填料的尺寸之比 D/d 在 8～15 之间为宜。

(4) 机械强度及化学稳定性好

为使填料在堆砌及操作中不被压碎，要求填料具有足够的机械强度，此外，对于液体和气体均须具有化学稳定性，不易腐蚀。

（5）制造容易，价格便宜

三、填料塔的辅助设备

填料塔的辅助设备包括液体喷淋装置、除沫装置、液体再分布器及填料支承装置、填料压紧装置、气液体进口及出口装置等塔内件，下面分别介绍。

1. 液体喷淋器

液体喷淋器放置在填料塔的顶部，是填料塔中加入液体的装置。我们知道，使液体均匀喷淋在填料层整个截面上对填料塔的操作影响很大，若液体分布不均匀，则填料层内的有效润湿面积会减少，并可能出现偏流或沟流现象，影响传质效果。理想的液体分布装置应具备以下条件。

① 与填料相匹配的分布点密度和均匀地分布质量。填料比表面积越大，分离要求越精密，则液体分布器分布点密度应越大。

② 操作弹性较大，适应性好。

③ 为气体提供尽可能大的自由截面，实现气体的均匀分布，且阻力小。

④ 结构合理，便于制造、安装、调整和检修。

液体分布器的种类多样，有喷头式、盘式、管式、槽式及槽盘式等。

喷头式分布器（莲蓬式）如图 6-18 所示。一般用于直径小于 600mm 的塔。优点是结构简单。缺点是小孔易于堵塞，因而不适用于处理污浊液体，操作时液体的压头必须维持恒定，否则喷淋半径改变，影响液体分布的均匀性，此外，当气量较大时，会夹带较多的液沫。

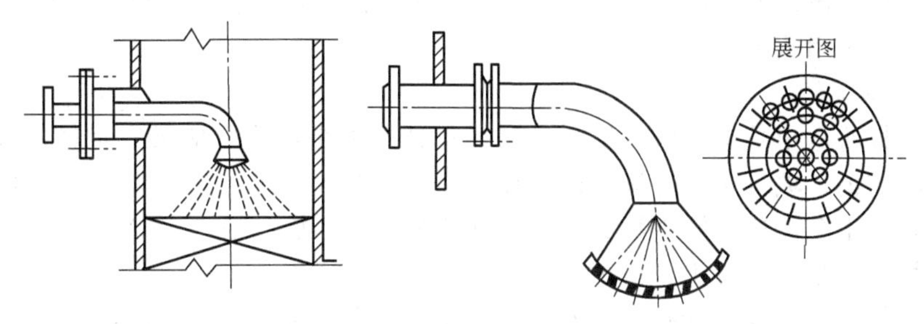

图 6-18　喷头式分布器（莲蓬式）

盘式分布器如图 6-19 所示。液体加至分布盘上，盘底装有许多直径及高度均相同的溢

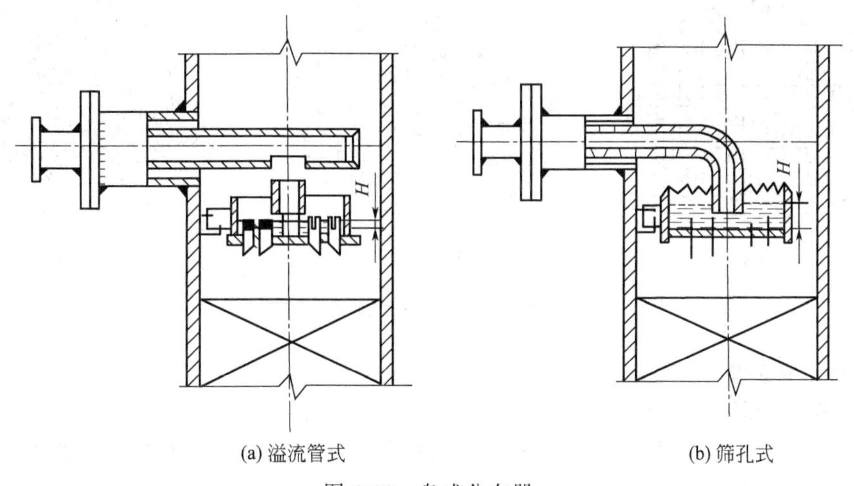

图 6-19　盘式分布器

流短管，称为溢流管式。在溢流管的上端开有缺口，这些缺口位于同一水平面上，便于液体均匀流下。盘底开有筛孔的称为筛孔式，筛孔式的分布效果较溢流管式好，但溢流管式的自由截面积较大，且不易堵塞。

多孔管式分布器由不同结构形式的开孔管制成。其突出特点是结构简单，供气体流过的自由截面积大，阻力小。但小孔易堵塞，弹性较小。管式液体分布器使用十分广泛，多用于中等以下液体负荷的填料塔中。在减压精馏及丝网波纹填料塔中，由于液体负荷较小，故常用之，如图 6-20(a) 所示。

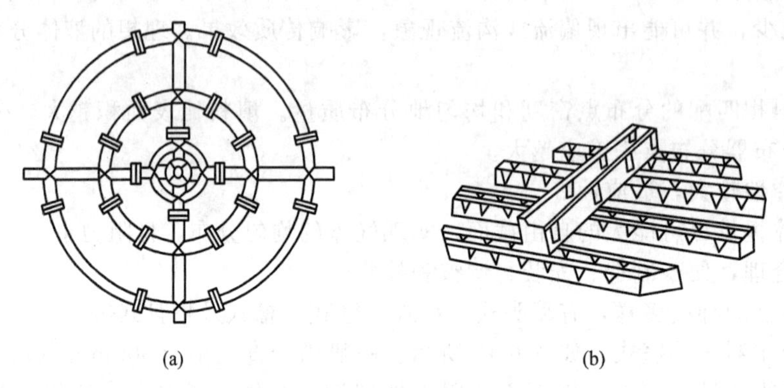

图 6-20 多孔管式分布器 (a) 及槽式分布器 (b)

槽式液体分布器通常是由分流槽和分布槽构成的，如图 6-20(b) 所示。其特点是具有较大的操作弹性和极好的抗污堵性，特别适合于大气液负荷及含有固体悬浮物、黏度大的液体的分离场合，应用范围非常广泛。

2. 填料支承板

填料支承板的作用是支承塔内填料床层，对其要求是：第一应具有足够的强度和刚度，能承受填料的质量、填料层的持液量以及操作中附加的压力等；第二应具有大于填料层空隙率的开孔率，防止在此首先发生液泛，进而导致整个填料层的液泛；第三结构要合理，以利于气液两相均匀分布，阻力小，便于拆装。

常用的填料支撑装置有栅板型、孔管型、驼峰型等，如图 6-21 所示，选择哪种支承装置，主要根据塔径、使用填料的种类及型号、塔体及填料的材质、气液流量等而定。

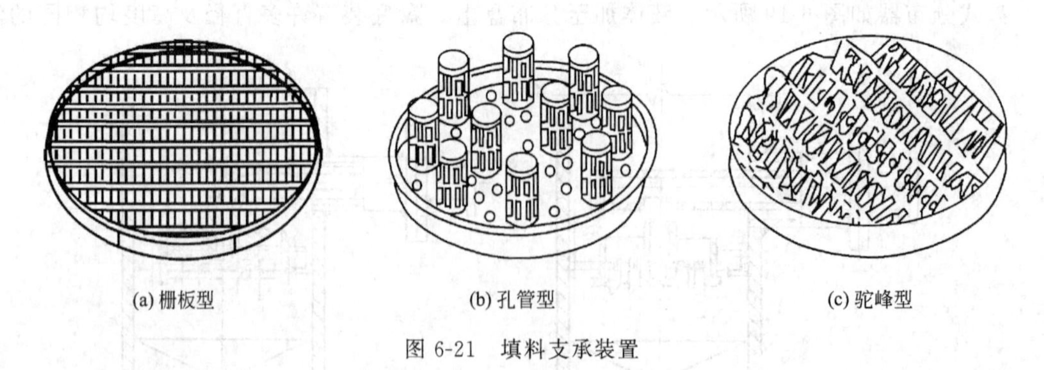

图 6-21 填料支承装置

3. 填料压紧装置

为保持操作中填料床层为稳定的固定床，从而必须保持均匀一致的空隙结构，使操作正常、稳定，故填料装填后在其上方要安装填料压紧装置。以避免在高压降、瞬时负荷波动等情况下填料床层发生松动和跳动。

填料压紧装置分为填料压板和床层限制板两大类，如图 6-22 中所示。填料压板自由放置于填料层上端，靠自身重量将填料压紧，它适用于陶瓷、石墨制的散装填料。床层限制板用于金属散装填料、塑料散装填料及所有规整填料。

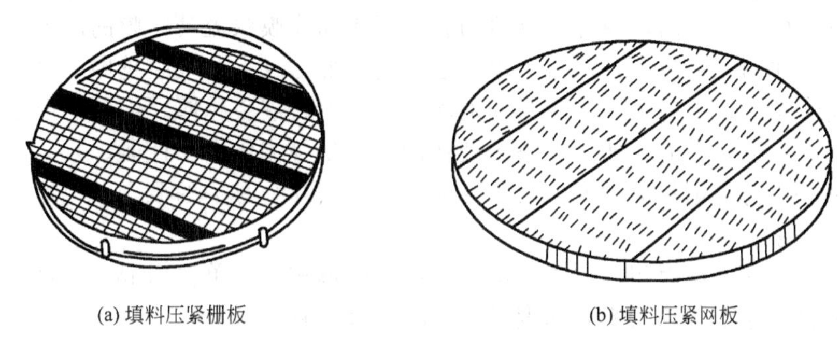

(a) 填料压紧栅板　　(b) 填料压紧网板

图 6-22　填料压紧装置

4. 液体再分布器

液体在乱堆填料层内向下流动时，由于塔壁处阻力较小，液体会逐渐向塔壁偏流，然后沿塔壁流下，称为壁流现象。为改善壁流造成的液体分布不均，可将填料层分段堆放，段间设置液体再分布器，使沿塔壁流下的液体重新均匀分布。

最简单的液体再分布器为截锥式再分布器，如图 6-23 所示，一般用于直径小于 0.6m 的塔中。

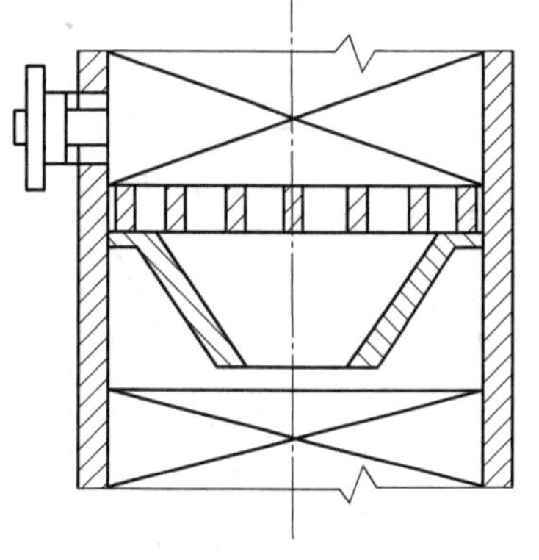

图 6-23　截锥式再分布器

5. 除沫装置

除沫装置的作用是除去由填料层顶部逸出的气体中的液滴，安装在液体分布器上方。

常用的除沫装置有折板除沫器、丝网除沫器、旋流板除沫器等。

6. 液体出口及气体进口装置

液体的出口装置既要便于从塔内排液，又要防止气体从液体出口外泄，常用的液体出口装置可采用液封装置，如图 6-24(a) 所示。若塔的内外压差较大时，又可采用倒 U 形管密封装置，如图 6-24(b) 所示。

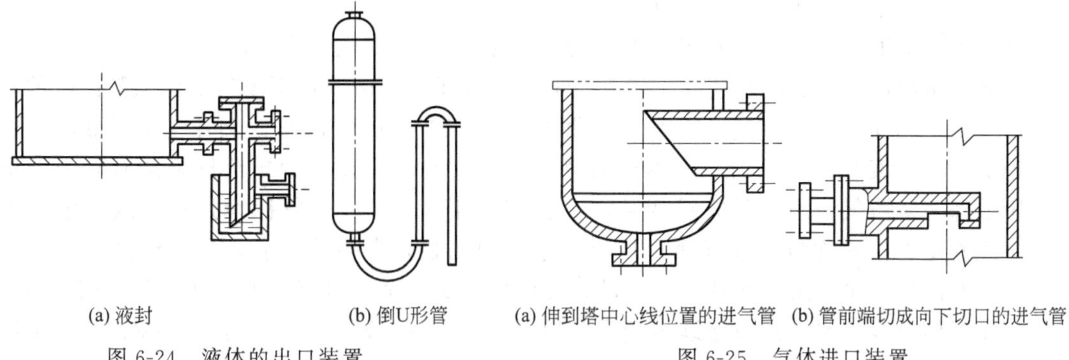

(a) 液封　　(b) 倒U形管

图 6-24　液体的出口装置

(a) 伸到塔中心线位置的进气管　　(b) 管前端切成向下切口的进气管

图 6-25　气体进口装置

填料塔的气体进口装置应具有防止塔内下流的液体进入管内，又能使气体在塔截面上分布均匀两个功能。对于塔径在 500mm 以下的小塔，常见的方式是使进气管伸至塔截面的中心位置，管端做成45°向下倾斜的切口或向下弯的喇叭口，对于大塔可采用盘管式结构的进气装置，如图6-25所示。

四、填料塔的流体力学分析

在逆流操作的填料塔内，液体凭借重力在填料表面作膜状流动，膜的厚度取决于液体和气体的流量，液体的流量越大，液流与填料表面的摩擦力越大，液膜越厚；当液体的流量一定，气体的流量越大，上升气流与液膜间的摩擦力越大，液膜越厚。液膜的厚度直接影响气体通过填料层的压强降、液泛速度及塔内液体的持液量等流体力学性能。

为便于进一步讨论填料塔的流体力学性能，先介绍几个有关的概念。

（1）空塔气速 u

空塔气速指单位塔截面积、单位时间通过的气体体积，其单位为m/s。这是一个表观气速，气体在填料空隙中流动的实际速度是 u/ε，ε 为填料的孔隙率。

（2）喷淋密度

喷淋密度是单位塔截面积、单位时间通过的液体体积，其单位为m/s。喷淋密度与填料比表面积之比称为润湿速率，其单位为 m^2/s，它反映液体沿表面流动的速率。

1. 气体通过填料层的压强降

气体通过填料层压降的大小决定了塔操作的动力消耗，因此压强降是塔设计中重要的参数之一，气体通过填料层的压强降一般由实验测定。把不同的喷淋密度下单位高度填料层的压强降与空塔气速的数据标绘在双对数坐标纸上，可得图6-26所示的曲线簇。各种填料的曲线簇大致相似。

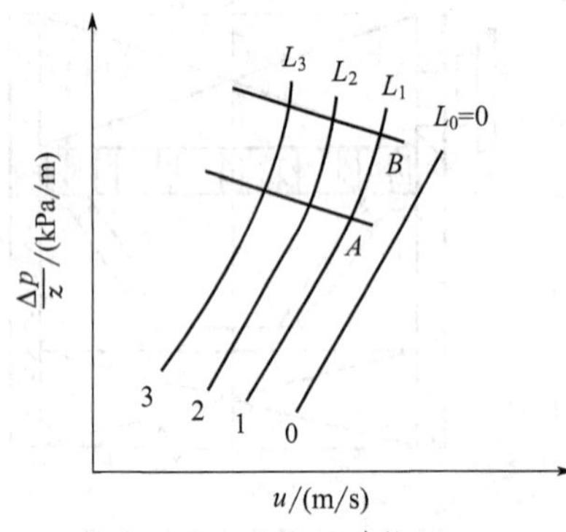

图6-26 填料层的 $\frac{\Delta p}{z}$-u 关系

（1）干填料层时

$L_0=0$ 时，气体通过干填料层的压降与空塔气速的关系为直线，此直线的斜率为1.8～2.0，即气体通过干填料层的压强降与空塔气速的1.8～2.0次方成正比。如图6-26所示，表明气流在填料层中呈湍流状态。

（2）当有一定的喷淋量时

填料表面的液膜占有一定的空间，在相同的气速下，压强降增大。在相同的气体流量下，液体的流量越大，液膜越厚，压强降也越大。

（3）当喷淋量一定而气速较低时

填料表面的液膜受上升气流的影响较小，液膜的厚度变化不大，填料的持液量几乎不变，但此时填料层中的实际气速比干填料层时大，故压强降曲线在干填料层压强降曲线的左上方且基本上相互平行。当气速增大至各曲线上 A 点对应的气速时，上升气流对液流的曳力明显增大，持液量显著增加，气体在填料层中流动空间明显减少导致压强降有较大的增加，压强降与空塔气速的关系曲线变陡，其斜率大于2。这一现象称为拦液（或载液）现象，A 点对应的气速称为拦液气速，拦液现象不很明显，自拦液点后，气速继续增大至 B 点时，上升的气流足以阻止液体向下流动，使液体充满整个填料层空隙，并由分散相变为连续相，而气体只能鼓泡上升由连续相变为分散相，压强降急剧上升。几乎与气流速度成垂线关系，这种现象称液泛，B 点对应的气速称为液泛气速。

从图中各曲线比较可见，不同喷淋量，其液泛气速和拦液气速不同，一般液体的喷淋量增大时，液泛气速和拦液气速均减小。塔内出现液泛时，压强降波动大，塔内正常浓度的分布被破坏，传质效果很差，塔不能正常操作，故液泛气速是填料塔操作气速的极限。为保证填料塔的正常生产，操作气速总是小于液泛气速，常为液泛气速的 50%～80%。这样可保持填料塔在拦液点与液泛点之间操作，使气液两相有较大的湍动、较充分的接触和较好的传质效果。

2. 压强降与液泛速度的确定

影响液泛速度的因素较多，其中包括气液两相的流量，物性和填料的特性等。目前广泛采用图 6-27 的埃克特（Eckert）通用关联图来确定液泛速度。

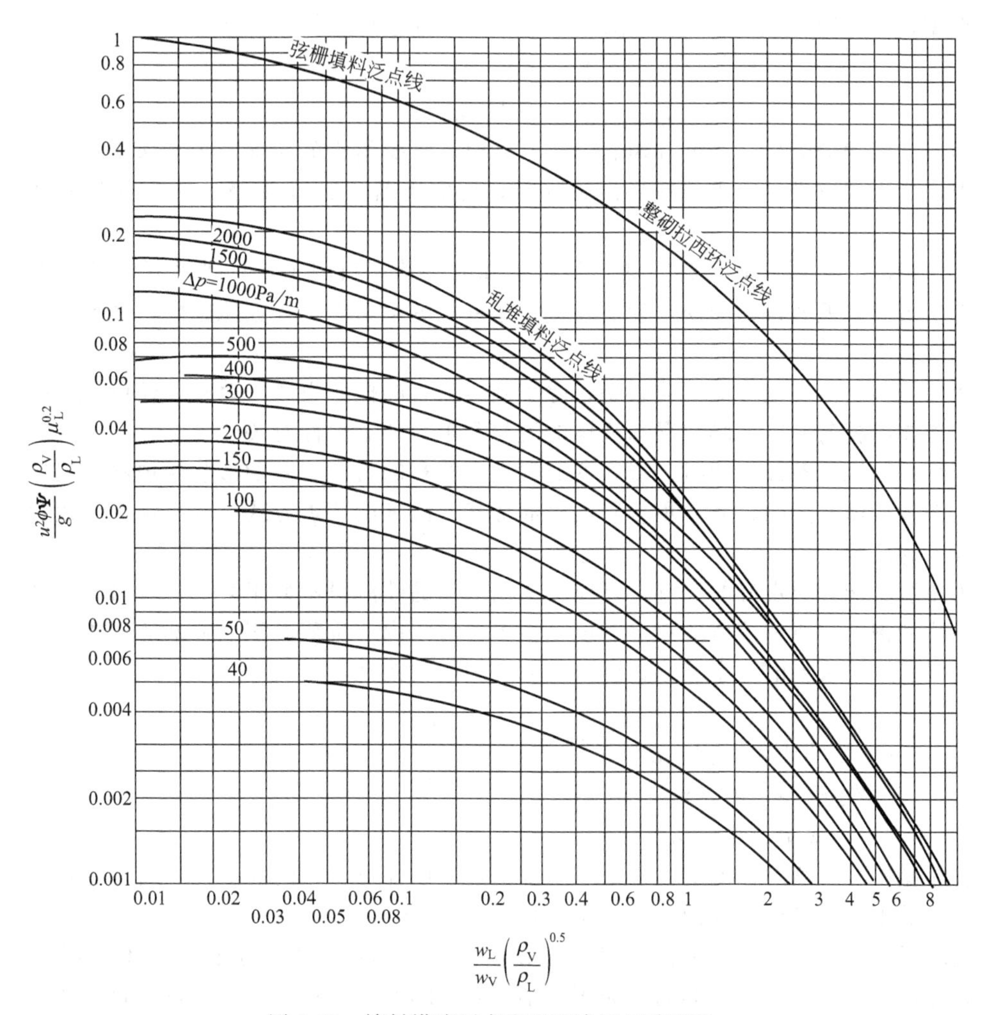

图 6-27 填料塔液泛点和压强降通用关联图

图中横坐标$\frac{w_L}{w_V}\left(\frac{\rho_V}{\rho_L}\right)^{0.5}$； 纵坐标为$\frac{u^2\phi\Psi}{g}\left(\frac{\rho_V}{\rho_L}\right)\mu_L^{0.2}$

式中 w_V、w_L——气、液两相的质量流量，kg/s；

g——重力加速度，m/s^2；

u——液泛时的空塔气速；m/s；

ϕ——填料因子；

Ψ——液体密度校正系数，水的密度与液体的密度的比值；

μ_L——液体的黏度，mPa•s；

ρ_V、ρ_L——气体，液体的密度，kg/m^3。

图 6-27 反映了泛点，压强降，液气比等参数的关系，适用于乱堆颗粒型填料如拉西环、鲍尔环、鞍形填料环等。

图 6-27 中最上方的三条曲线分别是弦栅，整砌拉西环及乱堆填料的泛点线，与泛点线相对应的纵坐标中的空塔气速 u 是液泛气速 u_f，当已知气液两相流量及各自的密度，可计算出图中横坐标值，由此横坐标值处作垂线与泛点线相交，则由交点的纵坐标值求得泛点气速 u_f，并由此确定操作空塔气速 u。

根据操作气速 u 及气体的体积流量 V_s 由下式确定填料塔的直径：

$$D=\sqrt{\frac{4V_s}{\pi u}}$$

当气液两相的流量，密度和填料因子已知时，根据给定的压强降求操作空塔气速。或相反，根据确定的空塔气速求填料层压强降时，可应用图 6-27 中液泛线下方的等压强降线簇来确定。

必须指出的是，应用图 6-27 来计算压强降时，其填料因子与计算液泛时填料因子在数值上有所不同，但通常为简便，使用在液泛条件下的填料因子计算压强降，故计算的结果有一定的误差。

为保证填料塔有较好的传质效果，除了确定适宜的操作空塔气速外，还应有较好的填料表面，液体成膜条件。成膜状况与液体的流量和填料的润湿性有关。

当物系和操作条件一定时，填料的润湿性由填料的材质、表面形状及填料的装填方法所决定，能被液体润湿的材质，不规则的表面形状及乱堆的装填方式，都有利于用较少的液体获得较大的液膜。

为使填料能获得良好的润湿，还应使塔内液体的喷淋量不低于某一极限值，此极限值称为最小喷淋密度。所谓液体的喷淋密度是指单位时间内单位截面积上喷淋的液体体积。最小喷淋密度能维持填料的最小润湿速度。它们之间的关系为：

$$U_{min}=(L_W)_{min}\sigma$$

式中　σ——填料的比表面积，m^2/m^3；

U_{min}——最小喷淋密度，$m^3/(m^2 \cdot s)$；

$(L_W)_{min}$——最小润湿速度，$m^3/(m \cdot s)$。

实际操作时的喷淋密度应大于最小喷淋密度，以保证填料的润湿性。通常的做法是增大回流比，采用部分液体循环回流或减小塔径。

在液泛之前，即使液体喷淋密度超过相应的最小喷淋密度，填料表面也不可能全部润湿，因此，单位体积填料层的润湿面积常小于填料的比表面积。同时填料之间接触点处的液体基本上静止不动而处于饱和状态，该处的润湿表面不能发挥有效的传质作用。所以填料层的有效传质表面积与填料的比表面相差较大。

五、吸收塔的开、停车及运行参数控制

1. 开车

开车分为短期停车后的开车和长期停车后的开车。

(1) 短期停车后的开车，分为充压、启动运转设备和导气 3 个步骤。具体步骤如下。

① 开动风机，用原料气向填料塔内充压至操作压力。

② 启动吸收剂循环泵，使循环液按生产流程运转。

③ 调节塔顶各喷头的喷淋量至生产要求。

④ 启动填料塔的液面调节器，使塔釜液面保持规定的高度。

⑤ 系统运转稳定后，即可连续导入原料混合气，并用放空阀调节系统压力。

⑥ 当塔内的原料气成分符合生产要求时，即可投入正常生产。

(2) 长期停车后的开车，一般指检修后的开车。首先检查各设备、管道、阀门、分析取样点、电气及仪表等是否正常完好，然后对系统进行吹净、清洗、气密试验和置换，合格后按短期停车后的开车步骤进行。

2. 停车

停车也包括短期停车、紧急停车和长期停车。

(1) 短期停车（临时停车），临时停车后系统仍处于正压状态。其操作步骤如下。

① 通告系统前后工序或岗位。

② 停止向系统送气，同时关闭系统的出口阀。

③ 停止向系统送循环液，关闭泵的出口阀，停泵后关闭其进口阀。

④ 关闭其他设备的进、出口阀门。

(2) 紧急停车，如遇停电或发生重大设备事故等情况时，需紧急停车。其操作步骤如下。

① 迅速关闭导入原料混合气的阀门。

② 迅速关闭系统的出口阀。

③ 按短期停车方法处理。

(3) 长期停车，当系统需要检修或长期停止使用时，需长期停车。其操作步骤如下。

① 按短期停车操作停车，然后开启系统放空阀，卸掉系统压力。

② 将系统中的溶液排放到溶液贮槽或地沟，然后用清水洗净。

③ 若原料气中含有易燃、易爆物，则应用惰性气体对系统进行置换，当置换气中易燃物含量小于5%、含氧量小于0.5%时为合格。

④ 用鼓风机向系统送入空气，进行空气置换，当置换气中含氧量大于20%时为合格。

3. 流量的调节

(1) 进气量的调节

由于进气量是由上一工序决定的，因此一般情况下不能变动；若吸收塔前设有缓冲气柜，可允许在短时间内作幅度不大的调节，这时可在进气管线上安装调解阀，通过开大或关小调节阀来调节进气量。正常操作情况下应稳定进气量。

(2) 吸收剂流量的调节

吸收剂流量越大，单位塔截面积的液体喷淋量越大，气液的接触面越大，吸收效率越高。因此，在出塔气中溶质含量超标的情况下可适度增大吸收剂流量。但吸收剂用量也不能够过大，否则会增加操作费用或使吸收产品不合格。

4. 温度与压力的调节

(1) 吸收温度的调节

吸收温度对吸收率的影响很大。温度越低，气体在吸收剂中的溶解度越大，越有利于吸收。

某些吸收过程放热，可在塔内设置中间冷却器，及时取出吸收过程放出的热量。若吸收剂循环使用，则在吸收完毕后将剂吸剂引出塔外，通过冷却器冷却降温，再次入塔使用。

低温虽有利于吸收，但应适度。因温度过低势必消耗冷剂流量，增大操作费用，同时吸收剂黏度将增大，输送消耗的能量也大，且在塔内流动不畅，会使操作困难。

(2) 吸收压力的调节

提高操作压力可增高吸收组分的分压，增大吸收推动力，有利于气体的吸收，但加压吸收需要增压设备，增大操作费用，因此是否加压操作应作全面考虑。

生产中，吸收的压力是由压缩机的能力和吸收前各设备的压降所决定。多数情况下，吸收压力是不可调节的，生产中应注意维持塔压。

5. 塔底液位的调节

塔底液位要维持在一定高度上。液位过低，部分气体可进入液体出口管，造成事故或环境污染。液位过高，超过气体入口管，使气体入口阻力增大。通常采用调节液体出口阀开度来控制塔底液位。

六、吸收塔操作异常现象处理

1. 拦液和液泛

吸收系统在设计时已经充分考虑了避免液泛的主要因素，因此正常操作一般不会发生液泛，但当操作负荷（特别是气体负荷）大幅度波动或溶液起泡后，气体夹带雾沫过多，就会形成拦液乃至液泛。

观察塔体的液位，操作中溶液循环量正常而塔体液位下降，或者气体流量未变而塔的压差增加，都可能是液泛发生的前兆。防止措施是严格控制工艺参数；保持系统操作平稳，尽量减轻负荷波动，使工艺变化在装置许可的范围内；及时发现、解决生产中出现的问题。

2. 溶液起泡

随着运转时间的增加，由于一些表面活性剂的作用，溶液会生成一种稳定的泡沫，由于稳定性泡沫不易破碎而逐步积累，当积累到一定量时就会影响吸收和再生效果，严重时气体的带液量增大，甚至发生液泛，使系统不能正常运行。

溶液发泡的原因主要有：①气体夹带油污、化学杂质和固体微粒等；②吸收塔超负荷，再生塔热负荷太高，吸收塔和再生塔被污染，压力和流动状态改变大，溶液再生效果差等操作方面的因素；③由于系统设备、管道清洗不干净，过滤器效率低，溶液中降解物积累太多，溶剂的纯度不够等因素引起溶液起泡。

对于溶液起泡常采取以下方式进行处理：高效过滤，使用高效的机械过滤器，辅以活性炭过滤器，可以有效地除去溶液中的泡沫、油污及细小的固体杂质微粒；加入消泡剂，良好的消泡剂可以减少泡沫的形成，消泡剂的使用量要适度，过量的消泡剂会在溶液中积累、变质、沉淀，使溶液黏度增加，表面张力加大，反而成为发泡剂，产生稳定性的泡沫，造成恶性循环；将新配制的溶液静置几天，待“熟化”后再进入系统。

3. 塔阻力升高

吸收塔的阻力在正常操作条件下基本稳定，通常会在一个很小的范围内波动，当溶液起泡或填料破碎时会影响溶液流通，引起塔阻力升高，对吸收塔的操作非常不利，日常操作中应尽量避免。

根据不同原因，采用相应的处理方式：溶液起泡的处理已经讨论；对于填料破裂或机械杂质引起堵塞的处理是降低负荷，通过调整操作参数可维持生产，如有必要可停车进行清理及更换耐腐蚀的优质填料。

习　题

1. 某种混合气中含有30%（体积）的 CO_2，其余为空气。于101.3kPa及30℃下用清水吸收其中CO_2，试求液相中CO_2的最大浓度。

2. 每1000g水中含有18.7g氨，试计算氨的水溶液的摩尔浓度c、摩尔分率x、及摩尔比X。

3. 在一个大气压20℃时，氧气在水中的溶解度可用下式表示$p=4.06\times10^6x^*$，式中p为气相中氧的分压；x为液相中氧的摩尔分数；试求在上述条件下氧在水中的最大溶解度。

4. 常压下34℃的空气为水蒸气所饱和，试求：

(1) 混合气体中空气的分压；

(2) 混合气体中水蒸气的体积分率；(理想气体的体积分率等于摩尔分数)

(3) 混合气体中水蒸气的摩尔比浓度。

5. 氨水的浓度为25%（质量分数），求氨对水的质量比和摩尔比。

6. 已知空气中N_2和O_2的质量分数分别为76.7%和23.3%，总压为一个大气压，求N_2和O_2的质量比和摩尔比。

7. 在逆流操作的吸收塔中，于一个大气压25℃下用清水吸收混合气体中的H_2S，将其浓度由2%降至0.1%（体积分数），该系数符合亨利定律$E=5.52\times10^4$kPa，若取吸收剂用量为理论最小用量的1.2倍，试计算操作液气比L/V及出口液相组成x。

8. 在常压下用水吸收某低浓度气体，已知气膜系数$k_g=1.9$kmol/(m²·h·kPa)，液膜吸收系数为$k_l=280$kmol/(m²·h)，溶解度系数$H=0.0015$kmol/(m³·kPa)，试求气体体积吸收总系数K_G及相平衡常数m，并指出控制该过程的膜层。

9. 在20℃及101.3kPa下，用清水分离氨和空气的混合气体，混合气中氨的分压为1330Pa，经处理后氨的分压下降到7Pa，混合气体的处理量为1020kg/h，操作条件下平衡关系为$Y=0.755X$，若适宜吸收剂用量为最小用量的5倍时，求吸收剂用量。

10. 用清水吸收含低浓度溶质A的混合气体，平衡关系服从亨利定律。现已测得吸收塔某横截面上气相主体溶质A的分压为5kPa，液相溶质A的摩尔分数为0.01，相平衡常数m为0.82，气膜吸收系数$k_y=2.58\times10^{-5}$kmol/(m²·s)，液膜吸收系数$k_x=3.85\times10^{-3}$kmol/(m²·s)。塔的操作总压为101.3kPa，试求：

(1) 气相总吸收系数K_Y，并分析该吸收过程的控制因素。

(2) 该塔横截面上的吸收速率N_A。

11. 在填料吸收塔中，用清水吸收甲醇-空气混合气体中的甲醇蒸气吸收操作，在常压及27℃下进行，此时，混合气流率为1200m³/h，塔底处空塔速度为0.4m/s，混合气中甲醇浓度为100g甲醇/m³空气，甲醇回收率为95%，气体体积吸收总系数为$K_G\alpha=0.987$kmol/(m³·h·kPa)，在操作条件下气液平衡关系为$Y=1.1X$。试计算在塔底溶液浓度为最大可能浓度的70%时，所需的填料层高度。

12. 在内径为0.8m的常压填料吸收塔内，装有高5m的填料。操作温度为20℃。每小时处理1200m³氨-空气混合气体，其中氨的浓度为0.0132（摩尔分率）。用清水做吸收剂，其用量为900kg/h。吸收效率为99.5%。已知操作条件下气液平衡关系符合亨利定律，在20℃时，一组平衡数据为：液相浓度为1g(NH_3)/100g(H_2O)，相应的平衡气相中氨的分压为800Pa。试求：

(1) 亨利系数E及溶解度系数H。

(2) 气体体积吸收总系数$K_G\alpha$。

13. 在27℃及101.3kPa下，用水吸收混于空气中的甲醇蒸气。甲醇在气-液两相中的浓度很低，平衡关系服从亨利定律。已知溶解度系数$H=1.995$kmol/(m³·kPa)，气膜吸收分系数$k_g=1.55\times10^{-5}$kmol/(m²·s·kPa)，液膜吸收分系数为$k_l=2.08\times10^{-5}\text{kmol}/\left(\text{m}^2\cdot\text{s}\cdot\dfrac{\text{kmol}}{\text{m}^3}\right)$，试求吸收总系数$K_G$并算出气膜阻力在总阻力中所占的百分数。

本章主要符号说明

英文字母

a——填料层的有效比表面积，m^2/m^3；
A——吸收因数，L/mV；
c——组分浓度，$kmol/m^3$；
C——总浓度，$kmol/m^3$；
d——直径，m；
d_e——填料层的当量直径，m；
D——塔内径，m；
D'——在液相中的扩散系数，m^2/s；
D_e——涡流扩散系数，m^2/s；
E——亨利系数，其值随物系的特性及温度而异，Pa；
g——重力加速度，m/s^2；
G——气相的空塔质量速度，$kg/(m^2 \cdot s)$；
G_A——吸收负荷，即单位时间内吸收的A物质量，kmol/s；
H——溶解度系数，$kmol/(m^3 \cdot kPa)$；
H_G——气相传质单元高度，m；
H_L——液相传质单元高度，m；
H_{OG}——气相总传质单元高度，m；
H_{OL}——液相总传质单元高度，m；
J——扩散通量，$kmol/(m^2 \cdot s)$；
k_G——气膜吸收系数，$kmol/(m^2 \cdot s \cdot kPa)$；
k_L——液膜吸收系数，$kmol/[(m^2 \cdot s)\ kmol/m^3]$；
k_x——液膜吸收系数，$kmol/(m^2 \cdot s)$；
k_y——气膜吸收系数，$kmol/(m^2 \cdot s)$；
K_G——气相总吸收系数，$kmol/(m^2 \cdot s \cdot kPa)$；
K_L——液膜吸收系数，$kmol/[(m^2 \cdot s)\ kmol/m^3]$；
K_X——液相总吸收系数，$kmol/(m^2 \cdot s)$；
K_Y——气相总吸收系数，$kmol/(m^2 \cdot s)$；
l——特性尺寸，m；
L——单位时间内通过吸收塔的吸收剂量，kmol吸收剂/h；
m——相平衡常数，无量纲；
N——总体流动通量，$mol/(m^2 \cdot s)$；
N_A——组分A的传递速率，$mol/(m^2 \cdot s)$；
N_G——气相传质单元数，无量纲；
N_L——液相传质单元数，无量纲；
N_{OG}——气相总传质单元数，无量纲；
N_{OL}——液相总传质单元数，无量纲；
N_T——理论板层数；
p^*、p——溶质在气相中的平衡分压、实际分压，kPa；
P——总压强，kPa；
R——通用气体常数，$kJ/(kmol \cdot K)$；
Re——雷诺准数，无量纲；
S——脱吸因数，$S=mV/L$，无量纲；
T——热力学温度，K；
u——气体的空塔气速，m/s；
u_o——气体通过填料层空隙的速度，m/s；
U——喷淋密度，$m^3/(m^2 \cdot s)$；
V——惰性气体的摩尔流量，kmol/s；
V_s——操作条件下塔底混合气体的体积流量，kmol/s；
V_p——填料层体积，m^3；
W——液体空塔质量速度，$kg/(m^2 \cdot s)$；
x、x^*——溶质在液相中的实际浓度、平衡浓度（均为摩尔分数）；
X——溶质在液相中的摩尔比；
X_i——相界面处液相中吸收质摩尔比；
X_A——液相主体中吸收质摩尔比；
X_A^*——与气相浓度Y_A相平衡的液相摩尔比；
X、X_1、X_2——任一截面、进塔及出塔液体的组成，kmol吸收质/kmol吸收剂；
Y^*——与液相浓度X_A相平衡的气相摩尔比；
Y_A——气相主体吸收质摩尔比；
Y_i——相界面处气相中吸收质摩尔比；
Y、Y_1、Y_2——任一截面、进塔及出塔气体的组成，kmol 吸收质/kmol 惰性气。

希腊字母

α、β、γ——常数；

ε——空隙率，m^3/m^3；

θ——时间，s；

μ——黏度，Pa·s；

ρ——密度，kg/m^3；

φ——相对吸收率，无量纲；

φ_A——吸收率或回收率，无量纲；

Ω——塔截面积，m^2。

下标

A——组分 A 的；

B——组分 B 的；

d——分子扩散的；

e——当量的或涡流的；

G——气相的；

L——液相的；

m——对数平均的；

N——第 N 板的；

P——填料的；

max——最大的；

min——最小；

1——塔底的或截面 1 的；

2——塔顶的或截面 2 的。

第七章　干　燥

化工生产中为了满足成品、半成品在输送、贮存或使用过程中的要求，常常需要除去悬浮液、膏状物料或其他各种形状固体湿物料中的一部分湿分，这种除湿操作统称为“去湿”。其中利用热能加热固体湿物料，使湿物料中的湿分汽化，并及时移走所生成蒸汽的去湿方法称为湿物料的干燥。干燥在工业生产中应用极为广泛，除应用于化工生产外，在农副产品的加工、纺织、造纸、陶瓷、医药、矿产加工及食品工业都是必不可少的操作。

第一节　概　述

一、固体物料常用的去湿方法

1. 机械去湿

即通过沉降、过滤、离心分离等机械分离的方法去湿。当固体湿物料中含有较多液体时，通常先采用这些方法除去其中的大部分液体。此类方法能耗较少，但湿分的去除不彻底，一般用于初步去湿。

2. 物理化学去湿

即用固体吸附剂如无水氯化钙、硅胶、石灰等吸去物料中所含水分。这种方法去除的水分量很有限，费用较高，只适用于实验室小批量低湿分固体物料的去湿。

3. 热能去湿（干燥）

即利用热能加热湿物料，使湿物料中的湿分汽化，并及时移走所生成的蒸汽，它是化工、食品、生物等工业中经常使用的一种单元操作。如湿淀粉、蛋白饲料、酵母、麦芽以及湿轻质碳酸镁等的干燥都是典型的例子。干燥法热能消耗较多，工业上往往将机械分离法与干燥法联合起来除湿，即先用机械方法尽可能除去湿物料中的大部分湿分，然后再用干燥方法继续除湿。

二、湿物料的干燥方法

根据对湿物料的加热方法不同，干燥操作可分为下列几种。

1. 传导干燥

将湿物料堆放或贴附于高温的固体壁面上，以传导方式获取热量，使其中水分汽化，水蒸气由周围气流带走或用抽气装置抽出。常用饱和水蒸气、高温烟道气或电热作为间接热源，其热利用率较高，但与传热壁面接触的物料易造成过热，物料层不宜太厚，而且金属消耗量较大。

2. 对流干燥

将干燥介质（热空气或热烟道气等）与湿物料直接接触，以对流方式向物料供热，湿分汽化生成的水蒸气也由干燥介质带走。对流干燥生产能力较大，相对来说设备投资较低，操作控制方便，热气流的温度和湿含量调节方便，物料受热均匀，是应用最为广泛的一种干燥方式；其缺点是热气流用量大，带走的热量较多，热利用率比传导干燥要低。

3. 辐射干燥

以热辐射方式将辐射能投射到湿物料表面，被物料吸收后转化为热能，使水分汽化并由外加气流或抽气装置排出。辐射干燥特别适用于薄层物料的干燥。辐射源可按被干燥物件的形状布置，故辐射干燥比热传导或对流干燥的生产强度大几十倍，干燥时间短，干燥均匀。但电能消耗大。

4. 介电加热干燥（包括高频干燥、微波干燥）

将湿物料置于高频电场内，利用高频电场的交变作用使物料分子发生频繁的转动，物料从内到外都同时产生热效应，使其中水分汽化。且介电加热干燥时传热的方向与水分扩散的方向一致，这样可以加快水分由物料内部向表面的扩散和汽化，缩短干燥时间，得到的干燥产品质量均匀，自动化程度很高。尤其适用于食品、医药、生物制品等当加热不匀时易引起变形、表面结壳或变质的物料的干燥，或内部水分较难除去的物料的干燥。但是，其电能消耗量大，设备和操作费用都很高。

5. 冷冻干燥

使含水物质温度降至冰点以下，使水分冷冻成冰，而后在较高真空度下使冰直接升华而除去水分的干燥方法。故冷冻干燥又称真空冷冻干燥或冷冻升华干燥。冷冻干燥早期用于生物的脱水，并在医药、血液制品、各种疫苗等方面的应用中得到迅速发展。冷冻干燥制品的品质在许多方面优于普通干燥的制品，但系统设备较复杂，投资费用和操作费用都较高，因此，其应用范围与规模受到一定的限制。

除此而外，按干燥操作的压力不同，干燥可分为常压干燥和真空干燥。真空干燥具有操作温度低、蒸汽不易泄漏等特点，适宜于处理维生素、抗生素等热敏性产品，以及易氧化、易爆、毒物料或产品要求含水量较低、要求防止污染及湿分蒸汽需要回收的情况。

按操作方式不同，干燥还可分为连续干燥和间歇干燥。工业生产中多为连续干燥，其生产能力大，产品质量较均匀，热效率较高，劳动条件也较好；间歇干燥的投资费用较低，操作控制灵活方便，故适用于小批量、多品种或要求干燥时间较长的物料的干燥。

工业上应用最多的是对流干燥法。本章以热空气干燥湿物料中的水分为例，介绍对流干燥过程的机理、计算以及对流干燥设备。

三、对流干燥过程

1. 对流干燥流程

图 7-1 是对流干燥流程示意。空气经鼓风机在预热器中被加热至一定温度后进入干燥器，与进入干燥器的湿物料直接接触，热空气将热量传给湿物料使其水分汽化得到干燥产品，热空气温度则逐步降低，并夹带被汽化的水汽作为废气排出。

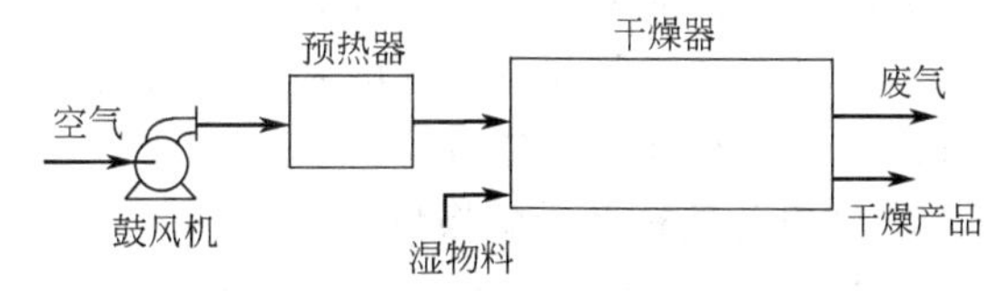

图 7-1 对流干燥流程示意

对流干燥可以连续操作，也可以间歇操作。当连续操作时，物料被连续地加入和排出，物料和气流可呈并流、逆流或其他形式的接触；当为间歇操作时，湿物料成批置于干燥器内，热空气流可连续地通入和排出，待物料干燥至一定含湿要求后一次取出。

2. 对流干燥过程的传热与传质

在图 7-1 所示的干燥器中，热空气与湿物料直接接触后，热空气将热量传至湿物料表面，再由湿物料表面传至物料内部。如图 7-2 所示，若热空气主体温度为 t，湿物料表面温度为 t_w；则传热推动力为 $\Delta t = t - t_w$；同时，水分从物料内部以液态水或水汽的形式扩散至物料表面，再以水汽形式扩散至空气主体。若湿物料表面的水汽分压为 p_s，热空气主体中

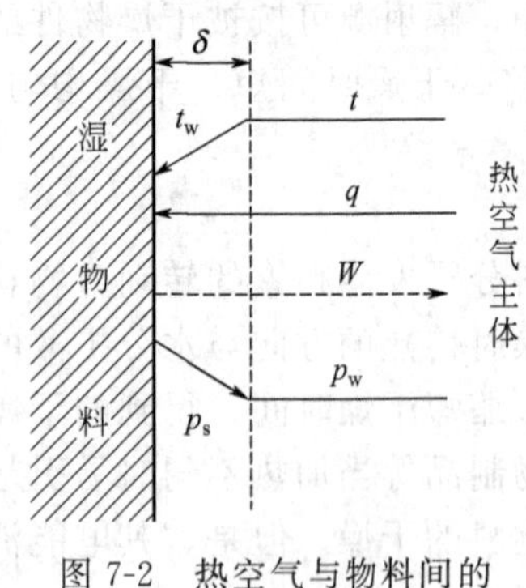

图 7-2　热空气与物料间的传热与传质

的水汽分压为 p_w，则水汽的传质推动力为 $\Delta p=p_s-p_w$。由此可知，对流干燥过程是传热与传质同时进行但方向相反的过程，传热方向由干燥介质传向湿物料，传质方向由固体物料传向干燥介质主体。在干燥器中，空气既要为物料提供水分汽化所需热量，又要带走所汽化的水汽，以保证干燥过程的进行，因此，作为干燥介质的热空气，既是载热体，又是载湿体。只要气流中的水汽分压 p_w 低于湿物料表面产生的水汽分压 p_s，干燥过程就可以进行下去，这是干燥过程得以进行的必要条件。

由于湿空气的性质是讨论干燥过程的基础，故在讨论干燥之前，需了解湿空气的各种物理性质及它们之间的相互关系。

四、干燥案例

1. 洗衣粉干燥案例

固体洗衣粉是人们洗涤衣物经常使用的洗涤剂，洗衣粉的主要成分包含烷基苯磺酸钠、三聚磷酸钠、非离子表面活性剂、无水硫酸钠、碳酸钠、硅酸钠等。工业生产将其按一定比例配制好后成为固体含量为60%左右的浆料，其余为水分，要想得到颗粒状的洗衣粉，工厂采用如图 7-3 所示的工艺流程来实现。

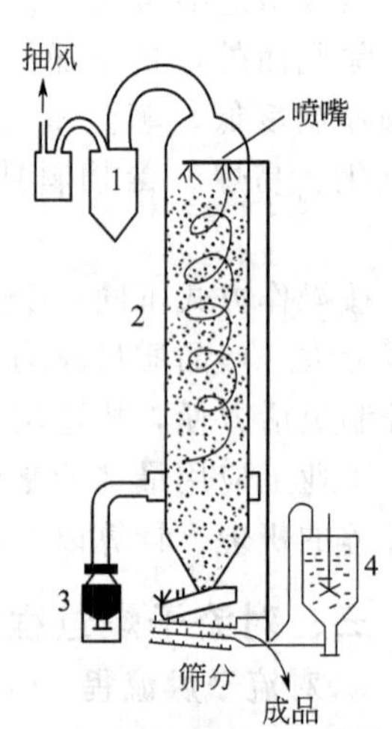

图 7-3　洗衣粉干燥工艺流程示意

1—旋风分离器；2—喷雾干燥塔；3—热风炉；4—料浆槽

在图 7-3 所示的工艺流程中，有两股物流，即热空气与洗衣粉浆料。由热风炉产生的温度为 280～430℃的热风通过管路进入喷雾干燥塔的底部，由各热封口均匀进入喷雾干燥塔内。

经前一段工序配制好的料浆除去杂质，由均化磨将料浆中的颗粒磨碎，得到均匀、细腻的料浆，由高压泵从料浆槽以 2～8MPa 的压力输送至塔顶喷枪环路，在喷枪喷嘴的作用下雾化，下落的雾滴与上升的热空气接触，雾滴中的水分蒸发，形成空心球形的洗衣粉颗粒，落到塔底的洗衣粉经皮带输送机输送到塔外送入下个工序。

自喷雾干燥塔上部出来夹带着少量洗衣粉细粒的空气送至旋风分离器，在旋风分离器中依靠离心力的作用，洗衣粉细粒撞击到旋风分离器器壁上，从旋风分离器底部收集。废气从旋风分离器上部经排风口排出。

2. 聚氯乙烯树脂干燥案例

某聚氯乙烯（PVC）生产厂家，其产品聚氯乙烯树脂中水分含量要求低于 0.3%，而前一工序得到的聚氯乙烯浆料中含有大量的水分，工厂采用如图 7-4 所示的工艺流程实现这一目的。

聚氯乙烯干燥工艺流程中，有两股物料，一股为热空气，另一股为树脂。

经过滤器过滤的空气，经鼓风机加压并由加热器加热，然后将由螺旋输送器中经离心脱水后的湿树脂（含水≤25%）吹送至气流干燥管，在 140～150℃的热气流中，PVC 颗粒表面水分急速汽化，同时气流温度也急剧下降，物料水分降低至 3%以下。

经气流干燥后的湿树脂（含水≤3%，温度≥55℃）以较高的速度进入旋风干燥器中干燥，出干燥器的物料（含水≤0.3%）在一级旋风分离器绝大部分 PVC 沉降，在下料口被送

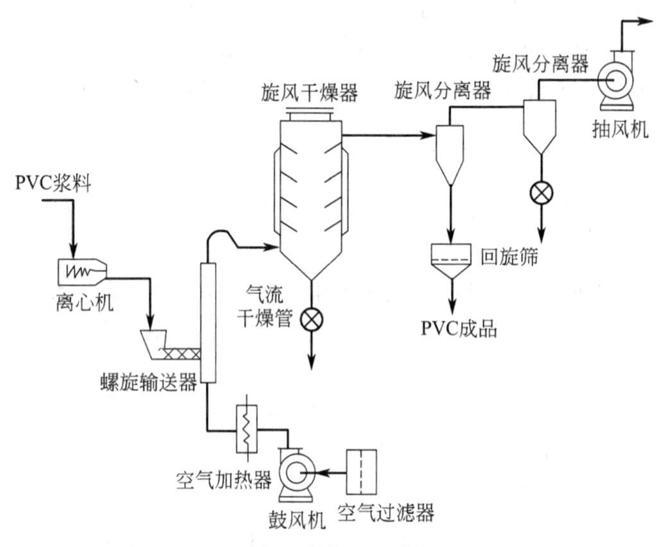

图 7-4 聚氯乙烯树脂干燥工艺流程

至回旋筛，过筛后进入料仓待包装。

湿树脂挥发出来的水分和热风经一级旋风分离器分离后，进入二级旋风分离器，由抽风机出口排入大气，在二级旋风分离器中分离的少量细粒子由二级旋风分离器下料口放掉，包装。

第二节 湿空气的性质和湿焓图

一、湿空气的性质

湿空气是干空气和水汽的混合物。由于干燥操作的压力较低，故湿空气通常作为理想气体来处理。在干燥过程中，湿空气中的水汽量是不断变化的，而其中绝干空气作为湿和热的载体，其质量不变，故在讨论湿空气的性质和干燥过程计算时常取干空气作为物料基准。

1. 湿空气中的水汽分压 p_w

湿空气中的水汽在保持与湿空气相同的温度下，单独占据湿空气的容积时所产生的压力，称为湿空气中水汽的分压力。用 p_w 表示。根据道尔顿分压定律，湿空气的总压力 p 与水汽分压力 p_w 及绝干空气分压力 p_s 的关系为：

$$p = p_s + p_w \tag{7-1}$$

式中 p——湿空气的总压强，Pa；

p_s——湿空气中干空气的分压，Pa；

p_w——湿空气中水汽的分压，Pa。

当总压一定时，湿空气中水汽分压 p_w 越大，表明空气中水汽的含量越高。当水汽分压等于该空气温度下水的饱和蒸汽压 p_s 时，表明湿空气被水汽饱和，不再具有吸收水汽的能力。故作为干燥介质的湿空气应为不饱和空气，即水汽分压应低于同温下水的饱和蒸汽压。

2. 湿度 H

又称湿含量，或绝对湿度（简称湿度），指单位质量绝干空气所带有的水汽质量，单位为 kg 水/kg 干空气，即：

$$H = \frac{湿空气中水汽质量}{湿空气中绝干空气的质量} = \frac{n_w M_w}{n_g M_g} = 0.622\frac{n_w}{n_g} \tag{7-2}$$

式中 n_g、n_w——湿空气中干空气、水汽的千摩尔数，kmol；

M_w、M_g——水汽和干空气的千摩尔质量，kg/kmol。

常压下湿空气可视为理想气体，根据道尔顿分压定律，式(7-2) 可表示为以下关系：

$$H=0.622\frac{p_w}{p-p_w} \tag{7-3}$$

由式(7-3) 可见，湿度 H 与空气的总压 p 及其水汽分压 p_w 有关；当总压 p 一定时，H 只与 p_w 有关。

当水汽分压 p_w 等于该空气温度下水的饱和蒸汽压 p_s 时，表明湿空气被水汽饱和，不再具有吸收水汽的能力，此时空气的湿度称为饱和湿度，用 H_s 表示：

$$H_s=0.622\frac{p_s}{p-p_s} \tag{7-4}$$

式中 H_s——湿空气的饱和湿度，kg 水汽/kg 干空气；

p_s——湿空气温度 t 下水的饱和蒸汽压，Pa。

式(7-4) 说明，在一定总压 p 下，空气的饱和湿度 H_s 只取决于其温度。

3. 相对湿度（或相对湿度百分数）$\boldsymbol{\varphi}$

指在一定总压 p 下，湿空气中水气分压 p_w 与同温度下水的饱和蒸汽压 p_s 之比，即：

$$\varphi=\frac{p_w}{p_s}\times100\% \tag{7-5}$$

由式(7-5) 可知，当 $p_w=0$ 时，$\varphi=0$，表明该空气为干空气；当 $p_w=p_s$ 时，$\varphi=100\%$，表明空气已达到饱和状态；当 $p_w<p_s$ 时，$\varphi<100\%$，为未饱和湿空气，φ 值越小，表明该空气偏离饱和程度越远，吸收水气的能力越强。

在一定总压 p 下，$p_w=\varphi p_s$，代入 (7-4)，得：

$$H=0.622\frac{\varphi p_s}{p-\varphi p_s} \tag{7-6}$$

式(7-6) 表明，当总压 p 一定时，湿空气的湿度 H 随空气的相对湿度 φ 和空气的温度 t 而变化。

【例 7-1】 已知湿空气温度 t 为 50℃；水汽分压为 10kPa，总压为 100kPa。试求该空气的湿度和相对湿度；若温度提高到 70℃，该空气的湿度和相对湿度又为多少？由此说明什么问题？

解 ① 当湿空气温度 t 为 50℃时，有：

$$H=0.622\frac{p_w}{p-p_w}=0.622\frac{10}{100-10}=0.0691\ (\text{kg 水汽/kg 绝干空气})$$

由附录中查得温度为 50℃时，其 $p_s=12.34$kPa，则：

$$\varphi=\frac{p_w}{p_s}\times100\%=\frac{10}{12.34}\times100\%=81.04\%$$

② 当温度提高到 70℃时，H 不变，查得 $p_s=31.16$kPa，则：

$$\varphi=\frac{p_w}{p_s}\times100\%=\frac{10}{31.16}\times100\%=32.09\%$$

③ 此例说明，对于不饱和湿空气，当总压 p 和水汽分压 p_w 一定时，空气的湿度 H 也一定，不随温度变，而相对湿度则随温度升高而降低，即不饱和程度增大，所以干燥操作中总是将空气预热后再送入干燥器内，以提高其吸湿能力。

4. 湿空气的比容 υ_H

湿空气的比容也称为湿容积，指含有 1kg 干空气的湿空气的体积，即 1kg 干空气及其所带的 Hkg 水汽共同占有的总体积，其单位为 m^3 湿空气/kg 干空气，即：

$$\upsilon_H=\upsilon_g+H\upsilon_w=\left(\frac{1}{29}+\frac{H}{18}\right)\times 22.4\times\frac{273+t}{273}\times\frac{101.33\times 10^3}{p}$$

$$=(0.773+1.244H)\times\frac{273+t}{273}\times\frac{101.33\times 10^3}{p} \tag{7-7}$$

即在总压 p 一定时，不饱和湿空气的比体积随其温度 t 和湿度 H 而变化。

5. 湿空气的比热容 c_H

简称湿比热容，指以 1kg 干空气为计算基准的湿空气的比热容，即 1kg 干空气及其所带的 Hkg 水蒸气温度升高或降低 1℃所吸收或放出的热量，其单位为 kJ/(kg 干空气·K)，即：

$$c_H=c_g+c_vH \tag{7-8}$$

式中 c_g——干空气的平均等压比热容，kJ/(kg 干空气·K)；

c_v——水汽的平均等压比热容，kJ/(kg 水蒸气·K)。

在工程计算中，常取 c_g 和 c_v 为常数，即 $c_g=1.01$kJ/(kg 干空气·K)，$c_v=1.88$kJ/(kg 水蒸气·K)，所以，湿空气的比热容为：

$$c_H=1.01+1.88H \tag{7-8a}$$

即湿空气的比热容只随空气的湿度 H 而变化。

6. 湿空气的焓 I

指以 1kg 干空气为计算基准的湿空气的焓，即为 1kg 干空气的焓与其所带的 Hkg 水汽的焓之和，其单位为 kJ/kg 干空气，即：

$$I=I_g+HI_v \tag{7-9}$$

式中 I_g——干空气的焓，kJ/(kg 干空气·K)；

I_v——水汽的焓，kJ/(kg 水蒸气·K)。

通常规定 0℃时干空气及液态水的焓为零，于是有：

$$I_g=c_gt$$

$$I_v=r_0+c_vt$$

式中 r_0——0℃时水的汽化潜热，$r_0=2492$kJ/kg。

于是

$$I=(c_g+c_vH)t+r_0H=(1.01+1.88H)t+2492H \tag{7-9a}$$

由式(7-9a) 可知，湿空气的焓值随空气的温度 t、湿度 H 而变化。

【例 7-2】 某湿空气的总压力为 101.3kPa、温度为 20℃，水汽分压为 1.7kPa。试求：

(1) 该湿空气的湿度、湿容积、湿比热容和焓；

(2) 若将温度升高至 50℃，需供给含有 1kg 干空气的湿空气多少热量？

解 (1) 由式(7-6)～式(7-9) 解得

$$H=0.0106(\text{kg 水汽/kg 干空气})$$

$$\upsilon_H=0.844(\text{m}^3\text{ 湿空气/kg 干空气})$$

$$c_H=1.01+1.88H=1.01+1.88\times 0.0106=1.030\ [\text{kJ/(kg 干空气·K)}]$$

$$I=(1.01+1.88H)t+2492H=c_Ht+2492H$$

$$=1.03\times 20+2492\times 0.0106=47.02\ [\text{kJ/(kg 干空气)}]$$

(2) 湿空气在被加热过程中湿度不变，故湿空气由 20℃加热到 50℃所需供给的热量为

$$\Delta I=I_2-I_1=(c_Ht_2+2492H_1)-I_1$$

这里 $I=I_1$

所以 $\Delta I=1.03\times50+2492\times0.0106-47.02=30.90$ (kJ/kg 干空气)

7. 湿空气的温度

(1) 湿空气的干球温度 t

简称温度，是指湿空气真实温度，可直接用普通温度计测量。

(2) 湿空气的露点 t_d

不饱和湿空气在总压力和湿度 H 不变的情况下进行冷却、降温，直到达到饱和状态时的温度称为该空气的露点 t_d。此时湿空气的湿度 H 就是其露点 t_d 下的饱和湿度 H_s，即 $H=H_s$，相对湿度 $\varphi=100\%$。可见，一定总压力下，空气的湿度 H（或水蒸气分压 p_w）越大，则露点 t_d 就越高。只要测出露点温度 t_d，便可查得此温度下对应的饱和蒸汽压 p_s，从而根据式(7-4) 求得空气的湿度 H。这是露点法测定空气湿度的依据。反之，若已知空气的湿度 H，可根据式(7-4) 求得饱和蒸汽压 p_s，再从水蒸气表中查出相应的温度，即为露点 t_d。由上述可知，空气露点是反映空气湿度的一个特征温度。

【例 7-3】 计算例 7-2 中湿空气的露点。

解 由例 7-2 已知露点 t_d 下的饱和湿度为 $H_s=H=0.0106$kg 水汽/kg 干空气，又已知总压力 $p=101.3$kPa，由式(7-4) $H=H_s=0.622\dfrac{p_s}{p-p_s}$可得

$$p_s=\frac{pH_s}{0.622+H_s}=\frac{101.3\times0.0106}{0.622+0.0106}=1.7\ (\text{kPa})$$

查附录得湿空气的露点 $t_d=14.3$℃。

【例 7-4】 若常压下某湿空气的温度为 20℃、湿度为 0.014673kg 水汽/kg 绝干空气，试求：(1) 湿空气的相对湿度；(2) 湿空气的比容；(3) 湿空气的比热容；(4) 湿空气的焓。若将上述空气加热到 50℃，再分别求上述各项。

解 20℃时的性质：

(1) 湿空气的相对湿度 从附录 3 查出 20℃时水蒸气的饱和蒸气压 $p_s=2.3346$kPa。用式(7-6) 求相对湿度，即：

$$H=0.622\frac{\varphi p_s}{p-\varphi p_s}\qquad 或\ 0.014673=\frac{0.622\times2.3346\varphi}{101.3-2.334\varphi}$$

解得 $\varphi=1=100\%$，该空气为饱和空气，不能作干燥介质用。

(2) 湿空气的比容 由式(7-7) 求比容，即：

$$v_H=v_g+Hv_w=(0.773+1.244H)\times\frac{273+t}{273}\times\frac{101.33\times10^3}{p}$$

$$=(0.773+1.244\times0.014673)\times\frac{273+20}{273}=0.849(\text{m}^3\ 湿空气/\text{kg}\ 绝干气)$$

(3) 湿空气的比热容 由式(7-8a) 求比热容，即：

$$c_H=1.01+1.88H\ [\text{kg}/(\text{kg}\ 干空气\cdot\text{K})]$$

或 $c_H=1.01+1.88\times0.014673=1.038$ [kJ/(kg 干空气·K)]

(4) 湿空气的焓 由式(7-9a) 求湿空气的焓，即：

$$I=(c_g+c_vH)t+r_0H=(1.01+1.88H)t+2492H$$

或 $I=(1.01+1.88\times0.014673)\times20+2492\times0.014673=57.32$ (kJ/kg)

50℃时的性质：

(1) 湿空气的相对湿度 从附录 3 查出 50℃时水蒸气的饱和蒸气压 $p_s=12.340$kPa。当空气从 20℃加热到 50℃时，湿度没有变化，仍为 0.014673kJ/kg 绝干气，故：

用式(7-6) 求相对湿度，即：

$$0.014673=\frac{0.622\times12.340\varphi}{101.3-12.340\varphi}$$

解得　$\varphi=0.1892=18.92\%$，由计算结果看出，湿空气被加热后虽然湿度没有变化，但相对湿度降低了。所以在干燥操作中，总是先将空气加热后再送入干燥器内，目的是降低湿度，以提高吸湿能力。

(2) 湿空气的比容

$$\upsilon_H=\upsilon_g+H\upsilon_w=(0.773+1.244H)\times\frac{273+t}{273}\times\frac{101.33\times10^3}{p}$$

$$=(0.773+1.244\times0.014673)\times\frac{273+50}{273}=0.936\ (m^3/kg)$$

湿空气被加热后虽然湿度没有变化，但受热后体积膨胀，所以比容增大。

(3) 湿空气的比热容　由式(7-8a) 可知空气的比热容只是湿度的函数，因此 20℃与 50℃时湿空气的比热容相等，均为 1.038kJ/(kg 干空气•K)。

(4) 湿空气的焓

$$I=(c_g+c_vH)t+r_0H=(1.01+1.88H)t+2492H$$

或　$I=(1.01+1.88\times0.014673)\times50+2492\times0.014673=88.44\ (kJ/kg)$

湿空气被加热后虽然湿度没有变化，但温度增高，故焓值增大。

(3) 湿空气的湿球温度 t_w

将普通温度计的感温球用湿纱布包裹，并用水保持湿纱布表面润湿，这种温度计称为湿球温度计，如图 7-5 所示。湿球温度计在空气中达到稳定或平衡时的温度称为该空气的湿球温度。不饱和湿空气的湿球温度 t_w 恒低于其干球温度 t。

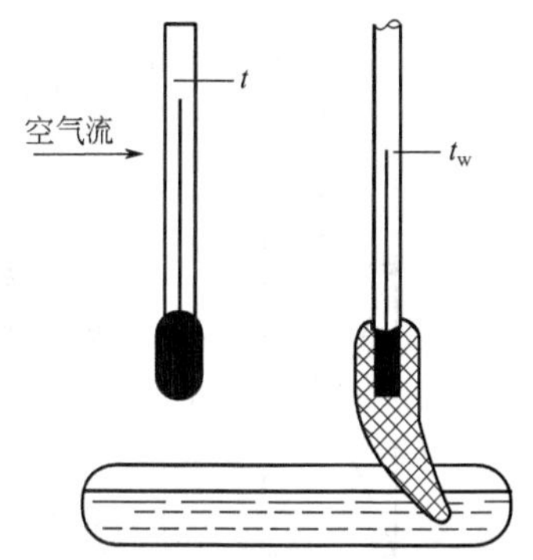

图 7-5　湿球温度的测量

湿球温度计测温原理如下。

将湿球温度计置于温度为 t、湿度为 H 的不饱和空气流中，假设开始时湿纱布的水温与湿空气的温度 t 相同，空气与湿纱布上的水之间没有热量传递。由于湿纱布表面空气的湿度大于空气主体的湿度 H，因此湿纱布表面的水分将汽化到空气主体中。此时汽化水分所需潜热只能由水分本身温度下降放出的显热供给，因此，湿纱布上的水温下降，与空气间产生了温度差，引起对流传热。当空气向湿纱布传递的热量正好等于湿纱布表面水分汽化所需热量时，过程达到动态平衡，此时湿纱布的水温不再下降，而达到一个稳定的温度，这个稳定的温度就是该空气状态（温度为 t、湿度为 H）下的湿球温度。

湿球温度 t_w 是湿纱布上水的温度，它由流过湿纱布的大量空气的温度 t 和湿度 H 所决定。当空气的温度 t 一定时，若其湿度 H 越大，则湿球温度 t_w 也越高；对于饱和湿空气，其湿球温度、干球温度以及露点三者相等。因此，湿球温度是湿空气的状态参数。

由上可知，在达到湿球温度 t_w 时，空气向湿纱布表面的传热速率为：

$$Q=\alpha A(t-t_w) \tag{7-10}$$

式中　Q——传热速率，kW；

α——空气与湿纱布表面间的对流给热系数，kW/(m²•℃)；

A——湿纱布的表面积，m^2。

湿纱布表面水分向空气的传质速率为：

$$W=k_H(H_W-H) \tag{7-11}$$

式中 W——水分的传质速率，$kg/(m^2·s)$；

k_H——以湿度差为推动力的传质膜系数，$kg/(m^2·s·\Delta H)$；

H_W——湿空气在温度为 t_w 下的饱和湿度，kg 水/kg 绝干气；

H——湿空气的湿度，kg 水/kg 绝干气。

单位时间水自湿纱布表面汽化所需热量为：

$$Q=WAr_w=k_H(H_W-H)Ar_w \tag{7-12}$$

式中 r_w——水在 t_w 下的汽化潜热，kJ/kg。

由于达到平衡时，空气向湿纱布表面的传热速率等于水自湿纱布表面汽化所需传热速率，由（7-10）～式(7-12) 可得：

$$\alpha A(t-t_w)=Ak_H(H_W-H)$$

整理上式得：

$$t_w=t-\frac{k_H r_W}{\alpha}(H_W-H) \tag{7-13}$$

当空气流速足够大且温度不太高时，可以认为湿空气流与湿纱布表面间的传热、传质均以对流方式为主，k_H 与 α 为通过同一气膜的传质系数与对流给热系数。实验表明，k_H 与 α 都与气流 Re 数的 0.8 次方成正比，因而 k_H/α 值与流速无关，只与物性有关。对于空气-水系统，$\alpha/k_H\approx1.09$。可见，湿球温度是湿空气的温度 t 与湿度 H 的函数。在一定的压强下，只要测出湿空气的 t 和 t_w，就可根据式(7-13) 确定湿度。测定湿球温度时，空气的流速应大于 5m/s，以减小热辐射和热传导的影响，使测量结果精确。

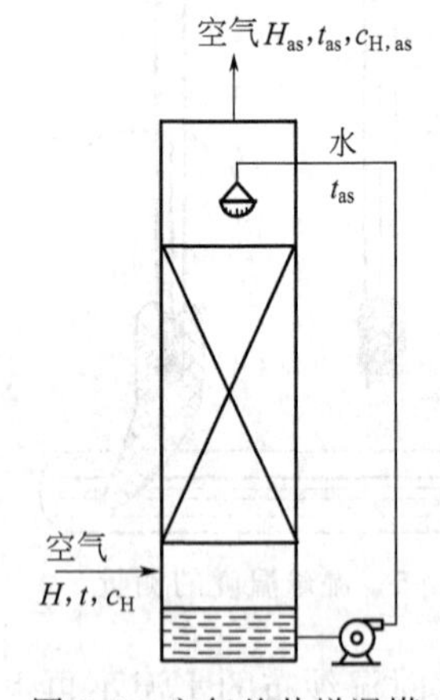

图 7-6 空气绝热增湿塔

（4）绝热饱和温度 t_{as}

绝热饱和温度是湿空气经过绝热冷却过程后达到饱和时的温度。如图 7-6 所示，若一定温度 t 和湿度 H 的不饱和空气在空气绝热增湿塔（或称绝热饱和器）内与大量循环喷洒水充分接触，水用泵循环，使塔内水温完全均匀。由于水滴表面的水汽分压高于空气中的水汽分压，故水将向空气中汽化。因塔与周围环境绝热，则水向空气中汽化所需的潜热，只能由空气温度下降而放出的显热供给，同时汽化的水分又将这部分热量带回空气中。很显然，在此过程中空气湿度不断增加、温度不断下降，对湿空气而言，这一绝热冷却过程是等焓过程。

绝热冷却过程进行到空气被水汽饱和时，空气的温度不再下降，而与循环水的温度相同，此时的温度称为该空气的绝热饱和温度 t_{as}，与之对应的湿度称为绝热饱和湿度，用 H_{as} 表示。

根据以上分析可知，达到绝热饱和时，空气释放的显热恰好等于水分汽化所需的潜热，故有：

$$c_H(t-t_{as})=r_{as}(H_{as}-H)$$

整理得：

$$t_{as}=t-\frac{r_{as}}{c_H}(H_{as}-H) \tag{7-14}$$

式中 r_{as}——温度 t_{as}时水的汽化潜热，kJ/kg。

式(7-14) 表明，湿空气的绝热饱和温度 t_{as}是湿空气在绝热冷却、增湿过程中达到的极限冷却温度，由该空气的 t 和 H 决定，t_{as}也是空气的状态参数。

实验测定表明，对空气一水系统，$\alpha/k_H \approx c_H$，所以可认为 $t_{as} \approx t_w$。

值得注意的是，湿空气的湿球温度 t_w 和绝热饱和温度 t_{as}是两个完全不同的概念。前者是大量空气与少量水经长时间绝热接触后达到的稳定温度，湿空气在此过程中 t、H 均不变，达到湿球温度时，传热、传质仍在进行，过程处于动态平衡状态。而绝热饱和温度则是少量空气与大量水经长时间绝热接触后达到的稳定温度，湿空气在此过程中增湿、降温，但焓不变。达到绝热饱和温度时，过程处于热力学平衡状态。

综上所述，表示湿空气性质的特征温度有干球温度 t、露点 t_d、湿球温度 t_w 和绝热饱和冷却温度 t_{as}。对空气-水系统，它们之间的关系如下。

不饱和湿空气：$t > t_w = t_{as} > t_d$；

饱和空气：$t = t_w = t_{as} = t_d$。

二、湿空气的湿度图

当总压一定时，表明湿空气性质的各项参数（p_w、H、φ、v_H、c_H、t、t_w 等）中，只要规定其中任意两个相互独立的参数，湿空气的状态就被确定。在干燥计算中，需要知道湿空气的某些参数，这些参数若用公式计算比较烦琐。工程上为了方便起见，将各参数之间的关系标绘在坐标图上，只要知道湿空气任意两个独立参数，就能从图上迅速查到其他参数，这种图称为湿度图。常用的湿度图主要是焓-湿图（I-H）。

如图 7-7 所示的 I-H 图，是在总压力 $p=101.325$kPa 下，以湿空气的焓 I 为纵坐标、湿度 H 为横坐标绘制的。为了避免图中许多线条挤在一起而难以读出数据，采用夹角为135°的坐标系。并且为了湿度 H 的读数方便，做一水平辅助轴，将横轴上的 H 值投影到水平辅助轴上。图中共有 5 种线，分述如下。

1. 等湿度线（即等 H 线）

它是一组与纵轴 I 平行的直线，在同一条等 H 线上不同的点都具有相同的 H 值，其值在水平辅助轴上读出。

2. 等焓线（即等 I 线）

是一组与横轴平行的直线，在同一条等 I 线上不同的点都具有相同的 I 值，其值在纵轴上读出。

3. 等温线（即等 t 线）

由式(7-9a) 可得：

$$I = 1.01t + (1.88t + 2492)H \tag{7-15}$$

从上式可知，当温度一定时，I 与 H 成直线关系，直线的斜率为 $(1.88t + 2492)$，因此，等 t 线也是一组直线，直线的斜率随 t 升高而增大，故等 t 线并不相互平行。温度值也在纵轴上读出。

4. 等相对湿度线（即等 φ 线）

$$H = 0.622\frac{\varphi p_s}{p - \varphi p_s}$$

等相对湿度线是根据式(7-6) 绘制的一组从原点出发的曲线。由于饱和蒸汽压 p_s 是温度的单值函数，因此式(7-6) 表明的是 φ、t、H 之间的关系。

取一定的 φ 值，在不同 t 下求出 H 值，就可画出一条等 φ 线。显然，在每一条等 φ 线

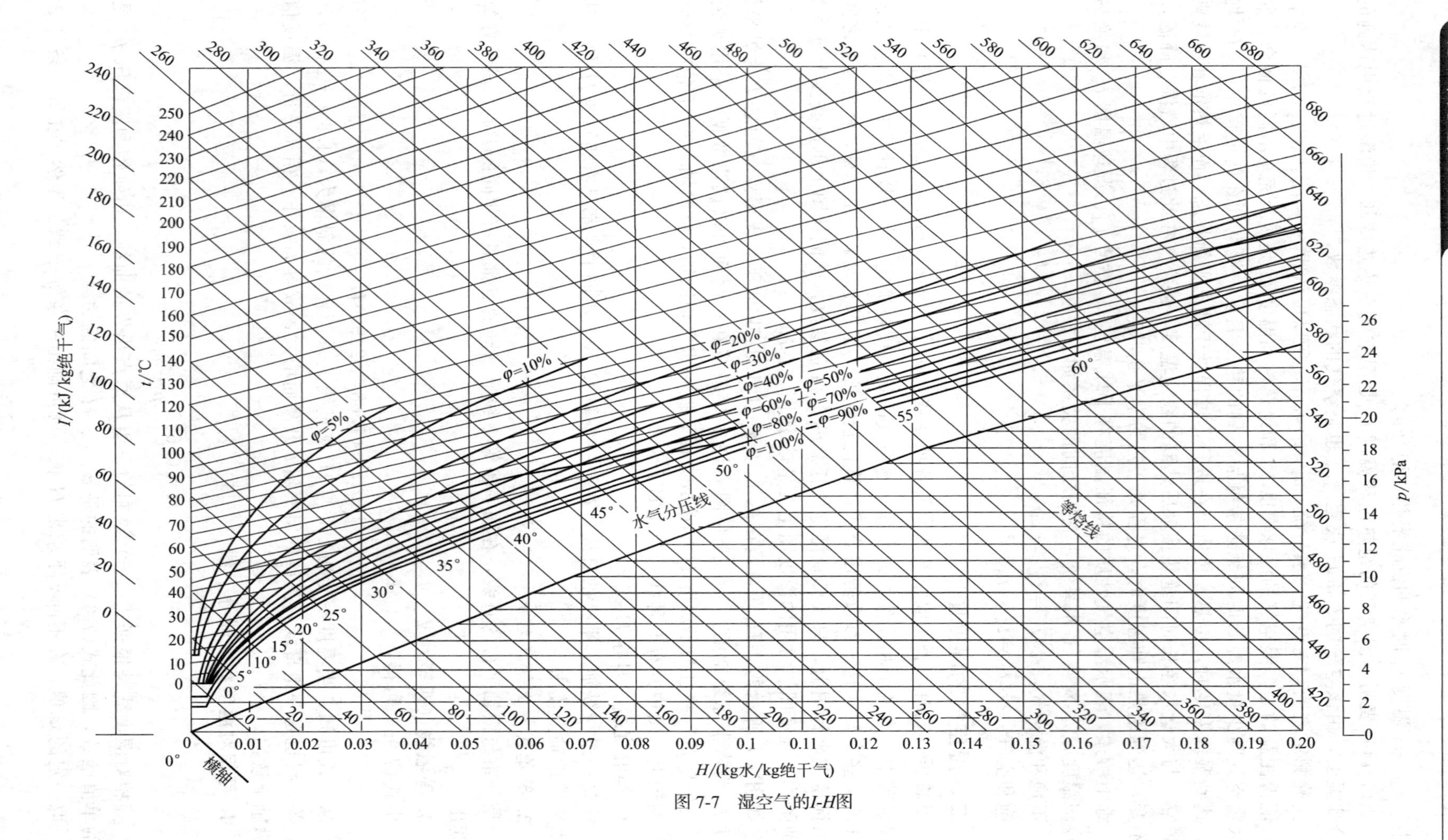
I/(kJ/kg绝干气)
t/℃
H/(kg水/kg绝干气)
p/kPa
等焓线
水气分压线
φ=5%
φ=10%
φ=20%
φ=30%
φ=40%
φ=50%
φ=60%
φ=70%
φ=80%
φ=90%
φ=100%
横轴

图 7-7 湿空气的I-H图

上，随 t 增加，p_s 与 H 也增加，而且温度越高，p_s 与 H 增加越快。

由图可见，当湿空气的湿度 H 一定，其温度 t 越高，则相对湿度 φ 值就越低，其吸收水汽的能力就越强。故湿空气进入干燥器前，常将湿空气先经预热器加热，提高其温度 t，以提高其吸湿能力，同时也是为了提高湿空气的焓值，使其作为具有适当温度的载热体。

图中最下面一条等 φ 线为 $\varphi=100\%$ 的曲线，称为饱和空气线，线上任意点均为一定温度下饱和空气状态点，该点对应的湿度也就是该温度下的饱和湿度。此线以上区域称为不饱和区，作为干燥介质的空气状态点必在此区域内。

5. 水汽分压线

该线表示空气的湿度 H 与空气中水汽分压 p_w 之间的关系曲线，可按式(7-3) 做出。式(7-3) 可改写为：

$$p_w=\frac{pH}{0.622+H}$$

由此式可知，当空气的总压 p 一定时，水汽分压 p_w 随湿度 H 而变化。水蒸气分压标于右端纵轴上，其单位为 kPa。

三、湿空气焓湿图的应用

利用 I-H 图查取湿空气的各项参数非常方便。

在 $p=101.33$kPa 下，只要已知湿空气的各参数中任意两个相互独立的状态参数，即可在 I-H 图上定出一个湿空气的状态点，一旦状态点被确定，其他各状态参数值即可从图中查得。

例如，图 7-8 中 A 点表示一定状态的不饱和湿空气。由 A 点即可从 I-H 图上查得该空气的各项性质参数。

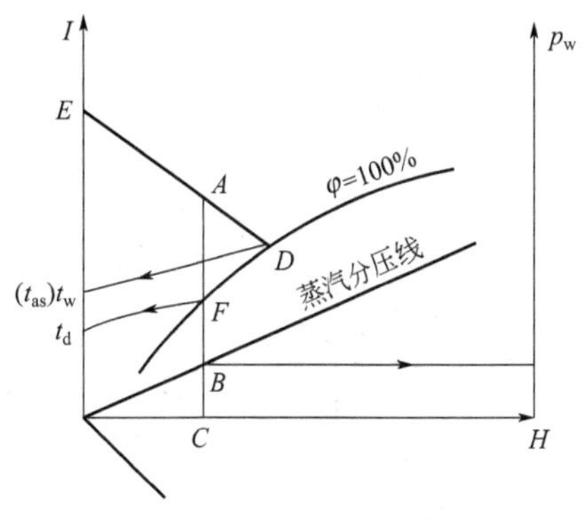

图 7-8　I-H 图的用法

1. 湿度 H

由 A 点沿等 H 线向下与水平辅助轴交于 C 点，即可读出 A 点的 H 值。

2. 焓值 I

过 A 点作等 I 线的平行线交纵轴于 E 点，即可读出 A 点的 I 值。

3. 水蒸汽分压 p_w

由 A 点沿等湿度线向下交水蒸汽分压线于 B 点，由右端纵标读出 B 点的 p_w 值。

4. 露点 t_d

由于露点是湿空气等湿度冷却至饱和时的温度，故由 A 点沿等 H 线向下与 $\varphi=100\%$ 的饱和空气线的交点 F 即为露点，过 F 点按内插法作等温线由纵轴读出露点 t_d 值。

5. 绝热饱和温度 t_{as}（或湿球温度 t_w）

由于不饱和空气的绝热饱和过程是等焓过程，且绝热饱和状态点必在饱和空气线上，故由 A 点沿等 I 线与饱和空气线的交点 D 即为绝热饱和状态点，由过 D 点的等温线读出 t_{as}（即 t_w）值。

通过上述查图可知，须先在图中确定代表湿空气状态的点，然后才能查得各参数，而每一个不饱和空气状态点实际上都是图中任意两条独立的等参数线的交点，如果两条等参数线得不到交点，如 H 与 t_d、H 与 p_w、I 与 t_{as}（或 t_w）等，则它们是等价的，彼此不独立。

因为同一等 H 线上各点都具有相同的 t_d 与 p_w，同一等 I 线上各点都具有相同的 t_{as}（或 t_w）。

通常情况下，已知湿空气的 t 与 t_w、t 与 t_d、t 与 φ 等均可确定空气的状态点。图 7-9 表明了前述几个已知条件下确定空气状态点的步骤。

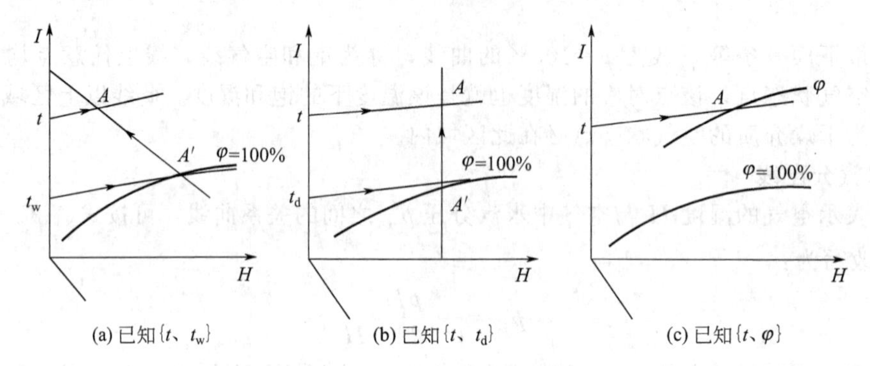

图 7-9 湿空气状态在 I-H 图上的确定

【例 7-5】 已知湿空气的总压为 101.325kPa，相对湿度为 40%，干球温度为 25℃。试用 I-H 图求解此空气的：①水汽分压力 p_w；②湿度 H；③焓 I；④露点 t_d；⑤湿球温度 t_w；⑥如将含 2000kg 干空气/h 的湿空气预热至 120℃，求所需供给热量 Q。

解 见图 7-10，由已知条件：$p=101.3$kPa，$t=25$℃，$\varphi=40\%$，在 I-H 图上定出湿空气状态 A 点，由 A 点再求其余各参数。

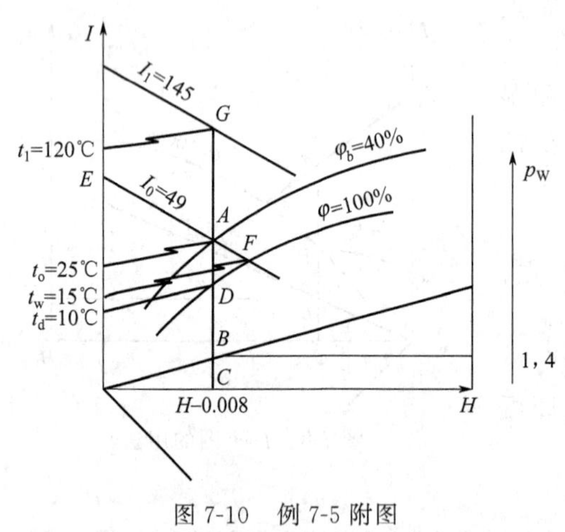

图 7-10 例 7-5 附图

① 水汽分压：由 A 点沿等 H 线向下交水汽分压线于 B 点，在图右端纵标上读得 $p_w=1.4$kPa。

② 湿度 H：由 A 点沿等 H 线向下交水平辅助轴于 C 点，读得 $H=0.01$kg 水/kg 干空气。

③ 焓 I：过 A 点作等 I 线的平行线交左端纵轴于 E 点，读得 $I_0=49$kJ/kg 绝干空气。

④ 露点 t_d：由 A 点沿等 H 线向下与 $\varphi=100\%$饱和空气线交于 D 点，由过 D 点的等 t 线在纵轴上读得 $t_d=12$℃。

⑤ 湿球温度 t_w（即绝热饱和温度 t_{as}）：由 A 点沿等 I 线与 $\varphi=100\%$的饱和空气线相交于 F 点，由过 F 点的等 t 线读得 $t_w=15$℃。

⑥ 所需热量 Q：由于湿空气在预热器中间接加热时 H 不变，由 A 点沿等 H 线向上与 $t=120$℃的等 t 线相交于 G 点，在过 G 点的等 I 线上读得 $I_1=145$kJ/kg 干空气。

对 1kg 干空气的湿空气通过预热器加热所需热量为

$$Q'=I_1-I_0=145-49=96\ (\text{kJ/kg})$$

对 2000kg 干空气/h 的湿空气通过预热器加热所需热量为

$$Q=2000Q'=2000\times96=192000\text{kJ/h}=53.33\text{kW}$$

由本例说明，采用 I-H 图求解湿空气各性能参数比用公式计算简便得多，但其缺点是：受图幅大小的限制，读数的精确度与有效数字位数较低，这也是一般图算法的不足之处，但通常都在工程计算允许的误差范围内。

第三节 干燥过程的物料衡算和热量衡算

一、空气干燥器的操作过程

图 7-11 是空气干燥器的流程示意。空气经预热器加热后温度提高，增强了其吸收水分的能力，然后进入干燥室与湿物料相接触，进行热、质传递。干燥过程中湿物料中的水分汽化所需的热量可以全部由热空气提供，也可由热空气供给一部分，另一部分由设于干燥室中的加热器供给。

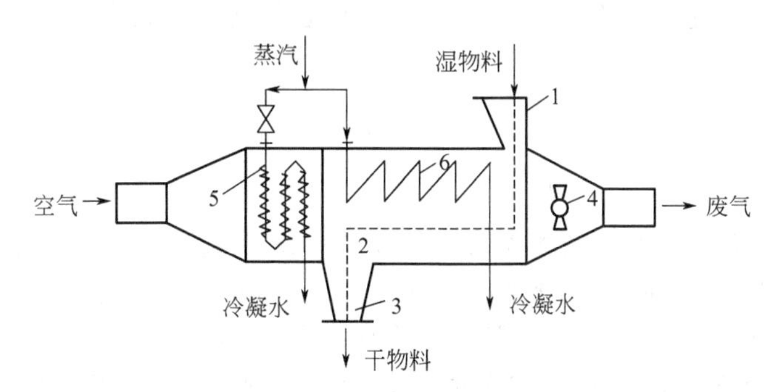

图 7-11 空气干燥器的流程

1—进料口；2—干燥室；3—卸料口；4—抽风机；5,6—空气加热器

除干燥室及空气预热器外，干燥装置中还设有抽风（或送风）机、进料器、卸料器和除尘器等。在图 7-11 所示流程中，热空气仅利用一次，实际上还有将部分空气循环使用等其他方案。

在设计干燥器时，通常已知湿物料的处理量、湿物料在干燥前后的含水量及进入干燥器的湿空气的初始状态，要求计算水分蒸发量、空气用量以及干燥过程所需热量，为此需要对干燥器做物料衡算和热量衡算，以便选择适宜型号的干燥器、风机和换热器等。

二、干燥过程的物料衡算

干燥器物料衡算要解决的问题有两方面：一是计算湿物料干燥到指定含水量所需除去的水分量；二是计算空气用量。

1. 物料含水量的表示方法

湿基含水量 w，它是以湿物料为计算基准，指湿物料中水分质量与湿物料总量之比，即：

$$w=\frac{\text{湿物料中水分的质量}}{\text{湿物料的总质量}}\times 100\% \tag{7-16}$$

干基含水量 X，它是以湿物料中绝干物料为计算基准，指湿物料中水分质量与湿物料中绝干物料之比，即：

$$X=\frac{\text{湿物料中水分的质量}}{\text{湿物料中绝干物料的质量}} \tag{7-17}$$

其单位为 kg 水/kg 绝干物料。

上述两种含水量的换算关系为：

$$X=\frac{w}{1-w},\quad w=\frac{X}{1+X}$$

工业生产中，通常用湿基含水量来表示物料中水分的多少。但在干燥器的物料衡算中，由于干燥过程中湿物料质量不断变化，而绝干物料质量不变，故采用干基含水量计算较为方便。

2. 物料衡算

通过物料衡算可求出干燥产品流量、物料的水分蒸发量和空气消耗量。现对图 7-12 所示的连续干燥器做物料衡算。

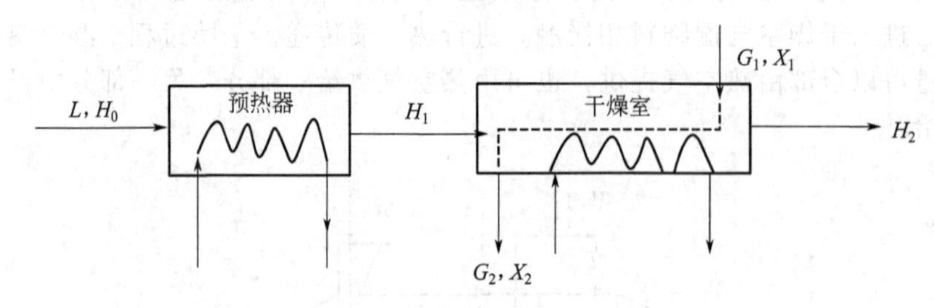

图 7-12 干燥器的物料衡算

设：G_1 为进入干燥器的湿物料质量流量，kg/s；G_2 为离开干燥器的产品质量流量，kg/s；G_c 为湿物料中绝干物料质量流量，kg/s；w_1、w_2 分别为干燥前、后物料的湿基含水量，kg 水/kg 湿物料；X_1、X_2 分别为干燥前、后物料的干基含水量，kg 水/kg 干物料；H_1、H_2 为进、出干燥器的湿物料的湿度，kg 水/kg 绝干空气；W 为水分蒸发量，kg/s；L 为湿空气中绝干空气的质量流量，kg/s。

(1) 水分蒸发量

若不计干燥过程中物料损失量，则在干燥前后物料中绝干物料质量 G_c 流量不变，即：

$$G_c=G_1(1-w_1)=G_2(1-w_2) \tag{7-18}$$

整理得：

$$G_2=G_1\frac{(1-w_1)}{1-w_2} \tag{7-19}$$

对干燥过程中去除的水分做物料衡算，可得：

$$W=L(H_2-H_1)=G_c(X_1-X_2) \tag{7-20}$$

(2) 干空气消耗量 L

整理式(7-20) 得：

$$L=\frac{G_c(X_1-X_2)}{H_2-H_1}=\frac{W}{H_2-H_1} \tag{7-21}$$

蒸发 1kg 水分所消耗的干空气量，称为单位空气消耗量，用 l 表示，其单位为 kg 绝干空气/kg 水分，则：

$$l=\frac{L}{W}=\frac{1}{H_2-H_1} \tag{7-22}$$

如果以 H_0 表示空气预热前的湿度，由于空气经预热器后，其湿度不变，故 $H_0=H_1$，则式(7-21) 可改写为：

$$l=\frac{1}{H_2-H_0} \tag{7-22a}$$

由式(7-22a) 可见，单位空气消耗量仅与 H_2、H_0 有关，与路径无关。H_0 越大，l 也越大，由于 H 是由空气的初温 t 及相对湿度 φ 所决定，所以在其他条件相同的情况下，l 将随着 t 及 φ 的增加而增大，也就是说，对同一干燥过程而言，夏季的空气消耗量比冬季大，故在选择输送空气的风机装置时，须按全年最大空气消耗量而定。

【例 7-6】 某干燥器，湿物料处理量为800kg/h。要求物料干燥后其湿基含水量由30%减至4%。干燥介质为空气，初温为15℃，相对湿度为50%，经预热器加热至120℃进入干燥器，出干燥器时温度降至45℃，相对湿度为80%。试求：

(1) 蒸发水量 W；

(2) 空气消耗量 L，单位空气消耗量 l；

(3) 入口处鼓风机之风量 V。

解 (1) 蒸发水量 W

已知 $G_1=800\text{kg/h}$，$w_1=30\%$，$w_2=4\%$，则

$$G_c=G_1(1-w_1)=800(1-0.3)=560\ (\text{kg/h})$$

$$X_1=\frac{w_1}{1-w_1}=\frac{0.3}{1-0.3}=0.429$$

$$X_2=\frac{w_2}{1-w_2}=\frac{0.04}{1-0.04}=0.042$$

$$W=G_c(X_1-X_2)=560\times(0.429-0.042)=216.7\ (\text{kg 水/h})$$

(2) 空气消耗量 L，单位空气消耗量 l

由 I-H 图查得，空气在 $t=15℃$，$\varphi=50\%$时的湿度 $H_0=0.007$kg 水/kg 绝干空气，在 $t=45℃$，$\varphi=80\%$时的湿度 $H_2=0.054$kg 水/kg 绝干空气，又因为空气通过预热器后其湿度不变，即 $H_0=H_1$，所以有：

$$L=\frac{W}{H_2-H_1}=\frac{W}{H_2-H_0}=\frac{216.7}{0.054-0.007}=4610.64\ (\text{kg 绝干空气/h})$$

$$l=\frac{1}{H_2-H_0}=\frac{1}{0.054-0.007}=21.28\ (\text{kg 绝干空气/kg 水})$$

(3) 入口处鼓风机之风量 V

先用式(7-7) 计算入口条件即 $t=20℃$，$p=101.3$kPa 下的湿比容 υ_H

$$\upsilon_H=\upsilon_g+H\upsilon_w=(0.773+1.244H_0)\times\frac{273+t_0}{273}\times\frac{101.33\times10^3}{p}$$

$$=(0.773+1.244\times0.009)\times\frac{273+15}{273}\times\frac{101.3\times10^3}{101.3\times10^3}=0.825\ (\text{m}^3/\text{kg 绝干空气})$$

$$V=L\upsilon_H=4610.64\times0.825=3903.78\ (\text{m}^3/\text{h})$$

三、干燥过程的热量衡算

通过对干燥系统进行热量衡算，可确定物料干燥所消耗的热量、预热器或干燥器内补充加热器的传热面积，以及确定干燥器出口空气（废气）的湿度 H_2、焓 I_2 等状态参数。

图 7-13 为对流干燥过程的热量衡算示意图，图中 H_0、H_1、H_2 分别为新鲜空气进入预热器、离开预热器（即进入干燥器）和离开干燥器时的湿度，单位为 kg 水/kg 绝干空气；I_0、I_1、I_2 分别为新鲜空气进入预热器、离开预热器（即进入干燥器）和离开干燥器时的焓，单位为 kJ/kg 绝干空气；t_0、t_1、t_2 分别为新鲜空气进入预热器、离开预热器（即进入干燥器）和离开干燥器时的温度，单位为℃；L 为绝干空气的质量流量，kg 绝干空气/s；G_1、G_2 分别为进入和离开干燥器的物料的质量流量，kg/s；t_1'、t_2'分别为进入和离开干燥器的物料的温度，℃；I_1'、I_2'分别为进入和离开干燥器的物料的焓，kJ/kg 绝干物料；Q_P 为单位时间内输入预热器的热量，kW；Q_D 为单位时间内向干燥器内补充的热量，kW；Q_L 为单位时间内干燥系统损失的热量，kW。

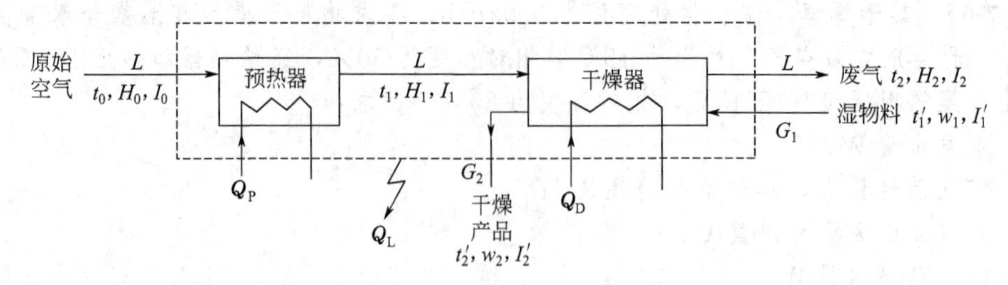

图 7-13　干燥系统的热量衡算

1. 预热器的热量衡算

若忽略预热器的热损失，对图 7-13 中的预热器做热量衡算，得：

$$Q_P+LI_0=LI_1 \tag{7-23}$$

或
$$Q_P=L(I_1-I_0) \tag{7-23a}$$

2. 向干燥器补充的热量 Q_D

对图 7-13 中的干燥器做热量衡算，得：

$$LI_1+Q_D+G_cI_1'=LI_2+G_cI_2'+Q_L$$

或
$$Q_D=L(I_2-I_1)+G_c(I_2'-I_1')+Q_L \tag{7-24}$$

3. 干燥系统的热量衡算

对图 7-13 中包括预热器和干燥器在内的干燥系统做热量衡算，则

单位时间内进入干燥系统的热量＝单位时间内带出干燥系统的热量

$$LI_0+G_cI_1'+Q_P+Q_D=LI_2+G_cI_2'+Q_L \tag{7-25}$$

或
$$Q=Q_P+Q_D=L(I_2-I_0)+G_c(I_2'-I_1')+Q_L \tag{7-25a}$$

式中　G_c——绝干物料的质量流量，kg/s；

Q_L——干燥系统损失的热量，kW。

取 0℃液态水和 0℃绝干物料的焓为零，则物料焓的计算式为：

$$I'=c_ct'+Xc_wt'=(c_c+Xc_w)t'=c_mt' \tag{7-26}$$

式中　c_c——绝干物料的平均比热容，单位为 kJ/(kg•℃)；

c_w——液态水的平均比热容，单位为 kJ/(kg•℃)；

c_m——以 1kg 绝干物料为基准的湿物料的平均比热容，单位为 kJ/(kg•℃)；

X——物料的干基含水量，单位为 kg 水/kg 干物料。

为便于理解，式(7-25a) 可变换为另一种较简单的形式，即将 $I_0=(1.01+1.88H_0)t_0+2492H_0$、$I_2=(1.01+1.88H_2)t_2+2492H_2$、$I_1'=c_{m1}t_1'$、$I_2'=c_{m2}t_2'$代入式(7-25a)，并假设 $c_{m1}\approx c_{m2}\approx c_m$，经简化整理后，可得：

$$Q=Q_P+Q_D=1.01L(t_2-t_0)+W(1.88t_2+2492)+G_cc_m(t_2'-t_1')+Q_L \tag{7-27}$$

由上式可知，加入干燥系统的总热量 $Q=Q_P+Q_D$，用于①加热空气；②蒸发物料中的水分；③加热物料；④补偿系统周围的热损失。

四、干燥器出口空气状态的确定

在进行干燥器的物料衡算和热量衡算时，须先确定空气进、出干燥器时的状态。

空气进入干燥器的状态较容易确定。空气通过预热器预热后，温度升高而湿度不变。若已知预热后空气的温度，则进入干燥器的空气状态也就确定了。而空气出干燥器时的状态较为复杂。这是因为空气通过干燥器时，与湿物料间进行热、质传递，空气温度降低而湿度增加，有时还需在干燥中补充热量，且干燥器均有一定的热损失。基于此，干

燥器出口空气状态的确定，一般是根据干燥过程中焓的变化情况来确定的。通常，将干燥过程分为等焓干燥过程和非等焓干燥过程两大类。现分述两类过程中空气出口状态的确定。

1. 等焓干燥过程

在干燥操作中，若满足下列条件：

（1）干燥器内不补充热量，即 $Q_D=0$；

（2）干燥器保温良好，热损失忽略不计，即 $Q_L=0$；

（3）湿物料进、出干燥器的温度变化不大，其焓值可认为近似相等，即 $I_1'=I_2'$。

则由式(7-25a) 可得：

$$Q_P=L(I_2-I_0) \tag{7-28}$$

又由式(7-23a) 可知：

$$Q_P=L(I_1-I_0)$$

于是可得：$I_1=I_2$，表明空气在干燥器中经历的过程为等焓过程，即空气在干燥器内的状态变化沿等焓线进行，故只要确定出口空气的另一个独立参数（如规定出口空气的温度 t_2 或相对湿度 φ_2），出干燥器的空气状态及其对应的状态参数，便可完全确定。如图 7-14 中 BC 线所示。

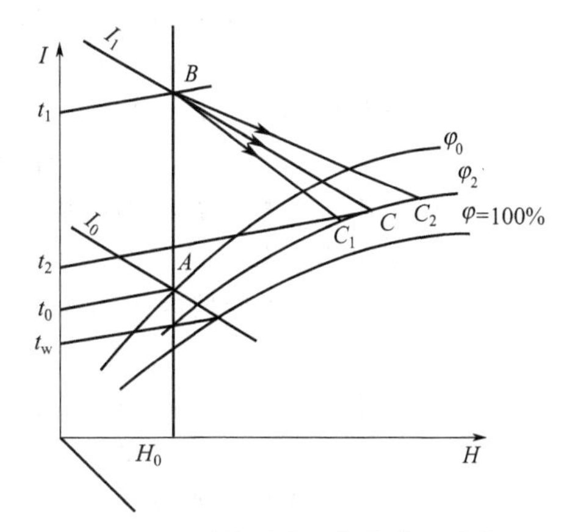

图 7-14 干燥器内空气状态的变化

在实际干燥过程中，等焓干燥过程很难实现，故又称为理想干燥过程。

2. 非等焓干燥过程

实际操作中的干燥过程，均为非等焓干燥过程，这是因为实际干燥过程总是存在一定的热损失，有时也需要向干燥器补充热量，且物料出干燥器时因温度升高会带走一部分热量。故实际干燥过程常为非等焓干燥过程。非等焓干燥过程可分为以下几种情况。

（1）干燥器内不补充热量，即 $Q_D=0$；物料进、出干燥器的焓值不等；热损失不能忽略，即 $Q_L\neq0$，将式(7-24)，整理后可得：

$$L(I_1-I_2)=G_c(I_2'-I_1')+Q_L \tag{7-29}$$

由于式(7-29) 中 $[G_c(I_2'-I_1')+Q_L]$ 总为正值，故 $I_2<I_1$，说明空气通过干燥器后焓值降低，如图 7-14 所示，此过程线 BC_1 位于等焓线 BC 线下方。

（2）干燥器内补充热量，即 $Q_D>0$，根据式(7-24)，整理后可得：

$$L(I_2-I_1)=Q_D-[G_c(I_2'-I_1')+Q_L] \tag{7-30}$$

式中，若 $Q_D<[G_c(I_2'-I_1')+Q_L]$，则 $I_2<I_1$，与 $Q_D=0$ 时的情况相同；若 $Q_D>[G_c(I_2'-I_1')+Q_L]$，则 $I_2>I_1$，说明空气通过干燥器后焓值增大，如图 7-14 所示，此过程线 BC_2 位于等焓线 BC 线上方。

上面定性地分析了非等焓干燥过程中，空气进、出干燥器所经历的状态变化情况，至于空气出干燥器时具体状态点的确定，应根据实际条件加以分析。

【例 7-7】 用连续干燥器干燥某湿物料。湿物料的进料量为 10000kg/h，其湿基含水 2.0%，进口温度 25℃；产品出口温度 34.4℃，湿基含水量 0.2%，湿物料的平均比热容 c_m 为 1.84kJ/(kg·℃)。空气的干球温度为 26℃，湿度为 0.017kg 水/kg 绝干气，在预热器加热到 95℃后进入干燥器，空气离开干燥器的温度为 65℃，湿度为 0.024kg 水/kg 绝干气，干燥器的热损失为80000kJ/h。试求干燥系统消耗的总热量。

解 $$G_c=G_1(1-w_1)=10000\times(1-0.02)=9800\ (\text{kg/h})$$

$$X_1=\frac{w_1}{1-w_1}=\frac{0.02}{1-0.02}=0.0204,\ X_2=\frac{w_2}{1-w_2}=\frac{0.002}{1-0.002}=0.002$$

$$W=G_c(X_1-X_2)=9800\times(0.0204-0.002)=180.32\ (\text{kg/h})$$

$$L=\frac{W}{H_2-H_1}=\frac{180.32}{0.024-0.017}=25760\ (\text{kg/h})$$

$$\begin{aligned}Q&=Q_P+Q_D=1.01L(t_2-t_0)+W(1.88t_2+2492)+G_c c_m(t_2'-t_1')+Q_L\\&=[1.01\times25760\times(65-26)+180.32\times(1.88\times65+2492)+9800\times1.84\times(34.4-25)+\\&\quad 80000]\ (\text{kJ/h})\\&=1.736\times10^6\ (\text{kJ/h})=482.1\ (\text{kW})\end{aligned}$$

五、干燥器的热效率和干燥效率

干燥器的热效率是指水分汽化所消耗的热量与输入干燥系统的总热量之比，即：

$$\eta'=\frac{\text{干燥器内用于物料中水分汽化所消耗的热量}Q_1}{\text{输入干燥系统的总热量}(Q_P+Q_D)}\times100\% \tag{7-31}$$

式中，水分汽化所消耗的热量为：

$$Q_1=W(1.88t_2+2492-c_w t_1') \tag{7-32}$$

由于物料中水分带入系统中的热量很小，故 $Wc_w't_1'$ 可忽略。

干燥效率是指水分汽化所消耗的热量与热空气在干燥器内放出的热量之比，即：

$$\eta=\frac{\text{干燥器内用于物料中水分汽化所消耗的热量}Q_1}{\text{空气在干燥器内放出的热量}Q_2}\times100\% \tag{7-33}$$

式中，空气在干燥器内放出的热量为：

$$Q_2=L(1.01+1.88H)(t_1-t_2)$$

干燥器的热效率和干燥效率的大小均反映了干燥系统热利用率的高低。若将离开干燥器的废气温度降低而湿度增大，则可减少空气用量并提高干燥器的热效率。但是，空气的湿度增加，会使空气与物料间的传质推动力减小；一旦废气出口温度低至干燥器进气的饱和状态温度时，湿空气会析出液态水，使干燥产品返潮。故依靠降低废气温度，增大其湿度来提高热效率是有限度的，一般要求废气出口温度应比干燥器进气的绝热饱和温度高20～50℃。此外，充分利用废气中的热量（如用以预热空气或湿物料）、加强设备和管道的保温，均有利于热效率的提高。

【例7-8】 用常压气流干燥器干燥某湿物料。现要求将1000kg/h的湿物料由含水量5%干燥至含水量0.5%（均为湿基含水量）。湿物料进入干燥器时的温度为20℃，出干燥器的产品温度为30℃。新鲜空气的温度为20℃，湿度为0.008kg水/kg绝干空气，经预热器加热至90℃后送入干燥器，离开干燥器时的温度为45℃。干燥器内无补充热量。已知绝干物料的平均比热容为3.2kJ/(kg·℃)，水的平均比热容为4.187kJ/(kg·℃)，干燥系统的热损失2.5kW。试求：(1) 蒸发水量，kg/s；(2) 新鲜空气消耗量，m^3/h；(3) 预热器的供热量，kW；(4) 干燥系统的热效率。

解 根据题意画出流程示意图，如图7-15所示。

(1) 求蒸发水量 W，根据式(7-20) 有：

$$W=G_c(X_1-X_2)$$

① 求 G_c，由式(7-18) 得：

$$G_c=G_1(1-w_1)=1000\times(1-5\%)=950\ (\text{kg/h})=0.264\ (\text{kg/s})$$

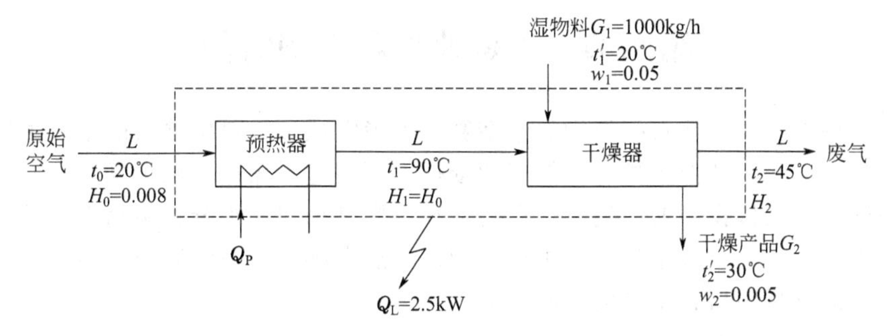

图 7-15 例 7-8 附图

② 求 X_1、X_2，由式 $X=\frac{w}{1-w}$ 得：

$$X_1=\frac{w_1}{1-w_1}=\frac{0.05}{1-0.05}=0.053 \text{（kg 水/kg 干物料）}$$

$$X_2=\frac{w_2}{1-w_2}=\frac{0.005}{1-0.005}=0.005 \text{（kg 水/kg 干物料）}$$

故 $W=G_c(X_1-X_2)=0.264\times(0.053-0.0050)=0.0127$ (kg/s)

(2) 求新鲜空气消耗量，先求绝干空气的量。由式(7-29) 得：

$$L=\frac{W}{H_2-H_1}=\frac{0.0127}{H_2-0.008} \tag{1}$$

求 H_2，根据热量衡算式(7-30) 有：

$$L(I_1-I_2)=G_c(I_2'-I_1')+Q_L$$

又因为 $I=(1.01+1.88H)t+2492H$，$I'=(c_c+Xc_m)t'$

所以 $L[(1.01+1.88H_1)t_1+2492H_1-(1.01+1.88H_2)t_2+2492H_2]$

$=G_c[(c_c+X_2c_w)t_2'-(c_c+X_1c_w)t_1']+Q_L$

将已知数据代入，有

$$L[(1.01+1.88\times0.008)\times90+2492\times0.008-(1.01+1.88H_2)\times45-2492H_2]$$
$$=0.264\times[(3.2+0.005\times4.187)\times30-(3.2+0.053\times4.187)\times20]+2.5$$

整理后得 $$66.74L-2576.6LH_2=9.94 \tag{2}$$

联解 (1)、(2) 两式得：

$$H_2=0.0217\text{kg 水/kg 绝干空气}，L=0.925\text{kg/s}$$

则新鲜空气消耗量为：

$$V=Lv_H=L(0.773+1.244H_0)\times\frac{273+t_0}{273}\times\frac{101.33\times10^3}{p_0}$$
$$=0.927\times(0.773+1.244\times0.008)\times\frac{273+20}{273}\times\frac{101.33\times10^3}{101.33\times10^3}$$
$$=0.779 \text{ (kg/s)}=2804 \text{ (kg/h)}$$

(3) 求预热器的供热量，由式(7-23a) 得：

$$Q_P=L(I_1-I_0)=L(1.01+1.88H_0)(t_1-t_0)$$
$$=0.925\times(1.01+1.88\times0.008)\times(90-20)=66.4 \text{ (kW)}$$

(4) 求干燥系统的热效率，由式(7-33) 得：

$$\eta=\frac{Q_1}{Q_P+Q_D}\times100\%=\frac{W(1.88t_2+2492)}{Q_P}\times100\%=\frac{0.0127(1.88\times45+2492)}{66.4}\times100\%=49.3\%$$

第四节　干燥速率和干燥时间

通过对干燥系统进行物料衡算和热量衡算，可确定从湿物料中除去的水分量以及耗用的空气量和热量，以作为选择风机和预热器的依据。而通过干燥速率和干燥时间的计算，可作为确定干燥器尺寸的依据。前已述及，湿物料在干燥过程中，水分先由物料内部移动到物料表面，再由表面扩散至空气主流中，由空气带走。故干燥速率不仅取决于湿空气的性质和操作条件，还与湿物料中所含水分的性质有关。

一、物料中所含水分的性质

1. 平衡水分与自由水分

在一定的干燥条件下，根据物料中所含水分能否用干燥的方法除去，可分为平衡水分和自由水分。

当物料与一定状态的空气相接触时，如果湿物料表面水汽的分压与空气中水汽的分压不等时，物料就会释放出水分或吸收水分；当过程进行到两者分压相等时，水分将在气、固两相间达到平衡，物料中水分不再发生变化，此恒定的水分称为该物料在一定空气状态下的平衡水分，用 X^* 表示，单位为 kg 水/kg 干物料。

平衡水分的含量不仅与空气的状态有关，还与物料的性质有关。如图 7-16 所示，不同物料的平衡水分数值相差较大。例如，玻璃丝和瓷土等结构致密的固体，其平衡水分很小，而烟叶、羊毛、皮革等物质，则平衡水分较大。从图中还可看出，同种物料，在一定的温度下，空气的相对湿度越大，平衡水分含量越高。当相对湿度为零时，物料的平衡水分也为零。说明物料只有与绝干空气接触时，才能得到绝干物料。故平衡水分是物料干燥到极限程度时的水分。

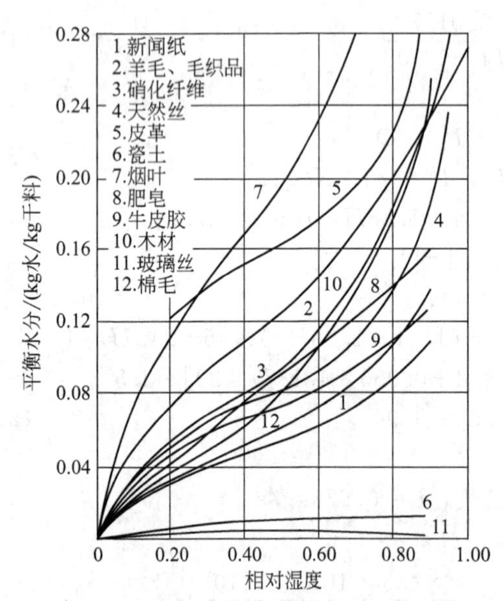

图 7-16　某些物料的平衡水分（25℃）

物料中超过平衡水分的那部分水分，称为自由水分。即通过干燥方法可以除去的水分。

2. 结合水分与非结合水分

根据水分与物料的结合方式不同，物料中的水分可分为结合水分和非结合水分。

（1）结合水分

借助于化学力或物理化学力与固体相接触的那部分水分，称为结合水分。如结晶水、毛细管中的水分、细胞内的水分等。结合水分与固体物料间的结合力较强，较难除去。

（2）非结合水分

指机械地附着在固体物料上的水分。如固体表面和内部较大空隙中的水分。非结合水分与固体的相互结合力较弱，是较易除去的水分。

结合水分与非结合水分的区别还在于各自的平衡蒸汽压不同。结合水由于化学和物理化学力的存在，使其蒸汽压低于同温度下水的饱和蒸汽压；而非结合水分的性质与纯水的相同，其平衡蒸汽压就是同温度下水的饱和蒸汽压。

平衡水分与自由水分、结合水分与非结合水分是物料中所含水分的两种不同分类。平衡水分与自由水分的区分既取决于物料的性质，还取决于空气的状态；而结合水分与非结合水分的区分仅取决于物料的性质，与空气的状态无关。4 种水分的关系如图 7-17。

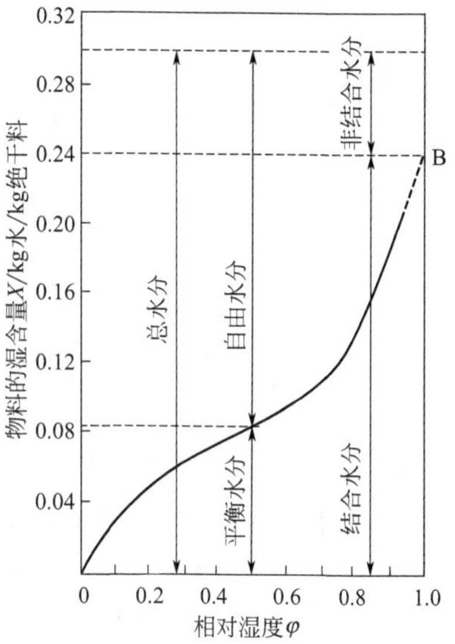

图 7-17 水分的种类（温度为定值）

二、干燥速率及其影响因素

由于干燥机理的复杂性，目前对干燥速率的计算与分析多取自实验。为了讨论问题的方便，假定干燥过程的条件恒定，即空气的温度、湿度、流速、与物料的接触状况以及物料的几何尺寸等均不变。如用大量的空气干燥少量的湿物料就属于此类情况。

1. 恒定干燥条件下的干燥曲线和干燥速率曲线

在恒定干燥条件下，通过实验，可绘制出干燥曲线和干燥速率曲线，由曲线可以直观地了解干燥过程中物料中的水分与温度随时间的变化关系，以及干燥速率的变化特性。

（1）干燥曲线

通过实验，测定出干燥过程中不同时间 τ 下湿物料的干基含水量 X 和物料表面的温度 t'，并绘成曲线，如图 7-18，称为干燥曲线。由干燥曲线可直接读出在一定条件下，将物料干燥至某一干基含水量所需要的时间。

（2）干燥速率曲线

干燥速率是指单位时间内在单位干燥面积上汽化的水分量，如用微分表示，为：

$$U=\frac{\mathrm{d}W}{A\,\mathrm{d}\tau} \tag{7-34}$$

式中 U——干燥速率，单位为 kg 水蒸气/($\mathrm{m^2 \cdot h}$)；

W——汽化的水分量，单位为 kg；

A——物料的干燥表面积，单位为 $\mathrm{m^2}$；

τ——干燥时间，单位为 h。

又由于

$$\mathrm{d}W=-G_{\mathrm{c}}\mathrm{d}X$$

代入式(7-34) 可得：

$$U=\frac{-G_{\mathrm{c}}\mathrm{d}X}{A\,\mathrm{d}\tau} \tag{7-35}$$

式中：负号表示物料含水量随干燥时间的增加而减少。

由图 7-18 中 X-τ 曲线，求出不同 X 下的斜率 $-\mathrm{d}X/\mathrm{d}\tau$，再将测得的绝干物料量 G_{c} 和物料的干燥面积 A，一并代入式(7-35) 求得干燥速率 U，将 U 对 X 作图，便得到如图 7-19 所示的曲线，称为干燥速率曲线。

在图 7-19 中，AB 段对应的时间很短，称为预热阶段，在干燥计算中可忽略不计；在 BC 段，物料的干燥速率保持恒定，其值不随物料含水量而变，称为恒速干燥阶段；在 CE 段，干燥速率随物料含水量的减少而降低，称为降速干燥阶段。图中 C 点为恒速与降速段的分界点，称为临界点，该点对应的含水量称为临界含水量，由 X_{c} 表示。实验表明，只要物料中含有非结合水分，总存在恒速与降速两个不同的阶段。在两个阶段内，物料的干燥机理和影响因素各不相同，分述如下。

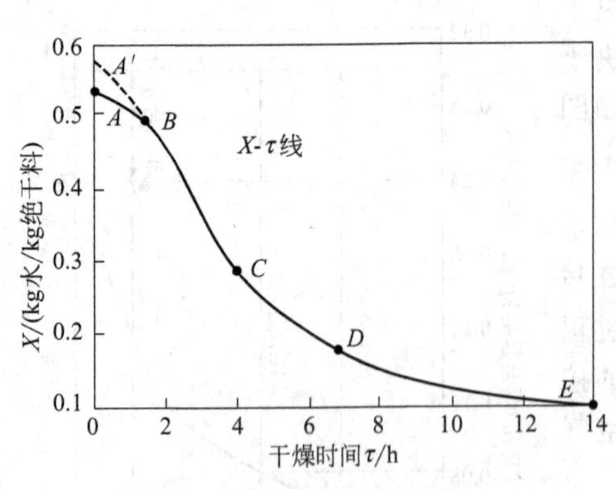

图 7-18 恒定干燥条件下干燥曲线

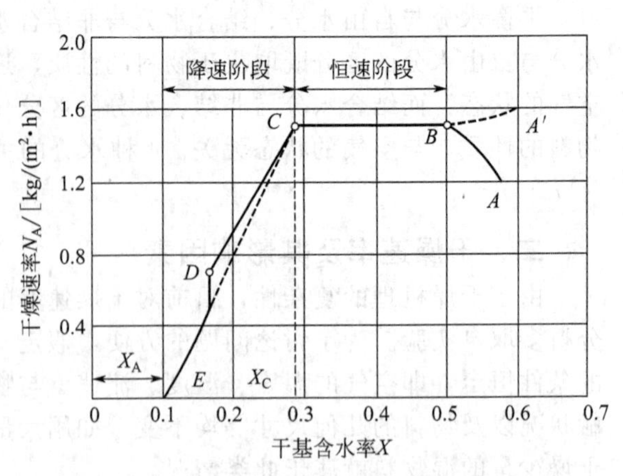

图 7-19 恒定干燥条件下的干燥速率曲线

2. 恒速干燥阶段及其影响因素

在这一阶段，物料表面与空气间的传热与传质过程类似于湿球温度的测定原理。在恒定干燥条件下，空气传给物料的热量等于水分汽化所需的热量，物料表面的温度始终保持为湿球温度。虽然物料水分不断汽化，含水率不断降低，但传热推动力（$t-t_w$）与传质推动力（H_w-H）均维持恒定，干燥速率不随 X 的减少而变，故图 7-19 中 BC 段为一水平段。在该阶段除去的是物料表面附着的非结合水分，且物料内部水分向表面移动的速率大于表面水分汽化的速率，使物料表面始终有充盈的非结合水分，干燥速度由水在物料表面汽化的速率所控制。故该阶段又称为表面汽化控制阶段。

由于该阶段的干燥速率取决于物料表面水分的汽化速率，亦即取决于物料外部的空气条件，与物料自身的性质关系很小。故影响该阶段干燥速率的因素主要是湿空气的温度、湿度、流速及与湿物料的接触方式等。从湿球温度测定原理中介绍的传热速率式(7-10）和传质速率式(7-11）可知，提高空气温度、降低其湿度、提高空气流速等，均可提高此阶段的干燥速率。

3. 降速干燥阶段及其影响因素

当物料的含水量降至临界含水量 X_c 后，便进入降速干燥阶段。从图 7-18 和图 7-19 可知，该阶段含水量 X 的减少越来越慢，且随含水量 X 的减少干燥速率 U 也在逐渐降低，这是由于随着干燥过程的进行，物料含水量不断减少，使其内部水分向表面的移动速率低于表面水分的汽化速率，物料表面逐渐出现“干区”，汽化面逐渐向物料内部移动，故水分的迁出越来越困难，干燥速率也就越来越低。与恒速阶段相比，降速阶段从物料中除去的水分少得多，但所需的干燥时间却长得多。

由此可知，在此阶段，干燥速率的大小主要取决于水分在物料内部的迁移速率，与湿空气的状态关系不大，故该阶段又称为物料内部迁移控制阶段。此时影响干燥速率的因素主要是物料的内部结构和外部的几何形状。

需指出的是，前述干燥过程的两个阶段是以物料的临界含水量 X_c 来区分的。若临界含水量 X_c 越大，干燥过程将较早地由恒速阶段转入降速阶段，使其总的干燥时间延长，无论从经济的角度还是从产品的品质来看，都是不利的。而临界含水量 X_c 的大小既与物料本身的结构、性质及尺寸大小有关，还与干燥介质的状态如温度、湿度、流速等有关。其值通常由实验测定。

三、恒定干燥条件下干燥时间的计算

由于恒速干燥阶段与降速干燥阶段的特点不同，下面分别讨论两个阶段干燥时间的计算。

1. 恒速干燥阶段

该阶段的干燥时间为物料从最初含水量 X_1 降低至临界含水量 X_c 所需的时间 τ_1。此阶段的干燥速率等于临界点的干燥速率 U_c，故根据式(7-35) 有：

$$d\tau_1=\frac{-G_c dX}{AU_c}$$

分离变量积分

$$\int_0^{\tau_1} d\tau_1=\frac{-G_c}{AU_c}\int_{X_1}^{X_c} dX$$

得

$$\tau_1=\frac{G_c(X_1-X_c)}{AU_c} \tag{7-36}$$

由此式可知，计算该阶段干燥时间 τ_1 需知道临界含水量 X_c 和干燥速率 U_c 的实验数据。

2. 降速干燥阶段

该阶段的干燥时间为物料从临界含水量 X_c 降低至最终含水量 X_2 所需的时间 τ_2。根据式(7-35) 积分，有：

$$\tau_2=\frac{-G_c}{A}\int_{X_c}^{X_2}\frac{dX}{U}=\frac{G_c}{A}\int_{X_2}^{X_c}\frac{dX}{U} \tag{7-37}$$

由于降速干燥阶段 U 不是常数，故上式积分内的值需用下列两种方法求解。

(1) 图解积分法

此法是以 X 为横坐标、$1/U$ 为纵坐标，将不同的 $1/U$ 对应的 X 标示出来绘成曲线。如图 7-20 所示。图中由纵线 $X=X_c$、$X=X_2$ 与横坐标轴及曲线所包围的面积即为积分内的值。若已知从实验获得的与生产条件相仿的干燥速率曲线时，采用此种方法计算比较准确。

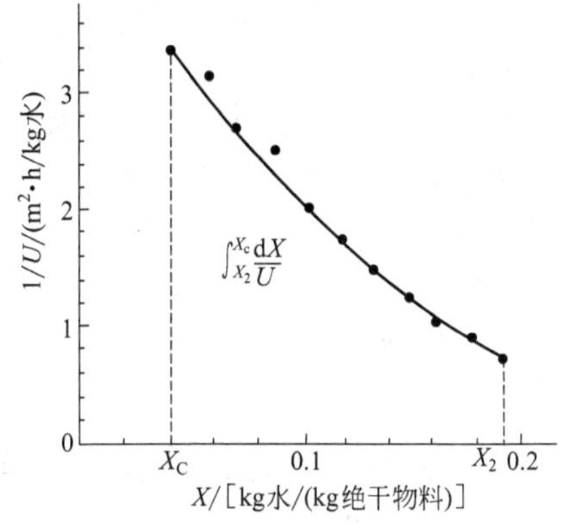

图 7-20 图解积分法求干燥时间

(2) 解析计算法

当缺乏实验数据时，可采用此法近似计算。即假设降速干燥阶段干燥速率 U 与物料含水量 X 呈线性关系，相当于图 7-19 中用直线 $\overline{CE}$ 代替曲线 CDE，则任意一瞬间 U 与对应的 X 可满足下列关系

$$U=K(X-X^*) \tag{7-38}$$

式中 K——比例系数，即直线 $\overline{CE}$ 的斜率，kg 干料/(m²·h)。

将式(7-38) 代入式(7-37) 积分，得：

$$\tau_2=\frac{G_c}{AK}\int_{X_2}^{X_c}\frac{dX}{X-X^*}=\frac{G_c}{AK}\ln\frac{X_c-X^*}{X_2-X^*} \tag{7-39}$$

物料在整个干燥过程所需的时间为恒速阶段与降速阶段的时间之和，即：

$$\tau=\tau_1+\tau_2$$

【例 7-9】 用间歇干燥器干燥一批湿物料，湿物料的质量为 800kg，要求其含水量由 0.5kg 水/kg 绝干料降至 0.2kg 水/kg 绝干料，干燥面积为 0.035m²/kg 绝干料，装卸时间为 1h，试确定该批物料的干燥总时间。从该物料的干燥曲线可知 $X_c=0.29$kg 水/kg 绝干料，$U_c=1.52$kg 水/kg 绝干料，$X^*=0.1$kg 水/kg 绝干料，设降速阶段 U 与 X 呈线性。

解 (1) 计算恒速干燥阶段所需时间 τ_1

$$\tau=\frac{G_c(X_1-X_c)}{AU_c}$$

式中：绝干物料量 $G_c=G_1/(1+X_1)=800/(1+0.5)=533.33$ (kg 干料/h)

干燥总面积 $A=533.33\times0.035=18.67$ (m^2)

将有关数据带入上式，得：

$$\tau_1=\frac{533.33}{18.67\times1.52}(0.5-0.29)=3.95\ (h)$$

(2) 计算降速干燥阶段所需时间 τ_2

$$\tau_2=\frac{G_c}{AK}\ln\frac{X_c-X^*}{X_2-X^*}=\frac{G_c(X_c-X^*)}{AU_c}\ln\frac{X_c-X^*}{X_2-X^*}$$

$$=\frac{533.33\ (0.29-0.1)}{18.67\times1.52}\ln\frac{0.29-0.1}{0.2-0.1}=2.29\ (h)$$

该批物料的干燥总时间 $\tau=\tau_1+\tau_2+\tau_3=(3.95+2.29+1)h=7.24h$

第五节 干 燥 器

在化工生产中，被干燥物料的性质、结构和形状是多种多样的，如形状有块状、片状、颗粒状、粉状、浆状、膏糊状等，结构上有多孔性、致密性等，性质上有热敏性、耐热性、分散性、黏性等。对干燥后产品的要求，如含水量、形状、强度等也各不相同，正因为物料特性和产品质量要求的多样性，带来了干燥器的多样性。到目前为止，干燥器还没有统一的分类方法，往往是从不同的角度，对干燥器进行不同的分类。如按操作的压力可分为常压式和减压式干燥器，按加热的方式又分为对流式、传导式、辐射式和介电加热式，按操作的方式还可分为连续式和间歇式等。目前工业生产中应用最广泛的是常压连续式干燥器。

一、常用干燥器的结构和特点

由于生物物质干燥的特点是热敏性和黏稠性，故对干燥过程和设备有一定的特殊要求。从热敏性的角度来看，适宜的干燥操作有喷雾干燥、气流干燥、沸腾干燥、低温干燥等。下面分别介绍几种常用的干燥装置。

1. 厢式干燥器

厢式干燥器又称为盘架式干燥器，是最典型的常压间歇式干燥设备。工厂一般对小型的称为烘箱，大型的称为烘房。其结构如图 7-21 所示，器身做成厢式，其四壁用绝热材料构成，以减少热损失。器内有多层盘架，料盘置于其上，也有将物料放在框架小车上，推入厢内。物料在料盘内的堆积厚度约为 10～100mm。器内有供空气循环用的风机，新鲜空气经风机吸入并与循环废气混合，经加热器加热后在各料盘上掠过，与物料进行热、质交换，从而对物料进行干燥，部分废气经风门排出，余下的循环使用。废气循环量由吸入口或排出口的风门开度调节。

厢式干燥器内的加热器，其形式和布置方式有好几种。加热方法可采用蒸汽加热、煤气加热和电加热。干燥介质除空气外，还可用烟道气。

厢式干燥器的最大优点是对物料的适应性极广，几乎对所有的物料都能进行干燥，尤其适用于小批量多品种、干燥条件变动大以及干燥时间长等场合的干燥，可随时更换产品。此外，还有结构简单，维修方便，设备投资少等优点。一般作为实验室或中间试验的干燥。其缺点是物料在干燥过程中得不到分散，产品质量不均匀，生产能力低，且干燥时间长，热能利用不够经济。

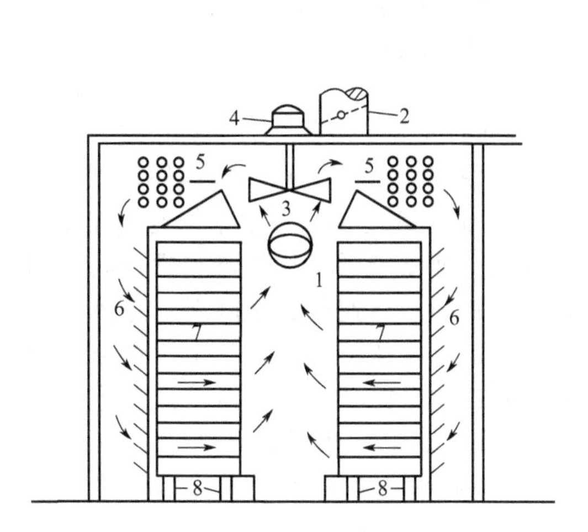

图 7-21 厢式干燥器

1—空气入口；2—空气出口；3—风扇；4—电动机；5—加热器；6—挡板；7—盘架；8—移动轮

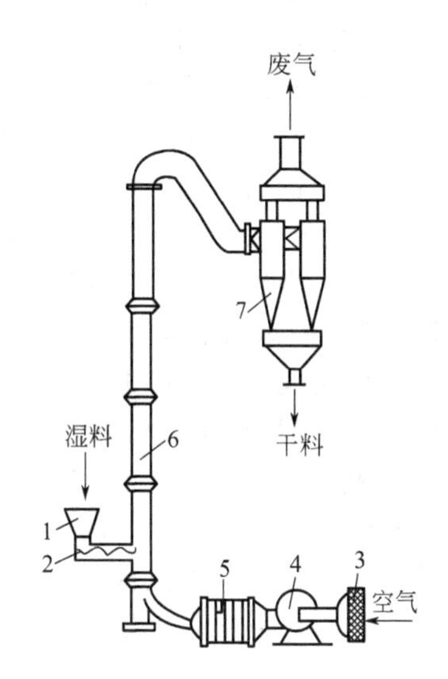

图 7-22 气流干燥器

1—料斗；2—螺旋加料器；3—空气过滤器；4—网机；5—预热器；6—干燥器；7—旋风分流器

2. 气流干燥器

气流干燥器是利用高速的热气流将湿润的粉粒状、块状物料分散而悬浮于气流中，与热气流并流流动进行干燥的。被广泛用于热敏性、含有较多非结合水分的粉状或颗粒状物料的干燥。

其结构流程如图 7-22 所示。主要由预热器、螺旋加料器、干燥器、旋风分离器、风机等组成，干燥器系一直立的干燥管，管长约 10～20m。空气由风机送入，经预热器加热后进入干燥管底部，湿物料经螺旋加料器连续送入干燥管，在干燥管中被高速上升的热气流分散并呈悬浮状，空气与湿物料在流动过程中进行充分接触，并作剧烈的相对运动，进行热、质传递，从而达到干燥目的。干燥产品随气流进入旋风分离器与废气分离后被收集，废气排入大气。操作过程的关键是要连续而均匀地加料，为使物料在入口处被气流分散，管内的气速应大大超过单个颗粒的沉降速度，常用气速在 10～20m/s 以上。

气流干燥器的优点主要有以下几点。

① 传热、传质速率高。由于湿物料以细小的颗粒悬浮于高速的热气流中，每个颗粒都被热空气所包围，气-固两相间传热、传质面积大，且由于气速较高，在空气涡流的高速搅动下，使气-固边界层的气膜不断受冲刷，极大地强化了传热传质过程，干燥管全管平均对流传热系数可达 2.3～7.0kW/(m^2·℃)，尤其在干燥管前端干燥效果更好。

② 干燥时间短。大多数物料在器内停留时间只有 0.5～2s，一般不超过 5s，所以特别适用于热敏性、易氧化物料的干燥。

③ 热效率高。由于干燥器散热面积小，故热损失小，一般不超过 5%，尤其是对含非结合水分较多的物料的干燥，热效率可达 60%左右。且允许使用高温气体，空气消耗量相对较少。

④ 设备结构简单，易制造，易维修，成本低，且操作连续稳定，自动化程度高。

其缺点是以下几点。

① 动力消耗大。因气流速度高，气-固混合物在干燥管内的流动阻力大。

② 物料彼此间的磨损及对器壁的磨损较大，物料易被粉碎、磨损，难以保持干燥前的结晶状态和光泽，故不适用于易粉碎物料的干燥。

③ 物料在器内的停留时间短，不适用于含结合水分较多的物料的干燥。

④ 为尽可能除去被气流夹带的细小尘粒，对除尘器的要求高。

⑤ 干燥管较高，对厂房高度有一定的要求。

为了降低干燥管的高度，在国内外已出现了不少新型的气流干燥器。为了对这些新型设备的改进方向有所了解，应熟悉气流干燥器中颗粒的运动及传热情况。由实验得知，颗粒在气流干燥器中的运动情况可分为开始的加速运动段和随后的恒速运动段。通常加速段在加料口 1～3m 内完成。当物料进入干燥管底部的瞬间，其上升速度为零，故气流和颗粒间的相对速度最大；当颗粒被气流吹动后，不断加速，气-固两相间相对速度逐渐降低，直到相对速度等于颗粒在气流中的沉降速度时，颗粒将不再被加速而维持恒速运动。由于加速段内气-固两相间相对速度最大，两者的温差也较大，从而传热、传质速率高；同时，在干燥管底部颗粒最密集，即单位体积中传热面积大，所以对流传热系数也恒速段大。尤其是在加料口以上 1m 左右的干燥管内，干燥速率最快，该段内的传热量占整个干燥管传热量的 1/2～3/4。

由上分析可知，欲提高气流干燥器的干燥效果和降低其高度，应充分发挥干燥管底部加速段的作用及增加气—固两相间的相对速度。

3. 沸腾床干燥器

沸腾床干燥器又称流化床干燥器，它是流化床原理在干燥中的应用。其类型有：单层圆筒型、多层圆筒型、卧式多室型、喷雾型、振动型等。

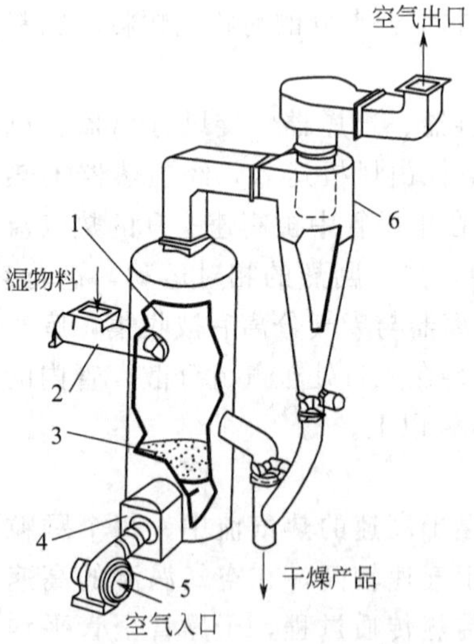

图 7-23 单层圆筒沸腾床干燥器
1—沸腾室；2—进料器；3—分布板；4—加热器；5—风机；6—旋风分离器

图 7-23 为单层圆筒型干燥器。首先在多孔分布板上加入需干燥的颗粒物料，热空气由多孔板的底部送入，使其均匀分散并与湿物料接触。当气速较低时，气体从颗粒层的空隙中通过，颗粒层静止不动，这样的颗粒床层称为固定床。当气速继续增加，颗粒开始松动并在一定区域内变换位置，床层略有膨胀。当气速再增加时，颗粒便被气流吹动起来，呈悬浮状态，此时形成的床层称为流化床。气速越大，流化床层越高。当颗粒床层膨胀到一定高度时，因床层空隙率增大而使气速下降，颗粒又重新落下而不致被气流带走。经干燥后的颗粒由床侧出口卸出。废气由顶部排出并经旋风分离器除尘后再排入大气。

由此可知，沸腾床干燥器主要是通过控制气速使固体颗粒悬浮于热气流中，并上下翻动，在剧烈碰撞与混合中完成传热、传质过程而达到干燥目的。在干燥过程中，颗粒床层由固定床转化为流化床时的气速称为临界流化速度；当气速增高到颗粒的自由沉降速度时，颗粒将被气流带出干燥器，此时的气速称为带出速度。故沸腾床层适宜的气体速度应在临界流化速度与带出速度之间。当静止料层高度为 0.05～0.15m，粒径大于 0.5mm 时，通常采用的气速范围为带出速度的 0.4～0.8 倍。

沸腾床干燥器的主要优点如下。①与气流干燥一样，由于干燥中颗粒彼此剧烈地碰撞与混合，且气体与颗粒间的接触面积很大，故传热、传质效率高。②热效率高。不仅干燥含较多结合水分物料效率高，而且对含非结合水分为主的物料，其热效率也可达 30%～50%。③由于气速较气流干燥低，故阻力小，颗粒彼此间的磨损及对设备的磨损均较小，且废气夹带粉尘少，除尘器负荷低。④颗粒在器内的停留时间可由出料口控制调节，因而可控制产品含水量，能得到含水量极低的产品。⑤设备小、活动部件少、结构简单、投资费用和维修费用低、生产能力大、物料易流动等优点。

沸腾床干燥器的主要缺点是，操作控制要求严格，且因颗粒在沸腾床层中高度混合，易引起物料的返混和短路，使其在干燥器内停留时间不均匀而导致干燥产品质量不均匀。因此单层沸腾床干燥器适宜于处理量大、易干燥且对产品质量要求不高的场合。

对于干燥要求较高或所需干燥时间较长的物料的干燥，可采用多层沸腾床干燥器。图 7-24 为双层沸腾床干燥器。物料加入第一层，经溢流管流入第二层，干燥至符合要求后，由出料口排出。热气体由干燥器底部送入后，依次流经每一层，然后从器顶排出。与单层相比，颗粒分布更均匀，停留时间更长，干燥产品含水量较低。但是，多层沸腾床干燥器的结构复杂，流动阻力较大。为保证物料更均匀地干燥，操作更稳定可靠，而流动阻力又较小，可采用卧式多室沸腾床干燥器。

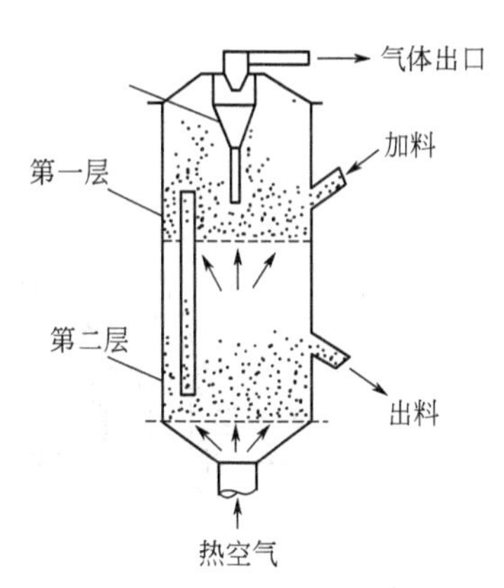

图 7-24 双层圆筒沸腾床干燥器

总之，沸腾床干燥器适宜于粉粒状且不易结块的物料的干燥。其物料适宜的粒度范围为 30～60μm，尤其是粒径为 20～40μm 时，气体通过分布板后极易产生局部沟流。当粒径大于 4～8mm 时，则需要较高的流化速度，且动力消耗及物料的磨损均较大。对于粉状物料，适宜的含水量范围为 2%～5%，对于颗粒物料，则为 10%～15%。

4. 喷雾干燥器

喷雾干燥是利用喷雾器将料液喷成雾状，呈细小微粒分散于热气流中，使水分迅速汽化而达到干燥目的。如果将 $1cm^3$ 的液体雾化成直径为 10μm 的球形雾滴，其表面积将增加数千倍，显著地增大了微粒与气流间的传热传质面积，故干燥速度快，一般只需 5～30s。

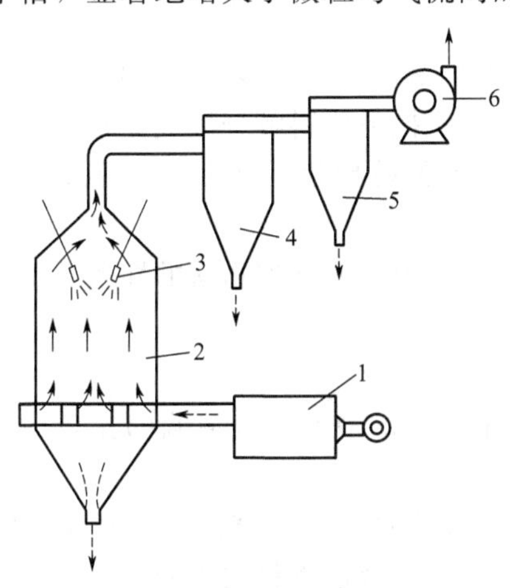

图 7-25 喷雾干燥流程
1—热风炉；2—喷雾干燥器；3—压力喷嘴；4—一次旋风分离器；5—二次旋风分离器；6—排风机

喷雾干燥中，热气流与物料的相对流向有并流、逆流或混合流。每种流向又可分为直线流动和螺旋流动。对于易粘壁、热敏性的物料，易采用直线流的并流，可避免雾滴粘壁，且在干燥器内停留时间短。螺旋形流动时，雾滴在器内的停留时间相对较长，适宜干燥较大颗粒及较难干燥的物料，但不宜干燥热敏性及高黏度的物料。图 7-25 为一并流喷雾干燥器流程图。料液用泵压至喷雾器，在干燥室中喷成雾滴而分散在热气流中，与此同时，水分迅速汽化，成为微粒或细粉，再由风机吸至旋风分离器中而被回收，废气则经风机排出。

在喷雾操作中，液滴的大小及均匀度直接影响到产品质量。尤其是热敏性物料，如果雾滴大小不一，就会出现大颗粒还未完全干燥，小颗粒却已干燥过度乃至变质的现象。因此，使料液雾化所用的喷雾器就显得尤为重要。常用的喷雾器有以下三种。

(1) 离心喷雾器

如图 7-26(a) 所示。料液进入一个高速旋转的圆盘的中部，圆盘上有呈放射形的叶片，液体在强大的离心力的作用下而被分散加速，到达周边时呈雾状被甩出。一般圆盘的转速为 4000～20000r/min。这种型式的喷雾器操作弹性大，允许生产能力在一定范围内波动，且转盘设有小孔，适用于高黏度或带固体的料液。缺点是喷出的雾滴较粗，喷距大，为避免粉粒黏附于器壁上，干燥器的直径较大，且机械加工要求严格，成本高。

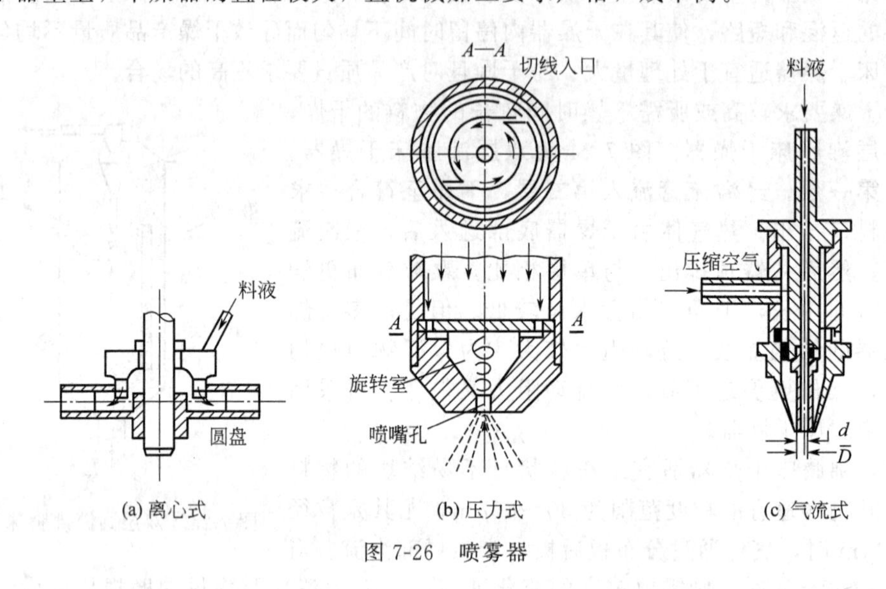

图 7-26 喷雾器

(2) 压力式喷雾器

如图 7-26(b) 所示。用泵使液体在高压（3000～20000kPa）下进入喷嘴，并在喷嘴的螺旋室内高速旋转，然后从出口的小孔处呈雾状喷出。这种喷雾器的最大优点是较其他喷雾器动力消耗少，但因喷孔小，易堵塞，易磨损，故适用于一般黏度的液体，生产中，产量的可调范围也比较小。

(3) 气流式喷雾器

如图 7-26(c)，用表压为 100～700kPa 的压缩空气压缩料液，使料液以 200～300m/s 的高速从喷嘴喷出，靠气、液两相间的巨大的速度差所产生的摩擦力使料液分散成雾状。这种喷雾器结构简单，制造容易，适用于任何黏度的液体，可制备粉粒状产品。缺点是动力消耗大。

三种类型的喷雾器各有优缺点，在选型时，须根据生产要求，所处理物料的性质及工厂各方面的具体情况而定。

喷雾干燥器的优点如下。

① 干燥速率高、时间短。由于料液被雾化成几十微米大小的液滴，故液滴的比表面积很大，传热、传质非常迅速，具有瞬时干燥的特点。

② 物料温度低，产品质量好。虽然采用较高温度的干燥介质，但因雾滴有大量水分存在，其表面温度一般不超过热空气的湿球温度。故特别适用于热敏性物料的干燥。

③ 与其他干燥方法相比，可缩短生产工艺流程，且连续化、自动化程度高。因喷雾干燥是由浆料或溶液直接得到干燥产品，省去了干燥前要进行的蒸发、结晶、过滤等以及干燥后的筛分等操作。

④ 通过改变操作条件可控制调节产品的指标，如颗粒直径、粒度分布、产品含水量以及产品形状（粉末状、空心球体等）。

⑤ 喷雾干燥是在密闭的设备内进行的，故能改善生活环境和劳动条件。

其缺点如下。

① 干燥中雾滴易黏附于器壁上，影响产品质量。

② 体积给热系数小，对于不能用高温介质干燥的物料，所需设备庞大。

③ 对气体的分离要求高，故干燥后续设备结构复杂，造价高。

④ 能耗大，热效率低。

尽管如此，由于喷雾干燥具有其他干燥无法比拟的优点，因此在生物、食品、医药等工业中应用非常广泛。如酵母、酵母粉、葡萄糖、血浆、乳制品等的干燥。

5. 滚筒式干燥器

滚筒式干燥器是间接加热的连续干燥器。有单滚筒和多滚筒之分。一般单滚筒和双滚筒适用于流动性物料的干燥，如溶液、悬浮液等，而多滚筒则适用于薄层物料如纸、织物等的干燥。

图 7-27 为一双滚筒干燥器。滚筒为中空的金属圆筒。干燥时，加热蒸汽通入滚筒内部，通过筒壁的热传导，将热量传给附于滚筒表面的湿物料。两滚筒的旋转方向相反，部分滚筒浸在料槽中，从料槽中转出来时物料呈薄膜状附于滚筒表面，其厚度为 0.3～5mm。滚筒转动一周，物料即被干燥，干燥后的产品由刮刀刮下。滚筒的转速视干燥所需时间而定。

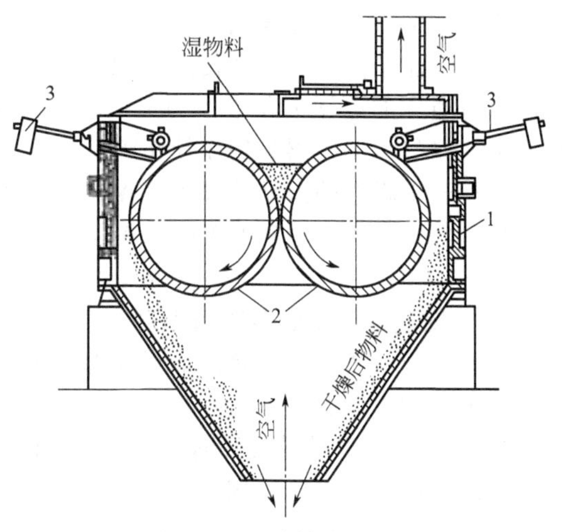

图 7-27 双滚筒式干燥器

1—外壳；2—滚筒；3—刮刀

为了处理热敏性物料，可将滚筒密闭在真空室内，即干燥过程在真空中进行。真空滚筒干燥器也有单滚筒和双滚筒之分。由于真空滚筒干燥器的进料、卸料、刮刀等须在真空室外来操作，故这类干燥器成本较高，一般只用来干燥热敏性极强的物料。

滚筒式干燥器与喷雾干燥器比，具有动力消耗低，投资少，干燥时间和干燥温度容易调节等优点，但是在生产能力和操作条件方面不如喷雾干燥。

二、干燥器的选用

不同类型的干燥器各有优缺点，为保证干燥任务的完成，在选用干燥器时，应根据以下几方面加以考虑。

1. 产品的质量要求

许多生物制品，热敏性强，如酶、蛋白质等，操作中要求避免高温下失活、变性，有的还要求无菌等。因此对干燥器的最高操作温度和干燥时间要求十分严格，这种情况下，干燥器的选型主要从保证产品质量出发，其次才考虑设备费用和操作费用。

2. 物料的形态

物料的形态有粉状、颗粒状、块状、片状、膏糊状等。物料的形态不同。适宜的干燥器类型也不同，如气流干燥器及沸腾干燥器适宜粉状、颗粒状物料的干燥，喷雾干燥器适用于溶液、悬浮液及浆料的干燥，而厢式干燥器对各类物料的干燥均适用。

3. 物料的性质

物料性质有热敏性、黏附性、含水量及水分结合方式等。热敏性物料宜快速干燥，如喷雾干燥、气流干燥、沸腾干燥等；高黏性物料在喷雾干燥时，宜采用直线型的并流。含非结合水分多的物料宜采用气流干燥，含结合水分较多的物料宜采用沸腾干燥。

4. 生产能力

如浆液状物料既可用喷雾干燥，也可用滚筒干燥，生产能力大时宜采用喷雾干燥器，生产能力小时宜用滚筒干燥器。

5. 劳动条件

某些干燥方法虽然经济，但劳动强度大，环境条件差，不利于生产连续化。这些干燥方法就不宜采用。如干燥大批量多水分的料液时，就不宜采用滚筒干燥。

综上所述，在选择干燥器的类型时，应综合各方面的因素，加以比较、筛选，从中选出既符合原料特性，又能保证产品质量要求，经济合理、操作可行的干燥器类型。

三、气流干燥器的计算

各类干燥器的设计计算，均是利用以下基本关系式：物料衡算式；热量衡算式；传热速率方程式；传质速率方程式。

由于对流给热系数 α 和传质系数 K_H 均随干燥器的类型、物料特性及操作条件而异，目前还没有通用的计算 α 和 K_H 的关联式，故干燥器的设计计算仍以经验或半经验的方法进行。下面以气流干燥器为例作简单说明。

在气流干燥器的设计计算中，根据工艺条件的要求，事先已知的参数有：干燥的生产能力，物料入口的含水量和温度，新鲜空气的状态参数及相关的物性参数。在此基础上进行以下计算。

1. 热空气进入干燥器时的温度

此温度应保持在物料允许的最高温度范围内。在气流干燥中，速率快、时间短，干燥温度较均匀，故进口温度可高些。

2. 热空气离开干燥器时的相对湿度和温度

增高干燥介质出口的相对湿度 φ_2，可减少空气消耗量及传热量，即可降低操作费用。但 φ_2 增大，即介质水汽分压增高，传质推动力降低，为保证相同的干燥能力，就需增大干燥器的尺寸，即投资费用增大。故适宜的 φ_2 应通过经济衡算确定。

由于物料在气流干燥器内停留的时间很短，要求有较大的推动力以提高干燥速率，因此出口介质的水汽分压需低于物料表面水汽分压的 50%。

干燥介质的出口温度 t_2 应与 φ_2 同时考虑。若 t_2 增高，则热损失增大，干燥器热效率就低；若 t_2 降低，而 φ_2 又较高，湿空气就有可能在干燥器后面的设备和管路中析出水滴，从而破坏了干燥的正常操作。对气流干燥器，一般要求 t_2 较物料出口温度高 10～30℃，或较空气入口时的绝热饱和温度高 20～50℃。

3. 物料的出口温度

物料的出口温度 t'_2 与很多因素有关，但主要取决于物料的临界含水量 X_c 与降速干燥阶段的传质系数。X_c 越低、传质系数越高，t'_2 值就越低。目前还没有计算 t'_2 的理论公式，设计时可按物料允许的最高温度 t_{max} 估算，即：

$$t'_2 = t_{max} - (5 \sim 10) \tag{7-40}$$

式中　t'_2——物料离开干燥器时的温度，℃；

t_{max}——物料允许的最高温度，℃。

这种估算方法，仅考虑了物料允许的温度，未考虑降速阶段中干燥的特点，因此误差较大。

对于气流干燥器，若 $X<0.05$kg/kg 绝干物料时，可按下式计算物料出口温度

$$\frac{t_2-t_2'}{t_2-t_{w2}}=\frac{r_{t_{w2}}(X_2-X^*)-c_c(t_2-t_{w2})\left(\frac{X_2-X^*}{X_0-X^*}\right)^{\frac{r_{t_{w2}}(X_0-X^*)}{c_c(t_2-t_{w2})}}}{r_{t_{w2}}(X_0-X^*)-c_c(t_2-t_{w2})} \tag{7-41}$$

式中 t_{w2}——空气在出口状态下的湿球温度，℃；

$r_{t_{w2}}$——在 t_{w2} 温度下水的汽化潜热，kJ/kg。

用上式计算 t_2' 要用试差法，即先假设一出口温度 t_2'，列出物料衡算式和热量衡算式联解，求出空气出口湿度和消耗量，再用上式核算假设值，直至假设值与核算值基本相符。

4. 物料颗粒在管内的上升速度

$$u_s=u_a-u_t \tag{7-42}$$

式中 u_s——颗粒在管内的上升速度，m/s；

u_a——空气的速度，m/s；

u_t——颗粒的沉降速度，m/s。

u_s 一般取 14～20m/s。

5. 物料在单位时间内的干燥表面积

在气流干燥过程中，颗粒是分散且悬浮于气流中的，故单位时间内颗粒的总表面积即为单位时间内的干燥表面积。其计算式为：

$$A=\frac{6G_2}{d_s\rho_s} \tag{7-43}$$

式中 A——物料在单位时间内的干燥表面积，m^2/s；

d_s——颗粒的直径，m；

ρ_s——产品的密度，kg/m^3。

若干燥时间为 τ，则在 τ 时间内的总干燥面积为 $A\tau$。

6. 热空气对颗粒的表面传热系数

一般用下列经验公式估算

$$\alpha=1.44\frac{\lambda_a}{d_s}Re_t^{0.47} \tag{7-44}$$

式中 λ_a——空气的热导率，W/(m·K)；

Re_t——颗粒的沉降雷诺数。

上式适用于 $0.05<Re_t<240$。

7. 物料的干燥时间 τ

物料在气流干燥器内停留时间很短，一般为 0.5～2s，故可简单地认为干燥在表面汽化控制下进行，此时物料表面温度即为空气湿球温度 t_w。

物料的干燥时间 τ 可按气体与物料间的传热要求计算，即：

$$Q=\alpha A'\Delta t=\alpha A\tau\Delta t_m$$

则

$$\tau=\frac{Q}{\alpha A\Delta t_m} \tag{7-45}$$

$$\Delta t_{m}=\frac{t_{1}+t_{2}}{2}-t_{w}$$

式中　Δt_{m}——气体与物料温差的对数平均值；

t_{1}、t_{2}——空气进出干燥器的温度，℃；

t_{w}——空气的湿球温度，℃。

8. 干燥管的高度 h 和直径 d

干燥管的高度必须满足物料颗粒在管内的停留时间 τ，故有：

$$h=u_{s}\tau \tag{7-46}$$

干燥管的直径 d 可根据空气体积流量计算，即：

$$d=\sqrt{\frac{L\upsilon_{H}}{\frac{\pi}{4}u_{a}}} \tag{7-47}$$

第六节　干燥器的操作与维护

一、干燥操作条件的确定

干燥操作必须确定最佳的工艺条件，在干燥操作中注意调节和控制，才能完成生产任务，做到优质、高产、低耗。

1. 干燥介质的选择

干燥介质不能与被干燥物料发生化学反应，不能影响被干燥物料的性质，还要考虑干燥过程的工艺及可利用的热源，即干燥介质的选择还应考虑介质的经济性及来源。

对流干燥介质可采用空气、惰性气体、烟道气及过热蒸汽等。当干燥操作温度不太高且氧气的存在不影响被干燥物料的性能时，可采用热空气作为干燥介质。对某些易氧化的物料，或从物料中蒸发出易爆的气体时，则宜采用惰性气体作为干燥介质。烟道气适用于高温干燥，但要求被干燥的物料不怕污染，而且不与烟气中的 SO_2 和 CO_2 等气体发生作用。由于烟道气温度高，故可强化干燥过程，缩短干燥时间。

2. 流动方式的选择

逆流操作，物料移动方向和介质的流动方向相反，整个干燥过程中的干燥推动力较均匀，适用于物料含水量且不允许采用快速干燥的场合、耐高温物料的干燥及要求干燥产品的含水量很低时的干燥过程等。

并流操作，物料移动方向和介质的流动方向相同，开始时传热、传质推动力较大，干燥速率较大，随着干燥的进行速率明显降低，难以获得含水量很低的产品，但并流操作物料出口温度可选择较逆流低。该法适用于物料含水量较高且允许进行快速干燥而不产生龟裂或焦化的物料，以及干燥后期不耐高温、易分解、氧化、变色等物料的干燥。

错流操作，干燥介质与物料间运动方向互相垂直。各个位置上的物料都与高温、低湿的介质相接触，因此干燥推动力比较大，又可采用较高的气体速度，所以干燥速度很高。该法适用于无论含水量高低都可以进行快速干燥的场合、耐高温的物料干燥及因阻力大或干燥器构造的要求不适宜采用并流或逆流操作的场合。

3. 干燥介质进入干燥器时的温度和流量

为了强化干燥过程和提高经济效益，干燥介质的进口温度宜保持在物料允许的最高温度范围内，但也应考虑避免物料发生变色、分解等。对于同一种物料，允许的介质进口温度随干燥器型式不同而异。例如，在厢式干燥器中，由于物料是静止的，因此应选用较低的介质进口温度；在转筒、沸腾、气流等干燥器中，由于物料不断地翻动，致使干燥温度较高、较均匀、速度快、时间短，因此介质进口温度可高些。

增加空气的流量可以增加干燥过程的推动力，提高干燥速率。但空气量增加，会造成热损失增加，热效率下降，同时还会增加动力消耗，气速的增加，会造成产品回收负荷增加。生产中要综合考虑温度和流量的影响，合理选择。

4. 干燥介质离开干燥器时的湿度和温度

提高干燥介质离开干燥器的相对湿度 φ_2，以减少空气消耗量及传热量，即可降低操作费用；但因 φ_2 增大，介质中水汽的分压增高，使干燥过程的平均推动力下降，为了保持相同的干燥能力，就需要增大干燥器的尺寸，即加大了投资费用。所以，量适宜的 φ_2 值应通过经济衡算来决定。

对同一物料，不同类型的干燥器，适宜的 φ_2 值也不同。例如，对气流干燥器，由于物料在器内的停留时间很短，就要求有较大的推动力以提高干燥速率，因此一般离开干燥器的气体中水汽分压需低于出口物料表面水汽分压的 50%～80%。

干燥介质离开干燥器的温度 t_2 与 φ_2 应综合考虑。若 t_2 降低，而 φ_2 又较高，此时湿空气可能在干燥器后面的设备和管路中析出水滴，因此破坏了干燥的正常操作。对气流干燥器，一般要求 t_2 较入口气体的绝热饱和温度高 20～50℃。

5. 物料离开干燥器时的温度

物料出口温度 θ_2 与很多因素有关，但主要取决于材料的临界含水量 X_c 及干燥第二阶段的传质系数。X_c 值越低，物料出口温度 θ_2 越低；传质系数越高，θ_2 越低。

二、典型干燥器的操作

根据被干燥物料的形状、物理性质、热能的来源以及操作的自动化程度，可使用不同类型的干燥设备。下面只介绍目前化工厂常用的流化床干燥器、喷雾干燥器的使用和维护。

1. 流化床干燥器的操作

① 开炉前首先检查送风机和引风机，检查其有无摩擦和碰撞声，轴承的润滑油是否充足，风压是否正常。

② 对流化床干燥器投料前应先打开加热器疏水阀、风箱室的排水阀和炉底的放空阀，然后渐渐开大蒸汽阀门进行烤炉，除去炉内湿气，直到炉内和炉壁达到规定的温度后结束烤炉操作。

③ 停送风机和引风机，敞开人孔，向炉内铺撒物料，料层高度约 250mm，此时已完成开炉的准备工作。

④ 再次开动送风机和引风机，关闭有关阀门，向炉内送热风，并开动给料机抛撒潮湿物料，要求进料由少渐多，物料分布均匀。

⑤ 根据进料量，调节风量和热风温度，保证成品干湿度合格。

⑥ 经常检查卸出的物料有无结块，观察炉内物料面的沸腾情况，调节各风箱室的进风量和风压大小。

⑦ 经常检查风机的轴承温度、机身有无振动以及风道有无漏风，发现问题及时解决。

⑧ 经常检查引风机出口带料情况和尾气管线腐蚀程度，问题严重应及时解决。

2. 喷雾干燥设备的操作

喷雾干燥设备由高压供料泵、雾化器、干燥塔、出料机、加热器和风机等组成。这里只介绍常用的喷雾干燥设备的操作。

① 喷雾干燥设备包括数台不同的化工机械和设备，因此，在投产前应做好如下准备工作。

a. 检查供料泵、雾化器、送风机及出料机是否运转正常。

b. 检查蒸汽、溶液阀门是否灵活好用，各管路是否畅通。

c. 清理塔内积料和杂物，铲除塔壁挂疤。

d. 排除加热器和管路中积水，并进行预热，向塔内送热风。

e. 清洗雾化器，达到流道畅通。

② 启动供料泵向雾化器输送溶液，观察压力大小和输送量，以保证雾化器的需要。

③ 经常检查、调节雾化器喷嘴的位置和转速，确保雾化颗粒大小合格。

④ 经常查看和调节干燥塔负压数值，一般控制在－300～－100Pa。

⑤ 定时巡回检查各转动设备的轴承温度和润滑情况，检查其运转是否平稳，有无摩擦和撞击声音。

⑥ 检查各种管路与阀门是否泄漏，各转动设备的密封装置是否泄漏，做到及时调整。

三、典型干燥器的维护

1. 流化床干燥器的维护

流化床干燥器停炉时应将炉内物料清理干净，并保持干燥。应保持保温层完好，有破裂时应及时修好。加热器停用时应打开疏水阀门，排净冷凝水，防止锈蚀。要经常清理引风机内黏附的物料和送风机进口防护网，经常检查并保持炉内分离器畅通和炉壁不锈蚀。流化床干燥器常见故障与处理方法见表 7-1。

表 7-1　流化床干燥器常见故障与处理方法

故障名称	产生原因	处理方法
发生死床	(1)入炉物料太湿或块多 (2)热风量少或温度低 (3)床面干料层高度不够 (4)热风量分配不均匀	(1)降低物料水分 (2)增加风量，提高温度 (3)缓慢出料，增加干料层厚度 (4)调整进风阀的开度
尾气含尘量大	(1)分离器破损，效率下降 (2)风量大或炉内温度高 (3)物料颗粒变细小	(1)检查修理 (2)调整风量和温度 (3)检查操作指标变化
沸腾床流动不好	(1)风压低或物料多 (2)热风温度低 (3)风量分布不合理	(1)调节风量或物料 (2)加大加热器蒸汽量 (3)调节进风板阀开度

2. 喷雾干燥设备的维护

喷雾干燥设备的雾化器停止使用时，应清洗干净，输送溶液管路和阀门不用时也应放净溶液，防止凝固堵塞。经常清理塔内黏挂物料。要保持供料泵、风机、雾化器及出料机等转动设备的零部件齐全，并定时检修。注意进入塔内的热风气速不可过高，以防止塔壁表皮碎裂。喷雾干燥器常见故障与处理方法见表 7-2。

表 7-2　喷雾干燥器常见故障与处理方法

故障名称	产生原因	处理方法
产品水分含量高	(1)溶液雾化不均匀 (2)热风的相对湿度大 (3)溶液供量大，雾化效果差	(1)提高溶液压力和雾化器转速 (2)提高进风温度 (3)提高雾化器进料量或更换雾化器

续表

故障名称	产生原因	处理方法
塔壁黏有积粉	(1)进料太多,蒸发不均匀 (2)气流分布不均匀 (3)个别喷嘴堵塞 (4)塔壁预热温度不够	(1)减小进料量 (2)调节热风分布器 (3)清洗或更换喷嘴 (4)提高热风温度
产品颗粒太细	(1)溶液浓度低 (2)喷嘴孔径太小 (3)溶液压力太高 (4)离心盘转速太快	(1)提高溶液浓度 (2)换大孔喷嘴 (3)适当降低压力 (4)降低转速
尾气含粉尘太多	(1)分离器堵塞或积料多 (2)过滤袋破裂 (3)风速大,细粉含量大	(1)清理物料 (2)修补破口 (3)降低风速

习 题

思考题

1. 什么是干燥？根据传热的方式不同，干燥可分为几种？

2. 对流干燥有何特点？

3. 表示湿空气性质的参数有哪些？各自的物理意义、特点及影响因素如何？

4. 若湿空气的温度和水汽分压一定，将总压适当提高，则其他参数将会发生什么变化？

5. 试分析一定初始状态的湿空气分别经历①绝热饱和过程；②等湿度下的升温过程；③等温下的增湿过程时，其状态参数将如何变化？

6. 等焓干燥过程与非等焓干燥过程各自有什么特点？

7. 什么是平衡水分与自由水分、结合水分与非结合水分？彼此有何区别与联系？

8. 恒速干燥阶段与降速干燥阶段的影响因素有何不同？为什么？

9. 干燥器出口废气温度的高低对干燥过程有何影响？其温度选择受哪些因素限制？

10. 试述几种常用干燥器的主要特点与适用范围。

练习题

1. 已知湿空气的总压为101.3kPa，水气分压为5kPa。试求：

(1) 空气的湿度；(2) 湿空气的饱和温度。

2. 已知湿空气的干球温度为30℃，相对湿度为40%，空气总压为101.3kPa。试求：(1) 空气的湿度；(2) 空气的饱和湿度；(3) 空气的水汽分压；(4) 空气的露点；(5) 空气的湿比容；(6) 空气的湿比热容；(7) 空气的焓。

3. 利用 *I-H* 图填充下列表的空白

干球温度/℃	湿球温度/℃	湿度/(kg水/kg干空气)	相对湿度/%	焓/(kJ/kg绝干气)	水气分压/kPa	露点/℃
20			70			
30					3.0	
40						25
50	35					
		0.03		140		

4. 空气的总压为101.3kPa，干球温度为20℃，湿球温度为15℃。将该空气在预热器中预热至60℃以后，送入一干燥器中，若空气在干燥器中经历等焓干燥过程，离开干燥器时相对湿度为75%。试求：(1) 新鲜空气的湿度、露点、相对湿度、焓、水汽分压；(2) 离开预热器空气的湿度、焓及100m^3的新鲜空气经预热后增加的热量；(3) 离开干燥器的废气的温度、焓、露点、湿度；(4) 100m^3的新鲜空气在干燥器中所蒸发的水分量。

5. 一连续干燥器，每小时干燥湿物料的量为1500kg，使其含水量45%降到3%（均为湿基含水量），试计算除去的水分量。

6. 某干燥器的水分蒸发量为400kg/h，所处理的湿物料的含水量为45%（湿基含水量），求：(1) 当湿物料的量为1200kg/h时，产品中的含水量（湿基含水量）；(2) 当所得产品的量为600kg/h时，产品中的含水量（湿基含水量）。

7. 在去湿设备中将空气的部分水汽除去，操作压强为101.3kPa，空气进口温度为293K，空气中水汽分压为6.7kPa，出口处水汽分压为1.33kPa，试计算100m^3的空气所除去的水分量。

8. 某干燥器湿物料的处理量为120kg/h，其湿基含水量为12%，干燥产品湿基含水量为2%；进干燥器的空气流量为600kg/h，温度为85℃，相对湿度为10%。求物料水分蒸发量和空气出干燥器时的湿度。

9. 某常压干燥器，其生产能力为6000kg干料/h。现将物料从含水量5%干燥至0.5%（均为湿基含水量）。已知湿物料的进口温度为25℃，出口温度为65℃。新鲜空气温度为20℃，经预热器加热后，进干燥器的温度为120℃，湿度0.007kg水/kg干空气，出干燥器的温度为80℃。干物料的比热容为1.8kJ/(kg·K)。若不计热损失，且干燥器内不补充热量，试计算干空气的消耗量和空气离开干燥器时的湿度。

10. 某气流干燥器，湿物料的处理量为1.2kg/s，使其含水量由12%降至2.5%（以上均为湿基）。空气初始温度为25℃，湿度为0.006kg水/kg干空气，空气由预热器预热至140℃进入干燥器，出干燥器温度为80℃。若忽略干燥系统的热损失，且干燥过程视为等焓干燥过程。试求预热器需提供的热量及干燥器的热效率。

11. 在恒定干燥情况下，将湿物料由干基含水量0.33kg水/kg干料干燥至0.09kg水/kg干料，共需干燥时间7h。若继续干燥至0.07kg水/kg干料，再需多少小时？已知物料的临界含水量为0.16kg水/kg干料，平衡含水量为0.05kg水/kg干料。

本章主要符号说明

英文字母

a——单位体积物料提供的传热（干燥）面积，m^2/m^3；

A——转筒的截面积，m^2；

c——比热容，kJ/(kg·℃)；

d_p——颗粒的平均直径，m；

D——干燥器的直径，m；

G——绝干物料的质量流量，kg/s；

G_c——绝干物料的质量流量，kg绝干料/s或kg绝干料/h；

G_1——进干燥器时湿物料的质量流量，kg/s或kg/h；

G_2——离开干燥器时湿物料的质量流量，kg/s或kg/h；

H——湿空气的湿度，kg(水汽)/kg(干空气)；

H_0——分离室的高度，m；

I——空气的焓，kJ/kg绝干气；

I'——物料的焓，kJ/kg绝干料；

k_H——传质系数，kg/(m^2·s·ΔH)；

l——单位空气的消耗量，kg(干空气)/kg(水)；

L——绝干空气的质量流量，kg绝干气/s或kg绝干气/h；

L'——湿空气的质量流速，kg/(m^2·s)；

L_w——新鲜空气的消耗量，kg/s或kg/h；
M——摩尔质量，kg/kmol；
n——物质的千摩尔数，kmol；
n'——转筒的转速，r/min；
n''——每秒通过干燥器的颗粒数，个/s；
N——扩散速率，kg/s；
p——水气分压，Pa；
P——湿空气总压，Pa；
Q——传热速率，W；
r——汽化潜热，kJ/kg；
S——干燥表面积，m^2；
S_P——每秒钟内颗粒提供的干燥表面积，m^2/s；
t——温度，℃；
U——干燥速率，$kg/(m^2 \cdot s)$；
V——体积流量，m^3/s；
w——湿基含水量，kg(水)/kg(湿物料)；
W——水分蒸发量，kg/s；
X——干基含水量，kg(水)/kg(绝干料)；
X^*——物料的干基含水量，kg(水)/kg(绝干料)。

希腊字母

α——对流传热系数，$W/(m^2 \cdot ℃)$；
β——充填率，无量纲；
η——热效率，无量纲；
θ——固体物料的温度，℃；
λ——热导率，$W/(m^2 \cdot ℃)$；
μ——黏度，Pa·s；
υ——运动黏度，$1/m^2$；
ρ——密度，kg/m^3；
τ——干燥时间或物料在干燥器内停留时间，s。

下标

0——进预热器的，新鲜的；
1——进干燥器的或离开预热器的；
2——离开干燥器的；
Ⅰ——干燥第一阶段；
Ⅱ——干燥第二阶段；
as——绝热饱和的；
c——临界的；
d——露点的；
D——干燥器的；
g——气体或绝干气的；
H——湿的；
L——热损失的；
m——平均的；
p——预热器的；
s——饱和的或绝干物料的；
t——相对的；
v——水气的；
w——湿球的。

第八章　物料的萃取

第一节　概　　述

利用原料液中各组分在适当溶剂中溶解度的差异而实现混合液中组分分离的过程称为液-液萃取，又称溶剂萃取。液-液萃取至少涉及三个组分，即原料液中的两组分和溶剂。所选用的溶剂对原料液中一个组分有较大的溶解能力，而对另一组分则应部分溶解或完全不溶解。萃取和吸收都是一种过渡操作，得到的混合液需进一步分离才能获得纯组分。

溶剂萃取法最早应用于化学工业。早期的萃取操作主要集中于稀有金属和有色金属的富集和分离以及提取各种有机酸等过程。用萃取剂磷酸三丁酯（TBP）提取金属铀是萃取技术在化工行业最早成功应用的例子。提取无机酸的一个实例是用2-乙基已醇从硼矿石浸取液中提取硼酸。1908年，采用液态二氧化硫作萃取剂从煤油中萃取芳香烃，则是萃取技术在有机物质分离中应用的开始。后来，萃取技术的实用价值逐渐深入到石油化工、原子能工业及环保等新兴行业。近年来，伴随生物技术产业的迅猛发展，萃取技术在生物技术行业得到了广泛应用，如生物医药等生物技术行业已将萃取技术应用于抗生素、有机酸、维生素、激素等发酵产物工业规模的提取上，例如，用乙酸乙酯萃取醋酸、用磷酸三丁酯萃取柠檬酸等。

一、萃取操作的优点和适用场合

萃取法的优点：比化学沉淀法分离程度高；比离子交换法选择性高、传质快；比蒸馏法能耗低；生产能力大、周期短，便于连续操作、易于实现自动控制等。

结合以上优点，在以下情况发生时，萃取分离比其他方法经济。

① 当溶质的浓度很稀，特别是当溶剂为易挥发组分时，用蒸馏法分离提纯溶质的单位能耗大。这时可先将溶质富集在某一合适萃取相中，然后对萃取相进行蒸馏，这样就可以显著降低能耗。例如，要从稀苯酚溶液中分离苯酚时，选用萃取法就相当经济有效。

② 当溶质与溶剂组成恒沸体系时，一般蒸馏法难以奏效，先通过萃取将溶质转移至另一种不会与溶质形成恒沸体系的溶剂中，再用蒸馏法分离就比较经济可行。例如，使重整油中的芳烃与未转化的烷烃分离就是如此，炼油工业中称这一过程为“芳烃抽提”。

③ 当溶液中的溶质不耐热时，若直接用蒸馏方法分离提纯，往往需要在高真空下进行，而应用常温下的萃取操作，较为经济合理。

④ 当溶液中的杂质比较多，而且与分离对象之间的化学极性相差也比较大，此时若根据“相似相溶原理”，选择合适的萃取剂，就可以十分方便地将杂质除去，将目标对象分离出来。

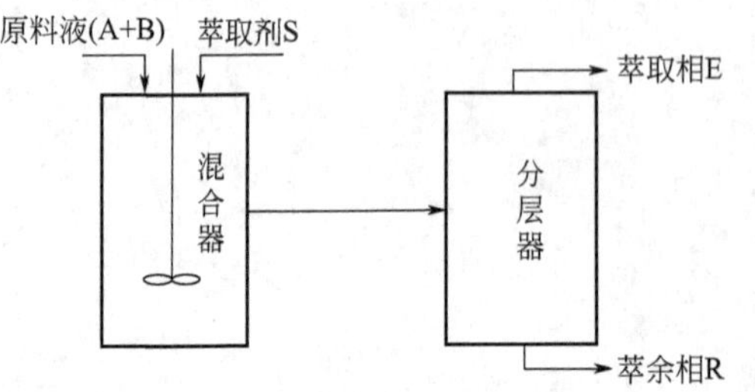

图8-1　萃取操作基本过程示意

二、萃取的基本过程

萃取操作的基本过程如图8-1所示。原料液由溶质A和原溶剂B组成，为使A与B尽可能地分离完全，向其中加入萃取剂S。萃取剂S应与原溶剂B不互溶或互溶度很小，且密度有一定的差异，极性比溶剂B更接近于溶质A，因而对A的溶解能力大于B。将原料液（A+B）与萃取剂S在混合器中通过充分搅拌混合，使三者密切接触。由于萃取剂S对溶质A的溶解能力大于原溶剂B，因此溶质A会沿B与S的两相界面由B扩散入S。待扩散完成后，将三元混合物转入分层器，由于萃取剂S与原溶剂B不互溶或互溶度很小，且密度不同，经静置后，三元混合物分为两层，其一以萃取剂S为主，并溶解有较多的溶质A，称之为萃取相E；另一层以原溶剂B为主，并含有少量未萃取完全的溶质A，称之为萃余相R。若萃取剂S的密度小于溶剂B，分层后，萃取相在上层，萃余相在下层，与图中所示一致；若萃取剂S的密度大于溶剂B，分层后，萃取相在下层，萃余相在上层，则与图中所示相反。

图中所示的萃取操作过程，因只包含一次混合、传质和一次静止分层，故称之为单级萃取，在该萃取过程中萃取剂S与原溶剂B完全不互溶是一种理想情况。现实中S与B总会有部分互溶，因此会导致静止分层后萃取相中含有部分原溶剂B，萃余相中也含有部分萃取剂S。此时若要进一步将萃余相中的溶质A萃取完全，则需要重复进行二次、甚至三次萃取过程。同时原料液中只含有一种溶质A，在实际生产中也是很少见的，多数会含有几种甚至十几种、几十种溶质，这些溶质相对于溶质A而言，往往被称之为杂质，这些杂质在萃取过程中也可能会扩散到萃取相中，在这种情况下要将溶质A分离完全，往往要经过连续多次反复萃取过程，此种情况称为多级萃取。

三、萃取生产过程案例

1. 芳烃的抽提

在重整生成油中，芳烃是以混合物状态与非芳烃混合物共存。为获得高纯度的单体芳烃首先必须把重整生成油中的芳烃与非芳烃分离。然而用精馏方法难以将芳烃与非芳烃分离，应用最广泛的是将重整生成油以溶剂进行萃取的方法提取出其中的芳烃。以二乙二醇醚类为溶剂的抽提工艺流程如图8-2。

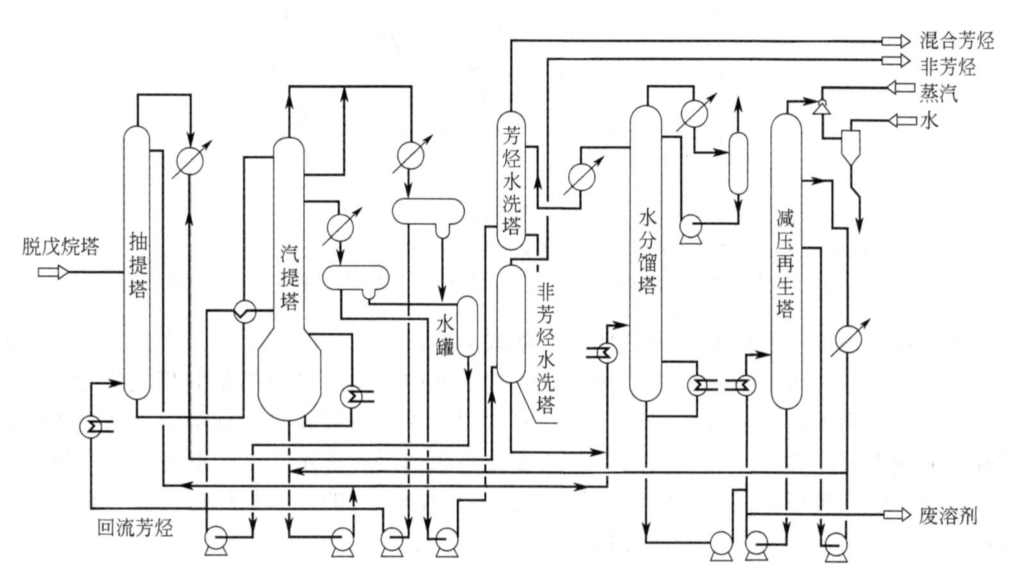

图8-2 芳烃抽提工艺原理流程示意

来自重整部分的脱戊烷油经换热进入抽提塔中部，含水约5%～8%（质量分数，下同）的二乙二醇醚溶剂（贫溶剂）从抽提塔顶部喷入，塔底打入回流芳烃（含芳烃70%～85%，其余为C_8的非芳烃）。经逆向流动抽提后，塔顶引出提余液（非芳烃），塔底引出提取液

（富溶剂）。提取液借本身的压力经换热流入汽提塔顶部的闪蒸罐，由于压力突然降低，使得提取液中的轻质非芳烃、部分芳烃和水蒸发出去，没有被蒸发的液体流入汽提塔上部进行蒸馏。在塔顶部蒸出的芳烃含有少量非芳烃，冷凝冷却后进入回流芳烃罐分出水，打入抽提塔底部作回流芳烃。汽提塔底部的贫溶剂绝大部分送回抽提塔循环使用，小部分送到水分分馏塔和减压再生塔进行溶剂再生。芳烃产品自塔上部侧线以气相引出（液相有可能带出过多的溶剂）、经冷凝脱水后打入芳烃水洗塔，水洗除去残余溶剂。在水洗塔顶得到纯度合适的混合芳烃送至芳烃精馏部分进一步分离单体芳烃。抽提塔顶的提余液送入非芳烃水洗塔洗去少量溶剂，在塔顶得到非芳烃。

芳烃水洗塔和非芳烃水洗塔均为筛板抽提塔。由于水能与二乙二醇醚无限互溶，从而用抽提方法从芳烃或非芳烃中提取溶剂。在水洗塔中，水是连续相，自上而下流动；芳烃或非烃是分散相，由下往上流动。

2. 工业污水的脱酚处理

工业污水的脱酚处理——醋酸丁酯法：用醋酸丁酯从异丙苯法生产苯酚、丙酮过程中产生的含酚污水中回收酚，流程如图 8-3 所示。

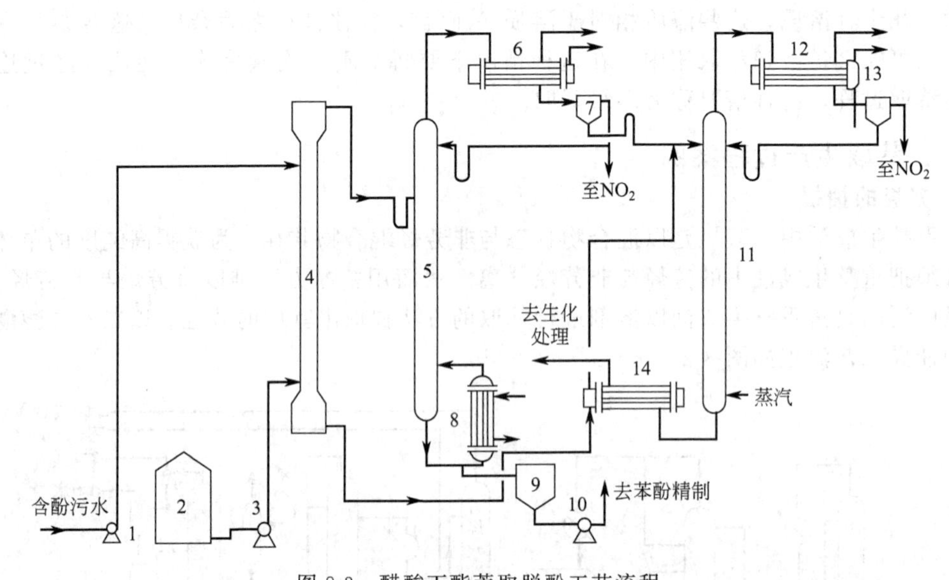

图 8-3 醋酸丁酯萃取脱酚工艺流程

1,3,10—泵；2—醋酸丁酯贮槽；4—萃取塔；5—苯酚回收塔；6,12—冷凝冷却器；7,13—油水分离器；8—加热器；9—接受槽；11—溶剂回收塔；14—换热器

含酚污水经预处理后由萃取塔顶加入，萃取剂醋酸丁酯从塔底加入，含酚污水和醋酸丁酯在塔内逆流操作，污水中酚从水相转移至醋酸丁酯中。离开塔顶的萃取相主要为醋酸和酚的混合物。为得到酚，并回收萃取剂，可将萃取相送入苯酚回收塔，在塔底可获粗苯酚，从塔顶得到醋酸丁酯。离开萃取塔底的萃余相主要是脱酚后的污水，其中溶有少量萃取剂，将其送入溶剂回收汽提塔，回收其中的醋酸丁酯。初步净化后的污水从塔底排出，再送往生化处理系统，回收的醋酸丁酯可循环使用。

四、萃取过程中的几个常用名词

1. 分配系数

在一定温度下，溶质组分 A 在平衡的 E 相与 R 相中的质量分率之比称为分配系数，以 k_A 表示，即：

$$k_A = \frac{\text{组分 A 在 E 相中的质量分率}}{\text{组分 A 在 R 相中的质量分率}} = \frac{y_A}{x_A}$$

同样，对于组分 B 也可以写出相应的分配系数表达式，即：

$$k_B = \frac{y_B}{x_B}$$

式中 y_A、y_B——组分 A、B 在萃取相 E 中的质量分数；

x_A、x_B——组分 A、B 在萃余相 R 中的质量分数。

分配系数表达了某一组分在两个平衡液相中的分配关系。显然，k_A 值越大，萃取分离的效果越好。

2. 相比

指在萃取体系中，萃取相与萃余相的体积之比，用 R 表示：

$$R = V_0/V_a$$

式中 V_0——萃取相体积，m^3/s；

V_a——萃余相体积，m^3/s。

相比只是一个实验室中用的概念，在工业设计、计算和生产中，常用两相流比表示，即：

$$\text{流比} = G/L$$

式中 G——萃取相流量，m^3/s；

L——萃余相流量，m^3/s。

第二节 液-液相平衡

萃取与蒸馏、吸收一样，其基础是相平衡关系。萃取过程中至少涉及三个组分，即溶质 A、原溶剂 B 和萃取剂 S。对于这种相对简单的三元体系，若原溶剂 B 与萃取剂 S 在操作范围内相互溶解的能力非常小，以致可以忽略，达到平衡后，萃取相中只含有萃取剂 S 和大部分的溶质 A 两个组分，萃余相中只含有原溶剂 S 和少部分的溶质 A 两个组分，此时的相平衡关系类似于吸收中的溶解度曲线，可在直角坐标上标绘。但原溶剂 B 与萃取剂 S 相互不溶或溶解能力很小仅仅是一种理想状态；现实中 B 与 S 存在的部分互溶情况，往往不能被忽略，平衡后，萃取相与萃余相中都含有三个组分，即萃取相中既含萃取剂 S 和大部分的溶质 A 又含少量原溶剂 B；萃余相中既含原溶剂 B 和少部分溶质 A 又含少量萃取剂 S。此时的相平衡关系，在化工研究、设计与生产过程中，常用三角形相图表示，在一些较为简单的情况下，特别是在三元体系中原溶剂与萃取剂的相溶性可以忽略不计时，直角坐标相图相对要直观和方便得多，因此也会用到直角坐标表示相图。

一、三角形相图

化工过程中的三角形相图经常使用等边三角形和等腰直角三角形两种。等边三角形在运用中，易于将基本原理表述清楚；等腰直角三角形可用普通的直角坐标纸勾画，使用较为方便。本章主要以等腰直角三角形为主，阐述相关的基本理论和原理，对于等边三角形相图，本章只给出简单的介绍，读者若有需要，可参考相应的参考文献。

溶液组成有多种表示方法，要根据具体的单元操作选择适宜的种类，液-液萃取过程中用质量分率表示溶液组成，可使计算简化。

1. 三元组成的等边三角形相图表示法

三元组成的等边三角形相图如图 8-4。三角形的三个顶点 A、B 和 S 分别表示纯溶质

A、纯原溶剂 B 和纯萃取剂 S。三角形任何一边上的点均表示某个二元混合物，例如图中的 C 点代表仅含 A 和 B 的一个混合物，其中 B 所占的质量分数为 0.6，A 的质量分数为 0.4。三角形内部的任何一点都代表一个三元混合物，如图中的 D 点。当用三角形的高来表示组成时，通过 D 点向三角形各边作垂直线，分别交各边于 E、F、G 点，各点垂线的长度则分别代表了该混合物中各组分的质量分数，即$\overline{DE}$、$\overline{DF}$、$\overline{DG}$分别代表了 A、B 和 S 的质量分数，即 $x_A=\overline{DE}=0.4$，$x_B=\overline{DF}=0.4$，$x_S=\overline{DG}=0.2$。三组分质量分数之和等于 1。

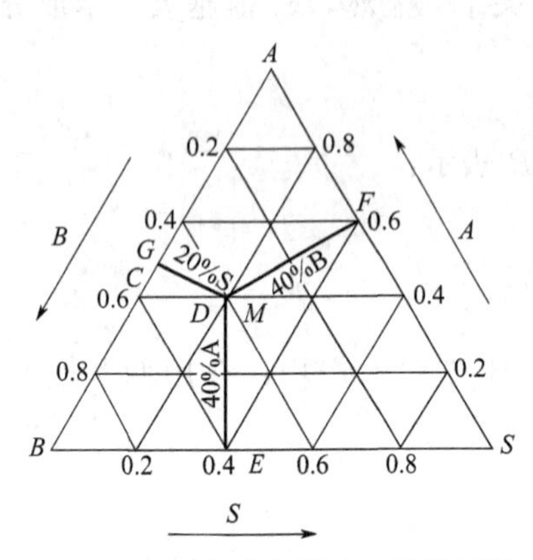

图 8-4　三元组成的等边三角形相图

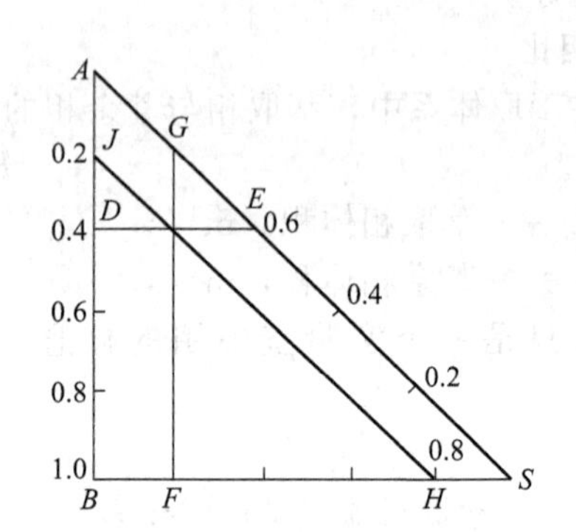

图 8-5　组成在等腰直角三角形相图上的表示方法

2. 三元组成的等腰直角三角形相图表示法

等腰直角三角形的表示方法与等边三角形的表示方法基本相同，只有一点不同，就是由三角形内任意一点向各边作垂线，这些垂线的长度之和不等于该三角形高（即不是常数），因此这些垂线的长度不代表该点组成。三角形内任一点 M 的组成表示方法为：过 M 点作各边的平行线 FG、DE 和 HJ，如图 8-5 所示，由上述三条平行线分别与三角形边线的交点可读出该混合物中任一组分的含量。如本图中 M 点的组成为：组分 A 的质量分率 $x_A=\overline{ES}=0.6$，组分 B 的质量分率 $x_B=\overline{AJ}=0.2$，组分 S 的质量分率 $x_S=\overline{BF}=0.2$。

3. 三角形相图中的杠杆定律（比例定律）

杠杆定律包括两条内容，如图 8-6 所示，在某一组成点为 U 的溶液中，加入另一组成点为 V 的溶液，则代表所得混合物组成的点 Z 必落在直线 UV 上，且点 Z 的位置按比例式确定，即：

$$\frac{\overline{ZU}}{\overline{ZV}}=\frac{m_V}{m_U} \tag{8-1}$$

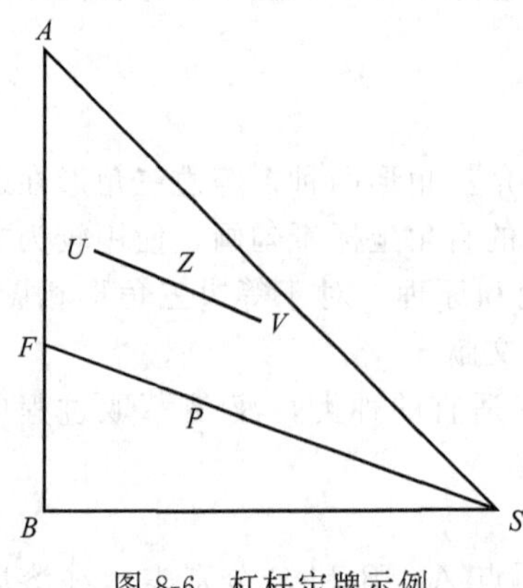

图 8-6　杠杆定牌示例

式中　m_U、m_V——混合液中 U 及 V 的量，kg；

$\overline{ZU}$、$\overline{ZV}$——线段$\overline{ZU}$、$\overline{ZV}$的长度，两者单位相同。

若液体 U 的量越大，则点 Z 就越靠近图中的点 U。杠杆定律可用来阐述萃取过程中，加入萃取剂后，混合液的变化规律。例如，图 8-1 的混合器中加入原料液（$A+B$）和萃取剂 S 后，组成的新混合体系在三角形相图中，以 AB 边上的 F 代表原料液，以顶点 S 代表萃取剂，则新组成的混合液所代表的点 P，必位于连接点 F

与点 S 的直线上，如图 8-6，而且点 P 的位置符合以下比例关系：

$$\frac{\overline{PF}}{\overline{PS}}=\frac{m_S}{m_F}$$

当溶剂的量 S 逐渐加大时，点 P 在直线上的位置也逐渐向点 S 靠拢。至于混合液中 A 与 B 的比例关系则保持不变，与原料液的相同。

二、相平衡关系在三角形相图上的表示方法

根据组分的互溶性，可将三元体系分为以下三种情况，即：

① 溶质 A 完全溶于原溶剂 B 及萃取剂 S 中，但 B 与 S 不互溶；

② 溶质 A 完全溶于组分 B 及 S 中，但 B 与 S 为一对部分互溶组分；

③ 组分 A、B 可完全互溶，但 B 与 S 及 A 与 S 为两对部分互溶组分。

通常，将（1）、（2）两种情况称为Ⅰ类物系，如丙酮（A）-水（B）-甲基异丁基酮（S）、醋酸（A）-水（B）-苯（S）等系统；将第（3）情况称为Ⅱ类物系，如甲基环己烷（A）-正庚烷（B）-苯胺（S）、苯乙烯（A）-乙苯（B）-二甘醇（S）等。第Ⅰ类物系在萃取操作中较为常见，故以下主要讨论这类物系的相平衡关系。

1. 溶解度曲线和联结线

设溶质 A 完全溶于组分 B 及 S 中，而 B 与 S 为一对部分互溶组分，则在一定温度下，于双组分 A 和 B 的原料液中加入适量的萃取剂 S，经过充分的接触和静置后，便得到两个平衡的液层，其组成如图 8-7 中的 E 和 R 所示，此两个液层称为共轭相。如改变萃取剂 S 的用量，则得到新的共轭相。将代表各平衡液层组成坐标的点联结起来，便得到实验温度下该三元物系的溶解度曲线 $CRPED$，若 B、S 完全不互溶，则点 C 和 D 分别与三角形的顶点 B 和 S 重合。

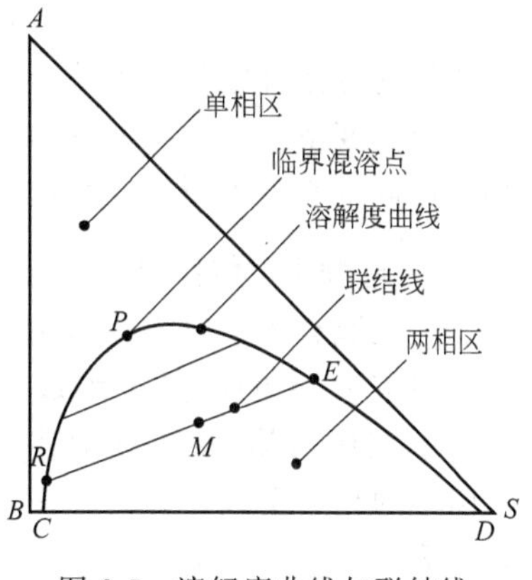

图 8-7 溶解度曲线与联结线

溶解度曲线将三角形分为两个区域，曲线以内的区域为两相区，以外的区域为均相区或单相区。两相区内混合液分为两个液相-共轭相。萃取操作只能在两相区内进行。

联结共轭液相组成坐标的直线 RE 称为联结线。一定温度下，同一物系的联结线倾斜方向一般是一致的，但随溶质 A 组成的变化，联结线的斜率和长度将各不相同，因而各联结线互不平行；也有少数物系联结线的倾斜方向发生改变，图 8-8 所示的吡啶（A）-水（B）-氯苯（S）系统即为一例。

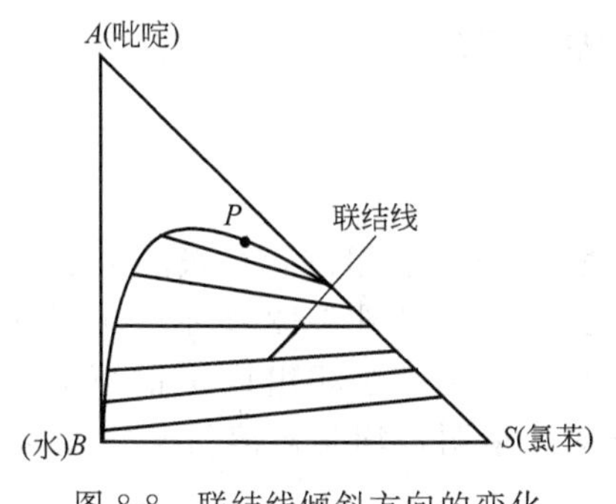

图 8-8 联结线倾斜方向的变化

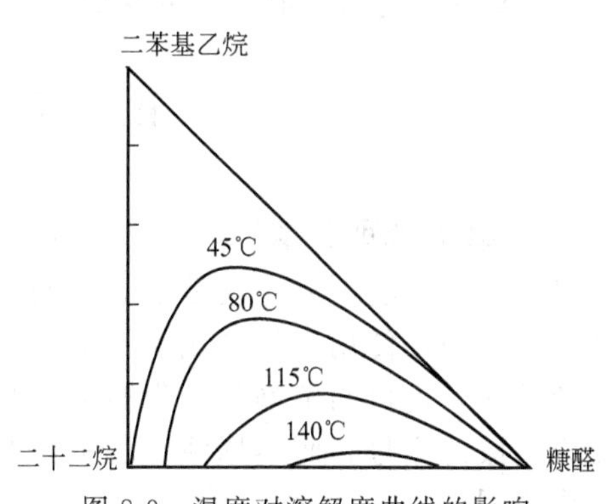

图 8-9 温度对溶解度曲线的影响

影响溶解度曲线形状和两相区面积大小的因素如下：

① 在相同温度下，不同物系具有不同形状的溶解度曲线；

② 同一物系，温度不同，两相区面积的大小将随之改变。通常，温度升高，组分间的互溶度加大，两相区面积变小，如图 8-9 所示。因此，适当降温有利于萃取操作。

2. 辅助曲线和临界混溶点（又称为褶点）

一定温度下，三元物系的溶解度曲线和联结线由实验测得。使用时，若欲求与已知相成平衡的另一相组成，常常需要借助辅助曲线来实现。只要有若干组联结线数据，便可画出辅助曲线，如图 8-10 所示。通过已知联结线的一端点 R_1、R_2、R_3、…等分别作底边 BS 的平行线，再通过相应联结线的另一端点 E_1、E_2、E_3、…等分别作直角边 AB 的平行线，诸线分别交于 H、K、J，联结这些点所得的平滑曲线即为辅助曲线。利用辅助曲线可方便地从已知某相 R（或 E）确定与之平衡的另一相 E（或 R）。

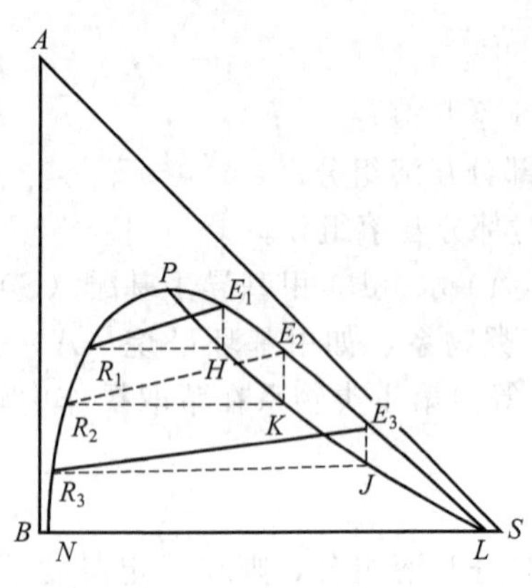

图 8-10 辅助曲线与临界混溶点

辅助曲线与溶解度曲线的交点 P 称为临界混溶点，此处表明通过该点的联结线长度无限短，两相几乎互溶，相当于这一系统的临界状态。应当注意，只有当已知的联结线很短时（即很接近于临界混溶点时），才可用外延辅助曲线的方法确定临界混溶点。

一定温度下，三元物系的溶解度曲线、联结线、辅助曲线及临界混溶点的数据都由实验测得，也可从有关手册或专著中查取。

三、直角坐标相图

在三元混合体系的直角坐标相图中，横坐标 X 轴代表萃余相中溶质 A 的质量比组成，kgA/kgB；纵坐标 Y 轴代表萃取相中溶质 A 的质量比组成，kgA/kgS，如图 8-11。图中的相平衡线，即是在一定温度下三元体系平衡分层为两液相后，溶质 A 在两相的平衡浓度。一般是先通过实验，得到一组平衡浓度，再根据这些浓度在直角坐标上描绘出相应的点，最后用平滑曲线将这些点连接起来，即可得到图中所示的平衡曲线。

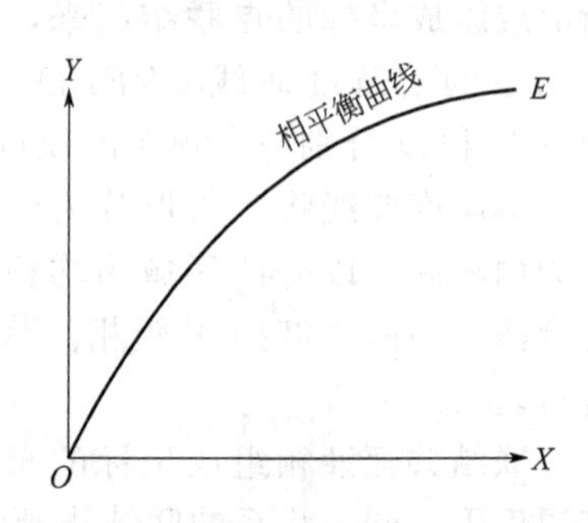

图 8-11 三元物系的直角坐标相图

有些情况下，原溶剂与萃取剂相互溶解度很小或者可以在设计计算中忽略不计，此时使用直角坐标相图进行萃取计算更方便。

第三节 萃取过程计算

一、单级萃取计算

仅经过一次混合和一次分层，再将分层后的萃取相和萃余相进行分离，并将分离出来的萃取剂循环使用，就形成了一个完整的单级萃取过程，如图 8-12 所示。单级萃取既可连续操作，也可间歇操作。为简便起见，萃取相组成 y 和萃余相组成 x 的下标只注明了相应流股的序号，而不标注组分的符号，如没有特别指明，均是对溶质 A 而言，后面不另作说明。

在单级萃取中，一般已知原料液组成 x_F 及处理量 m_F，规定萃余相组成 x_R，要求计算萃取剂用量 m_S、萃取相和萃余相的量 m_E、m_R 及萃取相组成。单级萃取操作在三角形相图中的计算过程如下。

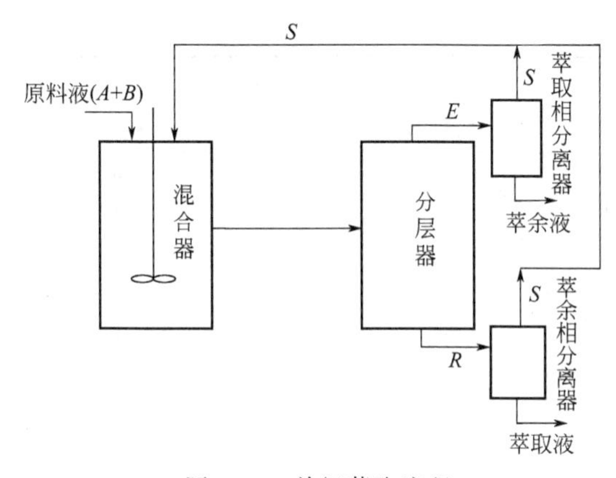

图 8-12 单级萃取流程

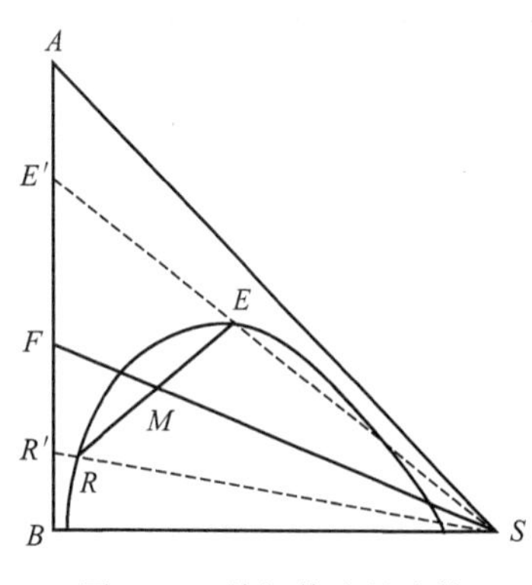

图 8-13 单级萃取的计算

① 根据给定的平衡数据，绘出溶解度曲线（即相平衡曲线）。

② 若加入的为纯萃取剂 S（即 $y_S=0$），则萃取剂 S 的组成位于三角形右侧顶点；此外，根据已给出的原料液组成 x_F，在三角形的 AB 边上找出原料液 F 的位置，联结 S、F 两点构成 FS 线。

③ 由给定的原料液量 m_F 和加入的萃取剂量 m_S，根据杠杆规则 $\frac{m_S}{m_F}=\frac{\overline{MF}}{\overline{MS}}$ 求出点 M 的位置（要求点 M 落于两相区内，以便体系分层）。

④ 根据图 8-12，对萃取器（由混合器和分层器组成）作物料衡算

$$m_F+m_S=m_R+m_E=m_M \tag{8-2}$$

对溶质 A 作物料衡算

$$m_F x_F+m_S y_F=m_R x_R+m_E y_E=m_M x_M \tag{8-3}$$

由式(8-2) 和式(8-3) 得萃取相 E 的量，为：

$$m_E=m_M-m_R=m_M-\frac{m_M x_M-m_E y_E}{x_R}$$

再整理得：

$$m_E=\frac{m_M(x_M-x_R)}{y_E-x_R} \tag{8-4}$$

同理，对萃取器和萃取剂回收装置作物料衡算，加入的原料液等于萃取液与萃余液之和，同时溶质总量不变，即：

$$m_F=m_{R'}+m_{E'} \tag{8-5}$$

$$m_F x_F=m_{R'} x_{R'}+m_{E'} y_{E'} \tag{8-6}$$

根据式(8-5) 和式(8-6)，得萃取液的量为：

$$m_{E'}=m_F-m_{R'}=\frac{m_F(x_F-x_{R'})}{y_{E'}-x_{R'}} \tag{8-7}$$

【例 8-1】 以水为萃取剂从醋酸与氯仿的混合溶液中萃取醋酸。25℃时，萃取相 E 与萃余相 R 以质量百分率表示的平衡数据列于本例附表中，单级连续萃取，萃取剂和原料液的流量均为 600kg/h。试求：

（1）单级萃取后 E、R 两相的流量，kg/h；

（2）完全脱除溶剂后，萃取液、萃余液的组成与流量，kg/h；

（3）使混合物系分层的最小萃取剂用量，kg/h。

例 8-1 附表

氯仿层（R 相）		水层（E 相）	
醋酸	水	醋酸	水
0.00	0.99	0.00	99.16
6.77	1.38	25.10	73.69
17.72	2.28	44.12	48.56
25.72	4.15	50.18	34.71
27.65	5.20	50.56	31.11
32.08	7.93	49.41	25.39
34.16	10.03	47.87	23.28
42.5	16.5	42.50	16.50

解 由本例附表数据在等腰直角三角形坐标图上作出溶解度曲线和辅助曲线，并根据 m_F、x_F 和 m_S 数值，试差作出联结线 ER，如图 8-14 所示。

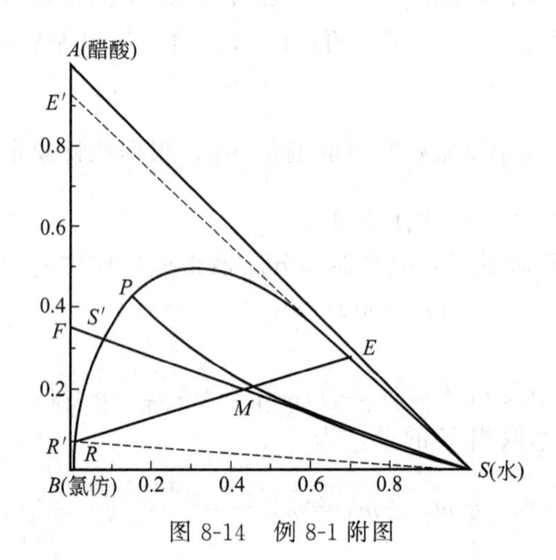

图 8-14 例 8-1 附图

1. 单级萃取后 E、R 两相的流量

由式(8-2) 得到：

$$m_M = m_F + m_S = 600 + 600 = 1200 \ (\mathrm{kg/h})$$

由图上读得：

$$y_E = 0.225 \qquad x_R = 0.07 \qquad x_M = 0.175$$

将有关数据代入式(8-4)，可得：

$$m_E = \frac{m_M(x_M - x_R)}{y_E - x_R} = \frac{1200(0.175 - 0.07)}{0.225 - 0.07} = 812.9 \ (\mathrm{kg/h})$$

$$m_R = m_M - m_E = 1200 - 812.9 = 387.1 \ (\mathrm{kg/h})$$

萃取相的流量也可用由下式计算：

$$m_E = m_M \times \frac{\overline{MR}}{\overline{ER}} = 1200 \times \frac{5.1}{7.55} = 810.6 \ (\mathrm{kg/h})$$

2. 萃取液、萃余液的组成与流量

联结 SE 并延长交 AB 边于 E_1'，点 E_1' 的坐标为萃取液的组成，由图读得 $y_E'=0.92$。同样方法可读得萃余液的组成 $x_R'=0.071$。

萃取液的流量可用由萃取相脱溶剂来计算，即：

$$m_{E'}=m_E\times\frac{\overline{SE}}{\overline{SE'}}=812.9\times\frac{33.0}{136.0}=197.2\ (\text{kg/h})$$

$$m_{R'}=m_F-m_{E'}=600-197.2=402.8\ (\text{kg/h})$$

3. 最小萃取剂用量

向原料液逐渐加入萃取剂时，混合物系的总组成将沿 FS 线而变化。当总组成与溶解度曲线相交于点 S' 时，物系开始分层，此时的萃取剂量为最小萃取剂用量，即：

$$m_{S_{\min}}=m_F\times\frac{\overline{FS'}}{\overline{SS'}}=600\times\frac{8}{106}=45.3\ (\text{kg/h})$$

二、多级错流接触萃取的计算

多级错流接触萃取操作中，每级都加入新鲜萃取剂，前级的萃余相为后级的原料液，其流程如图 8-15 所示。这种操作方式的传质推动力大，只要级数足够多，最终可得到溶质浓度很低的萃余相，但溶剂的总用量较多。

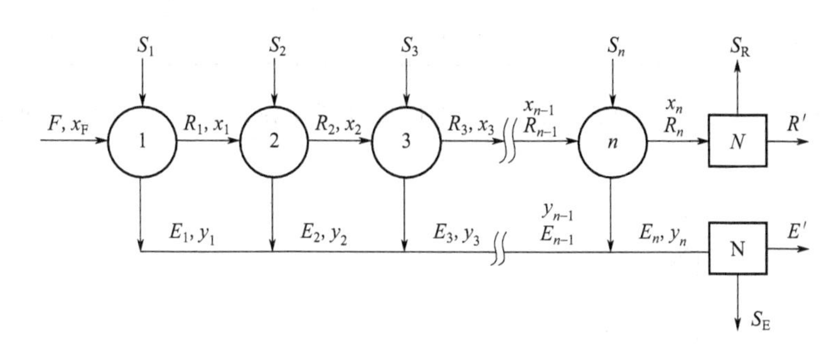

图 8-15 多级错流萃取流程示意

多级错流计算中，通常已知 m_F、x_F 及各级溶剂用量 m_{S_i}，规定最终萃余相组成 x_n，要求计算所需理论级数 n。

溶剂总用量为各级溶剂用量之和。根据计算可知，若各级采用相等的溶剂量时，则达到一定的分离程度时，溶剂的总用量为最少。在下面的计算中，未加说明者，均以各级溶剂用量相等来处理。

1. *B*、*S* 部分互溶时的理论级数

对于组分 B、S 部分互溶物系，求算多级错流接触萃取的理论级数，其解法是单级萃取图解的多次重复。

对于由组分 A、B 组成的二元溶液，若各级均用纯溶剂进行错流萃取，由原料液 F 和第一级溶剂用量 m_{S1} 确定第一级混合液组成点 M_1，通过点 M_1 用试差作图法寻求联结线 E_1R_1，再由第一级物料衡算可求得 m_{R1}。在第二级中，依 m_{R1} 与 m_{S2} 的量确定混合液组成点 M_2，过点 M_2 作联结线 E_2R_2，通过第二级的物料衡算求得 m_{R2}。如此重复，直至得到的萃余相组成达到或低于指定值 x_n 时为止。所作的联结线数目即为所需的理论级数。详细图解过程见例 8-2。

【例 8-2】 以三氯乙烷为萃取剂在三级错流萃取装置中萃取丙酮水溶液中的丙酮。原料液流量为500kg/h，其中溶质A的质量分率为0.4，各级溶剂用量相等，第一级溶剂加入量为原料液流量的1/2，即$m_{S_1}=0.5m_F$。试求丙酮的回收率。

25℃时丙酮（A）-水（B）-三氯乙烷（S）系统以质量百分率表示的溶解度和联结线数据如本例附表所示。

例8-2 附表1 溶解度曲线

三氯乙烷	水	丙酮	三氯乙烷	水	丙酮
99.89	0.11	0	38.31	6.84	54.85
94.73	0.26	5.01	31.67	9.78	58.55
90.11	0.36	9.53	24.04	15.37	60.59
79.58	0.76	19.66	15.39	26.28	58.33
70.36	1.43	28.21	9.63	35.38	54.99
64.17	1.87	33.96	4.35	48.47	47.18
60.06	2.11	37.83	2.18	55.97	41.85
54.88	2.98	42.14	1.02	71.80	27.18
48.78	4.01	47.21	0.44	99.56	0

例8-2 附表2 联结线数据

水相中丙酮x_A	5.95	10.0	14.0	19.1	21.0	27.0	35.0
三氯乙烷相中丙酮y_A	8.75	15.0	21.0	27.7	32.0	40.5	48.0

解 由题给数据在等腰直角三角形相图中作出溶解度曲线和辅助曲线，如本例附图8-16所示。

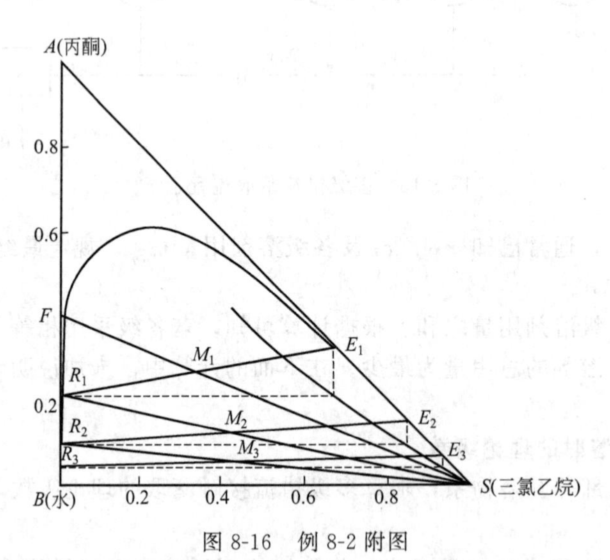

图8-16 例8-2附图

第一级（即每一级）加入的溶剂量为：

$$m_{S_1}=0.5m_F=0.5\times500=250\ (\text{kg/h})$$

由第一级的总物料衡算得：

$$m_{M_1}=m_{S_1}+m_F=250+500=750\ (\text{kg/h})$$

由F、S_1的量用杠杆规则确定第一级混合液的总组成点M_1，用试差法过M_1作联结线E_1R_1，根据杠杆规则得：

$$m_{R_1}=m_{M_1}\times\frac{\overline{M_1E_1}}{\overline{E_1R_1}}=750\times\frac{33}{67}=369.4\ (\text{kg/h})$$

在第二级中，再用250kg/h纯溶剂对R_1进行萃取。重复上述步骤计算第二级的有关参数为：

$$m_{M_2}=m_{S_2}+m_{R_1}=250+369.4=619.4\ (\text{kg/h})$$

$$m_{R_2}=m_{M_2}\times\frac{\overline{M_2E_2}}{\overline{E_2R_2}}=619.4\times\frac{43}{83}=320.9\ (\text{kg/h})$$

同理，第三级的有关参数为：

$$m_{M_3}=320.9+250=570.9\text{kg/h}$$

$$m_{R_3}=m_{M_3}\times\frac{\overline{M_3E_3}}{\overline{E_3R_3}}=570.9\times\frac{48}{92}=297.9\ (\text{kg/h})$$

由图读得 $x_3=0.035$

于是，丙酮的回收率为：

$$\varphi_A=\frac{m_Fx_F-m_{R_3}x_3}{m_Fx_F}=\frac{500\times0.4-297.9\times0.035}{500\times0.4}=0.948$$

即丙酮的回收率为94.8%。

2. *B*、*S* 完全不互溶时的理论级数

当B、S完全不互溶时，在萃取设备的任何截面上，萃取相中m_S和萃余相中m_B均为常量。此时，用质量比表示两相的组成将使计算更为方便，其中用Y表示萃取相中溶质的质量比组成，kgA/kgS；用X表示萃余相中溶质的质量比组成，kgA/kgB。此时可仿照吸收的方法，在用质量比表示相组成的X-Y直角坐标图中标绘分配曲线，用图解法求理论级数。具体步骤如下：

① 在X-Y直角坐标上作出分配曲线；

② 对图8-15的第一级作溶质A的衡算得：

$$m_BX_F+m_SY_S=m_SY_1+m_BX_1$$

整理上式得：

$$Y_1=-\frac{m_B}{m_S}X_1+\left(\frac{m_B}{m_S}X_F+Y_S\right) \tag{8-8}$$

式中 m_B——原料液中组分B的量，kg或kg/h；

m_S——加入第一级的萃取剂量，kg或kg/h；

Y_1——第一级的萃取相中溶质A的质量比组成，kgA/kgS；

Y_S——萃取剂中溶质A的质量比组成，kgA/kgS；

X_1——第一级的萃余相中溶质A的质量比组成，kgA/kgB；

X_F——原料液中溶质A的质量比组成，kgA/kgB。

同理，对第n级作溶质A的衡算得：

$$Y_n=-\frac{m_B}{m_S}X_n+\left(\frac{m_B}{m_S}X_{n-1}+Y_S\right) \tag{8-9}$$

式(8-9)表示了离开任一级的萃取相组成Y_n与萃余相组成X_n之间的关系，称为错流萃取操作线方程式，斜率为$-m_B/m_S$为常数，故上式为通过点（X_{n-1}，Y_S）的直线方程式。根据理论级数的假设，离开任一级的Y_n与X_n处于平衡状态，故点（X_n，Y_n）必符合平衡关系。

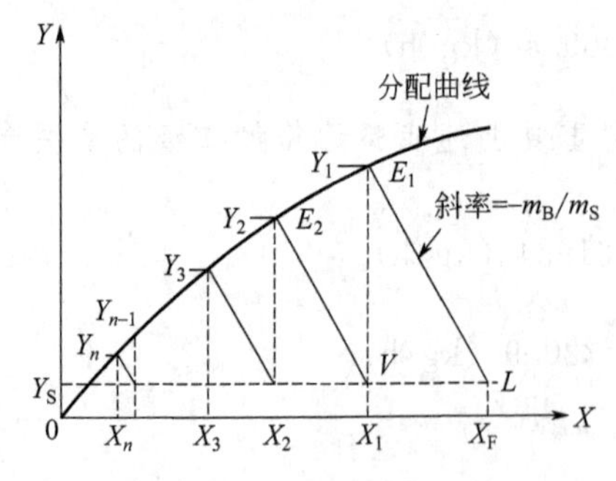

图 8-17 多级错流萃取在 X-Y 坐标上图解理论级数

依 X_F 和 Y_S，在图 8-17 上确定 L 点，以 $-m_B/m_S$ 为斜率通过 L 点作操作线，该操作线与分配曲线交于 E_1 点，此点坐标即表示离开第一级的萃取相 E_1 与萃余相 R_1 的组成 Y_1 与 X_1。

③ 过 E_1 点作垂直线交 $Y=Y_S$ 线于 V（X_1，Y_S），通过 V 点作 LE_1 的平行线（操作线）与分配曲线交于 E_2，此点坐标即表示离开第二级的萃取相 E_2 与萃余相 R_2 的组成 Y_2 及 X_2。

依次类推，直至萃余相组成等于或小于指定值 X_n 为止。重复作操作线的数目即为所需理论级数 n。

如果萃取剂中不含溶质 A，$Y_S=0$，则 L、V 等点都落在 X 轴上。

【例 8-3】 含丙酮 20%（质量分数，下同）的水溶液，流量 $m_F=800\text{kg/h}$，用连续错流萃取方法，以 1,1,2-三氯乙烷萃取其中的丙酮，每一级的三氯乙烷流量 $m_S=320\text{kg/h}$。要求萃余液中的丙酮含量降到 5%以下，求所需的理论级数和萃取相、萃余相的流量。操作温度 25℃下的平衡数据（质量分数）示于本例题附表 1 中。

解 由本例题附 1 可知，在水中丙酮浓度小于 20%时，水与三氯乙烷的相互溶解度相当小，可以忽略不计而用直角坐标法求解。

例 8-3 附表 1 溶解度 单位：%

序号	水相			三氯乙烷萃取相		
	A(x)	B	S	A(y)	B	S
1	5.96	93.52	0.52	8.75	0.32	90.93
2	10.00	89.04	0.60	15.00	0.60	84.40
3	13.97	85.35	0.68	20.78	0.90	78.32
4	19.05	80.16	0.79	27.66	1.33	71.01
5	27.63	71.33	1.04	39.39	2.40	58.21
6	35.73	62.67	1.60	48.21	4.26	47.53
7	46.05	50.20	3.75	57.40	8.90	33.70

根据关系式，有：

$$X=\frac{x}{100-x},\ Y=\frac{y}{100-y}$$

对本例题附表 1 中丙酮浓度小于 20%的平衡数据进行换算，得到附表 2。

例 8-3 附表 2 平衡关系

序号	X/%	Y/%
1	6.33	9.59
2	11.11	17.65
3	16.24	26.23
4	23.53	38.23

将上表的数据标绘在直角坐标上，所得的线如图 8-18 上的 OE，为一通过原点的直线，其斜率为 $m=1.62$。

原料液中，丙酮量为：

$$m_A = 800 \times 0.2 = 160 \text{ (kg/h)}$$

水量

$$m_B = 800 \times 0.8 = 640 \text{ (kg/h)}$$

可得操作线的斜率为：

$$-\frac{m_B}{m_S} = -\frac{640}{320} = -2$$

将原料液及要求的丙酮浓度由质量分率换算成质量比：

$$X_F = \frac{x_F}{100 - x_F} = \frac{20}{100-20} = 0.25$$

$$X_n = \frac{5}{100-5} = 0.0526$$

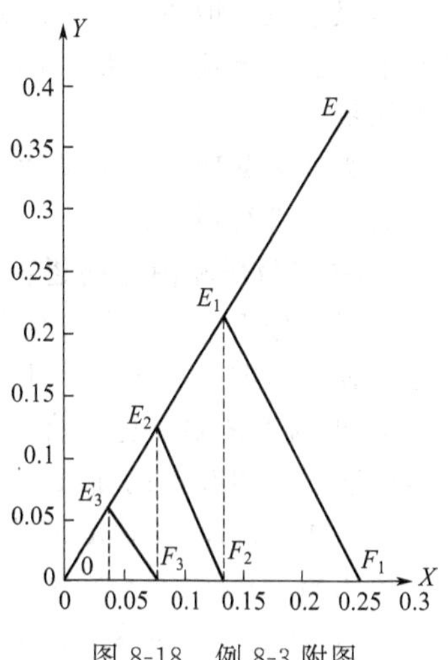

图 8-18 例 8-3 附图

在例 8-3 附图上通过点 F_1（0.25，0）作斜率为－2 的直线，交平衡线 OE 于点 E_1。自 E_1 点作垂线，交 X 轴于点 F_2，通过 F_2 再作斜率为－2 的直线，交 OE 于点 E_2。依此类推，可知经过 3 个理论级后，萃余相的浓度已低于所要求的 $X_n = 0.0526$。查图可得 $X_3 \approx 0.042$。

三、多级逆流接触萃取的计算

在多级逆流萃取中，萃取剂 S 和原料液 F 以相反的流向流过，流程如图 8-19 所示。图中每个圆圈代表一个理论级。原料液先进入第 1 级，并在第 1 级中被萃取，萃取后的萃余相 R_1 继续流入第 2 级，并在第 2 级中被较新鲜的萃取剂所萃取，萃取后的萃余相 R_2 继续往前面级数流去，一直到第 n 级的萃余相 R_n 的浓度低于指定的数值为止。新鲜的萃取剂 S 送入第 n 级，由该级产生的萃取相 E_n 与原料液流向相反，并流经第（$n-1$）、…、第 3、第 2、第 1 各级。最终的萃取相 E_1 由第 1 级排出。通过多级逆流萃取过程得到的最终萃余相 R_n 和最终的萃取相 E_1 还含有少量的萃取剂 S，为了回收之并循环使用，可将 R_n 相及 E_1 相分别送入溶剂回收设备 N 中，经过回收 S 后，得到萃取液 E' 和萃余液 R'。

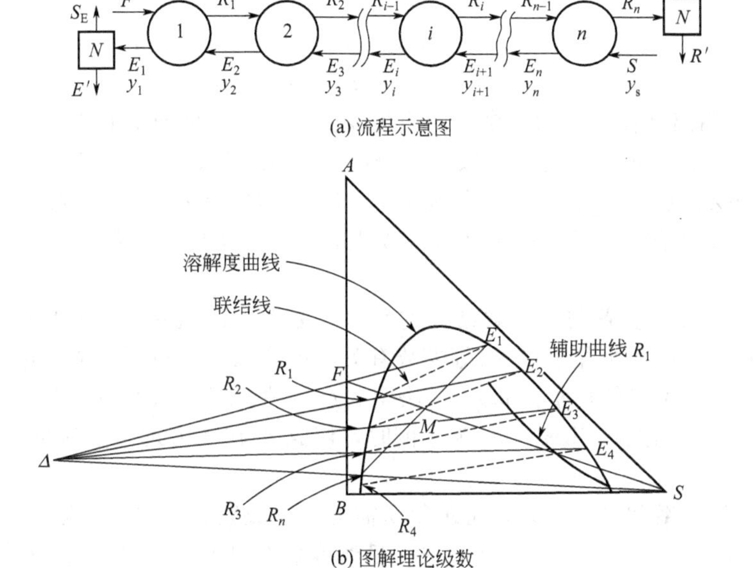

图 8-19 多级逆流接触萃取

多级逆流萃取过程，F、S、E_1和R_n的量均以单位时间流过的质量计算，kg/s。一般情况下，已知上述四个量中的三个量，根据物料衡算与图解求出所需的理论级数和其中的某一未知量。

多级逆流萃取可分为萃取剂S与原溶剂B部分互溶和完全不互溶的两种情况，因此对它们需分别进行讨论。

1. 在三角形相图上的逐级图解法

对于组分B、S部分互溶的物系，多级逆流萃取所需的理论级数常在三角形相图上用图解法计算。图解计算步骤示于图8-19(b)。

① 根据工艺要求选择合适的萃取剂，确定适宜的操作条件。由操作条件下的平衡数据绘出溶解度曲线和辅助曲线。

② 根据原料液和萃取剂的组成在图上定出F和S两点位置（图中是采用纯溶剂），再由溶剂比m_S/m_F在FS联结线上定出和点M的位置。

③ 由规定的最终萃余相组成x_n在图上确定R_n点，联结点R_n与M并延长R_nM线与溶解度曲线交于点E_1，此点即为离开第一级的萃取相组成点。

利用杠杆规则计算最终萃取相和最终萃余相的流量，即：

$$m_{E_1}=m_M\times\frac{\overline{MR_n}}{\overline{E_1R_n}}\text{及}m_{R_n}=m_M-m_{E_1}$$

④ 利用平衡关系和物料衡算（操作关系），用图解法求理论级数。在图8-19(a)所示的第一级与第n级之间作总物料衡算得：

$$m_F+m_S=m_{E_1}+m_{R_n}$$

对第一级作总物料衡算得：

$$m_F+m_{E_2}=m_{E_1}+m_{R_1}\text{或}m_F-m_{E_1}=m_{R_1}-m_{E_2}$$

对第二级作总物料衡算得

$$m_{R_1}+m_{E_3}=m_{E_2}+m_{R_2}\text{或}m_{R_1}-m_{E_2}=m_{R_2}-m_{E_3}$$

依次类推，对第n级作总物料衡算得

$$m_{R_{n-1}}+m_S=m_{R_n}+m_{E_n}\text{或}m_{R_{n-1}}-m_{E_n}=m_{R_n}-m_S$$

由上述诸式可知

$$m_F-m_{E_1}=m_{R_1}-m_{E_2}=m_{R_2}-m_{E_3}=\cdots=m_{R_i}-m_{E_{i+1}}=\cdots$$
$$m_{R_{n-1}}-m_{E_n}=m_{R_n}-m_S=\Delta \tag{8-10}$$

式(8-10)表明离开任一级的萃余相的质量m_{R_i}与进入该级的萃取相的质量$m_{E_{i+1}}$之差为常数，以Δ表示。Δ可视为通过每一级的“净流量”。由式(8-10)可知，点Δ为各操作线的共同点，称为操作点。显然，点Δ分别为F与E_1、R_1与E_2、…、R_n与S诸流股的差点，故可任意延长两条操作线，其交点即为Δ点。通常由FE_1与SR_n的延长线交点来确定点Δ的位置。

需要指出，点Δ的位置与物系联结线的斜率、原料液的流量m_F和组成x_F、萃取剂用量m_S及组成y_S、最终萃余相组成x_n等参数有关，可能位于三角形左侧，也可能位于右侧。当其他条件一定时，Δ点的位置由m_S/m_F决定。点Δ在三角形左侧时，R为和点；点Δ在三角形右侧时，E为和点；当m_S/m_F为某值时，使点Δ在无穷远，这时可视为各操作线互相平行。

交替应用操作关系和平衡关系，可求得所需的理论级数。具体步骤见例8-4。

【例8-4】 在多级逆流接触萃取装置中，用纯溶剂S处理A、B两组分混合液。原料液流量为1500kg/h，其中溶质A的质量分率为0.30，溶剂用量为525kg/h，要求最终萃余相中溶质的组成不超过7%。试求：

1. 所需的理论级数；

2. 若将最终萃取相的溶剂全部脱除，求最终萃取液的组成和流量。

操作条件下的溶解度曲线和辅助曲线如图8-20所示。

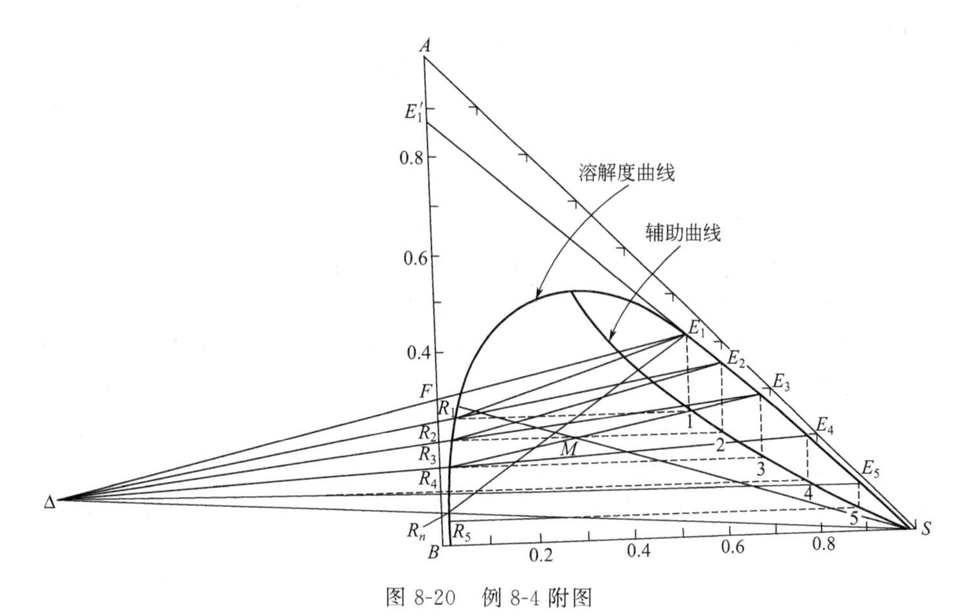

图8-20 例8-4附图

解 1. 理论级数

由 $x_F=0.30$ 在 AB 边上定出点 F，联结 FS。操作溶剂比为：

$$\frac{m_S}{m_F}=\frac{525}{1500}=0.35$$

由溶剂比数值在 FS 线上定出和点 M。

依 $x_n=0.07$ 在相图上定出点 R_n，联结 R_nM 并延长与溶解度曲线于点 E_1，此点即最终萃取相组成点。

分别联结点 E_1 与 F、点 S 与 R_n，延长两连线交于点Δ。

过 E_1 作联结线 E_1R_1（平衡关系），点 R_1 即代表与 E_1 成平衡的萃余相组成点。

联结点Δ与 R_1 并延长交溶解度曲线于 E_2（操作关系），此点即为进入第一级的萃取相组成点。

重复上述步骤，过 E_2 作联结线 E_2R_2，联结点Δ与 R_2 并延长交溶解度曲线于 E_3，…。

由图看出 $x_5=0.05<0.07$，故知所需的理论级数为5。

2. 最终萃取液的组成和流量

联结点 S、E_1 的延线与 AB 边相交于点 E_1'，此点即代表最终萃取液的组成，由图读得 $y_1'=0.87$。

利用杠杆规则计算萃取液的流量 $m_{E_1'}$。

$$m_{E_1}=m_M\times\frac{\overline{MR_n}}{\overline{E_1R_n}}=(1500+525)\times\frac{28}{62}=914.5\ (\text{kg/h})$$

$$m_{E_1'}=m_{E_1}\times\frac{\overline{SE_1}}{\overline{SE_1'}}=914.5\times\frac{63}{133}=433.2\ (\text{kg/h})$$

2. 组分 *B*、*S* 完全不互溶时理论级数的计算

当组分 B、S 完全不互溶时，多级逆流接触萃取操作过程与吸收过程相似，也可利用 X-Y 坐标图进行图解计算理论级数，具体步骤如下。

① 由平衡数据在 X-Y 坐标图上绘出分配曲线，如图 8-21(b) 所示。

② 在同一图上作出多级逆流萃取操作线。

对图 8-21(a) 中的 i 级与第一级之间作溶质 A 的衡算得：

$$m_B X_F + m_S Y_{i+1} = m_B X_i + m_S Y_1$$

或

$$Y_{i+1} = \frac{m_B}{m_S} X_i + \left(Y_1 - \frac{m_B}{m_S} X_F\right) \tag{8-11}$$

式中 Y_{i+1}——进入第 i 级萃取相中溶质的质量比组成，kgA/kgS；

Y_1——离开第一级萃取相中溶质的质量比组成，kgA/kgS；

X_i——离开第 i 级萃余相中溶质的质量比组成，kgA/kgB。

式(8-11) 称为多级逆流萃取的操作线方程式，斜率为 m_B/m_S。由于组分 B、S 完全不互溶，通过各级的 m_B/m_S 为常数，因此该式为直线方程式，两端点为 $J(X_F, Y_1)$ 和 $D(X_n, Y_S)$。当 $Y_S=0$ 时，则此操作线下端点为 $(X_n, 0)$，位于 X 轴。将式 (8-11) 标绘在 X-Y 坐标上，即得操作线 DJ。

③ 从点 J 开始，在分配曲线与操作线之间画梯级，梯级数即为所求理论级数。图 8-21 (b) 中所示 $n=3.4$。

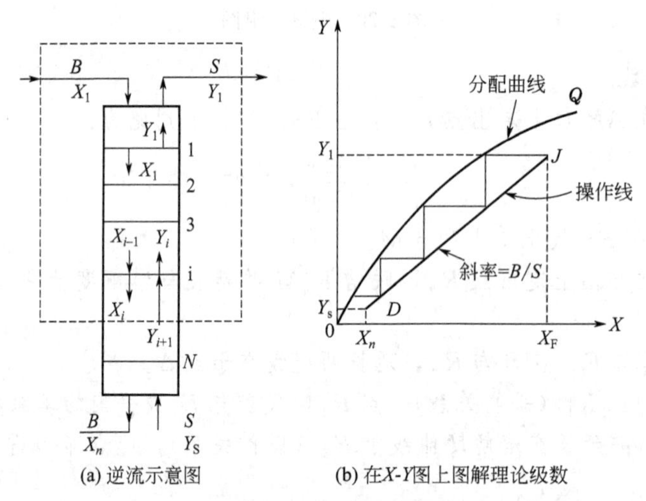

(a) 逆流示意图　　(b) 在X-Y图上图解理论级数

图 8-21 B、S 完全不互溶时的多级逆流萃取

3. 溶剂比 (m_S/m_F 或 m_S/m_B) 和萃取剂最小用量

萃取操作中，溶剂比是个重要参数，因为它影响设备投资和操作费用，和吸收操作中液气比 (L/V) 的作用相当。完成同样的分离任务，若加大溶剂比，则所需的理论级数就可以减少，但回收溶剂所消耗的能量增加；反之，溶剂比越小，所需的理论级数就越多，而回收溶剂所消耗的能量越少。所以，应经济权衡后选择适宜的溶剂比。

萃取剂的最小用量是指达到规定的分离要求，当所需的理论级数为无穷多时所对应的萃取剂用量 $m_{S_{min}}$。实际操作中，萃取剂用量必须大于此极限值。

萃取剂最小用量 $m_{S_{min}}$ 的确定方法如下：在三角形相图中，当某一操作线和联结线重合时，所需的理论级数为无穷多，$m_{S_{min}}$ 的值由杠杆规则求得。

在直角坐标图上，当操作线与分配曲线相交（或相切）时，类似于精馏中图解理论板层数时出现挟紧区一样，所需的理论级数（理论板数）为无穷多。对于组分 B、S 完全不互溶物系，用 δ 代表操作线斜率，即 $\delta=m_B/m_S$，随 m_S值减小，δ 值加大，当操作线与分配曲线相交（或相切）时，如图 8-22 中 HJ_3 线所示，δ 值达最大值 δ_{max}，所需的理论级数为无穷多。萃取剂的最小用量用式(8-12) 计算，即：

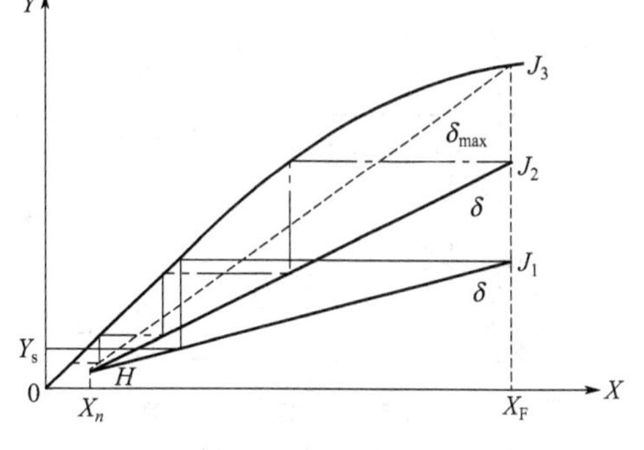

图 8-22 萃取剂的最小用量

$$m_{S_{min}}=\frac{m_B}{\delta_{max}} \tag{8-12}$$

【例 8-5】 拟在多级逆流萃取装置中，用三氯乙烷从丙酮水溶液中萃取丙酮。原料液的流量为 1500kg/h，其中丙酮的质量分率为 0.35，要求最终萃余相中丙酮的质量分率不大于 0.05。萃取剂用量为最小用量的 1.3 倍。水和三氯乙烷可视为完全不互溶，操作条件下的分配曲线数据见例 8-5 附表。试求：在 X-Y 坐标上图解所需的理论级数。

例 8-5 附表 分配曲线数据

X	0.0634	0.111	0.163	0.236	0.255	0.370	0.538
Y	0.0959	0.176	0.266	0.383	0.471	0.681	0.923

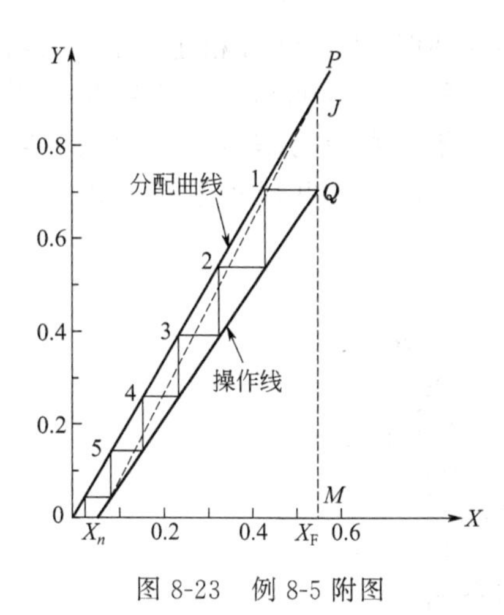

图 8-23 例 8-5 附图

解 由题给数据得

$$X_F=\frac{X_F}{1-X_F}=\frac{0.35}{1-0.35}=0.538 \quad X_n=\frac{X_n}{1-X_n}=\frac{0.05}{1-0.05}=0.0526$$

$$m_B=m_F(1-x_F)=1500\times(1-0.35)=975\ (kg/h)$$

因 $Y_S=0$，故在本例附图横坐标上确定 X_F及 X_n 两点，过 X_F作垂直线与分配曲线交于点 J，联 X_nJ 便得 δ_{max}，即：

$$\delta_{max}=\frac{Y}{X_F-X_n}=\frac{0.923}{0.538-0.0526}=1.90$$

萃取剂的最小用量用式(8-12) 计算，即：

$$m_{S_{min}}=\frac{m_B}{\delta_{max}}=\frac{975}{1.90}=513.2\ (kg/h)$$

$$m_S=1.3m_{S_{min}}=1.3\times513.2=667.2\ (kg/h)$$

实际操作线的斜率为：

$$\delta=m_B/m_S=975/667.2=1.461$$

于是，作出实际操作线 X_nQ。

在操作线与分配曲线之间画梯级，共得 5.5 个理论级（图 8-23）。

第四节 萃取设备

一、混合-澄清槽

混合-澄清槽问世最早，图 8-24 所示为连续操作的厢式混合-澄清槽的一个理论级，由混合器和澄清器两部分组成。原料液和萃取剂进入混合器后经搅拌而密切接触传质，然后流入澄清器，两液相在此借重力分为轻和重两液层，使萃取相和萃余相得以分别流出。

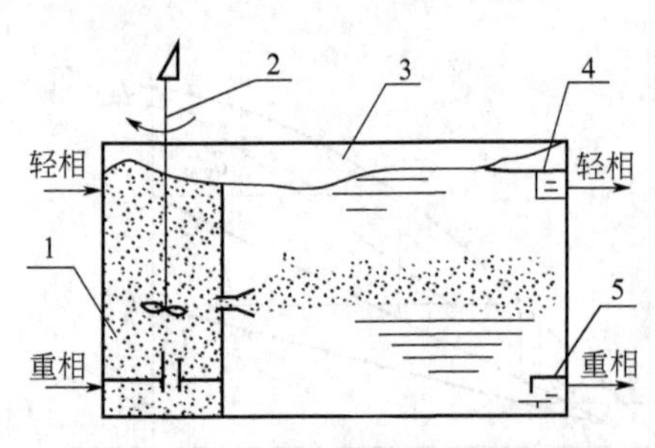

图 8-24　厢式混合-澄清槽结构

1—混合器；2—搅拌器；3—澄清器；4—轻相溢出口；5—重相溢出口

混合器大多应用机械搅拌，有时也可将压缩空气通入器底进行气流式搅拌。根据生产需要可以将多个混合-澄清槽串联起来组成多级错流或逆流萃取流程。多级设备一般是前后排列，但也可以将几个级上下重叠。

混合-澄清槽的优点如下。

① 处理量大，级效率高。

② 结构简单，容易放大和操作。

③ 两相流量比范围大，运转稳定可靠，易于开、停工。对物系适应性强，对含有少量悬浮固体的物料也能处理。

④ 易实现多级连续操作，便于调节级数。装置不需要高大厂房和复杂的辅助设备。

混合-澄清槽的缺点是：由于需要动力搅拌装置和级间的物流输送设备，因此设备费和操作费较高。

二、重力流动的萃取塔

两液相靠重力作逆流流动而不输入机械能的萃取塔，结构简单，适用于界面张力不大、所需理论级数不多的场合。主要类型：喷洒塔、筛板塔和填料塔。

1. 喷洒塔

这是一种结构最简单的塔型，图 8-25 为效果较好的一种。图中以重相 1 为连续相，分两路由塔顶进入、而由塔底流出；轻液经塔底的喷洒器分散成雾滴后，在连续相内浮升、到达塔顶、并聚成轻液层后流出。若改用轻液为连续相，则应将塔倒置，即改为重液由塔顶经喷洒成液滴，在作为连续相的轻液内下沉到塔底，再合并成重液层后由塔底排出。

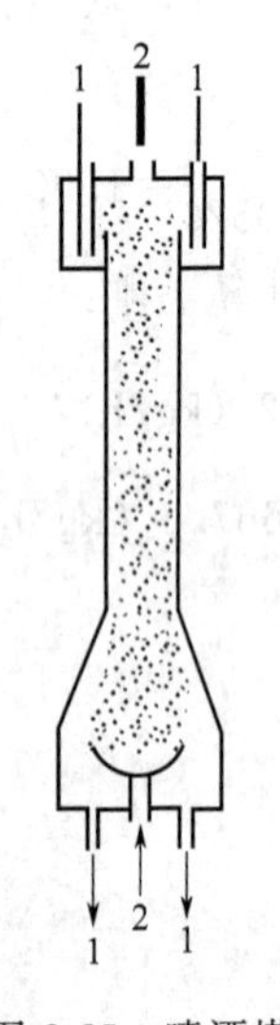

图 8-25　喷洒塔

1—重相；2—轻相

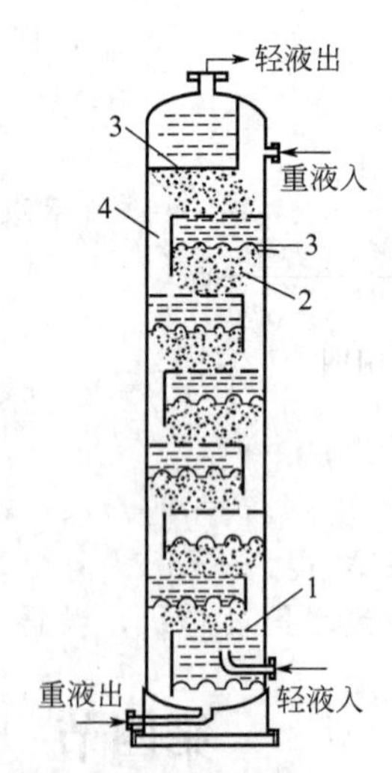

图 8-26　筛板萃取塔

1—筛板；2—轻液分散在重液内的混合液；3—分散相并聚界面；4—溢流管

喷洒塔优点是：无任何内件，阻力小，结构简单，投资费用少，易维护。

缺点是：两相很难均匀分布，轴向返混严重。分散相在塔内只有一次分散，无凝聚和再分散作用，因此提供的理论级数不超过 1～2 级，分散相液滴在运动中一旦合并很难再分散，导致沉降或浮升速度加大，相际接触面和时间减少，传质效率差。另外，分散相液滴在缓慢的运动中表面更新慢，液滴内部湍动程度低，传质系数小。

2. 筛板塔

图 8-26 是以轻液作为分散相时的筛板萃取塔的结构示意图。轻液从塔的近底部处进入，从筛板之下因浮力作用通过筛孔而被分散；液滴浮升到上一层筛板之下，合并聚集成轻液层，又通过上一层的筛板面分散。这样，轻液每经过一次筛板，就被分散和合并各一次，直到塔顶聚集成轻液层后流出。作为连续相的重液则在筛板之上流过，与轻液滴进行传质，然后沿溢流管流到下一层筛板，逐板与轻液传质，一直到塔底后流出。

如要重液作为分散相，需使塔身倒置，即溢流管应改装在筛板之上成为升液管，使作为连续相的轻液沿管上升。

筛板具有反复使分散相反复分散与合并的作用，此一层筛板相当于萃取过程中的一个理论级。筛板塔结构简单，造价低廉，尽管级效率较低，但在许多工业萃取中得到了应用。特别是对于所需理论级数少，处理量大，且物系具有腐蚀性的萃取过程较为适宜。

推动轻液通过筛板的压差，正比于轻重液的密度差和板下轻液层的厚度，但轻液层下界面不能低于溢流管底，否则塔无法正常工作。增大板间距可增加轻液层厚度，即增加轻液层的压差，但板间距离的增加要受到下面两个条件的限制：板间距增大会使塔高相应增大，设备投资也会相应增加；液滴刚产生时其传质速率特别高，这叫做“端效应”，为此就希望分散相在一定塔高能多次分散，因此板间距不亦过大。工业塔板间距一般约为 300mm。筛板上的筛孔按正三角形排列，通常孔径为 3～8mm，孔间距为孔径的 3～4 倍。界面张力较大的物系应采用较小的孔，以促使其形成较小的液滴。

3. 填料塔

填料塔的结构如图 8-27 所示。轻液自塔底进入，经填料连续分散上升，所以填料塔是液—液两相连续接触、溶质组成发生连续变化的传质设备。常用的填料为拉西环和弧鞍。

填料萃取塔结构简单，造价低廉，操作方便，尽管级效率较低，在工业上仍有一定应用。一般在工艺要求的理论级小于 3、处理量较小时，可考虑采用填料萃取塔。

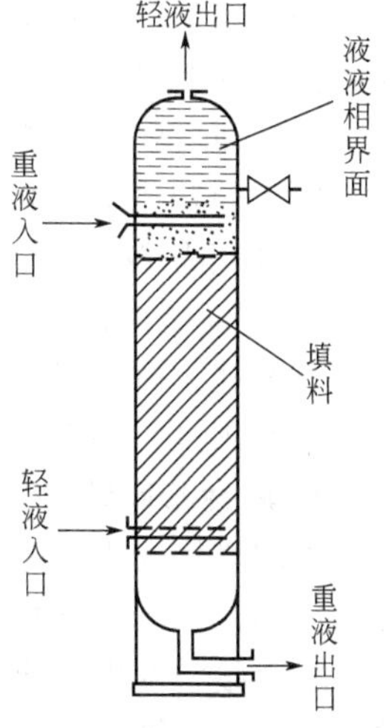

图 8-27 填料塔结构

三、输入机械能量的萃取塔

对于两液相界面张力较大的物系，为改善塔内的传质状况，需要从外部输入机械能量来产生较大的传质面积，并进行表面更新。输入能量的常用方式有转动式和脉冲（或振动）式两种，前者主要有转盘塔和搅拌填料塔，后者有脉冲筛板塔、脉冲填料塔等，现分述如下：

1. 转盘塔

转盘萃取塔的结构如图 8-28。转盘萃取塔在其内壁从上到下装设一组等距离的固定环，塔的轴线上装有中心转轴，轴上固定着一组水平圆形转盘，每个转盘都位于两相邻固定环的正中间。操作时，转轴由电动机驱动，连带转盘一起旋转，使两液相也随着转动。两液相流因具有相当大的速度梯度和剪切力，一方面使连续相产生旋涡运动，另一方面也促使分散相的液滴变形、破裂及合并，故能提高传质系数、更新及增大相界面积。固定环的作用是抑制轴向反混，使旋涡运动大致被限制在两固定环之间。转盘和固定环都较薄而滑，可防止乳化现象，有利于轻、重液的分离。

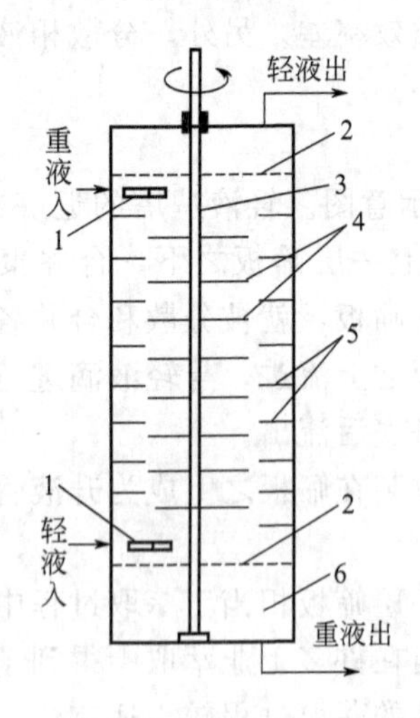

图 8-28 转盘萃取塔结构示意
1—液体的切线入口；2—栅板；3—转轴；
4—转盘；5—定环；6—塔底澄清区

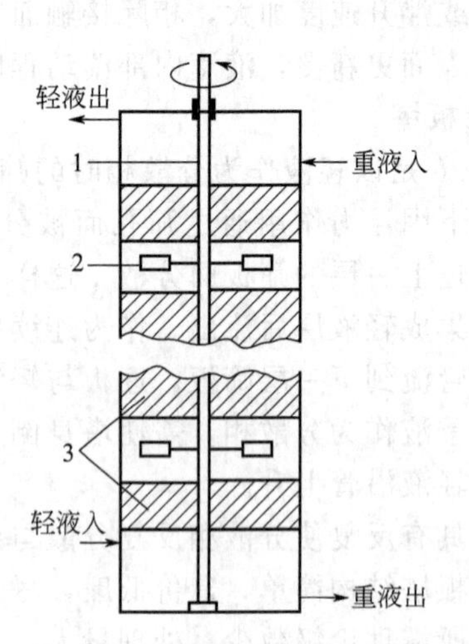

图 8-29 搅拌填料塔结构示意
1—转轴；2—搅拌器；3—丝网填料

由于转盘能分散液体，故塔内无需另设喷洒器。只是对于大直径的塔，液体可采用顺转轴旋转方向从切线方向进入，以免冲击塔内已建立的流动体系。塔的顶层和底层各装有一层栅板，以使塔顶与底的澄清区避免转轴的影响。

转盘塔主要结构参数间的关系一般在下述范围内：

塔径/转盘直径＝(1.5～2.5)∶1；

塔径/固定环开孔直径＝(1.3～1.6)∶1；

塔径/盘间距＝(2～8)∶1。

最重要的操作和设计参数是转速。转速偏低，输入的机械能不足以克服界面张力，传质性能得不到明显改善；转速偏高，不仅消耗的机械能量大，而且由于分散相的液滴很细，澄清很慢，使塔的生产能力明显下降；转速过高，分散相将过于细化而乳化，塔的操作会被破坏。适宜的转速主要取决于物系的性质和转盘的大小，也与上述结构参数有关。

2. 搅拌填料塔

图 8-29 是搅拌填料塔的结构示意图。填料沿塔高分为若干等分，在两段填料之间的区域进行搅拌。搅拌器用涡轮式，安装在同一根中心转轴上。填料为空隙率达 98％的丝网填料，其作用是：一方面促使液滴合并、轻液上升、重液下降；另一方面抑制轴向反混。

3. 脉冲萃取塔

萃取塔输入机械能量的方式还可以在塔底设置脉冲发生器，将脉冲输入塔内，使轻重液在塔内的流动同时叠加着上下脉动。脉冲的输入可以采用不同的方法，较常用的两种方法是：①直接将发生脉冲的往复泵连接在轻液入口管中；②使往复泵发生的脉冲通过一层隔膜输入轻液入口管内。

前述的喷洒式、填料式和筛板式萃取塔，都可以加上脉冲发生器而改善其传质效果。应当注意的是：常用的乱堆填料会在脉冲的长期作用下发生有序性的重排，引起沟流，故需要在塔内适当位置装设再分布器；筛板塔输入脉冲后，液体的上下运动使轻液重液都能通过筛孔，并被分散，这样会导致溢流管短路，故塔内一般不需装溢流管。

4. 离心萃取设备

当参与萃取的两液体密度差很小，或界面张力甚小而易于乳化，或黏度很大时，两相的接触状况不佳，特别是很难靠重力使萃取相与萃余相分离。这时可以利用比重力大得多的离心力来完成萃取所需的混合和澄清过程。有关离心萃取设备的结构，请读者参阅有关书籍。

第五节 影响萃取操作的主要因素

影响萃取操作的主要因素主要包括3个方面：物系的性质，操作因素及设备的影响。

一、物系的性质

物系的性质对萃取操作的影响主要体现在萃取剂的性质方面，因此选择合适的萃取剂是关键。萃取剂须具备两个特点。

① 萃取剂分子至少有一个功能基团。通过它，萃取剂可以与被萃取物质结合成萃合物。常见的功能基团有O、P、S、N等原子。有的萃取剂还含有两个或两个以上的功能基团。

② 作为萃取剂的有机溶剂的分子中必须有相当长的烃链或芳香环。这样，可使萃取剂及萃取物易溶解于有机相。一般认为萃取剂的相对分子质量在350～500之间较为适宜。

在工业生产中选用萃取剂时，还要综合以下各因素全面考虑。

(1) 选择性好

对要分离的一种或几种物质，其分离系数大。

(2) 萃取容量大

单位体积或单位质量的萃取剂所能萃取的物质量大，这就要求萃取剂具有较多的功能基团和适宜的分子量，否则萃取容量就会降低，试剂单耗和成本就会增加。

(3) 化学稳定性

要求萃取剂不易水解，加热时不易分解，能耐酸、碱、盐、氧化剂或还原剂的作用，对设备的腐蚀性小。

(4) 易与原料液相分层，不产生第三相和乳化现象

要求萃取剂在原料液相的溶解度要小，与原料液相的密度差别大，黏度要小，表面张力要大，便于分相和保证萃取过程正常进行。

(5) 易于反萃取和分离

要求萃取时对被萃取物的结合能力适当，当改变萃取条件时能较容易地将被萃取物释放入另一种萃取剂中，或易于用蒸馏或蒸发等方法将萃取剂与被萃取物分开。

(6) 操作安全性

要求萃取剂无毒或毒性很小，无刺激性，不易燃（闪点要高），难挥发。

(7) 经济性

要求萃取剂的原料来源丰富，最好利用本国原料，合成制备方法容易，价格便宜，在循环使用中损耗要尽量少。

常用萃取剂大致可分为：中性含磷萃取剂、中性含氧萃取剂、中性含硫萃取剂、酸性有机类萃取剂、胺类萃取剂、螯合萃取、有机羧酸及有机磺酸萃取剂等。

二、操作因素

操作因素中影响最大的是温度。温度升高，萃取剂S与原溶剂B之间的互溶度将增大，使分层区缩小。当温度升高到一定程度后，分层区可能会完全消失，此时萃取操作将无法进行。另外，温度升高还可能引起腐蚀性增大等一系列不良影响。当然，应用低温又将增加冷冻操作的费用，还使物系黏度增大，传质系数降低。总之，操作温度的选定是一个重要问

题，必须慎重考虑。

三、设备的影响

萃取设备的性能必须与萃取对象相适应。在选择萃取设备时，一开始往往面临两种情况：一是有多种设备可供选择；二是所要解决的问题的复杂性和多因素性，包括体系的各种物理性质、对分离的要求、处理量的大小等，甚至还应包括投资条件、技术与操作的可靠性、建设项目所在地的地理环境等因素。

尽管选择萃取设备因素繁多，甚至会使人困惑，但还是有一些原则可循。

柳瓦（Luwa）等把体系的物理性质和理论级数与选择萃取设备时一个重要的指标即经济操作范围联系起来，指出在不同范围内可供考虑的设备类型如图8-30所示。

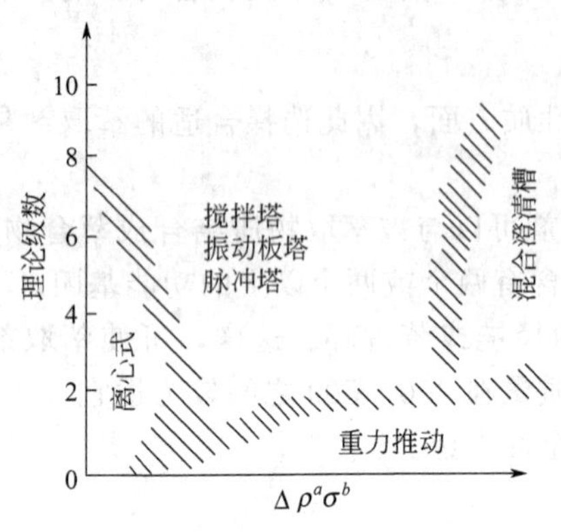

图 8-30　萃取设备极其经济操作范围

此外，还有以下几点为通常选择设备必须遵循的原则供设计者参考。再加上对待解决实际工况的特殊因素进行综合考虑。

1. 系统物性

系统物理性质往往是首先要考虑的因素之一。如果系统稳定性差或两相密度差小，则选用离心式萃取器比较合适；若黏度高、界面张力大，可选用有补充能量的萃取设备。

2. 处理量

一般认为转盘塔、筛板塔、高效填料塔和混合澄清槽的处理能量较大，而离心式萃取设备的处理量较小。

3. 理论级数

所选萃取设备必须能满足完成给定分离任务的要求。通常若级数在 5 以上，则不应考虑填料塔、筛板塔等无外加能量的设备。而当级数相当多时，则混合澄清槽是合适的选择。

4. 设备投资、操作周期和维修费用

设备制造费用、日常操作运转费用及检修费用也是需要考虑的因素。这几个因素有时会产生矛盾，则应具体情况具体分析，结合其他因素综合考虑。

5. 生产场地

通常是指厂区能给所选设备提供的面积和高度。显然，塔型设备占地面积小但高度大，混合澄清槽类设备占地面积较大但高度小。

6. 生产操作者经验

一般来说混合澄清槽类设备比较容易操作，因为其过程比较直观，而塔型设备的操作难度大些。随着先进控制技术的日益发展，这种差别已逐步缩小，但同时也对操作者的素质提出了更高的要求。

第六节　萃取塔的操作

能否正常操作萃取塔，将直接影响产品的质量、原料的利用率和经济效益。尽管一个工艺过程及设备设计得很完善，但若操作不当，仍得不到合格产品。因此，萃取塔的正确操作是生产中的重要一环。

一、萃取塔的开车

在萃取塔开车时，先将连续相注满塔中，若连续相为重相（即相对密度较大的一相），液面应在重相入口高度处为宜，关闭重相进口阀。然后开启分散相，使分散相不断在塔顶分层段凝聚，随着分散相不断进入塔内，在重相的液面上形成两液相界面并不断升高。当两相界面升高到重相入口与轻相出口处之间时，再开启分散相出口阀和重相的进出口阀，调节流量或重相升降管的高度使两相界面维持在原高度。

当重相作为分散相时，则分散相不断在塔底的分层段凝聚，两相界面应维持在塔底分层段的某一位置上，一般在轻相入口处附近。

二、维持正常操作要注意的事项

1. 两相界面高度要维持稳定

因参与萃取的两液相的相对密度相差不大，在萃取塔的分层段中两液相的相界面易产生上下位移。造成相界面位移的因素有：①振动，往复或脉冲频率或幅度发生变化；②流量发生变化。若相界面不断上移到轻相出口，则分层段不起作用，重相就会从轻相出口处流出；若相界面不断下移至萃取段，就会降低萃取段的高度，使得萃取效率降低。当相界面不断上移时，要降低升降管的高度或增加连续相的出口流量，使两相界面下降到规定的高度。反之，当相界面不断下移时，应升高升降管高度或减小连续相的出口流量。

2. 防止液泛

液泛是萃取塔操作时容易发生的一种不正常的操作现象。所谓液泛是指逆流操作中，随着两相（或一相）流速的加大，流体流动阻力也随之加大。当流速超过某一数值时，一相会因流体阻力加大而被另一相夹带由出口端流出塔外。有时在设备中表现为某段分散相，把连续相隔断。这种现象就称为液泛。

产生液泛的因素较多，它不仅与两相流体的物性有关，而且与塔的类型及内部结构有关。不同的萃取塔其泛点速度也随之不同。当对某种萃取塔操作时，所选的两相流体确定后，液泛的产生是由流量或振动，脉冲频率和幅度的变化而引起，因此流量过大或振动频率过快易造成液泛。

3. 减小返混

萃取塔内部分液体的流动滞后于主体流动，或者产生不规则的旋涡运动，这些现象称为轴向混合或返混。

萃取塔中理想的流动情况是两液相均呈活塞流，即在整个塔截面上两液相的流速相等。这时传质推动力最大，萃取效率高，但是在实际塔内，流体的流动并非呈活塞流，因为流体与塔壁之间的摩擦阻力大，连续相靠近塔壁或其他构件处的流速比中心处慢，中心区的液体以较快速度通过塔内，停留时间短，而近壁区的液体速度较低，在塔内停留时间长，这种停留时间的不均匀是造成液体返混的主要原因之一。分散相的液滴大小不一，大液滴以较大的速度通过塔内，停留时间短。小液滴速度小，在塔内停留时间长。更小的液滴甚至还可被连续相夹带，产生反方向的运动。此外，塔内的液体还会产生旋涡而造成局部轴向混合。液相的返混使两液相各自沿轴向的浓度梯度减小。从而使塔内各截面上两相液体间的浓度差降低。轴向混合不仅影响传质推动力和塔高，还影响塔的通过能力，因此，在萃取塔的设计和操作中，应该仔细考虑轴向返混。

在萃取塔的操作中，连续相和分散相都存在返混现象。连续相的轴向返混随塔的自由截面的增大而增大，也随连续相流速的增大而增大。对于振动筛板塔或脉冲塔，当振动、脉冲频率或幅度增强时都会造成连续相的轴向返混。

造成分散相轴向返混的原因有：由于分散相液滴大小不均匀，在连续相中上升或下降的速度也不一样，产生轴向返混，这在无搅拌机械振动的萃取塔，如填料塔、筛板塔或搅拌不激烈的萃取塔中起主要作用。对有搅拌、振动的萃取塔，液滴尺寸变小，湍流强度也高，液滴易被连续相涡流所夹带，造成轴向返混，在体系与塔结构已定的情况下，两相的流速及振动，脉冲频率或幅度的增大将会使轴向返混严重，导致萃取效率的下降。

4. 停车

对连续相为重相的，停车时首先关闭连续相的进出口阀，再关闭轻相的进口阀，让轻重两相在塔内静置分层。分层后慢慢打开连续相的进口阀，让轻相流出塔外，并注意两相的界面，当两相界面上升至轻相全部从塔顶排出时，关闭重相进口阀，让重相全部从塔底排出。

对于连续相为轻相，相界面在塔底，停车时首先关闭重相进出口阀，然后再关闭轻相进出口阀，让轻重两相在塔中静置分层。分层后打开塔顶旁路阀，塔内接通大气，然后慢慢打开重相出口阀，让重相排出塔外。当相界面下移至塔底旁路阀的高度处，关闭重相出口阀，打开旁路阀，让轻相流出塔外。

习　题

1. 25℃时，醋酸（A）-庚醇-3（B）-水（S）的平衡数据如本题附表所示。试求：

（1）在直角三角形相图上作出溶解度曲线及辅助曲线，在直角坐标图上作出分配曲线；

（2）由50kg醋酸、50kg庚醇-3和100kg水组成的混合液的坐标点位置。经过充分混合而静置分层后，确定平衡的两夜相的组成和量；

（3）上述两液层中溶质A的分配系数及溶剂的选择性系数。

(溶解度曲线数据（质量分数）

醋酸(A)	庚醇-3(B)	水(S)	醋酸(A)	庚醇-3(B)	水(S)
0	96.4	3.6	48.5	12.8	38.7
3.5	93.0	3.5	47.5	7.5	45.0
8.6	87.2	4.2	42.7	3.7	53.6
19.3	74.3	6.4	36.7	1.9	61.4
24.4	67.7	7.9	29.3	1.1	69.6
30.7	58.6	10.7	24.5	0.9	74.6
41.4	39.3	19.3	19.6	0.7	79.7
45.8	26.7	27.5	14.9	0.6	84.5
46.5	24.1	29.4	7.1	0.5	92.4
47.5	20.4	32.1	0.0	0.4	99.6

联结线数据（醋酸的质量分数）

水层	庚醇-3层	水层	庚醇-3层
6.4	5.3	38.2	26.8
13.7	10.6	42.1	30.5
19.8	14.8	44.1	32.6
26.7	19.2	48.1	37.9
33.6	23.7	47.6	44.9

2. 25℃下，用甲基异丁基甲酮MIBK从含丙酮40%（质量分数，下同）的水溶液中萃取丙酮。原料液的流量为1500kg/h。操作条件下的平衡数据见本题附表。试求：

（1）欲在单级萃取装置中获得最大组成的萃取液时，萃取剂的用量为若干kg/h；

（2）若将（1）求得的萃取剂用量分作两等份进行两级错流萃取，则最终萃余相的组成和流量为若干；

(3) 比较(1)、(2)两种操作方式中丙酮的萃出率(即回收率)。

25℃时丙酮-水-甲基异丁基甲酮 MIBK 的平衡数据(均为质量分数)　　单位:%

丙酮(A)	水(B)	MIBK(S)	丙酮(A)	水(B)	MIBK(S)
0	2.2	97.8	48.5	18.8	32.7
4.6	2.3	93.1	48.5	24.1	27.4
18.9	3.9	77.2	46.6	32.8	20.6
24.4	4.6	71.0	42.6	45.0	12.4
28.9	5.5	65.6	30.9	64.1	5.0
37.6	7.8	54.6	20.9	75.9	3.2
43.2	10.7	46.1	3.7	94.2	2.1
47.0	14.8	38.2	0	98.0	2.0

25℃时丙酮-水-甲基异丁基甲酮 MIBK 的联结线数据(均为质量分数)　　单位:%

水层中的丙酮	MIBK 层中的丙酮	水层中的丙酮	MIBK 层中的丙酮
5.58	10.66	29.5	40
11.83	18.0	32.0	42.5
15.35	25.5	36.0	45.5
20.6	30.5	38.0	47.0
23.8	35.3	41.5	48.0

3. 在多级错流接触萃取装置中,以水作萃取剂从含乙醛 6%(质量分数,下同)的乙醛-甲苯混合液中提取乙醛。原料液的流量为 120kg/h,要求最终萃余相中乙醛的含量不大于 0.5%,每级中水的用量均为 25kg/h。操作条件下,水和甲苯可视作完全不互溶,以乙醛的质量比组成表示的平衡关系为:$Y=2.2X$ 试求所需的理论级数(作图法和解析法)。

4. 以水为萃取剂从丙酮与醋酸乙酯的混合液中提取丙酮。原料液的流量为 2000kg/h,其中丙酮的含量为 40%(质量分数,下同),要求最终萃余相中丙酮的含量不大于 6%,拟采用多级逆流萃取装置,操作溶剂比 $(S/F)=0.9$。试求:

(1) 所需的理论级数;

(2) 萃取液的组成和流量;

操作条件下的平衡数据见本题附表。

平衡数据

萃取相(质量分数)/%			萃余相(质量分数)/%		
丙酮(A)	醋酸乙酯(B)	水(S)	丙酮(A)	醋酸乙酯(B)	水(S)
0	7.4	92.6	0	96.3	3.5
3.2	8.3	88.5	4.8	91.0	4.2
6.0	8.0	86.0	9.4	85.6	5.0
9.5	8.3	82.2	13.5	80.5	6.0
12.8	9.2	78.0	16.6	77.2	6.2
14.8	9.8	75.4	20.0	73.0	7.0
17.5	10.2	72.3	22.4	70.0	7.6
21.2	11.8	67.0	27.8	62.0	10.2
26.4	15.0	58.6	32.6	51.0	13.2

本章主要符号说明

英文字母

A——溶质组分;

B——原溶剂组分;

E——萃取相;

E'——萃取液;

F——原料液；

G——萃取相流量，m^3/s 或 m^3/h；

k——分配系数；

L——萃余相流量，m^3/s 或 m^3/h；

m——组分的质量，kg 或 kg/s(kg/h)；

M——混合液；

R——萃余相；

R'——萃余液；

S——萃取剂组分；

V——体积流量，m^3/s 或 m^3/h；

x——萃余相中组分 A 的质量分数；

X——萃余相中溶质 A 的质量比组成，kgA/kgB；

y——萃取相中组分 A 的质量分数；

Y——萃取相中溶质 A 的质量比组成，kgA/kgS。

希腊字母

β——选择性系数；

δ——操作线斜率，$\delta = m_B/m_S$；

Δ——净流量，kg/h。

下标

A、B、S——代表溶质、原溶剂、萃取剂；

E、R——萃取相、萃余相；

F——原料液；

i——级数（$i=1, 2, \cdots, n$）；

min——最小；

max——最大。

附　　录

一、单位换算

1. 长度单位换算

米(m)	市尺	英尺(ft)	英寸(in)
1	3	3.281	39.37
0.3333	1	1.094	13.12
0.3048	0.9144	1	12
0.0254	0.0762	0.0833	1
0.3030	0.9091	0.9939	11.93

注：1. 英制：1mile=1760yd，1yd=3ft，1ft=12in，1mile=1.609334km。

2. 1A=1×10^{-10}m。

2. 质量单位换算

美吨(shton)	英吨(longton)	公吨(t)	千克(kg)	磅(lb)	盎司(oz)
1	0.8929	0.9072	0.0718×10^{2}	2×10^{3}	3.2×10^{4}
1.12	1	1.016	1.016×10^{2}	2.24×10^{3}	3.584×10^{4}
1.102	0.9843	1	1×10^{3}	2.205×10^{3}	3.527×10^{4}
1.102×10^{-3}	9.84×10^{-4}	1×10^{-3}	1	2.205	35.27
5×10^{-4}	4.464×10^{-6}	4.536×10^{-4}	0.4536	1	16
3.125×10^{-4}	2.790×10^{-6}	2.835×10^{-5}	2.835×10^{-2}	6.25×10^{-2}	1

3. 力的单位换算

牛顿(N)	千克力(kgf)	磅力(lbf)	达因(dyn)
1	0.102	0.2248	10^{5}
9.8067	1	2.205	9.807×10^{5}
4.448	0.1536	1	4.448×10^{5}
1×10^{-5}	1.02×10^{-6}	2.248×10^{-6}	1
0.1383	0.01410	0.03110	1.381×10^{4}

4. 压力单位换算

帕 (Pa)	托 (Torr)	毫巴 (mbar)	标准大气压 (atm)	工程大气压 (at)	英寸汞柱 (inHg)	磅力/英寸^2 (lbf/in^2)
1	7.501×10^{-3}	1×10^{-2}	9.87×10^{-6}	1.02×10^{-5}	2.953×10^{-1}	1.450×10^{-1}
1.333×10^{-2}	1	1.333	1.316×10^{-3}	1.36×10^{-3}	3.990×10^{-2}	1.934×10^{-2}
1×10^{-2}	0.750	1	9.870×10^{-4}	1.02×10^{-3}	2.995×10^{-2}	1.450×10^{-2}
1.013×10^{5}	760	1013	1	1.033	30.35	14.697
9.81×10^{4}	735.6	9.81×10^{2}	0.968	1	29.38	14.22
3.338×10^{3}	25.04	33.38	3.295×10^{-2}	3.453×10^{-2}	1	0.484
6895	5172	68.95	6.805×10^{-2}	7.031×10^{-2}	2.086	1

5. 动力黏度单位换算

帕·秒(Pa·s)	泊(P)	厘泊(cP)	帕·秒(Pa·s)	泊(P)	厘泊(cP)
1	10	1×10^3	2.778×10^{-4}	2.778×10^{-3}	0.2778
0.1	1	100	1.481	14.88	1.488×10^2
0.001	1.01	1	9.81	98.1	9.81×10^2
1	10	10^3			

注：1泊（P）=1达因·秒/厘米。

6. 能量单位换算

焦耳(J)	千克力·米(kgf·m)	千瓦·小时(kW·h)	马力·小时(hp·h)	千卡(kcal)	英热单位(Btu)	英尺·磅(ft·lb)
1	0.1020	2.778×10^{-7}	3.727×10^{-7}	2.389×10^{-4}	9.486×10^{-4}	0.7377
9.807	1	2.724×10^{-6}	3.653×10^{-6}	2.342×10^{-3}	9.296×10^{-3}	7.233
3.600×10^6	3.671×10^5	1	1.341	859.9	3412	2.655×10^6
2.686×10^6	2.737×10^5	0.7454	1	641.0	2544	1.980×10^6
4.187×10^3	426.9	1.162×10^{-3}	1.560×10^{-3}	1	3.968	3078
1.055×10^3	107.6	2.93×10^{-4}	3.927×10^{-4}	0.2520	1	778.1
1.356	0.1383	3.766×10^{-7}	5.051×10^{-7}	3.239×10^{-4}	1.285×10^{-3}	1

注：1erg=10^{-7}J，1电子伏特（eV）=1.60207×10^{-19}J，1公制马力小时（ps·h）=0.9858hp·h=2.648×10^6J。

二、水在不同温度下的黏度

温度 t/℃	黏度μ /mPa·s	温度 t/℃	黏度μ /mPa·s	温度 t/℃	黏度μ /mPa·s	温度 t/℃	黏度μ /mPa·s	温度 t/℃	黏度μ /mPa·s
0	1.7921	20.2	1.0000	41	0.6439	62	0.4550	83	0.3436
1	1.7313	21	0.9810	42	0.6231	63	0.4483	84	0.3395
2	1.6728	22	0.9579	43	0.6207	64	0.4418	85	0.3355
3	1.6191	23	0.9359	44	0.6097	65	0.4355	86	0.3215
4	1.5674	24	0.9142	45	0.5988	66	0.7293	87	0.3276
5	1.5188	25	0.8973	46	0.5883	67	0.4233	88	0.3239
6	1.4728	26	0.8737	47	0.5782	68	0.4174	89	0.3202
7	1.4284	27	0.8545	48	0.5683	69	0.4117	90	0.3165
8	1.3860	28	0.8360	49	0.5588	70	0.4061	91	0.3130
9	1.3462	29	0.8180	50	0.5494	71	0.4006	92	0.3095
10	1.3077	30	0.8007	51	0.5404	72	0.4006	93	0.3060
11	1.2713	31	0.7840	52	0.5315	73	0.3900	94	0.3027
12	1.2363	32	0.7679	53	0.5229	74	0.3849	95	0.2994
13	1.2028	33	0.7523	54	0.5146	75	0.3799	96	0.2962
14	1.1709	34	0.7371	55	0.5064	76	0.3750	97	0.2930
15	1.1404	35	0.7225	56	0.4985	77	0.3702	98	0.2899
16	1.1111	36	0.7085	57	0.4907	78	0.3655	99	0.2868
17	1.0828	37	0.6947	58	0.4832	79	0.3610	100	0.2838
18	1.0559	38	0.6814	59	0.4759	80	0.3565		
19	1.0299	39	0.6685	60	0.4688	81	0.3521		
20	1.0050	40	0.6560	61	0.4618	82	0.3478		

三、水的重要物理性质

温度 t/℃	饱和蒸汽压 p/kPa	密度 ρ /(kg/m^3)	焓 H /(kJ/kg)	比热容 c_p /[kJ/(kg·℃)]	热导率 $\lambda\times10^2$ /[W/(m·℃)]	黏度 $\mu\times10^5$ /Pa·s	体积膨胀系数 $\beta\times10^4$/℃$^{-1}$	表面张力 $\sigma\times10^3$ /(N/m)	普兰系数 Pr
0	0.608	999.9	0	4.212	55.13	179.2	-0.63	75.6	13.67
10	1.226	999.7	42.04	4.191	57.45	130.8	+0.70	74.1	9.52
20	2.335	998.2	83.90	4.183	59.89	100.5	1.82	72.6	7.02
30	4.247	995.7	125.7	4.174	61.76	80.07	3.21	71.2	5.42
40	7.377	992.2	167.5	4.174	63.38	65.60	3.87	69.6	4.31
50	12.31	988.1	209.3	4.174	64.78	54.94	4.49	67.7	3.54
60	19.92	983.2	251.1	4.178	65.94	46.88	5.11	66.2	2.98
70	31.16	977.8	293	4.178	66.76	40.61	5.70	64.3	2.55
80	47.38	971.8	334.9	4.195	67.45	35.65	6.32	62.6	2.21
90	70.14	965.3	377	4.208	68.04	31.65	6.95	60.7	1.95
100	101.3	958.4	419.1	4.220	68.27	28.38	7.52	58.8	1.75
110	143.3	951.0	461.3	4.238	68.50	25.89	8.08	56.9	1.60
120	198.6	943.1	503.7	4.250	68.62	23.73	8.64	54.8	1.74
130	270.3	934.8	546.4	4.266	68.62	21.77	9.19	52.8	1.36
140	361.5	926.1	589.1	4.287	68.50	20.10	9.72	50.7	1.26
150	476.2	917.0	632.2	4.312	68.38	18.63	10.3	48.6	1.17
160	618.3	907.4	675.3	4.346	68.27	17.36	10.7	46.6	1.10
170	792.6	897.3	719.3	4.379	67.92	16.28	11.3	45.3	1.05
180	1003.5	886.9	763.3	4.417	67.45	15.30	11.9	42.3	1.00
190	1225.6	876.0	876.0	4.460	66.99	14.42	12.6	40.8	0.96
200	1554.8	863.0	852.4	4.505	66.29	13.63	13.3	38.4	0.93
210	1917.7	852.8	897.7	4.555	65.48	13.04	14.1	36.1	0.91
220	2320.9	840.3	943.7	4.614	64.55	12.46	14.8	33.8	0.89
230	2798.6	827.3	990.2	4.681	63.73	11.97	15.9	31.6	0.88
240	3347.9	813.6	1037.5	4.756	62.80	11.47	16.8	29.1	0.87
250	3977.7	799.0	1085.6	4.844	61.76	10.98	18.1	26.7	0.86
260	4698.3	784.0	1135.0	4.949	60.43	10.59	19.7	24.2	0.87
270	5504.0	767.9	1185.3	5.070	59.96	10.20	21.6	21.9	0.88
280	6417.2	750.7	1236.3	5.229	57.45	9.81	23.7	19.5	0.90
290	7443.3	732.3	1289.9	5.485	55.82	9.42	26.2	17.2	0.93
300	8592.9	712.5	1344.8	5.736	53.96	9.12	29.2	14.7	0.97

四、某些液体的重要物质

名称	分子式	密度 ρ	沸点 t_b	汽化焓 Δh	比热容 c_p	黏度 μ	热导率 λ	体积膨胀系数	表面张力
		kg/m^3 (20℃)	℃ (101.3kPa)	kJ/kg (760mmHg)	kJ/(kg·℃) (20℃)	mPa·s (20℃)	W/(m·℃) (20℃)	$\beta\times10^4$/℃$^{-1}$ (20℃)	$\sigma\times10^3$ /(N/m) (20℃)
水	H_2O	998	100	2258	4.183	1.005	0.599	1.82	72.8
氯化钠盐水 (25%)	—	1186 (25℃)	107	—	3.39	2.3	0.57(30℃)	4.4	—
氯化钙盐水 (25%)	—	1228	107	—	3.39	2.5	0.57	(3.4)	—
硫酸	H_2SO_4	1831	340(分解)	—	1.47(98%)	23	0.38	5.7	—
硝酸	HNO_3	1513	86	481.1	—	1.17(10℃)	—	—	—

续表

名称	分子式	密度 ρ	沸点 t_b	汽化焓 Δh	比热容 c_p	黏度 μ	热导率 λ	体积膨胀系数	表面张力
		kg/m³ (20℃)	℃ (101.3kPa)	kJ/kg (760mmHg)	kJ/(kg·℃) (20℃)	mPa·s (20℃)	W/(m·℃) (20℃)	$\beta\times10^4$/℃$^{-1}$ (20℃)	$\sigma\times10^3$/(N/m) (20℃)
盐酸 30%	HCl	1149	—	—	2.55	2(31.5%)	0.42	—	—
二硫化碳	CS_2	1262	46.3	352	1.005	0.38	0.16	12.1	32
戊烷	C_5H_{12}	626	36.07	357.4	2.24 (15.6℃)	0.229	0.113	15.9	16.2
己烷	C_6H_{14}	659	68.74	335.1	2.31 (15.6℃)	0.313	0.119	—	18.2
庚烷	C_7H_{16}	684	98.43	316.5	2.21 (15.6℃)	0.411	0.123	—	20.1
辛烷	C_8H_{18}	703	125.67	306.4	2.19 (15.6℃)	0.540	0.131	—	21.8
三氯甲烷	$CHCl_3$	1489	61.2	253.7	0.992	0.58	0.138 (30℃)	12.6	28.5 (10℃)
四氯化碳	CCl_4	1594	76.8	195	0.850	1.0	0.12	—	26.8
1,2-二氯乙烷	$C_2H_4Cl_{12}$	1253	83.6	324	1.260	0.83	0.14(50℃)	—	30.8
苯	C_6H_6	879	80.10	393.9	1.704	0.737	0.148	12.4	28.6
甲苯	C_7H_8	867	110.63	363	1.7	0.675	0.138	10.9	27.9
邻二甲苯	C_8H_{10}	880	144.42	347	1.74	0.811	0.142	—	30.2
间二甲苯	C_8H_{10}	864	139.10	343	1.70	0.611	0.167	0.1	29.0
对二甲苯	C_8H_{10}	861	138.35	340	1.704	0.643	0.129	—	28.0
苯乙烯	C_8H_9	911 (15.6℃)	145.2	(352)	1.733	0.72	—	—	—
氯苯	C_6H_5Cl	1106	131.8	325	1.298	0.85	0.14(30℃)	—	32
硝基苯	$C_6H_5NO_2$	1203	210.9	396	1.47	2.1	0.15	—	41
苯胺	$C_6H_5NH_2$	1022	184.4	448	2.07	4.3	0.17	8.5	42.9
酚	C_6H_5OH	1050 (50℃)	181.8 (熔点 40.9℃)	511	—	3.4(50℃)	—	—	—
萘	$C_{10}H_8$	1145 (固体)	217.9 (熔点 80.2℃)	314	1.80 (100℃)	0.59 (100℃)	—	—	—
甲醇	CH_3OH	791	64.7	1101	2.48	0.6	0.212	12.2	22.6
乙醇	C_2H_5OH	789	78.3	846	2.39	1.15	0.172	11.6	22.8
乙醇(95%)	C_2H_5OH	804	78.2	—	—	1.4	—	—	—
乙二醇	$C_2H_4(OH)_2$	1113	197.6	780	2.35	23	—	—	47.7
甘油	$C_3H_5(OH)_3$	1261	290(分解)	—	—	1499	0.59	5.3	63
乙醚	$(C_2H_5)_2O$	714	34.6	360	2.34	0.24	0.140	16.3	18
乙醛	CH_3CHO	783(18℃)	20.2	574	1.9	1.3(18℃)	—	—	21.2
糠醛	$C_4H_5O_2$	1168	161.7	452	1.6	1.15(50℃)	—	—	43.5

续表

名称	分子式	密度 ρ	沸点 t_b	汽化焓 Δh	比热容 c_p	黏度 μ	热导率 λ	体积膨胀系数	表面张力
		kg/m³ (20℃)	℃ (101.3kPa)	kJ/kg (760mmHg)	kJ/(kg·℃) (20℃)	mPa·s (20℃)	W/(m·℃) (20℃)	$\beta\times10^4$/℃$^{-1}$ (20℃)	$\sigma\times10^3$ /(N/m) (20℃)
丙酮	CH_3COCH_3	792	56.2	523	2.35	0.32	0.17	—	23.7
甲酸	HCOOH	1220	100.7	494	2.17	1.9	0.26	—	27.8
醋酸	CH_3COOH	1049	118.1	406	1.99	1.3	0.17	10.7	23.9
酸酸乙酯	$CH_3COOC_2H_5$	901	77.1	368	1.92	0.48	0.14(10℃)	—	—
煤油	—	780～820	—	—	—	3	0.1	10.0	—
汽油	—	680～800	—	—	—	0.7～0.8	0.19(30℃)	12.5	—

五、气体的重要物理性质

名称	相对分子质量	密度(0℃,101.3kPa)/(kg/m³)	比热容/[kJ/(kg·℃)]	黏度 $\mu\times10^5$/Pa·s	沸点(101.3kPa)/℃	汽化热/(kJ/kg)	临界点		热导率/[W/(m·℃)]
							温度/℃	压力/kPa	
空气	28.95	1.293	1.009	1.73	−195	197	−140.7	3768.4	0.0244
氧	32	1.429	0.653	2.03	−132.98	213	−118.82	5036.6	0.0240
氮	28.02	1.251	0.745	1.70	−195.78	199.2	−147.13	3392.5	0.0228
氢	2.016	0.0899	10.13	0.842	−252.75	454.2	−239.9	1296.6	0.163
氦	4.00	0.1785	3.18	1.88	−268.95	19.5	−267.96	228.94	0.144
氩	39.94	1.7820	0.322	2.09	−185.87	163	−122.44	4862.4	0.0173
氯	70.91	3.217	0.355	1.29(16℃)	−33.8	605	+144.0	7708.9	0.0072
氨	17.03	0.771	0.67	0.918	−33.4	1373	+132.4	11295	0.0215
一氧化碳	28.01	1.250	0.754	1.66	−191.48	211	−140.2	3497.9	0.0226
二氧化碳	44.01	1.976	0.653	1.37	−78.2	574	+31.1	7384.8	0.0137
硫化氢	34.08	1.539	0.804	1.166	−60.2	548	+100.4	19136	0.0131
甲烷	16.04	0.717	1.70	1.03	−161.58	511	−82.15	4619.3	0.0300
乙烷	30.07	1.357	1.44	0.850	−88.5	486	+32.1	4948.5	0.0180
丙烷	44.1	2.020	1.65	0.795 (18℃)	−42.1	427	+95.6	4355.0	0.0148
正丁烷	58.12	2.673	1.73	0.810	−0.5	386	+152	3798.8	0.0135
正戊烷	72.15	—	1.57	0.874	−36.08	151	+197.1	3342.9	0.0128
乙烯	28.05	1.261	1.222	0.935	+103.7	481	+9.7	5135.9	0.0164
丙烯	42.08	1.914	2.436	0.835 (20℃)	−47.7	440	+91.4	4599.0	—
乙炔	26.04	1.717	1.352	0.935	−83.66 (升华)	829	+35.7	6240.0	0.0184
氯甲烷	50.49	2.303	0.852	0.989	−24.1	406	+148	6685.8	0.0085
苯	78.11	—	1.139	0.72	+80.2	394	+288.5	4832.0	0.0088
二氧化硫	64.07	2.927	0.502	1.17	−10.8	394	+157.5	7879.1	0.0077
二氧化氮	46.01	—	0.315	—	+21.2	712	+158.2	10130	0.0400

六、干空气的物理性质（101.33kPa）

温度 t/℃	密度 ρ /(kg/m³)	比热容 c_p /[kJ/(kg·℃)]	热导率 $\lambda\times10^2$ /[W/(m·℃)]	黏度 $\mu\times10^5$ /Pa·s	普兰系数 Pr
−50	1.584	1.013	2.035	1.46	0.728
−40	1.515	1.013	2.117	2.52	0.728
−30	1.453	1.013	2.198	1.57	0.723
−20	1.395	1.009	2.279	1.62	0.716
−10	1.342	1.009	2.360	1.67	0.712
0	1.293	1.005	2.442	1.72	0.707
10	1.247	1.005	2.512	1.77	0.705
20	1.205	1.005	2.591	1.81	0.703
30	1.165	1.005	2.673	1.86	0.701
40	1.128	1.005	2.756	1.91	0.699
50	1.093	1.005	2.826	1.96	0.698
60	1.060	1.005	2.896	2.01	0.696
70	1.029	1.009	2.966	2.06	0.694
80	1.000	1.009	3.074	2.11	0.692
90	0.972	1.009	3.128	2.15	0.690
100	0.946	1.009	3.210	2.19	0.688
120	0.898	1.009	3.338	2.29	0.686
140	0.854	1.013	3.489	2.37	0.684
160	0.815	1.017	3.640	2.45	0.682
180	0.779	1.022	3.780	2.53	0.681
200	0.746	1.026	3.931	2.60	0.680
250	0.674	1.038	4.268	2.74	0.677
300	0.615	1.047	4.605	2.97	0.674
350	0.566	1.059	4.908	3.14	0.676
400	0.524	1.068	5.210	3.30	0.678
500	0.456	0.093	5.745	3.62	0.687
600	0.404	0.114	6.222	3.91	0.699
700	0.362	1.135	6.711	4.18	0.706
800	0.329	1.156	7.176	4.43	0.713
900	0.301	1.172	7.630	4.67	0.717
1000	0.277	1.185	8.071	4.90	0.719
1100	0.257	1.197	8.502	5.12	0.722
1200	0.239	1.206	9.153	5.35	0.724

七、液体比热容共线图

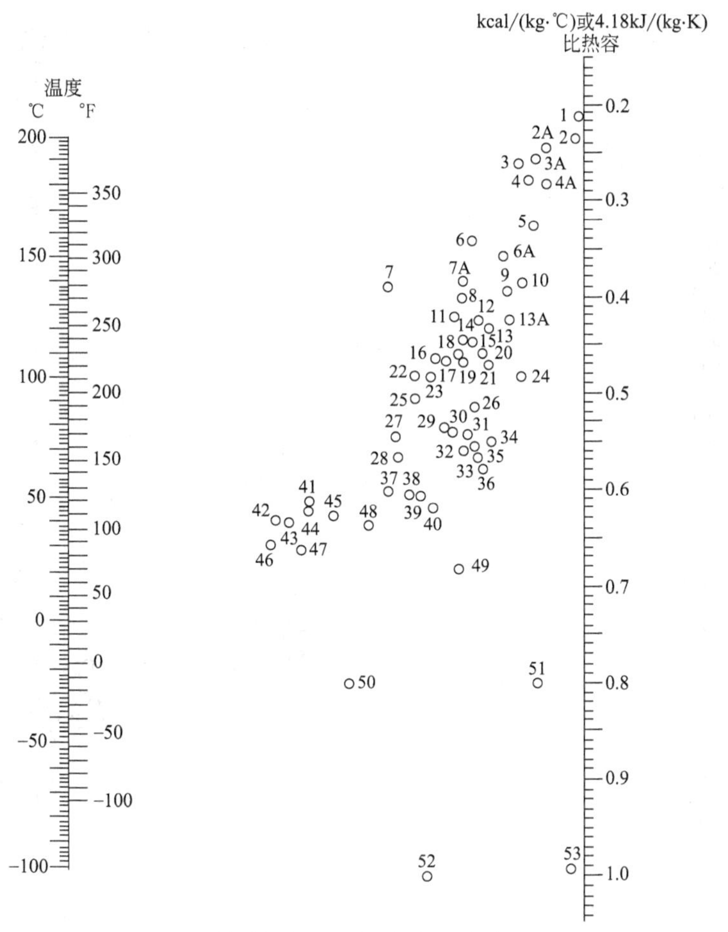

液体比热容共线图中的编号

编号	名称	温度范围/℃	编号	名称	温度范围/℃	编号	名称	温度范围/℃
53	水	10～200	34	壬烷	-50～25	3	过氯乙烯	-30～40
51	盐水(25%NaCl)	-40～20	21	癸烷	-80～25	23	苯	10～80
49	盐水(25%$CaCl_2$)	-40～20	13A	氯甲烷	-80～20	23	甲苯	0～60
52	氨	-70～50	5	二氯甲烷	-40～50	17	对二甲苯	0～100
11	二氧化硫	-20～100	4	三氯甲烷	0～50	18	间二甲苯	0～100
2	二硫化碳	-100～25	22	二苯基甲烷	30～100	19	邻二甲苯	0～100
9	硫酸(98%)	10～45	3	四氯化碳	10～60	8	氯苯	0～100
48	盐酸(30%)	20～100	13	氯乙烷	-30～40	12	硝基苯	0～100
35	乙烷	-80～20	1	溴乙烷	5～25	30	苯胺	0～130
28	庚烷	0～60	7	碘乙烷	0～100	10	对甲基氯	-20～30
33	辛烷	-50～25	6A	二氯乙烷	-30～60	25	乙苯	0～100
15	联苯	80～120	44	丁醇	0～100	29	醋酸	0～80
16	联苯醚	0～200	43	异丁醇	0～100	24	醋酸乙酯	-50～25
16	联苯-联苯醚	0～200	37	戊醇	-50～25	26	醋酸戊酯	0～100
14	萘	90～200	41	异戊醇	10～100	20	吡啶	-50～25
40	甲醇	-40～20	39	乙二醇	-40～200	2A	氟利昂-11	-20～70
42	乙醇(100%)	30～80	38	甘油	-40～20	6	氟利昂-12	-40～15
46	乙醇(95%)	20～80	27	苯甲醇	-20～30	4A	氟利昂-21	-20～70
50	乙醇(50%)	20～80	36	乙醚	-100～25	7A	氟利昂-22	-20～60
45	丙醇	-20～100	31	异丙醚	-80～200	3A	氟利昂-113	-20～70
47	异丙醇	-20～50	32	丙酮	20～50			

八、气体比热容共线图（常压下用）

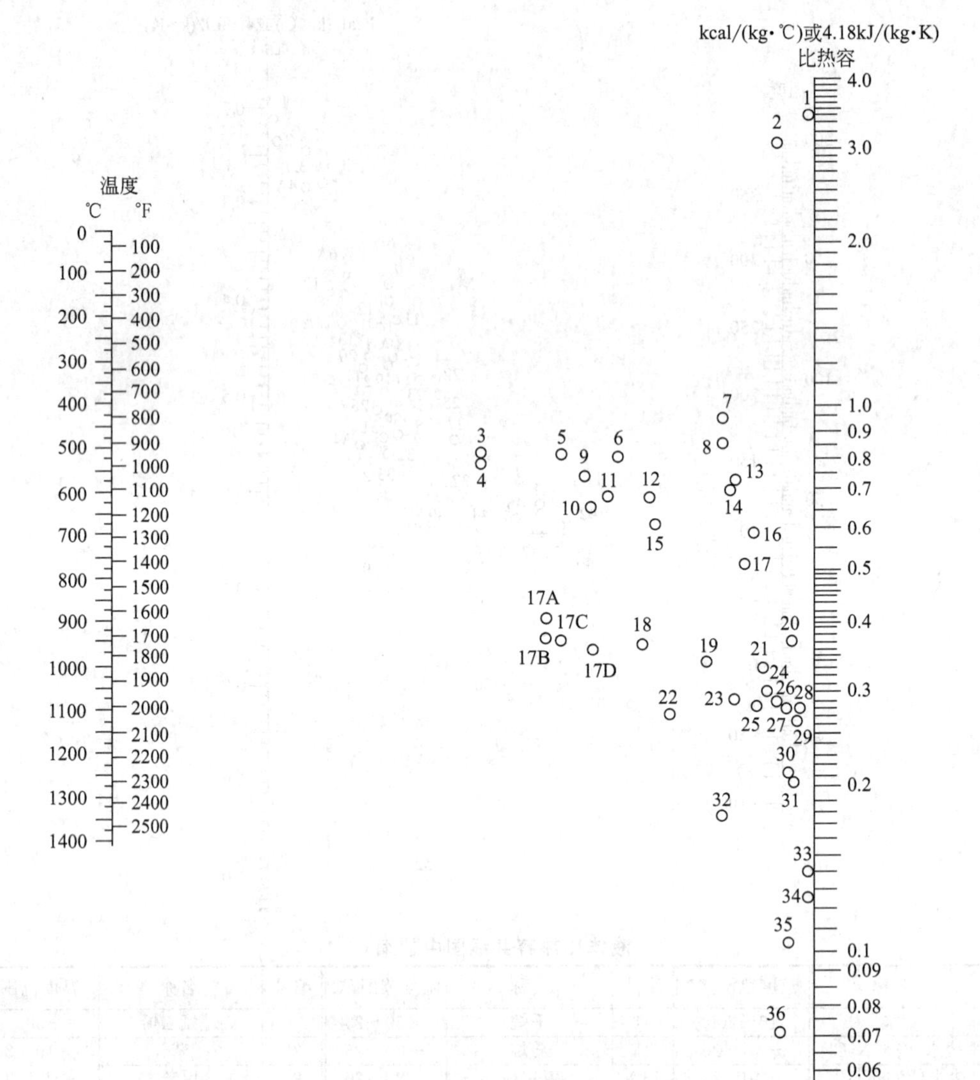

气体比热容共线图中的编号

编号	名称	温度范围/℃	编号	名称	温度范围/℃	编号	名称	温度范围/℃
27	空气	0～1400	24	二氯化碳	400～1400	9	乙烷	200～600
23	氧	0～500	22	二氧化硫	0～400	8	乙烷	600～1400
29	氧	500～1400	31	二氧化硫	400～1400	4	乙烯	0～200
26	氮	0～1400	17	水蒸气	0～1400	11	乙烯	200～600
1	氢	0～600	19	硫化氢	0～700	13	乙烯	600～1400
2	氢	600～1400	21	硫化氢	700～1400	10	乙炔	0～200
32	氯	0～200	20	氟化氢	0～1400	15	乙炔	200～400
34	氯	200～1400	30	氯化氢	0～1400	16	乙炔	400～1400
33	硫	300～1400	35	溴化氢	0～1400	17B	氟里昂-11	0～500
12	氨	0～600	36	碘化氢	0～1400	17C	氟里昂-21	0～500
14	氨	600～1400	5	甲烷	0～300	19A	氟里昂-22	0～500
25	一氧化氮	0～700	6	甲烷	300～700	17D	氟里昂-113	0～500
28	二氧化氮	700～1400	7	甲烷	700～1400			
18	二氧化碳	0～400	3	乙烷	0～200			

九、液体汽化潜热共线图

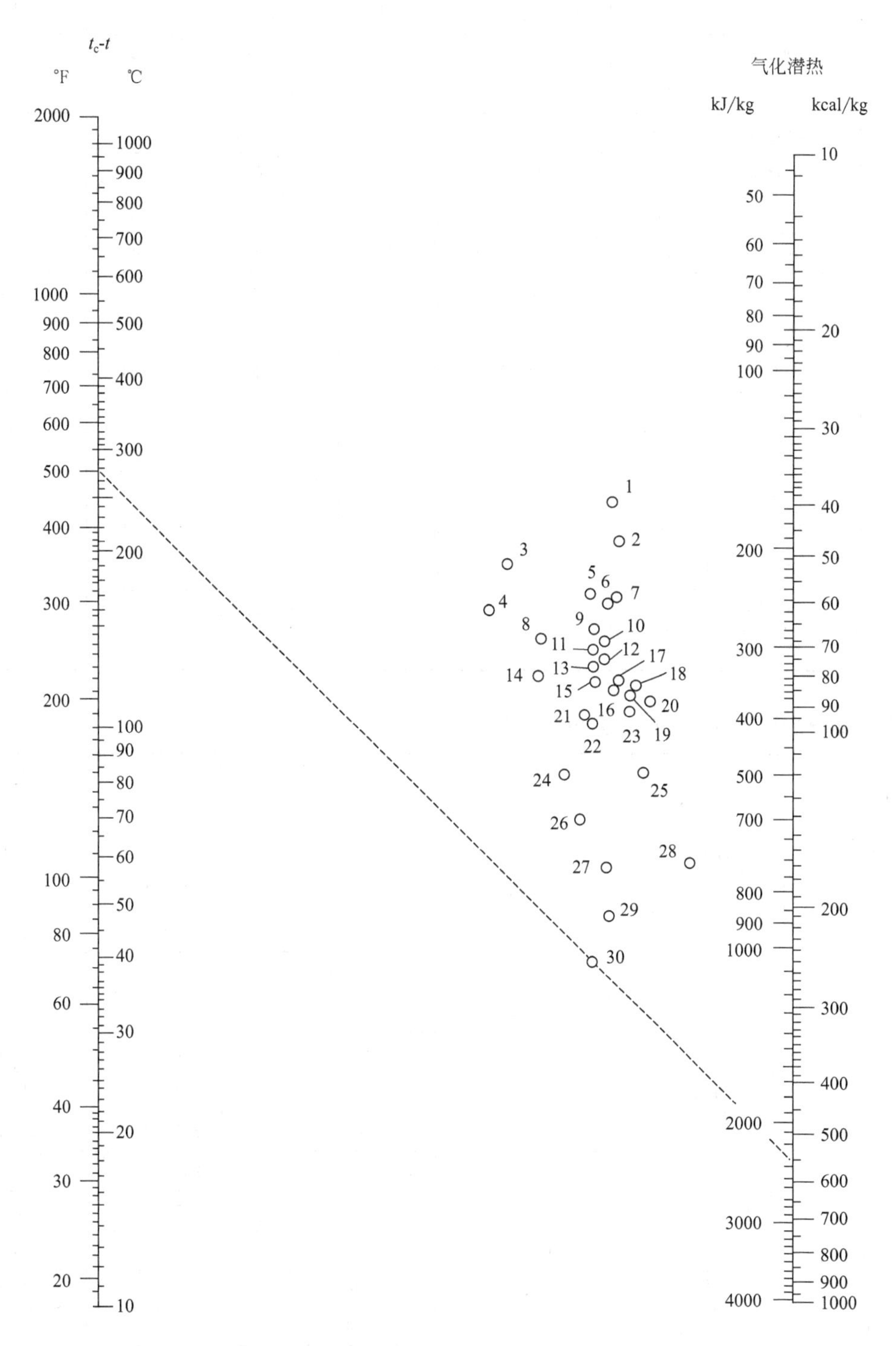

用法举例：求水在 $t=100$℃时的汽化潜热，从下表中查得水的编号为 30，又查得水的临界温度 $t_c=374$℃，故得 $t_c-t=374-100=274$℃，在共线图的 t_c-t 标尺上定出 274℃的点，在图中的编号为 30 的圆圈中心点连一直线延长到汽化潜热的标尺上，读出交点读数为 540kcal/kg 或 2260kJ/kg。

液体汽化潜热共线图中的编号

编号	名称	t_c/℃	t_c-t 范围/℃	编号	名称	t_c/℃	t_c-t 范围/℃
30	水	374	100～500	7	三氯甲烷	263	140～270
29	氨	133	50～200	2	四氯化碳	283	30～250
19	一氧化氮	36	25～150	17	氯乙烷	187	100～250
21	二氧化碳	31	10～100	13	苯	289	10～400
4	二硫化碳	273	14～275	3	联苯	527	175～400
14	二氧化硫	157	90～160	27	甲醇	240	40～250
25	乙烷	32	25～150	26	乙醇	243	20～140
23	丙烷	96	40～200	24	丙醇	264	20～200
16	丁烷	153	90～200	13	乙醚	194	10～400
15	异丁烷	134	80～200	22	丙酮	235	120～210
12	戊烷	197	20～200	18	醋酸	321	100～225
11	己烷	235	50～225	2	氟利昂-11	198	70～225
10	庚烷	267	20～300	2	氟利昂-12	111	40～200
9	辛烷	296	30～300	5	氟利昂-21	178	70～250
20	一氯甲烷	143	70～250	6	氟利昂-22	96	50～170
8	二氯甲烷	216	150～250	1	氟利昂-113	214	90～250

十、饱和水蒸气表（按温度排列）

温度 t/℃	绝对压强 p/kPa	蒸气密度 ρ/(kg/m³)	比焓 h/(kJ/kg)		比汽化焓 /(kJ/kg)
			液体	蒸汽	
0	0.6082	0.00484	0	2491	2491
5	0.8730	0.00680	20.9	2500.8	2480
10	1.226	0.00940	41.9	2510.4	2469
15	1.707	0.01283	62.8	2520.5	2458
20	2.335	0.01719	83.7	2530.1	2446
25	3.168	0.23004	104.7	2539.7	2435
30	4.247	0.03036	125.6	2549.3	2424
35	5.621	0.03960	146.5	2559.0	2412
40	7.377	0.05114	167.5	2568.6	2401
45	9.584	0.06543	188.4	2577.8	2389
50	12.34	0.0830	209.3	2587.4	2378
55	15.74	0.1043	230.3	2596.7	2366
60	19.92	0.1301	251.2	2606.3	2355
65	25.01	0.1611	272.1	2615.5	2343
70	31.16	0.1979	293.1	2624.3	2331
75	38.55	0.2416	314.0	2633.5	2320
80	47.38	0.2929	334.9	2642.3	2307

续表

温度 t/℃	绝对压强 p/kPa	蒸气密度 ρ/(kg/m^3)	比焓 h/(kJ/kg)		比汽化焓 /(kJ/kg)
			液体	蒸汽	
85	57.88	0.3531	355.9	2651.1	2295
90	70.14	0.4229	376.8	2659.9	2283
95	84.56	0.5039	397.8	2668.7	2271
100	101.33	0.5970	418.7	2677.0	2258
105	120.85	0.7036	440.0	2685.0	2245
110	143.31	0.8254	461.0	2693.4	2232
115	169.11	0.9635	482.3	2701.3	2219
120	198.64	1.1199	503.7	2708.9	2205
125	232.19	1.296	525.0	2716.4	2191
130	270.25	1.494	546.4	2723.9	2178
135	313.11	1.715	567.7	2731.0	2163
140	261.47	1.962	589.1	2737.7	2149
145	415.72	2.238	610.9	2744.4	2134
150	476.24	2.543	632.2	2750.7	2119
160	618.28	3.252	675.8	2762.9	2087
170	792.59	4.113	719.3	2773.3	2054
180	1003.5	5.145	763.3	2782.5	2019
190	1255.6	6.378	807.6	2790.1	1982
200	1554.8	7.840	852.0	2795.5	1944
210	1917.7	9.567	897.2	2799.3	1902
220	2320.9	11.60	942.4	2801.0	1859
230	2798.6	13.98	988.5	2800.1	1812
240	3347.9	16.76	1034.6	2796.8	1762
250	3977.7	20.01	1081.4	2790.1	1709
260	4693.8	23.82	1128.8	2780.9	1652
270	5504.0	28.27	1176.9	2768.3	1591
280	6417.2	33.47	1225.5	2752.0	1526
290	7443.3	39.60	1274.5	2732.3	1457
300	8592.9	46.93	1325.5	2708.0	1382

十一、饱和水蒸气表（按压强排列）

压强 p/kPa	温度 t/℃	蒸气密度 ρ/(kg/m^3)	比焓 h/(kJ/kg)		比汽化焓 /(kJ/kg)
			液体	蒸汽	
1.0	6.3	0.00773	26.5	2503.1	2477
1.5	12.5	0.01133	52.3	2515.3	2463

续表

压强 p/kPa	温度 t/℃	蒸气密度 ρ/(kg/m^3)	比焓 h/(kJ/kg)		比汽化焓 /(kJ/kg)
			液体	蒸汽	
2.0	17.0	0.01486	71.2	2524.2	2453
2.5	20.9	0.01836	87.5	2531.8	2444
3.0	23.5	0.02179	98.4	2536.8	2438
3.5	26.1	0.02523	109.3	2541.8	2433
4.0	28.7	0.02867	120.2	2546.8	2427
4.5	30.8	0.03205	129.0	2550.9	2422
5.0	32.4	0.03537	135.7	2554.0	2418
6.0	35.6	0.04200	149.1	2560.1	2411
7.0	38.8	0.04864	162.4	2566.3	2404
8.0	41.3	0.5514	172.7	2571.0	2398
9.0	43.3	0.06156	181.2	2574.8	2394
10.0	45.3	0.06798	189.6	2578.5	2389
15.0	53.5	0.09956	224.0	2594.0	2370
20.0	60.1	0.1307	251.5	2606.4	2355
30.0	66.5	0.1909	288.8	2622.4	2334
40.0	75.0	0.02498	315.9	2634.1	2312
50.0	81.2	0.3080	339.8	2644.3	2304
60.0	85.6	0.3651	358.2	2652.1	2294
70.0	89.9	0.4223	376.6	2659.8	2283
80.0	93.2	0.4781	390.1	2665.3	2275
90.0	96.4	0.5338	403.5	2670.8	2267
100.0	99.6	0.5896	416.9	2676.3	2259
120.0	104.5	0.6987	437.5	2684.3	2247
140.0	109.2	0.8076	457.7	2692.1	2234
160.0	113.0	0.8298	473.9	2698.1	2224
180.0	116.6	1.021	489.3	2703.7	2214
200.0	120.2	1.127	493.7	2709.2	2205
250.0	127.2	1.390	534.4	2719.7	2185
300.0	133.3	1.650	560.4	2728.5	2168
350.0	138.8	1.907	583.8	2736.1	2152
400.0	143.4	2.162	603.6	2742.1	2138
450.0	147.7	2.415	622.4	2747.8	2125
500.0	151.7	2.667	639.6	2752.8	2113
600.0	158.7	3.169	676.2	2761.4	2091
700.0	164.7	3.666	696.3	2767.8	2072

续表

压强 p/kPa	温度 t/℃	蒸气密度 ρ/(kg/m³)	比焓 h/(kJ/kg)		比汽化焓 /(kJ/kg)
			液体	蒸汽	
800.0	170.4	4.161	721.0	2773.7	2053
900.0	175.1	4.652	741.8	2778.1	2036
1×10^3	179.9	5.143	762.7	2782.5	2020
1.1×10^3	180.2	5.633	780.3	2785.5	2005
1.2×10^3	187.8	6.124	797.9	2788.5	1991
1.3×10^3	191.5	6.614	814.2	2790.9	1977
1.4×10^3	194.8	7.103	829.1	2792.4	1964
1.5×10^3	198.2	7.594	843.9	2794.5	1951
1.6×10^3	201.3	8.081	857.8	2796.0	1938
1.7×10^3	204.1	8.567	870.6	2797.1	1926
1.8×10^3	206.9	9.053	883.4	2798.1	1915
1.9×10^3	209.8	9.539	896.2	2799.2	1903
2×10^3	212.2	10.03	907.3	2799.7	1892
3×10^3	233.7	15.01	1005.4	2798.9	1794
4×10^3	250.3	20.10	1082.9	2789.8	1707
5×10^3	263.8	25.37	1146.9	2776.2	1629
6×10^3	275.4	30.85	1203.2	2759.5	1556
7×10^3	285.7	36.57	1253.2	2740.8	1488
8×10^3	294.8	42.58	1299.2	2720.5	1404
9×10^3	303.2	48.89	1343.5	2699.1	1357

十二、管子规格

1. 低压流体输送用焊接钢管规格（GB 3091—93）

公称直径		外径/mm	壁厚/mm		公称直径		外径/mm	壁厚/mm	
mm	in		普通管	加厚管	mm	in		普通管	加厚管
6	$\frac{1}{8}$	10	2.00	2.50	40	$1\frac{1}{2}$	48.0	3.50	4.25
8	$\frac{1}{4}$	13.5	2.25	2.75	50	2	60.0	3.50	4.50
10	$\frac{3}{8}$	17	2.25	2.75	65	$2\frac{1}{2}$	75.5	3.75	4.50
15	$\frac{1}{2}$	21.3	2.75	3.25	80	3	88.5	4.00	4.75
20	$\frac{3}{4}$	26.8	2.75	3.50	100	4	114.0	4.00	5.00
25	1	33.5	3.25	4.00	125	5	140.0	4.50	5.50
32	$1\frac{1}{4}$	42.3	3.25	4.00	150	6	165.0	4.50	5.50

2. 普通无缝钢管规格简表

(1) 热轧无缝钢管

外径/mm	壁厚/mm		外径/mm	壁厚/mm	
	从	到		从	到
32	2.5	8	127	4.0	30
38	2.5	8	133	4.0	32
42	2.5	10	140	4.5	36
45	2.5	10	159	4.5	36
50	2.5	10	168	5.0	(45)
57	3.0	13	219	6.0	50
60	3.0	14	273	6.5	50
63.5	3.0	14	325	7.5	75
68	3.0	16	377	9.0	75
76	3.0	19	426	9.0	75
89	3.5	24	450	9.0	75
108	4.0	28	530	9.0	75
114	4.0	28	630	9.0	(24)

注：壁厚 mm 系列有 2.5mm、3mm、3.5mm、4mm、4.5mm、5mm、5.5mm、6mm、6.5mm、7mm、8mm、8.5mm、9mm、9.5mm、10mm、11mm、12mm、13mm、14mm、15mm、16mm、17mm、18mm、19mm、20mm 等，括号内尺寸不推荐使用。

(2) 冷拔无缝钢管　冷拔无缝钢管质量好，可以得到小直径管，其外径可为 6～200mm，壁厚 0.25～14mm，其中最小壁厚及最大壁厚均随外径增大而增加，系列标准可查有关手册。

(3) 热交换器用普通无缝钢管（摘自 GB 9948—88）

热轧无缝钢管（摘自 YB 231—1964）

外径/mm	壁厚/mm	外径/mm	壁厚/mm
19	2,2.5	127	4,5,6
25	2,2.5,3	133	6,8,10,12
38	3,3.5,4		

十三、常用泵的规格

1. IS 型离心泵性能表

泵型号	流量/(m^3/h)	扬程/m	转速/(r/min)	必需汽蚀余量/m	泵效率/%	功率/kW	
						轴功率	配带功率
IS50-32-125	7.5	22	2900	2.0	47	0.96	2.2
	12.5	20		2.0	60	1.13	
	15	18.5		2.5	60	1.26	
	3.75	5.4	1450	2.0	43	0.13	0.55
	6.3	5		2.0	54	0.16	
	7.5	4.6		2.5	55	0.17	

续表

泵型号	流量/(m^3/h)	扬程/m	转速/(r/min)	必需汽蚀余量/m	泵效率/%	功率/kW	
						轴功率	配带功率
IS50-32-160	7.5 12.5 15	34.3 32 29.6	2900	2.0 2.0 2.5	44 54 56	1.59 2.02 2.16	3
	3.75 6.3 7.5	8.5 8 7.5	1450	2.0 2.0 2.5	35 48 49	0.25 0.29 0.31	0.55
IS50-32-200	7.5 12.5 15	52.5 50 48	2900	2.0 2.0 2.5	38 48 51	2.82 3.54 3.95	5.5
	3.75 6.3 7.5	13.1 12.5 12	1450	2.0 2.0 2.5	33 42 44	0.41 0.51 0.56	0.75
IS50-32-250	7.5 12.5 15	82 80 78.5	2900	2.0 2.0 2.5	23.5 38 41	5.87 7.16 7.83	1.1
	3.75 6.3 7.5	20.5 20 19.5	1450	2.0 2.0 2.5	23 32 35	0.91 1.07 1.14	1.5
IS65-50-125	15 25 30	21.8 20 18.5	2900	2.0 2.5 3.0	58 69 68	1.54 1.97 2.22	3
	7.5 12.5 15	5.35 5 4.7	1450	2.0 2.0 2.5	53 64 65	0.21 0.27 0.30	0.55
IS60-50-160	15 25 30	35 32 30	2900	2.0 2.0 2.5	54 65 66	2.65 3.35 3.71	5.5
	7.5 12.5 15	8.8 8.0 7.2	1450	2.0 2.0 2.5	50 60 60	0.36 0.45 0.49	0.75
IS65-40-200	15 25 30	53 50 47	2900	2.0 2.0 2.5	49 60 61	4.42 5.67 6.29	7.5
	7.5 12.5 15	13.2 12.5 11.8	1450	2.0 2.0 2.5	43 55 57	0.63 0.77 0.85	1.1
IS65-40-250	15 25 30	82 80 78	2900	2.0 2.0 2.5	37 50 53	9.05 10.89 12.02	15
	7.5 12.5 15	21 20 19.4	1450	2.0 2.0 2.5	35 46 48	1.23 1.48 1.65	2.2

续表

泵型号	流量/(m³/h)	扬程/m	转速/(r/min)	必需汽蚀余量/m	泵效率/%	功率/kW	
						轴功率	配带功率
IS65-40-315	15 25 30	127 125 123	2900	2.5 2.5 3.0	28 40 44	18.5 21.3 22.8	30
	7.5 12.5 15	32.0 32.0 31.7	1450	2.5 2.5 3.0	25 37 41	2.63 2.94 3.16	4
IS80-65-125	30 50 60	22.5 20 18	2900	3.0 3.0 3.5	64 75 74	2.87 3.63 3.98	5.5
	15 25 30	5.6 5 4.5	1450	2.5 2.5 3.0	55 71 72	0.42 0.48 0.51	0.75
IS80-65-160	30 50 60	36 32 29	2900	2.5 2.5 3.0	61 73 72	4.82 5.97 6.59	7.5
	15 25 30	9 8 7.2	1450	2.5 2.5 3.0	55 69 68	0.67 0.75 0.86	1.5
IS80-50-200	30 50 60	53 50 47	2900	2.5 2.5 3.0	55 69 71	7.87 9.87 10.8	15
	15 25 30	13.2 12.5 11.8	1450	2.5 2.5 3.0	51 65 67	1.06 1.31 1.44	2.2
IS80-50-160	30 50 60	84 80 75	2900	2.5 2.5 3.0	52 63 64	13.2 17.3 19.2	22
IS80-50-250	30 50 60	84 80 75	2900	2.5 2.5 3.0	52 63 64	13.5 17.3 19.2	22
	15 25 30	21 20 18.8	1450	2.5 2.5 3.0	49 60 61	1.75 2.27 2.52	3
IS80-50-315	30 50 60	128 125 123	2900	2.5 2.5 3.0	41 54 57	25.5 31.5 35.3	37
	15 25 30	32.5 32 31.5	1450	2.5 2.5 3.0	39 52 56	3.4 4.19 4.6	5.5
IS100-80-125	60 100 120	24 20 16.5	2900	4.0 4.5 5.0	67 78 74	5.86 7.00 7.28	11
	30 50 60	6 5 4	1450	2.5 2.5 3.0	64 75 71	0.77 0.91 0.92	1.5

续表

泵型号	流量/(m³/h)	扬程/m	转速/(r/min)	必需汽蚀余量/m	泵效率/%	功率/kW	
						轴功率	配带功率
IS100-80-160	60 100 120	36 32 28	2900	3.5 4.0 5.0	70 78 75	8.42 11.2 12.2	15
	30 50 60	9.2 8.0 6.8	1450	2.0 2.5 3.5	67 75 71	1.12 1.45 1.57	2.2
IS100-65-200	60 100 120	54 50 47	2900	3.0 3.6 4.8	65 76 77	13.6 17.9 19.9	22
	30 50 60	13.5 12.5 11.8	1450	2.0 2.0 2.5	60 73 74	1.84 2.33 2.61	4
IS100-65-250	60 100 120	87 80 74.5	2900	3.5 3.8 4.8	61 72 73	23.4 30.3 33.3	37
	30 50 60	21.3 20 19	1450	2.0 2.0 2.5	55 68 70	3.16 4.00 4.44	5.5
IS100-65-315	60 100 120	133 125 118	2900	3.0 3.6 4.2	55 66 67	39.6 51.6 57.5	75
	30 50 60	34 32 30	1450	2.0 2.0 2.5	51 63 64	5.44 6.92 7.67	11
IS125-100-200	120 200 240	57.5 50 44.5	2900	4.5 4.5 5.0	67 81 80	28.0 33.6 36.4	45
	60 100 120	14.5 12.5 11.0	1450	2.5 2.5 3.0	62 76 75	38.3 4.48 4.79	7.5
IS125-100-250	120 200 240	87 80 72	2900	3.8 4.2 5.0	66 78 75	43.0 55.9 62.8	75
	60 100 120	21.5 20 18.5	1450	2.5 2.5 3.0	63 76 77	5.59 7.17 7.84	11
IS125-100-315	120 200 240	132.5 125 120	2900	4.0 4.5 5.0	60 75 77	72.1 90.8 101.9	11
	60 100 120	33.5 32 30.5	1450	2.5 2.5 3.0	58 73 74	9.4 11.9 13.5	15

续表

泵型号	流量/(m³/h)	扬程/m	转速/(r/min)	必需汽蚀余量/m	泵效率/%	功率/kW	
						轴功率	配带功率
IS125-100-400	60 100 200	52 50 48.5	1450	2.5 2.5 3.0	53 65 67	16.1 21.0 23.6	30
IS150-125-250	120 200 240	22.5 20 17.5	1450	3.0 3.0 3.5	71 81 78	10.4 13.5 14.7	18.5
IS150-125-315	120 200 240	34 32 29	1450	2.5 2.5 3.0	70 79 80	15.9 22.1 23.7	30
IS150-125-400	120 200 240	53 50 46	1450	2.0 2.8 3.5	62 75 74	27.9 36.3 40.6	45
IS200-150-250	240 400 460	20	1450		82	26.6	37
IS200-150-315	240 400 460	37 32 28.5	1450	3.0 3.5 4.0	70 82 80	34.6 42.5 44.6	55
IS200-150-400	240 400 460	55 50 45	1450	3.0 3.8 4.5	74 81 76	48.6 67.2 74.2	90

2. Y型离心油泵（摘录）

泵型号	流量/(m³/min)	扬程/m	转速/(r/min)	必需汽蚀余量/m	泵效率/%	功率/kW	
						轴功率	电机功率
50Y60	13.0	67	2950	2.9	38	6.24	7.5
50Y60A	11.2	53	2950	3.0	35	4.68	7.5
50Y60B	9.9	39	2950	2.8	33	3.18	4
50Y60×2	12.5	120	2950	2.4	34.5	11.8	15
50Y60×2A	12	105	2950	2.3	35	9.8	15
50Y60×2B	11	89	2950	2.25	32	8.35	11
65Y60	25	60	2950	3.05	50	8.18	11
65Y60A	22.5	49	2950	3.0	49	6.13	7.5
65Y60B	20	37.5	2950	2.7	47	4.35	5.5
65Y100	25	110	2950	3.2	40	18.8	22
65Y100A	23	92	2950	3.1	39	14.75	18.5
65Y100B	21	73	2950	3.05	40	10.45	15
65Y100×2	25	200	2950	2.85	42	35.8	45
65Y100×2A	23	175	2950	2.8	41	26.7	37
65Y100×2B	22	150	2950	2.75	42	21.4	30

续表

泵型号	流量/(m³/min)	扬程/m	转速/(r/min)	必需汽蚀余量/m	泵效率/%	功率/kW	
						轴功率	电机功率
80Y60	50	58	2950	3.2	56	14.1	18.5
80Y100	50	100	2950	3.1	51	26.6	37
80Y100A	45	85	2950	3.1	52.5	19.9	30
80Y100×2	50	200	2950	3.6	53.5	51	75
80Y100×2A	47	175	2950	3.5	50	48.8	55
80Y100×2B	43	153	2950	3.35	51	35.2	45
80Y100×2C	40	125	2950	3.3	49	27.8	37

3. F型耐腐蚀泵

泵型号	流量/(m³/min)	扬程/m	转速/(r/min)	必需汽蚀余量/m	泵效率/%	功率/kW	
						轴功率	配带功率
25F-16	3.60	16.00	2960	4.3	30.00	0.523	0.75
25F-16A	3.27	12.50	2960	4.3	29.00	0.39	0.55
40F-26	7.20	25.50	2960	4.3	44.00	1.14	0.50
40F-26A	6.55	20.00	2960	4.3	42.00	0.87	1.10
50F-40	14.4	40	2900	4	44	3.57	7.5
50F-40A	13.1	32.5	2900	4	44	2.64	7.5
50F-16	14.4	15.7	2900		62	0.99	1.5
50F-16A	13.1	12	2900			0.69	1.1
65F-16	28.8	15.7	2900			0.69	
65F-16A	26.2	12	2900			1.65	2.2
100F-92	94.3	92	2900	6	64	39.5	55.0
100F-92A	88.6	80				32.1	40.0
100F-92B	100.8	70.5				26.6	40.0
150F-56	190.8	55.5	2900	6	67	43	55.0
150F-56A	170.2	48				34.8	45.0
150F-56B	167.8	42.5				29	40.0
150F-22	190.8	22	2900	6	75	15.3	30.0
150F-22A	173.5	17.5				11.3	17.0

注：电机功率应根据液体的密度确定，表中值仅供参考。

十四、4-72-11型离心通风机规格（摘录）

机号	转速/(r/min)	全压/Pa	流量/(m³/h)	效率/%	所需功率/kW
6C	2240	2432.1	15800	91	14.1
6C	2000 1800 1250 1000 800	1941.8 1569.1 755.1 480.5 294.2	14100 12700 8800 7030 5610	91 91 91 91 91	10.0 7.3 2.53 1.39 0.73

续表

机号	转速/(r/min)	全压/Pa	流量/(m³/h)	效率/%	所需功率/kW
80C	1800	2795	29900	91	30.8
	1250	1343.6	20800	91	10.3
	1000	863.0	16600	91	5.52
	630	343.2	10480	91	1.51
10C	1250	2226.2	41300	94.3	32.7
	1000	1422.0	32700	94.3	16.5
	800	912.1	26130	94.3	8.5
	500	353.1	16390	94.3	2.3
6D	1450	1961.4	20130	89.5	14.2
	960	441.3	6720	91	1.32
8D	1450	1961.4	20130	89.5	14.2
	730	490.4	10150	89.5	2.06
16B	900	2942.1	121000	94.3	127
20B	710	2844.0	186300	94.3	190

注：B，C—皮带轮传动；D—联轴器传动。

十五、无机物水溶液在大气压下的沸点

溶液 \ 温度/℃	101	102	103	104	105	107	110	115	120	125	140	160	180	200	220	240	260	280	300	340
	溶液浓度,质量分数/%																			
$CaCl_2$	5.66	10.31	14.16	17.36	20.00	24.24	29.33	35.68	40.83	54.80	57.89	68.94	75.85	64.91	68.73	72.64	75.76	78.95	81.63	86.18
KOH	4.49	8.51	11.19	14.82	17.01	20.88	25.65	31.97	36.51	40.23	48.05	54.89	60.41							
KCl	8.42	14.31	18.96	23.02	26.57	32.62	36.47	(近于108.5℃)①												
K_2CO_3	10.31	18.37	24.20	28.57	32.24	37.69	43.97	50.86	56.04	60.40	66.94	(近于133.5℃)								
KNO_3	13.19	23.66	32.23	39.20	45.10	54.65	65.34	79.53												
$MgCl_2$	4.67	8.42	11.66	14.31	16.59	20.23	24.41	29.48	33.07	36.02	38.61									
$MgSO_4$	14.31	22.78	28.31	32.23	35.32	42.86	(近于108℃)													
NaOH	4.12	7.40	10.15	12.51	14.53	18.23	23.08	26.21	33.77	37.58	48.32	60.13	69.97	77.53	84.03	88.89	93.02	95.92	98.47	(近于314℃)
NaCl	6.19	11.03	14.67	17.69	20.32	25.09	28.92	(近于108℃)												
$NaNO_3$	8.26	15.61	21.87	17.53	32.45	40.47	49.87	60.94	68.94											
Na_2SO_4	15.26	24.81	30.73	31.83	(近于103.2℃)															
Na_2CO_3	9.42	17.20	23.72	29.18	33.66															
$CuSO_4$	26.95	39.98	40.83	44.47	45.12	(近于104.2℃)														
$ZnSO_4$	20.00	31.22	37.89	42.92	46.15															
NH_4NO_3	9.09	16.66	23.08	29.08	34.21	42.52	51.92	63.24	71.26	77.11	87.09	93.20	69.00	97.61	98.84	100				
NH_4Cl	6.10	11.35	15.96	19.80	22.89	28.37	35.98	46.94												
$(NH_4)_2SO_4$	13.34	23.41	30.65	36.71	41.79	49.73	49.77	53.55	(近于108.2℃)											

① 括号内的指饱和溶液的沸点。

十六、常用固体材料的密度和比热容

名称	密度/(kg/m³)	比热容/[kJ/(kg·℃)]	名称	密度/(kg/m³)	比热容/[kJ/(kg·℃)]
(1)金属			(3)建筑材料、绝热材料、耐酸材料及其他		
钢	7850	0.461	干沙	1500～1700	0.796
不锈钢	7900	0.502	黏土	1600～1800	0.754(－20～20℃)
铸铁	7220	0.502	锅炉炉渣	700～1100	—
铜	8800	0.406	黏土转	1600～1900	0.921
青铜	8000	0.381	耐火砖	1840	0.963～1.005
黄铜	8600	0.379	绝热砖(多孔)	600～1400	—
铝	8670	0.921	混凝土	2000～2400	0.837
镍	9000	0.461	软木	100～300	0.963
铅	11400	0.1298	石棉板	770	0.816
(2)塑料			石棉水泥板	1600～1900	—
酚醛	1250～1300	1.26～1.67	玻璃	2500	0.67
脲醛	1400～1500	1.26～1.61	耐酸陶瓷制品	2200～2300	0.75～0.80
聚氯乙烯	1380～1400	1.84	耐酸砖和板	2100～2400	—
聚苯乙烯	1050～1070	1.34	耐酸搪瓷	2300～2700	0.837～1.26
低压聚乙烯	940	2.55	橡胶	1200	1.38
高压聚乙烯	920	2.22	冰	900	2.11
有机玻璃	1180～1190				

十七、固体材料的热导率

1. 常用金属材料的热导率

热导率/[W/(m·K)] \ 温度/℃	0	100	200	300	400
铝	228	228	228	228	228
铜	384	379	372	367	363
铁	73.3	67.5	61.6	54.7	48.9
铅	35.1	33.4	31.4	39.8	—
镍	93.0	82.6	73.3	63.97	59.3
银	414	409	373	362	359
碳钢	52.3	48.9	44.2	41.9	34.9
不锈钢	16.3	17.5	17.5	18.5	—

2. 常用非金属材料的热导率

名称	温度/℃	热导率/[W/(m·℃)]	名称	温度/℃	热导率/[W/(m·℃)]
石棉绳	—	0.10～0.21	保温灰	—	0.0698
石棉板	30	0.10～0.14	锯屑	20	0.0465～0.0582
软木	30	0.0430	棉花	100	0.0698
玻璃棉	—	0.0349～0.0698	厚纸	20	0.14～0.349

续表

名称	温度/℃	热导率/[W/(m·℃)]	名称	温度/℃	热导率/[W/(m·℃)]
玻璃	30	1.09	纵向	—	0.384
	−20	0.76	耐火砖	230	0.872
搪瓷	—	0.87～1.16		1200	1.64
云母	50	0.43	混凝土	—	1.28
泥土	20	0.698～0.930	绒毛毡	—	0.0465
冰	0	2.33	85%氧化镁粉	0～100	0.0698
膨胀珍珠岩散料料	25	0.021～0.062	聚氯乙烯	—	0.116～0.174
软橡胶	—	0.129～0.159	酚醛加玻璃纤维	—	0.259
硬橡胶	0	0.15	酚醛加石棉纤维	—	0.294
聚四氟乙烯	—	0.242	聚碳酸酯	—	0.191
泡沫塑料	—	0.0465	聚苯乙烯泡沫	25	0.0419
泡沫玻璃	−15	0.00489		−150	0.00174
	−80	0.00349	聚乙烯	—	0.329
木材(横向)	—	0.14～0.175	石墨	—	139

十八、某些固体材料的黑度

材料名称	温度/℃	黑度 ε
表面不磨光的铝	25	0.055
表面被磨光的铁	425～1020	0.144～0.377
用金刚砂冷加工后的铁	20	0.242
氧化后的铁	100	0.736
氧化后表面光滑的铁	125～525	0.78～0.82
未经加工处理的铸铁	925～1115	0.78～0.95
表面被磨光的铸铁件	770～1140	0.52～0.56
表面上有一层有光泽的氧化物的钢板	25	0.82
经过刮面加工的铁	830～990	0.60～0.70
氧化铁	500～1200	0.85～0.95
无光泽的黄铜板	50～360	0.22
氧化铜	800～1100	0.66～0.84
铬	100～1000	0.08～0.26
有光泽的镀锌铁板	28	0.228
已经氧化的灰色镀锌铁板	24	0.276
石棉纸板	24	0.96
石棉纸	40～370	0.93～0.945
水	0～100	0.95～0.963
石膏	20	0.903
表面粗糙没有上过釉的硅砖	100	0.80
表面粗糙上过釉的硅砖	1100	0.85
上过釉的黏土耐火砖	1100	0.75

续表

材料名称	温度/℃	黑度 ε
涂在铁板上的光泽的黑漆	25	0.875
无光泽的黑漆	40～95	0.96～0.98
白漆	40～95	0.80～0.95
平整的玻璃	22	0.937
上过釉的瓷器	22	0.924

十九、某些液体的热导率

液体	温度/℃	热导率/[W/(m·℃)]	液体	温度/℃	热导率/[W/(m·℃)]
石油	20	0.180	四氯化碳	0	0.185
汽油	30	0.135		68	0.163
煤油	20	0.149	二硫化碳	30	0.163
	75	0.140		75	0.152
正戊烷	30	0.135	乙苯	30	0.149
	75	0.128		60	0.142
正己烷	30	0.138	氯苯	10	0.144
	60	0.137	硝基苯	30	0.164
正庚烷	30	0.140		100	0.152
	60	0.137	硝基甲苯	30	0.216
正辛烷	60	0.14		60	0.208
丁醇,100%	20	0.182	橄榄油	100	0.164
丁醇,80%	20	0.237	松节油	15	0.128
正丙醇	30	0.171	氯化钙盐水 30%	30	0.55
	75	0.164	氯化钙盐水 15%	30	0.59
正戊醇	30	0.163	氯化钠盐水 25%	30	0.57
	100	0.154	氯化钠盐水 12.5%	30	0.59
异戊醇	30	0.152	硫酸 90%	30	0.36
	75	0.151	硫酸 60%	30	0.43
正己醇	30	0.163	硫酸 30%	30	0.52
	75	0.156	盐酸 12.5%	32	0.52
正庚醇	30	0.163	盐酸 25%	32	0.48
	75	0.157	盐酸 38%	32	0.44
丙烯醇	25～30	0.180	氢氧化钾 21%	32	0.58
乙醚	30	0.138	氢氧化钾 42%	32	0.55
	75	0.135	氨	25～30	0.18
乙酸乙酯	20	0.175	氨水溶液	20	0.45
氯甲烷	−15	0.192		60	0.50
	30	0.154	水银	28	0.36
三氯乙烷	30	0.138			

二十、某些气体和蒸汽的热导率

下表中所列出的极限温度数值时实验范围的数值。若外推到其他温度时，建议将所列出的数据按 $\lg\lambda$ 对 $\lg T$ ［λ——热导率，W/(m·K)；T——温度，K］作图，或者假定 Pr 数与温度（或压强，在适当范围内）无关。

物质	T/K	λ/[W/(m·K)]	物质	T/K	λ/[W/(m·K)]
丙酮	273	0.0098	四氯化碳	319	0.0071
	319	0.0128		373	0.0090
	373	0.0171		457	0.01112
	457	0.0254	氯	273	0.0074
空气	273	0.0242	三氯甲烷	273	0.0066
	373	0.0317		219	0.0080
	473	0.0391		373	0.0100
	573	0.0459		457	0.0133
氨	213	0.0164	硫化氢	273	0.0132
	273	0.0222	水银	473	0.0341
	323	0.0272	甲烷	173	0.0173
	373	0.0320		223	0.0251
苯	273	0.0090		273	0.0302
	319	0.0126		323	0.0372
	373	0.0178	甲醇	273	0.0144
	457	0.0263		373	0.0222
	485	0.0305	氯甲烷	273	0.0067
正丁烷	273	0.0135		319	0.0085
	373	0.0234		373	0.0109
异丁烷	273	0.0138		485	0.0164
	373	0.0241	乙烷	203	0.0114
二氧化碳	223	0.0118		239	0.0149
	273	0.0147		273	0.0183
	373	0.0230		373	0.0303
	473	0.0313	乙醇	293	0.0154
	573	0.0396		373	0.0215
二硫化碳	273	0.0069	乙醚	273	0.0133
	280	0.0073		319	0.0171
一氧化碳	84	0.0071		373	0.0227
	94	0.0080		457	0.0327
	213	0.0234		485	0.0362

二十一、总传热系数的工业实例

传热装置	所处理的食品	载热体	壁材质	目的、条件	总传热系数 $K/[W/(m^2 \cdot K)]$
刮板式热交换器	猪油、黄油	氨	铁(碳)	冷却	1420
	人造奶油	氨	铁(镍)	冷却	1700
	蛋	氨	铁(镍)	冷却	1200
	42°白利糖度柑橘浓缩液	氨	铁(镍)	泥状,冻结	1700
	55°白利糖度柑橘浓缩液	氨	铁(镍)	冷却	1700
	淀粉水溶液	水	铁(不锈钢)	冷却	2050
	淀粉水溶液	水蒸气	铁(不锈钢)	加热	1700
	果酱	水蒸气	铁(不锈钢)	杀菌	2340
板式热交换器	汁液	热水	铁(不锈钢)	杀菌	2330
	汁液	盐水	铁(不锈钢)	冷却	1740
套管式换热器	牛乳	水蒸气	上釉铸铁	不搅拌	465～1160
	牛乳	水蒸气	上釉铸铁	搅拌	1740
	果实浓稠液	水蒸气	上釉铸铁	不搅拌	174～523
	果实浓稠液	水蒸气	上釉铸铁	搅拌	870
多管式热交换器	水	水蒸气	铁	加热	1160～4070
	氨	水蒸气	铁	加热	1160～4070
	水溶液(黏度 2mPa·s 以上)	水蒸气	铁	加热	580～2910
	水	盐水	铁	冷却	582～1160
	醋酸	水蒸气	特氟隆	加热	465
蛇管式热交换器	牛乳(管内)	水		搅拌	1700
	蔗糖,糖蜜溶液(管外)	水蒸气	铜	不搅拌	279～360
	氨基酸(管外)	盐水		搅拌	570
	脂肪酸(管外)	水蒸气	铜	不搅拌	547～570
	50%砂糖水(管外)	水	铅		279～337
套管式蒸发器	水,牛乳	水蒸气			1160～2320
	浓稠液体	水蒸气		带搅拌翼	350～1160
降液薄膜式蒸发器	蔗糖溶液	水蒸气		带搅拌翼	1160～1280

二十二、壁面污垢热阻[污垢系数 $(m^2 \cdot K/W)$]

1. 冷却水

加热流体的温度/℃	<115		115～205	
水的温度/℃	<25		>25	
水的流速/(m/s)	<1	>1	<1	>1
海水	0.8598×10^{-4}	0.8598×10^{-4}	1.7197×10^{-4}	1.7197×10^{-4}

续表

自来水、井水、湖水、软化锅炉水	1.7197×10⁻⁴	1.7197×10⁻⁴	3.4394×10⁻⁴	3.4394×10⁻⁴
蒸馏水	0.8598×10^{-4}	0.8598×10^{-4}	0.8598×10^{-4}	0.8598×10^{-4}
硬水	5.1590×10^{-4}	5.1590×10^{-4}	80598×10^{-4}	80598×10^{-4}
河水	5.1590×10^{-4}	3.4394×10^{-4}	80598×10^{-4}	5.1590×10^{-4}

2. 工业用气体

气体名称	热阻	气体名称	热阻
有机化合物	0.8598×10^{-4}	溶剂蒸气	1.9197×10^{-4}
水蒸气	0.8598×10^{-4}	天然气	1.7197×10^{-4}
空气	3.4394×10^{-4}	焦炉气	1.7197×10^{-4}

3. 工业用液体

有机化合物	1.7197×10^{-4}	熔盐	0.8598×10^{-4}
盐水	1.7197×10^{-4}	植物油	5.1590×10^{-4}

二十三、某些气体溶于水的亨利系数

气体	温度/℃															
	0	5	10	15	20	25	30	35	40	45	50	60	70	80	90	100
	$E\times10^{-6}$/kPa															
H_2	5.87	6.16	6.44	6.70	6.92	7.16	7.39	7.52	7.61	7.70	7.75	7.75	7.71	7.65	7.61	7.55
N_2	5.35	6.05	6.77	7.48	8.15	8.76	9.36	9.98	10.5	11.0	11.4	12.2	12.7	12.8	12.8	12.8
空气	4.38	4.94	5.56	6.15	6.73	7.30	7.81	8.34	8.82	9.23	9.59	10.2	10.6	10.8	10.9	10.8
CO	3.57	4.01	4.48	4.95	5.43	5.88	6.28	6.68	7.05	7.39	7.71	8.32	8.57	8.57	8.57	8.57
O_2	2.58	2.95	3.31	3.69	4.06	4.44	4.81	5.14	5.42	5.70	5.96	6.37	6.72	6.96	7.08	7.10
CH_4	2.27	2.62	3.01	3.41	3.81	4.18	4.55	4.92	5.27	5.58	5.85	6.34	6.75	6.91	7.01	7.10
NO	1.71	1.96	2.21	2.45	2.67	2.91	3.14	3.35	3.57	3.77	3.95	4.24	4.44	4.54	4.58	4.60
C_2H_6	1.28	1.57	1.92	2.90	2.66	3.06	3.47	3.88	4.29	4.69	5.07	5.72	6.31	6.70	6.96	7.01
	$E\times10^{-5}$/kPa															
C_2H_4	5.59	6.62	7.78	9.07	10.3	11.6	12.9	—	—	—	—	—	—	—	—	—
N_2O	—	1.19	1.43	1.68	2.01	2.28	2.62	3.06	—	—	—	—	—	—	—	—
CO_2	0.738	0.888	1.05	1.24	1.44	1.66	1.88	2.12	2.36	2.60	2.87	3.46	—	—	—	—
C_2H_2	0.73	0.85	0.97	1.09	1.23	1.35	1.48	—	—	—	—	—	—	—	—	—
Cl_2	0.272	0.334	0.399	0.461	0.537	0.604	0.669	0.74	0.80	0.86	0.90	0.97	0.99	0.97	0.96	—
H_2S	0.272	0.319	0.372	0.418	0.489	0.552	0.617	0.686	0.755	0.825	0.689	1.04	1.21	1.37	1.46	1.50
	$E\times10^{-4}$/kPa															
SO_2	0.167	0.203	0.245	0.294	0.355	0.413	0.485	0.567	0.661	0.763	0.871	1.11	1.39	1.70	2.01	—

二十四、某些二元物系的气液平衡组成

1. 乙醇-水（101.3kPa）

乙醇摩尔分数/%		温度/℃	乙醇摩尔分数/%		温度/℃
液相中	气相中		液相中	气相中	
0.00	0.00	100	32.37	58.26	81.5
1.90	17.00	95.0	39.65	61.22	80.7
7.21	38.91	89.0	50.79	65.64	79.8
9.66	43.75	86.7	51.98	65.99	79.7
12.38	47.04	85.3	57.32	68.41	79.3
16.61	50.89	84.1	67.63	73.85	78.73
23.37	54.45	82.7	74.72	78.15	78.41
26.08	55.80	82.3	89.43	89.43	78.15

2. 苯-甲苯（101.3kPa）

苯摩尔分数/%		温度/℃	苯摩尔分数/%		温度/℃
液相中	气相中		液相中	气相中	
0.0	0.0	110.6	59.2	78.9	89.4
8.8	21.2	106.1	70.0	85.3	86.8
20.0	37.0	102.2	80.3	91.4	84.4
30.0	50.0	98.6	90.3	95.7	82.3
39.7	61.8	95.2	95.0	97.9	81.2
48.9	71	92.1	100.0	100.0	80.2

3. 氯仿-苯（101.3kPa）

氯仿(质量分数)/%		温度/℃	氯仿(质量分数)/%		温度/℃
液相中	气相中		液相中	气相中	
10	13.6	79.9	60	75.0	74.6
20	27.2	79.0	70	83.0	72.8
30	40.6	78.1	80	90.0	70.5
40	53.6	77.2	90	96.1	67.6
50	65.6	76.0			

4. 水-醋酸

水摩尔分数/%		温度/℃	压强/kPa	水摩尔分数/%		温度/℃	压强/kPa
液相中	气相中			液相中	气相中		
0.0	0.0	118.2	101.3	83.3	88.6	101.3	101.3
27.0	39.4	108.2		88.6	91.9	100.9	
45.5	56.5	105.3		93.0	95.0	100.5	
58.8	70.7	103.8		96.8	97.7	100.2	
69.0	79.0	102.8		100.0	100.0	100.0	
76.9	84.5	101.9					

5. 甲醇-水

甲醇摩尔分数/%		温度/℃	压强/kPa	甲醇摩尔分数/%		温度/℃	压强/kPa
液相中	气相中			液相中	气相中		
5.31	28.34	92.9	101.3	29.09	68.01	77.8	101.3
7.67	40.01	90.3		33.33	69.18	76.7	
9.26	43.53	88.9		35.13	73.47	76.2	
12.57	48.31	86.6		46.20	77.56	73.8	
13.15	54.55	85.0		52.92	79.71	72.7	
16.74	55.85	83.2		59.37	81.83	71.3	
18.18	57.75	82.3		68.49	84.92	70.0	
20.83	62.73	81.6		77.01	89.62	68.0	
23.19	64.85	80.2		87.41	91.94	66.9	
28.18	67.75	78.0					

二十五、管板式热交换器规格（摘录）

1. 固定管板式（代号 G）

公称直径	mm	159			273							
公称压力	kgf/cm²	25			25							
	kPa①	2.45×10^3			2.45×10^3							
公称面积/m²		1	2	3	4		5		8		18	14
管长/m		1.5	2.0	3.0	1.5		2.0		3.0		6.0	
管子总数		13	13	13	38	32	38	32	38	32	38	32
管程数		1	1	1	1	2	1	2	1	2	1	2
壳程数		1	1	1	1		1		1		1	
管子尺寸/mm	碳钢	$\phi25\times2.5$			$\phi25\times2.5$							
	不锈钢	$\phi25\times2$			$\phi25\times2$							
管子排列方法		△②			△							

公称直径	mm	400				500									
公称压力	kgf/cm²	10,16,25				10,16,25									
	kPa	0.981×10^3 1.57×10^3 2.45×10^3				0.981×10^3 1.57×10^3 2.45×10^3									
公称面积/m²		10	12	15	16	24	26	48	52	35	40	40	70	80	80
管长/m		1.5		2.0		3.0		6.0		3.0			6.0		
管子总数		102	113	102	113	102	113	102	113	152	172	177	152	172	177
管程数		2	1	2	1	2	1	2	1	4	2	1	4	2	1
壳程数		1		1		1		1		1			1		
管子尺寸/mm	碳钢	$\phi25\times2.5$				$\phi25\times2.5$									
	不锈钢	$\phi25\times2$				$\phi25\times2$									
管子排列方法		△				△									

续表

公称直径	mm	600				800							
公称压力	kgf/cm²	6,16,25				5,10,16,25							
	kPa	0.588×10³ 1.57×10³ 2.45×10³				0.588×10³ 0.981×10³ 1.57×10³ 2.45×10³							
公称面积/m²		55	60	120	125	100		110		200	210	220	230
管长/m		3.0		6.0		3.0				6.0			
管子总数		258	269	258	269	444	456	488	501	444	456	488	501
管程数		2	1	2	1	4		2	1	4		2	1
壳程数		1		1		1				1			
管子尺寸/mm	碳钢	$\phi25\times2.5$				$\phi25\times2.5$							
	不锈钢	$\phi25\times2$				$\phi25\times2$							
管子排列方法		△				△							

① 以 kPa 表示的公称压力为编者按原系列标准中的 kgf/cm² 来换算来的。

② 表示管子为正三角形排列。

2. 浮头式（代号 F）

① F_A系列：

公称直径/mm		325	400	500	600	700	800
公称压力	kgf/cm²	40	40	16,25,40	16,25,40	16,25,40	25
	kPa	3.92×10³	3.92×10³	1.57×10³ 2.45×10³ 3.92×10³	1.57×10³ 2.45×10³ 3.92×10³	1.57×10³ 2.45×10³ 3.92×10³	2.45×10³
公称面积/m²		10	25	80	130	185	245
管长/m		3	3	6	6	6	6
管子尺寸/mm		$\phi19\times2$	$\phi19\times2$	$\phi19\times2$	$\phi19\times2$		$\phi19\times2$
管子总数		76	138	228(224)	372(368)	528(528)	700(696)
管程数		2	2	2(4)	2(4)	2(4)	2(4)
管子排列方法		△	△	△	△	△	△

注：1. 以 kPa 表示的公称压力为编者按原系列标准中的 kgf/cm² 来换算来的。

2. 括号内的数据为四管程的。

3. △管子为正三角形排列，管子中心距为 25mm。

② F_B系列：

公称直径/mm		325	400	500	600	700	800
公称压力	kgf/cm²	40	40	16,25,40	16,25,40	16,25,40	25
	kPa	3.92×10³	3.92×10³	1.57×10³ 2.45×10³ 3.92×10³	1.57×10³ 2.45×10³ 3.92×10³	1.57×10³ 2.45×10³ 3.92×10³	0.981×10³ 1.57×10³ 2.45×10³
公称面积/m²		10	15	65	95	135	180

续表

管长/m		3	3	6	6	6	6
管子尺寸/mm		$\phi25\times2.5$	$\phi25\times2.5$	$\phi25\times2.5$	$\phi25\times2.5$	$\phi25\times2.5$	$\phi25\times2.5$
管子总数		36	72	124(120)	208(192)	292(292)	388(384)
管程数		2	2	2(4)	2(4)	2(4)	2(4)
管子排列方法		◇	◇	◇	◇	◇	◇
公称直径/mm		900			1100		
公称压力	kgf/cm²	10,16,25			10,16		
	kPa	0.981×10^3 1.57×10^3 2.45×10			0.981×10^3 1.57×10^3		
公称面积/m²		225			365		
管长/m		6			6		
管子尺寸/mm		$\phi25\times2.5$			$\phi25\times2.5$		
管子总数		512(5.8)			(748)		
管程数		2			4		
管子排列方法		◇			◇		

注：1. 以 kPa 表示的公称压力为编者按原系列标准中的 kgf/cm² 来换算来的。

2. 括号内的数据为四管程的。

3. ◇表示为正方角形转角 45°排列，管子中心距为 32mm。

二十六、氟利昂-12 的物理性质

温度/K	压力/(kN/m²)	密度		汽化热/(kJ/kg)	温度/K	压力/(kN/m²)	密度		汽化热/(kJ/kg)
		液体/(kg/m³)	蒸汽/(kg/m³)				液体/(kg/m³)	蒸汽/(kg/m³)	
313	959.4	1.25	53.1	132.3	248	123.6	1.47	7.52	165.4
303	744.6	1.29	41.2	138.6	243	101.0	1.49	6.2	167.5
298	650.4	1.31	36.1	141.9	238	80.83	1.50	5.07	169.1
293	568.0	1.33	31.5	144.9	233	64.26	1.52	4.10	170.8
283	423.8	1.36	23.8	149.9	223	39.14	1.54	2.60	174.6
273	309.0	1.39	17.7	154.9	213	22.66	1.57	1.56	177.9
263	219.7	1.43	12.8	155.5	203	12.26	1.60	0.888	181.7
258	182.5	1.44	10.8	161.6	193	6.18	1.63	0.47	185.1
253	1511	1.46	9.04	163.7					

二十七、几种制冷剂的物理性质

冷冻剂	化学分子式	相对分子质量	常压下蒸发温度/K	临界温度/K	临界压强/(kN/m²)	临界体积/kg⁻¹	凝固点/K	绝热指数 K
氨	NH_3	17.03	239.8	405.6	11301	4.13	195.5	1.30
二氧化硫	SO_2	64.06	263.1	430.4	7875	1.92	198.0	1.26
二氧化碳	CO_2	44.01	194.3	304.2	7358	2.16	216.6	1.30

续表

冷冻剂	化学分子式	相对分子质量	常压下蒸发温度/K	临界温度/K	临界压强/(kN/m^2)	临界体积/kg^{-1}	凝固点/K	绝热指数 K
氯甲烷	CH_3Cl	50.49	249.4	416.3	6680	—	175.6	1.20
二氯甲烷	CH_2Cl_2	84.94	313.2	512.2	6357	—	176.5	1.18
氟利昂-11	$CFCl_3$	137.39	269.9	471.2	4375	1.80	162.2	1.13
氟利昂-12	CF_2Cl_2	120.92	243.4	384.7	4002	1.80	118.2	1.14
氟利昂-13	CF_3Cl	104.47	191.7	301.9	3861	1.72	93.2	—
氟利昂-21	$CHFCl_2$	102.93	282.1	451.7	5169		138.2	1.16
氟利昂-22	CHF_2Cl	86.48	232.4	369.2	4934	1.90	113.2	1.26
氟利昂-113	$C_2F_3Cl_3$	187.37	321.0	487.3	3416	1.73	238.2	1.09
氟利昂-114	$C_2F_4Cl_2$	170.91	277.3	—	—	—	—	—
氟利昂-143	$C_2H_3F_3$	84.04	225.9	344.6	4120	—	161.9	—
甲烷	CH_4	16.04	111.7	190.6	4493	—	90.8	—
乙烷	C_2H_6	30.06	184.6	305.3	4934	4.70	90.0	1.25
丙烷	C_3H_8	44.10	231.0	369.5	4258	—	86.0	1.13
乙烯	C_2H_4	28.05	169.5	282..4	5042	4.63	104.1	—
丙烯	C_3H_6	42.08	226.0	364.7	4454	—	—	—

二十八、氯化钠溶液的物理性质

相对密度(在288K)	溶液中盐的含量质量百分数/%	冻结温度/K	黏度 $\mu\times10^3$/Pa·s					热导率 λ/[W/(m·K)]		
			273K	268K	263K	258K	253K	273K	263K	253K
1.0	0.1	273.2	1.77	—	—	—	—	0.582	—	—
1.01	1.5	273.3	1.79	—	—	—	—	0.587	—	—
1.02	2.9	271.4	1.81	—	—	—	—	0.576	—	—
1.03	4.3	270.6	1.82	—	—	—	—	0.573	—	—
1.04	5.6	269.7	1.84	—	—	—	—	0.571	—	—
1.05	7.0	268.8	1.87	—	—	—	—	0.569	—	—
1.06	8.3	267.8	1.91	2.31	—	—	—	0.566	—	—
1.07	9.6	266.8	1.96	2.37	—	—	—	0.564	—	—
1.08	11.0	265.7	2.02	2.44	—	—	—	0.561	—	—
1.09	12.3	264.6	2.08	2.52	—	—	—	0.558	—	—
1.10	13.6	263.4	2.15	2.61	—	—	—	0.556	—	—
1.11	14.9	262.2	2.24	2.72	3.35	—	—	0.554	0.519	—
1.12	16.2	261.0	2.32	2.84	3.49	—	—	0.551	0.516	—
1.13	17.5	259.6	2.43	2.97	3.68	—	—	0.549	0.514	—
1.14	18.8	258.1	2.56	3.12	3.87	4.78	—	0.547	0.512	—
1.15	20.0	256.6	2.69	3.28	4.08	5.01	—	0.544	0.509	—
1.16	21.2	255.0	2.83	3.44	4.31	5.28	—	0.542	0.507	—

续表

相对密度(在288K)	溶液中盐的含量质量百分数/%	冻结温度/K	黏度 $\mu \times 10^3$/Pa·s					热导率 λ/[W/(m·K)]		
			273K	268K	263K	258K	253K	273K	263K	253K
1.17	22.4	253.2	2.96	3.64	4.56	5.58	6.87	0.541	0.506	0.477
1.175	23.1	252.0	3.04	3.75	4.71	5.75	7.04	0.540	0.505	0.476
1.18	23.7	256.0	3.14	3.86	4.87	5.94	—	0.539	0.504	—
1.19	24.9	263.7	3.30	4.07	—	—	—	0.536	—	—
1.20	26.1	271.5	3.47	—	—	—	—	0.534	—	—
1.208	26.3	273.2	3.50	—	—	—	—	0.534	—	—

二十九、氯化钙溶液的物理性质

相对密度(在288K)	质量百分数/%	冻结温度/K	黏度 $\mu \times 10^3$/(Pa·s)				热导率 λ/[W/(m·K)]			
			273K	263K	253K	243K	273K	263K	253K	243K
1.00	0.1	273.2	1.78	—	—	—	0.582	—	—	—
1.05	5.9	270.2	1.98	—	—	—	0.568	—	—	—
1.10	11.5	266.1	2.30	—	—	—	0.552	—	—	—
1.15	16.8	260.5	2.77	4.37	—	—	0.535	0.504	—	—
1.16	17.8	259.0	2.87	4.51	—	—	0.530	0.500	—	—
1.17	18.9	257.5	2.99	4.67	—	—	0.526	0.497	—	—
1.18	19.9	255.8	3.12	4.85	—	—	0.521	0.493	—	—
1.19	20.9	254.0	3.28	5.07	—	—	0.516	0.490	—	—
1.20	21.9	252.0	3.44	5.32	8.61	—	0.512	0.486	0.465	—
1.21	22.8	249.9	3.62	5.61	9.02	—	0.507	0.484	0.463	—
1.22	23.8	247.5	3.82	5.93	9.48	—	0.502	0.480	0.459	—
1.23	24.7	244.9	4.02	6.27	10.00	—	0.498	0.477	0.457	—
1.24	25.7	242.0	4.26	6.68	10.57	14.81	0.493	0.473	0.455	0.437
1.25	26.6	238.6	4.52	7.08	11.17	15.89	0.489	0.470	0.452	0.436
1.26	27.5	234.6	4.81	7.52	11.85	17.17	0.484	0.466	0.449	0.435
1.27	28.4	229.6	5.12	8.03	12.69	18.84	0.479	0.463	0.447	0.434
1.28	29.4	223.1	5.49	8.63	13.79	21.29	0.475	0.459	0.444	0.433
1.286	29.9	218.2	5.69	9.05	14.39	22.56	0.472	0.457	0.443	0.432
1.29	30.3	222.6	5.89	9.33	14.96	23.84	0.470	0.456	0.442	0.430
1.30	31.2	231.6	6.34	10.06	16.19	26.59	0.465	0.452	0.439	0.429
1.31	32.1	239.3	6.83	10.87	17.63	30.71	0.461	0.449	0.436	0.428
1.32	33.0	246.1	7.39	11.73	19.19	—	0.457	0.444	0.434	—
1.33	33.9	252.0	8.02	12.73	20.99	—	0.452	0.441	0.432	—
1.34	34.7	257.6	8.65	13.81	—	—	0.442	0.437	—	—
1.35	35.6	263.0	9.32	15.19	—	—	0.443	0.433	—	—
1.36	36.4	268.1	10.09	—	—	—	0.440	—	—	—
1.37	37.3	273.2	10.92	—	—	—	0.435	—	—	—

三十、氯化钠溶液和氯化钙溶液的比热容 [kJ/(kg·K)]

相对密度（在 288K）	氯化钠			相对密度（在 288K）	氯化钙			
	273K	263K	253K		273K	263K	253K	243K
1.01	4.07	—	—	1.10	3.50	—	—	—
1.02	4.00	—	—	1.11	3.44	—	—	—
1.03	3.94	—	—	1.12	3.38	—	—	—
1.04	3.88	—	—	1.13	3.33	3.30	—	—
1.05	3.83	—	—	1.14	3.27	3.25	—	—
1.06	3.77	—	—	1.15	3.22	3.20	—	—
1.07	3.72	—	—	1.16	3.17	3.15	—	—
1.08	3.68	—	—	1.17	3.13	3.11	—	—
1.09	3.63	—	—	1.18	3.09	3.06	—	—
1.10	3.59	3.58	—	1.19	3.04	3.02	—	—
1.11	3.55	3.54	—	1.20	3.00	2.98	2.95	—
1.12	3.52	3.50	—	1.21	2.97	2.94	2.92	—
1.13	3.48	3.47	—	1.22	2.93	2.91	2.88	—
1.14	3.44	3.43	—	1.23	2.90	2.87	2.85	—
1.15	3.41	3.40	—	1.24	2.87	2.84	2.82	2.79
1.16	3.38	3.37	—	1.25	2.84	2.81	2.79	2.76
1.17	3.35	3.34	3.32	1.60	2.81	2.78	2.76	2.74
1.175	3.33	3.32	3.31	1.27	2.78	2.76	2.73	2.71
1.203	3.25	—	—	1.28	2.76	2.73	2.71	2.68
				1.286	2.74	2.72	2.69	2.66
				1.37	2.53	—	—	—

参 考 文 献

[1] 丁玉兴. 化工原理. 北京：科学出版社，2007.
[2] 陈常贵等. 化工原理（下册）. 天津：天津大学出版社，1996.
[3] 成都科技大学化工原理教研室. 化工原理（上、下册）. 成都：成都科技大学出版社，1993.
[4] 陈敏恒等. 化工原理. 北京：化学工业出版社，1999.
[5] 大连理工大学化工原理教研室. 化工原理. 大连：大连理工大学出版社，1993.
[6] 邓修，吴俊生. 化工分离工程. 北京：科学出版社，2000.
[7] 郭续功，林奇文，刘宝仁. $800m^2$ 强制循环蒸发器大修工艺技术. 有色设备. 1999，3：14-16，27.
[8] 华南工学院. 发酵工程与设备. 北京：轻工业出版社，1987.
[9] 姜守忠等. 制冷原理. 北京：中国商业出版社，1996.
[10] 解焕民等. 制冷技术基础. 北京：机械工业出版社，1996.
[11] 蒋维钧等. 化工原理（上、下册）. 北京：清华大学出版社，1992.
[12] 李东山，曾劲松. 多效蒸发的研究. 包装与食品机械. 2002，20（6）：5-8.
[13] 李建光，对外循环式蒸发器蒸发室的改进. 化工机械. 1999，26（5）：295-297.
[14] 李肇全，丁玉兴. 化工原理. 北京：科学出版社，2004.
[15] 刘士星. 化工原理. 北京：中国科学技术大学出版社，1994.
[16] 陆美娟. 化工原理（下册）. 第2版. 北京. 化学工业出版社，2007.
[17] 毛忠贵. 生物工业下游技术. 北京：轻工业出版社，1999.
[18] 欧阳平凯等. 生物分离原理及技术. 北京：化学工业出版社，1999.
[19] 任建新. 膜分离技术及应用. 北京：化学工业出版社，2003.
[20] 上海水产学院，厦门水产学院. 制冷技术问答. 北京：农业出版社，1981.
[21] 沈元本. 标准式蒸发器结构的改进. 中国氯碱. 1993，6：29-31.
[22] 谭天恩，卖本熙，丁惠华. 化工原理. 第四版. 北京：化学工业出版社，2013.
[23] 天津大学化工原理教研室. 化工原理（上、下册）. 天津：天津大学出版社，1983.
[24] 王定锦. 化学工业原理. 北京：高等教育出版社，1992.
[25] 王振中. 化工原理（上、下册）. 第2版. 北京：化学工业出版社，2007.
[26] 王志魁. 化工原理. 第4版. 北京：化学工业出版社，2010.
[27] 无锡轻工业学校，天津轻工业学校. 食品工程原理（上册）. 北京：轻工业出版社，1985.
[28] 徐文熙，穆文俊. 化工原理（上册）. 北京：中国石油出版社，1992.
[29] 严家禄. 工程热力学. 北京：高等教育出版社，1981.
[30] 杨磊. 制冷原理与技术. 北京：科学出版社，1988.
[31] 杨祖荣. 化工原理. 北京：高等教育出版社，2004.
[32] 姚玉英等. 化工原理（上册）. 天津：天津大学出版社，1996.
[33] 张弓等. 化工原理（上、下册）. 北京：化学工业出版社，2000.
[34] 赵文等. 化工原理. 北京：石油大学出版社，2002.
[35] 钟秦等. 化工原理. 北京：国防工业出版社，2001.
[36] 周祥祯等. 实用制冷技术. 长沙：湖南科学技术出版社，1983.
[37] 李居参，周波，乔子荣. 化工单元操作技术. 北京：高等教育出版社，2008.
[38] 黄少烈，邹华生. 化工原理. 北京：高等教育出版社，2008.